TERAPIA DO ESQUEMA

Y73t Young, Jeffrey E.
      Terapia do esquema : guia de técnicas cognitivo-comportamentais inovadoras / Jeffrey E. Young, Janet S. Klosko, Marjorie E. Weishaar ; tradução Roberto Cataldo Costa. – Porto Alegre : Artmed, 2008.
      368 p. ; 25 cm.

      ISBN 978-85-363-1496-9

      1. Psicoterapia. 2. Terapia cognitiva. I. Klosko, Janet S. II.Weishaar, Marjorie E. III. Título.

                                                        CDU 615.851

Catalogação na publicação: Mônica Ballejo Canto – CRB 10/1023.

TERAPIA DO ESQUEMA

Guia de técnicas cognitivo-comportamentais inovadoras

JEFFREY E. YOUNG
Janet S. Klosko
Marjorie E. Weishaar

Tradução:
Roberto Cataldo Costa

Consultoria, supervisão e revisão técnica desta edição:
Paulo Knapp
*Psiquiatra. Mestre em Clínica Médica pela UFRGS.
Doutorando em Psiquiatria na UFRGS.
Formação em Terapia Cognitiva no Beck Institute, Filadélfia.
Membro fundador e ex-presidente da Sociedade Brasileira de Terapias Cognitivas (SBTC).
Membro fundador da Academy of Cognitive Therapy (ACT).
Membro da International Association of Cognitive Psychotherapy (IACP).*

2008

Obra originalmente publicada sob o título
Schema therapy: a practitioner's guide

ISBN 978-1-59385-372-3

© 2003 The Guilford Press
A Division of Guilford Publications, Inc.
All rights reserved

Capa
eg. design/Evelyn Grumach

Preparação do original
Kátia Michelle Lopes Aires

Supervisão editorial
Mônica Ballejo Canto

Projeto e editoração
Armazém Digital Editoração Eletrônica / Roberto Carlos Moreira Vieira

Reservados todos os direitos de publicação, em língua portuguesa, à
ARTMED® EDITORA S.A.
Av. Jerônimo de Ornelas, 670 - Santana
90040-340 Porto Alegre RS
Fone (51) 3027-7000 Fax (51) 3027-7070

É proibida a duplicação ou reprodução deste volume, no todo ou em parte, sob quaisquer formas ou por quaisquer meios (eletrônico, mecânico, gravação, fotocópia, distribuição na Web e outros), sem permissão expressa da Editora.

SÃO PAULO
Av. Angélica, 1091 - Higienópolis
01227-100 São Paulo SP
Fone (11) 3665-1100 Fax (11) 3667-1333

SAC 0800 703-3444

IMPRESSO NO BRASIL
PRINTED IN BRAZIL

A Debbie, Sara e Jacob.
J. E. Y.

A meu orientador, Dr. David H. Barlow.
Nem todas palavras conseguem expressar minha gratidão.
J. S. K.

A meus pais.
M. E. W.

AUTORES

Jeffrey E. Young, Ph.D., é professor do Departamento de Psiquiatria da Columbia University. Também é fundador dos Centros de Terapia Cognitiva de Nova York e Connecticut, assim como do Instituto de Terapia do Esquema (Schema Therapy Institute – institute@schematherapy.com). Tem publicado pela Artmed: *Terapia cognitiva para transtornos da personalidade: uma abordagem focada no esquema.*

Janet S. Klosko, Ph.D., é co-diretora do Centro de Terapia Cognitiva de Long Island em Great Neck, Estado de Nova York, Estados Unidos, e psicóloga sênior do Instituto de Terapia do Esquema, em Manhattan, e do Woodstock Women's Health, em Woodstock, também no Estado de Nova York. Doutora em psicologia clínica pela Universidade do Estado de Nova York (State University of New York, SUNY), em Albany.

Marjorie E. Weishaar, Ph.D., é professora clínica de Psiquiatria e Comportamento Humano na Faculdade de Medicina da Brown University.

AGRADECIMENTOS

DOS AUTORES

Queremos agradecer às pessoas que nos apoiaram durante este projeto longo e difícil: Kitty Moore, que nos deu valioso assessoramento editorial e ajudou a dar forma a este livro; Anna Nelson, que supervisionou a produção de forma tão zelosa e com quem foi um grande prazer trabalhar; Elaine Kehoe, que o revisou de forma tão maravilhosa, e todas as outras pessoas com quem trabalhamos.

Gostaríamos de agradecer especialmente ao Dr. George Lockwood, que nos deu tantas idéias e relatos valiosos sobre abordagens psicanalíticas e que doou grande parte do material contido no Capítulo 1 sobre outras terapias integradoras. É uma alegria trabalhar com ele, e esperamos poder realizar outras iniciativas conjuntas no futuro. Gostaríamos de agradecer à equipe do Instituto de Terapia do Esquema, em Manhattan, especialmente a Nancy Ribeiro e Sylvia Tamm. Obrigado por realizar uma parte tão importante do trabalho que deu sustentação a nossos esforços. Vocês são portos afetuosos e seguros no meio de uma tormenta.

Por fim, agradecemos a nossos pacientes, que nos ensinaram a transformação da tragédia em esperança e cura.

Jeffrey E. Young

Há muitas pessoas a quem eu gostaria de agradecer, que cumpriram papéis importantes no desenvolvimento da terapia do esquema, na redação deste livro e ao me apoiar neste processo.

A meus amigos íntimos, por seu amor e seu carinho durante tantos anos e por sua ajuda no desenvolvimento desta abordagem. Vocês foram como uma família: Wendy Behary, Pierre Cousineau, Cathy Flanagan, Vivian Francesco, George Lockwood, Marty Sloane, Bob Sternberg, Will Swift, Dick e Diane Wattenmaker e William Zangwill.

A meus colegas, que contribuíram para o avanço da terapia do esquema de muitas formas, tanto nos Estados Unidos quanto em outros países: Arnoud Arntz, Sam Ball, Jordi Cid, Michael First, Vartouhi Ohanian, Bill Sanderson, Glenn Waller e David Weinberger.

A Nancy Ribeiro, minha administradora executiva, por sua dedicação em me ajudar com este projeto, ao mesmo tempo em que agüentava minhas idiossincrasias diariamente.

A meu pai, cujo amor incondicional me proporcionou o modelo para os processos parental e reparental.

A meu orientador, Tim Beck, que tem sido um amigo pessoal e um guia ao longo de toda a minha carreira.

Janet S. Klosko

Além dos citados anteriormente, gostaria de agradecer a meus colegas por seu apoio, especialmente à Dra. Jayne Rygh, ao Dr. Ken Appelbaum, ao Dr. David Bricker, ao Dr. William Sanderson e à Dra. Jenna Smith. Também gostaria de agradecer a minha família e a meus amigos, especialmente Michael e Molly, por me proporcionarem a base segura sobre a qual construi minha carreira.

Marjorie E. Weishaar

Agradeço a meus professores, especialmente ao Dr. Aaron T. Beck, por sua sabedoria e orientação. Agradeço a meus colegas e alunos, por sua considerável ajuda, e a todas as quatro gerações da minha família, por seu humor, otimismo, correção e amor permanente.

SUMÁRIO

Prefácio 13

1. Terapia do esquema: modelo conceitual 17
2. Avaliação e educação sobre esquemas 70
3. Estratégias cognitivas 93
4. Estratégias vivenciais 108
5. Rompimento de padrões comportamentais.................................... 135
6. A relação terapêutica 160
7. Estratégias detalhadas para tratamento de esquemas.................... 185
8. O trabalho com modos de esquemas 239
9. Terapia do esquema no transtorno da personalidade *borderline* 265
10. Terapia do esquema no transtorno da personalidade narcisista 318

Referências 358
Índice 362

PREFÁCIO

Custa acreditar que se passaram nove anos desde que escrevemos nosso último livro de peso sobre terapia do esquema. Durante esta década de interesse crescente nessa abordagem terapêutica, continuamente nos perguntam: "Quando vocês vão escrever um manual de tratamento abrangente e atualizado?". Um pouco constrangidos, temos de admitir que não encontramos tempo para dedicar a um projeto tão importante.

Depois de três anos de trabalho intensivo, contudo, finalmente escrevemos o que esperamos que se torne "a bíblia" da prática de terapia do esquema. Tentamos incluir neste livro tudo o que se acrescentou e se aperfeiçoou na última década, inclusive nosso modelo conceitual revisado, protocolos de tratamento detalhados, sínteses de casos e transcrições de pacientes. Particularmente, escrevemos capítulos ampliados que descrevem uma grande expansão da terapia do esquema no tratamento de transtornos da personalidade *borderline* e narcisista.

Durante os últimos 10 anos, muitas mudanças no campo da saúde mental tiveram impacto na terapia do esquema. À medida que profissionais de várias orientações passaram a não se satisfazer com as limitações da terapia ortodoxa, houve um interesse correspondente na integração da psicoterapia. Como uma das primeiras abordagens abrangentes e integradoras, a terapia do esquema tem atraído inúmeros novos profissionais da clínica e da pesquisa que buscam "autorização" e orientação para ultrapassar os limites dos modelos atuais.

Um sinal claro desse interesse maior na terapia do esquema tem sido o uso amplo do Questionário de Esquemas de Young (*Young Schema Questionnaire*) por parte de terapeutas e pesquisadores em todo o mundo. O Questionário de Esquemas de Young já foi traduzido para o português, espanhol, grego, holandês, francês, japonês, norueguês, alemão e finlandês, para indicar apenas alguns países que adotaram elementos desse modelo.

A ampla pesquisa sobre esse questionário oferece apoio substancial ao modelo do esquema.

Outra indicação do apelo da terapia do esquema é o sucesso de nossos dois primeiros livros sobre o assunto, mesmo anos depois de sua publicação: *Terapia cognitiva para transtornos da personalidade* (Artmed) está agora em sua terceira edição, e *Reinventing your life*, que vendeu mais de 125 mil exemplares, ainda está disponível na maioria das grandes livrarias e foi traduzido para vários idiomas.

A década passada também assistiu à ampliação da terapia do esquema para além dos transtornos da personalidade. A abordagem tem sido aplicada a uma ampla variedade de problemas clínicos, populações e transtornos, incluindo, entre outros, depressão crônica, traumas de infância, de infratores, transtornos alimentares, casais e prevenção da recaída de problemas com drogas e álcool. Com freqüência, a terapia do esquema tem sido usada para tratar questões de predisposição caracterológica em pacientes com transtornos do Eixo I, uma vez diminuídos os sintomas agudos.

Outra evolução importante foi a combinação da terapia do esquema com a espiritualidade. Já se publicaram três livros (*Emotional alchemy*, de Tara Bennett-Goleman; *Praying through our lifetraps: A psycho-spiritual path to freedom*, de John Cecero, e *The myth of more*, de Joseph Novello) que mesclam a abordagem do esquema com a meditação [*mindfulness*] ou com práticas religiosas tradicionais.

Fato decepcionante, que esperamos ser modificado na próxima década, é o impacto do sistema de gerenciamento de saúde conhecido nos Estados Unidos como *managed care* e da contenção de custos no tratamento de transtornos de personalidade no país. Tem se tornado cada vez mais difícil para os profissionais obter reembolso de planos de saúde e angariar verbas federais para trabalhar com transtornos de personalidade, porque o tratamento do Eixo I, geralmente, leva mais tempo e não se enquadra no modelo de curto prazo mencionado. Como resultado disso, os Estados Unidos têm ficado atrás de muitos outros países no apoio ao trabalho com transtornos de personalidade.

O resultado desse apoio reduzido tem sido uma insuficiência de pesquisas bem-elaboradas sobre transtornos de personalidade. (A importante exceção é a abordagem da terapia comportamental dialética de Marsha Linehan, para transtorno da personalidade *borderline*.) Isso tem dificultado bastante a obtenção de financiamentos para estudos que possam comprovar empiricamente a terapia do esquema.

Assim, estamos nos dirigindo a outros países para financiar esta relevante área de pesquisa, e nos sentimos particularmente entusiasmados com uma importante pesquisa, coordenada por Arnoud Arntz, que está próximo de se completar na Holanda. Este estudo amplo, multicêntrico, compara a terapia do esquema com a abordagem de Otto Kernberg ao tratamento do transtorno da personalidade *borderline*. Esperamos avidamente pelos resultados.

Para leitores familiarizados com a terapia do esquema, trataremos do que consideramos suas principais vantagens em relação a outras comumente praticadas. Em comparação com a maioria das outras abordagens, a terapia do esquema é mais integradora, combinando aspectos dos modelos cognitivo, comportamental, psicodinâmico (especialmente relações objetais), de vínculo e da Gestalt. A terapia do esquema considera os componentes cognitivos e comportamentais como vitais para o tratamento, mas também dá igual importância à mudança emocional, às técnicas vivenciais e à relação terapêutica.

Outro benefício fundamental do modelo do esquema é sua parcimônia e aparente simplicidade combinadas com profundidade e complexidade. É fácil para terapeutas e pacientes entendê-la. O modelo do esquema incorpora idéias complexas, muitas das quais parecem complicadas e confusas para pacientes que recebem outras formas de terapia, e os apresenta de maneira simples e direta. Dessa forma, a terapia do esquema tem o apelo de senso comum da terapia cognitivo-comportamental, combinado à profundidade das abordagens psicodinâmicas e afins.

A terapia do esquema mantém duas características vitais da terapia cognitivo-comportamental: é estruturada e sistemática. O terapeuta segue uma seqüência de procedimentos de avaliação e tratamento. A fase da avaliação inclui a administração de uma série de inventários que medem esquemas e estilos de enfrentamento. O tratamento é ativo e diretivo, ultrapassando o *insight*, até a mudança cognitiva, emotiva, interpessoal e comportamental. A terapia do esquema também é útil no tratamento de casais, ajudando a ambos os parceiros a entender e curar seus esquemas.

Outra vantagem do modelo do esquema é sua especificidade. O modelo delineia esquemas específicos, estilos de enfrentamento e modos. Além disso, a terapia do esquema se caracteriza pela especificidade das estratégias de tratamento, incluindo diretrizes sobre como proporcionar a forma adequada de realizar a reparação parental limitada para cada paciente. A terapia do esquema oferece um método igualmente acessível para entender a relação terapêutica e trabalhar com ela. Os terapeutas acompanham seus próprios esquemas, estilos de enfrentamento e modos à medida que trabalham com os pacientes.

Por fim, e talvez mais importante, acreditamos que a abordagem do esquema é particularmente sensível e humana, em comparação com "o tratamento normal". A terapia do esquema normaliza, em vez de patologizar, os transtornos psicológicos. Todo mundo tem esquemas, estilos de enfrentamento e modos, simplesmente mais extremos e rígidos nos pacientes que tratamos. A abordagem também é empática e respeitosa, especialmente com relação aos pacientes com transtornos mais graves, como os que têm transtorno da personalidade *borderline*, muitas vezes tratados com mínima compaixão e muita acusação em outras terapias. Os conceitos de "confrontação empática" e "reparação parental limitada" dão aos terapeutas uma atitude cuidadosa com relação aos pacientes. O uso de modos torna mais fácil o processo de confrontação, permitindo que o terapeuta confronte assertivamente comportamentos rígidos e desadaptativos, ao mesmo tempo em que mantém uma aliança com o paciente.

Para concluir, destacamos algumas das novas evoluções na terapia do esquema durante a última década. Em primeiro lugar, há uma lista revisada e muito mais abrangente de esquemas, contendo 18 deles em cinco domínios. Em segundo, desenvolvemos protocolos novos e detalhados para tratamento de pacientes *borderline* e narcisistas. Esses protocolos ampliaram o alcance da terapia do esquema, sobretudo com o acréscimo do conceito de modo de esquema. Terceiro, há uma ênfase muito maior nos estilos de enfrentamento, em especial evitação e hipercompensação, e na mudança desses estilos pelo rompimento de padrões. Nosso objetivo é substituir estilos desadaptativos por outros mais saudáveis, que possibilitem aos pacientes atender a suas necessidades emocionais mais importantes.

Com o desenvolvimento e a maturidade da terapia do esquema, passamos a atribuir maior ênfase à reparação parental limitada com todos os pacientes, mas em especial com os que têm transtornos mais graves. Dentro dos limites apropriados da relação terapêutica, o terapeuta tenta dar conta das necessidades de infância não-atendidas do paciente. Por fim, há mais foco nos esquemas do próprio terapeuta e em seus estilos de enfrentamento, em especial quanto à relação terapêutica.

Esperamos que este livro ofereça aos terapeutas uma nova forma de abordar pacientes com temas e padrões crônicos e de longo prazo, e que a terapia do esquema venha a proporcionar os benefícios para aqueles casos demasiado difíceis e pacientes muito carentes, os quais nossa abordagem pretende atender.

1
TERAPIA DO ESQUEMA: MODELO CONCEITUAL

A terapia do esquema é uma proposta de terapia inovadora e integradora, desenvolvida por Young e colegas (Young, 1990, 1999), que amplia significativamente os tratamentos e conceitos cognitivo-comportamentais tradicionais. O enfoque dessa proposta mescla elementos das escolas cognitivo-comportamental, de apego, da gestalt, de relações objetais, construtivista e psicanalítica em um modelo conceitual e de tratamento rico e unificador.

A terapia do esquema proporciona um novo sistema psicoterápico especialmente adequado a pacientes com transtornos psicológicos crônicos arraigados, até então considerados difíceis de tratar. Em nossa experiência clínica, pacientes com transtornos de personalidade profundos, assim como aqueles com questões caracterológicas importantes que subjazem os transtornos de Eixo I, em geral respondem muito bem a tratamentos baseados em esquemas (às vezes combinados a outras abordagens).

DA TERAPIA COGNITIVA À TERAPIA DO ESQUEMA

Um vislumbre sobre o campo da terapia cognitivo-comportamental[1] ajuda a explicar a razão pela qual Young considerou tão importante o desenvolvimento da terapia do esquema. Os pesquisadores e profissionais do campo cognitivo-comportamental têm alcançado excelentes avanços no desenvolvimento de tratamentos psicológicos eficazes para transtornos do Eixo 1, incluindo muitos transtornos de humor, ansiedade e uso excessivo de álcool e drogas. Geralmente, esses tratamentos são de curto prazo (em torno de 20 sessões) e concentram-se na redução dos sintomas, na formação de habilidades e na solução de problemas atuais na vida do paciente.

Entretanto, embora tais tratamentos ajudem a muitos pacientes, isso não ocorre com vários outros. As pesquisas sobre resultados de tratamentos relatam índices de sucesso muito elevados (Barlow, 2001).

---

[1] Neste capítulo, usamos o termo *terapia cognitivo-comportamental* a fim de referir a vários protocolos desenvolvidos por autores como Beck (Beck, Rush, Shaw e Emery, 1979) e Barlow (Craske, Barlow e Meadows, 2000) para tratar transtornos do Eixo 1. Alguns terapeutas cognitivo-comportamentais adaptaram esses protocolos, de maneiras coerentes com a terapia do esquema, ao trabalho com pacientes difíceis (cf. Beck, Freeman et al., 1990). Discutimos algumas dessas modificações posteriormente neste capítulo (*ver* p. 48-53). Em sua maioria, contudo, os atuais protocolos de tratamento dentro da terapia cognitivo-comportamental não refletem essas adaptações.

Por exemplo, no caso de depressão, o sucesso ultrapassa os 60%, imediatamente após o tratamento; porém, o índice de recidiva é de cerca de 30%, depois de um ano (Young, Weinberger e Beck, 2001), apontando um número significativo de pacientes que tiveram tratamento mal-sucedido. Muitas vezes, pacientes com transtornos de personalidade e problemas caracterológicos não respondem totalmente a tratamentos cognitivo-comportamentais tradicionais (Beck, Freeman et al., 1990). Um dos desafios enfrentados pela terapia cognitivo-comportamental hoje em dia é o desenvolvimento de terapias para esses pacientes crônicos e difíceis de tratar.

Problemas caracterológicos podem reduzir a eficácia da terapia cognitivo-comportamental tradicional de várias formas. Alguns pacientes apresentam-se com sintomas do Eixo 1, como ansiedade e depressão, e não avançam no tratamento, ou recidivam quando de sua suspensão. Por exemplo, uma paciente apresenta-se para tratamento cognitivo-comportamental de agorafobia. Por meio de um programa que consiste em treinamento de respiração, questionamento de pensamentos catastróficos e exposição gradual a situações fóbicas, ela reduz significativamente seu medo de sintomas de pânico e supera a evitação de várias situações, mas, quando o tratamento termina, a paciente volta ao estado de agorafobia. Toda uma vida de dependência, junto com sentimentos de vulnerabilidade e incompetência – a que chamamos de esquemas de dependência e vulnerabilidade –, impedem-na de se aventurar no mundo por conta própria. Essa paciente carece de autoconfiança para tomar decisões e não consegue adquirir habilidades práticas como dirigir automóveis, orientar-se em seu entorno, administrar dinheiro e escolher os lugares adequados aonde ir, preferindo deixar que outras pessoas que lhe são importantes tomem as providências necessárias. Sem a orientação do terapeuta, a paciente não consegue administrar os deslocamentos públicos necessários para manter as conquistas do tratamento.

Outros pacientes realizam, inicialmente, tratamento cognitivo-comportamental de sintomas do Eixo 1, e, após a resolução desses sintomas, os problemas caracterológicos passam a ser o foco do tratamento. Por exemplo, um paciente faz terapia cognitivo-comportamental para transtorno obsessivo-compulsivo. Por meio de um programa comportamental de curto prazo, que combina exposição com prevenção de resposta, eliminam-se, em grande parte, os pensamentos obsessivos e rituais compulsivos que consumiram a maior parte de sua vida. Quando os sintomas do Eixo 1 diminuem, e o paciente dispõe de tempo para retomar outras atividades, é necessário encarar a quase total ausência de vida social que resultou de seu estilo de vida solitário. O paciente tem o que chamamos de "esquema de defectividade", com o qual lida com as situações sociais, evitando-as. Ele é tão sensível a descasos e rejeições que, desde a infância, evitou a maior parte da interação pessoal com outros. Terá de lutar contra seu padrão de evitação, que já dura toda sua vida, a fim de desenvolver uma vida gratificante em sociedade.

Há ainda outros pacientes que procuram tratamento cognitivo-comportamental, mas carecem de sintomas específicos que possam servir como alvo da terapia. Seus problemas são vagos e difusos, ou não há fatores ativadores claros. Eles sentem que alguma coisa vital está errada ou ausente em suas vidas. Tais pacientes são encaminhados à terapia por seus problemas caracterológicos, isto é, chegam buscando tratamento para dificuldades crônicas nos relacionamentos com pessoas próximas ou no trabalho. Como não apresentam sintomas do Eixo 1 importantes ou os têm em grandes quantidades, é difícil aplicar-lhes a terapia cognitivo-comportamental tradicional.

Pressupostos da terapia cognitivo-comportamental tradicional descumpridos por pacientes caracterológicos

A terapia cognitivo-comportamental tradicional parte de diversos pressupostos sobre pacientes, os quais, muitas vezes, não se mostram verdadeiros no caso de pacientes com problemas caracterológicos, que têm uma série de atributos psicológicos que os distinguem de casos explícitos de Eixo 1 e os tornam candidatos menos adequados ao tratamento cognitivo-comportamental.

Um desses pressupostos é o cumprimento do protocolo de tratamento pelos pacientes. A terapia cognitivo-comportamental padrão pressupõe que os pacientes estejam motivados a reduzir os sintomas, a formar habilidades e a resolver seus problemas atuais e, portanto, com um pouco de estímulo e reforço positivo, que cumpram os procedimentos necessários ao tratamento. Todavia, para vários pacientes caracterológicos, as motivações à terapia são complicadas. Há inúmeros casos em que eles não estão dispostos ou não conseguem cumprir os procedimentos da terapia cognitivo-comportamental. Esses pacientes podem não realizar tarefas que lhes são prescritas, demonstrar grande relutância a aprender estratégias para autocontrole ou parecer mais motivados a receber consolo do terapeuta do que a aprender estratégias que ajudem a si próprios.

Outro pressuposto da terapia cognitivo-comportamental é que, com um pouco de treinamento, os pacientes acessem suas cognições e emoções e as informem ao terapeuta. No início da terapia, espera-se que observem e registrem seus pensamentos e sentimentos, mas os pacientes com problemas caracterológicos várias vezes não o conseguem, parecendo, com freqüência, não ter contato com suas cognições e emoções. Muitos desses pacientes desenvolvem evitação cognitiva e afetiva. Bloqueiam pensamentos e imagens perturbadoras, evitam suas próprias memórias e seus sentimentos negativos evitando olhar fundo dentro de si mesmos. Também evitam muitos dos comportamentos e situações essenciais a seu avanço. Esse padrão de evitação provavelmente se desenvolve como resposta instrumental, aprendida porque é reforçada pela redução de sentimentos negativos. As emoções negativas, como ansiedade e depressão, são ativadas por estímulos associados a memórias de infância, induzindo à evitação dos estímulos a fim de se esquivar das emoções. A evitação se torna uma estratégia para enfrentar as emoções negativas habituais e é extremamente difícil de mudar.

A terapia cognitivo-comportamental também pressupõe que os pacientes sejam capazes de mudar seus comportamentos e cognições problemáticos por meio de práticas como análise empírica, discurso lógico, experimentação, exposição gradual e repetição. Entretanto, para pacientes caracterológicos, muitas vezes isso não acontece. Em nossa experiência, os pensamentos distorcidos e os comportamentos de auto-sabotagem desses pacientes são extremamente resistentes à modificação apenas por meio de técnicas cognitivo-comportamentais. Mesmo após meses de terapia, inúmeras vezes não há melhora sustentada.

Como geralmente carecem de flexibilidade psicológica, os pacientes caracterológicos têm muito menos capacidade de resposta a técnicas cognitivo-comportamentais e com freqüência não passam por mudanças significativas a curto prazo. Em lugar disso, são psicologicamente rígidos, o que configura uma marca dos transtornos de personalidade (American Psychiatric

Association, 1994, p. 633). Esses pacientes tendem a expressar desesperança com relação a mudança. Seus problemas característológicos são egossintônicos: os padrões autodestrutivos parecem estar tão integrados a quem são, que não podem imaginar alterá-los. Os problemas são centrais a seu sentido de identidade, e abrir mão deles pode parecer uma forma de morte, a morte de uma parte de si mesmos. Quando questionados, agarram-se de forma rígida, reflexiva e, por vezes, agressiva ao que acreditam ser verdade em relação a eles próprios e ao mundo.

A terapia cognitivo-comportamental também pressupõe que os pacientes possam desenvolver uma relação de colaboração com o terapeuta em algumas poucas sessões. As dificuldades da relação terapêutica geralmente não são vistas como um foco importante dos tratamentos cognitivo-comportamentais, e sim como obstáculos a serem superados para que o paciente cumpra os procedimentos do tratamento. A relação terapeuta-paciente não costuma ser considerada um "ingrediente ativo" do tratamento, mas não raro os pacientes com transtornos caracterológicos têm dificuldades para estabelecer uma aliança terapêutica, refletindo assim suas dificuldades de se relacionar com as pessoas. Muitos pacientes difíceis de tratar tiveram relacionamentos pessoais disfuncionais desde cedo. Problemas duradouros em relacionamentos com pessoas importantes são outra marca registrada dos transtornos de personalidade (Millon, 1981). Esses pacientes costumam considerar difícil estabelecer relações terapêuticas seguras. Alguns deles, como no caso de transtornos da personalidade borderline ou dependente, costumam ser tão absorvidos pela tentativa de fazer com que o terapeuta atenda suas necessidades emocionais que são incapazes de se concentrar em suas próprias vidas fora da terapia. Outros, como os que têm transtorno de personalidade narcisista, paranóide, esquizóide ou obsessivo-compulsivo, costumam ser tão desconectados ou hostis que não conseguem trabalhar em conjunto com o terapeuta. Como as questões interpessoais costumam ser o problema central, a relação terapêutica constitui-se em uma das melhores áreas para se avaliar e tratar esses pacientes, um ponto na maioria das vezes descuidado na terapia cognitivo-comportamental tradicional.

Por fim, no tratamento cognitivo-comportamental, supõe-se que o paciente tenha problemas-alvo prontamente discerníveis. No caso de pacientes com problemas caracterológicos, não raro esse pressuposto não se cumpre, pois eles costumam apresentar problemas vagos, crônicos e difusos. São infelizes em áreas importantes de suas vidas e têm estado insatisfeitos desde que conseguem se lembrar. Talvez sejam incapazes de estabelecer um relacionamento romântico de longo prazo, não consigam atingir o potencial desejado no trabalho ou tenham a sensação de que suas vidas são um vazio. São fundamentalmente insatisfeitos no amor, no trabalho ou no lazer. Esses temas da vida, amplos e difíceis de definir, via de regra não conformam alvos fáceis de abordar por meio de tratamentos cognitivo-comportamentais tradicionais.

Posteriormente, examinaremos como esquemas específicos podem dificultar a obtenção de benefícios por pacientes tratados com terapia cognitivo-comportamental padrão.

O DESENVOLVIMENTO DA TERAPIA DO ESQUEMA

Pelas muitas razões recém-descritas, Young (1990, 1999) desenvolveu a terapia do esquema para tratar pacientes com problemas caracterológicos crônicos, que não estavam sendo resolvidos de forma adequada pela terapia cognitivo-comportamental: os "insucessos de tratamento". O autor desenvolveu a terapia do esquema como uma abordagem sistemática que amplia a terapia cognitivo-comportamental, integrando técnicas derivadas de várias escolas diferentes de terapia. A terapia do esquema pode ser breve, de médio ou de longo prazo, dependendo do paciente. Ela amplia a terapia cognitivo-comportamental tradicional ao dar ênfase muito maior à investigação das origens infantis e adolescentes dos problemas psicológicos, às técnicas emotivas, à relação terapeuta-paciente e aos estilos desadaptativos de enfrentamento.

Uma vez diminuídos os sintomas agudos, a terapia do esquema é adequada para tratar muitos transtornos dos Eixos 1 e 2 que têm base importante em temas caracterológicos que duram toda a vida. Não raro, realiza-se a terapia em conjunto com outras modalidades, como terapia cognitivo-comportamental e medicação psicotrópica. A terapia do esquema volta-se ao tratamento dos aspectos caracterológicos dos transtornos, e não aos sintomas psiquiátricos agudos (como depressão grave ou ataques de pânico recorrentes). A terapia do esquema mostrou-se útil no tratamento de depressão ou ansiedade crônicas, transtornos alimentares, problemas difíceis de casal e dificuldades duradouras na manutenção de relacionamentos íntimos satisfatórios. Também tem ajudado criminosos e evitado recaídas entre usuários de drogas e álcool.

A terapia do esquema visa os temas psicológicos fundamentais típicos de pacientes com transtornos caracterológicos. Como discutimos em detalhe na seção seguinte, chamamos esses temas fundamentais de esquemas esquemas desadaptativos remotos. A terapia do esquema ajuda pacientes e terapeutas a entender problemas crônicos e difusos e a organizá-los de maneira compreensível. O modelo identifica a trajetória desses esquemas desde a infância até o presente, com ênfase particular nos relacionamentos interpessoais do paciente. Usando o modelo, os pacientes obtêm a capacidade de perceber os problemas caracterológicos como egodistônicos e, assim, de se capacitar para abrir mão deles. O terapeuta se alia aos pacientes para lutar contra os esquemas destes, usando estratégias cognitivas, afetivas, comportamentais e interpessoais. Quando os pacientes repetem padrões disfuncionais baseados em seus esquemas, o terapeuta os confronta, empaticamente, com as razões para a mudança. Por meio de uma "recuperação parental limitada", o terapeuta fornece a muitos pacientes um antídoto parcial às necessidades que não foram atendidas adequadamente na infância.

ESQUEMAS DESADAPTATIVOS REMOTOS

Voltamo-nos agora a um exame detalhado dos construtos básicos que formam a terapia do esquema. Começamos com a história e a evolução do termo "esquema".

A palavra *esquema* é usada em muitos campos de estudo. Em termos gerais, um esquema é uma estrutura, uma armação ou uma conformação. Nos primórdios da filosofia grega, os lógicos estóicos, especialmente Crisipo (cerca de 279 a 206 a.C.), apresentaram princípios de lógica na forma de um "esquema de inferência" (Nussbaum, 1994). Na filosofia kantiana, esquema é uma concepção do comum a todos os membros de uma classe. O termo também é usado na teoria dos conjuntos, na geometria algébrica, na educação, na análise literária e na programação de computadores, para citar apenas alguns dos distintos campos em que se usa o conceito de "esquema".

O termo tem uma história especialmente rica na psicologia, mais amplamente na área do desenvolvimento cognitivo. Nesse campo, um esquema é um padrão imposto à realidade ou à experiência para ajudar os indivíduos a explicá-la, para mediar a percepção e para guiar suas respostas. Esquema é uma representação abstrata das características distintivas de um evento, uma espécie de esboço de seus elementos de maior destaque. Na psicologia, é provável que mais comumente se associe o termo a Piaget, que escreveu em detalhes sobre esquemas mentais em diferentes etapas do desenvolvimento cognitivo na infância. Em psicologia cognitiva, pode-se também pensar um esquema como um plano cognitivo abstrato que serve de guia para interpretar informações e resolver problemas. Sendo assim, podemos ter um esquema lingüístico para entender uma frase ou um esquema cultural para interpretar um mito.

Passando da psicologia cognitiva à terapia cognitiva, Beck (1967), em seus primeiros trabalhos, referiu-se a esquemas mas, no contexto da psicologia e da psicoterapia, em termos gerais, qualquer princípio organizativo amplo que um indivíduo use para entender a própria experiência de vida pode ser considerado um esquema. Um conceito importante, com relevância para a psicoterapia, é a noção de que os esquemas, muitos dos quais formados em etapas iniciais da vida, tornam-se mais complexos e, depois, superpostos a experiências posteriores, mesmo quando não mais são aplicáveis. A isso se chama, às vezes, necessidade de "coerência cognitiva" para manter uma visão estável de si mesmo e do mundo, mesmo que imprecisa ou distorcida. Segundo essa definição ampla, um esquema pode ser positivo ou negativo, adaptivo ou desadaptivo, e os esquemas podem ser formados na infância ou em momentos posteriores da vida.

A definição de esquema de Young

Young (1990, 1999) formulou a hipótese de que alguns desses esquemas – sobretudo os que se desenvolvem como resultado de experiências de infância nocivas – podem estar no centro de transtornos de personalidade, problemas caracterológicos mais leves e muitos transtornos do Eixo 1. Para explorar essa idéia, ele definiu um subconjunto de esquemas chamados de esquemas desadaptativos remotos.

Nossa definição abrangente e revisada de um esquema desadaptativo remoto é:

- um tema ou padrão amplo, difuso;
- formado por memórias, emoções e sensações corporais;
- relacionado a si próprio ou aos relacionamentos com outras pessoas;
- desenvolvido durante a infância ou adolescência;
- elaborado ao longo da vida do indivíduo;
- disfuncional em nível significativo.

Em síntese, os esquemas desadaptativos remotos são padrões emocionais e cognitivos autoderrotista iniciados em nosso desenvolvimento desde cedo e repetidos ao longo da vida. Observemos que, segundo essa definição, o comportamento de um indivíduo não pertence ao esquema em si. Young teoriza que os comportamentos desadaptivos desenvolvem-se como *respostas* a um esquema. Portanto, os comportamentos são *provocados* pelos esquemas, mas não se constituem em partes deles. Exploraremos em detalhe tal conceito quando discutirmos estilos de enfrentamento, posteriormente, neste capítulo.

CARACTERÍSTICAS DOS ESQUEMAS DESADAPTATIVOS REMOTOS

Examinemos algumas das principais características dos esquemas. (De agora em diante, usaremos o termo *esquemas* em lugar de *esquemas desadaptativos remotos* de forma praticamente intercambiável.) Consideremos pacientes que tenham um dos quatro esquemas mais prejudiciais em nossa lista de 18 (*ver* Quadro 1.1): abandono/instabilidade, desconfiança/abuso, privação emocional e defectividade/vergonha. Quando eram crianças, esses pacientes foram abandonados, vítimas de abuso, negligenciados ou rejeitados; quando adultos, seus esquemas são ativados por eventos que percebem (inconscientemente) como semelhantes às experiências traumáticas de sua infância. Quando se ativa um desses esquemas, experimentam uma forte emoção negativa, como aflição, vergonha, medo ou raiva.

Nem todos os esquemas fundamentam-se em traumas ou maus-tratos na infância. Na verdade, uma pessoa pode desenvolver um esquema de dependência/incompetência sem vivenciar uma única situação traumática na infância, tendo sido uma criança completamente abrigada e superprotegida. Contudo, embora nem todos os esquemas possuam o trauma como origem, todos são destrutivos, e a maioria é causada por experiências nocivas repetidas regularmente durante a infância e adolescência. Os efeitos de todas essas experiências nocivas relacionadas acumulam-se e, juntos, levam ao surgimento de um esquema pleno.

Os esquemas desadaptativos remotos lutam para sobreviver. Como mencionamos anteriormente, isso resulta da necessidade instintiva que os seres humanos têm de coerência. O esquema é o que o indivíduo conhece. Embora cause sofrimento, é confortável e familiar, e ele se sente bem. As pessoas se sentem atraídas por eventos que ativam seus esquemas. Trata-se de uma das razões pelas quais os esquemas são tão difíceis de mudar. Os pacientes os consideram verdades *a priori*, de modo que influenciam o processamento de experiências posteriores, cumprindo um papel crucial na forma como os pacientes pensam, sentem, agem e relacionam-se com outros. Paradoxalmente, levam os pacientes a recriar, inadvertidamente, quando adultos, as condições da infância que lhes foram mais prejudiciais.

Os esquemas começam no início da infância ou na adolescência, como representações do ambiente da criança baseadas na realidade. Nossa experiência mostra que os esquemas pessoais refletem com bastante precisão o seu ambiente remoto. Por exemplo, se um paciente nos diz que, quando criança, sua família era fria e pouco afetiva, geralmente tem razão, mesmo que possa não entender *por que* seus pais apresentavam dificuldade de demonstrar afeto ou expressar sentimentos. As razões por ele atribuídas aos sentimentos dos pais podem estar equivocadas, mas sua sensação básica sobre o clima emocional e sobre como foi tratado quase sempre é válida.

A natureza disfuncional dos esquemas tende a aparecer em momentos posteriores da vida, quando os pacientes continuam a perpetuar os esquemas que construíram nas interações com outras pessoas, embora suas percepções não sejam mais adequadas. Os esquemas desadaptativos remotos e as formas desadaptativas com que os pacientes aprendem a enfrentá-los inúmeras vezes estão por trás de sintomas crônicos do Eixo 1, como ansiedade, depressão, uso de drogas e álcool e transtornos psicossomáticos.

Os esquemas são dimensionais: têm diferentes níveis de gravidade e penetração. Quanto mais grave o esquema, maior é o número de situações que podem ativá-lo. Dessa forma, por exemplo, se um indivíduo desde cedo e com freqüência, passa por críticas extremas e de ambos os pais, o contato que essa pessoa terá com quase qualquer outro indivíduo provavelmente ativará um esquema de defectividade. Se a experiência de crítica surge mais tarde na vida, de forma ocasional, leve e de parte de apenas um dos pais, essa pessoa tem menor probabilidade de ativar o esquema mais tarde. Por exemplo, o esquema pode ser ativado apenas por figuras de autoridade exigentes do mesmo gênero do pai. Além disso, quanto mais grave o esquema, mais intenso costuma ser o sentimento negativo quando se ativa esse esquema, e mais tempo ele durará.

Como já mencionado, há esquemas positivos e negativos, bem como esquemas remotos e posteriores. Nosso foco está quase que exclusivamente em esquemas desadaptativos remotos, de forma que não descrevemos os esquemas positivos posteriores em nossa teoria. Todavia, alguns autores afirmam que, para cada um de nossos esquemas desadaptativos remotos, há um esquema adaptativo correspondente (*ver* teoria da polaridade de Elliot; Elliott e Lassen, 1997). Por outro lado, considerando-se as etapas psicossociais de Erikson (1950), poder-se-ia afirmar que a resolução bem-sucedida de cada etapa resulta em um esquema adaptativo, ao passo que a não-resolução de uma etapa leva a um esquema desadaptativo. Não obstante, nossa preocupação neste livro é com a população de pacientes de psicoterapia com transtornos crônicos, e não com a população normal. Portanto, tratamos sobretudo de esquemas desadaptativos remotos, que acreditamos estar por trás da patologia da personalidade.

AS ORIGENS DOS ESQUEMAS

Necessidades emocionais fundamentais

Propomos, fundamentalmente, que os esquemas resultam de necessidades emocionais não-satisfeitas na infância. Postulamos cinco necessidades emocionais fundamentais para os seres humanos.[2]

1. Vínculos seguros com outros indivíduos (inclui segurança, estabilidade, cuidado e aceitação).
2. Autonomia, competência e sentido de identidade.
3. Liberdade de expressão, Necessidades e emoções válidas.
4. Espontaneidade e lazer.
5. Limites realistas e autocontrole.

Acreditamos que essas necessidades são universais: todas as pessoas as têm, embora algumas apresentem necessidades mais fortes do que outras. Um indivíduo psicologicamente saudável é aquele que consegue satisfazer de forma adaptativa as necessidades emocionais fundamentais.

A interação entre o temperamento inato da criança e o primeiro ambiente resulta na frustração, em lugar da gratificação, dessas necessidades básicas. O objetivo da terapia do esquema é ajudar os pacientes a encontrar formas adaptativas de satisfazer suas necessidades emocionais fundamentais. Todas as nossas intervenções constituem meios dirigidos a esse fim.

Primeiras experiências de vida

Experiências de vida nocivas configuram a origem básica dos esquemas desadaptativos remotos. Os esquemas desenvolvidos mais cedo e mais fortes geralmente se

---

[2] Nossa lista de necessidades deriva das teorias de outros autores, bem como de nossa própria observação clínica, e não foi testada empiricamente. Esperamos ainda realizar pesquisas neste tema. Estamos abertos à revisão com base em pesquisa e já revisamos a lista com o passar do tempo. A lista de domínios (*ver* a Figura 1.1) também está aberta a modificações com base em conclusões empíricas e experiência clínica.

originam na família nuclear. Em grande medida, as dinâmicas da família de uma criança são as dinâmicas de todo o seu mundo remoto. Quando os pacientes se encontram em situações adultas que ativam os esquemas desadaptativos remotos, o que vivenciam é um drama da infância, em geral com um dos pais. Outras influências – como amigos, escola, grupos da comunidade e cultura ao seu redor –, tornam-se cada vez mais importantes à medida que a criança amadurece e podem ocasionar o desenvolvimento de esquemas. Contudo, os esquemas desenvolvidos posteriormente não costumam ser tão impregnados ou tão poderosos. (O isolamento social trata-se do exemplo de um esquema que costuma se desenvolver posteriormente na infância ou na adolescência e que pode não refletir as dinâmicas da família nuclear.)

Observamos quatro tipos de experiências no início da vida que estimulam a aquisição de esquemas. A primeira delas é uma *frustração nociva de necessidades*, ocorrida quando a criança passa por muito poucas experiências boas e adquire esquemas como privação emocional ou abandono por meio de déficits no ambiente, no início de sua vida. O ambiente da criança carece de sensações importantes, como estabilidade, compreensão e amor. O segundo tipo de experiência de vida remoto que engendra esquemas é a *traumatização* ou *vitimação*. Neste caso, causa-se um dano à criança ou ela se transforma em vítima e desenvolve esquemas como desconfiança/abuso, defectividade/vergonha ou vulnerabilidade ao dano. No terceiro tipo, a criança passa por uma grande quantidade de experiências boas: os pais lhe proporcionam em demasia algo que, moderadamente, seria saudável. Com esquemas como dependência/incompetência ou arrogo/grandiosidade, por exemplo, a criança raramente é maltratada. Em lugar disso, é tratada com demasiada indulgência. Não se atende às necessidades emocionais de autonomia ou limites realistas. Os pais podem estar exageradamente envolvidos na vida da criança, superprotegê-la ou dar-lhe liberdade e autonomia sem limites.

O quarto tipo de experiência de vida que origina esquemas é a internalização ou identificação seletiva com pessoas importantes. A criança identifica-se seletivamente e internaliza pensamentos, sentimentos, experiências e comportamentos dos pais. Por exemplo, dois pacientes buscam tratamento, ambos vítimas de abuso infantil. Quando crianças, o primeiro paciente, Ruth, sucumbiu ao papel de vítima. Quando seu pai lhe batia, ela não reagia; em lugar disso, tornava-se passiva e submissa. Era vítima do comportamento abusivo do pai, mas não o internalizou: experimentou o sentimento de ser vítima, sem internalizar o sentimento de ser abusadora. O segundo paciente, Kevin, reagia ao pai abusivo. Identificava-se com ele, internalizava seus pensamentos, sentimentos e comportamentos agressivos, e acabou por se tornar, ele próprio, abusivo. (Este exemplo é extremo. Na realidade, a maioria das crianças absorve a experiência de ser vítima, bem como alguns dos pensamentos, sentimentos e comportamentos de adultos maldosos.)

Em outro exemplo, dois pacientes se apresentam com esquemas de privação emocional. Quando crianças, ambos tinham pais e mães frios e se sentiam solitários e não-amados. Deveríamos pressupor que, quando adultos, ambos haveriam se tornado emocionalmente frios? Não necessariamente. Embora os dois pacientes saibam o que significa receber frieza, eles próprios não são necessariamente frios. Como discutiremos a seguir, na parte sobre estilos de enfrentamento, em lugar de se identificar com os pais frios, os pacientes podem enfrentar os sentimentos de privação com a atitude de cuidadores, ou, por outro lado, carentes, sentindo-se com direitos. Nosso modelo não pressupõe que as crianças se identifiquem e internalizem tudo o que seus pais fazem; em lugar disso, observamos que elas se identificam e internalizam seletivamente certos aspectos de pessoas que lhes são importantes. Algumas dessas identificações e internalizações se tornam esquemas, modos ou estilos de enfrentamento.

Acreditamos que o temperamento determine em parte se um indivíduo irá se identificar e internalizar as características de uma pessoa importante. Por exemplo, é provável que uma criança com temperamento distímico não internalize o estilo otimista de um de seus pais para lidar com o infortúnio. O comportamento do pai ou da mãe é tão contrário à disposição do filho que este não pode assimilá-lo.

Temperamento emocional

Outros fatores, além do ambiente remoto da criança, também cumprem papéis fundamentais no desenvolvimento de esquemas. O temperamento emocional é especialmente importante. Como a maioria dos pais percebe com rapidez, cada criança tem uma "personalidade" ou temperamento singular e distinto desde o nascimento. Algumas são mais irritadiças; outras, mais tímidas, e outras, ainda, mais agressivas. Há muitas pesquisas que sustentam a importância das bases biológicas da personalidade. Por exemplo, Kagan e colaboradores (Kagan, Reznick e Snidman, 1988) geraram um corpo de pesquisa sobre traços de temperamentos presentes na primeira infância e concluíram que estes são bastante estáveis com o passar do tempo.

A seguir, eis algumas dimensões de temperamento emocional que, segundo nossa hipótese, podem ser amplamente inatas e relativamente imutáveis se tratadas somente por meio de psicoterapia.

Lábil	←→	Não-reativo
Distímico	←→	Otimista
Ansioso	←→	Calmo
Obsessivo	←→	Distraído
Passivo	←→	Agressivo
Tímido	←→	Sociável

Pode-se pensar em temperamento como a combinação única que cada indivíduo possui de pontos neste conjunto de dimensões (bem como outros aspectos do temperamento certamente identificados no futuro).

O temperamento emocional interage com eventos dolorosos da infância na formação de esquemas. Diferentes temperamentos expõem, de forma seletiva, as crianças a diferentes circunstâncias de vida. Por exemplo, uma criança agressiva pode ter mais probabilidade de evocar abuso físico de pai ou mãe violento do que uma criança passiva, aplacada. Além disso, diferentes temperamentos tornam as crianças distintamente suscetíveis a diferentes circunstâncias de vida. Dado o mesmo tratamento por parte dos pais, duas crianças podem reagir de formas muito diferentes. Consideremos, por exemplo, dois meninos, ambos rejeitados por suas mães. A criança tímida se esconde do mundo e se torna cada vez mais retraída e dependente de sua mãe; a criança sociável se aventura e estabelece outras conexões, mais positivas. Na verdade, a sociabilidade mostrou-se um traço de destaque em crianças com alta capacidade de recuperação, que prosperam apesar de abusos ou negligência.

Em nossa observação, há possibilidade de um ambiente remoto extremamente favorável ou adverso sobrepujar em muito o temperamento emocional. Por exemplo, um ambiente seguro e amoroso em casa pode tornar até mesmo uma criança tímida bastante amigável em algumas situações, ao passo que, se o primeiro ambiente remoto é de rejeição, até mesmo uma criança sociável pode se tornar retraída. Da mesma forma, há chance de um temperamento extremamente emocional sobrepujar um ambiente comum e produzir psicopatologias sem justificativa aparente no histórico do paciente.

DOMÍNIOS DE ESQUEMAS E ESQUEMAS DESADAPTATIVOS REMOTOS

Em nosso modelo, os 18 esquemas estão agrupados em cinco categorias amplas de necessidades emocionais não-satisfeitas a que chamamos "domínios de esquemas". Faremos uma revisão do suporte empírico desses 18 esquemas em momento posterior deste capítulo. Nesta seção, aprofundamos a discussão sobre os cinco domínios e listamos os esquemas que os mesmos contêm. No Quadro 1.1, os cinco domínios de esquemas estão centralizados, em itálico, sem números (por exemplo, *Desconexão e rejeição*); os 18 esquemas estão alinhados à esquerda e numerados (por exemplo, 1. *Abandono/instabilidade*).

Domínio I: Desconexão e Rejeição

Pacientes com esquemas neste domínio são incapazes de formar vínculos seguros e satisfatórios com outras pessoas. Acreditam que suas necessidades de estabilidade, segurança, cuidado, amor e pertencimento não serão atendidas. As famílias de origem costumam apresentar instabilidade (*abandono/instabilidade*), abuso (*desconfiança/abuso*), frieza (*privação emocional*), rejeição (*defectividade/vergonha*) ou isolamento do mundo exterior (*isolamento social/alienação*). Pacientes com esquemas no domínio de desconexão e rejeição (especialmente os quatro primeiros esquemas) costumam sofrer os maiores danos. Muitos tiveram infâncias traumáticas e, como adultos, tendem a passar diretamente de um relacionamento autodestrutivo a outro, ou evitar por completo os relacionamentos íntimos. A relação terapêutica costuma ser central para o tratamento desses pacientes.

O esquema de *abandono/instabilidade* é a pecepção de instabilidade no vínculo com indivíduos importantes. Os pacientes com esse esquema têm a sensação de que pessoas queridas que participam de suas vidas não continuarão presentes porque seriam emocionalmente imprevisíveis, estariam presentes apenas de forma errática, morreriam ou deixariam o paciente por preferirem alguém melhor.

Os pacientes com o esquema de *desconfiança/abuso* possuem a convicção de que, tendo oportunidade, outras pessoas irão usá-los para fins egoístas. Por exemplo, abusarão, magoarão, humilharão, mentirão, enganarão ou manipularão o paciente.

O esquema de *privação emocional* é a expectativa de que o desejo de conexão emocional do indivíduo não será satisfeito adequadamente. Identificam-se três formas de privação emocional: (1) privação de *cuidados* (ausência de afeto ou carinho); (2) privação de *empatia* (ausência de escuta ou compreensão); (3) privação de *proteção* (ausência de força ou orientação por parte de outros).

O esquema de *defectividade/vergonha* consiste no sentimento de que se é falho, ruim, inferior ou imprestável e de que não se seria digno de receber amor de outros, caso exposto. O esquema, via de regra, envolve uma sensação de vergonha com relação aos próprios defeitos percebidos. As falhas podem ser privadas (por exemplo, egoísmo, impulsos agressivos, desejos sexuais inaceitáveis) ou públicas (como aparência não-atraente, inadequação social).

O esquema de *isolamento social/alienação* consiste no sentimento de ser diferente ou de não se adequar ao mundo social mais amplo, fora da família. Geralmente, os pacientes com esse esquema não se sentem pertencentes a qualquer grupo ou comunidade.

Quadro 1.1 Esquemas desadaptativos remotos com domínios de esquemas associados

DESCONEXÃO E REJEIÇÃO

(Expectativa de que as necessidades de ter proteção, segurança, estabilidade, cuidado e empatia, de compartilhar sentimentos e de ser aceito e respeitado não serão satisfeitas de maneira previsível. A origem familiar típica é distante, fria, rejeitadora, refreadora, solitária, impaciente, imprevisível e abusiva.)

1. Abandono/instabilidade

Percepção de que os outros com quem poderia se relacionar são *instáveis e indignos de confiança*. Envolve a sensação de que pessoas importantes não serão capazes de continuar proporcionando apoio emocional, ligação, força ou proteção prática porque seriam emocionalmente instáveis e imprevisíveis (por exemplo, têm ataques de raiva), não mereceriam confiança ou só estariam presentes de forma errática; porque morreriam a qualquer momento, ou iriam abandoná-lo por outra pessoa melhor.

2. Desconfiança/abuso

Expectativa de que so outros irão machucar, abusar, humilhar, enganar, mentir, manipular ou aproveitar-se. Geralmente, envolve a percepção de que o prejuízo é intencional ou resultado de negligência injustificada ou extrema. Pode incluir a sensação de que sempre se acaba sendo enganado por outros ou "levando a pior".

3. Privação emocional

Expectativa de que o desejo de ter um grau adequado de apoio emocional não será satisfeito adequadamente pelos outros. As três formas mais importantes de privação são:

a) *Privação de cuidados*: ausência de atenção, afeto, carinho ou companheirismo.
b) *Privação de empatia*: ausência de compreensão, de escuta, de uma postura aberta ou de compartilhamento mútuo de sentimentos.
c) *Privação de proteção*: ausência de força, direção ou orientação por parte de outros.

4. Defectividade/vergonha

Sentimento de que é defectivo, falho, mau, indesejado, inferior ou inválido em aspectos importantes, ou de não merecer o amor de pessoas importantes quando está em contato com elas.
Pode envolver hipersensibilidade à crítica, rejeição e postura acusatória; constrangimento, comparações e insegurança quando se está junto de outros, ou vergonha dos defeitos percebidos. Essas falhas podem ser privadas (como egoísmo, impulsos de raiva, desejos sexuais inaceitáveis) ou públicas (como aparência física indesejável, inadequação social).

5. Isolamento social/alienação

Sentimento de que se está isolado do resto do mundo, de que se é diferente das outras pessoas e/ou de não pertencer a qualquer grupo ou comunidade.

AUTONOMIA E DESEMPENHO PREJUDICADOS

(Expectativas, sobre si mesmo e sobre o ambiente, que interferem na própria percepção da capacidade de se separar, sobreviver, funcionar de forma independente ou ter bom desempenho. A família de origem costuma ter funcionamento emaranhado, solapando a confiança da criança, superprotegendo ou não estimulando a criança para que tenha um desempenho competente extra-familiar.)

6. Dependência/incompetência

Crença de que se é incapaz de dar conta das responsabilidades cotidianas de forma competente sem considerável ajuda alheia (por exemplo, cuidar de si mesmo, resolver problemas do dia-a-dia, exercer a capacidade de discernimento, cumprir novas tarefas, tomar decisões adequadas).
Com freqüência, apresenta-se como desamparo.

7. Vulnerabilidade ao dano ou à doença

Medo exagerado de que uma catástrofe *iminente* cairá sobre si a qualquer momento e de que não há como a impedir.

Quadro 1.1 (continuação)

O medo se dirige a um ou mais dos seguintes: (A) catástrofes em termos de *saúde* (ataques do coração, AIDS, etc.); (B) catástrofes emocionais (enlouquecer, por exemplo); (C) *catástrofes externas* (queda de elevadores, ataques criminosos, desastres de avião, terremotos).

8. Emaranhamento/*self* subdesenvolvido

Envolvimento emocional e intimidade em excesso com uma ou mais pessoas importantes (com freqüência, os pais), dificultando a individuação integral e desenvolvimento social normal.

Muitas vezes, envolve a crença de que ao menos um dos indivíduos emaranhados não consegue sobreviver ou ser feliz sem o apoio constante do outro. Pode também incluir sentimentos de ser sufocado ou fundido com outras pessoas e de não ter uma identidade individual suficiente. Com freqüência, é vivenciado como sentimento de vazio e fracasso totais, de não haver direção e, em casos extremos, de questionar a própria existência.

9. Fracasso

Crença de que fracassou, de que fracassará inevitavelmente ou de que é inadequado em relação aos colegas em conquistas (escola, trabalho, esportes, etc.).

Costuma envolver a crença de que é burro, inepto, sem talento, inferior, menos exitoso do que os outros, e assim por diante.

LIMITES PREJUDICADOS

(Deficiência em limites internos, responsabilidade para com outros indivíduos ou orientação para objetivos de longo prazo. Leva a dificuldades de respeitar os direitos alheios, cooperar com outros, estabelecer compromissos ou definir e cumprir objetivos pessoais realistas. A origem familiar típica caracteriza-se por permissividade, excesso de tolerância, falta de orientação ou sensação de superioridade, em lugar de confrontação, disciplina e limites adequados em relação a assumir responsabilidades, cooperar de forma recíproca e definir objetivos. Em alguns casos, a criança pode não ter sido estimulada a tolerar níveis normais de desconforto e nem ter recebido supervisão, direção ou orientação adequadas.)

10. Arrogo/grandiosidade

Crença de que é superior a outras pessoas, de que tem direitos e privilégios especiais, ou de que não está sujeito às regras de reciprocidade que guiam a interação social normal.

Envolve a insistência de que se deveria poder fazer tudo o que se queira, independentemente da realidade, do que os outros considerem razoável ou do custo a outras pessoas. Tem a ver com o foco exagerado na superioridade (estar entre os mais bem sucedidos, famosos, ricos) para atingir poder ou controle (e não principalmente para obter atenção ou aprovação). Às vezes, inclui competitividade excessiva ou dominação em relação a outros: afirmar o próprio poder, forçar o próprio ponto de vista ou controlar o comportamento de outros segundo os próprios desejos, sem empatia ou preocupação com as necessidades ou desejos dos outros.

11. Autocontrole/autodisciplina insuficientes

Dificuldade ou recusa a exercer autocontrole e tolerância à frustração com relação aos próprios objetivos ou a limitar a expressão excessiva das próprias emoções e impulsos. Em sua forma mais leve, o paciente apresenta ênfase exagerada na evitação de desconforto: evitando dor, conflito, confrontação e responsabilidade, à custa da realização pessoal, comprometimento ou integridade.

DIRECIONAMENTO PARA O OUTRO

(Foco excessivo nos desejos, sentimentos e solicitações dos outros, à custa das próprias necessidades, para obter aprovação, manter o senso de conexão e evitar retaliação. Geralmente, envolve a supressão e a falta de consciência com relação à própria raiva e às próprias inclinações naturais. A origem familiar típica caracteriza-se pela aceitação condicional: as crianças devem suprimir importantes aspectos de si mesmas para receber amor, atenção e aprovação. Em muitas famílias desse tipo, as necessidades emocionais e os desejos dos pais – ou sua aceitação social e seu *status* – são valorizados mais do que as necessidades e sentimentos de cada filho.)

Quadro 1.1 (continuação)

12. Subjugação

Submissão excessiva ao controle dos outros, por sentir-se coagido, submetendo-se para evitar a raiva, a retaliação e o abandono.

As duas principais formas são:

a) *Subjugação das necessidades:* supressão das próprias preferências, decisões e desejos.
b) *Subjugação das emoções:* supressão de emoções, principalmente a raiva.

Envolve a percepção de que os próprios desejos, opiniões e sentimentos não são válidos ou importantes para os outros. Apresenta-se como obediência excessiva, combinada com hipersensibilidade a sentir-se preso. Costuma levar a aumento da raiva, manifestada em sintomas desadaptativos (como comportamento passivo-agressivo, explosões de descontrole, sintomas psicossomáticos, retirada do afeto, "atuação", uso excessivo de álcool ou drogas).

13. Auto-sacrifício

Foco excessivo no cumprimento voluntário das necessidades de outras pessoas em situações cotidianas, à custa da própria gratificação.

As razões mais comuns são: não causar sofrimento a outros, evitar culpa por se sentir egoísta, ou manter a conexão com outros percebidos como carentes. Muitas vezes, resulta de uma sensibilidade intensa ao sofrimento alheio. Às vezes, leva a uma sensação de que as próprias necessidades não estão sendo adequadamente satisfeitas e a ressentimento em relação àqueles que estão sendo cuidados. (Sobrepõe-se ao conceito de co-dependência.)

14. Busca de aprovação/busca de reconhecimento

Ênfase excessiva na obtenção de aprovação, reconhecimento ou atenção de outras pessoas, ou no próprio enquadramento, à custa do desenvolvimento de um senso de *self* seguro e verdadeiro.

A auto-estima depende principalmente das reações alheias, em lugar das próprias inclinações naturais. Por vezes, inclui uma ênfase exagerada em *status*, aparência, aceitação social, dinheiro ou realizações como forma de obter aprovação, admiração ou atenção (não principalmente em função de poder ou controle). Com freqüência, resulta em importantes decisões não-autênticas nem satisfatórias, ou em hipersensibilidade à rejeição.

SUPERVIGILÂNCIA E INIBIÇÃO

(Ênfase excessiva na supressão dos próprios sentimentos, impulsos e escolhas espontâneas, ou no cumprimento de regras e expectativas internalizadas e rígidas sobre desempenho e comportamento ético, à custa da felicidade, auto-expressão, descuido com os relacionamentos íntimos ou com a saúde.) A origem familiar típica é severa, exigente e, às vezes, punitiva: desempenho, dever, perfeccionismo, cumprimento de normas, ocultação de emoções e evitação de erros predominam sobre o prazer, sobre a alegria e sobre o relaxamento. Geralmente, há pessimismo subjacente e preocupação de que as coisas desabarão se não houver vigilância e cuidado o tempo todo.)

15. Negativismo/pessimismo

Foco generalizado, que dura toda a vida, nos aspectos negativos (sofrimento, morte, perda, decepção, conflito, culpa, ressentimento, problemas não resolvidos, erros potenciais, traição, algo que pode dar errado, etc.), enquanto se minimizam ou negligenciam os aspectos positivos ou otimistas.

Costuma incluir uma expectativa exagerada – em uma ampla gama de situações profissionais, financeiras ou interpessoais – de que algo vai acabar dando muito errado, ou, que aspectos da própria vida que parecem ir muito bem acabarão por desabar. Envolve um medo exagerado de cometer erros que podem levar a colapso financeiro, perda, humilhação ou a se ver preso em uma situação ruim. Como exageram os resultados negativos potenciais, essas pessoas costumam se caracterizar por preocupação, vigilância, queixas ou indecisão crônicas.

16. Inibição emocional

Inibição excessiva da ação, dos sentimentos ou da comunicação espontâneos, em geral para evitar a desaprovação alheia, sentimentos de vergonha ou de perda de controle dos próprios impulsos.

> **Quadro 1.1** (continuação)
>
> As áreas mais comuns da inibição envolvem: (a) inibição da *raiva* e da *agressão*; (b) inibição de *impulsos positivos* (por exemplo, alegria, afeto, excitação sexual, brincadeira); (c) dificuldade de expressar *vulnerabilidade* ou *comunicar* livremente seus sentimentos, necessidades e assim por diante; (d) ênfase excessiva na racionalidade, ao mesmo tempo em que se desconsideram emoções.
>
> **17. Padrões inflexíveis/postura crítica exagerada**
>
> Crença subjacente de que se deve fazer um grande esforço para atingir elevados *padrões internalizados* de comportamento e desempenho, via de regra para evitar críticas.
> Costuma resultar em sentimentos de pressão ou dificuldade de relaxar e em posturas críticas exageradas com relação a si mesmo e a outros. Deve envolver importante prejuízo do prazer, do relaxamento, da saúde, da auto-estima, da sensação de realização ou de relacionamentos satisfatórios.
> Os padrões inflexíveis geralmente se apresentam como: (a) *perfeccionismo*, atenção exagerada a detalhes ou subestimação de quão bom é seu desempenho em relação à norma; (b) *regras rígidas* e idéias de como as coisas "deveriam" ser em muitas áreas da vida, incluindo preceitos morais, éticos, culturais e religiosos elevados, fora da realidade; (c) preocupação com *tempo e eficiência*, necessidade de fazer sempre mais do que se faz.
>
> **18. Postura punitiva**
>
> Crença de que as pessoas devem ser punidas com severidade quando cometem erros.
> Envolve a tendência a estar com raiva e a ser intolerante, punitivo e impaciente com aqueles (incluindo a si próprio) que não correspondem às suas expectativas ou padrões. Via de regra, inclui dificuldades de perdoar os próprios erros, bem como os alheios, em função de uma relutância a considerar circunstâncias atenuantes, permitir a imperfeição humana ou empatizar com sentimentos.
>
> ---
>
> *Nota.* Direitos autorais de 2002, de Jeffrey Young. A reprodução não autorizada, sem consentimento por escrito do autor, é proibida. Para mais informações, escreva ao Schema Therapy Institute, 36 West 44th Street, Suite 1007, New York, NY 10036.

Domínio II: Autonomia e Desempenho Prejudicados

Autonomia é a capacidade de separar-se da própria família e funcionar de forma independente, no nível de pessoas da mesma idade. Os pacientes com esquemas nesse domínio têm expectativas sobre si próprios e sobre o mundo que interferem em sua capacidade de se diferenciar das figuras paternas ou maternas e funcionar de forma independente. Quando crianças, na maioria dos casos, os pais lhes satisfaziam todas as vontades e os superprotegiam, ou, no extremo oposto (muito mais raro), quase nunca os cuidavam nem se responsabilizavam por eles. (Ambos os extremos levam a problemas na esfera da autonomia.) Com freqüência, os pais solaparam sua autoconfiança e não reforçaram os filhos para que tivessem um desempenho competente fora de casa. Como resultado, tais crianças, quando adultas, tornam-se incapazes de moldar suas próprias identidades e criar suas próprias vidas, nem de estabelecer objetivos pessoais e dominar as habilidades necessárias. Com relação à competência, permanecem crianças durante boa parte de suas vidas adultas.

Os pacientes com o esquema de *dependência/incompetência* sentem-se incapazes de dar conta das responsabilidades cotidianas sem ajuda substancial de terceiros. Por exemplo, sentem-se incapazes de gerenciar dinheiro, resolver problemas práticos, usar o discernimento, assumir novas tarefas ou tomar decisões acertadas. O esquema costuma apresentar-se como passividade ou impotência generalizadas.

A *vulnerabilidade ao dano ou à doença* é o medo exagerado de que uma catástrofe acontecerá a qualquer momento e de que não será capaz de enfrentá-la. O medo concentra-se nos seguintes tipos de catástrofes:

(1) *saúde* (por exemplo, ataques do coração, doenças como a AIDS); (2) *emocional* (por exemplo, enlouquecer, perder o controle); (3) *externo* (por exemplo, acidentes, crime, catástrofes naturais).

Os pacientes com o esquema de emaranhamento/*self* subdesenvolvido costumam estar envolvidos com uma ou mais pessoas importantes em sua vida (muitas vezes, os pais), em detrimento de sua individuação e desenvolvimento social. Esses pacientes com freqüência acreditam que ao menos um dos indivíduos emaranhados não poderia funcionar bem sem o outro. O esquema pode incluir sentimentos de ser sufocado ou fundido com outros, ou a falta de um senso claro de identidade e orientação.

O esquema de *fracasso* é a crença no fracasso inevitável em áreas de atividade (como estudos, esportes, trabalho) e na própria inadequação em termos das realizações nessas atividades, em comparação com outras pessoas que as realizam. O esquema, via de regra, envolve crenças de ser pouco inteligente, inepto, sem talento e mal-sucedido.

Domínio III: Limites Prejudicados

Os pacientes com esquemas neste domínio não desenvolveram limites internos adequados em relação a reciprocidade ou autodisciplina e podem ter dificuldade de respeitar os direitos de terceiros, cooperar, manter compromissos ou cumprir objetivos de longo prazo. Tais pacientes muitas vezes são egoístas, mimados, irresponsáveis ou narcisistas. Na maioria dos casos, cresceram em famílias exageradamente permissivas ou indulgentes. (O arrogo pode, às vezes, constituir-se em uma forma de hipercompensação de outros esquemas, como privação emocional. Nesses casos, o excesso de tolerância não costuma ser a origem primeira, como discutiremos no Capítulo 10.) Quando crianças, não lhes foi exigido que seguissem as regras aplicadas a todas as outras pessoas, que considerassem os demais ou que desenvolvessem autocontrole. Como adultos, carecem da capacidade de restringir seus impulsos e de postergar a gratificação em função de benefícios futuros.

No esquema de *arrogo/grandiosidade*, pressupõe-se que se é superior a outras pessoas e, portanto, merecedor de direitos e privilégios especiais. Os pacientes com esse esquema não se sentem submetidos às regras de reciprocidade que orientam a conduta social normal. Inúmeras vezes, insistem que devem fazer o que bem querem, independentemente do custo a outros. Mantêm um foco exagerado na superioridade (por exemplo, estar entre os mais bem sucedidos, famosos, ricos) para adquirir poder. Esses pacientes costumam ser demasiado exigentes ou dominadores e carecer de empatia.

Pacientes com o esquema de *autocontrole/autodisciplina insuficientes* não conseguem ou não querem exercer suficiente autocontrole e tolerância à frustração em relação ao alcance de objetivos pessoais. Esses indivíduos não regulam a expressão de suas emoções e impulsos. Na forma mais leve desse esquema, os pacientes apresentam ênfase exagerada na evitação do desconforto. Evitam, por exemplo, a maior parte dos conflitos e responsabilidades.

Domínio IV: Direcionamento para o Outro

Os pacientes nesse domínio enfatizam em excesso o atendimento às necessidades dos outros em lugar de suas próprias. Fazem-no para obter aprovação, manter a conexão emocional e evitar retaliações. Quando interagem com outras pessoas, tendem a se concentrar exclusivamente nas solicitações destas em detrimento de suas próprias necessidades e, por vezes, não têm consciência de sua própria raiva e de suas preferências. Quando crianças, não eram livres para seguir as próprias inclinações. Como adultos, em lugar de se voltarem para si, voltam-se para fora e seguem os desejos alheios. A origem familiar típica caracteriza-se pela aceitação condicional: as crianças devem restringir aspectos importantes de si mesmas para obter amor ou aprovação. Em várias dessas famílias, os pais valorizam suas próprias necessidades emocionais ou a "aparência" mais do que as necessidades únicas da criança.

O esquema da *subjugação* consiste em uma entrega excessiva de controle a outros indivíduos, por sentir-se coagido. Sua função é evitar a raiva, a retaliação e o abandono. As duas principais formas: (1) *subjugação de necessidades:* supressão das próprias preferências e desejos; (2) *subjugação de emoções:* supressão de emoções, em especial a raiva. O esquema envolve a percepção de que as próprias necessidades ou sentimentos não são válidos ou importantes. Apresenta-se como obediência excessiva ou avidez de agradar, combinada com hipersensibilidade a se sentir preso. A subjugação costuma levar a aumento da raiva, manifestada em sintomas desadaptativos (como comportamentos passivo-agressivos, explosões de descontrole, sintomas psicossomáticos, distanciamento afetivo).

Pacientes com o esquema de *auto-sacrifício* cumprem voluntariamente as necessidades alheias, à custa da própria gratificação, com vistas a poupar os outros de sofrimento, evitar culpa, ganhar auto-estima ou manter uma relação com alguém que consideram carente. Muitas vezes, isso resulta de uma sensibilidade intensa ao sofrimento de terceiros. Envolve a sensação de que as próprias necessidades não são adequadamente satisfeitas e pode provocar ressentimento. Este esquema sobrepõe-se ao conceito de "co-dependência" dos 12 passos.

Pacientes com o esquema de *busca de aprovação/busca de reconhecimento* almejam sua aprovação ou seu reconhecimento face a outras pessoas em detrimento de um senso de *self* seguro e genuíno. Sua auto-estima depende das reações alheias, em lugar de suas próprias. O esquema inclui uma ênfase exagerada em *status*, aparência, dinheiro ou sucesso como forma de obter aprovação ou reconhecimento. Com freqüência, resulta na tomada de importantes decisões que não são autênticas ou satisfatórias.

Domínio V:
Supervigilância e Inibição

Os pacientes com esquemas nesse domínio suprimem seus sentimentos e impulsos espontâneos e se esforçam para cumprir rígidas regras internalizadas com relação a seu próprio desempenho, à custa da felicidade, auto-expressão, relaxamento, relacionamentos íntimos e boa saúde. A origem típica caracteriza-se por uma infância severa, reprimida e rígida, na qual o autocontrole e a negação de si próprio predominaram sobre a espontaneidade e sobre o prazer. Quando crianças, esses pacientes não foram estimulados a ter momentos de lazer e a buscar a felicidade, e sim a estar supervigilantes em relação a eventos negativos na vida e a considerá-la triste. Esses pacientes transmitem uma sensação de pessimismo e preocupação, pois temem que suas vidas possam ruir se não estiverem alertas nem forem cuidadosos o tempo todo.

O esquema de *negativismo/pessimismo* constitui um foco generalizado permanente nos aspectos negativos da vida (como sofrimento, morte, perda, decepção, conflito, traição) enquanto se minimizam os aspectos positivos. Inclui a expectativa exagerada de que algo acabará por dar muito errado em uma ampla gama de situações profissionais, financeiras ou interpessoais. Esses pacientes possuem medo exagerado de cometer erros que possam ocasionar um colapso financeiro, uma perda, uma humilhação ou uma situação ruim e sem saída. Como exageram os resultados negativos potenciais, esses pacientes costumam caracterizar-se por preocupação, apreensão, supervigilância, queixume e indecisão.

Os pacientes com *inibição emocional* restringem ações, sentimentos e comunicações espontâneos. Fazem-no para impedir que sejam criticados ou percam o controle de seus impulsos. As áreas mais comuns deste esquema envolvem:

1. inibição da *raiva*;
2. inibição de *impulsos positivos* (por exemplo, alegria, afeto, excitação sexual, lazer);
3. dificuldade de expressar *vulnerabilidade*;
4. ênfase na *racionalidade*, ao mesmo tempo em que se desconsideram emoções.

Esses pacientes muitas vezes se apresentam como indiferentes, contidos, retraídos ou frios.

O esquema de *padrões inflexíveis/postura crítica exagerada* é a sensação de que se deve dispender um grande esforço para atingir elevados *padrões internalizados*, com vistas a evitar desaprovação ou vergonha, resultando em sentimentos de pressão constante e atitude crítica exagerada em relação a si mesmo e aos outros. Para ser considerado um esquema desadaptativo remoto, deve causar importante prejuízo à saúde, à auto-estima, aos relacionamentos ou à experiência de prazer do paciente. O esquema típico apresenta-se como: (1) perfeccionismo (ou seja, a necessidade de fazer as "coisas certas", atenção exagerada aos detalhes, ou subestimação do próprio nível de desempenho); (2) regras rígidas (idéias fixas acerca do que é "certo" em muitas áreas da vida, incluindo padrões morais, culturais ou religiosos elevados, fora da realidade; (3) preocupação com *tempo e eficiência*.

O esquema de *postura punitiva* consiste na convicção de que os indivíduos deveriam ser severamente punidos por erros que cometem. Implica a tendência a ter raiva e ser intolerante com as pessoas (incluindo a si próprio) que não atingem os padrões almejados, e inclui a dificuldade de perdoar os erros devido à relutância em considerar circunstâncias atenuantes, permitir a imperfeição humana ou levar em conta as intenções alheias.

Exemplo clínico

Consideremos um breve relato de caso que ilustra o conceito de esquema. Uma jovem chamada Natalie procura tratamento apresentando esquema de privação emocional: em termos de relacionamentos íntimos predominam experiências em que suas necessidades emocionais não são atendidas, e tem sido assim desde que ela era muito pequena. Natalie era filha única de pais emocionalmente frios que, embora atendessem todas as suas necessidades físicas, não cuidavam da filha nem lhe davam atenção ou afeto suficiente. Eles não tentavam entender quem era a filha. Em família, Natalie sentia-se só.

O problema declarado por Natalie como motivo para o tratamento é a depressão crônica. Ela disse ao terapeuta que está deprimida toda a vida. Embora tenha feito terapia, a depressão continua. Em geral, ela sente-se atraída por homens que a privam emocionalmente, e seu marido, Paul, encaixa-se nesse padrão. Quando Natalie se dirige a Paul em busca de abraços ou de solidariedade, ele se irrita e a afasta, ativando o esquema de privação emocional, e Natalie se enraivece. Sua raiva justifica-se parcialmente, mas é uma reação exagerada a um marido que a ama, porém não sabe como demonstrar isso.

A raiva de Natalie afasta seu marido e faz com que ele se distancie ainda mais dela, perpetuando o esquema de privação. O casamento cai em um ciclo vicioso, movido pelo esquema. Nesse casamento, Natalie continua a viver de sua privação de infância. Antes de se casar, ela havia namorado um homem que demonstrava mais suas emoções, mas ela não tinha atração sexual por ele e sentia-se "sufocada" por expressões normais de ternura. Tal tendência a sentir-se mais atraída por parceiros que ativam um esquema nuclear costuma ser observada em nossos pacientes ("a química do esquema").

Esse exemplo ilustra como a privação muito precoce na infância leva ao desenvolvimento de um esquema, que, depois, é acionado involuntariamente em momentos posteriores da vida, levando a relacionamentos disfuncionais e a sintomas crônicos de Eixo 1.

Esquemas condicionais *versus* esquemas incondicionais

Inicialmente, acreditávamos que a principal diferença entre os esquemas desadaptativos remotos e os pressupostos subjacentes de Beck (Beck, Rush, Shaw e Emery, 1979) estava na incondicionalidade dos esquemas e na condicionalidade dos pressupostos. Hoje, consideramos alguns esquemas como condicionais e outros como incondicionais. Via de regra, os esquemas mais remotos e nucleares são crenças incondicionais em relação a si mesmo e aos outros, enquanto os mais tardios são condicionais.

Os esquemas incondicionais não oferecem esperanças ao paciente. Não importa o que o indivíduo faça, o resultado será o mesmo. Ele será incompetente, sem identidade, não-merecedor de amor, desajustado, ameaçado; terá uma atitude negativa, e nada poderá mudar isso. O esquema incondicional encapsula o que se fez à criança, sem que ela tivesse tido qualquer possibilidade de escolha. O esquema simplesmente *é*. Por outro lado, os esquemas condicionais dão uma possibilidade de esperança. O indivíduo pode mudar o resultado. Pode subjugar-se, sacrificar-se, buscar aprovação, inibir emoções ou se esforçar para cumprir padrões elevados e, ao fazê-lo, talvez evitar o resultado negativo, pelo menos temporariamente.

Esquemas incondicionais	Esquemas condicionais
Abandono/instabilidade	Subjugação
Desconfiança/abuso	Auto-sacrifício
Privação emocional	Busca de aprovação/
Defectividade	Busca de reconhecimento
Isolamento social	Inibição emocional
Dependência/	Padrões inflexíveis/
incompetência	postura crítica
Vulnerabilidade a	exagerada
dano ou doença	
Emaranhamento/*self*	
subdesenvolvido	
Fracasso	
Negativismo/pessimismo	
Postura punitiva	
Arrogo/grandiosidade	
Autocontrole/autodisciplina	
insuficientes	

Os esquemas condicionais, várias vezes, desenvolvem-se como tentativas de obtenção de alívio quanto a esquemas incondicionais, caracterizando-se como "secundários". Eis alguns exemplos:

Padrões inflexíveis em resposta à defectibilidade. A pessoa acredita que, "Se puder ser perfeito, então vou merecer amor."

Subjugação em resposta a abandono. O indivíduo acredita que "Se fizer tudo o que a outra pessoa quer e nunca ficar com raiva por isso, ela ficará comigo".

Auto-sacrifício em resposta à defectividade. "Se atender a todas as necessidades dessa pessoa e ignorar as minhas próprias, então ela vai me aceitar, apesar de meus defeitos, e não vou me sentir tão indigno de amor".

Costuma ser impossível cumprir as demandas dos esquemas condicionais o tempo todo. Por exemplo, é difícil subjugar-se totalmente e nunca ficar com raiva. É difícil ser tão exigente a ponto de ter todas as necessidades atendidas ou de se sacrificar o suficiente para atender todas as necessidades de outra pessoa. Na melhor das hipóteses, os esquemas condicionais podem escamotear os esquemas nucleares. O indivíduo é forçado a ficar aquém e, portanto, a ter de encarar a verdade do esquema nuclear mais uma vez. (Nem todos os esquemas condicionais vinculam-se a esquemas anteriores, sendo condicionais apenas no sentido de que, se a criança faz o que se espera dela, pode evitar as conseqüências temidas.)

Como os esquemas interferem na terapia cognitivo-comportamental tradicional

Muitos esquemas desadaptativos remotos têm potencial para sabotar a terapia cognitivo-comportamental tradicional. Os esquemas dificultam o cumprimento de muitos dos pressupostos dessa terapia apontados anteriormente neste capítulo. Por exemplo, com relação ao pressuposto de que se pode estabelecer uma aliança terapêutica positiva de forma razoavelmente rápida, os pacientes com esquemas no domínio de desconexão e rejeição (abandono, desconfiança/abuso, privação emocional, defectividade/vergonha) podem não ser capazes de estabelecer esse tipo de laço positivo descomplicado em um período curto. Da mesma forma, em termos da presunção de que os pacientes dispõem de um forte sentido de identidade e objetivos claros para orientar a escolha de focos do tratamento, aqueles com esquemas no domínio de autonomia e desempenho prejudicados (dependência, vulnerabilidade, emaranhamento/*self* subdesenvolvido, fracasso) podem não saber quem são e o que querem e, assim, não conseguir estabelecer objetivos de tratamento específicos.

A terapia cognitivo-comportamental supõe que os pacientes consigam acessar cognições e emoções e as verbalizar na terapia. Os pacientes com esquemas no domínio de direcionamento para o outro (subjugação, auto-sacrifício, busca de aprovação) podem estar demasiado concentrados em saber o que o terapeuta quer, para olhar dentro de si mesmos ou falar sobre os próprios pensamentos e sentimentos. Por fim, a terapia cognitivo-comportamental supõe que os pacientes possam cumprir os procedimentos do tratamento. Pacientes com esquemas no domínio de limites prejudicados (arrogo, autocontrole/autodisciplina insuficiente) podem estar demasiado desmotivados ou indisciplinados para tanto.

EVIDÊNCIAS EMPÍRICAS PARA ESQUEMAS DESADAPTATIVOS REMOTOS

Já foi realizada uma quantidade considerável de pesquisa sobre os esquemas desadaptativos remotos de Young, a maior parte dela, até agora, utilizando a forma longa do Questionário de Esquemas de Young (Young e Brown, 1990), embora haja estudos com a forma resumida em andamento. O Questionário de Esquemas de Young foi traduzido para muitas línguas, como francês, espanhol, holandês, turco, japonês e norueguês.

A primeira investigação ampla de suas propriedades psicométricas foi realizada por Schmidt, Joiner, Young e Telch (1995).

Os resultados desse estudo produziram coeficientes alfa, para cada esquema desadaptativo remoto, que iam de 0,83 (emaranhamento/*self* subdesenvolvido) a 0, 96 (defectividade/vergonha) e coeficientes de teste-reteste de 0, 50 a 0,82 em uma população não-clínica. As subescalas primárias demonstram confiabilidade de teste-reteste e coerência interna elevadas. O questionário também demonstrou boas validades convergentes e discriminantes em medidas de desconforto psicológico, auto-estima, vulnerabilidade cognitiva à depressão e sintomatologia de transtorno de personalidade.

Os investigadores conduziram uma análise fatorial com amostras clínicas e não-clínicas. As amostras revelaram conjuntos semelhantes de fatores primários que correspondiam muito aos esquemas de Young desenvolvidos clinicamente e às suas hipóteses de relações hierárquicas. Em uma amostra de estudantes universitários, surgiram 17 fatores, incluindo 15 de 16 propostos originalmente por Young (1990). Um esquema original, indesejabilidade social, não surgiu, ao passo que emergiram outros dois fatores não citados. Em um esforço para validação cruzada desta estrutura fatorial, Schmidt e colaboradores (1995) deram o Questionário de Esquemas de Young a uma segunda amostra de universitários da mesma população. Usando a mesma técnica de análise fatorial, os investigadores descobriram que, dos 17 fatores produzidos na primeira análise, 13 repetiram-se claramente na segunda amostra. Os investigadores também descobriram três outros fatores de ordem superior. Em uma amostra de pacientes, surgiram 15 fatores, incluindo 15 dos 16 originalmente propostos por Young (1990). Esses 15 fatores correspondiam a 54% da variância total (Schmidt et al., 1995).

Nesse estudo, o Questionário de Esquemas de Young demonstrou validade convergente com um teste de sintomatologia de transtorno de personalidade (Hyler, Rieder, Spitzer e Williams, 1987). Demonstrou também validade discriminante com medidas de depressão (Beck, Ward, Mendelson, Mock e Erbaugh, 1961) e auto-estima (Rosenberg, 1965) em uma população não-clínica de universitários.

Esse estudo foi replicado por Lee, Taylor e Dunn (1999) com uma população clínica australiana. Os investigadores realizaram análise fatorial. Segundo conclusões anteriores, 16 fatores surgiram como componentes primários, incluindo 15 de 16 originalmente propostos por Young. Apenas a escala de indesejabilidade social não foi sustentada (desde então, eliminamos a indesejabilidade social como esquema à parte e a fundimos com a defectividade.) Além disso, uma análise de fatores de ordem correspondeu em muito a alguns dos domínios de esquemas propostos por Young. Em termos gerais, este estudo mostra que o Questionário de Esquemas de Young possui coerência interna muito boa e que sua estrutura de fatores primários é estável em amostras clínicas de dois países diferentes e para diagnósticos diferentes.

Lee e colaboradores (1999) discutem algumas razões pelas quais os dois estudos produziram estruturas fatoriais um pouco diferentes, dependendo do uso de uma população clínica ou não-clínica. Os autores concluíram que as amostras de estudantes provavelmente tiveram efeitos de *variação*, por ser improvável que muitos deles sofressem de formas extremas de psicopatologia. Eles afirmam que a replicação da estrutura fatorial depende de se pressupor que os esquemas subjacentes à psicopatologia em populações clínicas também estejam presentes em uma amostra aleatória de estudantes universitários. Young sugere que os esquemas desadaptativos remotos estão, sim, presentes em populações não-clínicas, mas que se tornam exagerados e extremos em populações clínicas.

Outros estudos examinaram a validade dos esquemas individuais e o quão bem eles sustentam o modelo de Young. Freeman (1999) explorou o uso da teoria dos esquemas de Young como modelo explicativo para o processamento cognitivo não-racional. Usando uma amostra de sujeitos normais, Freeman concluiu que uma correlação menor com os esquemas desadaptativos remotos indicava maior ajuste interpessoal. Essa conclusão está de acordo com o preceito de Young de que os esquemas remotos são, por definição, negativos e disfuncionais.

Rittenmeyer (1997) examinou a validade convergente dos domínios de esquema de Young com o Inventário de Esgotamento de Maslach (Maslach e Jackson, 1986), um inventário de auto-avaliação elaborado para avaliar o impacto negativo de experiências estressantes. Em uma amostra de professores da Califórnia, Rittenmeyer (1997) concluiu que dois domínios de esquema, superconexão e padrões exagerados, tinham forte correlação com a escala de esgotamento emocional do Inventário de Esgotamento de Maslach. O domínio de superconexão também se correlacionava, embora não de maneira tão forte, com duas outras escalas, a de despersonalização e a de realização pessoal.

Carine (1997) investigou a utilidade da teoria dos esquemas de Young no tratamento de transtornos de personalidade usando os esquemas desadaptativos remotos, como variáveis preditoras, em uma análise funcional discriminante. Carine examinou se a presença dos esquemas de Young discriminava pacientes com psicopatologia do Eixo II do DSM-IV de pacientes com outros tipos de psicopatologia. Carine concluiu que a presença de transtorno do Eixo II estava indicado corretamente em 83% das vezes. Em apoio à teoria de Young, Carine também concluiu que o afeto parece parte intrínseca dos esquemas.

Embora o Questionário de Esquemas de Young não tenha sido projetado para mensurar transtornos de personalidade específicos do DSM-IV, há associações significativas entre esquemas desadaptativos remotos e sintomas de transtornos de personalidade (Schmidt et al., 1995). O escore total tem alta correlação com o escore total do Questionário de Diagnóstico de Personalidade – revisado (Hyler et al., 1987), uma escala de auto-avaliação de patologia de personalidade do DSM-III-R. Nesse estudo, os esquemas de autocontrole/autodisciplina insuficientes e defectividade apresentaram as mais fortes associações com sintomas de transtornos de personalidade. Esquemas específicos apresentaram associação significativa com sintomas de transtornos de personalidade. Por exemplo, desconfiança/abuso tem alta associação com o transtorno da personalidade paranóide; dependência, ao transtorno da personalidade dependente; autocontrole/autodisciplina insuficientes ao transtorno da personalidade *borderline*; e padrões inflexíveis, ao transtorno da personalidade obsessiva-compulsiva (Schmidt et al., 1995).

A BIOLOGIA DOS ESQUEMAS DESADAPTATIVOS REMOTOS

Nesta seção, propomos uma visão biológica dos esquemas, baseada em pesquisas recentes sobre emoção e biologia do cérebro (LeDoux, 1996). Enfatizamos que esta seção propõe *hipóteses* sobre possíveis mecanismos de desenvolvimento e modificação de esquemas, já que ainda não se realizaram pesquisas para estabelecer se essas hipóteses são válidas.

Pesquisas recentes sugerem que não existe um único sistema emocional no cérebro, e sim vários. Diferentes emoções relacionam-se com distintas funções de sobrevivência – como responder ao perigo, encontrar comida, fazer sexo e encontrar parceiros, cuidar dos filhos, estabelecer laços sociais, – e cada uma delas parece mediada por sua própria rede cerebral. Concentramo-nos na rede cerebral associada ao condicionamento do medo e trauma.

Sistemas cerebrais relacionados ao condicionamento do medo e trauma

Estudos sobre a biologia do cérebro indicam locais em que pode ocorrer ativação de esquemas baseados em eventos traumáticos de infância, como abandono ou abuso. Em seu resumo da pesquisa sobre a biologia das memórias traumáticas, LeDoux (1996, p. 239) escreve:

Durante uma situação de aprendizagem traumática, as memórias conscientes são estabelecidas por um sistema que envolve o hipocampo e áreas corticais relacionadas, ao passo que as memórias inconscientes são estabelecidas por mecanismos de condicionamento do medo que operam por meio de um sistema baseado nas amígdalas. Esses dois sistemas operam em paralelo e armazenam diferentes tipos de informação relacionada à experiência. Quando os estímulos presentes durante o trauma inicial são encontrados mais tarde, cada sistema é potencialmente capaz de recuperar suas memórias. No caso do sistema amigdaliano, a recuperação resulta na expressão de respostas corporais que preparam para o perigo e, no caso do sistema hipocampal, ocorrem lembranças conscientes.

Dessa forma, segundo LeDoux, os mecanismos cerebrais que registram, armazenam e recuperam memórias da importância emocional de um evento traumático diferem dos mecanismos que processam memórias e cognições conscientes sobre o mesmo evento. A amígdala armazena a memória emocional, enquanto o hipocampo e o neocórtex armazenam a memória cognitiva. As respostas emocionais podem ocorrer sem a participação de sistemas de processamento superior do cérebro, envolvidos no pensamento, no raciocínio e na consciência.

Características do sistema amigdaliano

Segundo LeDoux, o sistema amigdaliano dispõe de uma série de atributos que o distinguem do sistema hipocampal e dos córtices superiores.

- *O sistema amigdaliano é inconsciente.* Reações emocionais podem se formar na amígdala sem qualquer registro consciente dos estímulos. Como afirmou Zajonc (1984) há mais de duas décadas, as emoções podem existir sem cognições.[3]
- *O sistema amigdaliano é mais rápido.* Um sinal de perigo passa pelo tálamo em direção à amígdala e ao córtex, mas atinge a amígdala antes de atingir o córtex. Quando o córtex reconhece o sinal de perigo, a amígdala já começou a responder ao perigo. Como Zajonc (1984) também afirmou, as emoções podem existir antes das cognições.
- *O sistema amigdaliano é automático.* Uma vez que o sistema das amígdalas realiza uma avaliação do perigo, as emoções e as respos-

---

[3] Ao contrário de alguns cientistas cognitivos, definimos o termo *cognição* nesta seção como pensamentos ou imagens conscientes, e não como cognições "implícitas" ou simples percepções sensoriais.

tas corporais ocorrem automaticamente. Em contraste, os sistemas envolvidos no processamento cognitivo não se ligam tão intimamente às respostas automáticas. A característica distintiva do processamento cognitivo é a flexibilidade de resposta. Uma vez que tenhamos cognição, teremos opção.

- *As memórias emocionais no sistema amigdaliano parecem ficar permanentes.* LeDoux escreve: "Memórias inconscientes relacionadas ao medo estabelecidas através da amígdala parecem gravadas de forma indelével no cérebro e provavelmente ficarão conosco para a vida toda" (Le Doux, 1996, p. 252). Há um valor de sobrevivência em nunca esquecer estímulos perigosos. Essas memórias resistem à extinção. Em condições de estresse, mesmo medos que parecem extintos muitas vezes ressurgem espontaneamente. A extinção impede a expressão de respostas condicionadas com base em medo, mas não apaga as memórias subjacentes a essas respostas. "A extinção(...) envolve o controle cortical sobre o que sai da amígdala, mais do que apagar o quadro de memórias da amígdala" (Le Doux, 1996, p. 250). (Assim, dizemos que, provavelmente, os esquemas não podem ser curados completamente.)
- *O sistema amigdaliano não faz discriminações minuciosas.* O sistema da amígdala tende a evocar respostas condicionadas baseadas em medo diante de estímulos traumáticos. Visto que uma memória emocional é armazenada na amígdala, a exposição posterior aos estímulos que lembrem, mesmo levemente, aqueles que estavam presentes durante o trauma irão ativar a reação de medo. O sistema da amígdala proporciona uma imagem crua do mundo exterior, ao passo que o córtex oferece representações mais detalhadas e precisas. É o córtex o responsável por suprimir respostas com base em avaliações cognitivas. A amígdala evoca respostas, e não as inibe.
- *O sistema amigdaliano é anterior, em termos evolutivos, aos córtices superiores.* Quando uma pessoa se depara com uma ameaça, a amígdala dispara uma resposta de medo que mudou muito pouco ao longo dos tempos e que é compartilhada em todo o reino animal, talvez, até mesmo em espécies inferiores. O hipocampo também integra a parte evolutivamente mais antiga do cérebro, mas conecta-se ao neocórtex, que contém os córtices superiores de desenvolvimento mais tardio.

Implicações para o modelo dos esquemas

Consideremos algumas implicações possíveis desta pesquisa para a teoria dos esquemas. Como já dito, definimos um esquema desadaptativo remoto como um conjunto de memórias, emoções, sensações corporais e cognições que giram em torno de um tema de infância, como abandono, abuso, negligência ou rejeição. Pode-se conceituar a biologia cerebral de um esquema da seguinte forma: as emoções e as sensações corporais armazenadas no sistema amigdaliano portam todos os atributos listados antes. Quando um indivíduo encontra estímulos reminiscentes dos eventos de infância que levaram ao desenvolvimento do esquema, as emoções e sensações corporais associadas ao evento são ativadas inconscientemente pelo sistema amigdaliano; se o indivíduo está consciente delas, as emoções e sensações corporais ativam-se mais rapidamente do que as cognições. Essa ativação das emoções e sensações corporais é automática e, provavelmente constituirá uma característica permanente da vida do indivíduo, embora o grau de ativação possa ser reduzido com a cura do esquema. Por sua vez, as memórias e as cognições conscientes associadas ao trauma armazenam-se no sistema hipocampal e nos córtices superiores.

O fato de aspectos emocionais e cognitivos da experiência traumática localizarem-se em diferentes sistemas cerebrais pode explicar a impossibilidade de se alterarem os esquemas por meio de métodos cognitivos simples. Além disso, os componentes cognitivos de um esquema, inúmeras vezes, desenvolvem-se posteriormente, depois que as emoções e as sensações corporais já estiverem armazenadas na amígdala. Muitos esquemas se desenvolvem em uma etapa pré-verbal, originando-se antes que a criança tenha adquirido linguagem. Os esquemas pré-verbais surgem quando a criança é tão pequena que tudo o que está armazenado são memórias, emoções e sensações corporais. As cognições surgem mais tarde, quando a criança começa a pensar e a falar palavras. (Esse é um dos papéis do terapeuta: ajudar o paciente a atribuir palavras à experiência do esquema.) Portanto, as emoções têm primazia em relação às cognições no trabalho com vários esquemas.

Quando se ativa um esquema desadaptativo remoto, o indivíduo é inundado por emoções e sensações corporais. A pessoa pode conectar conscientemente ou não as emoções e sensações corporais à memória original. (Esse é outro papel do terapeuta: ajudar os pacientes a conectar as emoções e sensações corporais a memórias de infância.) As memórias encontram-se no coração do esquema, mas, via de regra, não estão explícitas na consciência, mesmo sob a forma de imagens. O terapeuta proporciona o apoio emocional à medida que o paciente luta para reconstruir essas imagens.

Implicações para a terapia do esquema

O primeiro objetivo da terapia do esquema é a consciência psicológica. O terapeuta ajuda os pacientes a identificar seus esquemas e a se tornar consciente de suas memórias de infância, emoções, sensações corporais, cognições e estilos de enfrentamento associados a eles. Uma vez que entendam seus esquemas e estilos de enfrentamento, os pacientes começam a exercer algum controle sobre suas respostas, aumentando o exercício de livre-arbítrio em relação aos esquemas. LeDoux (1996, p. 265) diz:

> A terapia é apenas mais uma forma de criar potenciação sináptica nas vias cerebrais que controlam a amígdala. As memórias emocionais da amígdala, como vimos, estão gravadas de forma indelével em seus circuitos. A melhor esperança que podemos ter é de regular sua expressão, e a única maneira é fazer com que o córtex controle a amígdala.

Sendo assim, o tratamento objetiva aumentar o controle consciente sobre os esquemas, trabalhando para enfraquecer as memórias, emoções, sensações corporais, cognições e comportamentos associados a eles.

O trauma infantil precoce afeta várias outras partes de nosso corpo. Os primatas separados de suas mães experimentam níveis elevados de cortisol plasmático. Se as separações se repetem, essas mudanças se tornam permanentes (Coe, Mendoza,

Smotherman e Levine, 1978; Coe, Glass, Wiener e Levine, 1983). Outras mudanças neurobiológicas resultantes da separação precoce da mãe são as mudanças nas enzimas que sintetizam catecolamina nas glândulas adrenais (Coe et al., 1978, 1983) e a secreção de serotonina hipotalâmica (Coe, Wiener, Rosenberg e Levine, 1985). Pesquisas com primatas também sugerem que o sistema opióide está envolvido na regulação da ansiedade de separação, e que o isolamento social afeta a sensibilidade e o número de receptores de opióides cerebrais (van der Kolk, 1987). Evidentemente, experiências de separação precoce resultam em mudanças físicas que afetam o funcionamento psicológico e que podem muito bem perdurar toda a vida.

OPERAÇÕES DOS ESQUEMAS

As duas operações de funcionamento fundamentais dos esquemas são a perpetuação e a cura. Pode-se dizer que todos os pensamentos, sentimentos, comportamentos e experiências de vida relevantes para um esquema ou o *perpetuam*, tornando-o mais elaborado e reforçado, ou o *curam*, enfraquecendo-o.

Perpetuação de esquemas

Perpetuação de esquemas refere-se a tudo que o paciente faz (internamente ou em termos comportamentais) que mantenha o esquema em funcionamento. Inclui todos os pensamentos, sentimentos e comportamentos que acabam por reforçar, em vez de curar o esquema e todas as profecias auto-confirmatórias que acabam por fazer com que a pessoa aja de forma a confirmar o esquema. Os esquemas são perpetuados por meio de três mecanismos básicos: distorções cognitivas, padrões de vida autoderrotistas e estilos de enfrentamento dos esquemas (discutidos em detalhe na próxima seção). Através de distorções cognitivas, o indivíduo percebe equivocadamente as situações, de maneira tal que o esquema é reforçado, acentuando a informação que o confirma ou negando a informação que o contradiz. Afetivamente, o indivíduo pode bloquear as emoções conectadas a um esquema. Quando bloqueia o sentimento, o esquema não atinge o nível da consciência, de forma que a pessoa não consegue dar passos para alterá-lo ou curá-lo. Em termos comportamentais, o indivíduo envolve-se em padrões autoderrotistas, escolhendo inconscientemente situações e relacionamentos que ativam e perpetuam o esquema e mantendo-se neles, enquanto evita relacionamentos que têm probabilidades de curá-lo. Em termos de relações interpessoais, os pacientes relacionam-se de formas que levam outras pessoas a responder negativamente, reforçando o esquema.

Exemplo clínico

Martine tem um esquema de defectividade, proveniente, em sua maior parte, da relação de infância com sua mãe. "Não havia nada de que minha mãe gostasse em mim", diz ela ao terapeuta, "e nada que eu pudesse fazer a respeito. Eu não era bonita, não era expansiva nem admirada, não tinha uma personalidade marcante, não sabia como me vestir com estilo. A única coisa que eu tinha, que era ser inteligente, não significava nada para ela".

Atualmente, Martine tem 31 anos e poucas amigas. Recentemente, seu namorado, Johnny, apresentou-a às namoradas de seus amigos. Martine gosta muito dessas mulheres, mas, embora tenha sido bem recebida, sente-se incapaz de estabelecer amizade com elas. "Eu não acho que elas gostem de mim", explica ao terapeuta. "Fico muito nervosa quando estou com elas. Não consigo me acomodar e me relacionar normalmente."

Em termos cognitivos, sentimentais, comportamentais e interpessoais, Martine age para perpetuar o esquema de defectividade com essas mulheres. Cognitivamente, distorce informações para que estas sustentem o esquema. Desconsidera os muitos gestos de amizade que essas pessoas já tiveram em relação a ela ("elas só estão sendo simpáticas por causa do Johnny, mas não gostam de mim de verdade") e interpreta falsamente o que elas fazem e dizem como evidências de que não gostam dela. Por exemplo, quando uma dessas mulheres, Robin, não convidou Martine para ser madrinha de seu casamento, ela já concluiu que Robin a "detesta", ainda que ela não a conhecesse por tempo suficiente para ser madrinha de seu casamento. Em termos sentimentais, Martine possui respostas emocionais fortes a eventos que lembrem, mesmo que minimamente, os ativadores de seus esquemas infantis. Ela fica irritada com qualquer coisa que perceba como rejeição, não importa quão leve seja. Quando Robin não lhe convidou para ser madrinha de casamento, por exemplo, Martine sentiu-se totalmente indigna e constrangida. "Eu me odeio", disse ela ao terapeuta.

Esta paciente gravita em relacionamentos que têm probabilidades de repetir sua relação de infância com a própria mãe. No grupo de mulheres, ela busca a amizade de uma que é mais difícil de agradar, que é muito crítica, e, assim como fazia com sua mãe quando criança, Martine comporta-se com ela de forma diferente e desculpando-se.

Quase todos os pacientes com transtornos caracterológicos repetem, de forma autoderrotista, padrões negativos advindos da infância. De maneira crônica e generalizada, desenvolvem pensamentos, emoções, comportamentos e meios de relacionar-se que perpetuam seus esquemas. Ao fazê-lo, continuam, involuntariamente, a recriar em suas vidas adultas as condições que mais lhes prejudicaram na infância.

Cura de esquemas

A cura de esquemas é a finalidade última da terapia do esquema. Como um esquema trata-se de um conjunto de memórias, emoções, sensações corporais e cognições, sua cura envolve a redução de todos estes: a intensidade das memórias conectadas ao esquema, sua carga emocional, a força das sensações corporais e as soluções desadaptativas. A cura de esquemas também envolve a mudança comportamental, à medida que os pacientes aprendem a substituir estilos de enfrentamento desadaptativos por padrões de comportamentos adaptativos. Sendo assim, o tratamento inclui intervenções cognitivas, afetivas e comportamentais. À medida que se cura um esquema, ele torna-se cada vez mais difícil de ativar. Quando ativado, a experiência é menos sufocante, e o paciente recupera-se mais rápido.

A trajetória da cura de esquemas costuma ser árdua e longa. Modificá-los é difícil, pois configuram crenças profundamente arraigadas sobre si e sobre o mundo, aprendidas desde muito cedo. Inúmeras vezes, constituem tudo o que o paciente conhece. Por mais destrutivos que sejam, os esquemas proporcionam ao paciente um sentimento de segurança e previsibilidade. Os pacientes resistem a abster-se deles porque são fundamentais à sua sensação de identidade. É desagregador renunciar a um esquema. O mundo inteiro balança; por isso, a resistência à terapia configura uma forma de autopreservação, uma tentativa de se agarrar à sensação de controle e coerência interior. Renunciar a um esquema é abrir mão do conhecimento de quem se é ou de como é o mundo.

A cura de esquemas requer a disposição de enfrentar o esquema e travar batalhas contra ele, e demanda disciplina e prática freqüentes. Os pacientes devem observar sistematicamente o esquema e trabalhar a cada dia para mudá-lo. A menos que seja corrigido, o esquema irá se perpetuar. A terapia é como declarar guerra contra o esquema: terapeuta e paciente formam uma aliança para derrotá-lo, com o objetivo de fazer com que desapareça. O objetivo, contudo, costuma ser um ideal inalcançável: a maioria dos esquemas nunca se cura completamente, porque não se pode erradicar as memórias associadas a eles.

Os esquemas nunca desaparecem de todo. Em lugar disso, quando curados, ativam-se com menos freqüência, e o sentimento associado torna-se menos intenso, não durando tanto. Os pacientes respondem à ativação de seus esquemas de maneira saudável. Escolhem parceiros e amigos mais amorosos, e vêem a si mesmos de forma mais positiva. Apresentamos uma visão geral de como curar esquemas na última seção deste capítulo.

ESTILOS E RESPOSTAS DE ENFRENTAMENTO DESADAPTATIVAS

Os pacientes desenvolvem estilos e respostas de enfrentamento desadaptativas desde cedo em suas vidas para se adaptar a esquemas, para que não tenham de vivenciar as emoções intensas e pesadas que os esquemas geralmente engendram, mas é importante lembrar que, embora os estilos de enfrentamento auxiliem os pacientes a evitar um esquema, não o curam. Dessa forma, todos os estilos de enfrentamento desadaptativos ainda servem como elementos no processo de perpetuação do esquema.

A terapia do esquema diferencia o esquema em si das estratégias que a pessoa utiliza para enfrentá-lo. Sendo assim, em nosso modelo, o esquema em si contém memórias, emoções, sensações corporais e cognições, mas não as respostas comportamentais do indivíduo. *O comportamento não é parte do esquema, e sim parte da resposta de enfrentamento*. O esquema provoca o comportamento. Embora a maior parte das respostas de enfrentamento seja comportamental, os pacientes também enfrentam o esquema por meio de estratégias cognitivas e emotivas. Quer o estilo de enfrentamento se manifeste por meio de cognição, sentimento ou comportamento, não consiste parte do esquema em si.

Diferenciamos esquemas de estilos de enfrentamento porque cada paciente usa diferentes estilos em situações diversas, em etapas distintas de suas vidas, para enfrentar o mesmo esquema. Portanto, os estilos de enfrentamento para um determinado esquema não necessariamente permanecem estáveis para uma pessoa com o passar do tempo, ao contrário do esquema em si. Além disso, diferentes pacientes usam comportamentos muito variáveis, até mesmo opostos, para enfrentar o mesmo esquema.

Por exemplo, considere três pacientes que em geral enfrentam seus esquemas de defectividade por meio de mecanismos diferentes. Embora todos os três sintam-se fracassados, um busca parceiros e amigos críticos, outro evita aproximar-se de quem quer que seja, e o terceiro adota uma atitude crítica e superior em relação a outras pessoas. Portanto, o comportamento de enfrentamento não é intrínseco ao esquema.

Três estilos de enfrentamento desadaptativos

Todos os organismos possuem três respostas básicas à ameaça: lutar, fugir ou paralisar-se. Elas correspondem aos três estilos de enfrentamento: *hipercompensação*, *evitação* e *resignação*. Em termos muito amplos, a luta é hipercompensação; a fuga, evitação, e a paralisia, resignação.

No contexto da infância, um esquema desadaptativo remoto representa a presença de uma ameaça. A ameaça é uma frustração de algumas das necessidades emocionais fundamentais da criança (vínculo seguro, autonomia, liberdade de autoexpressão, espontaneidade e lazer, ou limites realistas). A ameaça também pode incluir o medo das intensas emoções que o esquema ativa. Deparando-se com essa ameaça, a criança pode reagir por meio de alguma combinação dessas três respostas de enfrentamento: resignar-se, evitar ou hipercompensar. Todos os três estilos de enfrentamento costumam operar fora da consciência, ou seja, inconscientemente. Em qualquer situação dada, é provável que a criança utilize apenas um deles, mas talvez apresente estilos de enfrentamento diferentes em distintas situações com esquemas diferentes (apresentamos exemplos desses três estilos a seguir).

Assim, a ativação de um esquema é uma ameaça – a frustração de uma necessidade emocional fundamental e as emoções concomitantes – à qual o indivíduo responde com um estilo de enfrentamento. Esses estilos de enfrentamento, via de regra, são adaptativos na infância e considerados mecanismos de sobrevivência saudáveis, mas tornam-se desadaptativos à medida que a criança cresce, pois os estilos de enfrentamento continuam a perpetuar o esquema, mesmo quando as condições mudam e a pessoa dispõe de opções mais adequadas. Os estilos de enfrentamento desadaptativos acabam por manter os pacientes aprisionados a seus esquemas.

Resignação aos esquemas

Ao se resignar a um esquema, os pacientes consentem com o mesmo. Não tentam evitá-lo nem lutam contra ele, aceitando que é verdadeiro. Sentem diretamente o sofrimento emocional do esquema e agem de maneira a confirmá-lo. Sem perceberem o que fazem, repetem os padrões evocados pelo esquema, de forma que, quando adultos, continuam a reviver as experiências de infância que o engendraram. Quando encontram gatilhos ativadores, as respostas emocionais são desproporcionais, e os indivíduos vivenciam suas emoções de forma integral e consciente. Em termos comportamentais, escolhem parceiros que têm mais probabilidades de tratá-los como "o pai ou a mãe agressivo" o fez no passado, a exemplo de Natalie, a paciente deprimida que descrevemos anteriormente, que escolheu um marido, Paul, que a privava emocionalmente. Depois, costumam relacionar-se com esses parceiros de maneira passiva e complacente, perpetuando o esquema. Na relação terapêutica, esses pacientes podem também representar o esquema consigo mesmos no papel de "criança", e o terapeuta, no de "pai ou mãe agressivo".

Evitação de esquemas

Quando utilizam a evitação como estilo de enfrentamento, os pacientes tentam organizar suas vidas de maneira que o esquema nunca seja ativado. Tentam viver sem consciência dele, como se não existisse; evitam pensar a respeito dele; bloqueiam pensamentos e imagens que provavelmente o ativem, e, quando esses pensamentos e imagens surgem, os indivíduos distraem-se ou os repelem. Evitam sentir o esquema; quando esses sentimentos vêm à tona, refutam-nos por reflexo. Podem beber em excesso, ingerir drogas, fazer sexo promíscuo, comer demais, limpar compulsivamente, buscar estimulações ou se tornar viciados no trabalho. Quando interagem com outros, podem parecer perfeitamente normais. Costumam evitar situações que ativem o esquema, como relacionamentos íntimos ou desafios profissionais. Muitos pacientes afastam-se por completo de atividades nas quais se sentem vulneráveis. Inúmeras vezes, evitam a terapia – por exemplo, podem "esquecer-se" de realizar tarefas de casa, deixar de expressar sentimentos, levantar apenas questões superficiais, chegar atrasados às seções ou encerrar o tratamento prematuramente.

Hipercompensação de esquemas

Quando hipercompensam, os pacientes lutam contra o esquema pensando, sentindo, comportando-se e relacionando-se como se o oposto do esquema fosse verdadeiro. Dedicam-se a ser o mais diferente possível das crianças que foram quando o esquema foi adquirido. Se se sentiam sem valor quando crianças, como adultos tentam ser perfeitos; se foram subjugados quando crianças, como adultos desafiam a todos; se foram controlados quando crianças, como adultos controlam outras pessoas ou rejeitam todas as formas de influência; se abusados, abusam de outros. Diante do esquema, contra-atacam. Na superfície, são autoconfiantes e seguros, mas, no íntimo, sentem a pressão do esquema ameaçando uma erupção.

A hipercompensação pode ser considerada uma tentativa parcialmente saudável de lutar contra o esquema que avança os limites, de forma que o esquema é perpetuado em vez de curado. Muitos "hipercompensadores" parecem saudáveis; na verdade, algumas das pessoas mais admiradas na sociedade – estrelas da mídia, líderes políticos, gigantes empresariais – muitas vezes são hipercompensadores. É saudável lutar contra um esquema, desde que o comportamento seja proporcional à situação, que se levem em conta os sentimentos de outros e que se possa esperar razoavelmente chegar ao resultado desejado, mas os hipercompensadores costumam ater-se ao contra-ataque, com um comportamento excessivo, insensível e improdutivo.

Por exemplo, é saudável que os pacientes subjugados exerçam mais controle sobre suas vidas, mas, quando hipercompensam, tornam-se excessivamente controladores e dominadores e acabam por afastar outras pessoas. Um paciente que hipercompensa a subjugação não consegue permitir que terceiros assumam a frente, mesmo em casos em que é saudável fazê-lo. Da mesma forma, é saudável para um paciente emocionalmente privado pedir apoio emocional a outras pessoas, mas um paciente que hipercompensa a privação emocional ultrapassa os níveis adequados, tornando-se demasiado exigente e arrogando-se privilégios.

A hipercompensação desenvolve-se porque oferece uma alternativa ao sofrimento causado pelo esquema. É uma forma de escapar da sensação de impotência e vulnerabilidade que o paciente sentiu quando cresceu. Hipercompensações narcisistas, por exemplo, geralmente servem para ajudar os pacientes a lidar com sentimentos fundamentais de privação emocional e defectividade. Em lugar de se sentir ignorados ou inferiores, esses pacientes podem se sentir especiais e superiores. Entretanto, embora bem-sucedidos no universo exterior, os pacientes narcisistas geralmente não estão em paz consigo mesmos. Sua hipercompensação os isola e acaba por lhes trazer infelicidade. Eles continuam a hipercompensar, não importando o quanto isso afaste outras pessoas, e assim perdem a capacidade de se conectar profundamente com outros indivíduos. Estão tão envolvidos em parecer perfeitos que descuidam da intimidade verdadeira. Mais além, não importa o quanto tentem ser perfeitos, acabarão falhando em algo, mais cedo ou mais tarde, e raramente sabem como lidar com a derrota de forma construtiva. São incapazes de assumir responsabilidades por seus fracassos ou de reconhecer suas limitações e, portanto, têm dificuldades de aprender com os próprios erros. Quando experimentam reveses suficientemente significativos, sua capacidade de hipercompensar vem abaixo, e eles, muitas vezes, descompensam, tornando-se clinicamente deprimidos. Quando a Hipercompensação não funciona, os esquemas por trás dela se reafirmam com uma enorme força emocional.

Levantamos a hipótese de que o temperamento é um dos principais fatores para determinar por que os indivíduos desenvolvem determinados estilos de enfrentamento em vez de outros. Na verdade, o temperamento provavelmente cumpre um papel maior na determinação dos estilos dos pacientes do que na determinação de seus esquemas. Indivíduos com temperamento passivo, por exemplo, provavelmente têm mais chances de se render ou evitar, ao passo que os que têm temperamentos agressivos apresentam mais chances de hipercompensar. Outro fator que explica por que os pacientes adotam um determinado estilo de enfrentamento é a internalização seletiva, ou modelação. As crianças podem modelar seu comportamento de enfrentamento a partir do de um dos pais com o qual se identificam.

Aprofundamos os estilos de enfrentamento no Capítulo 5.

Respostas de enfrentamento

Respostas de enfrentamento são os comportamentos *específicos*, através dos quais os três estilos de enfrentamento são expressados. Todas as respostas a ameaças contidas no repertório comportamental do indivíduo, todas as formas únicas e idiossincráticas com que os pacientes manifestam hipercompensação, evitação ou resignação são respostas de enfrentamento. Quando o indivíduo tem por hábito adotar determinadas respostas de enfrentamento, elas se associam para formar "estilos de enfrentamento". Um estilo de enfrentamento é um traço, ao passo que uma resposta de enfrentamento é um estado. Um estilo de enfrentamento consiste em um conjunto de respostas de enfrentamento que um indivíduo costuma usar a fim de evitar a resignação ou a hipercompensação. Uma resposta de enfrentamento é um comportamento específico (ou estratégia) que a pessoa exibe em um determinado momento. Por exemplo, consideremos um paciente que usa alguma forma de evitação em quase todas as situações em que é ativado seu esquema de abandono. Quando sua namorada ameaçou terminar o relacionamento, ele foi para casa e bebeu cerveja até desmaiar. Nesse exemplo, a evitação é o *estilo* de enfrentamento do paciente para abandono, e beber cerveja foi sua *resposta* de enfrentamento nessa situação com a namorada. (Discutimos essa distinção mais profundamente na seção seguinte, sobre modos de esquemas.)

A Tabela 1.1 lista alguns exemplos de respostas de enfrentamento desadaptativas para cada esquema. A maioria dos pacientes usa uma combinação de respostas e estilos de enfrentamento. Às vezes se rendem, às vezes evitam, outras vezes hipercompensam.

Esquemas, respostas de enfrentamento e diagnósticos do Eixo II

Acreditamos que o sistema de diagnóstico do Eixo II no DSM-IV têm falhas graves. Em outra publicação (Young e Gluhoski, 1996), analisamos essas muitas limitações, incluindo a confiabilidade e a validade baixas para várias categorias e o nível inaceitável de sobreposição entre categorias. Neste capítulo, contudo, enfatizamos o que consideramos falhas conceituais mais fundamentais do Eixo II. Parece-nos que, em uma tentativa de estabelecer critérios baseados em comportamentos observáveis, seus criadores perderam a essência daquilo que diferencia transtornos de Eixo I e Eixo II, e o que torna os transtornos crônicos difíceis de tratar.

Segundo nosso modelo, os esquemas internos estão no centro dos transtornos de personalidade, e os padrões comportamentais no DSM-IV são, basicamente, respostas aos esquemas nucleares. Como enfatizamos, a cura dos esquemas deveria constituir o objetivo central no trabalho com os pacientes em nível caracterológico. A eliminação permanente das respostas de enfrentamento desadaptativas é quase impossível sem a mudança dos esquemas que as provocam. Além disso, como os comportamentos de enfrentamento não são tão estáveis quanto os esquemas, pois mudam conforme o esquema, a situação e a etapa de vida em que se encontra o paciente, os sintomas (e o diagnóstico) parecerão se alterar quanto tentarmos mudá-los.

Para a maioria das categorias do DSM-IV, os comportamentos de enfrentamento consistem em transtornos de personalidade. Vários critérios diagnósticos são as listas de respostas de enfrentamento. O modelo de esquemas, por sua vez, dá conta de padrões caracterológicos crônicos e generalizados em termos de esquemas e respostas de enfrentamento; ele relaciona os esquemas e as respostas de enfrentamento a suas origens no início da infância, e apresenta implicações diretas e claras para o tratamento. Além disso, considera-se cada paciente como um perfil único, incluindo vários esquemas e respostas de enfrentamento, cada um deles presente em diferentes níveis de intensidade (dimensionais) em lugar de uma única categoria de Eixo II.

MODOS DE OPERAÇÃO DOS ESQUEMAS

O conceito de modo de esquema é, provavelmente, a parte mais difícil de explicar na teoria do esquema, porque engloba muitos elementos. Os modos de operação dos esquemas são os estados emocionais e respostas de enfrentamento – adaptativos e desadaptativos – que vivenciamos a cada momento. Freqüentemente, nossos modos de esquemas são ativados por situações de vida às quais somos supersensíveis (nossos "botões emocionais"). Diferentemente da maioria dos construtos de esquema, estamos muito interessados em trabalhar com os modos adaptativos e desadaptativos. Na verdade, tentamos ajudar os pacientes a cambiar, passando de um modo disfuncional a um modo funcional, como parte do processo de cura do esquema.

Em qualquer momento determinado, alguns de nossos esquemas ou de nossas operações de funcionamento de esquemas (incluindo as respostas de enfrentamento) estão inativos ou latentes, enquanto outros são ativados por eventos e predominam em nosso humor e em nosso comportamento naquele momento. O estado predominante em que estamos em um dado momento se chama "modo de esquema". Usamos o termo "cambiar" para nos referir à mudança de um modo a outro. Como já dissemos, esse estado pode ser adaptativo ou desadaptativo. Todos cambiamos, de um modo a outro, ao longo do tempo. Um modo, portanto, responde à seguinte pergunta: neste momento, que conjunto de esquemas ou operações de esquema o paciente está?

Nossa definição revisada de modo de esquema: são os esquemas ou operações de esquemas, adaptativos ou desadaptativos, que estão ativos no indivíduo no momento. Num modo de esquema *disfuncional* é ativado quando esquemas desadaptativos ou respostas de enfrentamento específicos irrompem em forma de emoções desagradáveis, respostas de evitação ou comportamentos autoderrotistas que assumem o controle do funcionamento do indivíduo.

Tabela 1.1 Exemplos de respostas de enfrentamento desadaptativas

Esquemas desadaptativos remotos	Exemplos de resignação	Exemplos de evitação	Exemplos de hipercompensação
Abandono/Instabilidade	Escolhe parceiros com os quais não consegue estabelecer compromisso e se mantém no relacionamento.	Evita relacionamentos íntimos.	"Agarra-se" ao parceiro e o "sufoca" a ponto de afastá-lo. Ataca veementemente o parceiro até mesmo por pequenas separações.
Desconfiança/Abuso	Escolhe parceiros abusivos e permite o abuso.	Evita se tornar vulnerável e acreditar em qualquer pessoa; mantém segredos.	Usa e abusa de outros ("pegue-os antes que eles lhe peguem").
Privação emocional	Escolhe parceiros que lhe privam emocionalmente e não lhes pede que atendam suas necessidades.	Evita totalmente relacionamentos íntimos.	Age de forma emocionalmente exigente com parceiros e amigos íntimos.
Defectividade/Vergonha	Escolhe amigos que o criticam e rejeitam; diminui a si próprio.	Evita expressar os verdadeiros pensamentos e sentimentos e deixar que os outros se aproximem.	Critica e rejeita os outros, enquanto aparenta ser perfeito.
Isolamento social/Alienação	Em reuniões sociais, concentra-se exclusivamente nas diferenças em relação a outros, em vez de nas semelhanças.	Evita situações sociais e grupos.	Torna-se um camaleão para ajustar-se a grupos.
Dependência/Incompetência	Pede a pessoas importantes (pais, cônjuge) que tomem todas as suas decisões financeiras.	Evita assumir novos desafios, como aprender a dirigir.	Torna-se tão autossuficiente que não pede nada a ninguém ("contradependente").
Vulnerabilidade ao dano ou a doença	Lê obsessivamente sobre catástrofes em jornais e as prevê em situações cotidianas.	Evita ir a lugares que não pareçam totalmente "seguros".	Age de forma negligente, sem consideração pelo perigo ("contrafóbico").
Fracasso	Faz as coisas com pouca dedicação ou de forma descuidada.	Evita completamente desafios profissionais. Posterga as tarefas.	Torna-se uma pessoa muito bem-sucedida, estimulando-se ininterruptamente.

(Continua)

Tabela 1.1 (*Continuação*)

Esquemas desadaptativos remotos	Exemplos de resignação	Exemplos de evitação	Exemplos de hipercompensação
Arrogo/Grandiosidade	Pressiona as outras pessoas para que tudo aconteça à sua maneira. Jacta-se de suas próprias realizações.	Evita situações nas quais é médio, e não superior.	Presta atenção excessiva às necessidades alheias.
Autocontrole/ Autodisciplina insuficientes	Desiste rapidamente de tarefas de rotina.	Evita empregos e não aceita responsabilidade.	Torna-se exageradamente autocontrolado ou autodisciplinado.
Subjugação	Deixa que outros indivíduos controlem situações e tomem decisões.	Evita situações que possam envolver conflito com outros indivíduos.	Rebela-se contra a autoridade.
Busca de aprovação/ Busca de reconhecimento	Age para impressionar outras pessoas.	Evita interagir com aqueles cuja aprovação é cobiçada.	Faz o que pode para conseguir a desaprovação de outros. Mantém-se em segundo plano.
Negativismo/Pessimismo	Concentra-se no negativo. Ignora o positivo. Preocupa-se constantemente. Faz muitos esforços para evitar qualquer resultado negativo possível.	Bebe para dissipar sentimentos pessimistas e infelicidade.	É exageradamente otimista (do tipo "Poliana"). Nega realidades desagradáveis.
Inibição emocional	Mantém uma conduta calma, sem intensidade emocional.	Evita situações nas quais as pessoas discutem ou expressam sentimentos.	Tenta, de forma desajeitada, ser "a animação da festa", ainda que pareça pouco natural.
Padrões inflexíveis/ Postura crítica exagerada	Gasta muito tempo tentando ser perfeito.	Evita ou posterga situações e tarefas em que o desempenho será julgado.	Não se importa nem um pouco com os padrões – cumpre tarefas de maneira apressada e descuidada.
Postura punitiva	Trata a si mesmo e a outros de maneira dura e punitiva.	Evita outros por medo de punição.	Comporta-se de maneira exageradamente clemente.

Um indivíduo pode passar de um modo de esquema disfuncional a outro. Quando esse câmbio ocorre, diferentes esquemas ou respostas de enfrentamento, antes latentes, são ativadas.

Modos de esquemas disfuncionais como estados dissociados

Visto de maneira diferente, um modo de esquema disfuncional é uma faceta do *self* com esquemas ou operações de esquemas específicos que não foi totalmente integrada a outras facetas. Segundo essa perspectiva, os modos de esquema podem caracterizar-se pelo grau em que um determinado estado provocado por esquemas se tornou dissociado, ou desconectado, dos outros modos de um indivíduo. Um modo de esquema disfuncional, portanto, é uma parte do *self* desconectada em algum nível de outros aspectos do *self*.

Um modo de esquema disfuncional pode ser descrito como o ponto em um *espectro* de dissociação em que se encontra o modo específico. Se o indivíduo for capaz de vivenciar ou combinar simultaneamente mais de um modo, o nível de dissociação é mais baixo. Via de regra, referimo-nos a essa forma leve de modo de esquema como uma mudança de humor normal, como um estado de humor alegre ou de humor zangado. No nível mais alto de dissociação, está um paciente com transtorno dissociativo de identidade (ou transtorno da personalidade múltipla). Nesses casos, o indivíduo em um modo talvez nem saiba que existe outro modo, e, em casos extremos, um paciente com transtorno dissociativo de identidade pode ter um nome próprio diferente em cada modo. Adiante, discutiremos mais profundamente esse conceito de modos como estados dissociativos.

Identificamos 10 modos de esquemas, embora outros certamente serão identificados no futuro. Os modos foram agrupados em quatro categorias gerais: modos criança, modos enfrentamento disfuncional, modos pais disfuncionais e modos adulto saudável. Alguns modos são saudáveis ao indivíduo, ao passo que outros são desadaptivos. Trataremos com mais detalhe desses dez modos em seção posterior.

Um objetivo importante da terapia do esquema é ensinar os pacientes a fortalecer seus modos adulto saudável, de forma que aprendam a navegar, lidar, cuidar ou neutralizar modos disfuncionais.

O desenvolvimento do conceito de modo

O conceito de modos de esquema originou-se de nosso trabalho com pacientes portadores de transtorno da personalidade *borderline*, embora agora o apliquemos também a outras categorias de diagnóstico. Um dos problemas de aplicar o modelo de esquemas em pacientes com transtorno da personalidade *borderline* residia no fato de que o número de esquemas e respostas de enfrentamento por eles apresentado era demasiado elevado para que paciente e terapeuta lidassem com todos ao mesmo tempo. Concluímos, por exemplo, que, quando aplicamos a pacientes com transtorno da personalidade *borderline* o Questionário de Esquemas de Young, é comum que eles tenham escores altos em quase todos os 16 esquemas avaliados. Concluímos, então, que precisávamos de uma unidade de análise diferente, que pudesse agrupar os esquemas e os tornasse mais manejáveis.

No caso de pacientes com transtorno da personalidade *borderline*, a aplicação do modelo de esquemas original era prolemática também devido à sua constante oscilação de um estado afetivo ou resposta de enfrentamento a outro: em um momento tais pacientes tinham raiva, no momento seguinte poderiam estar tristes, distanciados, evitativos, robóticos, apavorados, impulsivos ou cheios de ódio de si próprios. Nosso modelo original, por focar nos construtos de traço – um esquema ou do câmbio estilo de enfrentamento – não parecia suficiente para dar conta do fenômeno do câmbio dos estados.

Aprofundemo-nos um pouco mais nessa distinção estado-traço, e sua relação com a terapia do esquema. Quando um indivíduo tem um esquema, não quer dizer que em todos os momentos esse esquema encontra-se ativado. Em vez disso, o esquema é um traço que pode estar ou não ativado em um dado momento. Da mesma forma, os indivíduos têm estilos de enfrentamento característicos, que podem estar ou não em uso em um dado momento. Dessa forma, nosso modelo original de traço discorre sobre o funcionamento do paciente no decorrer do tempo, mas não sobre seu estado atual. Como os pacientes com transtorno da personalidade *borderline* são muito instáveis, decidimos nos afastar do modelo de traço e nos dirigir ao modelo de estado, tendo o modo de esquema como construto conceitual básico.

Quando observamos cuidadosamente pacientes específicos, notamos que seus esquemas e suas respostas de enfrentamento tendem a se agrupar em partes do *self*. Certos agrupamentos de esquemas ou respostas de enfrentamento são ativados juntos. Por exemplo, no modo criança vulnerável, o afeto é de uma criança desamparada – frágil, assustada e triste. Quando um paciente está nesse modo, esquemas de privação emocional, abandono e vulnerabilidade podem ser ativados simultaneamente. O modo criança zangada muitas vezes se apresenta com o afeto de uma criança furiosa, com acesso de raiva. O modo protetor desligado caracteriza-se pela ausência de emoções, combinada com altos níveis de evitação. Dessa forma, alguns dos modos compõem-se basicamente por esquemas, enquanto outros representam respostas de enfrentamento.

Cada paciente exibe determinados modos de esquema característicos, ou seja, agrupamentos característicos de esquemas e respostas de enfrentamento. Da mesma forma, alguns diagnósticos de Eixo II são descritos em termos de seus modos típicos. Por exemplo, o paciente com transtorno da personalidade *borderline* típico exibe quatro modos de esquemas e passa rapidamente de um a outro. Em um momento, está no modo criança abandonada, vivenciando o sofrimento de seus esquemas; no momento seguinte, cambia para o modo criança zangada expressando raiva; ele pode, então, cambiar para o modo pais punitivos, e punir a criança abandonada; finalmente, recolhe-se ao modo protetor desligado, bloqueando suas emoções e afastando-se das pessoas para proteger-se.

Os modos como estados dissociados

Mencionamos brevemente que nosso conceito de modo de esquema tem a ver com um espectro de dissociação. Embora tenhamos claro que o diagnóstico tornou-se polêmico, vemos as diferentes personalidades de pacientes com transtorno dissociativo de identidade como formas extremas de modos disfuncionais. Diferentes partes do *self* dividiram-se em distintas personalidades que, inúmeras vezes, não estão conscientes umas das outras e que podem ter diferentes nomes, idades, gêneros, traços de personalidade, memórias e funções. As identidades dissociativas típicas desses pacientes consistem em uma criança de determinada idade que vivenciou trauma grave, pai ou mãe internalizados que atormentam, criticam ou perseguem a criança, ou um modo de enfrentamento de tipo adulto, que, de alguma forma, protege ou bloqueia a criança. Acreditamos que as identidades dissociativas no transtorno dissociativo de identidade diferem dos modos de pacientes com transtorno da personalidade *borderline* principalmente em grau e número. Tanto os modos de personalidades múltiplas quanto os modos de personalidade *borderline* constituem-se em partes do *self* dividido, mas os modos *borderlines* não foram divididos no mesmo grau. Ademais, pacientes com transtorno dissociativo de identidade geralmente possuem mais modos do que pacientes com transtorno da personalidade *borderline* porque com freqüência têm mais de um modo de cada tipo (por exemplo, três modos criança vulnerável, cada um em uma idade diferente).

O indivíduo psicologicamente saudável tem modos reconhecíveis, mas o sentido de um *self* unificado permanece intacto. O indivíduo saudável pode passar a um humor desligado e zangado em resposta a mudanças nas circunstâncias, mas tais modos irão diferir dos modos *borderlines* em vários aspectos importantes. Em primeiro lugar, como dissemos, os modos normais são menos dissociados do que os *borderline*. Indivíduos saudáveis podem vivenciar mais de um modo simultaneamente, por exemplo, ficarem tristes e felizes em relação a um evento, produzindo assim uma sensação "agridoce". Por outro lado, quando falamos de um modo *borderline*, referimo-nos a uma parte do *self* separada das outras partes de uma forma pura e intensa. O indivíduo é assustado ao extremo ou completamente enraivecido. Em segundo lugar, modos normais são menos rígidos e mais flexíveis e abertos a mudanças do que os de pacientes com problemas caracterológicos graves. Em termos piagetianos, mais abertos à acomodação em resposta à realidade (Piaget, 1962).

Em resumo, os modos variam de um indivíduo para outro em várias dimensões:

Dissociado	←→	Integrado
Não-reconhecido	←→	Reconhecido
Desadaptativo	←→	Adaptivo
Extremo	←→	Moderado
Rígido	←→	Flexível
Puro	←→	Mesclado

Outra diferença entre indivíduos saudáveis e mais comprometidos reside na força e na eficácia do modo adulto saudável. Embora todos tenhamos um modo adulto saudável, ele é mais forte e presente com mais freqüência em pessoas psicologicamente saudáveis. Pode moderar e curar modos disfuncionais. Por exemplo, quando sentem raiva, as pessoas psicologicamente saudáveis dispõem de um modo adulto saudável que costuma impedir que as emoções e os comportamentos saiam de controle. Por outro lado, pacientes com transtorno da personalidade *borderline* geralmente têm um modo adulto saudável muito frágil, de forma que, quando se ativa o modo criança zangada, não há força suficiente para contrabalançar. A raiva toma conta quase que por completo da personalidade do paciente.

Dez modos de esquemas

Identificamos dez modos de esquemas que podem ser agrupados em quatro categorias amplas: modos criança, modos enfrentamento disfuncional, modos pais disfuncionais e modos adulto saudável. Acreditamos que os modos criança são inatos e universais, ou seja, todas as crianças nascem com potencial para manifestá-los. Identificamos quatro: os modos criança vulnerável, criança zangada, criança impulsiva/indisciplinada e criança feliz. (Essas denominações são termos gerais. Na terapia real, individualizamos os nomes dos modos em colaboração com os pacientes. Por exemplo, podemos nos referir ao modo criança vulnerável como Aninha, ou Carol Abandonada.)

A criança vulnerável é o modo em que geralmente se apresenta maioria dos esquemas nucleares: a criança abandonada, a criança abusada, a criança privada ou a criança rejeitada. A criança zangada é a parte que está com raiva por não ter suas necessidades emocionais atendidas, que age com base nessa raiva, sem considerar as conseqüências. A criança impulsiva/indisciplinada expressa emoções, age a partir de desejos e segue vontades naturais de momento a momento de maneira negligente, sem considerar possíveis conseqüências para o *self* ou para outros. A criança feliz é aquela cujas necessidades emocionais básicas encontram-se atendidas atualmente.

Identificamos três modos enfrentamento disfuncional: o capitulador complacente, o protetor desligado e o hipercompensador. Esses três modos correspondem a três estilos de enfrentamento de resignação, evitação e hipercompensação. (Mais uma vez, adaptamos o nome do modo para que se ajuste aos sentimentos e comportamentos do paciente.) O capitulador complacente submete-se ao esquema, tornando-se, mais uma vez, a criança passiva e desamparada que deve ceder aos outros. O protetor desligado desliga-se psicologicamente do sofrimento do esquema afastando-se emocionalmente, abusando de álcool ou drogas, auto-estimulando, evitando as pessoas ou utilizando outras formas de escape. O hipercompensador reage, seja maltratando outras pessoas, seja comportando-se de formas extremas, em uma tentativa de refutar o esquema de uma maneira que acaba mostrando-se disfuncional (*ver* a discussão anterior sobre hipercompensação, para exemplos). Todos os três modos desadaptativos acabam por perpetuar os esquemas.

Identificamos dois modos de pais disfuncionais até agora: o pai/mãe punitivo e o pai/mãe punitivo exigente. Nesses modos, o paciente torna-se semelhante ao pai ou à mãe internalizado. O pai/mãe punitivo pune um dos modos da criança por "se comportar mal", e o pai/mãe exigente empurra e pressiona a criança a cumprir padrões demasiado elevados.

O décimo modo, como descrito anteriormente, é o do adulto saudável. Trata-se daquele que tentamos fortalecer na terapia, ensinando o paciente a moderar, cuidar ou curar os outros modos.

AVALIAÇÃO E MUDANÇA DE ESQUEMAS

Este pequeno panorama do processo de tratamento apresenta os passos envolvidos na avaliação e na mudança de esquemas. Nos capítulos seguintes, descreve-se em detalhe cada um desses procedimentos. As duas etapas do tratamento são a fase de avaliação e educação e a de mudança.

Fase de avaliação e educação

Nesta primeira fase, o terapeuta ajuda os pacientes a identificar seus esquemas e as origens dos mesmos na infância e na adolescência. No decorrer da avaliação, o terapeuta instrui o paciente em relação ao modelo de esquemas. Os pacientes aprendem a reconhecer seus estilos de enfrentamento desadaptativos (resignação, evitação ou hipercompensação) e a perceber como suas respostas de enfrentamento ajudam a perpetuar os esquemas. O terapeuta também ensina os pacientes com dificuldades mais graves os seus modos de esquemas básicos e os auxilia a notar como cambiam de um a outro. Queremos que os pacientes entendam intelectualmente seus modos de operações de esquemas e, bem como vivenciem emocionalmente tais processos.

A avaliação é multifacetada, incluindo uma entrevista sobre histórico de vida, vários questionários de esquema, tarefas de automonitoramento e exercícios com imagens mentais, que ativam esquemas e ajudam os pacientes a estabelecer vínculos emocionais entre problemas atuais e experiências de infância relacionadas a eles. Ao final dessa etapa, o terapeuta e o paciente desenvolvem uma conceituação de caso completa do esquema e definem colaborativamente um plano de tratamento focado nos esquemas, que inclui estratégias cognitivas, vivenciais e comportamentais, bem como componentes curativos da relação terapeuta-paciente.

Fase de mudança

Durante a fase de mudança, o terapeuta mescla estratégias cognitivas, vivenciais, comportamentais e interpessoais de maneira flexível, dependendo das necessidades do paciente a cada semana. O terapeuta do esquema não adere a um protocolo ou a um conjunto rígido de procedimentos.

Técnicas cognitivas

Enquanto os pacientes acreditarem que seus esquemas são válidos, não conseguirão mudar e continuarão a manter visões distorcidas acerca deles próprios e dos outros. Os pacientes aprendem a construir uma argumentação contrária ao esquema, refutando sua validade em nível racional, listando todas as evidências ao longo da vida que comprovam e as que não comprovam o esquema, e então terapeuta e paciente avaliam as evidências.

Na maioria dos casos, as evidências mostrarão que o esquema é falso. O paciente não é, inerentemente, defectivo, incompetente ou fracassado. Em vez disso, por meio de um processo de doutrinação, o esquema foi ensinado ao paciente na infância, da mesma forma que a propaganda ensina a população. Contudo, apenas a evidência nem sempre é suficiente para refutar o esquema. Por exemplo, os pacientes podem ser realmente fracassados no trabalho ou nos estudos. Como resultado de procrastinação e evitação, não desenvolveram as habilidades profissionais necessárias. Se não há evidências suficientes para questionar o esquema, os pacientes avaliam o que poderiam fazer para mudar esse aspecto de suas vidas. O terapeuta orienta-os, por exemplo, a lutar contra o fracasso de forma que aprendam habilidades profissionais eficazes.

Após o exercício, terapeuta e paciente resumem a argumentação contrária ao esquema em um cartão que elaboram juntos. Os pacientes levam consigo esses cartões e os lêem com freqüência, sobretudo quando enfrentam gatilhos ativadores do esquema.

Técnicas vivenciais

Os pacientes lutam contra o esquema em nível emocional. Usando técnicas vivenciais, como imagens mentais e diálogos, expressam raiva e tristeza sobre o que lhes aconteceu quando crianças. Com as técnicas de imagens mentais, enfrentam um dos pais e a outras figuras importantes em sua infância, e protegem e confortam a criança vulnerável. Os pacientes falam do que necessitavam, mas não receberam de seus pais quando crianças. Relacionam imagens de infância com imagens de situações desagradáveis em suas vidas atuais. Confrontam o esquema e sua mensagem diretamente, opondo-se e lutando contra ele. Exercitam dar respostas a pessoas que são importantes em suas vidas atuais, por meios de imagens mentais e de dramatizações, o que os fortalece para romper o ciclo de perpetuação do esquema em nível emocional.

Rompimento de padrões comportamentais

O terapeuta ajuda o paciente a elaborar tarefas e exercícios comportamentais, com vistas a substituir respostas de enfrentamento desadaptativas por padrões de comportamento novos e mais adaptativos. O paciente passa a enxergar como determinadas escolhas em termos de parceiros ou decisões na vida perpetuam o esquema e começa a fazer opções mais saudáveis para romper antigos padrões autoderrotistas.

O terapeuta ajuda o paciente a planejar e a se preparar para tarefas de casa, ensaiando novos comportamentos com o uso de imagens mentais ou dramatização na sessão. O terapeuta usa técnicas de cartões e imagens mentais para ajudar o paciente a superar obstáculos à mudança comportamental. Depois de realizar as tarefas, o paciente discute os resultados com o terapeuta, avaliando o que aprendeu. Aos poucos, abandona estilos de enfrentamento desadaptativos por padrões mais adaptativos.

A maioria dos comportamentos disfuncionais é formada, na verdade, por respostas de enfrentamento a esquemas, os quais, muitas vezes, consistem nos principais obstáculos à cura de esquemas. Os pacientes devem estar dispostos a abrir mão de seus estilos de enfrentamento para que possam mudar. Por exemplo, os pacientes que continuam a se resignar aos esquemas, permanecendo em relacionamentos destrutivos ou não estabelecendo limites nas esferas pessoal ou profissional, perpetuam o esquema e não avançam a contento na terapia. Os hipercompensadores podem não conseguir avançar no tratamento porque, em vez de reconhecer seus esquemas e assumir responsabilidades por seus problemas, culpam a outros, ou estão demasiado preocupados com a hipercompensação – trabalhando mais, melhorando, impressionando aos outros –, para identificar claramente seus esquemas e se dedicar a mudar.

Os evitadores talvez não avancem por continuarem a escapar do sofrimento de seus esquemas. Não se permitem focar os seus problemas, o passado, a família e os padrões que seguem. Desconectam suas emoções ou as anestesiam. É necessário ter motivação para superar a evitação como estilo de enfrentamento. Como ela é gratificante a curto prazo, os pacientes devem estar dispostos a suportar o desconforto e a encarar as conseqüências negativas a longo prazo.

Relação terapeuta-paciente

O terapeuta avalia e trata esquemas, estilos de enfrentamento e modos à medida que eles aparecem na relação terapêutica. A relação terapeuta-paciente serve como antídoto parcial aos esquemas do paciente, e ele internaliza o terapeuta como o "adulto saudável", que luta contra os esquemas e busca uma vida emocionalmente satisfatória.

Duas características da relação terapêutica constituem elementos importantes em especial da terapia do esquema: a postura terapêutica da *confrontação empática* e a reparação *parental limitada*. A confrontação empática envolve demonstrar empatia pelos esquemas do paciente quando eles surgem em relação ao terapeuta, ao mesmo tempo em que se mostra ao paciente que suas reações ao terapeuta muitas vezes são distorcidas ou disfuncionais, refletindo seus esquemas e estilos de enfrentamento. Realizar a reparação parental limitada significa fornecer, com os vínculos apropriados da relação terapêutica, aquilo de que os pacientes necessitavam, mas não receberam de seus pais durante a infância. Discutimos tais conceitos mais profundamente adiante.

COMPARAÇÃO ENTRE A TERAPIA DO ESQUEMA E OUTROS MODELOS

No desenvolvimento de uma abordagem conceitual e de tratamento, os terapeutas do esquema adotam uma filosofia de abertura e inclusão. Valem-se de uma rede ampla de recursos em busca de soluções, pouco se preocupando se seu trabalho será classificado como cognitivo-comportamental, psicodinâmico ou gestaltiano. O foco principal é fazer com que os pacientes apresentem mudanças em aspectos significativos. Essa atitude contribui para uma sensação de liberdade para pacientes e terapeutas com relação ao que discutem em sessões, quais intervenções usam e como as implementam. Mais além, o modelo incorpora rapidamente o estilo pessoal do terapeuta.

Entretanto, a terapia do esquema não é eclética, no sentido de proceder por tentativa e erro, mas se baseia em uma teoria unificadora. A teoria e as estratégias estão entretecidas com firmeza em um modelo sistemático e estruturado.

Como resultado dessa filosofia includente, o modelo dos esquemas se sobrepõe a muitos outros modelos da psicopatologia e psicoterapia, incluindo as abordagens cognitivo-comportamental, construtivista, psicodinâmica, de relações objetais e da Gestalt. Embora a terapia do esquema tenha aspectos em comum com esses outros modelos, o modelo dos esquemas também difere dos mesmos quanto a aspectos importantes. Ainda que a teoria do esquema contenha conceitos semelhantes aos de muitas escolas da psicologia, nenhuma delas coincide completamente com ela.

Nesta seção, destacamos algumas semelhanças e diferenças entre terapia do esquema e as recentes formulações de Beck sobre a terapia cognitiva. Também trataremos, com brevidade, de algumas outras abordagens terapêuticas coincidentes, em pontos importantes, com a terapia do esquema.

O modelo "reformulado" de Beck

Beck e colaboradores (Beck et al., 1990; Alford e Beck, 1997) revisaram a terapia do esquema para tratar de transtornos de personalidade. A personalidade define-se como "padrões específicos de processos sociais, motivacionais e cognitivo-afetivos" (Alford e Beck, 1997, p. 25). Personalidade inclui comportamentos, processos de pensamento, respostas emocionais e necessidades motivacionais.

A personalidade é determinada pelas "estruturas idiossincráticas", ou esquemas, que constituem os elementos básicos da personalidade. Alford e Beck (1997, p.25) propõem que o conceito de esquema pode "prover uma linguagem comum para facilitar a integração de determinadas abordagens psicoterápicas". Segundo o modelo de Beck, uma "crença nuclear" representa o significado, ou o conteúdo cognitivo, de um esquema.

Beck também elaborou seu próprio conceito de *modo* (Beck, 1996). Um modo é uma rede integrada de componentes cognitivos, afetivos, motivacionais e comportamentais. Um modo inclui muitos esquemas cognitivos. Os modos mobilizam as pessoas em reações psicológicas intensas e são dirigidos à conquista de determinados objetivos. Assim como os esquemas, os modos são basicamente automáticos e também requerem ativação. Indivíduos com vulnerabilidade cognitiva expostos a fatores de estresse relevantes podem desenvolver sintomas relacionados ao modo.

Segundo a visão de Beck (Alford e Beck, 1997), os modos consistem em esquemas, que contêm memórias, estratégias de solução de problemas, imagens e linguagem. Os modos ativam "estratégias programadas para desenvolver categorias básicas de habilidades de sobrevivência, como, por exemplo, defender-se de predadores" (Alford e Beck, p. 27). A ativação de um modo específico relaciona-se com a constituição genética do indivíduo, bem como com suas crenças culturais e sociais.

Beck (1996, p. 9) também explica que, quando um esquema é ativado, não se aciona necessariamente um modo correspondente. Embora o componente cognitivo do esquema tenha sido ativado, pode ocorrer de não se ter qualquer componente afetivo, motivacional ou comportamental correspondente.

No tratamento, o paciente aprende a utilizar o sistema de controle consciente para desativar modos, através da reinterpretação de eventos gatilho, de uma forma que fique inconsistente com o modo. Além disso, os modos podem ser modificados.

Após uma revisão ampla da literatura de terapia cognitiva, concluímos que Beck não aprofundou – exceto em termos muito gerais – a forma como as técnicas para alterar esquemas e modos diferem daquelas prescritas na terapia cognitiva tradicional. Alford e Beck (1997) reconhecem que a relação terapêutica é um mecanismo válido para a mudança, e que o trabalho estruturado com imagens pode alterar estruturas cognitivas, comunicando-se "diretamente com o vivencial (sistema automático) [em seu próprio meio, principalmente a fantasia]" (Beck, 1997, p. 70). Mas não encontramos estratégias de mudança detalhadas e distintivas para esquemas ou modos.

Por fim, Beck e colaboradores (1990) discutem as *estratégias* cognitivas e comportamentais dos pacientes. Estratégias parecem equivalentes à noção de estilos de enfrentamento da terapia do esquema. Indivíduos psicologicamente saudáveis lidam com as situações da vida por meio de estratégias cognitivas e comportamentais adaptativas, ao passo que pessoas com dificuldades psicológicas usam respostas inflexíveis, desadaptativas, conforme suas áreas vulneráveis.

Conceitualmente, o modelo cognitivo revisado de Beck e a mais recente descrição de Young sobre seu modelo de esquemas apresentada neste capítulo têm muitos pontos em comum. Ambos enfatizam duas estruturas básicas amplas – esquemas e modos – para entender a personalidade. As duas teorias incluem cognição, motivação, emoção, constituição genética, mecanismos de enfrentamento e influências culturais como pontos importantes da personalidade. Ambos modelos reconhecem a necessidade focar em aspectos conscientes e inconscientes da personalidade.

As diferenças entre os dois modelos teóricos são sutis e refletem diferenças de ênfase, e não de áreas fundamentais de divergência. O conceito de Young de esquemas desadaptativos remotos incorpora elementos tanto de esquemas quanto de modos, como definido por Beck (1996). Young define ativação do esquema como algo que incorpora componentes afetivos, motivacionais e comportamentais. Tanto a estrutura como o conteúdo que Beck discute são incorporados à definição de esquemas de Young.

A ativação de modos muito assemelha-se ao conceito de ativação de esquemas de Young. Não está claro por que Beck (1996) precisa diferenciar esquemas de modos, baseado em suas definições desses termos. Em nossa opinião, seu conceito de modo poderia facilmente ser ampliado para englobar os elementos de um esquema (ou vice-versa). Talvez Beck queira diferenciar esquemas de modos para enfatizar que estes consistem em mecanismos evolutivos para a sobrevivência. O conceito de esquema, no modelo revisado de Beck, permanece mais próximo ao seu modelo cognitivo original (Beck, 1976) e, como tal, relaciona-se mais com outros construtos cognitivos, como pensamentos automáticos e crenças nucleares.

O conceito de Young sobre modo de esquema apenas tangencia o uso que Beck faz do termo "modo". Beck (1996) desenvolveu seu construto de modo para dar conta de intensas reações psicológicas, relacionadas à sobrevivência e orientadas para objetivos. Young desenvolveu seu conceito de modo para diferenciar esquemas de estilos de enfrentamento como traços (padrões duradouros e constantes) e esquemas e estilos de enfrentamento como estados (padrões instáveis de ativação e desativação). Nesse sentido, o conceito que Young apresenta de modo de esquema relaciona-se mais com os conceitos de dissociações e "estados do ego" do que com o conceito de modo de Beck.

Outra diferença conceitual importante é a ênfase relativa dada a estilos de enfrentamento. Embora Beck e colaboradores (1990) se refiram a estratégias de enfrentamento desadaptativas, Beck não as considerou construtos importantes em sua reformulação (Beck, 1996; Alford e Beck, 1997). O modelo de Young, por sua vez, atribui um papel central aos estilos de enfrentamento na perpetuação de esquemas. Essa ênfase e esse aprofundamento de resignação, evitação e hipercompensação de esquemas está em nítido contraste com a discussão limitada de Beck.

Outra diferença fundamental é a maior importância atribuída a necessidades e processos centrais de desenvolvimento na terapia do esquema do que na terapia cognitiva. Embora Beck e seus colegas concordem, em geral, que as necessidades motivacionais e as influências de infância cumprem um papel importante na personalidade, os autores não se aprofundam no que são essas necessidades fundamentais e em como experiências de infância específicas levam ao desenvolvimento de esquemas e modos.

Como era de se esperar, dado que a principal influência de Young antes do desenvolvimento da terapia do esquema foi a abordagem cognitiva de Beck, há muitas áreas de justaposição nos tratamentos. Ambos estimulam um alto nível de colaboração entre paciente e terapeuta, e defendem que o terapeuta cumpra um papel ativo no direcionamento das sessões e dos rumos do tratamento. Young e Beck concordam que o empirismo cumpre um papel importante na mudança cognitiva; portanto, ambos os tratamentos estimulam os pacientes a modificar seus condicionamentos, incluindo os esquemas, para estar mais alinhados com a "realidade" ou com as evidências empíricas da vida do paciente. As duas abordagens compartilham muitas técnicas de mudança cognitiva e comportamental, como o monitoramento de cognições ou o ensaio comportamental. Em ambas as abordagens, ensinam-se aos pacientes estratégias para alterar pensamentos automáticos, pressupostos subjacentes, distorções cognitivas e crenças nucleares.

As terapias do esquema e cognitiva enfatizam a importância de educar o paciente sobre os respectivos modelos de terapia. Dessa forma, o paciente é trazido ao processo terapêutico como participante igual. O terapeuta compartilha a conceituação do caso com ele e o estimula a ler material de auto-ajuda que aprofunde cada abordagem. As tarefas de casa e de auto-ajuda cumprem importante papel em ambas as estratégias, como mecanismo para ajudar os pacientes a aplicar no cotidiano o que aprendem na sessão. Além disso, para facilitar essa aprendizagem, terapeutas do esquema e cognitivos ensinam estratégias práticas para lidar de maneira adaptativa com eventos concretos da vida, fora da sessão, em vez de deixar que os pacientes descubram por conta própria como aplicar os princípios cognitivo-comportamentais.

Apesar dessas semelhanças, também há diferenças importantes na abordagem do tratamento entre terapias cognitivas e do esquema, muitas das quais advêm do fato de que as técnicas de tratamento da terapia cognitiva foram desenvolvidas originalmente para reduzir sintomas de transtornos de Eixo I, ao passo que as estratégias da terapia do esquema trataram, desde o princípio, transtornos de personalidade e problemas crônicos. Segundo nossa experiência, há diferenças fundamentais nas técnicas de mudança para redução de sintomas em comparação com a mudança de personalidade.

Em primeiro lugar, a terapia do esquema começa "de baixo para cima", e não "de cima para baixo". Em outras palavras, os terapeutas do esquema começam no nível nuclear, o dos esquemas, e gradualmente ligam esses esquemas a cognições mais acessíveis, como pensamentos automáticos e distorções cognitivas. Em comparação, os terapeutas cognitivos começam com cognições em nível de superfície, como pensamentos automáticos, e tratam as crenças nucleares mais tarde, se o paciente permanece em tratamento quando os sintomas foram aliviados.

Na terapia do esquema, essa abordagem de baixo para cima provoca uma mudança fundamental de foco já no início do tratamento, passando de questões atuais para padrões duradouros. Mais do que isso, na terapia do esquema, dedica-se a maior parte do tempo a esquemas, estilos de enfrentamento e modos, geralmente secundários na terapia cognitiva. Essa mudança de foco também leva os terapeutas do esquema a impor menos estrutura e uma pauta menos formal às sessões. O terapeuta do esquema necessita da liberdade para se movimentar com fluência entre passado e presente, de um esquema a outro, em cada sessão e entre sessões. Na terapia cognitiva, por sua vez, o terapeuta busca constantemente problemas atuais ou conjuntos de sintomas claramente identificados, até que eles tenham diminuído.

Além disso, como os esquemas e estilos de enfrentamento constituem-se nos elementos mais fundamentais do modelo, Young elaborou 18 esquemas remotos específicos e três estilos de enfrentamento amplos que formam a base para grande parte do tratamento. Esses esquemas e mecanismos de enfrentamento são avaliados e refinados em um momento posterior da terapia para melhor se adequar a cada paciente. Dessa forma, o terapeuta do esquema dispõe de ferramentas valiosas para ajudar a identificar os esquemas e comportamentos de enfrentamento que, de outro modo, poderiam não ser vistos por meio de técnicas normais de avaliação cognitiva. Um exemplo excelente é o esquema de privação emocional, relativamente fácil de descobrir com o uso de imagens voltadas a esquemas, mas muito difícil de reconhecer por meio de questionamentos sobre pensamentos automáticos e da exploração de pressupostos subjacentes.

Outra diferença importante está na ênfase que a terapia do esquema dá a origens infantis e estilos parentais. A terapia cognitiva carece de especificidade em relação às origens das cognições, incluindo crenças nucleares. Por sua vez, os terapeutas do esquema identificaram as origens mais comuns para cada um dos 18 esquemas e desenvolveram um instrumento para avaliá-las. O terapeuta explica essas origens aos pacientes a fim de educá-los com relação às necessidades normais de uma criança e de explicar o que acontece quando essas necessidades não são atendidas, e vincula as origens na infância a qualquer dos esquemas de uma lista de 18 que possam ser relevantes para o paciente. Além de avaliar e educar os pacientes sobre as origens de seus esquemas, os terapeutas do esquema os orientam por meio de uma série de exercícios vivenciais relacionados a experiências desagradáveis na infância. Esses exercícios ajudam os pacientes a superar emoções, cognições e comportamentos de enfrentamento desadaptativos. Em contraste, os terapeutas cognitivos costumam lidar com as experiências de infância de maneira periférica.

Uma diferença fundamental entre as duas abordagens está na importância do trabalho vivencial, como imagens mentais e diálogos. Embora uma pequena minoria de terapeutas cognitivos tenha começado a incorporar o trabalho vivencial (Smucker e Dancu, 1999), a maioria não considera isso central ao tratamento e usa imagens mentais primariamente para fazer ensaios comportamentais. Por sua vez, os terapeutas do esquema vêem as técnicas vivenciais como um dos quatro componentes do tratamento e dedicam tempo considerável, em terapia, a essas estratégias. É difícil entender a relutância da maioria dos terapeutas cognitivos a incorporar essas estratégias de forma mais ampla, dado que, via de regra, se aceita na literatura cognitiva que as "cognições quentes" (quando os sentimentos do paciente são intensos) podem ser alteradas mais prontamente do que "cognições frias" (quando os sentimentos do paciente não são intensos). As técnicas vivenciais, às vezes, podem constituir na única forma de estimular cognições quentes na sessão.

Outra diferença básica está no papel da relação terapêutica. Ambas as terapias reconhecem sua importância para um tratamento eficaz, mas o utilizam de formas muito diferentes. Os terapeutas cognitivos vêem a relação terapêutica basicamente como veículo para motivar o paciente a aderir ao tratamento (por exemplo, para realizar as tarefas de casa). Recomendam que o terapeuta se concentre em cognições relacionadas à relação terapêutica quando esta parece impedir o avanço. Entretanto, esta não costuma ser considerada um veículo importante para a mudança, e sim um meio que permite que esta aconteça. Para usar uma analogia médica, as técnicas cognitivas são consideradas o "princípio ativo" da mudança, e a relação terapêutica, a "base" ou o "veículo" por meio do qual se aplica o agente da mudança.

Na terapia do esquema, a relação terapêutica é um dos quatro componentes básicos da mudança. Como mencionado anteriormente neste capítulo, os terapeutas do esquema utilizam a relação terapêutica de duas formas. A primeira delas envolve a observação de esquemas à medida que são ativados na sessão e, depois, o uso de uma variedade de procedimentos para avaliar e modificar esses esquemas dentro da relação terapêutica. A segunda função envolve a reparação parental limitada, ou seja, utilizar a relação terapêutica como "experiência emocional corretiva" (Alexander e French, 1946). Dentro dos limites adequados da terapia, o terapeuta age com o paciente como um antídoto para déficits primitivos no processo parental do paciente.

Em termos de estilo, o terapeuta do esquema utiliza a confrontação empática mais do que o empirismo colaborativo. Os terapeutas cognitivos usam a descoberta guiada para ajudar os pacientes a perceber o quanto suas cognições são distorcidas. Em nossa experiência, pacientes com problemas caracterológicos costumam não enxergar uma alternativa realista e saudável a seus esquemas sem instrução direta do terapeuta. Os esquemas encontram-se tão profundamente arraigados e implícitos, que somente o questionamento e a investigação empírica não são suficientes para que esses pacientes vejam suas próprias distorções cognitivas. Dessa forma, o terapeuta do esquema ensina a perspectiva saudável, criando empatia com a visão que o paciente tem do esquema, ao mesmo tempo em que confronta o paciente com a realidade de que essa forma de ver o esquema não funciona e não está em sintonia com a realidade como outras pessoas a vêem. O terapeuta do esquema deve confrontar permanentemente o paciente, ou ele recairá na perspectiva doentia do esquema. Como dizemos aos pacientes, "o esquema luta para sobreviver". O conceito de lutar contra o esquema não é central à terapia cognitiva.

Como os esquemas são muito mais resistentes à mudança do que outros níveis de cognição, o tratamento com terapia do esquema para transtornos de Eixo II é bem mais longo do que tratamentos breves que utilizam terapia cognitiva para transtornos de Eixo I. Não está claro, contudo, se a terapia cognitiva e a terapia do esquema diferem em duração no caso de problemas do Eixo II.

Tanto na conceituação de um caso como na implementação de estratégias de mudança, os terapeutas do esquema preocupam-se mais com a mudança de padrões disfuncionais no longo prazo do que com a alteração de comportamentos específicos na circunstância atual (embora ambos sejam necessários). Os terapeutas cognitivos, por estarem concentrados na redução rápida de sintomas, têm muito menos probabilidades de investigar problemas de longo prazo, como escolhas de parceiros disfuncionais, problemas sutis com intimidade, evitação de importantes mudanças na vida ou necessidades fundamentais não atendidas, como cuidados maternais. Nessa mesma linha, os terapeutas cognitivos tendem a dar importância central à identificação e à mudança de estilos de enfrentamento que já vêm de toda a vida, como esquemas de evitação, resignação e hiper compensação. Mesmo assim, em nossa experiência, são exatamente esses mecanismos de enfrentamento, e não simplesmente as crenças nucleares ou esquemas rígidos, que muitas vezes dificultam o tratamento de pacientes com transtornos de personalidade.

Já mencionamos nesta seção o conceito de modos. Embora as terapias cognitivas e do esquema incorporem, ambas, o conceito de modo, os terapeutas cognitivos ainda não aprofundaram técnicas para alterá-las. Os terapeutas do esquema já identificaram dez modos de esquema comuns (baseados na definição de Young, observada anteriormente) e desenvolveram todo um leque de estratégias de tratamento, como diálogos de modos, para tratar cada modo individual. O trabalho com modos forma a base da terapia do esquema para pacientes com transtornos da personalidade *borderline* e narcisista.

Abordagens psicodinâmicas

A terapia do esquema tem muitos paralelos com os modelos psicodinâmicos de terapia. Dois elementos importantes compartilhados pelas duas abordagens são a exploração das origens na infância de problemas atuais e o foco na relação terapêutica. Em relação a esta, a reorientação psicodinâmica moderna no sentido de expressar empatia e estabelecer um relacionamento verdadeiro (cf., Kohut, 1984; Shane, Shane e Gales, 1997) é compatível com nossas noções de reparação processual limitada e confrontação empática. Tanto a abordagem psicodinâmica quanto a do esquema valorizam o *insight* intelectual, ambas enfatizam a necessidade de processamento emocional do material traumático, ambas alertam os terapeutas para questões de transferência e contratransferência, ambas afirmam a importância da estrutura de personalidade, garantindo que o tipo de estrutura de personalidade apresentado pelo paciente é a chave para uma terapia eficaz.

Também há diferenças essenciais entre a terapia do esquema e os modelos psicodinâmicos. Uma diferença importante é que os psicanalistas tentam permanecer relativamente neutros, ao passo que os terapeutas do esquema se empenham em ser ativos e diretivos. Em contraste com a maioria das abordagens psicodinâmicas, os terapeutas do esquema promovem a reparação parental limitada, atendendo parcialmente às necessidades emocionais não-satisfeitas, com vistas a curar esquemas.

Outra diferença importante é que, ao contrário das teorias analíticas clássicas, o modelo dos esquemas não se trata de uma teoria baseada em pulsões. Em lugar de se concentrar em pulsões sexuais e agressivas instintivas, a terapia do esquema enfatiza necessidades emocionais fundamentais. Baseia-se no princípio da coerência cognitiva, ou seja, as pessoas são motivadas a manter uma visão coerente de si próprias e do mundo e tendem a interpretar situações de forma a confirmar seus esquemas. Nesse sentido, a abordagem baseada em esquemas é mais um modelo cognitivo do que psicodinâmico. Onde os psicanalistas vêem mecanismos de defesa contra desejos instintivos, os terapeutas do esquema vêem estilos de enfrentamento dos esquemas e necessidades não-atendidas. O modelo do esquema considera as necessidades emocionais que o paciente tenta satisfazer como inerentemente normais e saudáveis.

Por fim, os terapeutas psicodinâmicos tendem a ser menos integradores do que os terapeutas do esquema. Os terapeutas de orientação psicodinâmica raramente definem tarefas a se realizar fora da sessão e têm poucas probabilidades de usar técnicas de imagens ou dramatização.

A teoria do apego de Bowlby

A teoria do apego, baseada no trabalho de Bowlby e Ainsworth (Ainsworth e Bowlby, 1991), teve um impacto importante sobre a terapia do esquema, em especial no desenvolvimento do esquema de abandono e em nossa concepção de transtorno da personalidade *borderline*. Bowlby formulou a teoria do apego a partir dos modelos da etologia, dos sistemas e da psicanálise. Segundo seu principal preceito, os seres humanos (e outros animais) têm um instinto de vínculo que visa estabelecer um relacionamento estável com a mãe (ou outra figura de vínculo). Bowlby (1969) realizou estudos empíricos com crianças separadas de suas mães e observou respostas universais. Ainsworth (1968) aprofundou a idéia da mãe como base segura a partir da qual o bebê explora o mundo e demonstrou a importância da sensibilidade maternal aos seus sinais.

Incorporamos a idéia da mãe como base segura à nossa noção de reparação parental limitada. Para pacientes com transtorno da personalidade *borderline* (e com outros transtornos mais graves), a reparação parental limitada oferece um antídoto parcial ao esquema de abandono do paciente: o terapeuta passa a constituir a base emocional segura que o paciente nunca teve, dentro dos limites apropriados de uma relação terapêutica. Em certa medida, quase todos os pacientes com esquemas no domínio de desconexão e rejeição (à exceção do esquema de isolamento social) requerem que o terapeuta se torne a base segura.

No modelo do esquema, fazendo eco a Bowlby, o desenvolvimento emocional infantil avança do apego à autonomia e à individuação. Bowlby (1969, 1973, 1980) afirma que um vínculo estável com a mãe (ou outra figura de vínculo importante) é uma necessidade emocional básica que precede e promove a independência. Segundo Bowlby, uma criança bem-amada provavelmente protestará contra separar-se dos pais, mas posteriormente desenvolverá autoconfiança. A ansiedade de separação em excesso é uma conseqüência de experiências familiares difíceis, como a perda de um dos pais ou ameaças repetidas de abandono por parte de um deles. Bowlby também apontou que, em alguns casos, a ansiedade de separação pode ser baixa demais, criando uma falsa impressão de maturidade. A incapacidade de formar relacionamentos profundos com outros pode resultar de uma substituição muito freqüente de figuras de apego.

Bowlby (1973) propôs que os seres humanos são motivados a manter um equilíbrio dinâmico entre preservar a familiaridade e buscar a novidade. Em termos piagetianos (Piaget, 1962), o indivíduo é motivado a manter um equilíbrio entre assimilação (integrar novas informações a estruturas cognitivas existentes) e acomodação (alterar as estruturas cognitivas existentes para adequar as novas informações). Os esquemas desadaptativos remotos interferem nesse equilíbrio. Os indivíduos que estão no controle de seus esquemas interpretam mal novas informações que corrigiriam as distorções resultantes desses esquemas. Em lugar disso, *assimilam* novas informações que poderiam refutar seus esquemas, distorcendo e ignorando novas evidências, de forma que os esquemas permaneçam intactos. A assimilação, portanto, sobrepõe-se nosso conceito de perpetuação de esquemas. A função da terapia é ajudar os pacientes a acomodar novas experiências que refutem seus esquemas, promovendo, assim, a cura destes.

A noção de Bowlby de modelos de funcionamento interno coincide com a nossa de esquemas desadaptativos remotos. Assim como os esquemas, o modelo de funcionamento interno de um indivíduo baseia-se bastante em padrões de interação entre o bebê e a mãe (ou outra figura de apego importante). Se a mãe reconhece as necessidades de proteção do bebê, ao mesmo tempo em que respeita sua necessidade de independência, a criança provavelmente desenvolverá um modelo interno de funcionamento do *self* como meritório e competente. Se a mãe rejeitar com freqüência as tentativas do bebê de evocar proteção ou independência, a criança construirá um modelo de funcionamento interno de um *self* sem valor ou incompetente.

Utilizando seus modelos de funcionamento, as crianças prevêem os comportamentos de figuras de apego e preparam suas próprias respostas, de forma que os tipos de modelos de funcionamento que elas constroem são muito importantes. Nessa perspectiva, os esquemas desadaptativos remotos são modelos de funcionamento interno desadaptativos, e as respostas características das crianças às figuras de apego são seus estilos de enfrentamento. Assim como os esquemas, os modelos de funcionamento orientam a atenção e o processamento de informações. Distorções defensivas de modelos de funcionamento ocorrem quando o indivíduo bloqueia a informação da consciência, impedindo modificações em resposta à mudança. Em um processo semelhante à perpetuação de esquemas, os modelos internos de funcionamento tendem a se tornar mais rígidos com o passar do tempo. Os padrões de interação tornam-se habituais e automáticos. Com o tempo, os modelos de funcionamento ficam menos disponíveis à consciência e mais resistentes à mudança como resultado de expectativas recíprocas.

Bowlby (1988) abordou a aplicação da teoria do apego à psicoterapia, observando que um grande número de pacientes apresenta padrões de vínculos inseguro e desorganizado. Um dos objetivos principais da psicoterapia é a reavaliação de modelos internos de funcionamento inadequados e obsoletos para se relacionar com figuras de apego. Os pacientes tendem a impor modelos rígidos à relação de apego com o terapeuta. Terapeuta e paciente concentram-se, inicialmente em entender a origem dos modelos internos disfuncionais do paciente; e, depois o terapeuta serve como base segura a partir da qual o paciente explora o mundo e retrabalha seus modelos de funcionamento internos. Os terapeutas do esquema incorporam esse mesmo princípio a seu trabalho com muitos pacientes.

A terapia cognitivo-analítica de Ryle

Anthony Ryle (1991) desenvolveu a "terapia cognitivo-analítica", uma terapia breve e intensa que integra os aspectos ativos e educacionais da terapia cognitivo-comportamental às abordagens psicanalíticas, em especial as relações objetais. Ryle propõe uma estrutura conceitual que combina sistematicamente as teorias e técnicas derivadas dessas abordagens. Como tal, a terapia cognitivo-analítica sobrepõe-se, em muito, com a terapia do esquema.

Chama-se a formulação de Ryle (1991) de "modelo de seqüência procedural". Ryle usa uma "atividade direcionada à meta", em vez de esquemas, como seu principal construto conceitual. Ele considera a neurose como o uso persistente de procedimentos ineficazes ou prejudiciais e a incapacidade de modificá-los. Três categorias de procedimentos respondem pela maior parte da repetição neurótica: armadilhas, dilemas e obstáculos. Uma série de padrões que o autor descreve coincide com esquemas e estilos de enfrentamento.

Em termos de estratégias de tratamento, Ryle estimula uma relação terapêutica ativa e colaborativa, que inclui uma conceituação abrangente e voltada à profundidade sobre os problemas do paciente, assim como faz a terapia do esquema. O terapeuta compartilha a conceituação com o paciente, incluindo um entendimento de como o passado deste levou a problemas atuais e uma lista dos vários procedimentos desadaptativos que o paciente usa para enfrentar esses problemas. Na terapia cognitivo-analítica, as principais estratégias de tratamento são o trabalho com a transferência para esclarecer temas e a manutenção de diários sobre problemas desadaptativos. A terapia do esquema inclui esses dois componentes, mas acrescenta muitas outras estratégias terapêuticas.

A terapia cognitivo-analítica é um método triplo de mudança: novo entendimento, nova experiência e nova atitude. Entretanto, o novo entendimento é o principal foco de Ryle, por ele considerado o mais poderoso agente de mudança. Na terapia cognitivo-analítica, a fase de mudança consiste principalmente em auxiliar os pacientes a se conscientizar de padrões negativos. A ênfase de Ryle está no *insight*: "Na terapia cognitivo-analítica, a ênfase terapêutica situa-se no fortalecimento de níveis superiores (de cognição), particularmente por meio de reformulação, que modifica os processos de avaliação e promove auto-observação" (Ryle, 1991, p. 200).

Na terapia do esquema, o *insight* é um componente necessário, mas não suficiente, da mudança. À medida que avançamos rumo ao tratamento de patologias mais graves, como ocorre com pacientes com transtornos da personalidade *borderline* e narcisista, descobrimos que o *insight* torna-se menos importante em relação à nova experiência proporcionada pelas abordagens vivencial e comportamental. Ryle (1991) considera a nova compreensão o principal veículo para mudanças em pacientes com transtorno da personalidade *borderline*. Seu foco está no que ele chama de "reformulações diagramáticas seqüenciais," que são diagramas escritos que resumem a conceituação do caso. O terapeuta coloca os diagramas no chão, em frente ao paciente, e os consulta com freqüência. As reformulações diagramáticas seqüenciais visam ajudar os pacientes com transtorno da personalidade *borderline* a desenvolver um "olhar observador".

A terapia do esquema diverge da terapia cognitivo-analítica em vários aspectos: enfatiza a evocação de afetos e a reparação parental limitada, especialmente com pacientes que têm transtornos caracterológicos graves. Assim, facilita a mudança em nível emocional. Ryle (1991) reconhece que procedimentos para ativar o afeto, como as técnicas da Gestalt ou o psicodrama, podem ser adequados, em alguns casos, para ajudar os pacientes ultrapassar o *insight* intelectual. Young, por sua vez, considera as técnicas vivenciais, como imagens ou diálogos, úteis para quase todos os pacientes.

Na abordagem de Ryle (1991), o terapeuta interage basicamente com o lado adulto do paciente, o modo adulto saudável, e apenas de forma indireta com o lado criança do paciente, o modo criança vulnerável. Segundo a abordagem do esquema, pacientes com transtorno da personalidade *borderline* são como crianças muito pequenas e precisam se vincular de forma segura antes de se separar e individuar.

Horowitz: a terapia dos esquemas pessoais

Horowitz desenvolveu uma estrutura que integra abordagens psicodinâmicas, cognitivo-comportamentais, interpessoais e de sistemas familiares. Seu modelo enfatiza papéis e crenças com base na "teoria dos esquemas pessoais" (Horowitz, 1991; Horowitz, Stinson e Milbrath, 1996). O esquema de uma pessoa é uma matriz, geralmente inconsciente, que inclui as visões que essa pessoa tem de si e de outros, formado de resíduos de memórias de experiências infantis (Horowitz, 1997). Essa definição é praticamente idêntica à nossa noção de esquema desadaptativo remoto. Horowitz fica na estrutura geral de todos os esquemas, ao passo que Young delineia esquemas específicos que estão por trás de padrões de vida negativos.

Horowitz (1997) discorre sobre o que chama de "modelos-padrão de relacionamentos". O autor associa cada modelo de relacionamentos a: (1) um desejo ou necessidade subjacente (o "modelo-padrão de relacionamento desejado"; (2) um medo fundamental (o "modelo-padrão de relacioznamento temido"); (3) modelo-padrão de relacionamentos que se defendem contra o modelo temido. Em termos de terapia do esquema, esses correspondem, em termos gerais, a necessidades emocionais fundamentais, esquemas desadaptativos remotos e estilos de enfrentamento. Horowitz (1997) explica que um modelo de relacionamento inclui roteiros para transações, intenções, expressões emocionais, ações e avaliações críticas de ações e intenções. Como tal, contém aspectos de esquemas e estilos de enfrentamento. O modelo conceitua esquemas e respostas de enfrentamento em separado, já que os primeiros não se associam diretamente a ações específicas. Diferentes indivíduos lidam com o mesmo esquema com estilos de enfrentamento diferentes, conforme seu temperamento inato e outros fatores.

Horowitz (1997) também define "estados mentais", similarmente a nossos conceitos de modos. Um estado mental é um "padrão de experiências conscientes e expressões interpessoais. Os elementos que se combinam para formar o padrão reconhecido como estado incluem expressão verbal e não-verbal de idéias e emoções" (Horowitz, 1997, p. 31). Horowitz não apresenta esses estados mentais como um contínuo de dissociação. No modelo do esquema, pacientes com transtornos mais graves, como os que têm transtornos da personalidade narcisista ou *borderline*, passam a estados mentais que abarcam integralmente o sentido de *self* do paciente. Mais do que vivenciar estados mentais, o paciente experimenta um "*self*" ou "modo" diferente. Essa distinção é importante no sentido de que o grau de dissociação relacionado a um modo dita modificações importantes na técnica.

O que Horowitz (1997) chama de "processo de controle defensivo" também se parece com os estilos de enfrentamento de Young. Horowitz identifica três categorias principais:

1. Processos de controle defensivo que envolvem evitação de tópicos dolorosos por meio de conteúdo daquilo que é expresso (por exemplo, afastar a atenção ou minimizar a importância).

2. Processos que envolvem evitação por meio da forma de expressão (por exemplo, intelectualização verbal).
3. Processos que envolvem enfrentamento por meio da mudança de papéis (por exemplo, passar abruptamente para um papel passivo ou imponente).

Com essa tipologia, Horowitz (1997) cobre muitos dos fenômenos englobados pela evitação, pela resignação e pela hipercompensação do esquema.

Durante o tratamento, o terapeuta sustenta o paciente, contrapõe-se à evitação, redirecionando sua atenção, interpreta atitudes disfuncionais e resistência, e o ajuda a planejar tentativas de novos comportamentos. Como no trabalho de Ryle (1991), o *insight* é a parte mais vital do tratamento. O terapeuta esclarece e interpreta, concentrando os pensamentos e o discurso do paciente em modelos de referência para relacionamentos e processos de controle defensivo. O objetivo é que novos esquemas "não-subordinados" ganhem prioridade sobre os imaturos e desadaptativos.

Em comparação com a terapia do esquema, Horowitz (1997) não proporciona estratégias de tratamento detalhadas e sistemáticas nem usa técnicas vivenciais e reparação parental limitada. A terapia do esquema dá mais ênfase à ativação do afeto do que a abordagem de Horowitz. O terapeuta do esquema acessa o que Horowitz (1997) chama de "estados regressivos", que chamamos de modo criança vulnerável do paciente.

Terapia focada na emoção

A terapia focada na emoção, desenvolvida por Leslie Greenberg e seus colegas (Greenberg, Rice e Elliott, 1993; Greenberg e Paivio, 1997) parte dos modelos vivencial, construtivista e cognitivo. Assim como a terapia do esquema, a terapia focada na emoção é bastante informada pela teoria do apego e pela pesquisa sobre o processo terapêutico.

Na terapia focada na emoção, prevalece a integração de emoção com cognição, motivação e comportamento. O terapeuta ativa a emoção com vistas a repará-la, dando muito peso à identificação e reparação de esquemas de emoção, o que Greenberg (Greenberg e Paivio, 1997) define como conjuntos de princípios organizativos, idiossincráticos em conteúdo, e junta emoções, objetivos, memórias, pensamentos e tendências comportamentais. Os esquemas de emoção surgem por meio de uma interação do histórico precoce de aprendizagem da pessoa e seu temperamento inato. Quando ativados, servem como forças organizativas poderosas na interpretação e na resposta a eventos da vida. Assim como no modelo de esquemas, o fim último da terapia focada na emoção é mudar esses esquemas emocionais. A terapia traz à consciência do paciente "a experiência interna inacessível... para construir novos esquemas" (Greenberg e Paivio, 1997, p. 83).

Assim como a terapia do esquema, a terapia focada na emoção baseia-se muito na aliança de trabalho terapêutico, usando-a para desenvolver um "diálogo empático" de foco emocional que estimula, observa e presta atenção às preocupações emocionais do paciente. Para que sejam capazes de se envolver nesse diálogo, os terapeutas devem antes criar uma sensação de segurança e confiança. Uma vez garantido esse sentido, os terapeutas realizam um equilíbrio dialético entre "seguir" e "guiar", aceitando e facilitando a mudança. Esse processo é semelhante ao ideal do modelo de esquemas, baseado na confrontação empática.

Assim como a terapia do esquema, a terapia focada na emoção reconhece que a mera ativação da emoção não é suficiente para engendrar mudança. Nessa terapia, a mudança requer um processo gradual de ativação emocional por meio do uso de técnicas vivenciais, a fim de superar a evitação, interromper comportamentos negativos e facilitar a reparação emocional. O terapeuta ajuda o paciente a reconhecer e expressar seus sentimentos básicos, verbalizá-los e depois acessar recursos internos (por exemplo, respostas de enfrentamento adaptativas). Além disso, a terapia focada na emoção prescreve diferentes intervenções para diferentes emoções.

Apesar de semelhanças consideráveis, várias diferenças teóricas e práticas distinguem a terapia focada na emoção do modelo do esquema. Uma diferença está na primazia que a primeira dá ao afeto dentro dos esquemas emocionais em comparação com a visão mais igualitária da segunda sobre os papéis cumpridos por afeto, cognição e comportamento. Além disso, Greenberg sustenta a existência de uma "quantidade infinita de esquemas emocionais singulares" (Greenberg e Paivio, 1997, p. 3), ao passo que o modelo de esquema define um conjunto de esquemas e estilos de enfrentamento e proporciona intervenções adequadas para cada um.

O modelo de terapia focada na emoção organiza os esquemas de forma complexa e hierárquica, distinguindo entre emoções primárias, secundárias e instrumentais, e desmembrando-as ainda mais, em emoções desadaptativas, complexas e socialmente construídas. O tipo de esquema emocional sugere objetivos específicos de intervenção, levando em conta se a emoção tem foco interno ou externo (por exemplo, tristeza ou raiva) e se está, atualmente, super ou subcontrolada. Comparado com o modelo de esquema, mais parcimonioso, a terapia focada na emoção atribui uma carga considerável ao terapeuta na análise das emoções de forma precisa e na intervenção nessas de maneiras muito específicas.

O processo de avaliação na terapia focada na emoção baseia-se principalmente em experiências vivenciadas a cada momento na sala de terapia. Greenberg e Paivio (1997) contrastam essas técnicas com abordagens fundamentadas em formulações iniciais de caso ou em avaliações comportamentais. Embora o modelo de esquema utilize informações oriundas da sessão, é mais multifacetado, incluindo sessões de trabalho com imagens mentais, inventários de esquemas e sintonia na relação terapêutica.

RESUMO

Young (1990) desenvolveu originalmente a terapia do esquema para tratar pacientes que não haviam respondido de forma adequada ao tratamento cognitivo-comportamental, em especial os que têm transtornos de personalidade e questões caracterológicas subjacentes a seus transtornos de Eixo I. Esses pacientes descumprem vários pressupostos da terapia cognitivo-comportamental, sendo difíceis de tratar com sucesso por meio desse método. Revisões mais recentes da terapia cognitiva sobre transtornos de personalidade realizadas por Beck e colaboradores (Beck et al., 1990; Alford e Beck, 1997) estão mais de acordo com as formulações da terapia do esquema. Entretanto, ainda há diferenças importantes entre essas abordagens, sobretudo em termos de ênfase conceitual e na gama de estratégias de tratamento.

A terapia do esquema é um modelo amplo e integrador. Como tal, tem muito em comum com outros sistemas psicoterápicos, incluindo os modelos psicodinâmicos. Entretanto, a maioria dessas abordagens é mais estreita do que a terapia do esquema, seja em termos de modelo conceitual, seja na gama de estratégias de tratamento. Também há diferenças importantes na relação terapêutica, no estilo geral do terapeuta e em sua postura, bem como no grau da atividade terapêutica e diretividade.

Os esquemas desadaptativos remotos são temas ou padrões amplos e generalizados, disfuncionais em um grau significativo, de uma pessoa e seus relacionamentos com outras. Os esquemas são formados por memórias, emoções, cognições e sensações corporais. Desenvolvem-se durante a infância e a adolescência, e são elaborados durante toda a vida da pessoa. Esquemas começam como representações adaptativas e relativamente precisas do ambiente da criança, mas se tornam maladaptativos e imprecisos à medida que a criança cresce. Como parte da pulsão humana por coerência, os esquemas lutam para sobreviver. Cumprem um papel fundamental na forma como os indivíduos pensam, sentem, agem e relacionam-se com outros. Ativam-se quando os indivíduos encontram ambientes que lembram os ambientes de sua infância produtores desses esquemas. Quando isso acontece, o indivíduo é inundado por intensos sentimentos negativos. As pesquisas de LeDoux (1996) sobre sistemas cerebrais envolvidos com o condicionamento do medo e trauma sugerem um modelo para as bases biológicas dos esquemas.

Os esquemas desadaptativos remotos resultam de necessidades emocionais fundamentais não-satisfeitas e têm sua origem principal em experiências desagradáveis na infância. Outros fatores cumprem um papel em seu desenvolvimento, como o temperamento emocional e as influências culturais. Definimos 18 esquemas desadaptativos remotos em cinco domínios, havendo grande quantidade de apoio empírico para esses esquemas e para alguns dos domínios.

Definimos duas operações fundamentais dos esquemas: a perpetuação e a cura. A cura de esquemas é o objetivo da terapia do esquema. Os estilos de enfrentamento desadaptativos consistem nos mecanismos que os pacientes desenvolvem desde cedo em suas vidas para se adaptar a esquemas, e resultam em perpetuação dos mesmos. Identificamos três estilos de enfrentamento desadaptativos: resignação, evitação e hipercompensação. As respostas de enfrentamento são os comportamentos específicos por meio dos quais se expressam esses três estilos de enfrentamento amplos. Há respostas de enfrentamento comuns para cada esquema. Os modos são estados, ou facetas do *self*, envolvendo esquemas ou operações de esquemas específicos. Desenvolvemos quatro principais categorias de modos: modos criança, modos enfrentamento disfuncional, modos pai/mãe disfuncional e modos adulto saudável.

A terapia do esquema tem duas fases: a fase de avaliação e educação e a fase de mudança. Na primeira, o terapeuta ajuda os pacientes a identificar seus esquemas, entender as origens destes na infância ou adolescência e a estabelecer relações com seus problemas atuais. Na fase de mudança, o terapeuta combina estratégias cognitivas, vivenciais, comportamentais e interpessoais para curar esquemas e substituir estilos de enfrentamento desadaptativos por formas mais saudáveis de comportamento.

2
AVALIAÇÃO E EDUCAÇÃO SOBRE ESQUEMAS

A fase de avaliação e educação, na terapia do esquema, tem seis objetivos principais:

1. Identificação de padrões de vida disfuncionais.
2. Identificação e ativação de esquemas desadaptativos remotos.
3. Entendimento das origens dos esquemas na infância e adolescência.
4. Identificação de estilos e respostas de enfrentamento.
5. Avaliação de temperamento.
6. Juntando tudo: a conceituação do caso.

Embora estruturada, a avaliação não é formulista. Em vez disso, o terapeuta desenvolve hipóteses baseadas em dados e as ajusta à medida que mais informação se acumula. Ao avaliar padrões de vida, esquemas, estilos de enfrentamento e temperamento, utilizando as várias modalidades de avaliação descritas a seguir, a avaliação gradualmente aglutina-se, formando uma conceituação de caso focada esquemas.

Apresentamos agora um breve panorama dos passos no processo de avaliação e educação. O terapeuta começa com a avaliação inicial, examinando os problemas apresentados pelo paciente e seus objetivos quanto à terapia, bem como sua adequação à terapia do esquema. A seguir, faz um histórico de vida, identificando padrões disfuncionais que impedem o paciente de satisfazer necessidades emocionais básicas. Esses padrões geralmente envolvem ciclos de longo prazo e autoperpetuantes, em relacionamentos e no trabalho, que levam a insatisfação e desenvolvimento de sintomas. O terapeuta explica o modelo de esquemas e assegura ao paciente que ambos trabalharão juntos para identificar os esquemas e estilos de enfrentamento do paciente. O paciente responde questionários como tarefa de casa, e os dois discutem os resultados nas sessões. Logo após, o terapeuta usa técnicas vivenciais, especialmente o trabalho com imagens mentais, para avaliar e ativar esquemas e conectá-los a suas origens na infância e aos problemas atuais. O terapeuta observa os esquemas e estilos de enfrentamento do paciente à medida que aparecem na relação terapêutica. Por fim, avalia o temperamento emocional do paciente.

No desenrolar da avaliação, os pacientes passam a reconhecer seus esquemas e a entender suas origens na infância. Analisam como esses padrões autoderrotistas foram recorrentes, identificam os estilos de enfrentamento que desenvolveram para lidar com seus esquemas – resignação, evitação ou hipercompensação – e esclarecem de que forma seu temperamento individual e suas primeiras experiências de vida os predispuseram a desenvolver tais estilos. Conectam seus esquemas a seus problemas atuais, de forma que tenham sentido de continuidade desde a infância até o presente. Assim, seus esquemas e estilos de enfrentamento tornam-se conceitos unificadores na maneira como percebem suas vidas.

Concluímos que o uso de múltiplos métodos de avaliação aumenta a precisão da identificação do esquema. Por exemplo, alguns pacientes irão apontar um esquema no Inventário Parental de Young, mas não no Questionário de Esquemas de Young. Resulta-lhes mais fácil lembrar as atitudes e os comportamentos de seus pais do que avaliar suas próprias emoções. Eles podem fornecer informações incoerentes ou contraditórias em questionários em função da evitação ou da hipercompensação de esquemas, processos que tendem a ter menos destaque no trabalho com imagens mentais.

A fase de avaliação tem um aspecto intelectual e um emocional. Os pacientes identificam seus esquemas com racionalidade, por meio do uso de questionários, análise lógica e evidências empíricas, mas também os sentem emocionalmente, através de técnicas vivenciais, como as imagens mentais. A decisão sobre a "adequação" de uma hipótese acerca de um esquema no caso de um paciente baseia-se em grande parte, no que "parece correto" para este: um esquema corretamente identificado costuma ter repercussão emocional para o paciente.

Durante a fase de avaliação, o terapeuta usa medidas cognitivas, vivenciais e comportamentais, e observa a relação terapeuta-paciente. Trata-se de um empreendimento multifacetado no qual terapeuta e paciente formam e refinam hipóteses à medida que acumulam fontes adicionais de informação. Os esquemas nucleares se mostram à medida que esses vários métodos convergem para temas centrais na vida do paciente. A avaliação cristaliza-se, de modo gradual, em uma conceituação de caso focada nos esquemas.

O tempo necessário para completar a avaliação varia. Casos relativamente fáceis podem exigir só cinco sessões de avaliação, ao passo que pacientes que exercem mais hipercompensação ou evitação, via de regra, demandam mais tempo.

CONCEITUAÇÃO DE CASO FOCADO NOS ESQUEMAS

A terapia do esquema enfatiza a conceituação de caso individualizada. Vários terapeutas cognitivos proporcionaram excelentes exemplos de conceituação de caso a partir de uma perspectiva cognitiva (por exemplo, Beck et al., 1990; Persons, 1989). A conceituação de caso focada nos esquemas é mais ampla, fornecendo uma estrutura integradora que inclui padrões de vida autoderrotistas, processos remotos de desenvolvimento e estilos de enfrentamento, bem como esquemas. Cada paciente dispõem de uma conceituação única, baseada em seus esquemas desadaptativos remotos e em seus estilos de enfrentamento.

Ao final da fase de avaliação, o terapeuta preenche o formulário de conceituação de caso da terapia do esquema (ver Quadro 2.1)[1], que inclui os esquemas do paciente, as conexões com os problemas atuais, os gatilhos ativadores de esquemas, as hipóteses sobre fatores temperamentais, os modos, os efeitos dos esquemas sobre a relação terapêutica e as estratégias de mudança.

---

[1] Todas as formas de inventários mencionadas neste livro podem ser adquiridas do Schema Therapy Institute. Consulte www.schematherapy.com para informações sobre pedidos. Esses formulários estarão disponíveis em um caderno do cliente a ser publicado em breve pela editora The Guilford Press.

A importância da identificação precisa de esquemas e estilos de enfrentamento

Para desenvolver uma conceituação de caso eficaz, o terapeuta deve fazer uma avaliação precisa dos esquemas desadaptativos remotos do paciente e de seus estilos de enfrentamento. A conceituação de caso possui um forte impacto nos rumos do tratamento, fornecendo considerações estratégicas e recomendações práticas para a escolha de alvos de mudança e implementação de procedimentos de tratamento. A identificação correta de esquemas orienta intervenções e melhora a aliança terapêutica, o que auxilia o paciente a sentir-se entendido e antecipa áreas prováveis de dificuldade durante a fase de mudança.

É importante que o terapeuta não tire conclusões precipitadas sobre quais esquemas estão em operação somente com base em diagnósticos do Manual Diagnóstico e Estatístico de Transtornos Mentais (DSM-IV), no histórico de vida ou na resposta a uma única modalidade de avaliação. O mesmo diagnóstico de Eixo I talvez seja a manifestação externa de diferentes esquemas em indivíduos distintos. Quase todos os esquemas podem resultar em depressão, ansiedade, abuso de álcool e drogas, sintomas psicossomáticos ou disfunção sexual. Mesmo em um diagnóstico de personalidade específico como transtorno da personalidade *borderline*, há possibilidade de os pacientes apresentarem alguns esquemas em comum, e não outros.

Quadro 2.1 Formulário de conceituação de caso para terapia do esquema de Annette

Informações gerais:
Nome do terapeuta: Rachel W.
Nome do paciente: Annette G.*
Idade: 26
Estado civil: solteira
Filhos (idades): nenhum
Profissão: recepcionista
Grau de instrução: ensino médio completo
Origem étnica: caucasiano

Esquemas relevantes
1. Privação emocional (de cuidados, empatia e proteção)
2. Auto-sacrifício
3. Desconfiança/abuso
4. Defectividade/vergonha
5. Arrogo/grandiosidade
6. Autocontrole/autodisciplina insuficientes

Problemas atuais
Problema 1: depressão
Relações com o esquema: privação emocional, defectividade, auto-sacrifício

Problema 2: abuso de álcool
Relações com o esquema: resposta de enfrentamento para privação emocional, desconfiança/abuso, defectividade

Problema 3: problemas de relacionamento – namora homens inadequados, tem dificuldades de estabelecer intimidade
Relações com o esquema: privação emocional, desconfiança/abuso, defectividade, auto-sacrifício

---
* Ver a discussão do caso de Annette no Capítulo 8.

(Continua)

Quadro 2.1 (continuação)

Problema 4: problemas profissionais – não termina tarefas, muda de emprego com freqüência
Relações com o esquema: autocontrole/autodisciplina insuficientes, arrogo/grandiosidade
Ativadores do esquema (Especificar M ou F, se estiver limitado a homens ou mulheres)
1. Escolher namorado (M)
2. Tentar se aproximar de um namorado (M)
3. Sentir-se só
4. Pensar sobre seus problemas e sua necessidade de terapia
5. Solicitar a si que faça algo tedioso, rotineiro ou desinteressante

Gravidade dos problemas, respostas de enfrentamento e modos; risco de descompensação
Esquemas são moderadamente fortes. Respostas de enfrentamento e modos são muito fortes. Sem ideação suicida. Baixo risco de descompensação.

Fatores temperamentais/biológicos possíveis
Nenhum

Origens no desenvolvimento
1. Mãe era desamparada e carente. Nenhum dos pais satisfazia as necessidades emocionais de Annette quando criança.
2. O pai era raivoso e explosivo. Annette foi colocada no papel de proteger sua mãe de seu pai.
3. Annette não tinha limites ou disciplina quando criança. Poderia fazer e ter o que quisesse.
4. Membros da família nunca compartilhavam sentimentos ou discutiam seus problemas.

Memórias ou imagens de infância importantes
O pai era muito raivoso. Annette e sua mãe eram assustadas. A mãe se voltava a ela para pedir ajuda, mas não lhe oferecia qualquer apoio, empatia ou proteção.

Distorções cognitivas importantes
1. Ninguém jamais vai conseguir cuidar de minhas necessidades. Tenho que ser forte todo o tempo.
2. Existe alguma coisa fundamentalmente errada comigo por ter tantos problemas emocionais e ser tão carente.
3. A maioria dos homens é imprevisível, raivosa e explosiva.
4. Eu devo poder fazer e ter o que eu quiser.
5. Não devo ser obrigada a cumprir tarefas, atividades ou ter relacionamentos que sejam tediosos e desinteressantes.

Comportamentos de resignação
1. Não pede a outros que a cuidem ou protejam.
2. Cuida da mãe e pouco pede em retorno.
3. Não fala de sentimentos de vulnerabilidade com outras pessoas.

Comportamentos de evitação
1. Abusa de álcool para bloquear sentimentos dolorosos.
2. Busca estimulação e novidades para evitar emoções.
3. Tenta evitar concentrar-se em pensamentos e sentimentos dolorosos.
4. Evita relacionamentos íntimos com homens.

Comportamentos de hipercompensação
Age de forma dura e controlada, mesmo quando se sente vulnerável e carente.

Modos de esquema relevantes (além do adulto saudável)
1. Annette durona (protetor desligado)
2. Annettezinha (criança solitária e assustada)
3 "Annette mimada"

Relação terapêutica (impacto em esquemas e modos no comportamento durante sessões; reações pessoais e/ou contratransferência)
Annette age de forma dura grande parte do tempo da sessão. Reluta em admitir apego forte, carência ou vulnerabilidade em relação a mim, ainda que pareça envolvida e conectada. Tenta evitar exercícios com imagens mentais e não gosta de falar de emoções ou eventos dolorosos. Com freqüência, não cumpre tarefas escritas porque diz que são tediosas e a incomodam.
Apesar desses problemas, vejo Annette envolver-se no trabalho e acho que temos relação terapêutica muito boa. Fico um pouco frustrado com sua falta de disciplina e preocupação com outros no modo "Annette Mimada".

Além disso, o terapeuta não deve partir do pressuposto de que um esquema está presente somente com base em uma análise simplista das experiências de infância do paciente. Os pacientes podem compartilhar circunstâncias de infância dolorosas e, mesmo assim, acabar com diferentes esquemas. Por exemplo, duas pacientes cresceram com pais que as rejeitavam. A primeira paciente desenvolveu esquemas de abandono e defectividade, ambos relativamente graves. Seu pai a ignorava, mas tratava sua irmã mais velha com afeto. A paciente concluiu que havia algo errado consigo, fazendo com que não merecesse o amor de seu pai. Em função de sentir, desde muito pequena, que qualquer pessoa que gostasse dela acabaria por ir embora, evitava relacionamentos românticos, para escapar de sofrimentos futuros.

Em comparação, a segunda paciente tinha um pai que rejeitava todas as crianças na família. A mãe (diferente da mãe da primeira paciente) era carinhosa e amorosa, e a compensava pela frieza do pai, dando-lhe afeto e aceitação. A segunda paciente atribuía a rejeição do pai à incapacidade deste de amar, já que era igualmente frio com ela e com os irmãos. Passou a crer que alguns homens não a amariam, mas outros sim, de forma que ela tinha de encontrar os homens certos. Posteriormente, buscou homens amorosos, que pudessem curar o dano causado por seu pai. Embora tivesse um esquema de abandono com gravidade baixa a moderada, essa paciente não desenvolveu o esquema de defectividade. Sendo assim, duas pacientes com pais que as rejeitavam acabaram com esquemas e estilos de enfrentamento bastante diferentes, como resultado de elementos mais complexos em suas experiências de infância.

Outros fatores também influenciam os esquemas desenvolvidos por um paciente, bem como sua intensidade. Muitos pacientes, a exemplo da segunda mulher recém-descrita, possuem outras pessoas em suas vidas que contrabalançam o esquema ao fornecer-lhes aquilo de que precisam, impedindo, assim, que o esquema se desenvolva e enfraquecendo-o. Os pacientes também podem ter experiências posteriores que modifiquem ou curem os esquemas. Por exemplo, estabelecem relacionamentos amorosos saudáveis ou amizades íntimas e, portanto, curam parcialmente esquemas no campo da desconexão e rejeição. Às vezes, o temperamento de um paciente trabalha contra a formação de um esquema. Algumas pessoas parecem psicologicamente mais resilientes e não desenvolvem esquemas desadaptativos remotos, mesmo sob condições de adversidade considerável, ao passo que outras parecem psicologicamente mais vulneráveis e desenvolvem esquemas desadaptativos com níveis relativamente leves de maus tratos.

A identificação precisa de esquemas é importante porque há intervenções de tratamento específicas e individualizadas para cada um deles. Por exemplo, uma paciente pede repetidas vezes que seu terapeuta lhe oriente a respeito de problemas com seu namorado. Com base nesses tratamentos e em outros semelhantes, o terapeuta conclui equivocadamente, que a paciente tem um esquema de dependência. Como a estratégia de tratamento para o esquema de dependência é aumentar a autoconfiança do paciente, fazendo com que tome suas próprias decisões, o terapeuta declina de lhe dar orientação. Todavia, o que a paciente tem é um esquema de privação emocional. Ela nunca teve alguém forte a quem pudesse recorrer em busca de orientação. A estratégia de tratamento para privação emocional é realizar reparação parental com o paciente, proporcionando-lhe cuidados, empatia e orientação, isto é, satisfazer, de forma limitada, suas necessidades emocionais não-satisfeitas. Ao ver o paciente dessa forma, o terapeuta oferece orientação direta.

A identificação precisa do esquema aponta o caminho para a intervenção correta. Essa identificação precisa dos estilos de enfrentamento do paciente também é importante para a conceituação de caso. O paciente, majoritariamente, rende-se, evita ou hipercompensa esquemas? A maioria dos pacientes usa uma mescla de estilos de enfrentamento. Um paciente que tenha um esquema de defectividade pode hipercompensar no local de trabalho com um desempenho superior, mas evitar relacionamentos íntimos em sua vida pessoal e realizar atividades solitárias. Os estilos de enfrentamento não são específicos de um determinado esquema: geralmente perpassam esquemas e servem como mecanismos de enfrentamento para emoções desagradáveis geradas por muitos esquemas diferentes. Indivíduos que, por exemplo, jogam compulsivamente para escapar do desconforto emocional podem fazê-lo por sentir-se abandonados, abusados, rejeitados ou subjugados. Dedicam-se ao jogo para evitar o sofrimento de quase qualquer esquema que lhes produza sofrimento psicológico.

É importante que o terapeuta valide o valor adaptativo primevo do estilo de enfrentamento do paciente. O estilo desenvolveu-se por alguma boa razão, para enfrentar uma situação difícil na infância. Entretanto, o estilo de enfrentamento provavelmente é desadaptativo no mundo adulto, no qual o paciente tem mais escolhas e não está à mercê dos maus tratos ou da negligência dos pais. Se o estilo de enfrentamento é de evitação ou hipercompensação, há probabilidade de que se torne um problema à terapia porque trata-se de uma barreira ao trabalho com esquemas. Um dos propósitos desses estilos de enfrentamento é bloquear o esquema na consciência, e o paciente tem que estar consciente do esquema para lutar contra ele. O estilo de enfrentamento também se torna um entrave quando reduz a qualidade de vida do paciente, como nos casos em que ele procrastina suas tarefas, afasta os outros, é desligado emocionalmente, gasta demais ou abusa de drogas.

Os pacientes podem responder a intervenções terapêuticas que ativam seus esquemas com os mesmos estilos de enfrentamento usados em outros contextos. Importa reconhecer estilos de enfrentamento, porque o comportamento aparentemente saudável pode, na verdade, representar um estilo desadaptativo. O afastamento calmo de um paciente com estilo de enfrentamento evitativo pode se parecer com a conduta de um adulto saudável, mas indica uma postura disfuncional em relação a emoções.

Observar os comportamentos problemáticos como estilos de enfrentamento talvez nos auxilie a entender por que os pacientes persistem em comportamentos autoderrotistas. A resistência desses pacientes em mudar indica sua dependência continuada de respostas que funcionaram, pelo menos em alguma medida, no passado.

O PROCESSO DE AVALIAÇÃO E EDUCAÇÃO EM DETALHE

A seguir, discutimos os passos específicos do processo de avaliação e educação mais detalhadamente.

A avaliação inicial

A tarefa da avaliação inicial é identificar os problemas atuais do paciente e os objetivos terapêuticos, a fim de verificar sua adequação à terapia do esquema.

Avaliando os problemas atuais do paciente e os objetivos terapêuticos

É importante que o terapeuta identifique com clareza os problemas que levaram o paciente à terapia e mantenha-se centrado nos mesmos, à medida que o paciente avança na avaliação. Às vezes, os terapeutas se atêm à exploração dos esquemas dos pacientes e se esquecem de ligar tais esquemas aos problemas atuais. Enquadrar os problemas em termos de esquemas e desenvolver um plano de tratamento dirigido a ele, ajuda o paciente a sentir-se centrado e esperançoso.

O terapeuta é específico na definição dos problemas atuais e dos objetivos do tratamento. Por exemplo, quando descreve um problema atual, em vez de dizer "o paciente está com problemas na escolha de uma profissão", ele diz "o paciente nega opções profissionais potenciais e adia a busca de trabalho". Em vez de dizer "o paciente tem dificuldades de relacionamento", ele diz "o paciente repetidamente escolhe parceiros que são retraídos e distantes". A operacionalização dos problemas atuais, dessa maneira, auxilia o terapeuta a formular objetivos terapêuticos adequados.

Exemplo clínico. Maria tem 45 anos e buscou a terapia para tratar problemas conjugais. Os trechos a seguir são de uma entrevista realizada com ela pelo Dr. Young. No momento da entrevista, Maria havia feito terapia do esquema com outro terapeuta por oito semanas. No primeiro trecho, ela descreve sua relação com o marido, James.

> Estou casada com James há sete anos, desde meus 38. Não tenho filhos. Meu marido e eu trabalhamos. Sou gerente de uma galeria de arte, e ele é dono de uma construtora. Temos dois trabalhos frenéticos, duas personalidades do tipo 'nunca está bom o suficiente' e funções que nos ocupam muito.
> O que sinto é que, quando me casei, conseguia me recuperar das brigas. Ele é, acho eu, verbal e emocionalmente abusivo. Eu ia consertar. Agora sinto que não tenho tempo nem paciência, mas o amo e quero salvar o casamento.

Todas as formas experimentadas por Maria para melhorar seu casamento deixaram de funcionar, e ela não consegue reunir a energia necessária para continuar tentando. Sente que suas necessidades emocionais não estão satisfeitas e que o marido é verbalmente abusivo. Com o tratamento, pretende melhorar a qualidade do relacionamento conjugal, de forma a se sentir satisfeita e não ser mais tratada de maneira degradante. Durante o tratamento, o terapeuta tentará entender seus problemas conjugais em relação aos esquemas e estilos de enfrentamento dela e aos de seu marido.

Avaliando a adequação do paciente à terapia do esquema

A terapia do esquema não é adequada a todos os pacientes. Para alguns, irá se tornar adequada em um momento posterior do tratamento, depois da melhora das crises e dos sintomas agudos, mas não antes disso. A lista a seguir fornece algumas indicações de que a terapia do esquema talvez não seja adequada ou tenha de ser adiada.

1. O paciente está em uma crise profunda em alguma área de sua vida.
2. O paciente é psicótico.
3. O paciente tem um transtorno de Eixo I agudo não-tratado, relativamente grave, que requer atenção imediata.
4. O paciente atualmente usa drogas ou álcool em nível grave a moderado.
5. O problema atual é situacional e não parece relacionar-se com um padrão de vida ou com um esquema.

Se o paciente está em crise, o terapeuta trabalha para resolvê-la antes de iniciar a terapia do esquema. Se o paciente tem um transtorno de Eixo I agudo não-tratado, relativamente grave, o terapeuta direciona, primeiro, o tratamento ao alívio dos sintomas por meio de terapia cognitivo-comportamental ou medicação psicotrópica. Por exemplo, se o paciente tem ataques de pânico graves, depressão profunda, insônia ou bulimia, o terapeuta trata esse transtorno agudo antes de realizar o trabalho com esquemas. Se o paciente usa álcool ou drogas com gravidade, o terapeuta, primeiro, direciona o tratamento para a interrupção desse problema. Uma vez que o paciente tenha interrompido ou reduzido em grau significativo o uso de drogas ou álcool, o terapeuta inicia o trabalho com esquemas. Raramente é possível realizar um trabalho eficaz com esquemas enquanto o paciente estiver usando drogas ou álcool de forma grave porque isso anestesia as próprias emoções que ele tem de enfrentar para avançar. Isso se aplica, sobretudo, quando o paciente está sob a influência de drogas ou álcool durante as sessões.

Desenvolvemos inicialmente a terapia do esquema como tratamento para transtornos de personalidade, mas agora ela também é utilizada para vários transtornos de Eixo I, muitas vezes em conjunto com outras modalidades de tratamento. A ansiedade ou depressão resistentes ao tratamento ou com recidivas costumam configurar alvos adequados para a terapia do esquema. Quando um paciente parece não ter um transtorno de Eixo I ou não respondeu a terapia anterior para esse tipo de transtorno, então se costuma indicar a terapia do esquema. É o caso, por exemplo, de um paciente de 31 anos, em terapia cognitivo-comportamental para depressão, que repetidamente deixa de cumprir as tarefas de casa. O terapeuta define o problema em termos de um esquema de subjugação. As tarefas de casa lembram o paciente de seus anos escolares, quando ele se ressentia de ser controlado por pais e professores e se rebelava contra a autoridade. Como naquele momento, o paciente hipercompensa seu esquema ao não cumprir suas tarefas de casa. Como o paciente quer avançar, o terapeuta pode se aliar a ele na luta contra o esquema, com vistas a aderir ao trabalho cognitivo-comportamental.

Outras dificuldades em terapia que podem ser tratadas com uma abordagem de esquemas são problemas de faltas às sessões e problemas na relação terapêutica. Quando há bloqueios à mudança, a abordagem de esquemas pode ajudar o terapeuta e o paciente a conceituar o bloqueio e a gerar soluções potenciais. Costuma ser útil apresentar o bloqueio ao paciente como um modo e, depois, estabelecer uma aliança com ele para responder a esse modo de maneira saudável.

Histórico de vida focado

O terapeuta tenta determinar se os problemas do paciente são situacionais ou se refletem um padrão em sua vida. Por exemplo, um homem de 64 anos entra em terapia depois da morte da esposa. Está profundamente deprimido e não respondeu a tratamento farmacológico nem psicológico. Essa depressão representa o funcionamento de um esquema ou é simplesmente a conseqüência do luto? Sua depressão poderia advir de ambas as fontes.

O terapeuta coleta um histórico de vida focado para responder a esta pergunta, começando com os problemas atuais e regressando no tempo, a fim de identificar a data mais remota possível do surgimento desse problema. Buscam-se períodos de ativação do esquema no passado, sondando-os com o paciente. O paciente vivenciou perdas traumáticas na infância? Os padrões surgem à medida que os mesmos eventos gatilho, cognições, emoções e comportamentos se repetem com o passar do tempo e em diferentes situações. Históricos de relacionamentos, dificuldades na escola ou no trabalho e períodos de emoções fortes oferecem pistas em relação a esquemas. Se uma paciente estiver com problemas para administrar sua raiva em relação ao chefe, pode ser o caso de que este esteja ativando um de seus esquemas. Uma investigação mais aprofundada pode esclarecer a questão.

O terapeuta também trabalha para identificar os estilos de enfrentamento do paciente em termos de resignação, evitação e hipercompensação. O terapeuta explora a forma como os pacientes enfrentaram os problemas por meio de esquemas no passado.

Quando os pacientes se rendem a um esquema, eles o reencenam, da mesma forma como acontecia na infância, eles próprios cumprindo o mesmo papel de então. Vivenciam os mesmos pensamentos e sentimentos de quando eram crianças e se comportam da mesma forma. Em contraste, a evitação de esquemas aparece como fuga, acarretando o uso de estratégias cognitivas, emocionais ou comportamentais para negar, escapar, minimizar ou se desligar do esquema. Com a hipercompensação do esquema, o paciente parece lutar contra: usa táticas cognitivas, emocionais ou comportamentais para contra-atacar, compensar ou externalizar o esquema.

O terapeuta introduz a idéia de estilos de enfrentamento aos pacientes, explicando que são estratégias por eles desenvolvidas na infância para se adaptar a eventos desagradáveis. Seus estilos de enfrentamento individuais resultam de seus temperamentos e de modelagens parentais. Com o tempo, essas estratégias transformaram-se em formas mais generalizadas de lidar com o mundo. Os estilos de enfrentamento são especialmente visíveis quando os esquemas são ativados. O terapeuta diz ao paciente que os estilos de enfrentamento podem impedir o acesso a esquemas e bloquear o avanço da terapia.

Além disso, alguns estilos de enfrentamento, como o abuso de drogas e álcool ou o distanciamento emocional, são problemáticos por si sós. Essa introdução aos estilos de enfrentamento proporciona uma base para administrar os questionários de auto-avaliação e induz os pacientes a oferecer voluntariamente informações sobre como enfrentaram momentos difíceis no passado.

O caso de Maria

Nesta entrevista com Maria (a paciente descrita à p. 77), o Dr. Young coleta um histórico de vida focado para determinar se suas dificuldades com James são exclusivas de seu relacionamento com ele ou se pertencem a um modelo mais amplo de vida. No trecho a seguir, o Dr. Young pergunta-lhe acerca de relacionamentos anteriores. Ele começa com o presente e trabalha retrospectivamente, mantendo a informação relevante ao problema atual.

Terapeuta: Como foi seu relacionamento anterior ao com James?
Maria: É quase como um espelho deste. Ambos eram alcoolistas. Sofri abuso verbal em ambos. Assim como James me abandona emocionalmente, Chris me abandonava fisicamente – passava as noites fora. Ambos eram generosos com dinheiro e diziam que me amavam muito.

Neste momento, parece surgir um padrão nos relacionamentos amorosos de Maria. Ambos os parceiros a "abusaram verbalmente" e "abandonaram". Ambos eram generosos materialmente. O terapeuta levanta a hipótese de que ela tenha esquemas no domínio de desconexão e rejeição – talvez abuso ou abandono – e pergunta-lhe sobre suas reações a homens que a tratam bem.

Terapeuta: Como você era com alguém que a tenha tratado bem? O que me diz dos caras legais? Deve ter havido algum que a tratasse bem.
Maria: Não duraram muito. Eu terminei. Eles eram simplesmente horríveis.
Terapeuta: Eles eram legais demais?
Maria: Um cara foi muito legal. Ele era atencioso e me dava presentes.
Terapeuta: Ele era crítico?
Maria: Não, ele adorava o que eu dizia. Tínhamos longas conversas.
Terapeuta: O que tinha de errado com a relação?
Maria: Ele era europeu e muito "velho mundo".

A resposta de Maria sustenta a hipótese de que seus problemas com James são provocados por esquemas, e não situacionais. Surge um padrão em seu histórico, no qual sente-se atraída por homens que a tratam mal e não se interessa pelos que a tratam bem. Esse padrão se encaixa bem em nosso modelo: acreditamos que a atuação de esquemas gera uma "química sexual" em relacionamentos amorosos. A explicação de Marika sobre por que ela não se sentia atraída pelo "cara legal" não parece satisfatória, soando mais como uma racionalização para a ausência de desejo. Ao escolher homens para relacionamentos amorosos, seu estilo de enfrentamento parece ser, basicamente, a resignação a seus esquemas. Outros estilos de enfrentamento aparecem nas interações de Maria com James. Para hipercompensar seus sentimentos de privação emocional, ela irrita-se e faz cobranças, o que provoca brigas com James, da mesma forma como provocava respostas negativas por parte de seu pai quando ela era criança. Resulta dessa forma de hipercompensação o sentimento de ser mais privada, e essa tentativa acaba por perpetuar o esquema. Quase sempre acontece assim: o resultado final de evitação e da hipercompensação de esquemas é sua perpetuação.

Enquanto desenvolve hipóteses sobre esquemas e estilos de enfrentamento, o terapeuta observa se alguns esquemas estão inter-relacionados. Há esquemas que parecem ser ativados em conjunto? A esses chamamos de "esquemas conectados". Por exemplo, Maria tem esquemas conectados de privação emocional e de defectividade. Quando se sente privada de amor, ela culpa a si própria, atribuindo a negligência de James em relação a ela a suas próprias falhas, ou seja, ela não é "boa o suficiente" para ser amada incondicionalmente. Seus sentimentos de privação estão inextricavelmente conectados aos de defectividade.

INVENTÁRIOS DE ESQUEMAS

Formulários de avaliação de histórico de vida

Os formulários de avaliação de histórico de vida proporcionam uma avaliação abrangente dos atuais problemas, sintomas, histórico familiar, imagens, cognições, relacionamentos, fatores biológicos, e memórias e experiências importantes do paciente. O inventário é longo e constitui uma tarefa de casa. Fazer com que o paciente preencha o inventário fora da sessão pode economizar muito tempo de terapia. No inventário, pede-se, por exemplo, que o paciente liste memórias de infância, as quais são pistas para os esquemas desadaptativos remotos. (Por vezes, pacientes que não relatam abuso em entrevistas o fazem nesse questionário. Não conseguem dizê-lo diretamente ao terapeuta, mas concordam em fazê-lo por escrito, quando estão em casa.) O terapeuta pode usar o material para formular hipóteses sobre padrões de vida, esquemas e estilos de enfrentamento.

O Questionário de Esquemas de Young

O Questionário de Esquemas de Young[2] (QEY-L2; Young e Brown, 1990, 2001) é uma medida para a auto-avaliação de esquemas. Os pacientes se autoavaliam em relação ao quão bem cada item os descreve em uma escala Likert de 6 pontos. O terapeuta geralmente dá o questionário após a primeira ou segunda sessão, para que o paciente o complete em casa.

Os itens do questionário estão agrupadas por esquema. Após cada conjunto de itens, aparece um código de duas letras para indicar ao terapeuta qual esquema está em avaliação. Entretanto, o nome do esquema não consta no próprio questionário. Uma legenda das abreviaturas aparece na folha de escore.

O terapeuta geralmente não soma o escore total do paciente ou o escore médio de cada esquema para interpretar os resultados. Em lugar disso, observa as questões de cada esquema em separado, circundando os escores altos (geralmente níveis 5 ou 6) e chamando atenção aos padrões. O terapeuta repassa todo o questionário com o paciente, fazendo perguntas sobre os itens a que este atribuiu um escore alto. Observamos clinicamente que, se um paciente tem três ou mais escores altos (5 ou 6) em um determinado esquema, via de regra, este é relevante ao paciente e merece investigação.

O terapeuta usa os itens de alto escore para induzir o paciente a falar sobre cada esquema relevante, perguntando-lhe: "Você pode falar mais sobre como essa afirmação relaciona-se com sua vida?" Esse tipo de investigação de duas questões com alto escore para cada esquema relevante, em geral, é suficiente para transmitir a essência do esquema. O terapeuta ensina ao paciente o nome de cada esquema cujo escore for alto e o significado do esquema em palavras da vida cotidiana, e estimula-o a ler mais sobre o esquema em *Reinventing your life* (Young e Klosko, 1994).

Nesse momento da avaliação, o terapeuta conhece os problemas atuais do paciente e já investigou padrões no histórico de vida focado. Formulou hipóteses sobre os esquemas do paciente, que são sustentadas ou refutadas pelas respostas ao QEY, as quais também podem contradizer informações anteriores. O terapeuta faz perguntas sobre aspectos incoerentes. Às vezes, os pacientes interpretam mal as perguntas, reescrevem-nas ou interpretam-nas de forma altamente pessoal ou idiossincrática. O terapeuta esclarece discrepâncias para garantir a identificação correta do esquema.

---

[2] O questionário está disponível nas versões longa e curta. A versão longa do QEY (QEY-L2) contém 205 questões e avalia os 16 esquemas desadaptativos remotos que identificamos na época da elaboração do questionário. Temos questões adicionais para o manual a ser publicado, de forma que todos os 18 esquemas atuais possam ser medidos. A versão longa é preferível para uso clínico, porque revela mais sutilezas de cada esquema e, assim, proporciona mais informações detalhadas.
A versão curta do QEY contém 75 questões e compõe-se pelos cinco itens de peso mais alto para cada esquema da versão longa, determinados por análise fatorial (Schmidt et al., 1995). Também acrescentaremos questões a essa versão, de forma que todos os 18 esquemas possam ser medidos. A versão curta costuma ser usada em pesquisas, pois leva muito menos tempo para ser administrada.

Alguns pacientes descobrem que o simples ato de preencher o questionário ativa seus esquemas. Pacientes frágeis, como os que têm transtorno da personalidade *borderline*, que vivenciaram traumas precoces graves, talvez sintam fortes emoções enquanto respondem às questões e, portanto, devem avançar lentamente. O terapeuta pode pedir que esses pacientes respondam um certo número de questões a cada semana, ou o paciente pode trabalhar no questionário com o terapeuta durante a sessão. Alguns pacientes podem reagir contra as perguntas desagradáveis evitando o questionário. Deixam questões em branco, esquecem-se de preencher o questionário ou atribuem escores baixos a alguns itens sem prestar a devida atenção. Evitam o questionário para evitar lidar com seus esquemas. Esses tipos de reações apontam para um tipo de estilo de enfrentamento de evitação de esquemas. Se o paciente apresenta dificuldade persistente de preencher o questionário, o terapeuta não insiste. Em vez disso, explora razões para não preencher o questionário com o paciente. Se não somos capazes de superar esses obstáculos com relativa rapidez, geralmente consideramos como um sinal de que o paciente tem problemas de evitação importantes e trabalhamos mais com outras facetas do processo de avaliação a fim de determinar quais esquemas aplicar.

Via de regra, gastamos uma ou duas sessões para repassar o questionário com o paciente, dependendo do número de esquemas com escore elevado. Como se permite que os pacientes alterem a formulação das questões, costuma haver muito a se discutir entre terapeuta e paciente. Falar sobre itens do questionário leva, com rapidez, os pacientes a explorar material importante. À medida que terapeuta e paciente repassam o questionário, o primeiro formula e revisa continuamente hipóteses sobre os esquemas do segundo e relaciona-os a seus problemas atuais e ao histórico de vida.

O INVENTÁRIO PARENTAL DE YOUNG

O Inventário Parental de Young (IPY; Young, 1994) trata-se de um dos meios básicos de identificar as origens dos esquemas na infância. O IPY é um questionário de 72 itens nos quais os respondentes classificam seus pais e suas mães segundo uma série de comportamentos que, de acordo com nossas hipóteses, contribuem para o desenvolvimento de esquemas. Assim como o QEY, o IPY usa uma escala Likert de 6 pontos, e os itens são agrupados em esquemas. Geralmente, aplicamos o IPY aos pacientes como tarefa de casa, algumas semanas depois do QEY, após a quinta ou sexta sessão, quando discutimos as origens dos esquemas do paciente.

Se os pacientes tiveram madrastas ou padrastos, avós, ou outros substitutos de pais e mães em casa quando crianças, pode-se adaptar o questionário, acrescentando-se colunas para essas pessoas. Por exemplo, uma paciente morava com sua mãe e com seu pai; após a morte deste, quando ela tinha cinco anos, morou com a mãe e com o padrasto. Ela acrescentou uma coluna e classificou os itens no IPY em relação a seu pai, mãe e padrasto.

O inventário é uma medida das origens mais comuns que observamos para cada esquema desadaptativo remoto, refletindo os ambientes da infância, que, a partir de nossa observação, provavelmente irão moldar o desenvolvimento de esquemas específicos. Entretanto, é possível que o paciente experimente o ambiente de infância comumente associado a um determinado esquema, mas não desenvolva o esquema esperado. Isso poderia acontecer por uma série de razões: (1) o temperamento do paciente impediu que o esquema se desenvolvesse; (2) um dos pais ou uma pessoa importante na vida da criança compensou o outro; (3) o paciente, uma pessoa importante ou mesmo um evento posterior na vida curaram o esquema.

O terapeuta calcula o escore do IPY de forma parecida ao QEY, circulando todos os itens marcados com 5 ou 6 para cada paciente. (Partimos do pressuposto de que escores 5 ou 6 têm uma chance alta de ser clinicamente importantes como origens de um determinado esquema.) As únicas exceções são os itens de 1 a 5, que avaliam as origens da privação emocional. Diferentemente do QEY, não é necessário haver mais de um escore alto em um determinado esquema para que um item seja potencialmente significativo. Embora seja verdade que, quanto mais escores altos existirem para um dado esquema, mais poderemos ter certeza de que se trata de um esquema relevante para esse paciente, qualquer escore alto no IPY pode ser significativo como origem do esquema. Por exemplo, se uma paciente indica em um item do IPY que sofreu abuso sexual por parte de um dos pais, é muito provável que ela apresente esquemas de desconfiança/abuso, mesmo que tenha atribuído um escore muito baixo às origens desse esquema.

Na sessão seguinte, após o terapeuta ter repassado os escores do paciente, os dois juntos discutem qualquer item com escore alto. O terapeuta estimula o paciente a falar mais de cada origem, dando exemplos da infância ou adolescência que ilustrem como o pai ou a mãe manifestou o comportamento. A discussão continua até que o terapeuta tenha um quadro completo e preciso de como cada um dos pais contribuiu para o desenvolvimento dos esquemas do paciente. O terapeuta explica ao paciente o relacionamento entre cada origem e o esquema correspondente, e também como a origem infantil e o esquema podem estar ligados a seus problemas atuais.

Embora não seja projetado para mensurar os esquemas dos pacientes, e sim para identificar prováveis origens para esquemas que tenham escore alto no QEY, o IPY se mostrou uma forma indireta útil de mensurar esquemas. Se um paciente atribui escores altos a itens do IPY que refletem as origens típicas de um esquema, observamos que é comum o paciente ter esse esquema, mesmo que lhe tenha atribuído um escore baixo ao mesmo no QEY. A explicação mais provável para isso é que os pacientes, muitas vezes, são capazes de identificar com precisão como eram seus pais, ainda que estejam distanciados de suas próprias emoções. Dessa forma, para pacientes com alta evitação de esquemas, o IPY pode, às vezes, mostrar-se uma melhor medida do que o QEY.

O terapeuta compara respostas no IPY com as do QEY. Esquemas com escores altos em um questionário que equivalham a esquemas com escores altos no outro aumentam a importância provável dos esquemas. As diferenças também proporcionam informações importantes. Assim como acontece com o QEY, os escores no IPY podem ser baixos como resultado de uma evitação ou hipercompensação de esquemas. Se uma resposta for inesperadamente baixa, o terapeuta pode dizer algo como: "Em seu questionário de esquema, você diz que durante toda a sua vida as pessoas tentaram controlar você, mas no inventário parental você indica que sua mãe e seu pai não tentavam comandar sua vida. Você pode me ajudar a entender como essas duas afirmações se encaixam?". Tentar resolver aparentes incoerências como essa é muito útil para esclarecer os esquemas de um paciente e suas origens, e para auxiliar os pacientes a enfrentar sentimentos e eventos que evitam ou bloqueiam.

O Inventário de Evitação de Young-Rygh

O Inventário de Evitação de Young-Rygh (Young e Rygh, 1994) é um questionário de 41 itens que avalia a evitação de esquemas. Inclui itens como: "Assisto muita televisão quando estou sozinho", "Tento não pensar sobre coisas que me incomodam" e "Adoeço fisicamente quando as coisas não andam bem". Os indivíduos classificam as respostas em uma escala de 6 pontos.

Assim como acontece com outros inventários, o terapeuta não está especialmente preocupado com o escore total, e sim com a discussão de itens de escore elevado. Contudo, um escore total elevado indica um padrão geral de evitação de esquemas. O inventário não se refere especificamente e algum esquema: um estilo de enfrentamento evitativo costuma ser um traço generalizado que pode ser utilizado para evitar qualquer esquema.

O Inventário de Compensação de Young

O Inventário de Compensação de Young (Young, 1995) é um questionário de 48 itens que avalia a hipercompensação de esquemas. As questões incluem afirmações como: "Com freqüência, culpo outros quando algo não vai bem", "Sofro para tomar decisões a fim de não cometer erros", e "Não gosto de regras e sinto prazer em quebrá-las". O inventário usa uma escala de 6 pontos.

O terapeuta usa o inventário de hipercompensação como ferramenta clínica e discute com o paciente os itens com escores elevados. Por exemplo, se o paciente concorda com a postura acusatória como sendo um estilo de enfrentamento, o terapeuta pede um exemplo e investiga se essa postura acusatória hipercompensa outros sentimentos mais dolorosos, talvez de vergonha. O terapeuta pode perguntar: "Será possível que acusar seja uma forma de você lidar com seus próprios sentimentos de vergonha na situação?". À medida que a terapia avança, os pacientes monitoram seu próprio uso dos estilos de enfrentamento identificados nesses dois inventários.

AVALIAÇÃO COM IMAGENS MENTAIS

A essa altura do processo de avaliação, o terapeuta elaborou um histórico de vida focado e repassou os questionários respondidos com o paciente. Os dois estão construindo um entendimento intelectual dos esquemas e estilos de enfrentamento do paciente.

O próximo passo é ativar os esquemas em sessões de terapia, de forma que terapeuta e paciente possam senti-los. O terapeuta em geral consegue isso com imagens mentais, uma ferramenta de avaliação poderosa para a maioria dos pacientes. Trazer à tona o material nuclear, muitas vezes de forma imediata e dramática, pode ser o meio mais eficaz de identificar esquemas. Apresenta-se uma descrição detalhada de como trabalhar com imagens mentais com os pacientes no Capítulo 4. Aqui, apresentamos um breve panorama do uso dessas imagens para avaliação.

Os objetivos do trabalho com imagens mentais para avaliação são:

1. Identificar e ativar os esquemas do paciente.
2. Entender as origens dos esquemas na infância.
3. Ligar esquemas a problemas atuais.
4. Ajudar o paciente a experimentar emoções associadas aos esquemas.

Começamos dando aos pacientes uma argumentação convincente sobre o trabalho com imagens: esse trabalho irá ajudá-los a sentir seus esquemas, entender as origens dos mesmos na infância e conectá-los com seus atuais problemas.

Depois de dar aos pacientes essa argumentação breve, pedimos que fechem os olhos e deixem uma imagem flutuar até o topo de suas mentes. Pedimos que não forcem a imagem, e sim que a deixem surgir por conta própria. Uma vez que os pacientes tenham visto uma imagem, pedimos que a descrevam, em voz alta e no presente, e os ajudamos a torná-la vívida e emocionalmente real.

O exercício a seguir é uma introdução às imagens mentais que os próprios leitores podem experimentar. Baseia-se em um exercício de treinamento coletivo que desenvolvemos para terapeutas que participaram de oficinas sobre terapia do esquema (Young, 1995).

1. Feche os olhos. Imagine-se em um lugar seguro. Use imagens, e não palavras ou pensamentos. Deixe que a imagem surja por conta própria. Observe os detalhes. Diga o que vê. O que sente? Há alguém com você, ou você está sozinho? Desfrute da sensação de segurança e relaxamento em local seguro.
2. Mantenha os olhos fechados e apague essa imagem. Agora, imagine-se quando criança, com um de seus pais em uma situação desagradável. O que vê? Onde está? Observe os detalhes. Que idade você tem? O que está acontecendo na imagem?
3. O que você sente? No que está pensando? O que seu pai ou sua mãe sente? No que ele/ela está pensando?
4. Estabeleça um diálogo entre você e ele ou ela. O que você diz? O que ele ou ela diz? (Continue até que o diálogo chegue a uma conclusão natural.)
5. Reflita sobre como gostaria que seu pai ou sua mãe fosse diferente na imagem, mesmo que isso pareça impossível. Por exemplo, você quer que lhe dê mais liberdade? Mais afeto? Mais compreensão? Mais reconhecimento? Menos críticas? Deseja que ele ou ela seja um modelo de referência melhor? Agora diga à pessoa na imagem de que forma você gostaria que ela mudasse, nas palavras de uma criança.
6. De que forma essa pessoa reage? O que acontece na próxima imagem? Mantenha a imagem até que a cena termine. Como se sente ao final da cena?
7. Mantenha os olhos fechados. Agora, intensifique o sentimento que tem nessa imagem, como criança. Torne a emoção mais forte. Agora, mantendo a emoção em seu corpo, apague a imagem de você mesmo como criança e imagine uma imagem de uma situação em sua vida *atual* na qual você tem um sentimento igual ou parecido. Não tente forçar, deixe que venha por conta própria. O que acontece na imagem? O que você pensa? O que sente? Diga em voz alta. Se houver mais alguém na imagem, diga à pessoa de que forma gostaria que ela mudasse. Como ela reage?
8. Apague a imagem e retorne ao lugar seguro. Desfrute da sensação de relaxamento. Abra os olhos.

A avaliação com imagens que realizamos com os pacientes assemelha-se a esse exercício. Começamos e terminamos com um lugar seguro. Pedimos aos pacientes que visualizem imagens separadas de situações desagradáveis na infância, com cada um dos pais e com qualquer outra figura importante de sua infância ou adolescência. A seguir, instruímos os pacientes a falar com essas pessoas em suas imagens, expressando aquilo que pensam e sentem, e o que gostariam de obter de outras pessoas. Pedimos que os pacientes passem a uma imagem de suas vidas atuais, com a mesma sensação que a da infância. Mais uma vez, os pacientes desenvolvem um diálogo com a pessoa que participa de sua vida adulta, dizendo em voz alta o que pensam e sentem e o que querem do outro. Repetimos esse processo até que tenhamos repassado todas as pessoas importantes da infância que tenham contribuído para a formação dos esquemas do paciente. (O Capítulo 4, sobre técnicas vivenciais, apresenta uma transcrição ampliada da condução desse exercício com um paciente, pelo Dr. Young.)

Ao trabalhar as imagens com os pacientes, é importante que o terapeuta o faça no início da sessão, de forma que haja tempo suficiente para depois discutir o que acontece. Nesta discussão, o terapeuta ajuda o paciente a explorar as imagens a fim de identificar esquemas, entender suas origens na infância e associá-los aos problemas atuais. Além disso, ajuda o paciente a integrar o trabalho com as imagens a informações das modalidades de avaliações anteriores.

Por vezes, os pacientes ficam perturbados após uma sessão com esse tipo de trabalho. Começar a sessão com o trabalho de imagens ajuda a garantir que haja tempo suficiente para que os pacientes recuperem-se antes que tenham de ir. Quando os pacientes têm medo desse tipo de trabalho, o terapeuta tenta deixá-los mais confortáveis, dizendo-lhes que estão no controle das imagens e, embora se peça que fechem os olhos para aumentar a concentração, podem abri-los caso se sintam sufocados. Em função de históricos traumáticos, sentimentos de desconfiança ou ansiedade, alguns pacientes participam dos exercícios com imagens mantendo os olhos baixos em vez de fechados. Alguns deles solicitam que o terapeuta não o olhe durante os exercícios, de forma que este faz as necessárias acomodações. Após o exercício, pode haver necessidade de se fazer com que os pacientes voltem ao momento presente antes que a sessão termine, usando um exercício de atenção concentrada.

Geralmente, iniciamos por uma imagem desagradável da infância do paciente e, a seguir, trabalhamos rumo ao presente, ligando esta imagem a uma outra, desagradável, da vida atual do paciente. Entretanto, os exercícios com imagens podem acontecer de outras maneiras. Por exemplo, se o paciente vai à sessão já incomodado com uma situação atual, usamos uma imagem dessa situação como ponto de partida. Pode-se pedir que ele visualize uma imagem da situação atual e, depois, trabalhar retrospectivamente, solicitando-lhe que visualize uma imagem da infância que dê o mesmo sentimento. Podemos usar uma imagem de um sintoma específico no corpo do paciente como ponto de partida. Por exemplo, pode-se dizer: "Você consegue imaginar uma imagem de suas costas quando está sofrendo?" Usamos também emoções fortes vividas pelo paciente, mas por ele não entendidas, como ponto de partida. A seguir, eis alguns exemplos.

EXEMPLOS CLÍNICOS

Imagens de infância

Nadine tem 25 anos e buscou terapia em decorrência de depressão. É administradora do escritório de uma grande empresa. No trabalho, recebeu constantes promoções por ser uma excelente mediadora de conflitos no ambiente de trabalho e por se oferecer, várias vezes, para assumir tarefas que outros preferem evitar. Embora funcione em alto nível, o terapeuta verificou que sua depressão consiste em um sinal de que seu comportamento no trabalho é provocado por esquemas, prejudicando-a.

Em seu histórico de vida, Nadine descreveu que cresceu em uma família religiosa, na qual todos eram proibidos de expressar raiva, com exceção de seu pai. Ela era a mais velha de cinco filhos. Embora sua mãe fosse doente, e Nadine desempenhasse muitas responsabilidades com relação a seus irmãos mais novos, não tinha permissão para reclamar. Era sua obrigação sacrificar-se por seus pais e por seus irmãos, que necessitavam mais de auxílio do que ela.

Durante o trabalho com imagens mentais da infância, Nadine narrou um incidente no qual foi acusada, injustamente, por seu pai de dar à sua mãe o remédio errado. Na verdade, foi a irmã mais nova de Nadine quem deu o remédio, mas ela achou que seria errado envolver a irmã e assumiu a culpa. Postou-se na frente de seu pai furioso, suprimindo sua raiva por seu auto-sacrifício. Quando o terapeuta pediu que ela visualizasse uma imagem de uma situação atual em que se sentisse da mesma forma, ela trouxe a imagem de quando assumiu a culpa pelo erro de um subordinado no trabalho.

O esquema de auto-sacrifício de Nadine a torna perfeita para ser explorada no trabalho. Assim como em sua família de origem, ela serve de intermediária em conflitos ao absorver a culpa e se oferecer para tarefas indesejadas. Suprime sua raiva, mas sua depressão cresce. Movida por auto-sacrifício, ela ajuda a reforçar sua privação emocional. (Isso se aplica quase sempre: os pacientes que têm esquemas de auto-sacrifício também têm esquemas de privação emocional, porque se concentram em atender às necessidades de terceiros em lugar de suas próprias.) Em casa e no trabalho, Nadine toma conta de outros, mas ninguém cuida dela. A imagem mental ajuda a reconhecer a origem de seu esquema de auto-sacrifício na infância e a associá-lo à depressão.

Imagens mentais conectadas a uma emoção

Diane é uma mulher de 50 anos, divorciada, que tem sua própria empresa bem-sucedida. Ela relata um histórico de ansiedade que não respondeu a terapias anteriores. Chegou à terceira sessão de terapia do esquema sentindo-se ansiosa e afirmando que não tinha certeza do porquê. Quando repassou os eventos da semana, disse que sua filha de 17 anos havia se atrasado para buscá-la no trabalho na noite anterior. Racionalmente, sabia que não havia razão para alarme, mas emocionalmente se sentia assustada. Sua ansiedade persistia até aquele momento.

O terapeuta pediu que Diane fechasse os olhos e visualizasse uma imagem da noite anterior, no momento em que esperava que a filha a buscasse. Assim que teve uma imagem vívida e conseguiu se lembrar do sentimento de medo, o terapeuta lhe pediu que visualizasse uma imagem de um momento em que se sentiu da mesma forma na infância. Diane viu uma imagem de si quando criança em uma colônia de férias, esperando que seus pais a buscassem no último dia. Como sua mãe era maníaco-depressiva e incapaz de cuidar da filha de maneira constante, e o pai, vendedor, permanecia longe de casa com freqüência, Diane ficou com medo de que ninguém fosse buscá-la. Ao ver outras crianças indo embora com seus pais, começou a andar freneticamente para a frente e para trás. Depois de um tempo, era a única criança ali. Essa imagem expressou o esquema de abandono de Diane.

A seguir, o terapeuta pediu que Diane continuasse o exercício, voltando à imagem atual, na qual esperava pela filha. Agora Diane entende por que estava tão assustada: seu esquema de abandono foi ativado pelo atraso da filha. O trabalho com imagens a ajudou a identificar o esquema subjacente à ansiedade. Quando os pacientes têm emoções fortes que não conseguem entender, o trabalho com imagens auxilia-os a descobrir o esquema oculto.

Imagens mentais conectadas a sintomas somáticos

Os sintomas somáticos costumam ser sinais de evitação de esquemas. Quando os pacientes têm esse tipo de sintoma, as imagens mentais ajudam-nos a superar a evitação cognitiva e emocional para identificar os esquemas subjacentes. Paul é um médico de 46 anos. Ao todo, passou mais de 20 anos em terapia, tentando se livrar do medo de ter um "tumor migrante" em seu corpo. Apesar de seu conhecimento médico e de anos de exames médicos que não detectaram qualquer anormalidade biológica, Paul persiste no receio de que é doente terminal e de que o tumor irá matá-lo a qualquer momento.

No imaginário, o terapeuta pede que Paul identifique em que parte de seu corpo está o tumor naquele momento. Pede que ele visualize uma imagem do tumor e descreva seu tamanho, textura, formato e cor. O terapeuta lhe instrui para que fale com o tumor e lhe pergunte por que ele está em seu corpo, e depois assuma o papel do tumor e responda. Falando como o tumor, Paul diz que não tem feito seu trabalho da melhor forma e que não se comporta bem, e o tumor está em seu corpo para puni-lo. Paul deve trabalhar de forma mais conscienciosa, ou o tumor irá matá-lo.

Depois, o terapeuta pede que Paul visualize uma imagem de alguém que tenha lhe feito sentir da mesma forma quando criança. Ele vê uma imagem de si mesmo como criança diante do pai severo. O pai lhe diz que suas notas na escola são inaceitáveis e que ele tem de se esforçar mais. Assim como o tumor, o pai corporifica o esquema de padrões inflexíveis de Paul. As imagens ajudam Paul a avaliar o esquema por trás de seu sintoma somático e a entender as origens do esquema em seu relacionamento com o pai na infância.

Superando a evitação de esquemas

A evitação de esquemas é o obstáculo mais comum ao trabalho de avaliação com imagens mentais e manifesta-se de várias formas. Os pacientes podem se recusar a fazer o exercício, declarando com desdém que isso não ajudará. (É uma resposta provável de um paciente narcisista.) Os pacientes podem se esquivar, fazendo perguntas ou trazendo questões não-relacionadas para distrair a atenção do terapeuta. Podem abrir os olhos repetidas vezes ou insistir que vêem somente uma "tela branca". As imagens podem ser muito vagas para identificar algo, ou eles podem ver apenas figuras pouco definidas.

Há muitas causas possíveis para a evitação de esquemas. Algumas são superadas facilmente: o paciente pode estar constrangido por estar "sendo um ator", preocupado com fazer o exercício "corretamente" ou nervoso demais para se concentrar. Muitas vezes, o terapeuta pode resolver essas dificuldades simplesmente reafirmando a fundamentação do trabalho com imagens e reassegurando o paciente de que as dificuldades serão superadas. O terapeuta também pode começar com material menos ameaçador, como imagens prazerosas ou neutras, e introduzir aos poucos imagens mais desagradáveis.

Temos vários métodos para superar a evitação de esquemas no trabalho com imagens. Trataremos desses métodos mais integralmente no capítulo sobre técnicas vivenciais (Capítulo 4), mas os listamos aqui:

1. Educar o paciente sobre a fundamentação do trabalho com imagens.
2. Examinar os prós e contras de se fazer o exercício.

3. Começar com imagens agradáveis e gradualmente introduzir material que provoca mais ansiedade.
4. Conduzir um diálogo com o lado evitativo do paciente (trabalho com modo).
5. Usar técnicas de regulação de afetos, como *mindfulness* ou treinamento de relaxamento.
6. Iniciar medicação psicotrópica.

Alguns pacientes têm dificuldades para visualizar a si mesmos como crianças. Quando isso acontece, pode ser útil fazer com que se imaginem no presente e depois trabalhar regressivamente até o início da idade adulta, adolescência e, finalmente, infância. Também se pode pedir que imaginem os pais ou irmãos como eram quando os pacientes ainda eram crianças. Às vezes, os pacientes não conseguem visualizar a si mesmos, mas o fazem com outras pessoas e lugares da infância. Além disso, podem trazer fotografias suas quando crianças, para estimular as imagens mentais. Terapeuta e paciente podem olhar juntos as fotografias, e o terapeuta, fazer perguntas como: "O que essa criança pode estar pensando?", "O que ela está sentindo?", "O que ela quer?", "O que acontece na próxima imagem?". Outro método para superar a evitação de esquemas é realizar um diálogo com o lado evitativo do paciente, que chamamos de modo "protetor desligado" (*ver* Capítulo 8). O protetor desligado protege o paciente ao desconectar os sentimentos. O terapeuta negocia com ele a fim de obter acesso a uma parte vulnerável do paciente, onde estão os esquemas nucleares, ou seja, o modo criança vulnerável.

Entretanto, às vezes não é tão fácil para o terapeuta lidar com a evitação do esquema. A evitação persistente pode indicar que os esquemas do paciente são graves. Por exemplo, pacientes que tenham sofrido abusos podem estar desconfiados demais para se deixar ficar emocionalmente vulneráveis. Pacientes muitos frágeis podem estar muito assustados para vivenciar o sentimento associado a seus esquemas em função da possibilidade de descompensação. Evitadores e hipercompensadores de esquemas graves têm dificuldades com as imagens porque não toleram as emoções negativas. Todos esses pacientes necessitam formar um laço mais estável e confiante com o terapeuta antes de se tentar o trabalho com imagens, o qual costuma se tornar possível à medida que a relação terapêutica cresce, com o passar do tempo.

Alguns pacientes têm muitas dificuldades com imagens da infância, porque algo traumático lhes aconteceu, provocando bloqueio, ou, no outro extremo, passaram por negligência e privação tão grandes que o clima era vazio e sem intensidade, e eles têm poucas memórias de infância. Nesses casos, o terapeuta deve adquirir conhecimento dos esquemas por meio de métodos de avaliação. Entretanto, há possibilidade de pacientes traumatizados ou negligenciados relatarem sensações e emoções que dêem pistas que levam a esquemas. Por exemplo, os pacientes podem se sentir presos quando fecham os olhos ou relatar que se sentem sós. Essas sensações e emoções ajudam o terapeuta a construir hipóteses sobre os esquemas do paciente.

Avaliando a relação terapêutica

Os esquemas do paciente também aparecem na relação terapêutica. (É claro que isso se aplica do mesmo modo aos esquemas do terapeuta: os esquemas do terapeuta também ficam acionados. Discutimos essa questão da contratransferência no Capítulo 6, sobre a relação terapêutica.) A atuação dos esquemas do paciente na relação terapêutica representa uma oportunidade para o terapeuta coletar mais material de avaliação. Terapeuta e paciente podem discutir o que vem à tona, trabalhando a fim de identificar esquemas, gatilhos, pensamentos e sentimentos associados, incluindo as circunstâncias atuais e os eventos relacionados que tenham ocorrido no passado. O terapeuta pede que o paciente se lembre de outras pessoas que o fizeram sentir da mesma forma.

Os esquemas desadaptativos remotos produzem comportamentos característicos na terapia. Por exemplo, um paciente com um esquema de dependência pode pedir ajuda repetidamente com os questionários e tarefas de casa; um paciente com esquema de auto-sacrifício pode estar demasiado preocupado com o terapeuta e perguntar com freqüência sobre sua saúde ou seu humor; um paciente com esquema de arrogo pode pedir tratamentos especiais, como mudanças de horário ou tempo extra; um paciente com esquema de abandono pode resistir a confiar no terapeuta com medo de ser deixado só; alguém com esquema de desconfiança/abuso pode perguntar com desconfiança sobre as anotações que o terapeuta faz ou sobre a manutenção da confidencialidade; alguém com esquema de defectividade pode evitar o estabelecimento de contato visual ou ter dificuldades de aceitar elogios; alguém com esquema de emaranhamento pode copiar aspectos da aparência ou estilo do terapeuta. O terapeuta aprende sobre os esquemas do paciente por meio da observação de como ele se comporta na relação terapêutica. Essa informação será compartilhada com o paciente, de maneira empática, em termos de esquemas.

AVALIANDO O TEMPERAMENTO EMOCIONAL

Como observamos no Capítulo 1, identificamos sete hipóteses de dimensões de temperamento emocional, a partir da literatura científica e de nossas observações clínicas.

Instável ←→ Não-reativo
Distímico ←→ Otimista
Ansioso ←→ Calmo
Obsessivo ←→ Distraído
Passivo ←→ Agressivo
Irritável ←→ Alegre
Tímido ←→ Sociável

Conceituamos temperamento como um conjunto de pontos nessas dimensões. O temperamento influencia os estilos de enfrentamento que as pessoas adotam para lidar com seus esquemas.

Há várias razões para se avaliar o temperamento. Em primeiro lugar, ele é inato e sempre constituirá uma parte significativa de como o paciente responde ao ambiente. Embora cada temperamento tenha alguns problemas, cada um deles também apresenta seus benefícios. O temperamento de cada indivíduo possui vantagens e desvantagens. Os pacientes podem aprender a aceitar e apreciar sua natureza e, assim, superar seus problemas. Conhecer o próprio temperamento é esclarecedor. As pessoas não escolhem seus temperamentos; não escolhem se sentir emotivas, agressivas ou tímidas. Não é bom nem mau, é apenas a maneira como são. Por exemplo, reconhecer sua natureza intensamente emotiva pode auxiliar os pacientes com transtorno da personalidade *borderline* a construir auto-estima. Podem perceber que não são "ruins" por terem sentimentos intensos, mesmo que sua intensidade tenha representado problemas para seus pais, e sim que é da sua natureza a intensidade das emoções. Os pacientes também podem aprender estratégias para modular seus temperamentos e para se comportar de formas adequadas, apesar de sua conformação emocional.

Deve-se observar que ainda não temos medidas de avaliação adequadas para determinar com certeza o temperamento inato de uma pessoa. O melhor que se pode fazer são inferências por meio da obtenção de um histórico detalhado. Para propósitos clínicos, entretanto, não importa se o estado de humor de toda a vida do paciente é inato ou resultado de experiências durante a infância. Se determinado estado de humor o caracteriza na maior parte de sua vida, costuma ser extremamente resistente à mudança por meio de psicoterapia e, por isso, é tratado como inato.

O terapeuta começa a conceituar o temperamento do paciente, fazendo-lhe uma série de perguntas relacionadas a estados afetivos. Alguns pacientes são capazes de identificar os próprios humores básicos ou predominantes. O terapeuta faz perguntas como: "Como sua família diz que você era (em temos emocionais e interpessoais) quando criança?", "Você geralmente é uma pessoa de muita ou pouca energia?", "Qual é a sua visão geral da vida?", "Em geral, você é otimista ou pessimista?", "Como se sente, em geral, quando está sozinho?", "Com que freqüência você chora?", "Com que freqüência perde o controle?", "Você se preocupa muito?".

Traços presentes toda a vida provavelmente pertencem ao temperamento do indivíduo. Dessa forma, para cada uma dessas questões, o terapeuta pergunta se isso foi sempre assim ou se predominou apenas em alguns períodos da vida do paciente. Quando mais constantes, mais de longo prazo e mais cedo tenham iniciado os estados emocionais, mais provavelmente eles serão parte do temperamento inato do paciente, e não uma resposta a eventos ocorridos.

Além de entrevistar o paciente, o terapeuta observa suas reações emocionais nas sessões de terapia e indaga sobre reações desse tipo na vida. Por fim, considera como é estar com o paciente nas sessões. O tom afetivo do encontro pode revelar muito sobre o temperamento do paciente.

OUTROS MÉTODOS DE AVALIAÇÃO

Os esquemas, muitas vezes, são acionados naturalmente, no decorrer da vida do paciente. Eventos atuais podem acionar os esquemas. Terapeuta e paciente fazem observações em busca de exemplos nos quais o paciente tenha reações emocionais fortes a um evento atual e falam sobre isso na sessão. A terapia de grupo é outro contexto no qual os esquemas do paciente podem ficar evidentes. A forma como ele reage a outros membros do grupo e aos tópicos discutidos proporcionam material de grande valor para sessões individuais. Os esquemas também tornam-se visíveis por meio da análise de sonhos. Os pacientes relatam seus sonhos, em especial os recorrentes e os que envolvem emoções fortes, e discutem-nos com o terapeuta em sessões posteriores. Os sonhos muitas vezes retratam os esquemas do paciente e podem configurar um ponto de partida para o trabalho com imagens mentais. Livros e filmes também podem ativar esquemas. Os terapeutas recomendam livros e filmes específicos ao paciente com essa finalidade, a partir de suas hipóteses sobre os esquemas. As reações deste comprovam ou refutam as hipóteses do terapeuta.

EDUCANDO O PACIENTE SOBRE OS ESQUEMAS

No decorrer do processo de avaliação, o terapeuta educa o paciente com relação ao modelo de esquemas, basicamente por meio de discussão, recomendação de leituras e auto-observação. À medida que aprende sobre o modelo, o paciente pode participar mais integralmente na formulação da sua conceitualização cognitiva.

Reinventando sua vida

Recomendamos o livro *Reinventing Your Life* (Young e Klosko, 1994) aos pacientes para ajudá-los a aprender sobre seus esquemas, os quais chamamos no livro de "armadilhas da vida". O livro apresenta muitos exemplos clínicos. Concluímos que os pacientes se identificam bem com os personagens nesses exemplos e, assim, envolvem-se emocionalmente com o material. O livro explica a natureza das "armadilhas da vida" e descreve os três estilos de enfrentamento: resignação, evitação e hipercompensação (chamados de "resignação", "escape", e "contra-ataque"). A seguir, o livro apresenta capítulos sobre cada uma das 11 armadilhas da vida, que tem seus próprios questionários, os quais os pacientes respondem para verificar se apresentam probabilidades de ter uma dessas armadilhas. Os capítulos descrevem as típicas origens da armadilha na infância e os sinais de perigo em parceiros potenciais (que perpetuam, em vez de curar, essa armadilha); como ela se manifesta em relacionamentos, especialmente os amorosos, e as estratégias específicas para a mudança.

Recomendamos que os pacientes leiam os cinco breves capítulos introdutórios e depois um ou dois capítulos sobre seus esquemas nucleares. Mesmo que o paciente tenha ainda mais muitos esquemas, trabalhamos apenas com um ou dois principais. Podem-se recomendar outros capítulos mais tarde, à medida que o tópico surja naturalmente, como na vida cotidiana do paciente ou em sessões de terapia.

Auto-observação de esquemas e estilos de enfrentamento

À medida que tomam conhecimento de seus esquemas, os pacientes começam a observar a atividade destes em suas vidas atuais. Eles monitoram seus esquemas e estilos de enfrentamento, usando o diário de esquemas. Discorreremos com mais detalhe sobre o automonitoramento de esquemas e estilos de enfrentamento no Capítulo 3. O automonitoramento ajuda os pacientes a ver como seus esquemas são ativados automaticamente e o quanto estão generalizados em suas vidas. Eles podem observar o que acontece e, com freqüência, sabem reconhecer que se comportam de maneira autoderrotista, mesmo que ainda não consigam alterar seus padrões de comportamento.

A COMPLETA FORMULAÇÃO DE CASO FOCADA NOS ESQUEMAS

Como último passo antes de começar a fase de mudança, o terapeuta resume a conceituação de caso para o paciente, usando o formulário de conceituação de caso da terapia do esquema. A conceituação inicial está aberta a aprimoramento à medida que o tratamento se desdobre (*ver* Quadro 2.1).

RESUMO

Este capítulo discute a fase de avaliação e educação da terapia do esquema, que tem seis objetivos principais: (1) identificação de modelos de vida disfuncionais; (2) identificação e ativação de esquemas desadaptativos remotos; (3) entendimento das origens dos esquemas na infância e adolescência; (4) identificação de estilos de respostas de enfrentamento; (5) avaliação de temperamento; (6) formulação da conceituação de caso.

A avaliação é multifacetada, usando medidas de auto-avaliação, vivenciais, comportamentais e interpessoais. Começa com a avaliação inicial, na qual o terapeuta verifica os problemas atuais do paciente e seus objetivos quanto à terapia, e avalia sua adequação à terapia do esquema. A seguir, o terapeuta coleta um histórico de vida, identificando modelos, esquemas e estilos de enfrentamento desadaptativos. O paciente completa os seguintes questionários, como tarefas de casa: (1) formulários de avaliação de histórico de vida; (2) QEY; (3) IPY; (4) inventário de evitação de Young-Rygh; (5) inventário de compensação de Young. Terapeuta e paciente discutem os resultados dos questionários nas sessões, enquanto o terapeuta educa o paciente em relação ao modelo de esquemas. A seguir, o terapeuta usa técnicas vivenciais, especialmente imagens mentais, para acessar e ativar os esquemas do paciente e ligá-los às suas origens na infância e aos problemas atuais. Durante todo o tempo, o terapeuta observa os esquemas e estilos de enfrentamento do paciente como vão aparecendo na relação terapêutica. Por fim, avalia seu temperamento emocional. À medida que os dois formulam e refinam hipóteses, a avaliação gradualmente vai formulando uma conceituação de caso.

A evitação de esquemas é o obstáculo mais comum ao trabalho de avaliação com imagens mentais. Apresentamos métodos para superar a evitação de esquemas nas imagens, incluindo a educação do paciente com relação à fundamentação desse tipo de trabalho, o exame das vantagens e desvantagens de se fazer o exercício, um início com imagens suaves e a introdução gradual de material mais carregado emocionalmente, condução de diálogo com o lado evitativo do paciente (trabalho com modos), uso de técnicas de regulação de afetos, como atenção concentrada ou treinamento de relaxamento e início de medicação psicotrópica.

3
ESTRATÉGIAS COGNITIVAS

Após completar a fase de avaliação e educação descrita no capítulo anterior, terapeuta e paciente estão prontos para começar a fase de mudança, que incorpora estratégias cognitivas, vivenciais, comportamentais e interpessoais a fim de modificar esquemas, estilos de enfrentamento e modos. Geralmente, começamos o processo de mudança com técnicas cognitivas, que são o foco deste capítulo.[1]

Como parte da fase de avaliação e educação, o terapeuta já preencheu o formulário de conceituação de caso e ensinou ao paciente o que é o modelo de esquemas. Os dois identificaram os padrões disfuncionais na vida do paciente e seus esquemas desadaptativos remotos, investigaram as origens infantis dos mesmos e os ligaram a problemas atuais, bem como identificaram seus estilos de enfrentamento, temperamentos emocionais e modos.

As estratégias cognitivas ajudam o paciente a expressar uma forma saudável de questionar o esquema, fortalecendo o modo adulto saudável. O terapeuta auxilia o paciente a construir uma argumentação lógica e racional contra o esquema. Em geral, os pacientes não questionaram seus esquemas, e sim os aceitaram com algo dado, como verdades. Em seus mundos psicológicos internos, os esquemas reinaram incontestes, e não houve modo adulto saudável para se contrapor aos mesmos. Estratégias cognitivas ajudam os pacientes a distanciar-se do esquema e a avaliar sua veracidade. Os pacientes percebem que existe uma verdade fora do esquema e que podem combatê-lo com uma verdade mais objetiva e empiricamente consistente.

VISÃO GERAL DAS ESTRATÉGIAS COGNITIVAS

Por meio das estratégias cognitivas, o paciente reconhece, pela primeira vez, que o esquema não é correto, e sim falso ou muito exagerado. Terapeuta e paciente começam pela concordância de que o esquema está aberto ao questionamento: em vez de consistir em uma verdade absoluta, trata-se de uma hipótese a ser testada. A seguir, submetem o esquema a análises lógicas e empíricas, e examinam as evidências na vida do paciente que o sustentam ou o refutam. Repassam as evidências que ele tem usado para manter o esquema e encontram interpretações alternativas para esses mesmos eventos, conduzem debates entre o "pólo do esquema" e o "pólo saudável" e listam as vantagens e desvantagens dos atuais estilos de enfrentamento

---

[1] No caso de pacientes com transtorno da personalidade *borderline*, o terapeuta não começa pelo trabalho cognitivo, e sim pela formação de um laço estável com eles. Ver Capítulo 9.

do paciente. Com base neste trabalho, geram, juntos, respostas saudáveis, escrevem-nas em cartões e as lêem sempre que ativado o esquema. Por fim, os pacientes praticam a resposta ao esquema por conta própria, usando o diário do esquema.

Quando as estratégias cognitivas são eficazes, os pacientes obtêm uma apreciação mais apurada do quanto o esquema realmente é distorcido por adquirirem mais distância psicológica sobre este e não mais o perceberem como uma verdade absoluta, vislumbrando ao menos um pouco do quanto o esquema torce suas percepções. Começam a se perguntar se o esquema realmente tem de estar em funcionamento e destruir suas vidas, e entendem que talvez possam escolher outra via.

Os pacientes tratados com sucesso internalizaram o trabalho cognitivo como parte de um modo adulto saudável que se contrapõe ativamente ao esquema, com argumentos racionais e evidências empíricas. Após completar o componente cognitivo da terapia, os pacientes costumam não depender mais da ajuda do terapeuta para questionar o esquema. Quando ativado um esquema fora da terapia, eles conseguem combatê-lo usando as técnicas cognitivas. Embora ainda possam *sentir* que o esquema é verdadeiro, sabem que isso não se trata de uma verdade factual e têm elevada consciência intelectual da falsidade do mesmo.

ESTILO TERAPÊUTICO

Chamamos a primeira postura assumida pelo terapeuta, durante o tratamento, de "confrontação empática" ou "testagem empática da realidade". Na etapa cognitiva do tratamento, a confrontação empática significa que o terapeuta se solidariza com as razões para as crenças dos pacientes. Ele sabe que essas crenças baseiam-se nas experiências que os pacientes tiveram no início da infância, ao mesmo tempo em que confronta a imprecisão dessas crenças que levam a padrões doentios, que devem ser modificados para melhorar a qualidade de vida. O terapeuta reconhece, frente aos pacientes, que seus esquemas lhes parecem corretos porque durante toda a vida, passaram por situações que pareceram confirmá-los e que adotaram certos estilos de enfrentamento porque foi a única forma de sobreviver a circunstâncias adversas na infância. Coerente com os modelos construtivistas, o terapeuta valida os esquemas e estilos de enfrentamento dos pacientes, considerando-os conclusões compreensíveis, baseadas nas histórias de vida de cada um. Ao mesmo tempo, lembra os pacientes das conseqüências negativas desses esquemas e estilos de enfrentamento desadaptativos: eram adaptativos no início da infância, mas agora são desadaptativos. Uma postura terapêutica de confrontação empática reconhece o passado enquanto distingue suas realidades das do presente e sustenta a capacidade do paciente de perceber e aceitar o que é.

A confrontação empática requer alternância constante entre empatia e testagem da realidade. Os terapeutas costumam andar de forma errática em uma ou outra direção: são tão empáticos, que não pressionam os pacientes para que enfrentem a realidade, ou são confrontadores demais e fazem com que os pacientes se sintam defensivos e incompreendidos. Em ambos os casos, os pacientes têm poucas probabilidades de mudar. Com a confrontação empática, o terapeuta esforça-se para obter um equilíbrio ideal entre empatia e testagem de realidade que possibilitará o avanço dos pacientes. Quando um terapeuta tem sucesso nesse empreendimento, os pacientes sentem-se compreendidos e assegurados, talvez pela primeira vez. Sentindo-se entendidos, têm mais probabilidades de aceitar a necessidade de mudar e são mais receptivos às alternativas perspectivas saudáveis oferecidas pelo terapeuta e o vivenciam como alguém que se alia a eles contra o esquema. Em lugar de ver o esquema como parte fundamental de quem são, começam a considerá-lo como estranho.

O terapeuta explica aos pacientes que, devido aos históricos particulares de vida, faz sentido que eles vejam as circunstâncias como as vêem. Entretanto, no final, a forma como percebem algo e se comportam serviu apenas para perpetuar seus esquemas. O terapeuta empreende a luta contra os esquemas com novas formas de se comportar, em vez de persistir nos mesmos padrões autoderrotistas. O material coletado na fase de avaliação possibilita ao terapeuta substanciar a capacidade destrutiva dos esquemas e dos estilos de enfrentamento na vida do paciente. Ele estimula os pacientes a responder de maneira saudável a gatilhos ativadores de esquemas. Ao fazê-lo, os pacientes acabam por curar seus esquemas e satisfazer suas necessidades emocionais básicas. O trecho a seguir mostra um breve exemplo de confrontação empática obtido da entrevista do Dr. Young com Maria, paciente apresentada no Capítulo 2. Maria começou a fazer terapia para melhorar o casamento. Ela e o marido, James, estão presos a um ciclo vicioso, no qual ela passa a cobrar atenção e afeto de forma casa vez mais agressiva, e ele torna-se cada vez mais retraído, indiferente e frio. Depois de investigar o relacionamento de Maria com o pai na infância, o Dr. Young fala com ela sobre sua postura em relação a James.

> Maria, sei que lhe parece natural tentar fazer com que James fique irritado a fim de chamar a atenção dele, mas, mesmo que você ache que seja a única maneira de ele lhe dar algum carinho, você tem de abordá-lo de uma forma mais vulnerável. Diga-lhe por que você precisa de seu amor e veja se ele responde, antes de avançar tão rapidamente a esse outro estilo que usa para irritá-lo. Entendo que fosse a única forma de você obter atenção de seu pai, mas pode não ser a única maneira a funcionar com James.

Assim, o terapeuta se solidariza com a razão da paciente ao abordar James de forma tão agressiva (porque assim foi a única forma por ela encontrada para obter atenção do pai) ao mesmo tempo em que apresenta as conseqüências negativas dessa abordagem e a sensatez de abordá-lo de forma mais vulnerável.

TÉCNICAS COGNITIVAS

As técnicas cognitivas em terapia do esquema são as seguintes:

1. Testar a validade de um esquema.
2. Relativizar as evidências que sustentam o esquema.
3. Avaliar as vantagens e desvantagens dos estilos de enfrentamento do paciente.
4. Conduzir diálogos entre o "pólo do esquema" e o "pólo saudável".
5. Elaborar cartões-lembrete sobre o esquema.
6. Preencher diário de esquema.

O terapeuta geralmente passa pelas técnicas cognitivas com os pacientes na ordem em que as listamos aqui, já que elas partem umas das outras.

Testando a validade dos esquemas

Terapeuta e paciente testam a validade de um esquema por meio do exame das evidências objetivas a favor e contra ele. Esse processo assemelha-se à testagem da validade de pensamentos automáticos em terapia cognitiva, exceto pelo fato de que o terapeuta usa toda a história de vida do paciente como dado empírico, e não apenas as circunstâncias atuais. O esquema é a hipótese a ser testada.

Terapeuta e paciente fazem uma lista de evidências do passado e do presente que comprovem o esquema e, a seguir, fazem o mesmo com as que o refutam. Os pacientes acham muito fácil compor a primeira lista, com as evidências que comprovem o esquema, porque já acreditam nelas e as têm praticado durante a vida toda, de forma que gerar evidências que comprovem o esquema lhes parece natural e familiar. Em comparação, geralmente acham demasiado difícil elaborar a segunda lista, de evidências que refutem o esquema, com freqüência é necessária uma grande contribuição do terapeuta, porque os pacientes não crêem nas evidências contrárias, pois passaram toda a vida ignorando ou minimizando sua importância. Eles não têm pronto acesso a elas como resultado da perpetuação do esquema, que os tem induzido continuamente a acentuar as informações que confirmam o esquema e a negar as que o contradizem. As discrepâncias entre a facilidade do paciente de ativar o pólo do esquema e a dificuldade com o pólo saudável muitas vezes acabam sendo-lhe muito instrutivas. O paciente observa, em primeira mão, como o esquema funciona para preservar a si mesmo.

Para ilustrar essa técnica, examinamos as evidências de uma paciente com relação a seu esquema de defectividade. Shari tem 28 anos, é casada, tem dois filhos e trabalha como enfermeira psiquiátrica. Seu esquema de defectividade teve origem na infância, com a mãe alcoolista. (Seu pai se divorciou da mãe e deixou a família quando Shari tinha quatro anos. Embora ele enviasse dinheiro, ela o viu poucas vezes depois disso.) Durante sua infância, a mãe costumava humilhá-la e aparecia embriagada em lugares públicos. Uma vez, compareceu nessas condições a uma peça de teatro na escola de Shari e interrompeu a apresentação. Shari evitava levar amigos para casa por medo do que sua mãe pudesse fazer. A vida de Shari em casa era improdutiva e caótica. Eis sua lista de evidências de defectividade:

1. Não sou como as outras pessoas. Sou diferente e sempre fui.
2. Minha família era diferente das outras.
3. Minha família era vergonhosa.
4. Ninguém jamais me amou ou cuidou de mim quando eu era criança. Nunca pertenci a ninguém. Meu próprio pai não se importava de me ver.
5. Sou esquisita, desajeitada, obsessiva, amedrontada e constrangida com outras pessoas.
6. Porto-me de forma inadequada com outras pessoas. Não conheço as regras.
7. Sou bajuladora e sedutora com outras pessoas. Preciso muito de aceitação e aprovação.
8. Fico com muita raiva.

É importante mencionar que, apesar da avaliação de Shari de sua capacidade social, ela, na verdade, tem muitas habilidades: seu problema é de ansiedade social, e não de habilidades sociais.

Como era de se esperar, ela considera extremamente difícil elaborar a segunda lista, com evidências que refutem o esquema. Quando chegamos a esta parte do exercício, ela não conseguia pensar em coisa alguma para escrever. Sentou-se, desconcertada e em silêncio. Embora seja bem-sucedida em termos pessoais e profissionais e tenha muitas características elogiáveis, ela não conseguia pensar em uma única qualidade positiva para atribuir a si própria. O terapeuta teve de sugerir todas.

O terapeuta faz perguntas orientadas, com vistas a extrair do paciente as evidências contra o esquema. Por exemplo, se o paciente tem um esquema de defectividade, como é o caso de Shari, o terapeuta pergunta: "Alguém já amou ou gostou de você?", "Você tenta ser uma pessoa boa?", "Tem alguma coisa em você que seja boa?", "Tem alguém de quem você goste?", "O que outras pessoas lhe disseram que é bom a seu respeito?". Essas perguntas, muitas vezes formuladas de maneira extrema, estimulam o paciente a gerar informações positivas. O terapeuta e o paciente desenvolvem gradualmente uma lista das boas qualidades deste. Posteriormente, o paciente pode usar a lista para se contrapor ao esquema.

Esta é a lista que Shari compilou com a ajuda do terapeuta:

1. Meu marido e meus filhos me adoram.
2. A família do meu marido me adora. (Minha cunhada me pediu que acolhesse seus filhos se ela e seu marido morressem.)
3. Minhas amigas Jeanette e Anne Marie me adoram.
4. Meus pacientes gostam de mim e me respeitam. Recebo comentários realmente bons deles, o tempo todo.
5. A maior parte dos funcionários do hospital gosta de mim e me respeita. Recebo boas avaliações.
6. Sou sensível aos sentimentos de outras pessoas.
7. Eu amava minha mãe, mesmo que ela se preocupasse mais com beber do que comigo. Eu fiquei com ela até o final.
8. Tento ser boa e fazer as coisas certas. Quando fico com raiva, é por alguma boa razão.

É importante que o terapeuta aponte as evidências contrárias ao esquema, porque os pacientes tendem a desconsiderá-las e a esquecê-las rapidamente.

Shari tem sorte, pois há evidências abundantes contra seu esquema de defectividade. Nem todos os pacientes têm tanta sorte assim. Se não há muitas evidências para contradizer o esquema, o terapeuta reconhece a situação, mas diz: "Não precisa ser assim". Por exemplo, um paciente com um esquema de defectividade talvez tenha de fato bem poucas pessoas amorosas em sua vida. Ao se resignar ao esquema (escolhendo pessoas que rejeitam e criticam), evitá-lo (mantendo-se fora de relacionamentos íntimos) ou hipercompensá-lo (tratando os outros de forma arrogante e afastando-os), o paciente pode olhar para trás e ver toda uma vida sem amor. O terapeuta diz:

> Concordo que você não desenvolveu relacionamentos baseados em amor em sua vida, mas isso aconteceu por uma boa razão. É por causa do que lhe aconteceu na infância, que foi muito difícil para você. Como você aprendeu muito cedo a esperar crítica e rejeição, você parou de procurar outras pessoas. Mas esse padrão pode ser alterado. Podemos trabalhar juntos para ajudá-lo a escolher pessoas que sejam carinhosas e receptivas e permitir que elas se tornem parte de sua vida. Você pode trabalhar para se aproximar aos poucos dessas pessoas e deixar que elas se aproximem gradualmente de você. Você pode começar parando de denegrir a si e aos outros. Se der esses passos, as coisas podem ser diferentes para você. É nisso que trabalharemos na terapia.

À medida que a terapia avança, e o paciente desenvolve uma maior capacidade de estabelecer relacionamentos íntimos, ele e o terapeuta podem acrescentar novas informações à lista de evidências contrárias ao esquema. Como mais um passo nesse processo de analisar as evidências, os pacientes observam a forma como desconsideram as evidências contrárias ao esquema. Anotam como as negam. Por exemplo, Shari listou as formas como desconsiderava as evidências contra seu esquema de defectividade.

1. Digo a mim mesma que engano a meu marido e a meus filhos, e que é por isso que eles me amam.
2. Faço mais por minha família e por meus amigos do que eles fazem por mim; então, sinto como se essa fosse a única razão pela qual eles gostam de mim.
3. Quando as pessoas me dão opiniões boas a meu respeito, não acredito nelas. Acho que há alguma outra razão para dizerem isso.
4. Digo a mim mesma que só sou sensível aos sentimentos das pessoas por fraqueza. Tenho medo de me afirmar.
5. Diminuo a mim mesma por sentir raiva e ressentimento enquanto cuidava de minha mãe.

Depois de anotar algumas formas como negam evidências, os pacientes "resgatam" as evidências contra o esquema. O terapeuta mostra que invalidar as evidências contra o esquema é só mais uma maneira de perpetuá-lo.

Relativizando as evidências que sustentam o esquema

O passo a seguir é partir da lista de evidências que sustentam o esquema e gerar explicações alternativas para o que aconteceu. O terapeuta toma eventos que o paciente vê como prova do esquema e lhes atribui outras causas. O objetivo é desacreditar as evidências que sustentam o esquema.

Evidências advindas do início da infância do paciente

O terapeuta considera experiências do início da infância como sendo reflexo de dinâmicas patológicas, incluindo uma má criação por parte dos pais, em lugar de serem a verdade do esquema. Ele aponta quaisquer atividades ocorridas na família que não poderiam ter sido aceitas em famílias saudáveis. Além disso, terapeuta e paciente examinam a saúde e o caráter psicológicos dos pais (e de outros membros da família) um a um. O pai ou a mãe realmente levava em conta os melhores interesses do paciente? Que papel atribuía ao paciente? O terapeuta aponta que os pais muitas vezes atribuem aos filhos papéis que não servem às necessidades destes, e sim às suas próprias. Esses papéis não refletem defeitos inerentes dos filhos, e sim dos pais. O pai ou a mãe usou o paciente de alguma forma egoísta? O terapeuta continua a investigar dessa maneira, até que os pacientes mudem para uma perspectiva mais realista de seu histórico familiar. Eles deixam de perceber suas experiências de infância como prova dos esquemas.

Por exemplo, um dos itens da lista de Maria que sustentava seu esquema de defectividade era: "Meu pai não me amava nem prestava atenção em mim". Maria atribuía a falta de amor de seu pai à sua condição inerente de não merecer ser amada. Ele não a amava porque ela não merecia seu amor. Na visão dela própria, ela era carente demais. O terapeuta passou um tempo investigando os padrões na família de origem de Maria. A seguir, sugeriu uma explicação alternativa: o pai dela era *incapaz* de amar seus filhos. Na verdade, ele também não amava o irmão dela. Não demonstrava amor por ela em função de suas próprias limitações psicológicas, e não porque ela não merecesse ser amada. O pai de Maria era narcisista e incapaz de amor verdadeiro. Não tinha capacidade de ser um bom pai. Um bom pai a teria amado, pois Maria era uma criança afetiva, que queria ter um relacionamento afetivo próximo com seu pai, mas ele era incapaz de mostrar afeto.

Evidências da vida do paciente a partir da infância

O terapeuta desconsidera experiências posteriores à infância que sustentam o esquema, atribuindo-as à perpetuação. Os estilos de enfrentamento que os pacientes aprenderam desde a infância fizeram com que seus esquemas se perpetuassem até suas vidas adultas. O terapeuta observa que, em função dos comportamentos provocados pelo esquema, os pacientes nunca fizeram um teste adequado sobre o mesmo. Por exemplo, outro item na lista de Maria com evidências que sustentam seu esquema de defectividade era: "Todos os homens em minha vida me trataram mal". Ela contou que teve três namorados: um deles a maltratava, outro a deixou, e o terceiro a traía com freqüência.

Maria acredita que seus namorados a tratavam mal porque ela não merecia respeito e amor, e eles sabiam disso. O terapeuta sugere uma explicação alternativa: desde que ela começou a namorar, quando adolescente, até o presente, seu esquema de defectividade fez com que ela escolhesse parceiros que a criticavam e rejeitavam, e a tratavam mal. (A escolha de parceiros costuma ser um aspecto importante da perpetuação de esquemas.)

Terapeuta: Bom, examinemos o tipo de pessoa que você escolhe. Você escolheu parceiros que, no início, davam razões para crer que seriam carinhosos, leais, compromissados e amorosos?
Maria: Não, Joel foi complicado desde o começo. Ele dormia com outras.
Terapeuta: E Mark?
Maria: Não, ele havia batido na sua namorada anterior.

Em suma, o terapeuta coleta evidências que comprovam o esquema e as relativiza. Se são evidências da infância, o terapeuta as relativiza como um problema com os pais ou com o sistema familiar. Se são evidências presentes da infância à idade adulta, o terapeuta as relativiza como perpetuação de um esquema, que se tornou uma profecia autoconfirmatória na vida do paciente.

Avaliando as vantagens e desvantagens das respostas de enfrentamento do paciente

O terapeuta e o paciente estudam cada esquema e cada resposta de enfrentamento individualmente, e listam suas vantagens e desvantagens. (Os dois já identificaram os estilos de enfrentamento do paciente na fase de avaliação e educação.) Pretende-se que os pacientes reconheçam a natureza autoderrotista de seus estilos de enfrentamento e consigam perceber que, ao substituir esses estilos, aumentariam as chances de felicidade. O terapeuta também aponta que, embora adaptativos na infância, seus estilos de enfrentamento são desadaptativos quando adultos, no mundo mais amplo, para além das famílias ou do grupo de colegas adolescentes.

Por exemplo, uma paciente jovem chamada Kim tem um esquema de abandono. Ela enfrenta esse esquema usando um estilo de enfrentamento evitativo. Mantém-se afastada dos homens, recusando a maioria dos convites para sair e passando seu tempo livre sozinha ou com amigas. Nas raras ocasiões em que sai com homens de quem gosta, ela termina o relacionamento repentinamente, após alguns encontros.

Terapeuta: Então, você se importaria se fizéssemos uma lista das vantagens e desvantagens de seu estilo de enfrentamento, de todas as formas que você usa para evitar se aproximar de homens e de seu histórico de terminar relacionamentos promissores?

Kim: Sim, acho que não tem problema.

Terapeuta: Então, quais são as vantagens, na sua opinião? O que você ganha evitando homens e terminando relacionamentos prematuramente?

Kim: Essa é fácil. Não tenho de passar pela dor de ser deixada. Eu os deixo para que eles não possam me deixar.

A vantagem do estilo de enfrentamento evitativo de Kim é que ele dá a ela um senso imediato de controle sobre o que acontece em seus relacionamentos com homens. A curto prazo, ela sente-se menos ansiosa. A desvantagem, contudo, é importante. A longo prazo, ela está sozinha. (Como de costume, tentativas de evitação do esquema acabam por perpetuá-lo.)

Terapeuta: Quais são as desvantagens de evitar homens e romper com eles quando as coisas estão indo bem? Quais são as desvantagens de seu estilo de enfrentamento?

Kim: Uma desvantagem é eu perder muitos relacionamentos bons.

Terapeuta: Como você se sente com relação à perda de seu último namorado, Jonathan?

Kim: (*pausa*) Aliviada. Eu me sinto aliviada. Não tenho mais de me preocupar com isso o tempo todo.

Terapeuta: Você sente alguma outra coisa a esse respeito?

Kim: Claro. Eu me sinto triste. Tenho saudades dele. Fico triste por ele não estar mais comigo. Fomos muito próximos por um tempo.

O exercício ajuda Kim a enfrentar a realidade de sua situação. Se continuar com seu método atual de enfrentar seu esquema de abandono, ela certamente acabará sozinha, mas, se estiver disposta a tolerar sua ansiedade e a se comprometer com um relacionamento promissor, há possibilidade de que obtenha o que quer: um relacionamento com um homem que cure seu esquema, em vez de reforçá-lo.

Conduzindo diálogos entre o "pólo do esquema" e o "pólo saudável"

Com a próxima técnica cognitiva, os pacientes aprendem a conduzir diálogos entre seu "pólo do esquema" e seu "lado saudável". Adaptando a técnica da "cadeira vazia" da Gestalt, o terapeuta instrui o paciente a trocar de cadeira enquanto eles interpretam os dois lados: em uma cadeira, interpretam o "pólo do esquema"; na outra, o "pólo saudável".

Como os pacientes em geral têm pouca ou nenhuma experiência em expressar o lado saudável, o terapeuta interpreta primeiramente este lado, e o paciente, o do esquema. O terapeuta pode apresentar a técnica dizendo: "Façamos um debate entre o pólo do esquema e o pólo saudável. Eu interpreto o pólo saudável e você, o do esquema. Faça o máximo esforço para provar que o esquema é verdadeiro, e eu tentarei provar que é falso da melhor maneira possível". Começar assim dá ao terapeuta a oportunidade de mostrar o pólo saudável ao paciente e lhe permite trazer respostas para quaisquer argumentos que o paciente levante ao interpretar o pólo do esquema.

Com o tempo, o paciente assume o papel de pólo saudável, e o terapeuta age como instrutor. Ambos podem interpretar o pólo do esquema; ao interpretar os dois pólos, o paciente se movimenta de uma cadeira a outra, cada uma representando um lado do debate. Inicialmente, o paciente necessita de muito estímulo do terapeuta para dar respostas saudáveis, mas o terapeuta vai se colocando em um segundo plano à medida que o paciente gera respostas saudáveis com mais facilidade. Pretende-se que os pacientes aprendam como agir com o lado saudável por conta própria, de forma natural e automática.

No exemplo a seguir, o Dr. Young ajuda um paciente em um diálogo entre seus esquemas de desconfiança/abuso e defectividade e seu "pólo saudável". O paciente é um homem de 35 anos chamado Daniel, que apresentaremos em mais detalhes no próximo capítulo, sobre estratégias vivenciais. Daniel teve uma infância traumática: o pai era alcoolista, e a mãe abusava dele sexual, física e emocionalmente. Na época de sua entrevista com o Dr. Young, Daniel havia feito terapia cognitiva tradicional com outro terapeuta por cerca de nove meses. Ele buscara terapia em função da ansiedade social e de problemas com controle da raiva. O objetivo maior era conhecer uma mulher e se casar, mas ele desconfiava das mulheres e temia que elas o rejeitassem. Sendo assim, evitava situações sociais nas quais pudesse conhecer mulheres.

A fim de preparar o paciente para o diálogo, o Dr. Young começou a sessão ajudando o paciente a construir uma argumentação contra o esquema, proporcionando-lhe alguns argumentos para usar contra o pólo do esquema. No trecho a seguir, Daniel interpreta o pólo do esquema e o pólo saudável.

Terapeuta: O que eu gostaria de fazer agora é um diálogo entre o que chamo de pólo do esquema, que pensa que não se pode acreditar nas mulheres e que elas não vão considerá-lo atraente, e o pólo saudável, que você vai tentar fortalecer, mas que ainda não é tão forte. Você entende o que eu digo?
Daniel: Sim.
Terapeuta: Então vou pedir que você fique alternando. Talvez possa começar como se estivesse em uma sala, em uma boate, quase se aproximando de uma mulher, mas sente-se com vontade de evitar, quer fugir. Inicialmente, seja o pólo do esquema, que quer fugir, e diga do que você tem medo.
Daniel: *(no papel de pólo do esquema)* "Estou em um estado de muito nervosismo e meio que torcendo para que a ida à boate não seja um sucesso e que, ao contrário do que ouvi, que sempre há mais mulheres do que homens, que seja o contrário e que isso me dê uma razão para ir embora."

O Dr. Young estimula o paciente a superar esse desejo de escapar e a permanecer na boate, apesar de sua ansiedade.

Terapeuta: Agora, imagine que está na boate e que vê uma mulher que o atrai. Agora seja o pólo do esquema.
Daniel: *(no papel de pólo do esquema)* "Ela parece mesmo ser uma pessoa legal, mas não acho que ela vá me querer. Eu provavelmente nem estou à altura dessa pessoa, em nível intelectual ou emocional. Ela provavelmente está muito à minha frente em termos de maturidade e vai escolher um desses caras. De qualquer forma, eles provavelmente vão tirá-la para dançar antes de mim."
Terapeuta: Certo. Agora seja o pólo saudável que estamos tentando construir e responda a isso. Responda àquele pólo.
Daniel: *(no papel de pólo saudável)* "Não julgue tão rápido. Você tem muitas qualidades boas que provavelmente atrairiam essa mulher. Você tem um sistema de valores definido, conhece limites, sabe deixar que ela seja quem ela é, tem uma sensibilidade sólida em relação a questões femininas e ela provavelmente gostaria muito de você."

Aqui, Daniel usa seu conhecimento cognitivo anterior contra o esquema. O Dr. Young induz mais o pólo do esquema.

Terapeuta: Agora retorne ao pólo do esquema.

Daniel: *(no papel de pólo do esquema)* "Mesmo assim, quando se trata de continuar a conversa a ponto de convidá-la para sair, você sabe, você não acha que deve, porque então terá de lidar com outras questões, como, talvez, ter mais intimidade e saber onde ir após o encontro, se deveriam ir para a cama ou não. É melhor não se envolver por isso."

Terapeuta: Agora, seja de novo o pólo saudável.

Daniel: *(no papel de pólo saudável)* "Não creio que essa seja a questão neste momento, e você não terá que se preocupar com isso por um bom tempo."

Terapeuta: Mas tente responder. Tente responder, embora tenha razão, não tem que se preocupar com isso até outro momento, mas tente pelo menos dar alguma esperança de que há uma resposta para isso.

O terapeuta estimula Daniel a responder a cada argumento apresentado pelo esquema.

Daniel: *(no papel de pólo saudável)* "Acho que, quando chegar a esse ponto, eu poderia me sair muito bem dando afeto e apoio emocional, sendo sensível quando chegar a hora de intimidade sexual, possivelmente. *(fala hesitante)* Não acho que isso vá ser um problema.

Terapeuta: *(instruindo o paciente, no papel de pólo saudável)* "Devo ter certeza de que confio na mulher antes de tentar qualquer intimidade sexual."

O terapeuta ajuda Daniel quando ele vacila. A intimidade sexual é uma questão que o paciente está apenas começando a explorar em seus relacionamentos com mulheres.

Daniel: *(continuando, no papel de pólo saudável)* "Eu teria de confiar. Eu simplesmente teria de aprender a como confiar nas mulheres e a me sentir seguro."

Terapeuta: Agora, seja o pólo do esquema, "Isso você nunca vai fazer, não se pode confiar nas mulheres."

O terapeuta tenta evocar todos os contra-argumentos que o esquema utiliza para se preservar.

Daniel: *(no papel de pólo do esquema)* "Não se pode confiar nas mulheres, elas são muito irracionais e instáveis, e será muito difícil saber exatamente o que fazer. Eu não acho que você seja capaz."

Terapeuta: Certo, agora seja o outro pólo.

Daniel: *(no papel de pólo saudável)* "As mulheres são pessoas, assim como os homens, e podem ser muito razoáveis, e é muito bom estar com elas."

O terapeuta tenta ajudar o paciente a diferenciar sua mãe, que foi a causa principal de seus esquemas, de outras mulheres.

Terapeuta: Tente diferenciar sua mãe de outras mulheres em sua resposta.

Daniel: *(continuando, no papel de pólo saudável)* "Nem todas as mulheres são necessariamente como sua mãe. Cada mulher é uma pessoa única, assim como eu, e elas têm que ser tratadas como indivíduos. Há muitas mulheres que têm sistemas de valores que provavelmente são melhores do que os meus."

Terapeuta: Agora seja o pólo do esquema.

Daniel: *(no papel de pólo do esquema)* "Bom, é mais fácil falar do que fazer, porque sua mãe realmente marcou que nenhuma mulher poderia ser boa para você. As mulheres daqui são como todas as mulheres. As mulheres em geral são como sua mãe e só estão preocupadas com uma coisa: usar e abusar de você. É isso que você vai acabar recebendo. Mais cedo ou mais tarde, usarão e abusarão de você."

Terapeuta: Agora seja o pólo saudável.

Daniel: *(no papel de pólo saudável)* "Mais uma vez, nem todas as mulheres são como minha mãe, nem todas abusam. As mulheres não são totalmente boas nem totalmente más. Elas são como qualquer outra pessoa, têm facetas boas e ruins."

O paciente vai de uma cadeira a outra. O terapeuta continua com o exercício até que o pólo saudável tenha a palavra final.

Para a maioria dos pacientes, leva muito tempo e demanda bastante prática interpretar o pólo saudável com segurança. São necessários vários meses de repetição do exercício para desgastar o esquema e fortalecer o pólo saudável. O terapeuta pede aos pacientes que repitam os diálogos até que interpretem o pólo saudável de forma independente. Mesmo que pronunciem as palavras, os pacientes ainda dizem: "Não acredito de verdade no pólo saudável". O terapeuta pode responder: "A maioria dos pacientes sente-se como você a estas alturas da terapia: racionalmente, entende o pólo saudável, mas emocionalmente ainda não acredita nele. Tudo o que lhe peço para fazer agora é dizer o que você considera logicamente verdadeiro. Posteriormente, trabalharemos para ajudá-lo a assimilar o que está dizendo em nível mais emocional".

Cartões-lembrete de esquemas

Depois de completar o processo de reestruturação do esquema, terapeuta e paciente começam a escrever cartões que sintetizam respostas saudáveis a gatilhos específicos do esquema. Os pacientes levam-nos consigo e lêem-nos quando ativados os esquemas em questão. Os cartões-lembrete devem conter as evidências e os argumentos mais consistentes contra o esquema, bem como promover aos pacientes exercícios permanentes de respostas racionais.

Apresentamos um modelo de cartão-lembrete da terapia do esquema (*ver* Quadro 3.1) para que o terapeuta use como guia (Young, Wattenmaker e Wattenmaker, 1996). Usando o modelo, o terapeuta colabora com o paciente na elaboração de cartões-lembrete. O terapeuta cumpre um papel muito ativo porque, neste momento da terapia, o pólo saudável do paciente não está fortalecido o suficiente para escrever uma resposta convincente ao esquema. Geralmente, o terapeuta dita o cartão-lembrete, enquanto o paciente vai escrevendo.

No trecho a seguir, o Dr. Young e Daniel criam um cartão para que este leia em situações sociais com mulheres com as quais se sente ansioso.

Terapeuta: Há várias técnicas que podemos usar para tentar ajudá-lo a superar situações que você tenta evitar. Uma delas é a dos cartões que você leva consigo, que basicamente respondem a muitos dos medos que você tem e dos esquemas que surgem. Na verdade, se você quiser, posso ditar um e você pode anotar. O que você acha?

Daniel: Seria ótimo.

Terapeuta: Quem sabe escolhemos um baseado no que já conversamos aqui, como se você estivesse em uma dessas boates em que tenta conhecer mulheres? Que tal?

Daniel: Parece uma boa idéia.

> **Quadro 3.1** Cartão-lembrete da terapia do esquema
>
> **Reconhecimento do sentimento atual**
>
> Atualmente eu me sinto_____ porque _____
>   (emoções)
>
> _____
>   (situação ativadora)
>
> **Identificação de esquema(s)**
>
> Contudo, sei que isso provavelmente é(são) meu(s) esquema(s) de _____,
>   (esquema relevante)
>
> que aprendi _____
>   (origem)
>
> Esses esquemas me levam a exagerar o nível de_____
>   (distorções do esquema)
>
> **Testagem da realidade**
>
> Ainda que eu acredite_____,
>   (pensamento negativo)
>
> a realidade é que_____
>   (visão saudável)
>
> Entre as evidências em minha vida que sustentam a visão saudável estão:_____
>   (exemplos específicos de vida)
>
> **Instrução comportamental**
>
> Portanto, embora tenha vontade de_____
>   (comportamento negativo)
>
> eu poderia, em vez disso,_____
>   (comportamento saudável alternativo)
>
> Direitos autorais 1996, 2002, de Jeffrey Young, Ph.D., Diane Wattenmaker, RN, e Richard Wattenmaker, Ph.D. A reprodução não-autorizada, sem consentimento por escrito do autor, é proibida. Para mais informações, escreva para Schema Therapy Institute, 36 West 44th Street, Suite 1007, New York, NY 10036.

Terapeuta: Vou ditar e você apenas anota. Pode corrigir se não parecer adequado.

Terapeuta: *(ditando)* "Atualmente, fico nervoso com relação a abordar uma mulher porque me preocupo com a possibilidade de ela não me achar desejável". A palavra certa é "desejável"? Há uma palavra melhor?

Daniel: "Atraente".

Terapeuta: "Atraente"? Certo. Também, estou tentando chegar à parte mais profunda disso, como "Não serei capaz de amá-la o suficiente" ou "Não serei capaz de demonstrar amor por ela".

Daniel: "Capaz de ser amoroso".

Terapeuta: "Capaz de ser amoroso". Está bem. "Também me preocupo com não poder confiar nela, não saber se ela é..."?

Daniel: "Honesta e digna de confiança".

O Dr. Young tenta usar as próprias palavras do paciente enquanto elabora o cartão.

Terapeuta: Certo. "Mas eu sei que esses são meus esquemas de defectividade e desconfiança/abuso ativados. Eles se baseiam em meus sentimentos com relação a minha mãe e não têm nada a ver com meu valor ou com a confiabilidade dessa mulher. A realidade é..." Agora queremos completar com algumas evidências que você tenha do contrário, de que você é digno de ser amado, desejável e atraente às mulheres, de diferentes formas.

Daniel: "A realidade é que eu sou uma pessoa muito afetiva, capaz de ser carinhosa e amorosa".

Terapeuta: Quem sabe colocamos entre parênteses a pessoa a quem você já demonstrou isso?

Daniel: "Sei ser afetivo com meu filho".

Terapeuta: E agora, "Além disso..." Agora eu quero dizer alguma coisa sobre a mulher com quem você está. Que, objetivamente, as mulheres não são menos dignas de confiança do que os homens.

Daniel: "As mulheres podem ser muito sensatas e dignas de confiança, assim como os homens".

Terapeuta: Ótimo. Agora, o final do cartão diria algo como "portanto, devo me aproximar dessa mulher, ainda que me sinta nervoso, porque é a única maneira de satisfazer minhas necessidades emocionais". Que tal lhe parece?

Daniel: Parece muito bom.

O cartão completo diz o seguinte:

> No momento, estou nervoso com relação a abordar uma mulher porque me preocupo com a possibilidade de ela não me achar atraente e de pensar que não serei capaz de ser amoroso. Também me preocupo com a possibilidade de que não possa confiar em sua honestidade e dignidade. Mas eu sei que esses são meus esquemas de defectividade e desconfiança/abuso sendo ativados. Eles se baseiam em meus sentimentos para com minha mãe e não têm nada a ver com meu valor ou com a confiabilidade dessa mulher. A realidade é que eu sou uma pessoa muito afetiva, capaz de ser carinhosa e amorosa. Por exemplo, sei ser afetivo com meu filho. Além disso, as mulheres podem ser muito sensatas e dignas de confiança, assim como os homens. Portanto, devo me aproximar dessa mulher, ainda que me sinta nervoso, porque é a única maneira de satisfazer minhas necessidades emocionais.

Daniel pode levar consigo o cartão-lembrete quando for a eventos sociais e ler quando se sentir ansioso. Espera-se que ler o cartão antes de entrar em uma situação ajude-o a mudar para um ponto de vista mais positivo, e ler o cartão durante a situação, quando se sentir desanimado, auxilie-o a interagir com mulheres de maneira mais positiva. Lendo repetidamente o cartão, Daniel pode agir para fortalecer seu pólo saudável.

Alguns pacientes com transtorno da personalidade *borderline* levam consigo um grande número de cartões, um para cada fator que ativa seus esquemas. Além de ajudá-los a controlar as emoções e a se comportar de maneira saudável, os cartões servem como objetos transicionais. Os pacientes com transtorno da personalidade *borderline* costumam contar que portar os cartões os faz sentir como se tivessem o terapeuta junto a eles. A presença do cartão-lembrete é reconfortante.

Diário de esquemas

O diário de esquemas (Young, 1993) é uma técnica mais avançada do que o cartão-lembrete. Com este, terapeuta e paciente constroem uma resposta saudável antecipada para um determinado fator ativador, e o paciente a lê segundo a necessidade, antes e durante a situação. Com o diário de esquemas, os pacientes constroem suas próprias respostas saudáveis à medida que os esquemas são ativados no cotidiano. Assim, o terapeuta introduz o diário de esquemas posteriormente no tratamento, depois de o paciente ter dominado o uso dos cartões-lembrete.

O terapeuta instrui o paciente a portar cópias do diário de esquemas. Quando ativado um esquema, os pacientes preenchem o diário para trabalhar o problema e chegar a uma solução saudável. O diário de esquemas pede que o pacientes identifiquem gatilhos na forma de situações gatilho, emoções, comportamentos, visões saudáveis, preocupações realistas, reações exageradas e comportamentos saudáveis.

Apresentamos um exemplo. Emily tem 26 anos. Ela começou a trabalhar em uma fundação voltada às artes, como diretora de projetos. Seu esquema de subjugação dificultou que ela administrasse a equipe de forma eficaz. Sua maior dificuldade é com uma subordinada dominadora e condescendente chamada Jane. Quando começou a terapia, Emily permitia que sua equipe tomasse a maior parte de suas decisões administrativas. Quando Jane se comportava de forma agressiva em relação a ela, Emily se desculpava. "É como se ela fosse minha chefe em vez de eu ser sua chefe", diz ela.

Com a terapia do esquema, Emily identifica o esquema de subjugação e explora suas origens na infância. Ela observa como o esquema a impede de se afirmar, especialmente com Jane. Emily preencheu um diário de esquemas no trabalho (ver Quadro 3.2), momentos após Jane solicitar uma reunião com ela no mesmo dia.

RESUMO

As estratégias cognitivas aumentam a consciência do paciente de que o esquema não é verdadeiro ou é muito exagera-

---

Quadro 3.2 Diário de esquemas de Emily

Gatilho: Jane disse que quer uma reunião comigo às 15 horas de hoje.

Emoções: Sinto medo e tenho vontade de me esconder.

Pensamento: Ela vai me repreender e não vou saber o que fazer. Não sei enfrentá-la.

Comportamentos: Concordei em me reunir com ela. Estou preenchendo este diário para saber o que fazer.

Esquemas: Lembro-me de ter de estar disponível a meu pai e a meu primeiro marido, e de como precisava ter cuidado para não os desgostar. Quando ficavam com raiva, cuidado! Mesmo agora, deixo que meu segundo marido me diga o que fazer, pois ele me trata bem. Meu esquema de subjugação faz com que eu queira dar a Jane o que ela quiser, de forma que ela não fique zangada comigo.

Visão saudável: Não sei por que Jane quer a reunião. De qualquer forma, não devo lhe dar qualquer coisa que ela queira. Mereço respeito e posso acabar com a reunião se Jane for agressiva.

Preocupações realistas: Jane é muito ameaçadora com as pessoas. Ela pode gritar comigo. Não sou perfeita neste trabalho, mas estou melhorando. Sei que ela, se quiser, pode achar errado algo que eu fiz.

Reações exageradas: Tirei duas conclusões precipitadas. A primeira é que Jane quer me repreender, e a segunda é que eu não posso fazer nada a respeito disso.

Comportamento saudável: Posso me reunir com Jane e saber o que ela quer em vez de ficar me preocupando com o assunto. Se ela for grosseira, posso terminar a reunião. Por outro lado, posso não ser agredida, então não vou me preparar para reagir a uma agressão. A questão fundamental é que eu tenho tempo de me preparar e posso encontrar uma solução que seja boa para mim.

do. Terapeuta e paciente começam com um acordo para ver o esquema como uma hipótese a ser testada. Examinam as evidências no passado e presente do paciente que comprovem ou refutem o esquema. A seguir, terapeuta e paciente geram explicações alternativas para as evidências que comprovem o esquema. O terapeuta atribui evidências da infância a dinâmicas familiares perturbadas, e evidências depois da infância, à perpetuação de esquemas. O terapeuta ajuda o paciente a aprender a conduzir diálogos entre o "pólo do esquema" e o "pólo saudável".

A seguir, terapeuta e paciente listam as vantagens e desvantagens dos atuais estilos de enfrentamento, e o paciente compromete-se a experimentar comportamentos mais adaptativos. O paciente exerce comportamentos saudáveis, inicialmente usando cartões-lembrete e depois preenchendo o diário de esquema. Os passos do trabalho cognitivo encaixam-se e partem uns dos outros, o terapeuta prepara o paciente para o trabalho vivencial, comportamental e interpessoal que o espera.

Terapeuta e paciente continuam a fazer o trabalho cognitivo durante o processo de tratamento. À medida que a terapia avança, os pacientes aumentam a lista de evidências contrárias aos esquemas. Por exemplo, à medida que tomou decisões mais independentes e comportou-se de forma mais proativa no trabalho, Emily acumulou sucessos. Em um determinado momento, um membro da direção do projeto em que ela trabalhava queria conversar com ela sobre o orçamento. Em vez de se sentir desamparada e postergar, Emily preparou-se para a reunião, dramatizando-a em sua sessão de terapia e estudando todos os fatos relevantes. Na reunião, Emily respondeu todas as questões do membro da direção e conseguiu sugerir novas idéias. Ao lutar contra seu esquema e melhorar suas respostas de enfrentamento, sua vida cada vez mais mostrou que o esquema estava equivocado.

4
ESTRATÉGIAS VIVENCIAIS

As técnicas vivenciais têm dois objetivos: (1) ativar emoções conectadas a esquemas desadaptativos remotos e (2) realizar a reparação parental com o paciente, a fim de curar essas emoções e satisfazer parcialmente suas necessidades não atendidas na infância. No caso de vários de nossos pacientes, as técnicas vivenciais parecem produzir as mudanças mais profundas. Por meio do trabalho vivencial, os pacientes fazem uma transição, desde saber intelectualmente que seus esquemas são falsos até acreditar nisso em termos emocionais. Enquanto as técnicas cognitivas e comportamentais derivam sua força da acumulação de pequenas mudanças obtidas por meio da repetição, as técnicas vivenciais são mais dramáticas, pois sua força resulta de algumas vivências emocionais corretivas profundamente convincentes. As técnicas vivenciais capitalizam a capacidade humana de processar informações com mais efetividade na presença de emoções.

Este capítulo descreve as técnicas vivenciais que mais usamos na terapia do esquema. Apresentamos as técnicas vivenciais para a fase de avaliação e para a de mudança.

IMAGENS MENTAIS E DIÁLOGOS NA AVALIAÇÃO

Nossa primeira técnica vivencial de avaliação é o trabalho com imagens mentais. A presente seção descreve como apresentar esse trabalho aos pacientes e como conduzir uma sessão de avaliação por meio da utilização de imagens mentais, passando de uma imagem relaxante a imagens desagradáveis da infância do paciente e chegando até imagens desagradáveis de sua vida atual. Mostramos como os terapeutas do esquema usam as estratégias vivenciais para identificar os esquemas, entender suas origens na infância e estabelecer relações com os problemas atuais do paciente.

Apresentação do trabalho com imagens mentais aos pacientes

É melhor direcionar quase toda a sessão de terapia, no primeiro encontro de avaliação, ao trabalho com imagens mentais. Costumamos reservar cerca de cinco minutos para explicar e responder perguntas, trabalhamos com imagens por cerca de 25 minutos e usamos outros 20 minutos para processar com o paciente o que aconteceu durante a sessão. Depois, os encontros de avaliação com imagens mentais podem demandar apenas metade da sessão.

Fundamentação

Nesta altura do tratamento, os pacientes completaram uma revisão do próprio histórico de vida, responderam e discutiram o Questionário de Esquemas de Young e o Inventário Parental de Young. Começam a construir uma compreensão intelectual de seus esquemas. Terapeuta e paciente discutiram hipóteses sobre os principais esquemas deste e sobre como os mesmos se desenvolveram na infância.

O trabalho com imagens mentais constitui uma técnica poderosa para dar continuidade a essa testagem de hipóteses, pois ativa esquemas no consultório, inúmeras vezes de maneira a permitir que ambos os *sintam*. Uma coisa é os pacientes perceberem racionalmente que podem ter determinados esquemas desde a infância, e outra é que os sintam, lembrem-se de como se sentiam quando crianças e conectem esses sentimentos aos problemas atuais. O trabalho com imagens mentais faz avançar o entendimento do esquema do domínio intelectual para o emocional, transformando a idéia de esquema, de uma cognição "fria" em uma cognição "quente". Discutir o que aconteceu durante uma sessão de imagens mentais ajuda a educar mais os pacientes em relação a esquemas e a suas próprias necessidades não-satisfeitas quando crianças.

Assim, a base de argumentação que sustenta o trabalho de avaliação com imagens é tripla:

1. Identificar os esquemas mais fundamentais no caso do paciente.
2. Possibilitar que o paciente vivencie os esquemas em nível afetivo.
3. Ajudar o paciente a relacionar emocionalmente as origens de seus esquemas na infância e na adolescência com os problemas atuais.

Geralmente, apresentamos um breve arrazoado aos pacientes a fim de justificar a realização do trabalho de avaliação com imagens mentais. A maioria dos pacientes não precisa nada além. Explicamos que o propósito da atividade é capacitá-los a sentir seus esquemas e a entender como os mesmos começaram na infância. Dessa forma, o trabalho com imagens mentais aprofunda a compreensão intelectual resultante do trabalho cognitivo com entendimento emocional.

Início do trabalho com imagens mentais

Ao realizar o trabalho com imagens mentais, um princípio orientador é dar a mínima quantidade de instrução necessária para que o paciente apresente uma imagem com a qual se possa trabalhar. Queremos que as imagens apresentadas pelo paciente sejam totalmente suas. O terapeuta evita fazer sugestões e dá o mínimo possível de estímulos. A meta é captar com máxima precisão a experiência do paciente, e não inserir as idéias ou hipóteses do terapeuta. Objetiva-se a evocação de imagens importantes, isto é, as relacionadas com emoções básicas como medo, raiva, vergonha e luto, ligadas aos esquemas desadaptativos remotos do paciente.

O terapeuta geralmente instrui o paciente da seguinte forma: "Agora, feche os olhos e deixe que surja uma imagem. Não force as imagens, apenas deixe que uma delas venha a sua mente e diga o que vê". O terapeuta pede que o paciente descreva a imagem em voz alta no presente e na primeira pessoa, como se estivesse acontecendo agora. Ele diz ao paciente que use cenas para formar a imagem, e não palavras e pensamentos. "As imagens mentais não são como pensar ou fazer associação livre, em que um pensamento leva a outro; elas são como assistir a um filme dentro de sua mente, mas mais do que assistir a um filme, quero que você o vivencie – tornando-se parte dele e vivendo todos os eventos que acontecerem". Com esse objetivo em mente, o terapeuta ajuda o paciente e se aprofundar na imagem, torná-la vívida e ser absorvido nela.

O terapeuta pode ajudar o paciente por meio de perguntas como: "O que você vê?", O que você ouve?", "Você consegue se ver na imagem?", "Como é o seu olhar?". Uma vez distinguida a imagem, o terapeuta explora os pensamentos e as emoções de todos os "personagens" nela contidos. O paciente está na imagem? O que ele pensa? O que sente? Em que parte do corpo o paciente sente essas emoções? O que sente impulso de fazer? Há mais alguém na imagem? O que essa pessoa pensa e sente? O que essa pessoa quer fazer? O terapeuta diz ao paciente que fale em voz alta e faça com que os personagens digam uns aos outros o que sentem. Como se sentem uns em relação aos outros? O que gostariam de receber uns dos outros? Conseguem dizer isso em voz alta?

O terapeuta encerra a sessão de imagens mentais pedindo ao paciente que abra seus olhos e fazendo perguntas como: "Como foi a experiência para você?", "O que essas imagens significam para você?", "Quais foram os temas?", "Quais esquemas estão relacionados a esses temas?".

Além de ajudar os pacientes a sentir seus esquemas de forma mais intensa, o objetivo do terapeuta é vivenciar a imagem com o paciente, a fim de entendê-la em nível emocional. Esse tipo de vivência empática das imagens mentais do paciente configura uma forma consistente de diagnosticar esquemas.

Imagens mentais de um lugar seguro

Começamos e terminamos sessões de trabalho com imagens a partir de um lugar seguro. Isso é de especial importância no caso de pacientes frágeis e traumatizados. Começar assim é uma forma simples e não-ameaçadora de introduzir o trabalho com imagens mentais, e oferece ao paciente uma chance de praticá-lo antes de passar a material mais importante e emocionalmente carregado. No final de uma sessão, voltar ao lugar seguro oferece aos pacientes um refúgio quando o material das imagens mentais deixou-os incomodados.

Neste exemplo, terapeuta e paciente geram a imagem de um lugar seguro. Hector tem 42 anos e começou a terapia por insistência da esposa, Ashley, que ameaça se divorciar dele. Ashley queixa-se, principalmente, de que ele é desligado, frio e dado a explosões de raiva. Quando o trecho a seguir começa, o terapeuta já apresentou a ele as justificativas para se trabalhar com imagens mentais e está avançando na construção da imagem de um lugar seguro.

Terapeuta: Você gostaria de fazer um trabalho de imagens mentais agora?
Hector: Certo.
Terapeuta: Por favor, feche os olhos e imagine a si mesmo em um lugar seguro. Simplesmente deixe que a imagem de um lugar seguro surja em sua mente e me diga qual é.
Hector: Vejo uma fotografia *(longa pausa)*.
Terapeuta: De quê?
Hector: É uma foto do meu irmão e eu, olhando pela janela de nossa casa na árvore. Meu tio fez para nós.
Terapeuta: Diga o que você vê quando olha essa foto.
Hector: Vejo nós dois.... *(olhos abertos)* É uma foto, mesmo, eu me lembro dessa foto. *(olhos fechados)* Vejo nós dois, e estamos sorrindo.
Terapeuta: Certo, mantendo os olhos fechados, você pode ver-se?

O terapeuta ajuda o paciente a permanecer concentrado na imagem. Quando ele sai dela, o terapeuta o traz de volta.

Hector: Sim.
Terapeuta: Quantos anos você tem?
Hector: Ah, uns sete.
Terapeuta: Qual é a estação do ano?
Hector: É outono. As folhas estão mudando de cor, caindo e voando com o vento.
Terapeuta: Bom. Agora, mantendo os olhos fechados, gostaria que você se tornasse o garotinho da fotografia. Gostaria que você olhasse à sua volta, sob a perspectiva do garoto, e me dissesse o que vê.
Hector: Certo. Estou perto do meu irmão, olhando pela janela de minha casa na árvore.
Terapeuta: O que mais você vê?
Hector: Vejo meu avô em pé, ao lado de nossa casa, tirando uma fotografia. Vejo a rua e as árvores, e o meu bairro. Todas as casas são iguais e estão próximas, todas com seu pedacinho de gramado.
Terapeuta: Que sons você ouve?
Hector: (*pausa*) Ouço tráfego e vozes de pessoas. E canto de passarinhos.
Terapeuta: Agora eu gostaria que você se virasse e olhasse no interior da casa na árvore. O que você vê?
Hector: Bom, vejo essa salinha de madeira. É feita com umas tábuas desparelhas e tem umas fendas por onde posso ver o que há lá fora. Fica no meio de uma árvore grande, e os galhos vão até o chão. É meio escuro, dentro. Fora dali é dia claro, mas ninguém consegue enxergar dentro. Se ficamos em silêncio, ninguém sabe que estamos aqui.
Terapeuta: E o que você escuta lá?
Hector: É muito, muito tranquilo. Só ouço o ruído das folhas de vez em quando, e o vento assobiando.
Terapeuta: E tem cheiro?
Hector: Sim, tem cheiro de pinheiro. E de terra.
Terapeuta: E como você se sente ali dentro?
Hector: Bem, me sinto bem. Parece um lugar secreto, um lugar especial e secreto. Tem muita paz aqui.

Terapeuta: Como você sente o seu corpo?
Hector: Relaxado. Sinto meu corpo relaxado.

O terapeuta ajuda Hector a se aprofundar na imagem e a vivenciá-la como se acontecesse no momento presente.

Certas preocupações estilísticas são importantes quando se trabalha com imagens mentais de lugar seguro. Diferentemente de outras imagens mentais, que têm o objetivo de ativar emoções negativas, o objetivo desta é acalmar o paciente. O terapeuta tenta acalmá-lo e relaxá-lo, evitando elementos negativos. O terapeuta formula idéias em termos positivos. Por exemplo, em vez de dizer "Não há perigo", ele diz "Você está seguro"; em vez de dizer "Você está livre de ansiedade", o terapeuta diz "Você se sente calmo". O terapeuta guia o paciente para longe de temas psicologicamente carregados, esforçando-se para criar imagens boas, calmantes e confortantes.

Alguns pacientes (de costume os que sofreram experiências traumáticas de abuso ou negligência quando crianças) são incapazes de gerar imagens de lugares seguros por conta própria. Podem nunca ter contado com um lugar seguro. O terapeuta ajuda esses pacientes a construir imagens de lugares seguros. Cenas bonitas de natureza, como praias, montanhas, campos ou florestas funcionam bem, às vezes. Entretanto, mesmo com nossa ajuda, alguns pacientes não conseguem imaginar qualquer lugar onde se sintam seguros. Quando isso acontece, o terapeuta pode tentar usar o consultório como lugar seguro. Ele orienta os pacientes em relação ao entorno do consultório no início e no final das sessões de imagens mentais, pedindo que olhem à volta e descrevam tudo o que vêem, ouvem, sentem, até que eles digam que se sentem calmos. Às vezes, temos de deixar o trabalho com imagens mentais para um momento posterior da terapia, quando o paciente se sinta seguro com o terapeuta e consiga considerar o consultório um lugar seguro.

Retorno ao lugar seguro

O terapeuta termina a primeira sessão de imagens mentais trazendo o paciente de volta à imagem do lugar seguro e, depois, lhe pede que abra os olhos. Na maioria dos casos, isso é suficiente para acalmar e centrar o paciente, e o terapeuta avança na discussão de imagens mentais.

Em casos nos quais o paciente é frágil ou as imagens são traumáticas, o terapeuta precisa confortá-lo mais. Quando o paciente parece intensamente agitado após uma sessão de imagens mentais, o terapeuta trabalha para trazê-los de volta ao momento presente, quando está seguro. Pede que abra os olhos e observe o consultório, descrevendo o que vê e escuta, e fala com ele sobre questões comuns, como aonde vai e o que fará depois da sessão. Dá tempo para que o afeto provocado pelas imagens se reduza. Essas medidas ajudam os pacientes a realizar a transição de material desagradável do trabalho com imagens mentais de volta à vida comum.

É importante deixar tempo suficiente para que os pacientes se acalmem e discutam totalmente as sessões de imagens mentais. Caso se possa evitar, o terapeuta não deixa que os pacientes saiam da sessão extremamente deprimidos, assustados ou irritados com o resultado das imagens mentais, porque esses sentimentos podem refletir-se de forma indesejável no cotidiano, fora da sessão. Se necessário, o terapeuta sugere que os pacientes sentem na sala de espera até que se sintam prontos para ir embora. O terapeuta pode conversar brevemente com o paciente entre sessões e verificar como este progride, com um telefonema à noite.

Imagens mentais da infância

Visão geral

Agora que descrevemos a fundamentação e apresentamos aos pacientes o trabalho com imagens mentais de lugares seguros para que possam sentir-se cômodos, avançamos para o trabalho com imagens mentais da infância. Nosso propósito é observar o sentimento do paciente e os temas que vêm à tona, com vistas a identificar esquemas e entender suas origens.

Geralmente, evocamos as seguintes imagens, na ordem apresentada (costumamos trabalhar apenas com uma imagem em cada sessão):

1. Qualquer imagem desagradável da infância.
2. Uma imagem desagradável de cada um dos pais (por exemplo, uma com a mãe e uma com o pai).
3. Imagens desagradáveis de quaisquer outras pessoas importantes para o paciente, incluindo colegas e amigos, que possam ter contribuído para a formação de um esquema.

O terapeuta começa com uma imagem não estruturada, simplesmente instruindo o paciente a visualizar uma imagem desagradável de sua infância, o que lhe dá a oportunidade de comunicar o que quer que considere ter sido mais difícil em sua infância. O avanço para imagens estruturadas garante que o terapeuta perpasse todas as pessoas importantes que contribuíram para o desenvolvimento de esquemas pelo paciente.

Exemplo clínico

O trecho a seguir foi obtido de uma sessão de imagens mentais que o Dr. Young conduziu com Maria, paciente já apresentada, que buscava terapia para problemas conjugais. Ela declara haver falta de intimidade no casamento e que o marido, James, é distante, crítico e emocionalmente abusivo.

Em seus questionários, Maria escreveu que seu pai era "distante" e "sarcástico" e que, com ele, "tinha de se contentar com migalhas". Ela já havia praticado o exercício de sentir-se em um lugar seguro com o terapeuta. Neste trecho, o terapeuta pede que Maria visualize uma imagem desagradável do pai quando ela era criança.

Terapeuta: Você gostaria de fazer um exercício, agora?
Maria: Sim.
Terapeuta: Certo, quem sabe você fecha seus olhos por um tempo?
Maria: Está bem.
Terapeuta: Vou lhe pedir que mantenha os olhos fechados e quero que você veja uma imagem de si mesma com seu pai quando você era criança. E não tente forçá-la, deixe que venha por si.
Maria: Está bem.
Terapeuta: O que você vê?
Maria: *(começa a chorar de repente)* Sou eu, e ele está sentado, lendo seu jornal, vestindo uma camisa branca, com um monte de canetas no bolso. Me levanto e só bato no jornal, tipo, "toc, toc", e ele me olha, sabe como é, "você está me incomodando". Mas eu sei que ele vai me deixar subir no seu colo. *(chora baixo)*
Terapeuta: Então é como se ele não quisesse que você realmente estivesse ali.
Maria: Mas eu sei que ele vai me deixar subir no seu colo, e depois, e depois eu sento no colo dele, e ele lê para mim, mas ele sempre lê as histórias que ele quer ler, e não as que eu quero. Então eu começo a tirar as canetas de dentro do estojo e coisas do tipo, e ele sempre me faz colocar de volta, porque quer que elas estejam ali. Então, se eu vou longe demais, ele pega os meus dedos e torce. E dói, e então eu tenho que desistir e ir embora. Ou me sentar ali e tentar ser boazinha de novo, para que ele... *(longa pausa).*
Terapeuta: Para que ele goste de você de novo?
Maria: Para que ele goste de mim de novo.
Terapeuta: Então parece que você tem que fazer tudo o que ele quer e sempre nos termos dele?
Maria: É.
Terapeuta: E você tem de aceitar as migalhas, qualquer coisa que ele queira lhe dar, mesmo que não seja o que você quer de verdade.
Maria: É.
Terapeuta: Você consegue, nessa imagem, dizer ao seu pai como você gostaria que ele fosse?
Maria: Está bem.
Terapeuta: E o que ele não lhe dá de que você precisa. Diga-lhe do que você precisa, certo?
Maria: Bom, eu teria gostado se saíssemos e caminhássemos pela rua, se simplesmente saíssemos de casa. Teria gostado se você risse um pouquinho mais. Eu teria gostado se você tivesse levado meu irmão e eu a algum lugar e brincado conosco, mas você nunca queria brincar conosco.

A primeira coisa que se percebe sobre essa sessão de imagens mentais com Maria é o quanto seu afeto muda com rapidez. Assim que fecha os olhos e imagina seu pai, ela começa a chorar. Essa mudança rápida no afeto do paciente é comum quando se faz trabalho com imagens mentais.

A emoção predominante expressada por Maria na sessão é mágoa. Seu choro expressa mágoa devido às necessidades emocionais não-satisfeitas por seu pai, e o tema central é privação emocional, pois o pai reluta em prestar atenção na filha e a lhe dar afeto físico. Não tem empatia por seus sentimentos, pelos quais parece desinteressado. Essa é a essência da privação emocional: o pai ou a mãe está emocionalmente desconectado da criança, que permanece tentando fazer com que eles se conectem, mas isso raramente acontece.

Dois outros esquemas relacionados são subjugação e desconfiança/abuso. Tudo acontece nos termos do pai: ele permite que Maria suba no seu colo e lê as histórias que ele quer ler. Quando está com ele, ela deve fazer o que ele quer fazer. Ele está no controle, e ela não têm qualquer poder para obter a atenção e o afeto que deseja dele. Tem de "ser boazinha" para ser aceita, mesmo depois de o pai torcer seus dedos, isto é, tem de aceitar os maus tratos se quiser receber atenção.

Um tema mais sutil, mas ainda importante, é a defectividade. A maioria das crianças negligenciadas considera que os pais e as mães não lhes dão atenção porque de alguma forma não a merecem. A indiferença do pai de Maria em relação a ela tem caráter de rejeição, e o tema da rejeição é parte do esquema de defectividade. Maria quer merecer seu amor e, quando se depara com a incapacidade do pai de lhe dar amor, sente que ela é que deve ser responsabilizada. Ela não se sente merecedora do amor. (Este tema surge com mais clareza à medida que a sessão avança.)

Imagens mentais que ligam o passado ao presente

Depois de explorar uma imagem importante da infância, que evoca sentimentos negativos em relação a um esquema desadaptativo remoto, o terapeuta pede ao paciente que passe a uma imagem de uma situação adulta ou atual que lhe cause a mesma sensação. Assim, o terapeuta forja uma ligação direta entre a memória de infância e a vida adulta do paciente.

O exemplo a seguir é uma continuação da sessão de imagens mentais com Maria. O Dr. Young pede que ela visualize uma imagem de si mesma com o marido, James, que lhe proporcione a mesma sensação da imagem com o pai. A seguir, solicita que Maria fale com James nesta imagem e que lhe diga o que quer dele.

Terapeuta: Você consegue dizer a James o que quer dele nesta imagem? Simplesmente diga, em voz alta.

Maria: (*ao marido*) James, quero que você pare de gritar comigo. Quero que você me pergunte todos os dias como foi o meu dia. Quero que me escute quando lhe conto todas as minhas histórias bobas e que não me olhe enquanto falo como se quisesse que eu apurasse ou calasse a boca. Queria que a gente saísse e se divertisse um pouco mais juntos, só para rir ou, mesmo que você não queira rir, você poderia simplesmente rir das coisas bobas que eu faço ou algo assim, só para que eu saiba que você tem prazer de estar comigo, só um pouquinho (*chora*).

Terapeuta: Você quer sentir que ele gosta um pouco de estar com você.

Maria: Sei que tem de haver uma razão pela qual nos casamos.

Terapeuta: O que ele lhe diz quando você diz isso? Seja ele, agora. Faça com que ele lhe responda.

Maria: Bom, ele simplesmente começa a me dizer todos os motivos: fazemos muitas coisas, ele tem um trabalho muito importante. Você sabe que toma muito tempo, ele está muito cansado. "É o máximo que eu consigo fazer." Sabe como é, quase como se dissesse "como você se atreve a cobrar atenção de

mim", porque ele está fazendo o melhor que pode.
Terapeuta: Mais ou menos como seu pai, sentindo que, já que ele trabalha muito e lhe dá confortos materiais, você deveria estar feliz?
Maria: Isso mesmo.
Terapeuta: A mesma coisa. Se eles estão trabalhando e lhe dando dinheiro, você deveria estar satisfeita?
Maria: Sim.

Quase tudo o que Maria diz a James nessa imagem ela poderia ter dito ao pai. Os temas são os mesmos. Há privação emocional: Maria quer que James preste atenção nela, escute-a, divirta-se com ela. Há subjugação: James estabelece os termos do relacionamento. Como trabalha muito, ele tem direito de determinar quando demonstrará afeto. Maria não tem direito de exigir nada. Há defectividade: Maria quer que James a considere atraente e que tenha prazer de estar com ela, em vez de se comportar de forma a rejeitá-la.

Conceituação das imagens mentais em termos de esquemas

O terapeuta ajuda o paciente a conceituar o acontecido na sessão de imagens mentais em termos de esquemas, o que proporciona o contexto intelectual para o ocorrido durante a sessão e auxilia o paciente a perceber melhor o sentido das imagens. No trecho a seguir, o terapeuta e Maria discutem as implicações da sessão de imagens mentais a fim de entender os esquemas. Conceituar a sessão de imagens mentais em termos de esquemas ajuda o paciente a integrar o que aconteceu durante a sessão ao material de avaliação que a precedeu.

O terapeuta concentra-se nos esquemas de privação emocional, defectividade e subjugação. Inicia pela descrição do esquema de privação emocional de Maria. Como costuma acontecer com tal esquema, Maria possui uma consciência vaga da própria privação emocional.

Terapeuta: É interessante que, no questionário que você respondeu, o questionário de esquemas, os que tiveram o escore mais alto foram, eu acho, padrões inflexíveis – vejamos, eu anotei aqui... auto-sacrifício...
Maria: Sim, todos os que eu não acho que se apliquem a mim *(ri.)*
Terapeuta: Sim, parece-me que os mais dolorosos são aqueles em que você teve escores mais altos. Mas, às vezes, você não está ciente das coisas mais profundas que acontecem com você.
Maria: É.
Terapeuta: Deixe-me dizer alguns dos que me ocorreram que podem ser seus esquemas, julgando pelo que você disse aqui hoje, até agora. Um deles é o que eu chamo de privação emocional, que é o sentimento de que você não terá suas necessidades normais de apoio emocional satisfeitas, ou seja, que não haverá pessoas que a amem, que sejam fortes, que a entendam e a escutem e levem suas necessidades em consideração, que não há ninguém para lhe dar carinho, cuidar de você de verdade e prestar atenção em você. Isso parece bem? Essa pode ser uma das questões?
Maria: Bom, com certeza, você tem de especificar com relação a homens, porque com minhas amigas...
Terapeuta: Isso mesmo, sua mãe era diferente. Sua mãe era muito carinhosa, mas pelo menos no que diz respeito a homens, a privação emocional parece ser uma questão importante. Seu pai não era muito de dar carinho ou se doar emocionalmente.
Maria: Certo.
Terapeuta: E James também não é, certo?

Maria: Certo.
Terapeuta: E é isso que você quer, é isso que você pede deles dois. Você pede que eles simplesmente lhe dêem um pouco de atenção, um pouco de cuidado emocional.

O terapeuta aponta o tema central dos relacionamentos de Maria com o pai e com o marido. Ambos reforçam seu senso de privação emocional. O terapeuta continua a descrever o esquema de defectividade de Maria.

Terapeuta: Passemos a outro tema que, eu acho, pode ser um problema. Há um que se chama defectividade, que é a sensação de que você tem defeitos internos de algum tipo, ou não merece receber amor. E me parece que muito do que você descreveu quanto a seu pai teria levado a esse sentimento. Ele teria feito você sentir que há algo errado com você que faz com que nunca possa ter a atenção dele, algo que faz com que ele não queira estar com você, que faz com que ele lhe dirija esse olhar desdenhoso. Isso deve criar dentro de você, eu acho, um sentimento mais profundo de que é um pouco inadequada ou não está à altura do que ele precisa, de suas expectativas. Isso parece certo?
Maria: *(chora)* Sim. Bom, também é uma coisa de mulher, porque não houve um dia na minha vida em que eu não tenha criticado a minha aparência. Meu cabelo é liso demais, sou gordinha, não sou bonita o suficiente, sabe como é, sempre a mesma coisa, desde que eu me lembro, porque era isso que minha mãe fazia.
Terapeuta: E, implicitamente, era isso que seu pai estava fazendo, também; ao não lhe dar atenção, ao ignorá-la, ele estava fazendo com que você se sentisse como se não fosse boa o suficiente, como se tivesse defeitos que faziam com que ele não quisesse prestar atenção em você. Assim, entre sua mãe a criticando e seu pai a ignorando, você teria tido o sentimento de que merece ser criticada, entende?
Maria: *(suspira fundo)* Sim.

O terapeuta mostra que Maria age de forma a reforçar seu esquema de defectividade.

Terapeuta: E eu me pergunto se esse é o sentimento, o sentimento de defectividade, o que você tem. Você fica fazendo isso a si mesma, fica encontrando culpa, encontrando mais evidências, como seu peso ou aparência, que possa usar para se diminuir, para continuar se sentindo defeituosa. Entende o que eu digo?
Maria: Entendo, é automático. Se eu pesasse 60 quilos, ainda haveria algo errado.
Terapeuta: Isso é o esquema que está falando.
Maria: Sim, eu entendi isso, finalmente, quando eu acabei perdendo um monte de peso, e meus problemas não acabaram.
Terapeuta: O sentimento de defectividade ainda estava lá, mesmo quando o peso baixou. E então, é claro, mais uma vez você escolheu um marido que reforça isso, que a critica.
Maria: Sim.
Terapeuta: Que contribui para sua sensação de ser defeituosa. Então você tenta reagir, defendendo-se, mas, lá no fundo, alguma parte de você acredita nisso, e esse é o esquema.

À medida que o terapeuta descreve os temas que surgiram durante a sessão de imagens mentais, ele relaciona-os com exemplos da vida atual de Maria. Ao fazê-lo, ajuda-a a perceber os mecanismos de seu esquema no cotidiano.

Imagens mentais de outras figuras importantes na infância do paciente

Assim como Maria, a maioria dos pacientes tem esquemas ligados a experiências de infância com os pais, e as imagens dos pais quase sempre são as mais importantes, mas também trabalhamos com outras imagens relevantes da infância. Exploramos quaisquer imagens que possam ser centrais ao desenvolvimento dos esquemas do paciente. Na maioria das vezes, elas relacionam-se com os pais, mas também envolvem irmãos, outros parentes, colegas, professores ou mesmo estranhos. Se acreditamos, a partir do histórico de vida levantado, que alguma outra pessoa, na infância ou adolescência do paciente, cumpriu um papel importante no desenvolvimento de um esquema, também incluímos imagens mentais relativas a essa pessoa. Por exemplo, se sabemos que um paciente sofreu abuso por parte de seu irmão quando era criança, dizemos, também, "Feche os olhos e visualize uma imagem de si mesmo quando criança, com seu irmão"; ou, se sabemos que um paciente foi provocado pelos colegas na escola, dizemos, "Feche os olhos e visualize uma imagem de si mesmo quando criança, no pátio da escola".

Resumo de imagens mentais para avaliação

Trabalhar com imagens mentais na avaliação ajuda o terapeuta e o paciente a identificar e sentir os esquemas nucleares, a entender suas origens na infância e a associar essas origens aos problemas atuais do paciente. Ademais, o trabalho com imagens mentais enriquece a compreensão de ambos acerca dos esquemas do paciente, ajudando-os a avançar do reconhecimento intelectual desses esquemas à vivência em termos emocionais.

ESTRATÉGIAS VIVENCIAIS PARA A MUDANÇA

Várias sessões transcorrem entre o uso de técnicas vivenciais de avaliação e o uso desse mesmo tipo de técnica na fase de mudança. Depois de conduzir a avaliação com imagens mentais, passamos a conceituar os esquemas do paciente e, então, às técnicas cognitivas, a fim de lutar contra os esquemas descritos no capítulo anterior, como examinar as evidências a favor e contra os esquemas e usar cartões-lembrete. É nesse ponto que introduzimos técnicas vivenciais voltadas à mudança.

Essa sessão sobre técnicas vivenciais para a mudança apresenta o seguinte: (1) fundamentação para se incluir essas técnicas no tratamento; (2) formas de condução de diálogos em imagens mentais; (3) trabalho de reparação parental com imagens mentais; (4) imagens mentais de memórias traumáticas; (5) escrita de cartas como tarefa de casa; (6) uso de imagens mentais para o rompimento de padrões.

Fundamentação

Por meio do trabalho vivencial, pretende-se lutar contra esquemas no campo dos afetos. Nesse momento do tratamento, terapeuta e paciente já examinaram as evidências favoráveis e contrárias ao esquema e construíram uma argumentação racional contra o mesmo. Depois de completar essa etapa cognitiva, o paciente costuma dizer algo como: "Entendo racionalmente que meu esquema não é verdadeiro, mas continuo me *sentindo* da mesma maneira. Ainda *sinto* que meu esquema é verdadeiro". É fundamentalmente o trabalho vivencial (em combinação com a reparação parental limitada) que ajuda o paciente e lutar contra o esquema em nível emocional.

Diálogos nas imagens mentais

Os diálogos nas imagens mentais são uma de nossas principais técnicas vivenciais de mudança. Instruímos os pacientes a realizar diálogos desse tipo com pessoas que geraram seus esquemas na infância e com aquelas que os reforçam na atualidade. Os diálogos nas imagens mentais que descrevemos nesta parte configuram uma forma simplificada de trabalho com modos, que aprofundamos em um capítulo posterior. Usamos três modos nesta versão simplificada: criança vulnerável, adulto saudável e paciente disfuncional.

Como observamos, com freqüência as figuras mais importantes da infância são os pais, os primeiros personagens que usamos nos diálogos em imagens mentais. Pedimos que os pacientes fechem os olhos e se vejam acompanhados por um dos pais em uma situação desagradável. Muitas vezes, essas imagens são as mesmas ou semelhantes a memórias que surgiram no trabalho com imagens mentais feito na avaliação. A seguir, tratamos de ajudar os pacientes a expressar sentimentos fortes com relação ao pai ou à mãe, principalmente raiva, ajudando-lhes a identificar as necessidades não-satisfeitas por essa pessoa e a sentir raiva dela na imagem, por não satisfazer essas necessidades.

Por que queremos que o paciente (a criança na imagem) fique com raiva do pai ou da mãe cujo comportamento causou o esquema? Não se trata apenas de fazer com que o paciente libere sua raiva, embora liberar raiva seja catártico por si só e tenha valor. Nossos principais objetivos são for-

talecer o paciente e capacitá-lo para combater o esquema, e promover o distanciamento do paciente do esquema. Consiste em fortalecer os pacientes para que expressem raiva e defendam seus direitos frente à pessoa que os agride. A raiva proporciona a força emocional para combater o esquema, que representa um mundo "errado", e coloca-o de volta em uma situação correta. Quando dizem, "Não vou mais deixar que você abuse de mim", "Não vou deixar que me critique", "Não vou deixar que me controle", "Eu precisava de amor e você não me deu", "Eu tinha direito de ter raiva" ou "Eu tinha direito a uma identidade particular", os pacientes sentem-se revitalizados e valorizados, validam seus próprios direitos como seres humanos e afirmam que merecem mais do que o que lhes aconteceu quando crianças.

O que tentamos transmitir ao paciente é um sentimento de que ele possui direitos humanos básicos. O terapeuta educa os pacientes sobre o que acreditamos ser necessidades universais e direitos básicos das crianças. Por exemplo, ensinamos o paciente com esquema de defectividade que todas as crianças têm direito a ser tratadas com respeito. Ensinamos ao paciente com privação emocional que todas as crianças têm direito a afeto, compreensão e proteção. Ensinamos o paciente com um esquema de subjugação que todas as crianças têm direito a expressar seus sentimentos e necessidades (dentro de limites razoáveis). Dizemos a eles que, como crianças, eles também tinham direito a isso. Nossa esperança é de que, quando os pacientes saem da sessão para o mundo, levem com eles um pouco desse sentimento de merecimento saudável que não aprenderam quando crianças.

Expressar raiva do pai ou da mãe nas sessões é da maior importância nesta etapa do trabalho vivencial. Por vezes, os pacientes tentam convencer o terapeuta a não fazer esse trabalho, dizendo que já resolveram sua raiva em terapias anteriores. Eles dizem: "Eu já passei disso, lidei com minha raiva, entendo meus pais e os perdôo". Entretanto, concluímos que, quando levamos essas afirmações ao pé da letra, geralmente estamos equivocados. Mais tarde, entendemos que o paciente nunca experimentou raiva verdadeira em relação ao pai ou à mãe. Se os pacientes não realizaram essa parte do trabalho vivencial, se não sentiram raiva de forma significativa, seja na terapia, seja em suas vidas reais, então não passaram por essa fase. (Em geral desestimulamos os pacientes a expressarem sua raiva diretamente aos pais "na vida real", a menos que tenhamos avaliado cuidadosamente os prós e os contras com o paciente.) Em momento posterior do tratamento, terapeuta e paciente falarão sobre a capacidade deste conseguir ou não perdoar. O terapeuta ajudará o paciente a encontrar os aspectos positivos do pai ou da mãe e a aceitar suas limitações. Entretanto, para avançar de uma situação de ter sido mal tratado para perdoar e fazer progressos contra o esquema, a maioria dos pacientes deve primeiramente passar pela raiva. Para a maioria deles, é crucial expressar raiva na terapia. Sem isso, os pacientes ainda acreditarão que o esquema é verdadeiro, mesmo que possam saber intelectualmente que não.

Às vezes, o paciente diz que se sente culpado demais para fazer esse exercício, pois acredita que é errado sentir raiva dos pais e que, de alguma forma, essa raiva irá magoá-los, que se trata de uma traição ou que os pais não merecem a raiva porque "fizeram o melhor que puderam". Quando isso acontece, asseveramos ao paciente que se trata apenas de um exercício. Além disso, o paciente não condena os pais como se fossem pessoas más ao manifestar raiva deles em imagens mentais, e sim sente raiva de erros específicos da conduta como pais.

Também é importante que os pacientes expressem luto em relação ao que lhes aconteceu na infância. O luto está quase sempre misturado com a raiva. Passar pelo processo de senti-lo auxilia os pacientes a diferenciar o passado quando o esquema era verdadeiro, do presente, quando não precisa mais ser verdadeiro. O luto ajuda os pacientes a abrir mão da expectativa de que o pai ou a mãe irá mudar e reconhecer as boas qualidades destes. Também auxilia a reconhecer o fato de que sua infância foi sofrida e de que não há como reverter isso, mas que é possível concentrar-se no futuro e torná-lo o mais gratificante possível.

Os pacientes costumam perceber que, apesar de tudo, ainda amam o pai ou a mãe e tornam-se capazes de negociar um relacionamento que funcione. Contudo, quando todos os esforços para isso fracassaram, enlutar ajuda os pacientes a desligarem-se do pai ou mãe e a ficarem mais abertos ao estabelecimento de outros vínculos saudáveis. Por fim, auxilia-os a construir compaixão por seu *self* da infância, substituindo atitudes comuns de desprezo ou indiferença em relação a si próprios. Sentir o luto ajuda os pacientes a se perdoar.

O segundo propósito que mencionamos para liberar a raiva em relação ao pai ou mãe é ajudar o paciente a se distanciar emocionalmente do esquema. Uma das razões para que o paciente tenha tanta dificuldade de combater seus esquemas é a sensação de que eles são egossintônicos. Os pacientes têm internalizadas as mensagens transmitidas pelo pais, e agora dizem a si mesmos aquilo que os pais costumam dizer (ou sugerir por meio de seu comportamento): "Seus sentimentos não importam", "Você merece o abuso", "Você não merece ser amado", "Você sempre estará só", "Ninguém jamais satisfará suas necessidades", "Você sempre deve fazer o que a outra pessoa quer". A voz dos pais tornouse a voz do próprio paciente, e parece que tem de ser assim. Ao liberar a raiva que sente por um dos pais em imagens mentais, o paciente ajuda a reverter o processo. Manifesta o esquema como sendo a "voz dos pais", e, assim, adquire uma sensação de distância do que parece ser sua própria voz. Agora é o pai ou a mãe quem o critica, controla, priva ou odeia, em vez de ser uma parte central dele mesmo, e o esquema torna-se egodistônico. O terapeuta alia-se ao paciente para lutar contra o esquema, representado pelo pai ou pela mãe.

Exemplo clínico

Os trechos a seguir são de uma entrevista que o Dr. Young realizou com Daniel, um paciente apresentado no Capítulo 3. Daniel havia feito terapia cognitiva tradicional com outro terapeuta por cerca de nove meses, em função de sua ansiedade social e de problemas de controle da raiva. Tem 36 anos e é pai solteiro de um filho pequeno. Cinco anos atrás, separou-se da mulher depois de descobrir que ela teve casos com outros homens. Com exceção do filho, Daniel tem estado sozinho desde então. O objetivo a longo prazo da terapia de Daniel é estabelecer um relacionamento íntimo bem-sucedido com uma mulher

A infância de Daniel foi traumática, pois seu pai era um alcoolista que bebia em bares do bairro todas as noites. Daniel consegue lembrar-se de caminhar pela cidade sozinho, à noite, mesmo quando pequeno, para encontrar seu pai e trazê-lo para casa. Enquanto o pai estava na rua, bebendo, sua mãe ficava em casa, com seus amantes, bebendo e fazendo sexo enquanto Daniel estava lá. Quando não havia amante disponível, a mãe lhe mostrava o corpo de maneira sexualmente provocativa, com a desculpa de educá-lo sobre sexo. Além disso, ela o submetia a abusos físicos e verbais.

Como se pode esperar de seu histórico, o esquema nuclear de Daniel, especialmente com relação a relacionamentos íntimos com mulheres, é de desconfiança/abuso. A mãe abusava-o sexual, física e verbalmente, e ambos os pais o usavam para seus próprios propósitos. Como ele mesmo disse, "As pessoas vão me usar e abusar de mim". Essa é sua crença básica. Uma série de outros esquemas agrupa-se em torno desse núcleo. Como a maioria das vítimas de abuso, Daniel sente-se defeituoso. O abuso da mãe e a negligência do pai o deixaram sentir-se inadequado, envergonhado, sem valor e não-merecedor de amor. Além da defectividade, Daniel também tem fortes esquemas de subjugação e inibição emocional.

Neste trecho, o Dr. Young orienta-o a realizar diálogos nas imagens mentais com sua mãe e depois com a ex-mulher. O propósito é ajudar Daniel a expressar raiva em relação às pessoas que o magoaram e afirmar seus direitos. Quando o trecho inicia, Daniel está descrevendo uma imagem de uma situação desagradável vivida com sua mãe na infância.

Daniel: Estou no andar de cima da casa e minha mãe está se maquiando e pintando o cabelo. Ela costumava passar muito tempo fazendo esse tipo de coisa. Ela está nua e tem a porta escancarada no banheiro e, quando me vê, levanta e diz que pode provar que é loira, pela cor de seus pelos genitais.

Terapeuta: Quais são seus sentimentos enquanto ela diz essas coisas?

Daniel: Asco e desprezo. Não me sinto nem um pouco sexual...

Terapeuta: E o que ela faz nesse momento?

Daniel: Ela aponta para partes de seu corpo, como os seios, e meio que se vangloria das coisas.

Terapeuta: Você conseguiria ser ela, sua voz, e fazer com que ela diga essas coisas?

Daniel: *(no papel de sua mãe)* "Não tem problema você me olhar, pode ser bom, você pode aprender um pouco sobre sexo. E é assim que é."

Terapeuta: Como você se sente enquanto ela diz isso?

Daniel: Um pouco perplexo e com asco. Sinto como se ela estivesse violando meus limites. Sinto como se nem tivesse uma mãe com quem possa falar de forma apropriada. Tenho essa maluca em minha casa.

Tendo determinado o que a mãe fazia que magoava Daniel e como ele sentia-se a respeito, o terapeuta passa a explorar as necessidades não-satisfeitas do paciente. Ele pergunta a Daniel o que este gostaria de ter recebido da mãe.

Terapeuta: Você pode lhe dizer o que precisa dela nesse momento? Diga como precisa que ela seja enquanto mãe, de verdade, mesmo sabendo que não teria dito quando era criança, claro. Tente imaginar, nessa imagem, que, como criança, você lhe diz o que precisa dela.
Daniel: *(no papel de criança, à mãe)* É errado você me usar dessa maneira. Já é ruim ter de lidar com os problemas do pai. Tenho muitos problemas, assim como você tem um monte de problemas, e o que preciso é poder contar com você, para me ajudar a lidar com meus problemas de vez em quando, e não que você faça isso. Preciso que você seja mãe, uma mãe compreensiva e protetora a quem eu saiba que posso recorrer. Em vez disso, você também é uma garotinha; nem adulta é. Assim eu não tenho como ter uma infância feliz".
Terapeuta: O que ela responde?
Daniel: *(no papel de sua mãe)* "Todos temos problemas, e eu tenho mais problemas do que você. Você deveria se considerar sortudo por ter uma casa para morar." *(pausa)*

Até então, o sentimento do paciente havia sido pouco intenso. O terapeuta faz com que ele se libere com mais intensidade emocional, exagerando o comportamento de sua mãe. (Como demonstramos em capítulos posteriores, para tanto, o terapeuta usa o trabalho com modos, introduzindo o modo "criança com raiva" como personagem das imagens mentais.)

Terapeuta: Quero que você mantenha essa imagem e agora quero que a traga para a imagem de um Daniel diferente, o Daniel com raiva, o Daniel que está furioso com a mãe por tratá-lo assim. Você consegue visualizar uma imagem do Daniel com raiva, talvez descontrolado e enraivecido com ela?
Daniel: Consigo.
Terapeuta: O que você vê?
Daniel: Me vejo gritando com ela.
Terapeuta: Posso ouvir?
Daniel: *(em voz muito alta)* Você não passa de uma desgraçada, de uma maldita puta, uma vagabunda! Eu te odeio! Queria ter outra pessoa como mãe. Tenho um pai com quem nem consigo lidar, e você, também não consigo lidar com você.
Terapeuta: Deixe que eu seja ela, e quero que você continue com raiva. *(no papel da mãe)* "Escuta, todos nós temos problemas. Os meus são piores do que os seus. Você tem sorte de ter uma casa para morar."
Daniel: Isso é papo furado! Eu sou a criança nesta casa. É sua responsabilidade me proteger e garantir que eu tenha o que preciso.
Terapeuta: *(no papel da mãe)* "Eu tenho que pensar em mim, pois seu pai não faz isso."
Daniel: É só o que você sabe fazer, pensar em você mesma. Você está sempre se maquiando, colocando essa tinta fedorenta no cabelo pensando em homem, e eu fico em casa sozinho e tenho que ver toda essa merda. Estou cheio disso! Estou cheio dele e de você e, se tivesse opção, não estaria aqui.

Terapeuta: *(no papel da mãe)* "Não gosto quando você grita assim. Vou puxar o seu cabelo e te arrastar..."

Daniel: É melhor você não puxar mais o meu cabelo porque eu estou cheio disso! Vá bater em alguém do seu tamanho.

Terapeuta: *(no papel da mãe)* "Eu tento fazer coisas legais por você, como lhe mostrar meu corpo. Isso não lhe agrada, se eu lhe ensino sobre sexo?"

Daniel: Ah, coisas muito legais! Qual é o problema? Os homens não são suficientes para você? Os homens têm que entrar e sair, e isso não chega para você, então você tem que ter a mim, também? Bom, eu estou cheio disso, estou cheio do seu corpo nojento. Pode ficar com ele para você porque não quero ver!

O terapeuta, desempenhando o papel da mãe de Daniel no diálogo com imagens mentais, está sendo deliberadamente provocador. Adotamos essa tática com freqüência quando estamos no papel de pai ou mãe em dramatizações com pacientes emocionalmente inibidos. Além de elevar o nível de liberação emocional do paciente, dizemos o que mais lhe enfurece, desde que isso se baseie naquilo que sabemos sobre essa pessoa. Observemos que o terapeuta, no papel da mãe do paciente, praticamente cita as palavras que o próprio paciente havia dito quando estava no papel da mãe em um momento anterior do diálogo e usa a informação apresentada pelo paciente, a exemplo do fato de que a mãe lhe puxava pelo cabelo para puni-lo quando ele era criança.

O terapeuta avança, para tratar da primeira mulher de Daniel, que o traía, e continua a ajudá-lo a liberar a raiva das pessoas que o magoaram e o traíram no passado.

Terapeuta: Agora quero que projete sua ex-mulher na imagem, depois que você descobriu que ela o havia traído. Certo? Quero que você lhe diga como se sente.

Daniel: *(falando com tristeza)* Estou muito magoado por você ter me traído. Era para estarmos casados, como marido e mulher. Não sou o melhor marido do mundo, não sou perfeito, mas isso, isso é o fim da picada! Faz eu me sentir um lixo. É só isso que lhe importa? Destruir nosso casamento?

Terapeuta: O que ela diz na imagem? Seja ela e diga o que ela diz.

Daniel: *(no papel de sua ex-mulher)* "Ah, não é tão grave, todo mundo faz isso hoje em dia. Você não pode me controlar. Posso fazer o que quiser, posso ir onde quiser! Quem é você para me dizer o que fazer?"

Terapeuta: Responda a ela.

Daniel: Sou seu marido. E me casei com você, na alegria e na tristeza, para estarmos juntos. E estou realmente decepcionado por você ter sido infiel. E não vou aceitar isso, não vou aceitar.

Terapeuta: O que você sente enquanto diz isso?

Daniel: Bom, sinto que estou afirmando minha raiva, como devo. Dá um pouco de alívio fazer isso.

Ao estimular Daniel a liberar sua raiva em relação à mãe e à ex-mulher, o terapeuta auxilia-o a sentir-se mais fortalecido diante de quem lhe submeteu a abusos, mais distanciado da infância e do desamparo.

Trabalho com imagens mentais para a reparação parental

O trabalho com imagens mentais com vistas à reparação parental é especialmente útil para pacientes com a maioria dos esquemas no domínio de desconexão e rejeição (abandono, desconfiança/abuso, privação emocional e defectividade). Quando esses pacientes eram crianças, sua capacidade de se relacionar com outras pessoas e de se sentir seguro, amado, cuidado foi destruída. Na reparação parental, por meio do trabalho com imagens mentais, o terapeuta ajuda os pacientes a voltar àquele modo criança e a aprender a receber do terapeuta, bem como de si mesmos, algo do que lhes faltou. Essa abordagem é uma forma de reparação parental limitada.

Assim como acontece com os diálogos nas imagens mentais descritos até agora, o trabalho de reparação parental por imagens mentais que descrevemos aqui é uma forma simplificada de trabalho com modos. Usamos os mesmos três modos criança vulnerável, do pai/mãe desadaptativos e do adulto saudável, mas trazemos esse adulto para a imagem, com vistas a defender a criança do pai/mãe disfuncional e a cuidar da criança vulnerável.

Os três passos desse processo são os seguintes: (1) o terapeuta pede permissão para entrar na imagem e falar diretamente com a criança vulnerável; (2) o terapeuta realiza a reparação parental com a criança vulnerável, e, mais tarde, (3) o adulto saudável do paciente, tendo o terapeuta como modelo, realiza a reparação parental com a criança vulnerável.

Primeiro passo: o terapeuta pede permissão para participar da imagem e falar diretamente com a criança vulnerável

Em primeiro lugar, o terapeuta deve acessar o modo criança vulnerável do paciente. Para tanto, pede-lhe que feche os olhos e visualize uma imagem quando criança. A seguir, desenvolve um diálogo com a criança vulnerável do paciente, usando-o como intermediário, isto é, em lugar de falar diretamente à criança, o terapeuta pede que o paciente transmita mensagens.

A seguir, eis um exemplo com Hector, o paciente descrito anteriormente, que procurou a terapia por insistência de sua mulher, quando ela ameaçava separar-se dele. Ele costumava parecer pouco atento ou interessado e tinha alguma dificuldade de se ajustar ao trabalho com imagens mentais. Mesmo após várias sessões práticas, ele achava difícil concentrar-se em imagens negativas da infância.

A mãe de Hector é esquizofrênica, e entrava e saía de hospitais mentais durante a infância dele. Ele e o irmão mais novo passaram períodos em lares adotivos. Essa imagem expressa seus esquemas de abandono e desconfiança/abuso.

Terapeuta: Você consegue ver uma imagem de si mesmo quando criança, em um desses lares adotivos?
Hector: Sim.
Terapeuta: O que você vê?
Hector: Vejo eu e o meu irmão em um quarto estranho, sentados na cama.
Terapeuta: O que você vê quando olha para o Hectorzinho na imagem.
Hector: Ele tem cara de assustado.

O terapeuta pede ao paciente permissão para falar diretamente com "Hectorzinho", a criança vulnerável do paciente.

Terapeuta: Posso falar com o Hectorzinho na imagem?
Hector: Não, ele tem muito medo de você. Ele ainda não confia em você.
Terapeuta: O que ele está fazendo?
Hector: Ele está se metendo debaixo das cobertas. Ele está assustado para falar com você.

O paciente protege a criança vulnerável de ser machucada. Isso é compreensível para pacientes com esquemas nucleares nos domínios de desconexão e rejeição. Eles são distanciados dos sentimentos relacionados a seus esquemas e têm dificuldades de se abrir ao sofrimento que surge quando se faz este trabalho. Os pacientes que sofreram abuso quando crianças têm medo, literalmente, do terapeuta.

Neste momento, o terapeuta começa um diálogo com a faceta do paciente que tem uma atitude evitativa (o modo protetor desligado). O terapeuta tenta persuadir o paciente de que é seguro deixar que ele fale com a criança vulnerável.

Terapeuta: Por que o Hectorzinho não confia em mim? O que ele tem medo que eu faça?
Hector: Ele acha que você vai magoá-lo.
Terapeuta: Como ele acha que eu o magoaria?
Hector: Ele acha que você vai ser ruim e vai rir dele.
Terapeuta: Você concorda com ele? Você acha que é assim mesmo que eu o trataria? Que eu seria ruim com ele e riria dele?
Hector: *(pausa)* Não.
Terapeuta: Então, você pode dizer isso a ele? Pode lhe dizer que sou uma boa pessoa, que tenho sido bom com você e não vou magoá-lo?

O terapeuta continua nessa linha até que o paciente lhe dê permissão para falar diretamente com a criança vulnerável. Com um paciente que sofra de danos graves, podem ser necessárias várias sessões até se chegar a isso.

Segundo passo: o terapeuta faz a reparação parental com a criança vulnerável

Uma vez que o terapeuta tenha permissão para falar diretamente com a criança vulnerável do paciente, ele participa da imagem e faz a reparação parental com a criança.

Terapeuta: Você consegue me ver agora, na imagem? Consegue me ver ajoelhado perto da cama, para poder falar com Hectorzinho?
Hector: Sim.
Terapeuta: Você pode falar comigo na imagem, como Hectorzinho, e me dizer o que está sentindo?
Hector: Eu tenho medo. Eu não gosto daqui, quero a minha mãe. Quero ir para casa.
Terapeuta: O que você quer de mim?
Hector: Quero que você fique comigo, talvez que me abrace.
Terapeuta: E se eu me sentar perto de você na imagem e colocar meu braço ao seu redor? Que tal?
Hector: É bom.
Terapeuta: *(na imagem)* Vou ficar aqui com você. Vou cuidar de você. Não o deixarei.

O terapeuta diz à criança: "O que você quer de mim? O que eu posso fazer para lhe ajudar?". Às vezes, os pacientes dizem: "Só quero que você brinque comigo. Você brinca comigo?", ou: "Quero que você me abrace", ou "Diga que eu sou uma criança boazinha". Seja o que for que o paciente queira (se for um comportamento adequado para um pai ou uma mãe com seu filho, claro), tentamos atendê-lo na imagem. Para pacientes que pedem que brinquemos com eles, perguntamos: "De que você quer brincar?". Para os que querem ser abraçados, dizemos: "Quem sabe eu ponho meu braço à sua volta na imagem?". No papel de adulto saudável na imagem, o terapeuta fornece o antídoto para os esquemas nucleares do paciente.

Terceiro passo: o adulto saudável do paciente, tendo o terapeuta como modelo, realiza a reparação parental da criança vulnerável

Após havermos realizado a reparação parental com a criança vulnerável, pedimos aos pacientes que acessem uma parte de si mesmos que seja carinhosa, tendo como modelo o terapeuta, que pode fazer o mesmo. Muitas vezes, esperamos até uma sessão posterior para isso, quando o aspecto saudável do paciente estiver mais forte.

Terapeuta: Quero que você se traga à imagem como adulto. Imagine que você esteja lá na imagem, como adulto, e veja o Hectorzinho e o quarto, e seu irmãozinho esteja lá com você. Você consegue ver?
Hector: Consigo.
Terapeuta: Você pode falar com o Hectorzinho? Pode tentar ajudá-lo a se sentir melhor?
Hector: *(a Hectorzinho)* Eu entendo que isso é muito difícil para você. Você está com medo, mesmo. Você quer falar sobre isso? Por que você simplesmente não vem até aqui comigo e ficaremos juntos por um tempo.
Terapeuta: E como o Hectorzinho se sente quando escuta isso?
Hector: Ele se sente melhor, sente que alguém está cuidando dele.

O objetivo é que na imagem mental o adulto saudável do paciente satisfaça as necessidades emocionais da criança vulnerável. Esse exercício auxilia os pacientes a fortalecer uma parte de si que pode satisfazer suas necessidades não-satisfeitas e, portanto, combater os esquemas.

O trabalho de reparação parental com imagens mentais também cumpre um importante propósito para as sessões de terapia que vêm depois. Tendo falado diretamente com a criança vulnerável do paciente, o terapeuta apela a esse modo em sessões posteriores sempre que o paciente estiver desconectado, em um modo evitativo ou compensatório. O terapeuta pode atingir a parte vulnerável do paciente que se oculta detrás da evitação ou da compensação. A seguir, eis um exemplo com Hector, que comparecia, com muita freqüência, às sessões em um modo distanciado.

Terapeuta: Você parece distante e um pouco triste hoje.
Hector: É.
Terapeuta: O que está havendo? Você sabe por quê?
Hector: Não. Não sei.
Terapeuta: Podemos fazer um exercício para descobrir? Você pode fechar os olhos e enxergar o Hectorzinho? Pode vê-lo agora e me dizer o que ele vê?
Hector: Vejo-o enroscado como uma bola. Ele está com medo.
Terapeuta: Medo de quê?
Hector: De que Ashley o deixe.

Muitas vezes, quando os pacientes dizem que não sabem o que estão sentindo, é porque perderam o contato com sua criança vulnerável. Quando o terapeuta pede que fechem os olhos e vejam a criança vulnerável, eles de repente reconhecem o que estão sentindo. O terapeuta, então, tem algo com que trabalhar na sessão, que estava inacessível um pouco antes.

Depois de estabelecida uma conexão com a criança vulnerável do paciente, o terapeuta dispõe de uma estratégia para o restante da terapia, a fim de ter acesso ao que o paciente sente com profundidade, mesmo quando seu lado adulto parece não saber. Sempre que o paciente diz "Não sei o que estou sentindo agora" ou "Tenho medo e não sei por quê" ou "Tenho raiva e não sei por quê", o terapeuta pode dizer:

"Feche os olhos e veja sua criancinha". Acessar o modo criança vulnerável quase sempre nos proporciona informações sobre o que o paciente sente e por quê.

Memórias traumáticas

Esta seção apresenta uma discussão de diálogos em imagens mentais para pacientes envolvidos com memórias traumáticas, geralmente de abuso e abandono. A imagens mentais de memórias traumáticas diferem de outras nos seguintes aspectos: é mais difícil para os pacientes suportá-las; o sentimento que geram é mais extremo; o dano psicológico é mais grave, e as memórias são bloqueadas com mais freqüência.

Temos dois objetivos ao conduzir o trabalho com imagens mentais de memórias traumáticas. Primeiro, pretendemos que o paciente libere sentimentos bloqueados, isto é, o luto sufocado com a experiência do trauma. O terapeuta ajuda o paciente a aliviar o trauma, sentindo e expressando todas as emoções relacionadas a ele. Segundo, procuramos proporcionar proteção e conforto ao paciente na imagem, remetendo-o ao adulto saudável. Assim como outros diálogos descritos em imagens mentais, os que apresentamos nesta seção constituem uma forma de trabalho como modos, por meio dos três principais personagens da criança vulnerável, do pai/mãe que abandonou ou abusou e do adulto saudável.

Quando se trabalha com imagens mentais não-traumáticas, geralmente persuadimos pacientes evitativos a persistir. Estimulamos os pacientes a trabalharem além do limite que lhes parece confortável, a liberar integralmente as emoções conectadas às imagens. Contudo, quando se lida com imagens de abusos ou outros traumas, especialmente memórias bloqueadas, não pressionamos os pacientes: avançamos lentamente, para deixar que estabeleçam seu próprio espaço. O objetivo de auxiliá-los a sentirem-se seguros tem prioridade sobre todas as outras considerações. Na maioria das vezes, o trabalho com imagens mentais de memórias traumáticas apavora-os. O terapeuta tenta maximizar a sensação de controle do paciente sobre o trabalho. Se emergem memórias de abusos bloqueadas, o terapeuta leva ainda mais a sério a orientação de progresso lento e lida com as memórias do paciente de forma gradativa. O terapeuta dá ao paciente todo o tempo necessário para absorver novas informações e trabalhar todas as implicações antes de ir adiante.

Há vários passos a serem dados pelo terapeuta para ajudar o paciente a manter uma sensação de controle durante e após sessões de imagens mentais traumáticas. Pode-se combinar um sinal usado pelos pacientes, durante as sessões, sempre que quiserem, por exemplo, interromper as imagens, levantar a mão. O terapeuta pode começar e terminar com uma imagem de lugar seguro. Situar imagens mentais dessa forma auxilia os pacientes a conter os sentimentos evocados pelo trabalho com imagens traumáticas.

Outra forma de ajudar os pacientes a conter os sentimentos é discutir a sessão de imagens mentais minuciosamente após seu término. Nessa discussão, ele oferece aos pacientes a oportunidade de conversar sobre tudo o que aconteceu, isto é, sobre o que pensaram, sentiram, necessitaram, aprenderam. O terapeuta realiza, por exemplo, uma sessão com 15 minutos de imagens mentais traumáticas e, depois, espera várias semanas antes de fazer outra sessão desse tipo. Durante essas semanas, o paciente passaria muito tempo processando com o terapeuta tudo o que aconteceu durante aquela sessão.

Durante a sessão em si, concluímos que, quando o paciente parece travado, costuma ser melhor que o terapeuta permaneça quieto, simplesmente escutando, sem testar a realidade ou confrontá-la, fazendo perguntas abertas em tom suave, como "O que está acontecendo agora na imagem?" ou "O que acontece depois?". Em um momento posterior da terapia, quando o paciente já entendeu toda a extensão do trauma e voltou a vivenciá-lo integralmente, o terapeuta intervém mais ativamente. Quando o paciente fica assustado demais ao trabalhar com uma imagem, o terapeuta fornece à criança uma imagem de algum tipo de barreira ou arma contra o autor do dano, esperando que o paciente se sinta seguro o suficiente para continuar o trabalho. Discutimos mais esse tema no Capítulo 9, sobre transtorno da personalidade *borderline*. (Como explicaremos, não sugerimos a visualização de armas nas imagens de pacientes com histórico de violência.)

Um princípio importante é o terapeuta deixar de fazer quaisquer sugestões sobre o que aconteceu com o paciente. Não é papel do terapeuta fazer afirmações sobre o que "realmente aconteceu", nem inferências sobre o que ocorreu. Em vez disso, os pacientes ficam livres para revelar suas próprias histórias. Se o terapeuta desconfia de que o paciente sofreu abuso sexual e não fala sobre isso nem levanta o tema no trabalho com imagens mentais, o terapeuta não o provoca; simplesmente espera em silêncio que o paciente acabe por trazer a questão à tona. Percebemos que, se trabalhamos por tempo suficiente com os pacientes, mais cedo ou mais tarde eles sentem-se seguros o suficiente e confiam em nós para finalmente mencionar o abuso, se ocorreu. Particularmente, em função do atual debate sobre falsas memórias, acreditamos ser essencial que o terapeuta exagere na cautela. Assim, não dizemos coisa alguma, apenas agendamos sessões normais de trabalho com imagens mentais e esperamos.

Depois de completar sessões de trabalho com imagens mentais traumáticas em relação a suas infâncias, os pacientes às vezes negam que a imagem fora verdadeira. Dirão: "Isso nunca aconteceu de verdade, não era uma memória, eu inventei". Cremos que a resposta adequada a essa afirmação, em termos da terapia, seja afirmar que não importa se a imagem é literalmente verdadeira. Na terapia, tratamos do tema da imagem, e não da sua precisão. A imagem tem uma verdade emocional, e o terapeuta e o paciente trabalham juntos para encontrar essa verdade e ajudar este a curar-se dela. Podemos trabalhar com a imagem sem decidir sobre sua precisão ou validade. Ainda que uma memória seja falsa devido à imprecisão de certos detalhes, o tema da imagem (o tema de sofrer privação, controle, abandono, crítica, abuso) geralmente está certo. Tentamos não nos prender à preocupação com a precisão de uma imagem, e não nos colocamos com os pacientes como se ela fosse necessariamente precisa. Concentramo-nos no tema da imagem – o esquema – e trabalhamos com isso.

Com pacientes demasiado frágeis, sobre os que têm transtorno da personalidade *borderline*, há risco de dissociação ou descompensação durante e depois do trabalho vivencial. Aprofundaremos o tema no Capítulo 9.

Cartas aos pais

Outra técnica vivencial que costumamos realizar com os pacientes como tarefa de casa é escrever cartas a seus pais ou a outras pessoas importantes que os tenham magoado na infância ou adolescência. Os pacientes trazem as cartas a sessões posteriores e as lêem em voz alta para o terapeuta. (Eles não enviam as cartas a seus pais, exceto em casos raros, como discutiremos brevemente.)

Escrever cartas aos pais visa resumir aquilo que o paciente aprendeu sobre o pai ou sobre a mãe como resultado do trabalho cognitivo ou vivencial feito. Os pacientes utilizam as cartas como oportunidades de ventilar os próprios sentimentos e afirmar seus direitos. O terapeuta sugere que eles tratem de determinados tópicos: o que o pai ou a mãe fez (ou deixou de fazer) que foi prejudicial à infância do paciente; como este se sente a respeito; o que ele queria do pai ou da mãe na época; o que quer deles agora.

Na maioria dos casos, recomendamos ao paciente que não envie as cartas para os pais. Ocasionalmente, ele decide fazê-lo, mas somente depois de termos discutido por muito tempo as possíveis repercussões disso. Por exemplo, o paciente talvez enfureça seus pais, ou estes podem ficar deprimidos; o paciente pode se sentir culpado ou afastar irmãos e acabar excluído da família. O terapeuta toma cuidado para tratar de todos os cenários possíveis minuciosamente antes de um paciente de fato enviar uma carta para os pais.

Este é um exemplo de uma carta escrita por uma paciente chamada Kate, de 26 anos, redatora de uma agência de propaganda. Kate buscou tratamento para depressão e anorexia nervosa, e seu esquema nuclear é defectividade. Ela escreveu esta carta à sua mãe, que era demasiado crítica e a rejeitava quando Kate era criança.

Mãe,

Quando eu era criança, você não me amava. Eu sempre soube que não era o que você queria. Eu não era bonita nem admirada. Acho que você me odiava. Você estava sempre irritada comigo por eu não ter a aparência que você queria, por não ser o que você queria. Você sempre me criticava. Sentia-me como se não houvesse nada que pudesse fazer para contentá-la. Não consigo me lembrar de uma única vez em que eu tenha lhe agradado.

Sinto raiva, sinto-me traída e magoada. Odeio a mim mesma e tenho de viver com isso, pelo menos por enquanto. Espero que um dia não precise mais viver com esse sentimento. Odeio a mim por todas as coisas pelas quais você me odiava: o rosto que eu tinha e falta de admiração dos outros por mim. Sinto-me muito triste. Sinto-me como se estivesse em um poço de tristeza sem fundo.

Queria que você tivesse conseguido amar o que havia de bom em mim. Você me fazia sentir como se eu não tivesse nada de bom, mas não era verdade. Eu era uma menina boa, sensível com relação aos sentimentos de outras pessoas. Queria que você tivesse conseguido sentir amor por mim e me demonstrado isso, mas você nunca o fez.

Eu tinha direito de ser aceita por você. Tinha direito de ser respeitada como a pessoa que eu era. Tinha direito de me livrar de sua constante atitude de me diminuir. Ainda tenho direito a tudo isso e, se você não consegue me dar aquilo de que preciso, não quero mais falar com você sobre nada que realmente seja importante para mim.

Nem sei lhe dizer quantas vezes peguei o telefone e a chamei, entusiasmada para lhe contar algo, e acabei desligando depois de falar com você, sentindo-me para baixo. Quero que você pare de puxar o tapete debaixo dos meus pés. Quero que você pare de me odiar e de ficar zangada comigo. Quero que você pare de me diminuir. Você me faz sentir como se fosse uma ninguém e não tivesse nada.

Não acho que você tenha condições de fazer o que quero. Em primeiro lugar, na maior parte do tempo acho que você nem sabe que me diminui. Você acha que me ajuda.

Você pensa que faz tudo por mim. Se eu lhe enviar esta carta, você provavelmente não saberá do que eu estou falando. Só vai ficar com raiva de mim. Eu gostaria que você pudesse entender, mas, se fosse assim, eu provavelmente nem estaria escrevendo esta carta.

Sua filha,
Kate

Essa carta resume os elementos essenciais do trabalho cognitivo e vivencial que Kate havia feito até então no tratamento com relação a sua mãe. A carta expressa como a mãe de Kate a magoou na infância. Ela afirma o direito de Kate sentir e expressar sua raiva com relação ao que aconteceu e esperar que a mãe se comporte adequadamente de agora em diante. Embora Kate nunca tenha enviado a carta à mãe, escrevê-la a ajudou a lutar contra seus esquemas e a esclarecer as questões no relacionamento com a mãe.

Trabalho com imagens mentais para romper padrões

Também usamos as técnicas de imagens mentais para auxiliar os pacientes a combater seus estilos de enfretamento baseados em evitação e hipercompensação, a fim de descobrirem novas formas de se relacionar. Os pacientes imaginam que se comportam de maneira saudável, e não que se retraem, conforme seus estilos de enfrentamento típicos. Um paciente com esquema de fracasso, por exemplo, imagina algo que normalmente evitaria, como pedir a seu chefe um trabalho importante; um paciente com esquema de defectividade imagina relacionar-se de forma vulnerável com seu cônjuge, em vez de hipercompensar, adotando uma postura superior.

O trabalho com imagens mentais auxilia esses pacientes a enfrentar esquemas e a lutar contra eles diretamente. O trecho a seguir envolve Daniel, o paciente descrito anteriormente cujo pai era alcoolista, e a mãe abusava sexual e fisicamente dele. No trecho em questão, Daniel pratica imagens mentais para romper padrões. O objetivo, a longo prazo, de Daniel é estabelecer um relacionamento íntimo com uma mulher. Neste trecho, o terapeuta lhe pede que feche os olhos e imagine que está em uma boate com uma mulher solteira. A seguir, instrui o paciente a desenvolver um diálogo entre os esquemas de desconfiança/abuso e defectividade, que o pressionam para que fuja da situação, e o modo adulto saudável, que o estimula a ficar e dominar a situação. A seguir, o Dr. Young instrui Daniel a imaginar que fica na boate e rompe a evitação.

Terapeuta: Fique de olhos fechados. Quero que você pense em uma imagem de você em uma boate em que há mulheres solteiras que você pode conhecer. Você acaba de entrar no salão. Você consegue se imaginar em uma situação dessas?

Daniel: Sim, estou em uma boate e me sinto muito desconfortável. Na verdade, acho que poderia sair direto pela porta a qualquer momento, mas estou me forçando a ficar porque sei que é importante.

Terapeuta: Quero que você seja a sua parte que quer ir embora imediatamente e fale comigo. Por que você quer ir embora agora?

Daniel: Não me sinto muito seguro para começar uma conversa e, sabe como é, chegar ao ponto de alguém a gostar de mim e querer sair comigo.

Terapeuta: Por que elas não gostariam de você?

Daniel: Hum, porque eu não sou, entende, uma pessoa estável. Eu não sou merecedor de amor, não tenho certeza de que posso dar amor (*pausa*).

Daniel passou a um modo evitativo na boate. Se fosse a "vida real" em vez de um exercício de imagens mentais, ele provavelmente permaneceria congelado nesse modo pelo resto do tempo, ou iria embora. O terapeuta estimula Daniel a imaginar que supera sua evitação e fala com uma mulher.

Terapeuta: Tente, na imagem, ir até ela de qualquer forma, mesmo que queira ir embora porque acha que será uma perda de tempo e que será rejeitado de qualquer modo. Tente se imaginar indo em frente e abordando as mulheres e me diga o que vê acontecer.

Daniel: *(longa pausa)* Eu vou até uma mesa e pergunto a uma mulher se posso me sentar e conversar, e ela diz "tudo bem". Estamos conversando, estamos falando sobre a boate, falando da música.

Terapeuta: Como está indo a conversa?

Daniel: Por enquanto, bem.

Terapeuta: Você já se sente confortável com isso ou ainda se sente nervoso?

Daniel: Me sinto nervoso. Sinto que não consigo ser eu mesmo, tenho que me esforçar para ser mais do que sou e tentar forçar uma conversa, não deveria haver silêncios na conversa.

Terapeuta: Você consegue dizer isso em voz alta para ela, mesmo que, é claro, normalmente não fosse fazê-lo?

Daniel: *(à mulher na imagem)* Estou um pouco desconfortável aqui porque é meio assustador. Faz muito tempo que não venho a uma boate e realmente não sei o que dizer ou o que fazer. Mas gosto de estar aqui, gosto de estar aqui, sentado, conversando com você.

Terapeuta: Diga a ela como se sente, que você não consegue ser você mesmo.

Daniel: Me sinto um pouco incômodo porque sinto que não consigo ser verdadeiro, que, se eu for verdadeiro, talvez você não goste de mim.

Terapeuta: O que ela lhe diz?

Daniel: *(pausa)* Ela me diz que também está se sentindo assim.

Terapeuta: Com ela mesma?

Daniel: É.

Terapeuta: E como você se sente quando ela diz isso?

Daniel: Faz eu me sentir um pouco mais relaxado.

Terapeuta: Conte a ela as coisas de que tem vergonha ou medo de que ela saiba, as coisas que você não consegue mostrar a ela.

Daniel: *(à mulher na imagem)* Me sinto incômodo dizendo isso, mas, mesmo que eu queira ser emocionalmente forte e amoroso com uma mulher, não tenho certeza de que posso e tenho medo de que você vá sentir isso.

Terapeuta: Conte a ela sobre sua raiva das mulheres.

Daniel: Em função de algumas das coisas que aconteceram em minha infância, com a minha mãe, tenho muita raiva das mulheres.

Terapeuta: Como ela reage?

Daniel: *(pausa)* Ela me diz que tem um pouco de raiva dos homens por causa das coisas que aconteceram a ela.

Terapeuta: Como você se sente quando ela diz isso?

Daniel: Um pouco mais relaxado. Um pouco mais confortável, porque ela está sendo honesta comigo.

Observe que o terapeuta não pede que Daniel ensaie o que ele realmente diria a uma mulher em uma boate, e sim que lute contra os próprios esquemas e contra o estilo evitativo de enfrentamento. Em vez de se isolar emocionalmente e se retrair, como faria normalmente, perpetuando os esquemas de desconfiança/abuso e defectividade, imagina que se aproxima de mulheres e fala de maneira mais genuína e vulnerável. O pressuposto de uma atitude mais aberta com relação às mulheres se opõe aos esquemas e leva a um resultado melhor. O exercício auxilia Daniel a fortalecer a parte de si mesmo que consegue se comportar de forma construtiva em situações sociais com mulheres. As imagens mentais também ajudam Daniel a perceber que seus medos com relação às mulheres não são realistas, e sim provocados por esquemas, o que reduz um pouco sua vergonha e evitação.

Tendo dado forma mais saudável ao esquema de defectividade de Daniel, o terapeuta avança rumo ao esquema de desconfiança/abuso.

Terapeuta: Há alguma dúvida sobre se você deveria confiar nela? Você está tentando descobrir se deveria confiar nela?
Daniel: Bom, já que estamos tentando ser mais verdadeiros um com o outro, parece que isso está diminuindo, esses sentimentos, mas ainda tem um pouco.
Terapeuta: Seja a parte de você que desconfia dela, quero ouvir o que esse lado está dizendo.
Daniel: *(pausa)* Tenho medo de que você só venha a me usar. Se decidíssemos sair juntos, você me faria pagar a conta e depois eu nunca mais teria notícias de você, ou você me rejeitaria. Tenho receio de que você só me use para preencher um pouco de seu tempo com homens até achar coisa melhor. Tenho medo de que você me use.
Terapeuta: O que ela diz?
Daniel: "Não seja bobo, eu gosto de você."
Terapeuta: Quando ela diz isso, você se sente completamente tranqüilizado ou ainda desconfia dela?
Daniel: Me sinto um pouco mais tranqüilizado.

O terapeuta discute o exercício de imagens mentais com o paciente.

Terapeuta: Por que você não abre os olhos?
Daniel: *(abre os olhos)*
Terapeuta: Como você se sentiu?
Daniel: Pareceu um bom exercício, me coloca em uma situação social.
Terapeuta: São esses os sentimentos que você acha que vêm à tona nessas situações, que o impedem de se aproximar?

Daniel: Acho que sim. E também a idéia de ser mais honesto, mais vulnerável, comecei a me dar conta de que é uma das coisas importantes que tenho que trabalhar.
Terapeuta: E há tanta raiva e medo que você tenta não fazer isso, porque está preocupado com ser rejeitado ou usado.
Daniel: Sim.
Terapeuta: Então, em vez disso, você tem que se esconder, se proteger.
Daniel: É.

Mais uma vez, o objetivo do terapeuta não era que Daniel praticasse o que ele realmente diria em uma situação social com uma mulher, e sim que lutasse contra seus esquemas ao reconhecer que seus medos provocados por esquemas estão fora da realidade.

SUPERANDO OBSTÁCULOS NO TRABALHO VIVENCIAL: A EVITAÇÃO DE ESQUEMAS

A maioria dos pacientes aprende com rapidez a trabalhar com imagens mentais. Facilmente produzem imagens claras e desenvolvem diálogos, envolvem-se com eles em nível afetivo e demandam um mínimo de indução e assistência. Contudo, uma minoria significativa de pacientes precisa de mais ajuda, pois suas imagens são vagas, esparsas ou inexistentes, ou eles parecem emocionalmente desligados delas.

A evitação de esquemas é o principal obstáculo para se fazer o trabalho vivencial. O trabalho com imagens mentais é doloroso, e vários pacientes agem de modo automático e inconsciente para evitar a dor. Fecham os olhos e dizem: "não vejo nada", "só vejo um branco", "vejo uma imagem, mas é vaga e não consigo defini-la". O terapeuta pode usar várias estratégias para superar a evitação de esquemas.

Educando o paciente sobre a fundamentação do trabalho com imagens

O trabalho com imagens mentais evoca sentimentos sofridos, e o paciente necessita de uma boa razão para suportá-lo. Quando os pacientes evitam fazer o trabalho vivencial, inicialmente nos certificamos de que tenham entendido a fundamentação por trás dele. Apresentamos todas as vantagens. Comparamos o entendimento intelectual com o entendimento emocional e dizemos aos pacientes que o trabalho vivencial é mais potente para lutar contra o esquema em nível emocional. Explicamos que os esquemas mudam com mais rapidez quando os pacientes revivem suas experiências de infância nas imagens mentais. Dizemos a eles que, até que façam o trabalho vivencial, continuarão a acreditar que o esquema é verdadeiro. Solidarizamo-nos com a dificuldade imposta pelo trabalho vivencial, mas apontamos os custos e benefícios da mesma forma.

Esperar e dar permissão

A próxima opção que o terapeuta tem é esperar.

Terapeuta: Feche os olhos e deixe que uma imagem de sua infância lhe venha à mente.
Paciente: Estou tentando, mas não vejo nada.
Terapeuta: Não se preocupe, apenas mantenha os olhos fechados. Algo virá. *(longa pausa)*
Paciente: Continuo não vendo nada.
Terapeuta: Não tem problema que você leve o tempo que precisar. Pode demorar alguns minutos se necessário, e vamos ver o que acontece. Mesmo que nada aconteça, não tem problema.

O terapeuta pode também dar ao paciente permissão para gerar qualquer imagem.

Terapeuta: Não importa o tipo de imagem, não precisa ser real. Pode ser uma fantasia. Podem ser cores, formas, luzes.

Às vezes, bastam a permissão do terapeuta e alguns minutos para que o paciente finalmente produza uma imagem. Todavia, quando isso não acontece, há outras opções.

Imagens mentais de relaxamento, com aumento gradual de força dos afetos

Outra forma de se opor à evitação de esquemas é começar com a imagem de um lugar seguro, ou com outra imagem relaxante, e depois introduzir elementos um pouco mais ameaçadores. É um tipo de exposição gradual, que contém uma hierarquia de personagens e situações, e o terapeuta introduz personagens e situações cada vez mais ameaçadores à medida que o trabalho com imagens mentais avança.

O terapeuta pode, por exemplo, começar com a imagem de um lugar seguro, depois remeter a um dos amigos íntimos do paciente, parceiro amoroso um pouco mais problemático e, por fim, ao pai, ainda mais problemático. O terapeuta pode levar várias sessões para fazer isso, explorando muito bem cada passo com o paciente antes de avançar ao próximo.

Medicação

Às vezes, os pacientes estão deprimidos ou instáveis demais para dar conta do trabalho com imagens mentais, pois esse trabalho ativa emoções fortes e o paciente tem dificuldade de se liberar delas depois de sair da sessão. As emoções são assustadoras e difíceis de controlar. Isso costuma acontecer com pacientes traumatizados. A medicação talvez ajude a conter o afeto para que esses pacientes continuem com o trabalho.

A medicação apresenta o risco de reduzir os afetos a tal ponto que o paciente fique insensível e não consiga fazer os exercícios. Usado com cautela, o objetivo da medicação é atingir um nível ideal de estímulo, no qual os pacientes ainda sintam emoções, mas não tão intensamente que não sejam capazes de lidar com elas. Se estiverem pouco estimulados, serão incapazes de gerar afetos suficientes para que as técnicas produzam resultados benéficos.

Trabalho corporal

Quando os pacientes têm dificuldades de sentir ou expressar emoções, o terapeuta poderá ajudar, fazendo com que se concentrem em seus corpos. Ele pode acrescentar sons e movimentos ao sentimento, por exemplo, dizendo aos pacientes que gritem, ou que batam em uma almofada ao tentar expressar raiva, ou orientá-los para que se coloquem em determinadas posições, como fetal, aberta ou fechada.

No caso anterior, com o paciente Daniel, ao estimulá-lo a expressar sua raiva em relação à mãe que cometia abusos sexuais, o terapeuta poderia tê-lo instruído a dar socos em uma almofada ou no sofá, enquanto falava.

Diálogo com o protetor desligado

Outra opção é o terapeuta entabular um diálogo com a parte evitativa do paciente, à qual chamamos modo protetor desligado. Aprofundaremos esse modo no Capítulo 8. Entretanto, ilustramos brevemente aqui essa técnica como forma de superar a evitação de esquemas. O terapeuta fala diretamente à parte do paciente que evita sentimentos ou expressar emoções conectadas às imagens mentais, o protetor desligado. Até que falemos diretamente com o protetor desligado, via de regra não sabemos por que o paciente é evitativo e, portanto, temos dificuldades de encontrar uma forma de superar a evitação. Uma vez que tenhamos falado com o protetor desligado, geralmente conseguimos descobrir por que o paciente comporta-se assim e vislumbrar um plano para superar isso.

Apresentamos o exemplo de Hector, um paciente de 42 anos descrito anteriormente, cuja mãe era esquizofrênica. Hector faz um exercício de imagens mentais no qual visualiza a si mesmo como criança acompanhado da mãe. Na imagem, ela está sentada perto dele em um ônibus, falando em voz alta sobre "traidores". O terapeuta tenta fazer com que a criança libere a raiva em relação à mãe por constrangê-lo, na imagem, e Hector resiste. O terapeuta inicia um diálogo com o protetor desligado.

Terapeuta: O Hectorzinho está furioso e quer expressar isso. Por que você não deixa que expresse sua raiva? Seja o lado de você que quer impedir que ele demonstre raiva.

Hector: *(no papel de protetor desligado)* "Bom, e se o Hectorzinho sente isso, o que ele pode fazer a respeito, de qualquer forma? Não há nada que ele possa fazer, então qual seria a razão para sentir?"

Terapeuta: A razão é que agora estamos aqui para ajudá-lo e podemos protegê-lo, e ele pode expressar sua raiva com segurança. Ele tem direito de sentir raiva. Ele tem direito a expressar sua raiva.

Hector: E se ele perder o controle? E se ele perder o controle e machucar alguém?
Terapeuta: Ele já fez isso? Ele já perdeu o controle e machucou alguém?
Hector: Não, nunca. Quer dizer, não mais do que gritar com alguém.
Terapeuta: E se tentarmos fazer uma experiência? E se você deixar que ele expresse um pouco de raiva e vê como ele se sente? Veja se ele se sente melhor.
Hector: *(pausa)* Está bem.

Até que tenhamos entendido por que o modo protetor desligado do paciente interfere, não saberemos como responder. Dada voz ao protetor desligado, pode-se descobrir por que o paciente não consegue sentir ou expressar a emoção e, então, argumentar e negociar.

Discutiremos mais esse tipo de trabalho com modos posteriormente, neste livro, mas esse exemplo ilustra sua utilidade. Ao tomar um estilo evitativo de enfrentamento e transformá-lo em um modo, damos a ele uma voz à qual falamos e com a qual negociamos.

Se, depois de todo esse trabalho, os pacientes ainda insistirem que não podem fazer o trabalho com imagens mentais, experimentamos uma última técnica. Dizemos a eles que uma porcentagem bastante majoritária de pacientes que afirmam não poder fazer esse trabalho acaba por conseguir. A seguir, pedimos que façam um teste: olhem para o terapeuta durante um minuto, depois fechem os olhos e tentem imaginar o terapeuta em uma imagem. Quase todos dizem que conseguem vê-lo. Esse experimento indica que a maioria dos pacientes é capaz de ver essas imagens. É o protetor desligado que os impede.

RESUMO

As técnicas vivenciais ajudam o terapeuta e o paciente a identificar, pela primeira vez, e depois a combater os esquemas em nível de afetos.

O objetivo dessas técnicas de avaliação é identificar os principais esquemas do paciente, entender suas origens na infância e conectá-los ao problema atual. Descrevemos como conduzir uma sessão de avaliação de imagens mentais, avançando de uma imagem de lugar seguro a imagens perturbadoras da infância do paciente, até imagens dos problemas atuais.

O terapeuta introduz as estratégias vivenciais de mudança após as técnicas cognitivas de mudança, com vistas a auxiliar os pacientes a potencializar a compreensão racional de seus esquemas com a compreensão emocional. Muitas técnicas vivenciais de mudança representam uma versão simplificada do trabalho com modos, usando diálogos em imagens mentais com os três personagens principais: a criança vulnerável, o pai/mãe disfuncional e o adulto saudável. O terapeuta traz o adulto saudável para as imagens de infância do paciente a fim de realizar o trabalho de reparação parental com a criança vulnerável. Pretende-se que o paciente desenvolva um modo adulto saudável internalizado, tendo o terapeuta como modelo. Também discutimos outras técnicas vivenciais de mudança, como cartas aos pais e imagens mentais para rompimento de padrões comportamentais.

Por fim, discutimos como superar obstáculos ao trabalho vivencial, principalmente a evitação de esquemas. As soluções propostas incluem educar o paciente em relação à fundamentação do trabalho, permitir que leve vários minutos para gerar uma imagem, valer-se de imagens mentais de relaxamento com aumento gradual da força dos afetos, usar medicação, trabalho corporal e diálogos com o modo protetor desligado.

No capítulo seguinte, descrevemos o elemento comportamental da terapia do esquema, a que chamamos de "rompimento de padrões comportamentais".

5
ROMPIMENTO DE PADRÕES COMPORTAMENTAIS

Na etapa do tratamento referente ao rompimento de padrões de comportamento, os pacientes tentam substituir os padrões provocados por esquemas por estilos de enfrentamento mais saudáveis. Romper os padrões comportamentais é a parte mais longa e, em alguns aspectos, mais crucial da terapia do esquema. Sem isso, a recidiva é provável. Mesmo que os pacientes conheçam seus esquemas desadaptativos remotos e ainda que tenham passado pelos trabalhos cognitivo e vivencial, os esquemas retornarão caso não alterem seus padrões de comportamento. Os avanços irão sofrer erosão, e, com o tempo, os pacientes acabarão por cair novamente sob domínio dos esquemas. Para que atinjam conquistas integrais e as mantenham, é essencial que modifiquem seus padrões de comportamento.

Dos quatro principais componentes de mudança na terapia do esquema, o rompimento de padrões comportamentais costuma ser o último no qual o terapeuta se concentra. Se o paciente não passou adequadamente pelas fases cognitiva e vivencial, é improvável que obtenha mudanças duradouras no comportamento acionado pelos esquemas. As outras partes do tratamento preparam o paciente para a tarefa de mudança comportamental: proporcionam-lhe distância psicológica do esquema, auxiliando-o a considerá-lo um intruso, em vez de uma verdade fundamental sobre o *self*. As etapas cognitiva e vivencial fortalecem o pólo saudável do paciente, sobretudo a capacidade de lutar contra os esquemas. Uma vez em andamento a parte comportamental do tratamento, essas etapas ajudarão o paciente a superar bloqueios à mudança de comportamento.

Assim, o estágio comportamental do tratamento acontece na abordagem do modelo de esquemas e incorpora as outras estratégias de esquema, como cartões-lembrete, imagens mentais e diálogos. Quando for o caso, o terapeuta também usa técnicas comportamentais tradicionais, como treinamento de relaxamento, treinamento de assertividade, controle da raiva, estratégias de autocontrole (automonitoramento, estabelecimento de objetivos, auto-reforço) e exposição gradual a situações temidas. (Partimos da premissa de que os leitores estão familiarizados com essas técnicas-padrão da terapia comportamental, de forma que não as aprofundaremos neste livro.)

ESTILOS DE ENFRENTAMENTO

O rompimento de padrões comportamentais visa os estilos de enfrentamento, isto é, os comportamentos considerados foco da mudança são aqueles aos quais os pacientes se resignam, evitam ou hipercompensam, em função dos esquemas desadaptativos remotos. Esses são comportamentos autoderrotistas empregados pelos pacientes para enfrentar os momentos em que os esquemas são ativados: os ciúmes infundados do paciente, com esquema de abandono; os comentários autodepreciativos, com esquema de defectividade; a demanda de orientação do paciente, com esquema de dependência; a obediência do paciente submisso; a evitação fóbica do que tem um esquema de vulnerabilidade a dano ou doença. Esses comportamentos de resignação, evitação ou hipercompensação acabam por perpetuar esquemas. Os pacientes devem alterar seus estilos de enfrentamento a fim de curar seus esquemas e, assim, satisfazer necessidades não-atendidas que os levaram à terapia.

Exemplo clínico

Uma jovem chamada Ivy procura a terapia do esquema. Sente-se frustrada e infeliz em muitas áreas de sua vida. O padrão é o mesmo: na família, na vida amorosa, no trabalho, com os amigos, ela assume o papel de cuidadora, enquanto nada pede para si. Em suas palavras, "cuido de todo mundo, mas ninguém cuida de mim". Está deprimida, sufocada, esgotada e ressentida. Na fase de avaliação, Ivy e o terapeuta concordam que ela tem um esquema de auto-sacrifício. Seu principal estilo de enfrentamento é resignar-se ao esquema. Ela cuida dos outros, mas não permite que cuidem dela.

De vez em quando, Ivy sai para jantar com seu melhor amigo, Adam. O jantar segue o mesmo padrão: Adam pergunta a Ivy sobre sua vida, ela dá respostas curtas e positivas, basicamente transmitindo a idéia de que está "tudo bem", e pergunta a Adam sobre a vida dele. Ele responde levantando alguma questão problemática acerca de si e os dois passam o resto do jantar discutindo esse tema. Por que Ivy não conta nada de importante sobre si ao amigo? A pergunta de Adam ativa o esquema de auto-sacrifício, e ela sente-se culpada e egoísta por falar de si. Ela enfrenta a ativação de seu esquema dando não-respostas rápidas e voltando a tratar da vida de Adam. Ivy acaba sentindo-se emocionalmente privada (quase todos os pacientes com esquemas de auto-sacrifício têm esquemas de privação emocional).

Na parte comportamental do tratamento, Ivy decide equilibrar mais seus relacionamentos íntimos, a começar pela relação com Adam. Para prepará-la, o terapeuta solicita que feche os olhos e visualize uma imagem de si própria sentada jantando com Adam e contando-lhe sobre sua vida. No trabalho com imagens mentais, Ivy conduz um diálogo entre o próprio esquema de auto-sacrifício, que lhe diz para devolver o foco a Adam, e seu pólo saudável, que sustenta a sensatez de compartilhar um problema com o amigo. A seguir, trocando de cadeiras entre o "esquema" e o "pólo saudável", Ivy fica irritada com o esquema, afirmando seu direito de ser cuidada por outros. Na imagem, ela conecta a situação com sua infância, com a mãe frágil e carente. Ela lhe diz: "Me custou muito cuidar de você, me custou meu senso de identidade".

A seguir, em imagem, ela visualiza a si contando um problema a Adam e lidando com todos os obstáculos que surgem.

Terapeuta: Então, o que você vai dizer ao Adam?
IVY: Quero lhe contar como é a minha mãe ficar doente e precisar tanto de mim.
Terapeuta: Certo, então, você poderia imaginar que lhe conta isso na imagem? Sobre sua mãe adoecendo e os sentimentos que você tem acerca disso?

Ivy: Quero lhe contar, mas tenho receio.
Terapeuta: E o que o pólo receoso diz?
Ivy: "Não é para ser assim. Não é para o Adam cuidar de mim, eu é que devo cuidar dele."
Terapeuta: O que você receia que possa acontecer se o Adam cuidar de você?
Ivy: Receio que ele não goste mais de mim.
Terapeuta: Você tem receio de mais alguma coisa?
Ivy: De começar a chorar ou alguma coisa assim.
Terapeuta: E qual seria o problema?
Ivy: Seria muito constrangedor.
Terapeuta: Bom, esse é o seu esquema de auto-sacrifício falando, tudo o que você tem dito: "Não é para ninguém cuidar de você. As pessoas não vão gostar de você se você demonstrar vulnerabilidade. Você não deve chorar". O que o pólo saudável diz disso? Você poderia responder como o pólo saudável na imagem?
Ivy: Sim, o pólo saudável está dizendo: "Tudo bem que eu deixe meus amigos cuidarem de mim. Eles continuarão a gostar de mim. Não tem problema chorar na frente de um amigo íntimo".

Por fim, como tarefa de casa comportamental, Ivy exercita como responder mais autenticamente ao amigo quando ele lhe perguntar sobre sua vida. Na próxima vez que saírem para jantar, ela conta-lhe algo relacionado a seu relacionamento amoroso. Adam responde de forma carinhosa e apoiadora, contrariando o esquema de auto-sacrifício (e privação emocional) de Ivy.

Estilos de enfrentamento desadaptativos associados a esquemas específicos

Cada esquema associa-se a determinados padrões disfuncionais de comportamento que tendem a caracterizar a postura do paciente em relação a parceiros afetivos e a outras pessoas importantes (incluindo o terapeuta). A Tabela 5.1 apresenta um exemplo de cada estilo de enfrentamento para cada esquema.

Como mostra a tabela, o rompimento de padrões de comportamento diz respeito não apenas a como a pessoa se comporta em situações específicas, mas também aos tipos de situações que geralmente escolhe: com quem se casa, a profissão que escolhe, o círculo de amigos que possui. Esse rompimento envolve importantes decisões na vida, bem como comportamentos cotidianos. Os pacientes mantêm seus esquemas desadaptativos remotos, tomando decisões importantes, que perpetuam os esquemas.

Os pacientes, inúmeras vezes, conseguem mudar comportamentos específicos, contextuais, por meio de técnicas cognitivo-comportamentais padrão, mas padrões de comportamento perenes, acionados por esquemas desadaptativos remotos, demandam uma abordagem integradora. O treinamento de assertividade pode ajudar um paciente que tenha dificuldades de estabelecer limites com a namorada, mas somente esse treinamento provavelmente não será suficiente para alterar uma ampla gama de padrões de vida de subjugação a outras pessoas importantes na vida. Os pacientes submetem-se porque temem ser punidos, abandonados ou criticados, e precisam trabalhar essas questões subjacentes a fim de superar o padrão. Os esquemas associados a essas questões subjacentes – postura punitiva, abandono, defectividade – bloqueiam o avanço. Se o paciente tem um esquema de desconfiança/abuso, sentirá medo de que, caso seja assertivo, sua namorada torne-se abusiva. Se o paciente tem um esquema de abandono, terá medo de que a namorada o deixe. Se tiver um esquema de defectividade, não achará que tem direito a ser assertivo quanto à namorada, mesmo que conheça os passos necessários para tanto. O treinamento de habilidades não costuma ser a primeira intervenção. O esquema tem aspectos cognitivos e emocionais que o tratamento deve abordar antes.

Muitas vezes, é mais fácil que os pacientes mudem suas cognições e emoções do que rompam padrões comportamentais que já duram toda a sua vida. Por essa razão, o terapeuta deve ter paciência e persistência, durante o estágio comportamental, empregando a regra do confronto empático. O terapeuta expressa empatia, reconhecendo as dificuldades de mudar padrões comportamentais profundamente enraizados, mas, ainda assim, enfrenta continuamente a necessidade dessa mudança.

Tabela 5.1 Exemplos de estilos de enfrentamento associados a esquemas específicos

Esquema	Resignação	Evitação	Hipercompensação
Abandono/Instabilidade	Escolhe parceiros amorosos ou outras pessoas importantes que não estão disponíveis ou são imprevisíveis.	Evita totalmente relações íntimas por medo de abandono.	Afasta parceiros e outras pessoas importantes por meio de um comportamento pegajoso, possessivo ou controlador.
Desconfiança/Abuso	Escolhe parceiros amorosos e outras pessoas importantes que não são de confiança; tem atitude supervigilante e desconfiada em relação aos outros.	Evita relacionamentos íntimos com outros na vida pessoal e profissional; não confia nem se abre.	Maltrata ou explora os outros; age de maneira exageradamente crédula.
Privação emocional	Escolhe parceiros e outras pessoas importantes que são frios e distantes; desestimula os outros a doarem-se emocionalmente.	Retrai-se e isola-se; evita relacionamentos íntimos.	Faz exigências fora da realidade para que outros satisfaçam suas necessidades.
Defectividade/Vergonha	Escolhe parceiros e outras pessoas importantes que sejam críticos; diminui a si mesmo.	Evita contar pensamentos ou sentimentos "constrangedores" para parceiros e outras pessoas importantes com medo de rejeição.	Comporta-se de maneira crítica e superior em relação a outros; tenta parecer "perfeito".
Isolamento social	Torna-se parte de um grupo, mas se mantém na periferia; não participa integralmente.	Evita a convivência; passa a maior parte do tempo só.	Assume um "personagem" falso para juntar-se ao grupo, mas ainda se sente diferente e alienado.
Dependência/Incompetência	Pede ajuda demais; reconfirma suas decisões com outros; escolhe parceiros superprotetores, que fazem tudo por ele.	Posterga decisões; evita agir de forma independente ou assumir responsabilidades adultas normais.	Demonstra autoconfiança excessiva, mesmo quando recorrer a outros seria normal e saudável.

(Continua)

Tabela 5.1 (continuação)

Esquema	Resignação	Evitação	Hipercompensação
Vulnerabilidade	Preocupa-se continuamente com uma imprevisível catástrofe que cairá sobre si; pede reafirmação a outros repetidamente.	Desenvolve evitação fóbica de situações "perigosas".	Emprega pensamento mágico e rituais compulsivos; desenvolve comportamento negligente e perigoso.
Emaranhamento/*Self* subdesenvolvido	Imita o comportamento de outras pessoas importantes, mantém-se em contato próximo com o "outro emaranhado"; não desenvolve identidade separada, com preferências próprias.	Evita relações com pessoas que enfatizam a individualidade em detrimento do emaranhamento.	Desenvolve autonomia excessiva.
Fracasso	Sabota seus esforços profissionais, trabalhando abaixo de seu nível de capacidade; compara desfavoravelmente suas realizações com as de outros, de maneira tendenciosa.	Posterga tarefas profissionais; evita completamente tarefas novas ou difíceis; evita estabelecer objetivos profissionais que sejam adequados ao seu nível de capacidade.	Diminui as realizações de outros; tenta atingir padrões perfeccionistas para compensar-se pela sensação de fracasso.
Arrogo/ Grandiosidade	Tem relações desiguais ou com falta de atenção com parceiros ou outras pessoas importantes; comporta-se de forma egoísta; desconsidera necessidades e sentimentos de outros; age como superior.	Evita situações em que não pode ter desempenho alto nem se destacar.	Dá presentes ou contribuições extravagantes à caridade para compensar comportamento egoísta.
Autocontrole/ Autodisciplina insuficientes	Realiza tarefas que são tediosas ou desconfortáveis de forma descuidada; perde controle das emoções; come, bebe, joga em excesso ou usa drogas.	Não trabalha ou abandona a escola; não estabelece objetivos profissionais a longo prazo.	Toma iniciativas rápidas e intensas para completar um projeto ou exercer autocontrole.
Subjugação	Escolhe parceiros amorosos e pessoas importantes que sejam dominadores e controladores; obedece aos desejos destes.	Evita qualquer relacionamento; evita situações nas quais seus desejos sejam diferentes dos de outros.	Age de maneira passivo-agressiva ou revoltada.

(*Continua*)

Tabela 5.1 (continuação)

Esquema	Rensignação	Evitação	Hipercompensação
Auto-sacrifício	Desenvolve autonegação; faz muito pelos outros e pouco por si.	Evita relacionamentos íntimos.	Irrita-se com pessoas que lhe são importantes por não corresponder ou não demonstrar apreciação; decide não fazer mais nada pelos outros.
Negatividade/Pessimismo	Minimiza as situações positivas; exagera as negativas; espera e prepara-se para o pior.	Não espera muito; mantém as expectativas baixas.	Age de maneira exageradamente positiva, otimista, tipo "Poliana" (raro).
Inibição emocional	Enfatiza razão e ordem em detrimento da emoção; age de maneira muito controlada; não demonstra emoções ou comportamentos espontâneos.	Evita atividades que envolvam expressar sentimentos próprios (como amor ou medo) ou que requeiram comportamento desinibido (como dançar).	Age de forma impulsiva e sem inibição (às vezes, sob a influência de substâncias desinibidoras, como o álcool).
Busca de aprovação/ Busca de reconhecimento	Chama a atenção de outros para suas realizações com relação ao *status*.	Evita relacionamentos com indivíduos admirados, por medo de não obter sua aprovação.	Age abertamente com vistas a obter a aprovação de indivíduos admirados.
Postura punitiva	Age de forma exageradamente punitiva ou dura com pessoas que lhe são importantes.	Evita situações que envolvam avaliação para escapar do medo de punições.	Perdoa em exagero, ao mesmo tempo em que sente internamente, raiva e vontade de punir.
Padrões inflexíveis/ Postura hipercrítica	Tenta ter um desempenho perfeito; estabelece padrões altos para si e para outros.	Evita assumir tarefas profissionais; posterga.	Descarta totalmente os altos padrões e vai em busca de desempenho abaixo da média.

PRONTIDÃO PARA ROMPER PADRÕES COMPORTAMENTAIS

De que forma o terapeuta pode saber quando está na hora de redirecionar o foco do tratamento para o rompimento de padrões comportamentais? A resposta é: quando os pacientes tiverem dominado com êxito as etapas cognitiva e vivencial do tratamento. Se os pacientes estiverem em condições de identificar seus esquemas desadaptativos remotos quando ativados, entender as origens de seus esquemas na infância e participar de diálogos nos quais constantemente derrotem os mesmos esquemas, usando seus aspectos saudáveis – cognitiva e emocionalmente –, eles provavelmente estão prontos para iniciar a ruptura de padrões comportamentais.

DEFININDO COMPORTAMENTOS ESPECÍFICOS COMO POSSÍVEIS ALVOS DE MUDANÇA

O primeiro passo é que terapeuta e paciente desenvolvam uma lista ampla de comportamentos específicos que sirvam como alvos potenciais para a mudança. Pode-se recorrer a muitas fontes de informação para compor essa lista: a conceituação de caso desenvolvida na fase de avaliação, as descrições detalhadas de comportamentos problemáticos, as imagens mentais de situações problemáticas, a relação terapêutica, os relacionamentos com pessoas relevantes e os questionários de esquemas.

Refinamento da conceituação do caso

Terapeuta e paciente podem começar pelo refinamento da conceituação de caso desenvolvida na fase de avaliação, aprofundando a discussão dos processos de resignação, evitação e hipercompensação de esquemas. Por meio do trabalho com esses estilos de evitação, inicia-se uma lista de comportamentos ou situações de vida específicos que requeiram mudança. É importante que o terapeuta repasse cada área importante da vida em separado, como relacionamentos íntimos, trabalho e atividades sociais, porque o paciente talvez tenha diferentes esquemas e estilos de evitação relacionados a diferentes áreas da vida. Por exemplo, um paciente com esquema de privação emocional pode ser carinhoso com amigos íntimos e cuidar deles, mas frio e distante com parceiros amorosos; um paciente com esquema de subjugação pode ser passivo com figuras de autoridade, mas dominador e controlador com irmãos mais novos ou com filhos; um paciente pode ter esquema de defectividade ativado quando se encontra com estranhos em uma situação social, mas não quando está na presença somente de uma pessoa próxima.

Descrição detalhada de comportamentos problemáticos

Talvez o passo mais importante na identificação de padrões autoderrotistas de comportamento seja paciente e terapeuta desenvolverem descrições detalhadas de situações problemáticas para o paciente. Quando este relata uma situação que corresponde a um gatilho de esquemas, o terapeuta auxilia-o a esclarecer comportamentos específicos, fazendo perguntas. Pretende-se obter uma descrição detalhada do que aconteceu. Às vezes, o terapeuta encontra dificuldades durante esse esforço. Como parte do processo de perpetuação do esquema, o paciente distorce o que aconteceu para que se encaixe nos esquemas e ignora informações contraditórias. O terapeuta deve romper a resistência do paciente a lembrar-se do que aconteceu de forma objetiva, em vez de emocional, provocada pelo esquema.

Exemplo clínico

Uma jovem paciente chamada Daphne comparece à sessão de terapia e relata uma briga com o marido na noite anterior. Daphne tem esquema de abandono/instabilidade por ter crescido em uma casa cheia de conflitos. Seus pais brigavam quase todas as noites, inclusive com ameaças de divórcio. Daphne lembra-se de assisti-los gritando um com o outro e de sentir-se sem condições de pará-los. Então, escondia-se em seu armário com as mãos nos ouvidos. Agora ela é casada com Mark, um residente de medicina, que trabalha muito e chega em casa fatigado e esgotado. Sua chegada dá início a brigas todas as noites.

Daphne conta a história de sua última briga.

Daphne: Mark e eu brigamos de novo ontem à noite.
Terapeuta: O que começou a briga?
Daphne: Ah, a mesma coisa de sempre. Ele chegou tarde, nem sei. *(joga a cabeça)*
Terapeuta: Como começou?

Daphne: Como sempre, não importa. Só o que fazemos é discutir. Talvez devêssemos nos divorciar.

Terapeuta: Daphne, vejo como você se sente sem esperança, mas é importante que entendamos o que aconteceu. Pense na briga desde o início. Como começou?

Daphne: Tive um dia muito cansativo. Parecia que não conseguia terminar nada do meu trabalho de autônoma. O bebê chorou o dia todo. Mark chegou em casa mais tarde, de novo, e eu descarreguei nele.

Terapeuta: De que forma você descarregou nele?

Daphne: Eu disse a ele que não tenho como ganhar dinheiro para nós quando tenho que cuidar de um bebê chorando o dia inteiro. De que forma vou trabalhar? Quando o bebê está acordado, eu tenho que cuidar dele, e quando ele dorme, estou tão cansada que tenho que dormir, também. Quer dizer, Mark pode sair o dia todo, e eu estou presa.

Terapeuta: O que Mark disse?

Daphne: Ele disse que não era culpa dele o bebê chorar e que ele também trabalha muito.

Terapeuta: E depois, o que aconteceu?

Daphne: Eu disse: "Você nos deixa sozinhos todo o dia. Você é horrível como pai e marido".

Terapeuta: Como você se sentia nesse momento?

Daphne: Com raiva. Com muita raiva e medo. Eu estava com medo de que ele não se preocupasse comigo ou com o bebê e nos deixasse para sempre.

Terapeuta: E o Mark? O que você acha que ele estava sentindo?

Daphne: Todo o tempo, eu pensei que ele não estava nem aí, porque ele saiu da sala. Mais tarde, ele me disse que estava arrasado e disse que era horrível como marido e pai.

Ao repassar sua interação com o marido tão detalhadamente, Daphne e o terapeuta conseguiram identificar seus comportamentos problemáticos. O atraso de Mark ativa o esquema de abandono/instabilidade, e Daphne entra em pânico e sente raiva. Quando Mark finalmente chega em casa, em vez de expressar sua vulnerabilidade e seu medo, ela o agride, tentando magoá-lo o máximo que puder. Ao enfrentar o esquema com hipercompensação, Daphne o perpetua. Ela acaba sentindo ainda mais medo de que Mark a deixe, recriando exatamente o tipo de clima instável que a assustava tanto quando criança.

Imagens mentais de situações ativadoras

Se os pacientes têm dificuldade de se lembrarem de detalhes de uma situação problemática, o terapeuta auxilia-os a usarem imagens mentais para reviver a situação. Ele solicita que fechem os olhos e visualizem uma imagem da situação. O terapeuta faz perguntas sobre o que acontece na imagem, persuadindo os pacientes a lembrarem dos detalhes de seu comportamento: "No que você está pensando? O que você gostaria de fazer? O que você faz a seguir?". Por meio de imagens mentais, os pacientes costumam conseguir acessar pensamentos, sentimentos e comportamentos anteriormente inacessíveis.

Exemplo clínico

Henry é estudante universitário de uma faculdade competitiva. Seu problema é postergar as tarefas de casa; por isso, tem baixo desempenho quanto à própria capacidade. Henry é filho único de pais que têm carreiras profissionais e que valorizam o desempenho acima de tudo. Ele foi orador de sua pequena turma de ensino médio, o que conseguiu sem muito esforço. Também foi astro esportivo na escola, mas no primeiro ano de faculdade percebeu que não tinha talento suficiente para seguir carreira de atleta profissional. "Me senti um fracassado", ele disse, "mas achava que meu sucesso acadêmico estava garantido". Henry esperava que seu desempenho na faculdade substituísse o esporte como fonte principal de auto-estima, mas agora não fazia as tarefas de casa, e suas notas estavam medíocres.

Na fase de avaliação, Henry identificou padrões inflexíveis e autocontrole/autodisciplina insuficientes como os principais esquemas que interferiam em seus estudos. Após combater esses esquemas com estratégias cognitivas e vivenciais, ele e o terapeuta passaram ao rompimento de padrões comportamentais. No trecho a seguir, o terapeuta usa imagens mentais para ajudá-lo a identificar seus comportamentos, enquanto ele posterga fazer as tarefas de casa.

Terapeuta: Você gostaria de fazer um exercício com imagens mentais para ajudar a localizar o problema?
Henry: Pode ser.
Terapeuta: Ótimo, então feche os olhos e visualize uma imagem de si mesmo se sentando para estudar ontem à noite.
Henry: Certo. *(olhos fechados)*
Terapeuta: O que você vê?
Henry: Estou no meu quarto. Está uma bagunça, com papéis espalhados por tudo. Meus livros estão na minha frente, e meu computador, ao lado. *(pausa)*
Terapeuta: O que acontece quando você começa a pensar em estudar?
Henry: Bom, já é meio tarde. Eu passei o dia dizendo que poderia estudar mais tarde. Agora tenho um trabalho para entregar e nem comecei.

Terapeuta: No que você está pensando?
Henry: Não quero fazer o trabalho. Estou muito agitado para me concentrar. Nem sei por onde começar. Só de pensar nisso me dá dor de barriga. Eu preferiria jogar no computador, então vou jogar.
Terapeuta: E o que acontece depois?
Henry: Jogo no computador por um tempo, depois ouço música. A essa hora já é muito tarde, e eu sei que tenho que fazer o trabalho.
Terapeuta: Como se sente?
Henry: Ansioso e deprimido. Quanto mais ansioso me sinto, mais dificuldade eu tenho de me concentrar.
Terapeuta: O que passa pela sua cabeça?
Henry: Já é tarde demais.
Terapeuta: É tarde demais para fazer o trabalho?
Henry: Não, é tarde demais para tirar A. Eu poderia ter tirado A se tivesse feito o trabalho. Qual é a utilidade? Já rodei.
Terapeuta: O que você faz?
Henry: Coloco o despertador para as quatro da manhã, pensando que vou me levantar e escrever o trabalho. O despertador toca, e eu continuo dormindo durante todo o dia seguinte, no horário das aulas.

Henry usa estratégias evitativas, como a distração, para enfrentar sua ansiedade crescente. Observemos que, enquanto investiga os comportamentos de Henry, o terapeuta também evoca informações sobre suas cognições e emoções. Quanto mais vívida for a lembrança que o paciente tem da imagem, com mais clareza ele conseguirá lembrar-se de comportamentos específicos.

A relação terapêutica

O comportamento do paciente na relação terapêutica é mais uma fonte de informação sobre comportamentos que requerem mudança, sobretudo em termos de relacionamentos com outras pessoas importantes. Esta fonte de informação possui particular vantagem porque o terapeuta tem condições de observar diretamente os comportamentos, percebendo sutilezas que poderiam se perder se o paciente apenas relatasse relacionamentos fora da terapia.

O terapeuta pode observar os esquemas do paciente, assim como seus estilos de enfrentamento. Cada conjunto de esquemas e estilos de enfrentamento tem sua própria apresentação. Por exemplo, uma paciente jovem demonstrou seu esquema de privação emocional e seu estilo de enfrentamento evitativo saindo mais cedo das sessões. Não-disposta a enfrentar o fato de que compartilha o terapeuta com outros pacientes, ela sai da sessão antes que o próximo paciente chegue à sala de espera.

Um rapaz demonstra seu esquema de defectividade e seu estilo de enfrentamento baseado em hipercompensação corrigindo repetidas vezes a maneira de falar do terapeuta. Uma moça demonstra seu esquema de emaranhamento e seu estilo de resignação imitando o estilo de vestir do terapeuta. (No Capítulo 6, aprofundamos a apresentação de esquemas e estilos de enfrentamento dentro da relação terapêutica.)

Exemplo clínico

O caso de Alicia ilustra como os esquemas e estilos de enfrentamento se manifestam na relação terapêutica e como eles podem subverter a terapia: Alicia cresceu em uma família rígida e moralista. Sua mãe ensinou-lhe que as pessoas são inerentemente más e fracas e que, para ser boa, a pessoa deve se policiar. Abandonar membros da família em momentos de necessidade constituía a pior transgressão. Alicia era cumpridora de seus deveres e responsável, e tentava atender aos desejos da mãe. "Eu queria agradá-la, mas nunca conseguia", diz ela. O pai era alcoolista, e a mãe ensinou-lhe que era seu dever ajudá-lo a manter o autocontrole. Alicia tentava ser boa de modo a não irritar o pai e a "não fazer com que bebesse". Ela esvaziava as garrafas de uísque, implorava e o bajulava para que ele não saísse à noite, e colocava-o na cama quando ele estava bêbado.

Os principais esquemas de Alicia eram defectividade e postura punitiva. Ela não conseguia se perdoar por ter "maus" impulsos ou desejos. Alicia também tinha esquemas de privação emocional (em função do clima emocional frio na família), auto-sacrifício (pelas demandas da mãe para que ela atendesse às necessidades de membros da família, especialmente seu pai) e padrões inflexíveis (por causa da impossibilidade de ser "boa o suficiente" para agradar a mãe). Ao crescer, Alicia viveu de maneira a perpetuar seus esquemas, escolhendo parceiros amorosos e amigos problemáticos, escolhendo um namorado após o outro que fosse usuário de drogas ou álcool. Ela mantinha-se nesses relacionamentos porque sentia uma obrigação moral. Conforme a mãe lhe ensinou, não se abandonam as pessoas amadas em momentos de necessidade. Além disso, como acontecia com seu pai, Alicia sentia que era sua culpa quando seus namorados usavam drogas, já que, de alguma forma, ela não havia sido capaz de impedir que fizessem isso.

Entre outros objetivos da terapia, Alicia queria perder peso. Ela começava contando ao terapeuta durante as sessões quanto havia comido na semana anterior. No início, parecia que ela desejava atenção por seus esforços para perder peso, e o terapeuta tentava atendê-la (na tentativa de contrapor o esquema de privação emocional da paciente). Entretanto, em pouco tempo ficou claro que Alicia partia da idéia de que o terapeuta a condenava por seu excesso de peso. Seus esquemas de defectividade e postura punitiva eram ativados. Alicia confessava-se ao terapeuta, assim como havia confessado seu "mau" comportamento à mãe quando criança. Ao perceber isso, começou a chorar, dizendo que havia pensado em abandonar a terapia. Perder peso não era *seu* objetivo, e sim o de sua mãe. Alicia acreditava que, se não fizesse o que sua mãe dizia que deveria fazer, seria uma pessoa má. Perder peso era uma promessa feita à mãe, que ela deveria cumprir, mas o outro lado dela, contudo – sua criança vulnerável –, achava que comer era seu único prazer, e ela não podia suportar limitações. (Comer consistia em uma forma de hipercompensação por seus esquemas de privação emocional e auto-sacrifício.) Informando o terapeuta sobre o que comera, Alicia transformava-o em outra figura punitiva, a qual ela deveria se esforçar infinitamente para agradar.

O terapeuta ajudou Alicia a identificar outras áreas em que ela "confessava" seu "mau" comportamento sob o pressuposto de que as pessoas julgavam-na negativamente. Mudar esse padrão tornou-se um de seus objetivos no rompimento de padrões comportamentais.

Relatos de outras pessoas importantes

Às vezes, o terapeuta não se baseia apenas nos relatos dos próprios pacientes para identificar seus comportamentos problemáticos. Certamente haverá falhas e lacunas nas auto-observações, em especial quando os pacientes hipercompensarem seus esquemas. Por exemplo, os narcisistas são maus observadores notórios do próprio comportamento e do impacto deste sobre outras pessoas. Conversas com cônjuges, membros da família e amigos podem fornecer outras perspectivas. Quando viável para o terapeuta encontrar-se com eles, essas outras pessoas relevantes na vida do paciente podem proporcionar informações de que ele não dispõe. O terapeuta explora os pontos de vista dessas pessoas e pede-lhes exemplos específicos que esclareçam os padrões de comportamentos desadaptativos do paciente. Se o terapeuta não tiver como se encontrar com essas pessoas, o paciente pode lhes pedir opiniões e discutir suas respostas na terapia.

Obter descrições cuidadosas de relacionamentos com essas pessoas também oferece informações. O terapeuta concentra-se em comportamentos problemáticos. Quais esquemas foram ativados nessas relações? Como o paciente os enfrentou? O que exatamente o paciente fez? Quais foram os comportamentos autoderrotistas que perpetuaram os esquemas?

Exemplo clínico

Monique apresenta-se para terapia, queixando-se de que seu marido, Lawrence, não faz sexo com ela.

Terapeuta: Por que você acha que ele não faz sexo com você?
Monique: Não sei.
Terapeuta: Se tivesse que imaginar uma razão...
Monique: Não sei, ele simplesmente não é uma pessoa de grande apetite sexual.

Monique diz que argumenta com o marido: "Digo a ele que estou só e que sinto falta dele". Uma investigação mais profunda mostra que ambos tinham uma vida sexual boa antes de se casarem. Ela tem certeza de que não há outra pessoa, ou seja, nem ela nem o marido têm um caso. Até onde ela sabe, ele não está zangado com ela. Na verdade, ela é que está zangada com ele, por ter abandonado a vida sexual do casal. Monique luta com a tentação de trair Lawrence. O terapeuta não consegue saber dela por que Lawrence parece tão desinteressado por sexo com ela.

O terapeuta pergunta se Lawrence poderia comparecer sozinho a uma sessão. Monique concorda, e seu marido vai. Lawrence informa que Monique critica o desempenho sexual dele e compara suas habilidades de amante, de forma desfavorável, com outros que ela teve antes de se casar. Com o passar dos anos, isso fez com que ele se sentisse cada vez mais ansioso e inadequado como amante e passasse a evitar fazer sexo com ela. Dessa forma, o terapeuta descobre quais comportamentos problemáticos por parte de Monique contribuem para estragar seu relacionamento sexual.

Inventários de esquemas

O Questionário de Esquemas de Young é uma fonte excelente de comportamentos de "resignação" problemáticos diante de esquemas. Além disso, o Inventário de Evitação de Young-Rygh e o Inventário de Compensação de Young listam outras formas de comportamentos para enfrentamento de esquemas.

PRIORIZANDO COMPORTAMENTOS PARA ROMPER PADRÕES

Uma vez que terapeuta e paciente tenham elaborado uma lista de comportamentos e padrões de vida problemáticos, eles deliberam sobre quais são mais importantes e quais deveriam constituir-se alvos de mudança. Observando os comportamentos mais problemáticos, eles exploram qual seria o comportamento saudável para o paciente em cada caso. Inúmeras vezes, os pacientes não tem consciência de que seus comportamentos são problemáticos e não sabem quais seriam os saudáveis. Terapeuta e paciente geram idéias comportamentos alternativos, discutindo as vantagens e desvantagens de cada um. Produzem respostas saudáveis para substituir as desadaptativas, e essas respostas tornam-se objetivos comportamentais para o tratamento.

O terapeuta ajuda o paciente a escolher um primeiro comportamento específico a mudar. O paciente trabalha em um comportamento de cada vez, e não em todo o padrão. De que forma terapeuta e paciente selecionam esse primeiro comportamento a ser modificado? Apresentamos algumas regras práticas.

Mudança de comportamentos *versus* mudanças de vida

Nossa abordagem geral na terapia do esquema é a de tentar mudar comportamentos dentro de uma situação de vida, antes de recomendar mudanças de vida significativas, tais como deixar um casamento ou um emprego. (Isso, é claro, não se aplica a situações perigosas ou intoleráveis, como um cônjuge abusivo.) A mudança de comportamento acarreta a permanência em uma situação e o aprendizado da forma mais apropriada de lidar com a situação. Acreditamos que os pacientes têm muito a ganhar ao aprender primeiramente a lidar com uma situação difícil, antes de decidir se a abandonam. Em vez de tirar conclusões rápidas sobre a impossibilidade de mudanças, os pacientes devem antes se certificar de que não obtêm o que querem no atual estado de coisas, melhorando seu próprio comportamento. Além disso, constroem habilidades para lidar com situações difíceis no futuro. Se, depois de melhorar seu comportamento, acabam decidindo deixar a situação atual, podem fazê-lo conscientes de que se esforçaram para que funcionasse.

Começar com o comportamento mais problemático

Acreditamos que o terapeuta deve começar pelo comportamento mais problemático, aquele que causa o maior desconforto ao paciente e que mais interfere em seu funcionamento interpessoal e profissional. A exceção são os casos em que o paciente sente-se sufocado demais para continuar. Nesses casos, dentre os comportamentos que o paciente se julga capaz de modificar, o terapeuta escolhe o mais problemático.

Nossa abordagem contrasta com a terapia cognitivo-comportamental, que costuma iniciar pelo comportamento mais fácil e na qual os pacientes abordam de maneira gradual seus comportamentos mais difíceis. Terapeuta e paciente constroem hierarquias de comportamento classificadas em ordem crescente de dificuldade, e o paciente começa de baixo e trabalha no sentido ascendente. Por exemplo, se uma paciente procura tratamento porque não consegue dizer "não" ao chefe em seu trabalho, um terapeuta cognitivo-comportamental pode fazer com que ela comece pela prática de assertividade com estranhos e pessoas no trabalho e, gradualmente trabalhe com amigos e parentes, abordando, por fim, o problema com o chefe.

Na terapia do esquema, contudo, o terapeuta começa com esquemas nucleares e estilos de enfrentamento principais. Nosso objetivo é ajudar os pacientes a sentirem-se substancialmente melhor, o mais rapidamente possível. Apenas se os pacientes forem incapazes de fazer mudanças em seu principal problema, redirecionamos o tratamento a um problema secundário.

CONSTRUINDO A MOTIVAÇÃO PARA A MUDANÇA COMPORTAMENTAL

Quando terapeuta e paciente estabelecerem um comportamento-alvo específico, o primeiro trabalha para auxiliar o segundo a construir motivação para a mudança comportamental.

Conectar o comportamento-alvo a suas origens na infância

Para ajudar os pacientes a terem mais empatia e a darem mais apoio a si mesmos e, assim, sentirem-se mais capazes de fazer mudanças importantes, o terapeuta auxilia-os a conectar seus comportamentos-alvo às origens destes na infância. Os pacientes entendem por que o comportamento se desenvolveu e aprendem a se perdoar, em vez de se culpar. Por exemplo, um paciente que esteja por largar o álcool pode associar a necessidade de beber ao esquema de defectividade, que começou na infância, com seu pai que o criticava e rejeitava. Para escapar de sentimentos de que é imprestável e de que não merece amor, o paciente bebe. Em vez de se considerar fraco por se tornar alcoolista, o paciente pode entender por que isso aconteceu. Beber constitui uma maneira de evitar as emoções dolorosas conectadas com seu esquema desadaptativo remoto.

Além disso, relacionar o comportamento à infância ajuda o paciente a associar o componente comportamental ao trabalho cognitivo e vivencial anterior.

Analisar as vantagens e desvantagens de continuar com o comportamento

Para fortalecer a motivação, terapeuta e paciente analisam as vantagens e desvantagens de continuar com o comportamento desadaptativo. A menos que acreditem valer a pena o esforço, os pacientes não se dedicarão à mudança comportamental.

Exemplo clínico

Alan procura a terapia por exigência de sua noiva, Nora, que está com dúvidas sobre a continuidade de seus planos de casamento. Alan não entende o que vai mal no relacionamento. De seu ponto de vista, tudo está bem. "O único problema é que Nora não está feliz", diz ele. Por solicitação do terapeuta, Nora comparece a uma sessão. Ela diz ao terapeuta que sente como se "faltasse algo" em sua relação com Alan. "Não temos intimidade de verdade", diz.

Na fase de avaliação, o terapeuta e Alan concordam que ele tem esquema de inibição emocional, que o impede de estabelecer uma ligação profunda com Nora.

Alan passa pelos componentes cognitivo e vivencial do tratamento e, então, começa o rompimento de padrões comportamentais. Seu objetivo é expressar mais emoções – positivas e negativas – no relacionamento com Nora.

Alan é muito ambivalente em relação a seu objetivo. Segundo sua própria visão, a inibição emocional consiste em uma parte intrínseca de quem ele é. A fim de ajudá-lo a construir motivação para mudar, o terapeuta pede que liste as vantagens e desvantagens de permanecer com postura fria em relação a Nora. A lista de vantagens inclui itens como: (1) evitar desconforto, (2) ser sincero consigo mesmo, (3) gostar de estar no controle e (4) não gostar de confrontos. A lista de desvantagens tem apenas um item, isto é, (1) Nora ficará infeliz e poderá até o deixar. Mas refletir sobre essa desvantagem única ajudou Alan a construir motivação para modificar seu comportamento. Saber que, a menos que mude, perderá Nora é suficiente para motivá-lo a mudar.

ELABORANDO UM CARTÃO-LEMBRETE

Terapeuta e paciente muitas vezes elaboram um cartão-lembrete para este, relacionado ao comportamento problemático. Eles podem usar o cartão da terapia do esquema como guia, adaptando-o, para direcioná-lo mais especificamente a um comportamento. O cartão descreve a situação, identifica os esquemas ativados, descreve a realidade da situação e o comportamento saudável.

Exemplo clínico

Justine tem esquema de subjugação desenvolvido a partir de suas interações na infância com o pai tirânico. Ela está noiva de Richard, que é amoroso, mas dominador, assim como o pai dela. Justine trabalha para substituir sua resposta extremamente agressiva à postura de "mandão" de Richard por um comportamento mais eficaz e menos conflituoso. A seguir, está o cartão-lembrete elaborado por ela e pelo terapeuta para ajudá-la a passar de um estilo hipercompensador a um de assertividade adequada.

> Neste momento, sinto que Richard está me controlando, diz como devo agir e não me escuta. Quero gritar para que me deixe em paz, quero atirar coisas, quero entrar no quarto e bater a porta, quero bater nele. Contudo, sei que estou tendo uma reação exagerada em função de meu esquema de subjugação, que aprendi quando pequena, com meu pai dominador. Ainda que acredite que Richard desconsidera meus sentimentos intencionalmente, na verdade ele só é ele mesmo, e não quer me magoar. Mesmo que eu tenha vontade de gritar com ele, em vez disso, vou lhe dizer calmamente como me sinto e o que quero fazer. Vou dizer o que quero de forma madura, da qual não me arrependerei depois.

Os pacientes podem ler o cartão quando se prepararem para uma situação e quiserem se lembrar de por que é importante modificar seu comportamento, ou quando estiverem em uma situação que lhes faça sentir necessidade de recorrer ao antigo comportamento desadaptativo.

ENSAIANDO O COMPORTAMENTO SAUDÁVEL EM IMAGENS MENTAIS E DRAMATIZAÇÕES

O paciente pratica comportamentos saudáveis nas sessões de terapia, usando imagens mentais e dramatização. Ele passa por ensaios de imagens mentais sobre a situação problemática e a dramatiza junto com o terapeuta. O paciente visualiza a administração da situação em imagens mentais, passando com êxito por potenciais pedras no caminho. Vejamos uma cena de imagens mentais com Justine.

Terapeuta: Feche os olhos e obtenha uma imagem de Richard chegando em casa. Ele está chegando tarde, e o bebê está chorando, e você está no seu limite. Você consegue ver?
Justine: *(com os olhos fechados)* Consigo.
Terapeuta: O que está acontecendo?
Justine: Estou esperando por ele, caminhando de um lado para outro, olhando o relógio.
Terapeuta: O que você sente?
Justine: Num minuto eu estou morrendo de medo de que ele nunca volte para casa e no minuto seguinte eu quero matá-lo por fazer isso comigo.
Terapeuta: O que acontece quando ele entra pela porta?
Justine: Ele me olha daquela maneira, interrogativa, para ver como está o meu humor.
Terapeuta: O que você quer fazer?
Justine: Não sei se quero gritar com ele e dar socos no seu peito ou correr até ele e abraçá-lo.
Terapeuta: Como você dá conta das duas partes?

Justine: Bom, eu falo com a parte irritada. Eu digo: "Escute, você ama Richard, e não quer magoá-lo. Você só está chateada porque pensou que ele não voltaria mais, mas ele chegou! Pode ficar feliz".
Terapeuta: E o que a parte irritada lhe responde?
Justine: Ela diz que tudo bem, ela se sente bem.

Ao falar com seu pólo irritado, Justine realiza o trabalho com modos, conduzindo um diálogo entre os modos criança com raiva e adulto saudável.

Nas dramatizações, o terapeuta geralmente mostra o comportamento saudável antes, enquanto o paciente faz o papel da pessoa na situação problemática. A seguir, eles trocam de papéis, e o paciente pratica o comportamento saudável enquanto o terapeuta faz o outro papel. Eles tratam dos obstáculos mais prováveis, para que o paciente sinta-se preparado.

COMBINANDO UMA TAREFA DE CASA

O próximo passo é terapeuta e paciente combinarem uma tarefa de casa relacionada ao padrão de comportamento. O paciente concorda em desempenhar um comportamento saudável em uma situação de vida real, registrando o que acontece.

O paciente anota a tarefa, guardando o original e dando uma cópia ao terapeuta. A tarefa é concreta e específica. Por exemplo: "Nesta semana, vou perguntar ao meu chefe se posso tirar minhas férias no final de maio. Um pouco antes, vou ler meu cartão e visualizar a mim fazendo a pergunta, exatamente como planejei. Depois, anotarei o que aconteceu, como me senti, o que estava pensando, o que fiz e o que ele fez".

ANALISANDO A TAREFA DE CASA

Consultando a cópia escrita, terapeuta e paciente analisam a tarefa anterior no início da próxima sessão. É vital que o terapeuta verifique as tarefas. Se ele esquece, o paciente recebe a mensagem de que isso não é importante e de que o terapeuta não valoriza seus esforços, o que diminui a probabilidade de o paciente cumprir tarefas futuras. Atenção e elogios de parte do terapeuta são, provavelmente, os reforços mais importantes para a realização de tarefas de casa, em especial nas primeiras etapas do rompimento de padrões comportamentais.

EXEMPLO CLÍNICO DE ROMPIMENTO DE PADRÕES COMPORTAMENTAIS

Alec é um advogado de 35 anos, recentemente divorciado de Kay, depois de sete anos de casamento. Embora estivesse infeliz no casamento e lutasse com a atração sexual que sentia por uma colega de trabalho, Alec ficou totalmente surpreso quando Kay lhe disse que queria o divórcio. Ela não quis lhe dizer por que queria se divorciar, a não ser que estava infeliz, recusou o pedido dele de que tentassem fazer terapia de casal, e saiu de casa no mesmo dia. Eles não tinham filhos. Após um ano de separação, o divórcio foi finalizado, e Kay desapareceu completamente de sua vida. Alguns meses depois, Alec começou a fazer terapia.

O problema apresentado por Alec como razão de procurar tratamento foi sua dificuldade de iniciar um relacionamento com uma mulher, especialmente um relacionamento que acabasse em casamento e família. Ele estava com dificuldades de se pensar num namoro. Além disso, não entendia por que Kay havia terminado o casamento, nem por que a mulher por quem ele se sentia atraído no trabalho não quis sair com ele. Estava obcecado com essa mulher e dedicava boa parte de cada dia de trabalho a pensar nela e a tentar vê-la, de forma que seu desempenho profissional decaía constantemente.

Alec é o mais jovem de três irmãos. Sua mãe faleceu quando ele tinha oito anos, e ele foi criado por seu pai. Os irmãos cresceram e saíram de casa para ir à faculdade, deixando que Alec cuidasse do pai. (Desde então, ele sentia-se afastado de seus irmãos.) Fora de casa, Alec sentia-se um "desajustado social". Ele tinha desempenho excelente na escola, mas dificuldade de fazer amigos. Sua vida lúgubre parecia muito diferente das vidas aparentemente relaxadas das outras crianças. Enquanto elas pareciam ter lares felizes, sua vida doméstica era vazia e sem graça. Seu pai tinha depressão crônica. Alec diz: "Meu pai dormia a maior parte do tempo ou assistia televisão. Ele estava sempre na cama ou no sofá. Nunca saía, não via ninguém e, a não ser para dizer coisas como 'passe o sal', raramente falava comigo".

Na fase de avaliação do tratamento, Alec e o terapeuta identificaram seus esquemas: abandono/instabilidade (da morte de sua mãe e do fato de que seus irmãos saíram de casa); privação emocional (de seu pai distante e apático, e de seus irmãos desinteressados); isolamento social (de sua vida doméstica incomum, que o levou a se sentir diferente de outros como ele); auto-sacrifício (de cuidar de seu pai).

Seu principal estilo de enfrentamento é a evitação de esquemas: tornou-se viciado em trabalho cedo, jogando-se nos estudos e, mais tarde, na carreira de advogado. Teve muito sucesso. Conheceu Kay na faculdade e casou-se com ela alguns anos mais tarde. Embora não estivesse apaixonado por ela, Kay era estável e sensível, e Alec tinha medo de enfrentar o mundo sozinho. Assim como seu pai, Kay sofria de depressão crônica. Ele queria ter filhos, mas ela recusava-se. Sua vida juntos era estável, mas monótona e sem paixão (o casamento de Alec com Kay representava sua resignação ao esquema de privação emocional; nesse casamento, ele reproduzia a vida familiar vazia da infância).

Nos últimos anos, Alec havia passado a sentir atração sexual por Joan, sua colega de trabalho. Ela flertava com Alec enquanto ele era casado, mas não quis sair com ele depois do divórcio. Embora Alec tenha lhe convidado para sair algumas vezes, ela sempre respondia que não. Apesar de aceitar presentes e favores dele, ela claramente não se interessava por ele, e Alec tinha muita dificuldade de aceitar esse fato. Quando perguntado sobre o que era tão atraente em Joan, Alec disse: "Quando estamos a sós, ela me faz sentir como se eu fosse a única pessoa no mundo. Ela é muito intensa e atraente, mas quando há outras pessoas perto, ela fica distante". Alec considera a inconstância de Joan em relação a ele excitante. O terapeuta especula que a atração de Alec por Joan é provocada por esquemas, ou seja, gerada em muito pelo esquema de abandono/instabilidade. Mais do que isso, é provável que o auto-sacrifício seja um esquema relacionado, que provoca a atração, já que Alec ofereceu muito a Joan e recebeu pouco em retorno.

Alec e o terapeuta concordam que o primeiro alvo do rompimento de padrões comportamentais deve ser as atividades "centradas em Joan" no trabalho, como sonhar acordado com ela, telefonar para ela, pensar em *e-mails* para lhe enviar, incomodar outras pessoas a respeito dela, procurar notícias de jornal que lhe interessem e enviá-las, dar um jeito de se encontrar com ela "acidentalmente". Alec estava passando praticamente todo o seu dia de trabalho obcecado com essas atividades, mesmo que fossem sofridas para ele e que se arrependesse delas depois. Além disso, como observamos, seu desempenho no trabalho estava seriamente prejudicado.

O terapeuta começa ajudando Alec a associar o padrão de comportamento em questão a sua origem na infância, pedindo-lhe que feche os olhos e visualize uma imagem em que se encontra no trabalho e sente falta de Joan.

Terapeuta: O que você vê?
Alec: Vejo a mim mesmo no trabalho. Estou sentado em frente a minha escrivaninha. Tento trabalhar, mas não consigo parar de pensar nela. Sei que deveria me concentrar no trabalho, mas quero vê-la. Quero lhe dar essa reportagem que encontrei, sei que ela vai se interessar, é sobre...
Terapeuta: *(interrompendo)* A parte de você que quer vê-la, o que diz?
Alec: Diz que eu não agüento me sentir assim.
Terapeuta: Você consegue ver uma imagem de quando se sentia assim quando era criança?
Alec: Sim.
Terapeuta: O que você vê?
Alec: Me vejo sozinho na cama quando era criança, chorando por minha mãe. Foi depois que ela morreu. Não importava quanto eu a quisesse, ela nunca vinha.

Sentir falta de Joan no trabalho ativa o esquema de abandono de Alec, evocando sentimentos relacionados com a morte de sua mãe. Para escapar desses sentimentos, ele busca Joan. O terapeuta e Alec elaboram um cartão a fim de que ele leia quando ativado o esquema no trabalho. Em lugar de procurar Joan, o cartão orienta-o a dar voz à sua porção criança, escrevendo um diálogo entre seus modos criança abandonada e adulto saudável (Alec chama seu modo adulto saudável de "Boa Mãe").

Se o adulto saudável em Alec conseguir atender parcialmente as necessidades não-satisfeitas da criança abandonada, esta não precisará procurar Joan para isso.

A fim de preparar Alec ainda mais para a mudança de comportamento, o terapeuta pede que ele conduza um diálogo com o pólo do esquema, que deseja que ele permaneça voltado a Joan, e seu pólo saudável, que deseja que ele a esqueça, concentre-se em seu trabalho e tente conhecer outras mulheres. Alec faz ambos os papéis, mudando de cadeira para simbolizar a mudança. Quando o trecho abaixo começa, o terapeuta pede que Alec imagine estar no trabalho, lutando contra o desejo de procurar Joan.

Alec: *(no papel de pólo do esquema)* "Vá procurá-la. Quando você está com ela, é tão bom. Parece muito melhor do que qualquer coisa que aconteceu em muito tempo. Vale a pena perder um pouco de tempo de trabalho – pode até valer a pena perder tudo – para estar com ela mais uma vez."
Terapeuta: Certo, agora seja o pólo saudável.
Alec: *(mudando de cadeira)* Está bem. *(no papel de pólo saudável)* "Você não está certo. Não é bom. É ruim, pior do que qualquer coisa que você tenha sentido em muito tempo. Não há nada lá para você, a não ser mais solidão."
Terapeuta: Agora, o pólo do esquema.
Alec: *(mudando de cadeira, no papel de pólo do esquema)* "Você sabe como é sua vida sem ela? Bom, vou lhe contar: é sem-graça, é isso que sua vida é. Não há nada para esperar. Você está mais morto do que vivo."
Terapeuta: E agora, o pólo saudável.
Alec: *(mudando de cadeira, no papel de pólo saudável)* "Não, você está errado, não tem que ser assim. Você pode conhecer outras pessoas, alguém que corresponda a seus sentimentos."

O diálogo continua até que Alec sinta que o pólo saudável tenha derrotado o pólo do esquema.

A primeira tarefa de casa de Alec para romper padrões comportamentais é parar as atividades que tenham Joan como centro, substituindo-a pela leitura do cartão-lembrete e escrevendo diálogos. Ele tem um sucesso médio na tarefa. Na próxima sessão, informa que conseguiu interromper muitas das atividades que fazia a partir de sua escrivaninha, como telefonar para Joan e lhe enviar *e-mails*. Entretanto, embora todas as manhãs Alec houvesse prometido a si mesmo que não a procuraria, ao final de cada dia ele havia descumprido sua promessa e encontrado algum pretexto para vê-la. O terapeuta ajuda-o a enfrentar o bloqueio em relação à mudança comportamental. Alec lista as vantagens e desvantagens de continuar procurando Joan. A principal vantagem é que, se continuar a vê-la, há uma chance de que possa conquistá-la e obter o que quer. A principal desvantagem é que esse comportamento o mantém trancado em um lugar de dor e perda.

Outro comportamento que Alec e o terapeuta escolhem com o fim de ter padrões rompidos é o excesso de trabalho. Ambos concordam que Alec deveria passar os fins de semana envolvido com atividades em que possa conhecer mulheres disponíveis, em vez de trabalhar todo o fim de semana no escritório, como costuma fazer. No trecho a seguir, Alec e o terapeuta elaboram uma tarefa de casa comportamental com esse objetivo.

Terapeuta: Então, como você quer que seja a atividade? Onde você poderia conhecer uma mulher que lhe agradasse?
Alec: Não sei, faz tanto tempo que não vou a lugar algum que não seja o meu escritório.
Terapeuta: Bom, o que você gostaria de fazer no fim de semana?

Alec: Além de trabalhar? *(ri)*
Terapeuta: É. *(também ri)*
Alec: Vejamos... assistir um jogo. Ir a um bar e assistir a um jogo, talvez. Mas não é provável que conheça alguém aí.
Terapeuta: Algo mais que você gostaria de fazer?
Alec: Talvez andar de bicicleta. Se o tempo estiver bom...
Terapeuta: Onde você gostaria de fazer isso?
Alec: Poderia ir ao parque.
Terapeuta: Você gostaria disso?
Alec: Sim, gostaria. Alguns colegas de trabalho se encontram no sábado de manhã para andar de bicicleta juntos. Nunca fui com eles.
Terapeuta: Por que não?
Alec: Sei lá, me sinto estranho.
Terapeuta: De que isso lhe lembra? Você consegue associar esse sentimento com a infância?
Alec: Sim, eu ficava dentro da sala de aula durante o recreio em vez de ir brincar no pátio. É parecido.
Terapeuta: Bom, me conte, se você entrasse naquela sala de aula agora, como adulto, e visse a si mesmo quando criança, sentado ali durante o recreio enquanto todas as outras crianças brincavam no pátio, o que você diria à criança?
Alec: Eu diria: "Você não quer sair e brincar? Você não quer estar lá fora com as outras crianças?"
Terapeuta: E o que a criança responde?
Alec: *(no papel de criança)* "Ah, eu quero, mas me sinto como se não pertencesse ao grupo."
Terapeuta: E o que você responde a ela?
Alec: *(no papel de adulto)* Eu digo: "E se eu for com você? Se os outros garotos conhecerem você, tenho certeza de que gostarão de você. Vou com você e lhe ajudo a descobrir."
Terapeuta: E o que a criança diz?
Alec: Ela diz, "está bem".

Terapeuta: Certo, agora veja uma imagem de você no trabalho, perguntando a alguém sobre o passeio de bicicleta. O que você diz?
Alec: Vou até o Larry na hora do almoço e digo, "Larry, pensei em sair de bicicleta neste sábado. Você pode me explicar como funciona?". É tudo o que eu tenho que fazer.
Terapeuta: Que tal fazer isso como tarefa de casa?
Alec: Certo.

O paciente anota a tarefa de casa, com instruções para monitorar seus pensamentos, sentimentos e comportamentos. Na próxima sessão, Alec informa os resultados. O terapeuta o elogia por realizar a tarefa de casa e mostra interesse pelos resultados. Além disso, reitera os benefícios da realização da tarefa.

SUPERANDO BLOQUEIOS À MUDANÇA COMPORTAMENTAL

Modificar comportamentos provocados por esquemas é difícil, e, apesar do desejo do paciente de mudar, o processo tem muitos obstáculos. Esquemas desadaptativos remotos estão profundamente enraizados e movem padrões de vida inteiros. Eles lutam para sobreviver de formas tanto óbvias quanto sutis. Desenvolvemos várias abordagens para superar bloqueios à mudança comportamental.

Compreensão do bloqueio

Mesmo depois de terem se comprometido com o rompimento de padrões comportamentais, os pacientes ainda podem ter dificuldades de dar início a outros comportamentos. Quando não fazem as tarefas comportamentais, o primeiro passo é entender o porquê. O paciente está consciente da natureza do bloqueio? Às vezes, o paciente sabe o que o impede de cumprir as tarefas e consegue dizê-lo diretamente. Caso contrário, o terapeuta pode fazer perguntas. O paciente está com medo das conseqüências da mudança? Está com raiva pelo fato de a mudança ser necessária ou tão difícil? Está com dificuldades de tolerar o desconforto ou o esforço envolvido na mudança? Descobriu crenças ou sentimentos difíceis de mudar? Crê que seja impossível chegar a um resultado positivo? Embora paciente e terapeuta tenham repassado as vantagens e desvantagens de mudar o comportamento, o paciente talvez minimize o poder de um obstáculo, ou pode ter surgido um novo obstáculo quando o paciente tentou mudar.

Se o paciente não consegue dizer qual é o bloqueio, ou sua resposta parece implausível, o terapeuta usa outros métodos para investigar a natureza do bloqueio.

Imagens mentais

No capítulo anterior, discutimos o uso das imagens mentais com vistas à mudança de comportamento em um nível considerável de detalhamento. Aqui, revisamos algumas das estratégias para destacar sua importância a fim de romper padrões comportamentais.

O terapeuta pode valer-se do trabalho com imagens mentais para investigar o bloqueio, pedir ao paciente que visualize a situação problemática e descreva o que acontece quando experimenta o comportamento novo. Terapeuta e paciente exploram o ponto do qual este não consegue passar. O que ele está pensando e sentindo naquele momento? O que os outros "personagens" estão pensando e sentindo? O que o paciente quer fazer? Dessa forma, ambos conseguem, muitas vezes, discernir a natureza do bloqueio.

O terapeuta pode usar imagens mentais de outras maneiras. Solicita, por exemplo, que o paciente se imagine com o novo comportamento e investigue o que acontece depois disso. O paciente sente-se culpado ou atrai a raiva de um membro da família? Ele prevê algum mau resultado? Outra possibilidade é o terapeuta pedir ao paciente que visualize uma imagem do bloqueio e se imagine rompendo-o. Por exemplo, o bloqueio talvez tenha a aparência de um peso escuro, pressionando o paciente. Diante das perguntas, o paciente revela que o bloqueio transmite a mesma mensagem que um pai ou uma mãe pessimistas. O paciente avança com essa mensagem, empurrando o bloqueio. O terapeuta pode, ainda, conectar o momento de um bloqueio de volta à infância, pedindo que o paciente visualize uma imagem de quando se sentia da mesma forma em criança. A seguir, o terapeuta vale-se dessa oportunidade para realizar a reparação parental com a criança vulnerável do paciente. Assim, as imagens mentais são usadas para descobrir a natureza do bloqueio e para superá-lo.

Diálogos entre o bloqueio e o pólo saudável

O terapeuta pode ajudar o paciente a conduzir diálogos entre o pólo que quer evitar o novo comportamento e o pólo que está disposto a experimentá-lo. O paciente faz isso por intermédio de imagens mentais ou dramatizações, dos dois pólos, mudando de cadeira. O terapeuta orienta o pólo saudável quando necessário.

Com isso, pretende-se identificar o modo que bloqueia a mudança. Pode ser um modo criança, demasiado tímida ou raivosa para tentar mudar, ou um modo de enfrentamento desadaptativo, que impele o paciente a recorrer ao antigo comportamento de enfrentamento desadaptativo. Pode, ainda, tratar-se de um modo pai/mãe disfuncional, que sabota o moral do paciente ao puni-lo ou exigir muito dele. Descoberto o modo que interfere no novo comportamento, o terapeuta começa um diálogo com esse modo, para tentar resolver preocupações específicas. Discutiremos esse tipo de trabalho com modos em capítulos posteriores.

Cartões-lembrete

Terapeuta e paciente escrevem um cartão que trata do bloqueio, no qual lutam com os esquemas e estilos de enfrentamento desadaptativos relevantes. Por exemplo, se o bloqueio do paciente consiste em raiva, o cartão menciona: "Neste momento, sinto muita raiva para exercitar uma atitude agressiva em meus relacionamentos íntimos, como concordei em fazer em minhas sessões de terapia". O cartão resume as vantagens e desvantagens de manter o estilo de enfrentamento desadaptativo, descreve o comportamento saudável e oferece soluções para problemas práticos. Quanto à raiva, por exemplo, o cartão sugere técnicas de autocontrole: "Vou respirar lenta e profundamente até me sentir calmo e, depois, visualizar o comportamento saudável". Ler o cartão dá ao paciente a oportunidade de trabalhar a raiva antes de responder à situação.

Prescrição da tarefa de casa

Identificado o bloqueio por terapeuta e paciente, e realizada uma tentativa de trabalho, o paciente experimentará mais uma vez o novo comportamento, como tarefa de casa. O terapeuta cogita a redução da dificuldade da tarefa ou o desmembramento em passos menores e graduais. Se, após a nova prescrição da tarefa, o paciente ainda não consegue cumpri-la, o terapeuta muda o foco passando a outro padrão comportamental e retornando mais tarde ao anterior. Entretanto, é importante que o terapeuta não o perca de vista na busca de mudança comportamental. O que quer que aconteça, ele continua a usar o confronto empático para pressionar o paciente em função da mudança de comportamento. Às vezes, torna-se um desafio para o terapeuta manter o confronto empático com a dificuldade do paciente em manter mudanças comportamentais.

Contingências

Se as estratégias anteriores não funcionarem, o terapeuta cogita o estabelecimento de contingências que gratifiquem o novo comportamento. Por exemplo, os pacientes podem se recompensar por realizarem o novo comportamento como parte da tarefa de casa. O que serve como recompensa varia de um paciente a outro, dependendo do que cada um considere prazeroso. Entre as possibilidades estão a de compra de um pequeno presente para si, alguma atividade divertida ou que o auxilie a crescer. Ligar para o terapeuta e deixar um recado na secretária eletrônica, contando que a tarefa de casa está completa, consiste em um reforço bastante eficaz.

Se o paciente parecer irredutível à mudança comportamental por um longo período, a contingência máxima é o terapeuta sugerir um intervalo na terapia. Por exemplo, ele pode introduzir a idéia de esforço com tempo limitado: ambos decidem quanto durará o trabalho de mudança comportamental e, se não houver mudança nesse período, concordam em parar temporariamente o tratamento. O terapeuta diz ao paciente que a terapia pode ser retomada assim que este estiver pronto para a mudança comportamental. O terapeuta apresenta isso como uma questão de "prontidão", ou seja, irá esperar que o paciente sinalize que está pronto para a mudança.

Trata-se de uma medida extrema, tomada pelo terapeuta e destinada a casos de resistência extrema. Às vezes, os pacientes simplesmente não estão prontos para mudar e precisam que o tempo passe ou que as circunstâncias de vida mudem, para que arrisquem novos comportamentos. Às vezes, precisam experimentar um nível mais elevado de desconforto. Manter-se na mesma situação tem de ser pior do que mudar antes que alguns pacientes consigam reunir motivação suficiente para isso.

É importante ressaltar que avaliamos cuidadosamente se há outros benefícios na permanência em terapia, como a reparação parental de um paciente com transtorno da personalidade *borderline*, que podem compensar a ausência de mudança comportamental. Às vezes, continuamos com o tratamento por um tempo considerável sem mudança comportamental, se houver uma boa razão para isso.

O terapeuta poderia introduzir a idéia de esforço com tempo limitado, seguido por um intervalo, da seguinte forma:

> "Acho que você está se esforçando muito, mas seus esquemas são muito fortes. Talvez, neste momento, chegamos até onde é possível em termos de mudança. Às vezes, ocorrem eventos na vida que possibilitam às pessoas mudar seu comportamento. O que você acha desta idéia: continuamos a nos ver por um mês, para ver se você consegue fazer qualquer mudança; se não, paramos de nos encontrar por um tempo, e você pode me ligar quando se sentir pronto para retomar o tratamento e trabalhar essas mudanças comportamentais. O que você acha desse possível plano?"

Exemplos clínicos

Spencer: um conflito de modos

Spencer tem 31 anos. Procurou terapia por insatisfação com seu trabalho. Embora tenha mestrado em belas artes, desde que saiu da faculdade tem trabalhado como programador visual, o que está muito abaixo de seu nível de competência. Todavia, apesar de sentir-se entediado e não-valorizado em seu emprego, não se acredita capaz de procurar outro. Nenhum emprego parece servir: ou a oportunidade não é boa o suficiente, ou ele não se sente qualificado. Na fase de avaliação, Spencer identifica seus esquemas de defectividade e fracasso. Passa pelas etapas cognitiva e vivencial do tratamento e dedica-se à mudança comportamental. Semana após semana, não consegue realizar as tarefas de casa. O tempo passa, e ele permanece paralisado onde está. Contudo, algo inesperado acontece: Spencer perde o emprego. Ainda que veja suas reservas financeiras se esvaírem, ele continua incapaz de procurar trabalho ativamente. Sua sobrevivência é ameaçada.

O terapeuta teoriza que a paralisia de Spencer aponta para um conflito em modos. Quando os pacientes devem dar passos a fim de garantir sua própria sobrevivência e, ainda assim, se encontram incapazes de agir, uma hipótese provável é a dos modos conflitantes. O terapeuta ajuda Spencer a identificar os dois modos bloqueados em conflito: a criança defectiva, desamparada e desesperada demais para agir, e o adulto saudável, que quer encontrar um trabalho mais satisfatório. A condução de diálogos entre esses dois modos ajuda Spencer a resolver o conflito. O adulto saudável suaviza os medos da criança vulnerável e promete enfrentar as dificuldades que surjam.

Rina: quando falta motivação para mudar

Os pacientes sentem-se em casa com seus esquemas desadaptativos remotos. Os esquemas fazem parte de quem são. Eles acreditam na verdade de seus esquemas em tal nível que, muitas vezes, não conseguem vislumbrar a possibilidade de mudança. Em alguns casos, o paciente ainda não tem raiva suficiente do esquema. Em outros, como ocorre com freqüência aos pacientes com transtorno da personalidade narcisista, as desvantagens do comportamento disfuncional não são suficientemente motivadoras. Vários comportamentos narcisistas desagradam muito mais a pessoas próximas aos pacientes do que a eles próprios, que não se sentem motivados a mudar até que uma dessas pessoas faça algo drástico, como ameaçar pôr fim a um relacionamento. O terapeuta enfrenta esse problema enfatizando a conseqüências negativas a longo prazo resultantes da manutenção do comportamento narcisista.

Rina possui um esquema de arrogo. Mimada quando criança, ela acredita que merece tratamento especial. Entre os privilégios que atribui a si própria, mas não a outros, está o de explodir de raiva sempre que algo não ocorre de forma como ela desejava. Ela procura tratamento porque seu noivo, Mitch, ameaçou suspender o noivado, a menos que ela aprenda a controlar seu gênio. Rina tem dificuldades de realizar tarefas de casa comportamentais. Rina e o terapeuta concordam, por exemplo, que ela vai "dar um tempo" quando estiver perto de perder a cabeça com Mitch, mas todas as vezes ela decide que o que ela quer naquela situação é o mais importante. "Eu quero o que eu quero", diz ela, e "abrir mão não é comigo". Assim, Rina continua a perder o controle. Ela não tem esquema de autocontrole/autodisciplina insuficientes, pois o problema de autocontrole só surge quando ela não consegue o que deseja.

O terapeuta a ajuda a superar seu bloqueio. Rina lista as vantagens e desvantagens de continuar a perder o controle. Ela conduz diálogos entre o pólo saudável e o pólo que se acredita merecedor. Ela e o terapeuta elaboram um cartão que a lembra de por que é importante aprender a se controlar: ela está colocando em risco seu relacionamento com Mitch cada vez que perde o controle, e manter Mitch é mais importante do que conseguir o que deseja em um dado momento. Rina pratica o controle da raiva por meio de imagens mentais e dramatizações. Ela aprende gradualmente a controlar a raiva e a se expressar de forma mais adequada no relacionamento com Mitch.

FAZENDO MUDANÇAS DE VIDA IMPORTANTES

Mesmo quando os pacientes obtêm sucesso na modificação dos próprios comportamentos, uma situação problemática talvez permaneça sofrida e destrutiva. Nesses casos, eles podem decidir que são necessárias mudanças importantes, como trocar de escola ou de emprego, encontrar uma nova profissão, mudar-se para outro lugar, separar-se de membros da família ou amigos e terminar relacionamentos amorosos. O terapeuta dá apoio à medida que os pacientes escolhem o caminho que lhes parece melhor.

Quando os pacientes cogitam sair de uma situação problemática, é importante o terapeuta determinar se suas razões são saudáveis ou provocadas por esquemas, geralmente de evitação ou hipercompensação. Por exemplo, um jovem paciente de nome Jim decide deixar o emprego no setor financeiro e mudar-se para a praia. Embora essa mudança seja financeiramente possível em seu caso, ao refletir, Jim percebe que ela é provocada por seu esquema de subjugação. A mudança representa a evitação e a hipercompensação de esquemas. Ao se mudar, Jim evita enfrentar conflitos com seus clientes e colegas de trabalho e pode compensar seu esquema fazendo o que *ele* quer. Jim concorda que, se não tivesse conflitos com clientes e colegas, gostaria de permanecer no emprego.

Sempre que os pacientes introduzem mudanças de vida aparecentemente drásticas ou repentinas, o terapeuta deve avaliar a situação com cuidado. A "fuga para a saúde" observada na literatura de psicoterapia provavelmente é hipercompensação de esquemas. Mesmo que os comportamentos pareçam saudáveis, os pacientes podem estar se comportando de maneira atípica, sem preparação suficiente. Nesses casos, o terapeuta confronta, com empatia a evitação e a hipercompensação do esquema.

Se a mudança que o paciente propõe não parece uma manifestação de evitação ou hipercompensação, o próximo passo é explorar outras possibilidades. Terapeuta e paciente listam as vantagens e desvantagens de cada alternativa e depois avaliam qual é a melhor. O terapeuta pergunta: "Se você não tivesse seus esquemas, o que faria?". Essa pergunta ajuda os pacientes a identificar a melhor ação. Além disso, terapeuta e paciente avaliam as vantagens e desvantagens de uma mudança em relação à manutenção de um mesmo estado. Às vezes, a decisão depende de considerações pragmáticas. O paciente consegue dar conta da mudança em termos financeiros? Conseguirá encontrar outro trabalho melhor? Encontrará um relacionamento mais satisfatório? A pessoa consegue obter os recursos necessários à realização da mudança?

O terapeuta auxilia o paciente a se preparar para os desafios de importantes mudanças de vida. Entre elas, estão dificuldades potenciais, como tolerar frustração e decepção, lidar com a desaprovação de pessoas próximas e enfrentar problemas imprevistos.

RESUMO

Na etapa do tratamento referente ao rompimento de padrões comportamentais, os pacientes tentam substituir os padrões comportamentais provocados por esquemas por outros mais adaptativos. Os padrões comportamentais que constituem o foco da mudança são os estilos de enfrentamento desadaptativos usados pelos pacientes quando os esquemas são ativados. Esses estilos de enfrentamento desadaptativos geralmente são a resignação, a evitação e a hipercompensação, embora cada esquema desadaptativo remoto tenha suas próprias respostas de enfrentamento características.

O rompimento de padrões comportamentais começa com a definição de comportamentos específicos como possíveis alvos da mudança. Terapeuta e paciente chegam a isso de várias formas: (1) refinando a conceituação de caso desenvolvida na fase de avaliação, (2) desenvolvendo descrições detalhadas de comportamentos problemáticos, (3) conduzindo imagens mentais em relação a eventos gatilhos, (4) explorando a relação terapêutica, (5) obtendo informes de pessoas próximas, (6) repassando os inventários de esquemas.

A seguir, terapeuta e paciente priorizam comportamentos com vistas ao rompimento de padrões. Acreditamos na importância de os pacientes tentarem mudar comportamentos dentro de uma situação de vida atual, antes de fazerem grandes mudanças. Diferentemente da terapia cognitivo-comportamental tradicional, na terapia do esquema inicia-se com os comportamentos mais problemáticos que o paciente acredita ter condições de enfrentar.

A fim de construir motivação para a mudança comportamental, o terapeuta ajuda o paciente a relacionar o comportamento-alvo a suas origens na infância. Terapeuta e paciente analisam as vantagens e desvantagens da manutenção desse comportamento. Desenvolvem um cartão-lembrete que resume os principais pontos a se tratar. Nas sessões, ambos ensaiam o comportamento saudável por meio de imagens mentais e dramatizações. Combinam uma tarefa de casa comportamental. O paciente a realiza, e o terapeuta e ele discutem os resultados minuciosamente na sessão seguinte.

Fazemos várias sugestões para se superarem bloqueios à mudança comportamental. Em primeiro lugar, terapeuta e paciente desenvolvem um conceito do bloqueio. O bloqueio, via de regra, é um modo, e os dois podem se aliar para enfrentá-lo. O paciente conduz diálogos entre o bloqueio e o pólo saudável. Terapeuta e paciente elaboram um cartão com instruções para que este leia. Se, depois de reavaliar a tarefa de casa, o paciente ainda não consegue cumpri-la, então o terapeuta estabelece contingências devido ao não-cumprimento das tarefas de casa comportamentais.

6
A RELAÇÃO TERAPÊUTICA

O terapeuta do esquema considera a relação terapêutica um componente vital para a avaliação e para a mudança de esquemas. Dois aspectos dessa relação são característicos da terapia do esquema: a postura terapêutica de *confronto empático* e o uso do *reparação parental limitada*. O confronto empático, ou testagem empática da realidade, consiste na expressão da compreensão das razões pelas quais os pacientes perpetuam seus esquemas, ao mesmo tempo em que se confronta a necessidade de mudança. Realizar a reparação parental limitada é proporcionar aos pacientes, dentro dos limites adequados a relação terapêutica, aquilo de que precisavam na infância, mas não receberam dos pais.

Este capítulo descreve a relação terapêutica na terapia do esquema. Tratamos da utilidade da relação terapêutica, primeiramente, na avaliação de esquemas e estilos de enfrentamento e, depois, como agente de mudança.

A RELAÇÃO TERAPÊUTICA NA FASE DE AVALIAÇÃO E INSTRUÇÃO

Na fase de avaliação e educação, a relação terapêutica é um meio poderoso de avaliar esquemas e de educar o paciente. O terapeuta estabelece sintonia, formula a conceituação de caso, decide que estilo de reparação parental limitada é adequado ao paciente e determina se os esquemas do próprio terapeuta podem interferir na terapia.

O terapeuta estabelece sintonia

Assim como acontece com outras formas de psicoterapia, a relação terapêutica começa com o estabelecimento de sintonia com o paciente. O terapeuta se esforça para corporificar a empatia, o carinho e a autenticidade identificados por Rogers (1951) como fatores não-específicos à terapia eficaz. O objetivo é criar um ambiente receptivo e seguro, no qual o paciente forme um vínculo emocional com o terapeuta.

Os terapeutas do esquema são pessoais na maneira de se relacionar com os pacientes, em vez de distantes. Tentam não parecer perfeitos, nem conhecedores de algo que ocultam do paciente. Deixam que suas personalidades naturais transpareçam, compartilham respostas emocionais que acreditam ter um efeito positivo sobre o paciente, expõem-se quando isso auxilia o paciente e visam a uma postura de objetividade e compaixão.

Os terapeutas do esquema pedem que os pacientes lhes dêem retorno sobre si próprios e sobre o tratamento e os estimulam a expressar sentimentos negativos acerca da terapia de forma que esses sentimentos não aumentem nem criem distância e resistência. O objetivo de responder a comentários negativos é ouvir sem se tornar defensivo, e tentar entender a situação do ponto de vista do paciente. (É claro que o terapeuta não deixa que o paciente se comporte de forma abusiva, gritando ou fazendo ataques pessoais, sem que estabeleça limites). Desde que a reação do paciente configure uma distorção provocada por esquemas, o terapeuta tenta reconhecer o núcleo de verdade, ao mesmo tempo em que ajuda o paciente a identificar e combater o esquema por meio de confronto empático. Desde que a reação do paciente esteja correta, o terapeuta reconhece erros e se desculpa.

A terapia do esquema encontra o que é saudável e o apóia. O modelo básico procura fortalecer o paciente. O terapeuta estabelece alianças com o pólo saudável do paciente, contra os esquemas. O objetivo maior do tratamento é fortalecer o modo adulto saudável.

O terapeuta formula a conceituação do caso

A relação terapêutica mostra os esquemas e estilos de enfrentamento do paciente (e do terapeuta). Quando ativado um dos esquemas do paciente na relação terapêutica, o terapeuta ajuda-o a identificá-lo. Os dois exploram o que aconteceu, isto é, quais ações do terapeuta ativaram o esquema e o que o paciente pensou, sentiu e fez. Qual foi a resposta de enfretamento do paciente? Qual foi o estilo de enfrentamento: resignação, evitação ou hipercompensação? O terapeuta usa imagens mentais para ajudar o paciente a associar o incidente à infância – de forma que o paciente entenda que o esquema iniciou na infância – e aos problemas atuais em sua vida.

Quando a relação terapêutica ativa um dos esquemas desadaptativos remotos do paciente, a situação assemelha-se ao conceito de transferência de Freud: o paciente responde ao terapeuta como se este fosse uma figura significativa de seu passado, geralmente um dos pais. Na terapia do esquema, entretanto, o terapeuta discute os esquemas e estilos de enfrentamento do paciente aberta e diretamente, em vez de abordar de maneira tácita sua "neurose de transferência" (Freud, 1917/1963).

Exemplo clínico

Apresentamos uma entrevista do Dr. Young com Daniel, caso já discutido em capítulos anteriores. Na época da entrevista, Daniel havia estado em terapia do esquema com outro terapeuta, por cerca de nove meses. Os esquemas de desconfiança/abuso, defectividade e subjugação de Daniel já haviam sido identificados. Ele, via de regra, utilizava a evitação de esquemas como estilo de enfrentamento.

Durante a sessão, o terapeuta conduz Daniel por uma série de exercícios de imagens mentais. Nos últimos 20 minutos da entrevista, o Dr. Young pergunta-lhe sobre sua relação terapêutica com o terapeuta anterior. A seguir, o Dr. Young explora se os esquemas de Daniel foram ativados durante a atual entrevista. Ele começa perguntando a Daniel sobre seu esquema de desconfiança/abuso.

Dr. Young: Quando você iniciou o tratamento com seu terapeuta anterior, você sentiu desconfiança em relação a ele?
Daniel: Eu sempre confiei nele e me senti aceito por ele. Fico irritado, às vezes, quando ele tenta me forçar a me afastar de minha evitação, porque em tera-

pia eu evito até falar sobre algumas dessas coisas. Então ele tenta me colocar de volta no rumo, e às vezes isso me incomoda, mas sei que estou perdendo meu tempo quando simplesmente falo sobre outras coisas sem conexão. Ele tenta que eu faça o que deve ser feito.

A seguir, o terapeuta pergunta sobre o esquema de subjugação de Daniel.

Dr. Young: Você alguma vez se sentiu controlado pelo terapeuta anterior, como se ele estivesse lhe pressionando e tentando lhe controlar...
Daniel: Sim.
Dr. Young: Porque um dos esquemas aqui (aponta para o questionário de esquemas de Young) é a subjugação.
Daniel: É.

O Dr. Young passa a falar de seu próprio relacionamento com Daniel. Pergunta se seus esquemas foram ativados durante a entrevista. Começa perguntando sobre a subjugação.

Dr. Young: Você sentiu alguma coisa dessas aqui, digo, a questão de eu estar tentando controlar você?
Daniel: Não.
Dr. Young: Não houve nada que lhe irritasse ou disparasse...
Daniel: Bom, quando você estava *forçando* o trabalho com as imagens mentais, ainda que parecesse estar indo mais leve do que normalmente, eu resisti, porque me senti um pouco controlado, como se você estivesse me dizendo o que fazer.
Dr. Young: Entendo. E você sentiu raiva ou ficou irritado comigo?
Daniel: Irritado.

Dr. Young: Como você superou isso? Como continuou? Simplesmente ignorou, ou....
Daniel: Ah, parecia haver um fluxo natural, então, mesmo que houvesse um sentimento momentâneo de irritação, parecia fluir.
Dr. Young: Então, uma vez que conseguiu ver que era capaz de fazer isso, a resistência sumiu.
Daniel: É.
Dr. Young: Mas houve uma resistência inicial....
Daniel: E até mesmo uma falta de confiança na minha capacidade de trazer à tona as imagens.
Dr. Young: Então são duas coisas. Uma é se sentir inseguro de que seja capaz de fazer isso, outra é achar que estou controlando você.
Daniel: Sim.

O terapeuta pergunta a Daniel sobre outras vezes em que seus esquemas de subjugação e defectividade foram ativados durante a sessão.

Dr. Young: Houve outras vezes durante a sessão em que você se sentiu controlado por mim, ou em que se perguntou se conseguiria fazer bem-feito o que peço?
Daniel: Quando você estava tentando me fazer ver as imagens no cenário social e sentir alguns dos sentimentos envolvidos. Me pareceu difícil colocar em palavras, por assim dizer.
Dr. Young: E você se sentiu inseguro, se sentiu controlado, ou as duas coisas?
Daniel: Um pouco de cada coisa.
Dr. Young: Se você tivesse conseguido expressar seu pólo irritado na época, o que teria dito? Você pode ser o pólo irritado, para que eu possa escutar o que diz?
Daniel: *(no papel de pólo irritado, falando com desdém)* "Não gosto de ser forçado

a fazer esse joguinho bobo que estamos jogando aqui."

Dr. Young: E o que o outro pólo diria? O pólo saudável?

Daniel: Ah, diria *(como pólo saudável)*: "Isto é importante, é importante para seu crescimento como pessoa enfrentar seus medos e enfrentar as coisas que são desagradáveis, para poder superá-las".

Dr. Young: E o que responde o pólo do esquema?

Daniel: *(no papel de pólo do esquema, falando com frieza)* "Isso tudo é bobagem, porque não vai funcionar de qualquer forma. É claro, você não conseguiu muita coisa até agora, e quem disse que vai conseguir mais depois disso? E, além disso, quem é ele para lhe dizer do que você precisa ou o que tem que fazer?"

O terapeuta deixa claro que o esquema de desconfiança/abuso de Daniel também tem operado na relação deles durante a sessão, juntamente com os esquemas de defectividade e subjugação.

Dr. Young: Da maneira com que você disse "joguinho bobo," havia uma sensação de que eu poderia estar manipulando você, se eu ouvi bem. Havia uma sensação de ser manipulado aí?

Daniel: Sim.

Dr. Young: Como se fosse um *jogo*. Qual teria sido o jogo? Seja sua parte desconfiada por um segundo.

Daniel: O jogo seria criar artificialmente uma cena social que não é real.

Dr. Young: Era como se fosse para meu benefício, e não para o seu, ou, de alguma maneira, era para magoá-lo?

Daniel: Para me expor.

Dr. Young: Para expô-lo?

Daniel: Sim.

Dr. Young: De uma maneira que não ajudaria?

Daniel: Sim. De uma maneira que me magoaria ao me expor.

Dr. Young: Quase como o humilhar.

Daniel: Sim.

O terapeuta associa o que Daniel sentiu na sessão a outras interações em sua vida.

Dr. Young: Então, houve quase que um sentimento momentâneo, quando comecei a pedir que você fizesse algum trabalho com imagens mentais, que eu poderia estar tentando expor e humilhar você, mesmo que fosse somente um sentimento passageiro.

Daniel: Sim.

Dr. Young: E então você consegue superar isso e dizer: "Não, é para o meu próprio bem", mas ainda há aquela parte de você....

Daniel: É.

Dr. Young: E é com isso que você tem que lidar todos os dias, quando conhece mulheres ou encontra pessoas, com esse seu pólo do esquema, que, mesmo por alguns segundos, desconfia ou se sente controlado ou inseguro, e você não tem sempre certeza de como responder a isso.

Daniel: É.

O trecho apresenta um bom exemplo de como o terapeuta pode usar a relação terapêutica para educar os pacientes sobre seus esquemas. Além disso, vale a pena observar que o Dr. Young perguntou especificamente ao paciente se seus esquemas eram ativados na relação terapêutica. O paciente não teria levantado o tema sem um questionamento direto por parte do terapeuta.

Para cada esquema, há comportamentos típicos na sessão. Por exemplo, pacientes que têm esquemas de arrogo talvez necessitem de tempo extra ou de considerações especiais ao marcar consultas; os que têm esquema de auto-sacrifício podem tentar cuidar do terapeuta; os que têm padrões inflexíveis podem criticar o terapeuta por erros menores. O comportamento do paciente com relação ao terapeuta sugere hipóteses acerca do comportamento com pessoas importantes em sua vida. Os mesmos esquemas e estilos de enfrentamento exibidos pelo paciente com o terapeuta provavelmente aparecem em outros relacionamentos fora da terapia.

O terapeuta avalia as necessidades de reparação parental do paciente

Outra tarefa que o terapeuta enfrenta na fase de avaliação e educação é avaliar as necessidades de reparação parental do paciente. Durante o tratamento, o terapeuta usa a relação terapêutica como antídoto parcial aos esquemas do paciente. Essa "reparação parental limitada" proporciona uma "experiência emocional corretiva" (Alexander e French, 1946) voltada especificamente à contraposição dos esquemas desadaptativos remotos do paciente.

O terapeuta usa uma série de fontes para verificar as necessidades de reparação parental do paciente: histórico infantil, relatos de dificuldades interpessoais, questionários e exercícios de imagem. Às vezes, a fonte mais rica de informação é o comportamento do paciente na relação terapêutica. O que quer que ajude a esclarecer os esquemas e estilos de enfrentamento do paciente fornece pistas sobre suas necessidades de reparação parental.

Exemplo clínico

Jasmine é uma jovem que inicia a terapia com receio de se tornar "dependente" do terapeuta. Ela diz a ele que acaba de começar a faculdade e está acostumada a tomar suas próprias decisões sem depender de seus pais ou de qualquer outra pessoa que a oriente, e não quer mudar. Nas primeiras semanas de terapia, fica claro que o esquema nuclear de Jasmine é privação emocional, resultado da criação por pais emocionalmente frios que a humilhavam quando ela pedia ajuda. "Eles esperavam que eu lidasse com meus problemas por conta própria", diz ela. Orientação é exatamente o que Jasmine precisa do terapeuta: é uma de suas necessidades emocionais não-satisfeitas. Para ela, a reparação parental limitada significa proporcionar-lhe um pouco da orientação que não teve dos pais quando criança. Reconhecer seu esquema de privação emocional ajuda o terapeuta a saber de qual forma de reparação parental Jasmine necessita. (Uma das barreiras na realização da reparação parental com Jasmine é ajudá-la a aceitar auxílio e cuidados, já que ela aprendeu que isso é humilhante.)

Se o terapeuta de Jasmine tivesse levado o que ela diz ao pé da letra e considerado que o problema era de preservar sua independência, ele deixaria de lhe dar a orientação de que ela necessitava. Jasmine não era dependente demais. Em vez disso, ela nunca foi dependente o suficiente. Emocionalmente, sempre foi solitária. Ao realizar a reparação parental de Jasmine segundo seu principal esquema desadaptativo remoto, o terapeuta poderia auxiliá-la a reconhecer que suas necessidades de dependência eram normais e que estabelecer autonomia configurava um processo gradual.

Qualidades ideais do terapeuta na terapia do esquema

A flexibilidade é uma característica fundamental do terapeuta do esquema ideal. Como o tipo de reparação parental limitada necessária depende do histórico de infância singular do paciente, o terapeuta deve ajustar os próprios estilos a fim de se adequar às necessidades emocionais de cada paciente individual. Por exemplo, conforme os esquemas do paciente, o terapeuta concentra-se em gerar confiança, proporcionar estabilidade, dar apoio emocional, estimular independência ou demonstrar capacidade de perdão. O terapeuta deve ser capaz de oferecer, na terapia do esquema, aquilo que possa configurar um antídoto parcial aos esquemas desadaptativos remotos nucleares do paciente.

Como um bom pai ou como uma boa mãe, o terapeuta é capaz de satisfazer parcialmente (dentro dos limites da relação terapêutica) as necessidades emocionais do paciente descrito no Capítulo 1: (1) vínculo seguro, (2) autonomia e competência, (3) expressão verdadeira das próprias necessidades e emoções, (4) espontaneidade e lazer, e (5) limites realistas. O objetivo é que o paciente internalize um modo adulto saudável, tendo o terapeuta como modelo, a fim de lutar contra os esquemas e inspirar comportamento saudável.

Exemplo clínico

Lily tem 52 anos e seus filhos já cresceram e saíram de casa. Ela tem um esquema de privação emocional. Quando criança, ninguém estabelece conexão emocional com ela. Lily tornou-se cada vez mais retraída, preferindo estudar ou tocar seu violino a interagir com outros. Tinha poucos amigos, e eles não eram realmente íntimos. Lily é casada com Joseph há 30 anos. Ela perdeu o interesse pelo casamento e passa a maior parte do tempo em casa, isolada, envolvida com livros e música. Na fase de avaliação, Lily e o terapeuta concordam que seu esquema é de privação emocional e que seu principal estilo de enfrentamento é a evitação.

À medida que as semanas passam, Lily começa a sentir atração sexual pelo terapeuta. Ela toma consciência do quanto sua vida emocional é vazia. Não mais satisfeita com ler e tocar música sozinha, ela deseja mais. Alarmada e com vergonha de suas necessidades, lida com a situação por meio de distanciamento emocional do terapeuta. Ele observa esse distanciamento e teoriza que o esquema de privação emocional de Lily foi ativado na relação terapêutica e que ela responde com evitação. O conhecimento do esquema nuclear e do estilo de enfrentamento principal aponta ao terapeuta o caminho da compreensão.

O terapeuta indica o retraimento de Lily e a ajuda a explorá-lo. Embora não consiga falar de seus sentimentos sexuais, ela consegue dizer que está gostando do terapeuta e que isso a deixa extremamente desconfortável. Fazia muito tempo que ela não gostava de verdade de alguém. O terapeuta pede a ela que feche os olhos e relacione o sentimento de desconforto com relação a ele a momentos no passado em que tenha se sentido assim. Ela associa o sentimento, inicialmente, ao marido nos primeiros tempos do casamento e, depois, ao pai, quando ela era criança. Ela se lembra de voltar caminhando da escola e ver um garotinho correr para os braços do pai e sentir um desejo de fazer o mesmo com seu próprio pai, que era distante. Em sua memória, Lily subia para seu quarto quando chegava em casa e passava o resto do dia praticando o violino.

O terapeuta ajuda Lily a ver a distorção provocada pelo esquema em sua visão da relação terapêutica. Diferentemente de seu pai, o terapeuta acolhe seus sentimentos por ele (quando eles são expressos dentro dos limites adequados à relação terapêutica). Na relação terapêutica, permite-se que ela goste e queira que gostem dela, e o terapeuta não a rejeitará por isso. Ela pode falar diretamente sobre seus sentimentos e não tem que se retrair. Embora esse tipo de comunicação não tenha sido possível com seu pai, é possível com o terapeuta e, por implicação, com outras pessoas no mundo. (Estimulamos os pacientes a também verbalizar sentimentos sexuais em relação ao terapeuta, ainda que com delicadeza, de forma a não os rejeitar, indicamos que agir segundo esses sentimentos com o terapeuta não é possível. Enfatizamos que os pacientes acabarão compartilhando esses sentimentos com alguém que estará pronto para corresponder.)

Quando um paciente tem comportamentos durante a sessão que refletem hipercompensação, o terapeuta do esquema responde de forma objetiva e apropriada, utilizando confronto empático. O terapeuta expressa sua compreensão sobre as razões do paciente para se comportar dessa forma, mas aponta as conseqüências do comportamento na relação terapêutica e em sua vida exterior. Os exemplos a seguir ilustram esse processo.

Exemplo clínico

Jeffrey tem 41 anos. Procurou tratamento porque Josie, sua namorada há 10 anos, terminou o relacionamento, e ele percebeu que desta vez não haverá volta. Ao longo do namoro, Jeffrey traía Josie, ela rompia com ele, ele implorava seu perdão e prometia mudar, e ela o aceitava de volta, mas agora não mais. Conseqüentemente, Jeffrey caiu em depressão profunda.

Jeffrey tem transtorno da personalidade narcisista, tipo de personalidade discutido mais integralmente no Capítulo 10. Seu esquema nuclear é a defectividade, e seu principal estilo de enfrentamento, a hipercompensação. Nos relacionamentos com mulheres, ele hipercompensa seus sentimentos de defectividade por meio da conquista sexual. Mesmo que amasse Josie, Jeffrey não era capaz de deixar de traí-la (uma importante fonte de gratificação narcisista).

Na relação terapêutica Jeffrey hipercompensa ficando irritado sempre que o terapeuta evoca sentimentos de vulnerabilidade. Ele sente-se desconfortável por se achar vulnerável frente ao terapeuta em função do esquema de defectividade: estar vulnerável faz com que se sinta constrangido e exposto. Em uma sessão, ele relata um incidente, na infância, com ele e com sua mãe, que o rejeitava emocionalmente (de quem atualmente está afastado). O terapeuta comenta que, com base nesse incidente, parece que Jeffrey ama sua mãe, mesmo que estivesse zangado com ela quando criança. Jeffrey agride o terapeuta, chamando-o de "filhinho da mamãe". Em tom sério, o terapeuta aproxima-se e pergunta a Jeffrey por que ele acaba de agredi-lo daquela maneira e qual era o sentimento por trás disso? Quando Jeffrey nega sentir qualquer coisa por trás disso, o terapeuta sugere que ele pode ter se sentido vulnerável. "Eu entendo", diz o terapeuta. "Quando você era criança, você amava sua mãe. Eu também amava minha mãe quando era criança. É natural que as crianças amem suas mães. Não é um sinal de fraqueza ou inadequação." O terapeuta comunica que Jeffrey não tem de se sentir inferior a ninguém, incluindo o terapeuta, por amar a mãe. A seguir, transmite a idéia de que a hipercompensação de Jeffrey – agredi-lo – tem o efeito de fazer com que o terapeuta se afaste dele, em vez de lhe dar a compreensão de que ele precisa.

Os terapeutas do esquema também conseguem tolerar e conter os sentimentos intensos de um paciente, incluindo pânico, raiva e mágoa, e proporcionar validação adequada. Eles têm expectativas realistas em relação ao paciente, conseguem estabelecer limites para seu próprio comportamento e para o do paciente, sabem dar conta de crises terapêuticas e são capazes de manter limites adequados entre si próprios e o paciente, nem distantes demais, nem demasiado próximos.

Outra tarefa do terapeuta, na fase de avaliação, é determinar se seus próprios esquemas e estilos de enfrentamento têm potencial destrutivo na relação terapêutica.

Esquemas e estilos de enfrentamento do próprio terapeuta

Ted chega para sua primeira sessão de terapia dizendo que quer ajuda em sua carreira no setor financeiro. Ele quer desenvolver o foco e a disciplina, que acredita necessários ao sucesso. Ted é simpático e expansivo, conta histórias divertidas sobre sua vida, elogia o terapeuta e não se queixa, mesmo quando este pronuncia seu sobrenome errado duas vezes. O terapeuta sente que é "demais": Ted é simpático demais, expansivo demais, elogioso demais. (Esse sentimento de "demais" muitas vezes é um sinal de hipercompensação.) Em vez de se sentir confortável e próximo a Ted, como seria de se esperar de uma pessoa simpática, o terapeuta se sente incomodado. Ele levanta a hipótese de que, subjacente ao estilo amigável de Ted, esteja um esquema desadaptativo remoto. À medida que as semanas passam, fica claro que a hipótese está correta. Debaixo da simpatia, Ted sente-se inseguro e solitário. Ele tem um esquema de isolamento social, ao qual hipercompensa com sua "hipersimpatia".

As reações do terapeuta em relação ao paciente constituem um recurso valioso na avaliação dos esquemas deste. Entretanto, os terapeutas devem ser capazes de distinguir entre a intuição válida em relação a um paciente e a ativação de seus próprios esquemas. No início da terapia, é importante que estejam cientes de seus próprios esquemas em relação ao paciente específico. Conhecer os próprios esquemas e estilos de enfrentamento ajuda os terapeutas a evitar erros. Os terapeutas podem se fazer perguntas básicas em relação ao paciente. O terapeuta preocupa-se verdadeiramente com o paciente? Se não, por quê? O trabalho com esse paciente ativa algum dos esquemas do terapeuta? Quais? De que forma o terapeuta os enfrenta? Ele faz algo potencialmente danoso ao paciente? Como o terapeuta iria se sentir com relação ao trabalho de imagens mentais com o paciente? Como se sentiria em relação a lidar com as emoções brutas do paciente, como pânico, raiva e mágoa?

O terapeuta é capaz de confrontar empaticamente os esquemas do paciente à medida que aparecerem? Ele consegue oferecer o tipo de reparação parental limitada de que o paciente necessita?

Nas páginas a seguir, apresentamos vários exemplos de cenários em que os esquemas do terapeuta possuem um impacto negativo sobre a relação terapêutica. Cada exemplo é seguido de um ou mais casos práticos.

1. *Os esquemas do paciente entram em conflito com os esquemas do terapeuta.* Um dos riscos possíveis é os esquemas do paciente entrarem em conflito com os do terapeuta de maneira que uns ativem os outros, em um ciclo de autoperpetuação. A seguir, eis alguns exemplos de conflito de esquemas entre terapeuta e paciente.

Exemplo clínico A

Maddie possui um esquema nuclear de privação emocional. Ela enfrenta seu esquema tornando-se exageradamente exigente, ou seja, hipercompensa por meio do esquema de arrogo.

Maddie inicia o tratamento com um terapeuta que tem esquema de subjugação. Ela é uma paciente exigente em vários aspectos: telefona com freqüência entre sessões, muda muito o horário de consulta e faz outras solicitações de tratamento especial. O terapeuta cede às exigências, porque o esquema de subjugação o impede de estabelecer limites. Por dentro, ele tem uma sensação de ressentimento crescente. Nas sessões com Maddie, ele se torna distante e retraído (empregando um estilo de enfrentamento de evitação de esquema), o que ativa ainda mais o esquema de privação emocional de Maddie, e ela passa a exigir ainda mais. O esquema de subjugação do terapeuta é reativado, e assim por diante, em um desencadear recíproco de esquemas com potencial para destruir a relação terapêutica.

Se o terapeuta reconhece o desencadeamento de seu próprio esquema de subjugação nas sessões com Maddie, o que o impede de responder a ela terapeuticamente, ele pode trabalhar para corrigir o problema. Estabelece limites adequados e transforma sua resposta de enfrentamento desadaptativa baseada em evitação em outra, baseada em confronto empático. Ele pode dizer a Maddie que entende que, no fundo, ela sente-se emocionalmente privada em seu relacionamento com ele, assim como acontecia na infância; não obstante, a forma como ela expressa seus sentimentos tem o efeito oposto do pretendido. Está tornando mais difícil para o terapeuta oferecer a ela o cuidado de que ela precisa.

Exemplo clínico B

Kenneth, um paciente mais velho, tem esquema de padrões inflexíveis (resultante das críticas paternas na infância). Quando a terapeuta comete até mesmo um erro menor, Kenneth a desvaloriza. "Estou realmente decepcionado com você", ele diz a ela de maneira ríspida, ativando nela o esquema de defectividade e fazendo-a corar.

Dependendo do estilo de enfrentamento da terapeuta, naquele momento seu desempenho profissional é prejudicado por resignação, evitação ou hipercompensação do esquema. Ela se diminui (resignação), retrai-se, mudando de assunto (evitação), ou se torna defensiva e acusadora (hipercompensação). A observação de qualquer desses comportamentos "imperfeitos" ativa ainda mais o esquema de padrões inflexíveis de Kenneth, fazendo com que ele a deprecie mais, e assim por diante. Com o tempo, convencido da inépcia da terapeuta, ele pára a terapia.

Exemplo clínico C

Alana, uma jovem paciente, começa terapia com uma terapeuta mais velha. Alana tem um esquema de desconfiança/abuso, que começou na infância em conseqüência de contatos com o tio sexualmente abusivo. Seu principal estilo de enfrentamento é a resignação ao esquema: com freqüência ela assume o papel de vítima diante de outros. Sua terapeuta tem esquema de subjugação. Como terapeuta, enfrenta o esquema por meio da hipercompensação: ela domina os pacientes para enfrentar sentimentos subjacentes de que é demasiado controlada em outras áreas de sua vida, como no casamento ou na família de origem.

À medida que a terapia avança, Alana assume um papel cada vez mais passivo, e a terapeuta a domina mais e mais. A terapeuta tem prazer em controlar Alana, e esta, que nunca aprendeu a resistir, submete-se ao que quer que a terapeuta exija. A terapeuta, sem estar ciente, usa Alana para reduzir seus próprios sentimentos de subjugação, acabando por reforçar o esquema de desconfiança/abuso da paciente.

Diversas variações do conflito de esquemas surgem na relação terapêutica. O paciente pode ter um esquema de dependência, e o terapeuta, de auto-sacrifício, de forma que este faz muito pelo paciente, mantendo a dependência deste. Ainda, o paciente pode apresentar um esquema de fracasso, e o terapeuta, de padrões inflexíveis, fazendo com que este tenha expectativas fora da realidade sobre onde o paciente deveria chegar, sutilmente comunique impaciência e confirme a sensação de fracasso do paciente. O paciente pode adotar um estilo de enfrentamento obsessivo e controlador para hipercompensar um esquema subjacente de negatividade/pessimismo, enquanto o terapeuta tem um esquema de autocontrole/autodisciplina insuficientes, que resulte em o fazer parecer desorganizado e impulsivo, enquanto o paciente se preocupa e acaba por interromper a terapia, ainda mais desmoralizado e abatido.

2. *Há uma falta de sintonia entre as necessidades do paciente e os esquemas e estilos de enfrentamento do terapeuta.* O paciente pode ter necessidades que o terapeuta não tem condições de satisfazer. Em função de seus próprios esquemas e estilos de enfrentamento, o terapeuta não consegue oferecer ao paciente o tipo certo de reparação parental. (Muitas vezes, o terapeuta lembra o pai ou a mãe que originalmente engendrou o esquema no paciente.) A seguir, constam vários exemplos.

Exemplo clínico A

Neil procura tratamento para depressão e problemas conjugais. Embora não seja aparente de imediato, seu esquema nuclear é a privação emocional, baseada em uma criação por pais negligentes, envolvidos consigo mesmos, e em um casamento com uma mulher também envolvida consigo mesma. É a privação emocional de Neil que o mantém deprimido. Em termos de reparação parental limitada, Neil necessita de cuidado e de empatia de parte do terapeuta.

Infelizmente, o terapeuta tem esquema de inibição emocional e é incapaz de proporcionar afeto. À medida que a terapia avança, Neil, agora também privado emocionalmente pelo terapeuta, torna-se ainda mais deprimido.

Exemplo clínico B

Edward tem esquema de dependência/incompetência. Em vez de ingressar na faculdade depois de terminar o ensino médio, há seis anos, ele foi trabalhar para o pai, de personalidade dominadora, que é dono de uma empresa bem-sucedida de produtos têxteis. Seu pai toma todas as decisões na empresa e, como havia feito antes de Edward passar a trabalhar para ele, exerce uma influência grande na vida pessoal do filho.

Edward começa a terapia em busca de ajuda para sua ansiedade cronicamente alta. Até mesmo decisões pequenas que ele tome por conta própria o angustiam. Quando se depara com a necessidade de tomar uma decisão, ele paralisa de ansiedade e geralmente opta por reduzi-la consultando o pai.

Em termos de reparação parental, Edward necessita de um terapeuta que promova níveis cada vez mais altos de autonomia. Entretanto, seu terapeuta possui esquema de emaranhamento e se envolve em demasia. Edward acaba conseguindo se livrar da dependência quanto ao pai, apenas para se tornar dependente do terapeuta.

Exemplo clínico C

Max tem esquema de autocontrole/autodisciplina insuficientes e procura tratamento porque isso o prejudica no trabalho de jornalista. Como ele geralmente não tem de prestar conta de seu tempo, Max possui dificuldades de terminar as matérias. Ele necessita de um terapeuta que o confronte empaticamente e proporcione estrutura.

Max começa o tratamento com uma terapeuta portadora de esquema de subjugação em relação aos homens, devido à criação por pai rígido. Quando ela fazia algo "errado" quando criança, seu pai costumava ficar com uma raiva descontrolada. Assim como fazia com seu pai, a terapeuta assume um estilo evitativo quanto a Max. Quando ele deixa de cumprir as tarefas de casa ou se esquiva de material difícil nas sessões, ela fica quieta. Para evitar conflito, deixa de confrontá-lo e de estabelecer limites. Ela não é capaz de lhe oferecer a estrutura de que ele necessita e, portanto, perpetua o esquema do paciente em vez de curá-lo.

3. *A superidentificação acontece quando os esquemas do paciente e do terapeuta coincidem.* Se ambos têm o mesmo esquema, o terapeuta pode sofrer superidentificação com o paciente e perder a objetividade. O terapeuta é conivente com o paciente para reforçar o esquema.

Exemplo clínico

Richie, o paciente, e sua terapeuta possuem esquema de abandono. Os pais de Richie se divorciaram quando ele tinha cinco anos. O menino ficou com o pai, e a mãe tornou-se uma figura distante em sua vida. Ele procura a terapia depois de a namorada tê-lo deixado. Está em depressão grave e apresenta ataques de pânico.

A terapeuta perdeu a mãe em um acidente de automóvel quando tinha 12 anos. Quando Richie fala da perda da própria mãe, a terapeuta se enche de luto. Quando ele sofre pelo fim do relacionamento com a namorada, a terapeuta se sente tomada por sofrimento. Ela envolve-se demais na vida dele e não consegue estabelecer limites adequados: permite que a chame a qualquer hora, dia ou noite, em que ele se sinta angustiado e passa horas ao telefone falando com ele toda a semana. Demora a reconhecer suas distorções cognitivas, concordando com ele, em vez de estimular uma testagem de realidade, quando ele interpreta separações menores dos amigos como casos de abandono grave, e apóia suas respostas de enfrentamento desadaptativos, em vez de ajudá-lo a mudar.

Talvez o auto-sacrifício seja o esquema mais comum entre os terapeutas. Ao trabalhar com pacientes que compartilham desse esquema, os terapeutas devem tomar cuidado para não ser coniventes com eles. Devem fazer um esforço consciente para oferecer níveis apropriados de intercâmbio, nem oferecendo demasiado, nem recebendo demasiado dos pacientes com tendências ao auto-sacrifício. Os padrões inflexíveis são outro esquema comum entre terapeutas. Quando tratam pacientes que também têm o esquema, os terapeutas devem definir expectativas razoáveis, tanto para si mesmos quanto para os pacientes perfeccionistas.

4. *As emoções do paciente ativam o comportamento evitativo do terapeuta.* Às vezes, a intensidade das emoções do paciente coloca pressão no terapeuta e faz com que ele se torne evitativo. O terapeuta retrai-se psicologicamente, ou muda de assunto, ou, ainda, comunica ao paciente que não é aceitável ter emoções intensas.

Exemplo clínico A

Leigh procura tratamento depois da morte de seu pai. Ela diz ao terapeuta que era o orgulho e a alegria de seu pai e que ele era a única pessoa que sempre a amara. Leigh sente-se arrasada pela perda e não consegue mais ter um funcionamento normal. Tirou uma licença do trabalho e passa as noites bebendo em bares e os dias dormindo ou assistindo televisão. Desde a morte do pai, ela fez sexo com vários homens, todos enquanto estava bêbada, tendo desmaiado durante alguns desses episódios, de forma que não se lembra deles.

O terapeuta de Leigh tem esquema de auto-sacrifício e a acrescentou a uma agenda já saturada de pacientes. Além disso, ele realiza quase todo o trabalho doméstico, fazendo compras e cozinhando para a mulher que está grávida. Confrontando-se com a intensidade do luto de Leigh e com a enormidade de suas necessidades emocionais, ele sente-se sufocado e está esgotado demais para ajudá-la. Fecha-se emocionalmente, não consegue suportar a experiência da carência de Leigh, então a ignora e lhe nega o espaço do qual ela necessita para expressar sua dor. Sentindo que o terapeuta não se preocupa com ela, Leigh abandona a terapia depois de alguns meses.

Exemplo clínico B

Hans tem 55 anos. Acaba de perder o emprego de executivo em uma pequena empresa. Embora tenha ganho centenas de milhares de dólares nos três anos em que esteve na função, não economizou dinheiro algum. Na verdade, tem dívidas. Hans já foi despedido de vários empregos. Seu principal problema é não controlar a raiva. Com esquema de defectividade, sempre que se sente criticado, ele hipercompensa, gritando observações mordazes. Como costuma ver tramas onde elas não existem, quase todos que conhece acabam por ser presa de seus comentários sarcásticos e insultuosos.

Hans procura a terapia cm busca de ajuda para trabalhar a raiva, devido à demissão, e para acalmar-se, a fim de procurar outro emprego. Durante as sessões, passa longos períodos falando das séries de eventos que o levaram à demissão e sobre as pessoas no trabalho que o traíram e tramaram contra ele. Sua raiva parece não ter limites.

Quando o tempo passa, e ele não consegue se acalmar e procurar emprego, Hans passa a também ter raiva do terapeuta e fica furioso por este não ajudá-lo. O terapeuta, que tem esquema de subjugação, não consegue suportar a força da raiva de Hans e se torna defensivo, o que só faz aumentar a raiva do paciente.

Quando um paciente está muito vulnerável ou com raiva durante grande parte do tempo, o terapeuta corre o risco de entrar em alguma forma de comportamento evitativo. Isso pode acontecer, especialmente, nos casos de pacientes com transtorno da personalidade *borderline*, quando o terapeuta não consegue tolerar seus sentimentos intensos e suas tendências suicidas. O terapeuta se retrai, ativando o esquema de abandono do paciente e aumentando a intensidade dos sentimentos e das tendências suicidas, em um ciclo vicioso que pode crescer e chegar com rapidez a uma crise. Trata-se de tal questão com detalhe no Capítulo 9.

5. *O paciente ativa os esquemas do terapeuta, e este hipercompensa.* Quando as emoções dos pacientes alarmam os terapeutas, alguns destes podem hipercompensar. Por

exemplo, quando os pacientes com trantorno da personalidade *borderline* são muito emotivos e têm tendências suicidas, alguns terapeutas tornam-se evitativos e se retraem, como descrito há pouco. Outros terapeutas, contudo, que tendem a hipercompensar, retaliam. Ficam zangados com o paciente, atacando-o e acusando-o. O que esses pacientes precisam é de um sinal de que o terapeuta realmente se preocupa com eles, o que quase sempre os acalma. Nem o terapeuta que evita nem o que hipercompensa oferecem ao paciente com transtorno da personalidade *borderline* o que este necessita em tempos de crise, e ambos, portanto, tendem a responder de maneira a piorar a situação.

Exemplo clínico

Victor, o paciente, e seu terapeuta têm esquemas de defectividade. Ambos tendem a hipercompensar diante da percepção de ataque. Victor começa o tratamento dizendo que sua infância foi "muito feliz" e que seu pai e sua mãe lhe davam "total apoio". Em imagens mentais da infância, entretanto, Victor se lembra de sentir que o apoio do pai era falso – nunca agradou o pai. "Meu pai queria que eu fosse como ele, atlético, mas os esportes eram meu ponto mais fraco. Eu me saía bem na escola, tirava só notas máximas, fui membro da irmandade Phi Beta Kappa na faculdade, mas isso não tinha importância real para ele."

Victor pergunta ao terapeuta se ele era um bom atleta no ensino médio. O terapeuta, sentindo inveja de que Victor fosse, aparentemente, melhor aluno do que ele, não consegue resistir a se gabar, de forma inadequada, de seu histórico de atleta. Diz a Victor que foi campeão estadual de luta livre. Sentindo-se diminuído, Victor faz uma observação depreciativa sobre os "gorilas" que só pensam em esportes, e o terapeuta responde com um comentário hostil sobre o "ciúme" de Victor. Assim, em vez de curar o sentimento de defectividade do paciente, o terapeuta acaba por perpetuá-lo.

Se o paciente tem um esquema de arrogo, e o terapeuta, de auto-sacrifício, o terapeuta pode oferecer demasiado apoio extra por muito tempo, e então, quando o paciente faz alguma solicitação baseada no sentimento de arrogo, ele hipercompensa de repente, agredindo o paciente, com raiva.

6. *O paciente ativa o modo pai/mãe disfuncional do terapeuta.* O paciente tem a conduta de uma "criança mal comportada", ativando um modo pai/mãe reprovadores no terapeuta, que o trata como um pai ou como uma mãe repreensivo.

Exemplo clínico A

Dan procura a terapia devido às constantes reprovações na faculdade. Depois de passar pela avaliação, ele e a terapeuta concordam em que Dan tem esquema de autocontrole/autodisciplina insuficientes. A terapeuta dá a ele uma tarefa de casa de automonitoramento, mas Dan não a realiza. Para estimular a disciplina, ela estabelece uma tarefa após a outra, mas todas fracassam. A terapeuta, que tem esquema de defectividade, passa a sentir-se ineficiente, hipercompensa assumindo o papel de "pai/mãe punitivo", perde a empatia e pune Dan, exatamente como faziam seus pais quando ele era criança (e, pode-se acrescentar, exatamente como os pais dela faziam quando ela era criança). Dan sente-se mal consigo mesmo, mas é incapaz de realizar as tarefas de casa ou cumprir as combinações. Sentindo-se punido, mas não melhorando, ele abandona a terapia.

Exemplo clínico B

Lana tem esquema de defectividade. Ela procura tratamento porque, muito embora seja uma atriz de muito sucesso, no íntimo, sente-se inútil e não-merecedora de amor. Infelizmente, seu terapeuta tem esquema de padrões inflexíveis. Assim como o pai dela quando ela era criança, o terapeuta assume a atitude de "pai exigente". Estabelece padrões cada vez mais altos para que ela cumpra. Lana permanece em terapia durante anos, esforçando-se para se tornar "boa o suficiente" a fim de conquistar sua aprovação.

7. *O paciente satisfaz as necessidades do terapeuta ativadas por esquemas.* Os terapeutas que não monitoram seus próprios esquemas correm o risco de explorar inadvertidamente os pacientes. Em vez de tratar do bem-estar do paciente, esses terapeutas os usam, sem intenção, para atender a suas próprias necessidades emocionais.

Exemplo clínico

A terapeuta tem esquema de privação emocional (outro esquema comum entre terapeutas). Durante toda a sua vida, ela foi pouco cuidada. Uma das formas de enfrentar seu esquema é cuidar de outras pessoas em sua vida profissional, simbolicamente cuidando de sua criança interior.

A paciente, Marcie, tem esquema de auto-sacrifício e procura tratamento porque está deprimida e não sabe a razão. Fica claro que Marcie está tão envolvida no cuidado de membros de sua família, especialmente da mãe, que tem pouco tempo para si própria.

Assim como a maioria das pessoas com esse tipo de esquema, Marcie é empática, nega suas próprias necessidades e é solícita. Ela observa quando a terapeuta está com aparência cansada ou abatida. Ainda que tenha muito a dizer, ela suprime suas próprias necessidades e pergunta à terapeuta o que há de errado. Em vez de apontar o que Marcie está fazendo, como deveria, a terapeuta responde a ela, contando seus problemas. Marcie mostra-se solidária. Com o tempo, a terapeuta permite cada vez mais que Marcie se torne sua cuidadora e, com mais uma pessoa para cuidar, Marcie fica ainda mais deprimida.

Há infinitas possibilidades. Considere um paciente que tenha esquema de emaranhamento e que se junta a um terapeuta com esquema de isolamento social, que goste tanto da proximidade que não tenha como ajudar o paciente a se individuar. Considere, ainda, um paciente que esteja em busca de aprovação e que, ávido por agradar, elogia o terapeuta com freqüência, e este, com esquema de defectividade ou dependência, responde aos elogios com visível satisfação. Infelizmente, a resposta positiva do terapeuta ao comportamento do paciente o reforça.

8. *Os esquemas do terapeuta são ativados quando o paciente não consegue "avançar o suficiente".* Muitas vezes, terapeutas com esquemas de defectividade, fracasso ou incompetência/dependência respondem de forma inadequada aos pacientes que não melhoram com o tratamento. Esses terapeutas expressam raiva ou impaciência em relação ao paciente, muitas vezes perpetuando os esquemas deste.

Exemplo clínico

Beth, uma jovem paciente com transtorno da personalidade *borderline*, deprimida em função do relacionamento com o namorado, Carlos, encontra-se em tratamento. Ela está obcecada por Carlos. Quando a relação começou, ambos eram inseparáveis, mas aos poucos, ele começou a querer mais "espaço", e ela ficou muito incomodada. Beth passou a ser muito grudada e controladora, incomodando-se sempre que ele quisesse afastar-se e exigindo saber sobre o tempo que ele passava longe dela. No início da terapia, estava claro que Carlos queria terminar o relacionamento, mas Beth não o deixava. Em vez disso, ligava para ele repetidas vezes, chorando, prometendo mudar, implorando para que ele reconsiderasse. Carlos falava com ela, mas recusava-se a reatar o namoro e começou a sair com outras mulheres.

O terapeuta tem esquema de dependência/incompetência. Nervoso, tenta fazer com que Beth desista do namorado, aponta o quanto é autodestrutivo tentar se agarrar a Carlos, e ela concorda. O terapeuta ensina-lhe técnicas de interrupção de pensamentos e de distração, para que ela use quando obcecada por Carlos. Ele ajuda Beth a identificar atividades quando ela sente necessidade de telefonar para Carlos. Contudo, não importa o que ele faça, nada muda. Beth ainda está obcecada por Carlos e ainda o chama e implora que ele a aceite de volta. O terapeuta começa a se sentir incompetente e ressentido. Quando Beth expressa seus sentimentos de desamparo, ele a acusa, insinuando que ela não quer melhorar; quando ela fala em ligar para Carlos, ele a repreende severamente. Beth acaba se sentindo como se não fosse boa o suficiente para Carlos nem para o terapeuta.

Os terapeutas com esquemas de defectividade, fracasso ou dependência/incompetência podem responder à falta de avanços de um paciente de outras formas destrutivas. Os que resignam, como estilo de enfrentamento, podem parecer agitados e inseguros, solapando assim o crédito do paciente na terapia. Os terapeutas que evitam podem, impulsivamente, sugerir que o paciente busque outro terapeuta melhor.

9. *Os esquemas do terapeuta são ativados quando o paciente tem crises, como tendências suicidas.* As crises têm alta probabilidade de ativar os esquemas do terapeuta. Testam a capacidade do terapeuta de enfrentamento positivo.

Exemplo clínico

A terapeuta tem esquema de subjugação em função da mãe controladora. Desde que ela era criança, a mãe ameaçava abandoná-la se ela não se comportasse bem, se não fizesse o que a mãe queria.

Jessica, a paciente, inicia a terapia e apresenta uma descrição confusa de sua infância: em um determinado momento, diz que sua tia e seu tio abusaram sexualmente dela e do irmão pequeno; em outro momento, diz que isso nunca aconteceu. O namorado de Jessica é usuário de cocaína e alcoolista. Quando está sob efeito das drogas, desaparece, muitas vezes durante dias. Na última vez que isso aconteceu, Jessica cortou seus tornozelos com uma lâmina.

Após algumas semanas de terapia, o namorado combinou de encontrar Jessica para jantar, mas não apareceu. Ela vai para casa, corta os tornozelos e liga para a terapeuta, acordando-a. "Como ele pôde fazer isso comigo?", Jessica choraminga no telefone. Ela diz à terapeuta que cortou os tornozelos. Em vez de sentir empatia, a terapeuta fica furiosa, pois pensa que Jessica está tentando manipulá-la e controlá-la, assim como sua mãe fazia na infância. "Isso foi uma coisa muito agressiva!", ela exclama, colocando Jessica em pânico.

Para lidar com as crises de forma eficaz, o terapeuta deve permanecer empático e objetivo, e não se tornar crítico e punitivo. (Discutimos o controle da tendência suicida aguda e de outras crises no Capítulo 9.)

10. *O terapeuta tem inveja permanente do paciente.* Se o terapeuta é narcisista, pode invejar o paciente. Nesses casos, o paciente tem acesso a uma fonte de gratificação que o terapeuta quer há muito tempo, mas não consegue atingir, como beleza, riqueza, sucesso. Como no exemplo a seguir, a paciente satisfaz em sua própria vida uma das necessidades não-atendidas da terapeuta.

Exemplo clínico

Jade, a paciente, tem 19 anos e vai à terapia porque sua mãe está morrendo de câncer. O pai a leva à primeira sessão, e fica claro que ele a ama. Jade é delicada e chora ao falar com a terapeuta sobre a mãe moribunda.

A terapeuta diz a Jade que lhe ajudará a enfrentar a doença da mãe, mas apesar dessas palavras gentis, por dentro, sente ciúmes de Jade, pois cresceu em um estado de privação emocional quase total. Mesmo que a mãe de Jade esteja morrendo, esta ainda tem muito mais do que a terapeuta jamais teve. A terapeuta tem ciúmes especialmente do relacionamento de Jade com seu pai, o tipo de pai que ela sempre sonhou ter: amoroso e gentil, totalmente diferente de seu próprio pai inacessível. Com ciúme, a terapeuta não consegue ser verdadeiramente atenciosa, aberta e empática. Sentindo que algo está errado, Jade abandona a terapia depois de pouco tempo.

A inveja leva o terapeuta a se concentrar em material relevante e a se comportar de maneira ciumenta (resignação ao esquema), a evitar falar sobre material importante (evitação do esquema) ou a tentar viver indiretamente, por meio do paciente (hipercompensação de esquema).

Os terapeutas devem se esforçar para conhecer seus limites. Quando os pacientes ativam seus esquemas desadaptativos remotos, eles devem decidir se são capazes de enfrentar bem os desafios e continuar a se comportar de maneira terapêutica e profissional. Os terapeutas usam técnicas da terapia do esquema para abordar o problema, por conta própria ou sob supervisão. Podem conduzir diálogos entre o esquema e o pólo saudável. O que o esquema expressa na terapia? O que o esquema orienta o terapeuta a fazer? Como responde o pólo saudável, ou seja, o "bom terapeuta"? Além disso, o terapeuta vale-se, ainda, de técnicas vivenciais para explorar e remediar o problema. Por exemplo, o terapeuta pode se lembrar de uma imagem de um momento na sessão em que os seus próprios esquemas foram ativados. Quando, durante a infância, o terapeuta se sentiu da mesma forma? O que a criança vulnerável do terapeuta revela na imagem? De que forma o adulto saudável responde? O terapeuta pode, também, realizar diálogos entre modos. Por fim, cabe a prática do rompimento de padrões comportamentais. Em vez de expressar respostas desadaptativas junto com o paciente, o terapeuta delineia tarefas de casa que acarretem o uso de confronto empático e reparação parental limitada. Se há problemas insolúveis, por meio de consultas ou supervisão, o terapeuta deveria cogitar encaminhar o paciente a outro terapeuta.

O papel da relação terapêutica na educação do paciente

O terapeuta adapta o material educacional à personalidade do paciente. Alguns pacientes aprendem o máximo possível, ao passo que outros tendem a se sentir sufocados. Alguns querem ler livros, outros preferem assistir a filmes ou peças teatrais. Alguns querem mostrar ao terapeuta fotografias da infância, ao passo que outros não se atraem por essa perspectiva. Entretanto, a relação terapêutica cumpre um papel importante na educação de quase todos os pacientes sobre seus esquemas e estilo de enfrentamento. Os pacientes costumam obter grandes benefícios com o reconhecimento de exemplos de ativação de esquemas ali mesmo, na sessão com o terapeuta. Esses exemplos imediatos tornam-se especialmente instrutivos. Pensamentos, sentimentos e comportamentos atuais são vívidos e claros, e os pacientes os processam mais prontamente devido à presença de emoções.

De acordo com a natureza colaborativa da terapia do esquema, o terapeuta informa ao paciente que irá confrontá-lo empaticamente quando ativados seus esquemas na relação terapêutica. Além disso, tentará não reforçar os estilos de enfrentamento desadaptativos do paciente. O terapeuta diz isso de maneira que o paciente entenda que se trata de uma forma de cuidar dele.

Exemplo clínico

Bruce inicia tratamento com uma terapeuta chamada Carrie. Ele tem esquema de desconfiança/abuso, em função do irmão mais velho sádico. Quando Bruce era vulnerável, na infância, seu irmão aproveitava para torturá-lo e humilhá-lo. Agora, sempre que se sente vulnerável na sessão com Carrie, Bruce começa a fazer piadas. Ele é engraçado, e faz Carrie rir, mas, à medida que passa o tempo, Bruce continua a evitar a vulnerabilidade na terapia. Por fim, Carrie lhe diz que tentará não rir mais de suas piadas na sessão quando ele as estiver usando para evitar material importante. Embora ela goste de suas piadas e entenda por que é difícil para ele ser vulnerável, ela também sabe que a criança vulnerável nele merece uma chance de falar.

Exemplo clínico

Um paciente de 52 anos chamado Clifford comparece à sua primeira sessão de psicoterapia. Ele Afirma querer que o terapeuta restabeleça sua autoconfiança, para que ele tenha ainda mais sucesso profissional. Durante a entrevista, fica claro que Clifford perdeu suas relações mais importantes (com esposa, filhos, irmãos, melhor amigo), mas sua maneira agressivamente otimista não possibilita avaliação dessas perdas. Ed, o terapeuta, tenta ressituar o problema para incluir relações pessoais, mas Clifford se recusa a ir por esse caminho. "Eu estou pagando", ele diz. "Eu escolho o que nós vamos falar." Na segunda sessão, Ed levanta mais uma vez a questão dos relacionamentos interpessoais, incluindo exemplos de como Clifford o tratou na primeira sessão. Ed diz diretamente ao paciente: "Embora você ache que tem um problema de autoconfiança, o que você tem é algo mais profundo, que se chama narcisismo e o impede de se aproximar dos outros e de conhecer suas verdadeiras emoções". Para este paciente, o uso do termo narcisismo foi útil. Na verdade, Clifford disse que outros terapeutas tinham parado de trabalhar com ele sem jamais dizer por que razão. (Para outros pacientes, que se defendem mais, um diagnóstico explícito pode soar pejorativo e ser danoso, em vez de ajudar.)

Posteriormente no tratamento, Ed considerou necessário dizer a Clifford que não permitiria que ele passasse a sessão contando suas realizações profissionais. Ele entende que essas realizações são importantes para Clifford, mas, como o foco da terapia eram os relacionamentos íntimos, esse tipo de auto-engrandecimento não constituía uma maneira produtiva de se usar o tempo da sessão.

A RELAÇÃO TERAPÊUTICA NA FASE DE MUDANÇA

Durante a fase de mudança, o terapeuta continua a confrontar os esquemas desadaptativos remotos do paciente e seus estilos de enfrentamento, dentro do contexto da relação terapêutica. O confronto empático e a reparação parental limitada são duas formas básicas da relação terapêutica estimular a mudança.

Confronto empático (ou testagem empática da realidade)

O confronto empático é a postura terapêutica na terapia do esquema. O terapeuta assume essa postura durante a fase de mudança a fim de promover o crescimento psicológico do paciente. Entretanto, o confronto empático não é uma técnica, e sim uma abordagem em relação ao paciente, que envolve um vínculo emocional verdadeiro. O terapeuta deve se preocupar genuinamente com o paciente para que a abordagem funcione.

No confronto empático, o terapeuta enfatiza e confronta o esquema. Manifesta compreensão sobre as razões pelas quais o paciente tem o esquema e o quanto é difícil mudar, ao mesmo tempo em que reconhece a importância dessa mudança, esforçando-se por um equilíbrio ideal entre empatia e confronto que irá possibilitar a mudança do paciente. O terapeuta usa o confronto empático sempre que são ativados os esquemas do paciente no contexto da relação terapêutica. O ativar de um esquema torna-se visível nas reações exageradas do paciente, em suas interpretações equivocadas e em seus comportamentos não-verbais.

O primeiro passo é permitir que os pacientes expressem livremente sua "verdade". O terapeuta estimula os pacientes a afirmar os próprios pontos de vista, compartilhando completamente seus pensamentos e sentimentos. Para ajudar o paciente, o terapeuta faz perguntas: o que o paciente pensa e sente? O que ele deseja fazer? Quais ações por parte do terapeuta ativam o esquema? Qual é o esquema? Quem mais faz com que o paciente se sinta assim? Quem, no passado do paciente, fez com que ele se sentisse assim? O que aconteceu? Com quem o paciente se sentiu assim na infância? O terapeuta pode usar imagens mentais a fim de ajudar o paciente a conectar o incidente a eventos passados.

A seguir, o terapeuta empatiza com os sentimentos do paciente, dadas as perspectivas deste sobre a situação, e reconhece o componente realista do ponto de vista do paciente. Se for o caso, desculpa-se por qualquer coisa que tenha feito de prejudicial ou insensível. Uma vez que o paciente se sinta entendido e validado, o terapeuta avança para o teste de realidade, confrontando falhas no ponto de vista do paciente, usando a lógica e as evidências empíricas. O terapeuta apresenta uma interpretação alternativa, inúmeras vezes abrindo seus próprios sentimentos sobre a interação. Terapeuta e paciente avaliam as reações deste à situação terapêutica. Esse processo, via de regra, rende um núcleo de verdade combinado com uma distorção provocada pelo esquema.

Exemplo clínico

Lysette é uma mulher de 26 anos que procura tratamento após o rompimento de um relacionamento amoroso. Seu esquema nuclear é a privação emocional, originada na infância, com pais ricos, mas indisponíveis emocionalmente. Seu pai e sua mãe viajaram toda a sua infância, deixando-a com babás ou em internatos. Lysette se lembra de uma vez em que se jogou escada abaixo para impedir que seus pais viajassem. No decorrer da sessão, ela sente que o terapeuta não entende o que ela explica. Isso ativa seu esquema de privação emocional, e ela agride o terapeuta: "Você nunca me entende", diz com raiva.

O terapeuta usa o confronto empático. Em primeiro lugar, ajuda Lysette a expressar sua visão do que acaba de acontecer. Lysette conta a ele o quanto está com raiva e diz que, subjacente à raiva, há medo de que o terapeuta nunca venha a entendê-la. No fundo, tem medo de estar sempre só. O terapeuta expressa compreensão sobre a razão de Lysette para se sentir dessa forma e se desculpa por entendê-la mal. Quando Lysette se sente ouvida, eles avançam para o teste de realidade. É verdade que o terapeuta não a entendeu perfeitamente, mas ele a entende na maior parte do tempo e se preocupa com ela.

Ao encobrir seu medo com raiva, o efeito é afastar o terapeuta e dificultar ainda mais que ele lhe dê o que ela precisa.

Quando se emprega o confronto empático no contexto da relação terapêutica, os terapeutas usam a sinceridade, compartilham seus próprios pensamentos e sentimentos sobre a interação se isso provavelmente beneficiar o paciente. Se o paciente atribui julgamentos, motivos e emoções falsas ao terapeuta, pode escolher dizê-lo ao paciente diretamente.

Por exemplo, uma jovem com esquema de abandono procura tratamento e pergunta ao terapeuta: "Eu sou carente demais pra você? Você vai parar de me atender porque eu sou carente demais?". O terapeuta responde diretamente: "Não, você não é carente demais para mim. Não sinto assim". O terapeuta usa a relação terapêutica para contrapor-se ao esquema. (É claro, o terapeuta só dirá isso se for verdade.) Dessa forma, o terapeuta assegura ao paciente que as expressões normais de necessidade não configuram um problema.

Em outro exemplo, um jovem com esquema de defectividade diz ao terapeuta: "As pessoas da minha família dizem que sou egoísta. Você me considera egoísta?". O terapeuta responde, sinceramente: "Não, não lhe considero egoísta. Considero você solidário e generoso". Assim, a sinceridade do terapeuta oferece um antídoto parcial aos esquemas do paciente.

Exemplo clínico

Bill, o paciente, tem um esquema de fracasso e chega à terapia querendo trabalhar na carreira de gerente empresarial, que não está avançando como ele esperava. No final da primeira sessão, Eliot, o terapeuta, dá a Bill uma tarefa de casa: preencher o Questionário de Esquemas de Young. Bill chega à próxima sessão com o trabalho por fazer e entra na sessão com uma atitude beligerante, andando para lá e para cá com irritação e dando desculpas.

Eliot espera um pouco, até que Bill se acalme o suficiente para ter uma discussão. Eles analisam o que acaba de acontecer. "Pensei que você iria gritar comigo", explica Bill. Eliot explora as origens dessa expectativa na infância de Bill e seus efeitos em sua vida profissional. Bill cresceu em uma fazenda, seu pai lhe punia com severidade por não cumprir as tarefas com rapidez suficiente. (Bill também tem um esquema de postura punitiva.) O terapeuta se solidariza com a experiência de infância de Bill. Por baixo de seu exterior raivoso, há uma criança vulnerável com medo de falhar e ser punida. A seguir, Eliot ajuda Bill a traçar os efeitos dos esquemas em sua vida pessoal. Emerge o histórico de Bill de antagonizar colegas de trabalho e chefes, impedindo assim o crescimento profissional. Quando Bill entende seus esquemas subjacentes (Fracasso e Postura Punitiva) e seu estilo de enfrentamento desadaptativo (ele hipercompensa se comportando com raiva), Eliot avança para a testagem de realidade. Ele diz o que pensa com relação aos efeitos do comportamento enraivecido de Bill. Quando Bill se comportou daquela forma, Eliot queria se distanciar dele.

Analisando os esquemas à medida que são ativados naturalmente na relação terapêutica, os pacientes compreendem a forma como os perpetuam e estabelecem as condições para as dificuldades fora da terapia.

Os terapeutas podem prever a ativação de esquemas e ensinar os pacientes a fazer o mesmo. Pode-se, com facilidade predizer que o esquema de abandono de um paciente será ativado quando o terapeuta sai de férias. Esse conhecimento possibilita que o terapeuta trate antecipadamente dos medos do paciente e o ajude a desenvolver uma resposta de enfrentamento saudável. Por exemplo, terapeuta e paciente elaborariam um cartão para que o paciente leia na ausência do terapeuta.

Da mesma forma, prevê-se que um paciente com esquema de subjugação relutará em seguir as instruções do terapeuta. Neste caso, o terapeuta prepara-se para essa eventualidade e dá ao paciente sugestões em vez de instruções sobre questões como exercícios na sessão e tarefas de casa. Em vez de instruir o paciente, o terapeuta pede que ele escolha o exercício, ou elabore a tarefa de casa.

A reparação parental limitada na fase de mudança

A reparação parental limitada é especialmente valiosa para pacientes que tenham esquemas no domínio da desconexão e rejeição, ou seja, os que sofreram abuso, abandono, privação emocional ou rejeição na infância. Quanto mais grave o trauma, mais importante se torna a reparação parental. Os pacientes com esquemas em outros domínios também se beneficiam da reparação parental limitada. Com esses, o processo trata de questões como autonomia, limites realistas, auto-expressão, reciprocidade e espontaneidade.

A reparação parental é "limitada", pois o terapeuta oferece uma aproximação de experiências emocionais que o paciente não teve, dentro de limites éticos e profissionais, sem se tornar realmente o pai ou a mãe, nem fazendo o paciente retornar à dependência de criança. Em vez disso, a reparação parental limitada constitui uma forma de interagir com o paciente voltada à cura dos esquemas desadaptativos remotos específicos.

Para adequar a reparação parental a cada paciente, o terapeuta precisa considerar a etapa de desenvolvimento. Os pacientes com transtorno da personalidade *borderline* têm necessidades mais infantis. Perdendo a constância objetal, eles, muitas vezes, demandam contato extra, sob a forma de mais seções ou telefonemas entre as mesmas. Os terapeutas devem equilibrar as necessidades do paciente com suas próprias limitações e oferecer modelos saudáveis de definição de limites. Aprofundamos a discussão sobre o estabelecimento de limites no Capítulo 9.

Assim como o confronto empático, a reparação parental limitada inclui uma abertura genuína por parte do terapeuta. Para resultar útil, essa abertura deve ser sincera e verdadeira. Elogios, por exemplo, a um paciente com esquema de defectividade só representam reparação parental adequada se fundamentados em qualidades positivas reais do paciente, de fato apreciadas pelo terapeuta. Às vezes, com pacientes hostis ou negativos, é difícil para o terapeuta encontrar qualidades positivas. Nesses casos, uma afirmação que transmite compreensão pode se contrapor a um esquema. "Quando você se sentir seguro, permita que eu me aproxime de você", o terapeuta poderia falar a um paciente desconfiado, por exemplo. Assim, o terapeuta reconhece as dificuldades que o paciente tem de se aproximar de outras pessoas, mas explica esse resguardo como forma de evitação, e não como o "verdadeiro *self*".

Outro tipo de abertura por parte do terapeuta é responder às perguntas do paciente de maneira direta, se não forem pessoais em demasia. Uma paciente com esquema de desconfiança/abuso quer saber, por exemplo, sobre as anotações do terapeuta. Ele responde as perguntas diretamente, em vez de interpretá-las ou questioná-las. A reparação parental limitada, neste caso, envolve objetividade para com a paciente sobre os conteúdos do arquivo referente a ela.

Em outro caso, uma paciente com esquema de defectividade observa que a terapeuta tem uma balança no consultório e pergunta por quê. A terapeuta responde que trata pacientes com transtornos alimentares. Em vez de se pesar diariamente (ou várias vezes ao dia), esses pacientes concordaram em se pesar somente nas sessões semanais de terapia. A paciente responde: "Ah, pensei que você estava tentando me dizer que estou gorda". Uma resposta direta por parte da terapeuta aumenta a sensação de confiança da paciente. A terapeuta não está lhe enviando mensagens negativas indiretas.

Por sua vez, pacientes com esquemas de dependência tendem a perguntar as opiniões do terapeuta quando poderiam tomar decisões por conta própria. Nesses casos, o terapeuta combina a reparação parental limitada com confronto empático e dá, sutilmente uma resposta. Ele diz, por exemplo, "Sei que você se sente ansioso decidindo por conta própria. Seu esquema de dependência impede que você tente descobrir as coisas sozinho, mas você é capaz de fazê-lo. Em vez de lhe dizer o que fazer, vou lhe apoiar enquanto você encontra suas próprias respostas".

É importante que os terapeutas se lembrem de que não lhe cabe evitar a ativação dos esquemas dos pacientes na relação terapêutica. Em primeiro lugar, isso deve ser impossível, sobretudo quando se trabalha com pacientes frágeis. A tarefa do terapeuta consiste em trabalhar com os esquemas do paciente quando ativados. Em vez de minimizar a importância do que acontece, o terapeuta usa a ativação de esquemas como oportunidade para maximizar o potencial do paciente para crescimento psicológico. A reparação parental limitada mescla-se ao trabalho vivencial, especialmente a imagens mentais. Quando o terapeuta participa das imagens do paciente para servir de "adulto saudável" e permite que ele diga em voz alta aquilo de que necessita, mas não recebeu de seus pais, está realizando a reparação parental. O terapeuta ensina ao paciente que havia outras maneiras de seu pai ou de sua mãe o haverem tratado. Quando criança, ele tinha necessidades que não foram atendidas, e outros pais poderiam tê-las satisfeito. Ao modelar inicialmente o adulto saudável em imagens mentais, depois fazer o paciente servir como adulto saudável, o terapeuta o ensina a realizar a reparação parental com sua própria criança interior.

Elaboramos estratégias específicas para a reparação parental limitada relativa a cada esquema desadaptativo remoto, que consideram os estilos de enfrentamento que, via de regra, caracterizam o esquema. As estratégias de reparação parental limitada destinam-se a fornecer um antídoto parcial ao esquema dentro da relação terapêutica.

1. *Abandono/Instabilidade*. O terapeuta torna-se uma fonte transitória de estabilidade, acabando por ajudar o paciente a encontrar outros relacionamentos estáveis fora da terapia. Ele corrige distorções com relação à probabilidade de que venha a abandonar o paciente. O terapeuta ajuda o paciente a aceitar suas viagens, férias e não-disponibilidade sem se fechar ou se comportar de forma autodestrutiva.
2. *Desconfiança/Abuso*. O terapeuta é completamente digno de confiança, honesto e verdadeiro com o paciente. Ele pergunta regularmente sobre confiança e intimidade, e discute quaisquer sentimentos negativos que o paciente tenha com relação a ele. O terapeuta pergunta sobre a vigilância durante as sessões. Para fortalecer a confiança do paciente, quando necessário, posterga o trabalho vivencial e avança lentamente pelas memórias traumáticas.
3. *Privação emocional*. O terapeuta proporciona um clima de cuidado, com carinho, empatia e orientação. O terapeuta estimula o paciente a pedir aquilo que necessita emocionalmente e a se sentir merecedor de necessidades emocionais. O terapeuta o auxilia a expressar sentimentos de privação sem agredir ou sem permanecer em silêncio. Ajuda o paciente a aceitar as limitações do terapeuta e a tolerar um pouco de privação enquanto aprecia o cuidado disponibilizado.
4. *Defectividade*. O terapeuta tem uma postura de aceitação, e não de julgamento. Ele gosta do paciente, apesar das falhas deste. Está disposto a ser imperfeito, compartilhando pequenas fragilidades com o paciente, e a elogiá-lo com maior freqüência possível, sem parecer falso.
5. *Isolamento social*. O terapeuta destaca semelhanças entre ele e o paciente, bem como diferenças, mostrando que, mesmo assim, ambos são compatíveis.
6. *Dependência/Incompetência*. O terapeuta resiste a tentativas do paciente de assumir um papel independente. Estimula os pacientes a tomar suas próprias decisões, e elogia os julgamentos de decisões tomadas com acerto.
7. *Vulnerabilidade ao dano ou à doença*. O terapeuta desestimula a dependência em relação a ele para se sentir seguro quanto ao risco de andar no mundo. O terapeuta expressa uma confiança calma na capacidade do paciente de dar conta de situações fóbicas e de enfermidades.
8. *Emaranhamento/Self subdesenvolvido*. O terapeuta ajuda o paciente por meio do estabelecimento de limites apropriados, não tão próximos nem tão distantes. Estimula o paciente a desenvolver um sentido de *self* separado.
9. *Fracasso*. O terapeuta apóia as conquistas do paciente no traba-

lho ou nos estudos. Proporciona estrutura e define limites.
10. *Arrogo*. O terapeuta apóia o pólo vulnerável do paciente e não reforça o pólo que tem de arrogar-se direitos. Confronta empaticamente o arrogo e estabelece limites. Apóia as conexões emocionais mais do que o *status* ou o poder.
11. *Autocontrole/Autodisciplina insuficientes*. O terapeuta é firme ao estabelecer limites. Oferece modelos apropriados de autocontrole e autodisciplina e recompensa o paciente por desenvolver gradualmente essas capacidades.
12. *Subjugação*. O terapeuta é relativamente não-diretivo, em vez de controlador. Estimula o paciente a fazer escolhas em relação a objetivos da terapia, técnicas de tratamento e tarefas de casa. Aponta comportamentos respeitosos ou revoltados e ajuda o paciente a reconhecer a raiva, a liberá-la e, depois, a aprender a se expressar adequadamente.
13. *Auto-sacrifício*. O terapeuta ajuda o paciente estabelecer fronteiras adequadas e a afirmar seus próprios direitos e necessidades. Estimula-o a confiar nele, validando, assim, suas necessidades de dependência, e o desestimula a cuidar do terapeuta, indicando o padrão por meio de um confronto empático.
14. *Negatividade/Pessimismo*. O terapeuta evita fazer papel de lado positivo em relação ao pólo negativo do paciente. Em vez disso, pede que o próprio paciente faça os dois papéis. O terapeuta oferece um modelo de otimismo saudável.
15. *Inibição emocional*. O terapeuta estimula, nas sessões, o paciente a expressar sentimentos espontaneamente e oferece modelos adequados para essa expressão.
16. *Padrões inflexíveis*. O terapeuta oferece modelos de padrões equilibrados em sua abordagem à terapia e em sua própria vida. Em vez de manter um clima de seriedade rígida, recompensa o paciente por um comportamento divertido. Valoriza a relação terapêutica, mais do que as realizações, e estimula o comportamento imperfeito.
17. *Postura punitiva*. Os terapeutas assumem uma atitude de perdão em relação ao paciente e a eles mesmos, e elogiam o paciente por perdoar a outros.
18. *Busca de aprovação*. O terapeuta enfatiza o *self* fundamental do paciente em detrimento de conquistas superficiais, como *status*, aparência ou riqueza.

O mesmo comportamento dos pacientes requer respostas diferentes dos terapeutas, conforme o esquema subjacente. O cenário a seguir é um exemplo.

Uma jovem paciente chega, com freqüência, muito atrasada às sessões (quando restam apenas 10 minutos de sessão).

Se a paciente tem esquema de desconfiança/abuso e está chegando atrasada porque tem medo de que o terapeuta abuse dela, então a reparação parental implica empatizar com a "criança que sofreu abuso" e ajudar o modo criança a se sentir seguro. O terapeuta pode declarar: "Sei que é difícil para você vir às sessões; que, no fundo você tem medo de mim; também sei que há uma razão para que você se sinta assim, que é a maneira como pessoas em que você confiava a trataram quando você era criança. Fico feliz que você consiga vir aqui e espero que, aos poucos, você passe a confiar em mim o suficiente para comparecer à sessão inteira".

Se a paciente tem esquema de abandono/instabilidade e está chegando atrasada porque tem medo de estabelecer vínculo com o terapeuta, para depois inevitavelmente perdê-lo, a reparação parental envolve reafirmar à criança abandonada a estabilidade da relação terapêutica. O terapeuta pode dizer: "Sei que você pensa que estou zangado por chegar atrasada, quero que saiba que não estou, e que sei que há uma razão para isso, que tem a ver com sua infância. Mesmo quando você chega tarde, eu ainda sinto um vínculo com você".

Se a paciente tem esquema de privação emocional e atrasa-se como resultado de um sentimento hipercompensatório de arrogo, a reparação parental consiste em empatizar com a criança que sofreu privação, que irá sentir falta do apoio de uma sessão inteira, mas insistir, todavia, em terminar a sessão na hora certa. O terapeuta pode dizer: "Lamento que você tenha chegado atrasada e que só tenhamos alguns minutos juntos. Quero lhe dar a oportunidade de expressar seus sentimentos a esse respeito. Vamos falar o resto da sessão sobre isso".

Se a paciente tem esquema de defectividade e chega atrasada porque tem medo de que o terapeuta enxergue seu "verdadeiro" self e a despreze, a reparação parental diz respeito a empatizar com a criança rejeitada, apontando o fato de que o terapeuta a aceita, atrasada ou não. O terapeuta pode dizer: "Quero reconhecer a importância de você ter vindo, mesmo que seja tão difícil. É importante para mim que você saiba que a aceito e valorizo nossa relação, mesmo quando você chega atrasada".

Se a paciente tem esquema de fracasso e chega atrasada porque tem certeza de que fracassará na terapia, a reparação parental inclui empatizar com a expectativa subjacente de fracasso, mas confrontar as conseqüências do comportamento. O terapeuta pode dizer: "Sei que é difícil para você acreditar que a terapia vai funcionar, porque muitas coisas não funcionaram para você no passado, mas observemos o que vai acontecer se você não chegar na hora, comparado com o que vai acontecer se você chegar".

Se a paciente tem esquema de dependência/incompetência e atrasa-se porque não consegue se planejar e se orientar por conta própria, a reparação parental envolve fortalecer e ensinar habilidades. O terapeuta pode dizer: "Observemos o que você fez certo para chegar até aqui e onde errou. Assim, conseguimos planejar juntos a forma como você conseguirá chegar aqui na hora na semana que vem".

Se a paciente tem esquema de autosacrifício e atrasa-se porque foi parada por um amigo quando se dirigia à terapia e não conseguiu dizer que estava com pressa, a reparação parental consiste em lhe indicar as conseqüências negativas do auto-sacrifício e construir a habilidade de se afirmar. O terapeuta pode dizer: "Custou a maior parte de sua sessão de terapia permanecer na conversa, e você não ganhou nada. Falemos sobre como você poderia ter se desvencilhado da conversa. Você gostaria de fazer um pouco de trabalho com imagens mentais com isso? Feche os olhos e visualize uma imagem de um encontro com seu amigo, e de ficar presa na conversa".

O conhecimento dos esquemas subjacentes dos pacientes ajuda o terapeuta a fazer a reparação parental da forma mais eficaz.

RESUMO

Na terapia do esquema, a relação terapeuta-paciente constitui um elemento essencial da avaliação e mudança dos esquemas. Duas características da relação terapêutica são emblemáticas para a terapia do esquema: o confronto empático e a reparação parental limitada. O confronto empático é a expressão de compreensão sobre os esquemas do paciente, ao mesmo tempo em que se confronta a necessidades de mudança. A reparação parental limitada significa satisfazer, de forma limitada, as necessidades emocionais não-atendidas na infância do paciente.

Na fase de avaliação e educação, a relação terapêutica é uma forma eficaz de avaliar esquemas e reeducar o paciente. O terapeuta estabelece sintonia, formula a conceituação de caso, decide qual estilo de reparação parental limitada é apropriada para o paciente e determina se os próprios esquemas do terapeuta e seus estilos de enfrentamento têm chance de interferir nos rumos da terapia.

O confronto empático e a reparação parental limitada se mesclam e se alternam ao longo das etapas cognitiva, vivencial e de rompimento de padrões comportamentais, na fase de mudança. Os terapeutas adaptam seus estilos próprios de conduzir a reparação parental a fim de se adequarem aos esquemas de estilos de enfrentamento dos pacientes. O conhecimento dos próprios esquemas e estilos de enfrentamento ajuda os terapeutas a se manter concentrados na reparação parental da maneira mais útil.

7
ESTRATÉGIAS DETALHADAS PARA TRATAMENTO DE ESQUEMAS

Neste capítulo, discutimos cada um dos 18 esquemas individualmente, incluindo a apresentação clínica do esquema, os objetivos do tratamento, as estratégias que destacamos e problemas especiais. Apresentamos, também, estratégias de tratamento específicas, incluindo as cognitivas, as vivenciais e as comportamentais, além de aspectos da relação terapêutica.

Não incluímos descrições de como implementar as estratégias, por exemplo, conduzir concretamente diálogos com imagens mentais ou formular exercícios de exposição. Partimos do pressuposto de que os leitores já aprenderam essas estratégias em capítulos anteriores. Neste, descrevemos maneiras de adaptar as estratégias de tratamento a cada esquema específico.

DOMÍNIO DA DESCONEXÃO E REJEIÇÃO

Abandono

Apresentação típica do esquema

Esses pacientes possuem uma expectativa constante de que podem perder as pessoas mais próximas a eles. Acreditam que essas pessoas vão lhes abandonar, ficar doentes e morrer, trocá-los por outro, comportar-se de forma imprevisível ou desaparecer de repente, de alguma maneira. Assim, vivem sob medo constante, sempre alerta em busca de qualquer sinal de que alguém sairá de suas vidas.

As emoções típicas envolvem ansiedade crônica com relação à perda de pessoas, tristeza e depressão quando há uma perda real ou percebida, e raiva daqueles que as deixaram. (Em formas mais intensas, tais emoções se transformam em terror, luto e raiva.) Alguns pacientes chegam a se sentir incomodados quando as pessoas se ausentam por períodos curtos. Entre os comportamentos típicos, estão apego demasiado a pessoas próximas, possessividade e controle, acusações de abandono, ciúme, competitividade com rivais – tudo para impedir a ausência da outra pessoa. Alguns pacientes com esquema de abandono esquivam-se totalmente dos relacionamentos íntimos para evitar o que prevêem como a dor inevitável da perda (quando se perguntou a um paciente com esse esquema por que não conseguia estabelecer um comprometimento com a mulher que amava, ele respondeu: "E se ela morre?"). Em sintonia com o processo de perpetuação do esquema, esses pacientes costumam escolher pessoas instáveis em suas relações: parceiros amorosos descomprometidos ou não-disponíveis, com alta probabilidade de abandoná-los. Geralmente, apresentam uma relação intensa com esses parceiros e costumam se apaixonar com obsessão.

O esquema de abandono com freqüência relaciona-se a outros esquemas. Pode estar ligado ao de subjugação, quando os pacientes crêem que, se não fizerem o que o outro quer, ela irá deixá-los. Também pode estar associado ao esquema de dependência/incompetência, quando os pacientes acreditam que, se o outro for embora, não conseguirão funcionar por conta própria. Por fim, o esquema de abandono pode relacionar-se ao de defectividade, quando os pacientes crêem que o outro descobrirá neles vários defeitos e abandoná-los.

Objetivos do tratamento

Um dos objetivos do tratamento é ajudar os pacientes a ter uma visão mais realista em relação à estabilidade dos relacionamentos. Os pacientes tratados com êxito para esquemas de abandono não se preocupam mais o tempo todo com a possibilidade de que pessoas próximas, de confiança, venham a desaparecer a qualquer momento. Em termos de relações objetais, aprenderam a internalizar pessoas importantes como objetos estáveis, tendo menos probabilidade de aumentar ou interpretar mal os comportamentos como sinais de que as outras pessoas vão deixá-los.

Os esquemas associados a esse também tendem a reduzir. Como se sentem menos subjugados, dependentes, defectivos, o abandono não é tão assustador quanto costumava ser. Eles sentem-se mais seguros nos relacionamentos, de forma que não precisam se apegar em demasia, controlar ou manipular; têm menos raiva; escolhem pessoas constantes, e deixam de evitar relacionamentos íntimos. Outro sinal de melhora em pacientes com esquema de abandono é conseguirem permanecer a sós por períodos longos sem ficarem ansiosos ou deprimidos e sem procurarem imediatamente alguém com quem estar.

Principais estratégias do tratamento

Quanto mais grave o esquema de abandono, maior a importância da relação terapêutica para o tratamento. Pacientes com transtorno da personalidade *borderline* geralmente têm o abandono como um de seus esquemas nucleares, e, portanto, a relação terapêutica consiste em um foco básico de cura. Segundo nossa abordagem, o terapeuta torna-se uma figura de pai/mãe transitória, uma base estável a partir da qual o paciente pode se aventurar no mundo e estabelecer outros vínculos estáveis. Em primeiro lugar, o paciente aprende a superar o esquema dentro da relação terapêutica e, depois, transfere essa aprendizagem às relações com pessoas importantes em sua vida, fora da terapia. Por meio da "reparação parental limitada", o terapeuta proporciona estabilidade ao paciente, e este aprende a aceitá-lo gradualmente como objeto estável. O trabalho com modos é bastante útil (*ver* Capítulo 9). Por meio de confrontação empática, o terapeuta corrige as sensações distorcidas do paciente de que o terapeuta irá abandoná-lo. O terapeuta o ajuda a aceitar viagens, férias e indisponibilidades sem fazer disso uma catástrofe ou sem reações exageradas. Por fim, o terapeuta o auxilia a encontrar alguém para substituí-lo como principal relacionamento (alguém estável, que não irá embora) de forma que o paciente não dependa para sempre do terapeuta como objeto estável.

As estratégias cognitivas se concentram em alterar as visões exageradas do paciente de que outras pessoas acabarão por deixá-lo, morrer ou se comportar de maneira imprevisível. Os pacientes aprendem a não considerar catástrofes as separações temporárias de pessoas que lhes são importantes. Além disso, as estratégias cognitivas tratam de alterar as expectativas fora da realidade de que essas pessoas importantes deveriam estar sempre disponíveis e agir sempre de forma coerente. Os pacientes aprendem a aceitar que outras pessoas têm direito de estabelecer limites e definir espaços separados. Essas estratégias também se concentram na redução do esforço obsessivo do paciente para garantir que o parceiro ainda esteja disponível. Por fim, as estratégias abordam as cognições que se ligam a outros esquemas, por exemplo, procuram mudar a visão que os pacientes têm de que devem fazer aquilo que outros querem que façam ou serão abandonados, de que são incompetentes e necessitam que outros cuidem deles, ou de que são defectivos e que os outros acabarão descobrindo isso e indo embora.

Em termos de estratégias vivenciais, o paciente revive, em imagens mentais, experiências de abandono ou instabilidade ocorridas na infância. Revive, por meio de imagens mentais, memórias do pai ou da mãe que o abandonou ou era instável e com quem às vezes podia contar, às vezes não. O terapeuta entra na imagem e torna-se a figura estável para a criança, expressa raiva em relação ao pai ou à mãe que agiu de forma irresponsável e conforta a criança abandonada. A seguir, o paciente entra na imagem como adulto saudável e faz o mesmo, ou seja, expressa raiva pelo pai ou pela mãe que o abandonou e conforta a criança abandonada. Assim, o paciente torna-se, aos poucos, capaz de atender seu próprio adulto saudável em imagens mentais.

Em termos comportamentais, os pacientes se concentram em encontrar parceiros capazes de estabelecer comprometimento. Também aprendem a parar de afastar os parceiros devido aos comportamentos demasiado ciumentos, muito apegados, raivosos e controladores. Gradualmente, aprendem a tolerar o fato de estarem sozinhos. Contrapondo-se à atração pela instabilidade, provocada pelo esquema, aprendem a se afastar rapidamente de relações instáveis e a estar mais cômodos em relacionamentos estáveis. Também curam seus esquemas relacionados, deixando de permitir que outras pessoas os controlem, aprendem a se tornar mais competentes para lidar com as questões cotidianas ou trabalham para se sentir menos defectivos.

Problemas específicos deste esquema

O abandono costuma surgir como problema na terapia quando o terapeuta inicia uma separação, como terminar a sessão, sair de férias ou mudar o horário de consulta. O esquema é ativado, e o paciente fica com medo ou com raiva. Essas situações dão excelentes oportunidades para que o paciente avance em relação ao esquema. O terapeuta ajuda por meio de confrontação empática: embora entenda por que o paciente está tão assustado, na realidade ainda estará ligado a ele quando se afastarem, e retornará e atenderá o paciente novamente.

Outra possibilidade é que os pacientes sejam demasiado obedientes na terapia para se certificar de que o terapeuta nunca os deixe, ou seja, são "bons pacientes", mas não são autênticos. Os pacientes talvez saturem o terapeuta, buscando constante reafirmação ou ligando entre sessões para restabelecer a conexão. Pacientes evitativos faltam a sessões, relutam em comparecer regularmente ou abandonam prematuramente a terapia por não querer se vincular muito ao terapeuta. Os pacientes com o esquema de abandono também testam repetidamente o terapeuta, por exemplo, ameaçando parar com a terapia ou acusando o terapeuta de querer parar. Tratamos dessas questões detalhadamente no capítulo sobre tratamento de pacientes com transtorno de personalidade *borderline* (*ver* Capítulo 9). Brevemente, o terapeuta aborda o problema por meio de uma combinação entre estabelecimento de limites e confrontação empática.

Outro risco é o de que os pacientes com esquema de abandono façam do terapeuta uma figura central em suas vidas permanentemente, em vez de formar conexões estáveis e básicas com outras pessoas. O paciente nunca finaliza a terapia, simplesmente continua a deixar que o terapeuta seja a conexão estável. Tornar-se dependente do terapeuta passa a ser a solução não-saudável para o esquema. O objetivo maior da terapia é que os pacientes se relacionem com outras pessoas no mundo exterior, que satisfaçam suas necessidades emocionais.

Desconfiança/Abuso

Apresentação típica do esquema

Os pacientes com esquema de desconfiança/abuso têm expectativas de que os outros vão mentir, trair ou obter vantagens sobre eles de várias maneiras e, na forma mais extrema do esquema, tentar humilhá-los ou abusar deles. Esses pacientes não crêem que outras pessoas sejam honestas ou sinceras e que tenham em consideração seus melhores interesses. Em vez disso, são defensivos e desconfiados. Às vezes, acreditam que outras pessoas querem machucá-los intencionalmente. Na melhor das hipóteses, sentem que as pessoas só se preocupam consigo mesmas e não se importam de machucar a outras para obter o que precisam; na pior hipótese, estão convencidos de que as pessoas são malevolentes, sádicas e têm prazer em magoar os outros. Na forma extrema, os pacientes com esse esquema acreditam que outras pessoas querem torturá-los e abusar deles sexualmente. (Isaac Bashevis Singer [1978] escreveu sobre o holocausto – uma expressão de esquema de desconfiança/abuso – em seu livro *Shosha*: "O mundo é um matadouro e um bordel" [p. 266].)

Assim, os pacientes com esse esquema tendem a evitar a intimidade. Não compartilham seus pensamentos e sentimentos mais profundos com outros e, em alguns casos, acabam traindo ou abusando de outras pessoas como forma de ataque preventivo ("Vou pegá-los antes que me peguem"). Em termos amplos, os comportamentos típicos incluem os de vítima e de abusador. Alguns pacientes escolhem parceiros abusadores e lhes permitem que abusem física, sexual ou emocionalmente, enquanto outros se comportam de forma abusiva em relação a outras pessoas. Alguns se tornam "salvadores" de outros que sofreram abuso ou expressam indignação com pessoas que percebem como abusadoras. Os pacientes com esse esquema, muitas vezes, mostram-se paranóides, perpetuamente estabelecem testes e coletam evidências para determinar se outros são dignos de confiança.

Objetivos do tratamento

O principal objetivo do tratamento é ajudar os pacientes com esquema de desconfiança/abuso a entender que, embora algumas pessoas não sejam dignas de confiança, muitas outras o são. Ensinamos a eles que a melhor maneira de viver é se manter o mais longe possível de pessoas abusivas, defender-se quando necessário e se concentrar em ser próximo daqueles que mereçam confiança.

Os pacientes que já curaram um esquema de desconfiança/abuso aprenderam a distinguir entre as pessoas que são dignas de confiança e as que não o são. Aprenderam que há um espectro de confiabilidade: aqueles em que vale a pena confiar não precisam ser perfeitos, só precisam ser "confiáveis o suficiente". Com essas pessoas, os pacientes aprendem a se comportar de maneira diferente, dispondo-se a lhes dar o benefício da dúvida, sendo menos defensivas e desconfiadas, parando de fazer testes e não mais enganando aos outros porque esperam ser enganados. Com os indivíduos que se tornam seus parceiros amorosos ou amigos íntimos, os pacientes passam a ser mais autênticos, compartilhando muitos de seus segredos e se dispondo a mostrar vulnerabilidade. Acabam por descobrir que, caso se comportem de forma aberta, as pessoas confiáveis geralmente irão tratá-los bem em retorno.

Principais estratégias do tratamento

Ao lidar com abuso infantil, a relação terapêutica é crucial para o sucesso da terapia. No centro da experiência do abuso na infância, estão sentimentos de terror, desamparo e isolamento. Em termos ideais, o terapeuta fornece ao paciente o antídoto a esses sentimentos. No centro da experiência da terapia, estão sentimentos de segurança, fortalecimento e reconexão.

Com pacientes que sofreram abuso quando crianças pequenas, o terapeuta deve trabalhar para estabelecer segurança emocional. Pretende-se proporcionar um lugar seguro para que os pacientes contem sua história de abuso, pois a maioria dos sobreviventes é muito ambivalente com relação a isso: por um lado, o paciente quer discutir o que aconteceu; por outro, quer ocultar. Muitos desses pacientes alternam entre esses dois estados, da mesma forma como alternam entre sentir-se sufocados e estar insensíveis (uma característica comum do transtorno de estresse pós-traumático). Esperamos que, ao final da terapia, a maior parte dos segredos traumáticos do paciente tenha sido revelada, discutida e entendida. (O terapeuta toma cuidado, durante o processo, para não sugerir ou pressionar sutilmente em direção a memórias de abuso que nunca tenham ocorrido.)

Cognitivamente, o terapeuta ajuda a reduzir a supervigilância do paciente em relação ao abuso. Os pacientes aprendem a reconhecer o espectro de confiabilidade, e os pacientes trabalham para alterar a visão extremamente comum de si próprios como alguém sem valor e responsável pelo abuso (uma mescla dos esquemas de desconfiança/abuso e defectividade). Eles param de justificar o abusador e situam a culpa onde é seu lugar.

Em termos vivenciais, os pacientes revivem as memórias de infância sobre o abuso por meio de imagens mentais. Como esse processo geralmente é incômodo, os pacientes precisam de uma boa quantidade de preparação e de tempo antes de realizá-lo. O terapeuta espera até que o paciente esteja pronto. Liberar a raiva é de importância central no trabalho vivencial, sobretudo em relação às pessoas que abusaram deles na infância, em vez de continuar a dirigi-la às pessoas presentes hoje ou a si mesmos. Nas imagens mentais do abuso infantil, os pacientes expressam todas as emoções estranguladas na época. O terapeuta entra nas imagens de abuso e enfrenta o abusador, protegendo e confortando a criança que sofreu abuso. Isso ajuda o paciente a internalizar o terapeuta como um cuidador confiável e eficaz. Com o tempo, o paciente entra nas imagens mentais como o adulto saudável e faz o mesmo, enfrentando o autor do abuso, protegendo e confortando a criança. Os pacientes também trabalham com imagens mentais para encontrar um lugar seguro, longe do abusador. Pode ser uma imagem antiga do paciente, ou uma imagem construída por ele e pelo terapeuta juntos, talvez de uma bonita cena de natureza com luzes e cores, que ajude a acalmar. Por fim, os pacientes visualizam a si mesmos sendo abertos e autênticos com pessoas importantes que merecem sua confiança. Mais uma vez, o motor do tratamento é, primeiramente, ajudar os pacientes a distinguir com clareza entre pessoas, no passado, que merecem a raiva e aquelas, no presente, que não a merecem; a seguir, ajudar os pacientes a expressar raiva em sessões de terapia em relação a pessoas no passado que a merecem, ao mesmo tempo em que se tratam bem aquelas presentes em sua vida atual que as tratam bem.

Do ponto de vista comportamental, os pacientes aprendem gradualmente a confiar em pessoas honestas. Aumentam seu nível de intimidade com as mais próximas. Quando for o caso, compartilham segredos e memórias de abuso com seu parceiro amoroso ou amigos íntimos. Podem pensar em participar de um grupo de apoio para sobreviventes de abuso. Escolhem parceiros que não sejam abusivos. Os pacientes param de maltratar outras pessoas e estabelecem limites com pessoas abusivas. Tornam-se menos punitivos quando outros cometem erros. Em vez de evitar relacionamentos e permanecer sós ou evitar interações e se manter emocionalmente distantes das pessoas, permitem que elas se aproximem e se tornem íntimas. Param de coletar evidências e de manter registros de coisas que outros fizeram para magoá-los. Param de testar constantemente outras pessoas em relacionamentos, a fim de ver se podem confiar nelas. Param de se aproveitar de outras pessoas, fazendo com que estas respondam da mesma forma.

Os relacionamentos íntimos do paciente constituem um foco importante para o tratamento. Ele aprende a confiar mais e a se comportar de forma mais adequada com pessoas próximas, como parceiros amorosos, amigos e colegas de trabalho (partindo da premissa de que a outra pessoa é confiável). Os pacientes se tornam mais seletivos, tanto em relação a quem escolhem quanto em quem confiam. Costuma ser útil levar também o parceiro à terapia, para que o terapeuta dê ao paciente exemplos de como ele o interpreta mal. Alguns pacientes com esse esquema se tornaram tão abusivos que maltratam os outros seriamente e necessitam que o terapeuta sirva como modelo de moralidade e estabeleça limites. Fazer com que os pacientes parem de maltratar outras pessoas é um objetivo comportamental importante.

Em termos da relação terapêutica, o terapeuta tenta ser o mais honesto e verdadeiro possível com o paciente, e fala regularmente sobre questões de confiança, discutindo qualquer sentimento negativo que o paciente tenha em relação a ele. O terapeuta avança devagar, postergando o trabalho vivencial, enquanto constrói confiança suficiente. O fortalecimento do paciente é um princípio fundamental do tratamento desse esquema. O terapeuta visa restaurar no paciente um senso de *self* forte, ativo e capaz, que foi rompido pelo abuso. O terapeuta estimula independência e dá ao paciente uma ampla medida de controle sobre os rumos de seu tratamento.

O abuso rompe o vínculo entre o indivíduo e outros humanos. A pessoa é arrancada do mundo dos relacionamentos humanos comuns e jogada em um pesadelo. Durante o abuso, a vítima se sente completamente só e, depois de acabar, desligada e afastada dos outros. O mundo real dos relacionamentos presentes parece nebuloso e irreal, enquanto as memórias do relacionamento com o autor do abuso são nítidas e claras (Em *The bell jar* [no Brasil, *A redoma de vidro*], Sylvia Plath [1966, p. 278] escreveu: "Para a pessoa na redoma de vidro, vazia e paralisada como um bebê morto, o próprio mundo é um sonho ruim"). O terapeuta é um intermediário entre o sobrevivente de abuso e o resto da humanidade, pois serve como um barco por meio do qual o paciente se reconecta com o mundo normal. Ao se conectar com o terapeuta, o paciente se reconecta com o resto da humanidade.

Adaptando uma expressão de Alice Miller, o terapeuta se esforça para se tornar uma "testemunha esclarecida" da experiência de abuso do paciente (Miller, 1975). À medida que o paciente conta a história, o terapeuta escuta com uma presença que é forte e não julgadora. O terapeuta dispõe-se a compartilhar a carga emocional do trauma, não importa qual seja. Às vezes, o terapeuta deve testemunhar a vulnerabilidade e desintegração do paciente sob condições extremas, ou a capacidade do abusador para fazer o mal. Além disso, a maioria dos sobreviventes de abuso luta contra questões morais. São assombrados por sentimentos de vergonha e culpa com relação ao que fizeram e sentiram durante o abuso, querem entender sua própria responsabilidade pelo que lhes aconteceu e chegar a um julgamento moral justo sobre sua própria conduta. O papel do terapeuta não é fornecer respostas, e sim dar um lugar seguro para que os pacientes encontrem suas próprias respostas (corrigindo distorções negativas ao longo do caminho).

Por meio da "reparação parental limitada", o terapeuta se esforça para estabelecer uma conexão com o paciente. Em vez de este se relacionar como um especialista impessoal, o terapeuta é uma pessoa real que se preocupa com ele e em quem ele pode confiar. O fato de o terapeuta se esforçar para estabelecer um vínculo emocional próximo com o paciente não significa que ele exceda os limites da relação terapeuta-paciente; ao contrário, os limites da relação provêem um lugar seguro para que paciente e terapeuta desenvolvam o trabalho de cura. Permanecer dentro desses limites é essencial para terapeutas quando trabalham com sobreviventes de abuso, porque o trabalho pode ser emocionalmente pesado. Tratar esses sobreviventes é enfrentar verdades obscuras sobre a fragilidade humana no mundo e sobre o potencial das pessoas para fazer o mal.

Tratar sobreviventes de trauma, em si, pode ser traumatizante. Às vezes, os terapeutas começam inclusive a experimentar os mesmos sentimentos de medo, raiva e pesar do paciente. Os terapeutas experimentam, às vezes, sintomas de estresse pós-traumático, como pensamentos intrusivos, pesadelos ou lembranças repentinas (Pearlman e MacIan, 1995). Os terapeutas podem cair nos sentimentos do paciente de desamparo e desespero. Preso em todos esses sintomas e sentimentos, um terapeuta talvez seja tentado a exceder os limites da relação terapeuta-paciente e se tornar o "resgatador" do paciente. Entretanto, isso seria um erro, pois, ao exceder os limites, o terapeuta sugere que o paciente está desamparado e corre o risco de ficar exausto e ressentido. (Como discutimos no Capítulo 2, a terapia do esquema vai, sim, além das "típicas" fronteiras entre terapeuta e paciente, mas, embora ampliemos um pouco tais fronteiras para realizar a reparação parental limitada, temos o cuidado de não fazer isso de forma prejudicial aos pacientes. Por exemplo, embora confortemos abertamente os sobreviventes de trauma, não os pressionamos para trabalhar mais rapidamente com o material traumático do que eles querem.)

Em casos graves, pode levar muito tempo para que pacientes com esquema de desconfiança/abuso confiem no terapeuta, isto é, confiem que ele não irá machucá-lo, traí-lo, humilhá-lo, abusar dele ou mentir para ele. Dedica-se um bom tempo de terapia a ajudar o paciente a observar todas as formas com que interpreta equivocadamente as intenções do terapeuta, mantém fatos importantes em segredo e evita a vulnerabilidade. Pretende-se que os pacientes internalizem o terapeuta como alguém em quem podem confiar, talvez a primeira pessoa próxima boa e forte em suas vidas.

Problemas específicos deste esquema

Se o esquema de desconfiança/abuso se desenvolveu a partir de um trauma de infância, o tratamento costuma demorar bastante tempo, comparável apenas com o esquema de abandono. Algumas vezes, o dano é tão grave que o paciente nunca consegue confiar o suficiente no terapeuta para que possa se abrir e mudar. Não importa o que o terapeuta faça, o paciente continua distorcendo seu comportamento de maneira a julgá-lo malévolo ou de motivação negativa oculta. Quando o paciente tem comportamentos compensatórios fortes, esse esquema pode ser muito difícil de superar.

Em nível menos grave, há a possibilidade de os pacientes não quererem que o terapeuta faça anotações e de não estarem dispostos a preencher questionários ou de reterem informações importantes porque têm medo de que, de alguma forma, o material seja usado contra eles. Acreditamos que o terapeuta deva atender a essas solicitações ao máximo possível, mas também apontá-las aos pacientes como exemplos de perpetuação do esquema.

Privação emocional

Apresentação típica do esquema

Este é, provavelmente, o esquema mais comum que tratamos em nosso trabalho, ainda que os pacientes, muitas vezes, não o reconheçam. Os pacientes com este esquema costumam chegar à terapia sentindo-se solitários, amargos e deprimidos, mas, em geral, não sabem o porquê, ou com sintomas vagos e pouco claros, que depois se mostram relacionados com o esquema de privação emocional. Esses pacientes não esperam que outros indivíduos, incluindo o terapeuta, cuidem deles, entendam-nos e protejam-nos. Eles sentem-se privados de emoções e pensam que não tiveram afeto e carinho, atenção suficientes ou emoções profundas expressas. Podem achar que não há ninguém que lhes dê força e orientação. Tais pacientes sentem-se incompreendidos e solitários no mundo, privados do amor, invisíveis ou vazios.

Como observamos, há três tipos de privação: privação de *carinho*, na qual os pacientes sentem que ninguém se dispõe a abraçá-los, a prestar atenção neles e a dar-lhes afeto físico, como tocar e abraçar; privação de *empatia*, na qual eles acreditam que ninguém se dispõe realmente a ouvi-los ou a tentar entender quem são e como se sentem, e a privação de *proteção*, em que sentem que ninguém se dispõe a protegê-los e guiá-los (mesmo que eles muitas vezes estejam dando a outros muita proteção e orientação). O esquema de privação emocional costuma relacionar-se com o esquema de auto-sacrifício. A maioria dos pacientes com esquema de auto-sacrifício também tem privação emocional.

Os típicos comportamentos exibidos por esses pacientes incluem não pedir às pessoas que lhes são próximas aquilo de que necessitam emocionalmente, não expressar desejo de amor e conforto, concentrar-se em fazer perguntas à outra pessoa, mas pouco dizer acerca de si próprio, agir como se tivessem mais força do que sentem internamente e reforçar a privação de outras maneiras, agindo como se não tivessem necessidades emocionais. Como esses pacientes não esperam apoio emocional, não o pedem e, em conseqüência, geralmente não o recebem.

Outra tendência observada nos pacientes com esquema de privação emocional é escolher pessoas que não conseguem ou não querem se envolver emocionalmente, frias, distantes, autocentradas ou carentes e, portanto, com probabilidades de privá-los emocionalmente. Outros pacientes, mais esquivos, tornam-se solitários, evitando relacionamentos íntimos porque não esperam receber nada deles de qualquer forma. Mantêm-se em relacionamentos muito distantes ou evitam-nos totalmente.

Os pacientes que hipercompensam a privação emocional tendem a ser demasiado exigentes e a se irritar quando suas necessidades não se satisfazem. Às vezes, são narcisistas e, como foram tratados com indulgência e privados quando crianças, desenvolveram fortes sentimentos de que merecem ter suas necessidades atendidas. Acreditam que devem ser inflexíveis em suas exigências para que recebam algo em retorno. Uma minoria de pacientes com esquema de privação emocional foi tratada com indulgência quando crianças: foram mimados de forma material, não tiveram de cumprir as regras de comportamento ou foram adorados por algum talento ou dom, mas sem receber amor verdadeiro.

Outra tendência, em uma pequena porcentagem de pacientes com esse esquema, é ser exageradamente carente. Alguns expressam tantas necessidades com tanta intensidade que acabam demasiado apegados ou desamparados, até mesmo histriônicos. Têm muitas queixas físicas (sintomas psicossomáticos) com o ganho secundário de receberem atenção e cuidados (embora, via de regra, não tenham consciência disso).

Objetivos do tratamento

Um objetivo importante do tratamento é ajudar os pacientes a se tornarem conscientes de suas necessidades emocionais. Pode lhes parecer tão natural que essas necessidades não sejam satisfeitas que eles nem se dêem conta de que algo está errado. Além disso, pretende-se auxiliá-los a aceitar que essas necessidades são naturais e corretas. Todas as crianças necessitam de carinho, empatia e proteção e, como adultos, ainda precisamos disso. Se os pacientes conseguirem aprender a escolher as pessoas certas e, então, pedir o que necessitam da forma adequada, outros poderão atendê-los emocionalmente. Não se trata de outros indivíduos privá-los, obrigatoriamente, e sim de os pacientes aprenderem comportamentos que os levam a escolher pessoas incapazes de estimulá-los a satisfazer suas necessidades.

Principais estratégias do tratamento

Há forte ênfase na investigação das origens emocionais desse esquema. O terapeuta usa o trabalho vivencial para ajudar os pacientes a reconhecer que suas necessidades emocionais não foram satisfeitas na infância. Vários deles nunca perceberam que algo faltava, mesmo que apresentassem sintomas dessa falta. Por meio do trabalho com imagens mentais, os pacientes estabelecem contato com o pólo criança solitária e associam esse modo aos atuais problemas. Nas imagens, expressam sua raiva e dor ao pai ou à mãe que os privou. Listam todas as necessidades emocionais de infância não-atendidas e aquilo que desejavam que o pai ou a mãe fizessem para atender cada uma delas. O terapeuta participa da imagem da infância como o adulto saudável, que conforta e ajuda a criança solitária; depois, o paciente entra na imagem como o adulto saudável e conforta e ajuda a criança solitária. Os pacientes escrevem uma carta ao pai ou à mãe como tarefa de casa (que não enviam), sobre a privação revelada por meio do trabalho de imagens mentais.

Assim como a maior parte dos esquemas no domínio da desconexão e rejeição, a relação terapêutica é central ao tratamento deste. (A exceção está no esquema de isolamento social, que geralmente envolve menos ênfase na relação entre terapeuta e paciente e mais nos relacionamentos externos deste.) A relação terapêutica costuma constituir o primeiro lugar em que esses pacientes permitiram que alguém cuidasse deles, entendesse-os e orientasse-os. Por meio da "reparação parental limitada", o terapeuta proporciona um antídoto parcial para sua privação emocional; um ambiente carinhoso, empático e protetor, no qual várias de suas necessidades emocionais podem ser atendidas. Se o terapeuta se preocupa com o paciente e realiza a reparação parental, isso aliviará a sensação de privação, assim como acontece com o esquema de abandono. A relação terapêutica oferece um modelo que o paciente pode, então, transferir para outros relacionamentos fora da terapia ("uma experiência emocional corretiva") (Alexander, 1956). Como no esquema de abandono, há muita ênfase nos relacionamentos íntimos do paciente. Terapeuta e paciente estudam com cuidado os relacionamentos deste com pessoas importantes. O paciente trabalha a escolha de parceiros e amigos íntimos adequados, identificando suas próprias necessidades e pedindo que elas sejam satisfeitas de forma apropriada.

Cognitivamente, o terapeuta auxilia o paciente a mudar a sensação exagerada de que pessoas próximas agem de maneira egoísta ou os privam de coisas importantes. Para se contrapor ao pensamento em "preto-e-branco" que alimenta as reações exageradas, o paciente aprende a discriminar entre gradações de privação, a ver um contínuo em vez de apenas dois pólos opostos. Embora outras pessoas estabeleçam limites para o que oferecem, ainda assim se preocupam com o paciente. O paciente identifica necessidades emocionais não-satisfeitas em seus atuais relacionamentos.

Em termos comportamentais, os pacientes aprendem a escolher parceiros amorosos e amigos carinhosos. Pedem que os parceiros atendam suas necessidades emocionais de forma apropriada e aceitam o carinho de pessoas que lhes são caras. Os pacientes deixam de evitar a intimidade, de responder com raiva excessiva a níveis leves de privação e de se retrair ou se isolar quando se sentem negligenciados por outras pessoas.

Na relação terapêutica, o terapeuta oferece um clima carinhoso, com atenção, empatia e orientação, fazendo tentativas especiais de demonstrar envolvimento emocional (por exemplo, lembrar-se do aniversário do paciente e dar-lhe um cartão). O terapeuta ajuda o paciente a expressar sentimentos de privação sem reagir com exagero ou permanecer em silêncio. O paciente aprende a aceitar as limitações do terapeuta e a tolerar alguma privação, ao mesmo tempo em que aprecia o carinho e os cuidados oferecidos. O terapeuta auxilia o paciente a conectar sentimentos na relação terapêutica a memórias antigas de privação e a trabalhar essas memórias em termos vivenciais.

Problemas específicos deste esquema

O problema mais comum é o desconhecimento por parte do paciente de que ele tem esse esquema. Ainda que a privação emocional consista em um dos três esquemas mais comuns com os quais trabalhamos (os outros são os de subjugação e defectividade), os pacientes muitas vezes não sabem o que têm. Como nunca tiveram suas necessidades emocionais atendidas, nem percebem que têm necessidades emocionais não-atendidas. É muito importante auxiliar os pacientes a associar a depressão, a solidão ou os sintomas físicos, à ausência de carinho, empatia e proteção. Concluímos que solicitar aos pacientes que leiam o capítulo sobre privação emocional de *Reinventing your life* (Young e Klosko, 1993) pode lhes ajudar a reconhecer o esquema. Eles conseguem identificar alguns dos personagens ou reconhecer o comportamento de um pai ou de uma mãe que priva emocionalmente.

Os pacientes com esquema de privação emocional costumam negar a validade de suas necessidades emocionais, negar sua importância, ou acreditar que indivíduos fortes não possuem necessidades. Consideram um erro ou uma fraqueza pedir que outros atendam suas necessidades e têm problemas para aceitar a existência de uma criança solitária dentro deles que deseja amor e vínculo, tanto do terapeuta quanto de outras pessoas importantes em sua vida.

Igualmente, os pacientes podem crer que essas outras pessoas deveriam conhecer suas necessidades e que eles não deveriam ter de lhe pedir. Todas essas crenças trabalham contra a capacidade do paciente de pedir que outros atendam suas necessidades. Esses pacientes precisam aprender que é humano ter necessidades e saudável pedir que outros as atendam. Está na natureza humana ser emocionalmente vulnerável. Na vida, objetivamos o equilíbrio entre força e vulnerabilidade, de forma que, às vezes, somos fortes, em outras, vulneráveis. Apresentar apenas uma faceta (por exemplo, sempre forte) é não ser totalmente humano e negar uma parte fundamental de nós mesmos.

Defectividade/Vergonha

Apresentação típica do esquema

Os pacientes com este esquema acreditam que são defectivos, falhos, inferiores, maus, inúteis ou não-merecedores de amor. Conseqüentemente, costumam ter vergonha crônica de si.

Qual aspecto de si próprios eles vêem como defeituoso? Pode ser qualquer característica pessoal: acreditam que são muito irritados, muito carentes, muito maus, muito feios, muito preguiçosos, muito burros, muito chatos, muito estranhos, muito dominadores, muito gordos, muito magros, muito altos, muito baixos ou muito fracos. Podem ter desejos sexuais ou agressivos inaceitáveis. Algo em si parece defectivo, e não se trata de algo que fazem, e sim de algo que sentem ser. Possuem receio dos relacionamentos porque temem o momento inevitável em que sua defectividade será exposta. A qualquer momento, outras pessoas podem, subitamente, perceber essa defectividade, e eles irão se envergonhar. Esse medo pode se aplicar aos mundos privado e público. Os pacientes com esse esquema se sentem defectivos em seus relacionamentos íntimos ou no mundo social mais amplo (ou em ambos).

Desvalorizar-se e permitir que outros o façam trata-se de um dos comportamentos típicos dos pacientes portadores deste esquema. Esses pacientes podem permitir que outros os maltratem e, inclusive, os agridam verbalmente. Costumam ser hipersensíveis a críticas ou rejeição e a reagir muito intensamente, ficando tristes e abalados ou com raiva, dependendo de a reação ao esquema ser de subjugação ou hipercompensação. Em segredo, sentem-se culpados por seus problemas com outras pessoas. Muitas vezes tímidos, tendem a fazer muitas comparações entre si e os outros. Sentem-se inseguros junto com outras pessoas, especialmente com aqueles que vêem como "não-defectivos" ou os que possam enxergar sua defectividade. Podem ser ciumentos e competitivos, sobretudo na área em que se consideram defectivos e, às vezes, tomam as interações pessoais como uma gangorra, em que, se um sobe, o outro tem de descer. Escolhem, com freqüência, parceiros que criticam e rejeitam, e podem ser demasiado críticos em relação a outras pessoas que os amam. (Groucho Marx expressou este último sentimento ao dizer: "Eu não gostaria de pertencer a um clube que me aceitasse como sócio".) Muitas das características de pacientes narcisistas, como grandiosidade e padrões inflexíveis, podem ser manifestações de um esquema de defectividade. Em vários casos, essas características servem para compensar sentimentos subjacentes de defectividade e vergonha.

Há possibilidade de os pacientes com esquema de defectividade/vergonha evitarem relacionamentos íntimos ou situações sociais, porque as pessoas podem perceber seus defeitos. Na verdade, acreditamos que o transtorno da personalidade evitativa é uma manifestação comum do esquema de defectividade, tendo a evitação como estilo de enfrentamento principal. Esse esquema também pode provocar uso excessivo de álcool e drogas, transtornos alimentares e outros problemas graves.

Objetivos do tratamento

O objetivo básico do tratamento é elevar a auto-estima do paciente. Os pacientes que curaram esse esquema acreditam que são merecedores de amor e respeito. Os sentimentos de defectividade estavam equivocados ou exagerados, isto é, a característica não é realmente um defeito ou representa uma limitação muito menos importante do que lhes parece. Mais além, os pacientes muitas vezes têm condições de corrigir o "defeito". Mesmo que não possa, esse defeito não nega seu valor como ser humano. É da natureza do ser humano a falha e a imperfeição. Podemos amar uns aos outros mesmo assim.

Os pacientes que curaram esse esquema sentem-se mais confortáveis junto com outras pessoas, muito menos vulneráveis e expostos, e estão mais abertos a relacionamentos. Não mais se inclinam a sentimentos de desconforto quando outras pessoas prestam atenção neles. Esses pacientes passam a ver nos outros uma atitude de julgar menos e aceitar mais, e colocam as falhas humanas em uma perspectiva realista. Ao se tornarem mais abertos com as pessoas, deixam de ter tantos segredos e de tentar esconder muitas facetas de si mesmos. E conseguem manter uma sensação de seu próprio valor, mesmo quando outros os criticam e rejeitam. Aceitam elogios com mais naturalidade e não permitem mais que outras pessoas os tratem mal. Menos defensivos, são menos perfeccionistas com relação a si e a outras pessoas e escolhem parceiros que os amem e tratem bem. Em resumo, não mais exibem comportamentos que se resignam, evitam ou hipercompensam por seu esquema de defectividade/vergonha.

Principais estratégias do tratamento

Mais uma vez, a relação terapêutica é central ao tratamento deste esquema. Se o terapeuta, sabendo do defeito percebido, ainda assim tem condições de cuidar do paciente, este saberá e irá se sentir com mais valor. É importante que o terapeuta proporcione bastante afirmação e elogios diretos, e aponte os atributos positivos do paciente.

As estratégias cognitivas visam alterar as visões dos pacientes de si mesmos como defectivos. Os pacientes examinam as evidências a favor e contra o esquema, e conduzem diálogos entre o esquema, que é crítico, e o pólo saudável, que tem boa auto-estima. Aprendem a destacar suas qualidades e a reduzir a importância que atribuem às próprias falhas. Em lugar de ser inerente, a maioria de suas falhas advém de comportamentos aprendidos na infância, que podem ser mudados, ou nem são falhas, e sim manifestações de uma postura exageradamente crítica. Concluímos que a maioria dos pacientes com este esquema não tem de fato defeitos sérios, e sim pais que criticam ou rejeitam muito. Mesmo que o paciente tenha defeitos, a maior parte pode ser tratada em terapia ou por outros meios; se não puder, é porque esses defeitos não são tão profundos como o paciente os considera. As técnicas cognitivas ajudam os pacientes a reatribuir sentimentos de defectividade e vergonha à postura crítica de pessoas próximas em sua infância. Os cartões-lembrete listando as boas qualidades do paciente são muito úteis neste esquema.

Em termos vivenciais, é importante que os pacientes liberem, em imagens mentais e diálogos, a raiva em relação aos pais que os criticam e rejeitam. O terapeuta entra em imagens da infância do pai ou da mãe criticando e rejeitando o paciente, confronta essa pessoa e conforta, protege e elogia a criança rejeitada. Com o tempo, os pacientes conseguem cumprir eles próprios esse papel, entrando na imagem como o adulto saudável que enfrenta o pai/mãe crítico e conforta a criança rejeitada.

As estratégias comportamentais, sobretudo a exposição, são importantes ao tratamento, especialmente para pacientes evitativos. Enquanto os pacientes com esquemas de defectividade evitarem contato humano íntimo, seus esquemas de defectividade permanecem intactos. Os pacientes trabalham para participar de situações interpessoais que tenham potencial para melhorar suas vidas. As estratégias comportamentais também auxiliam os pacientes a corrigir algumas falhas (por exemplo, perder peso, melhorar seu estilo de vestir, aprender habilidades sociais). Além disso, os pacientes trabalham na escolha de relacionamentos com pessoas que os apóiem, em vez de criticarem e tentam escolher parceiros que os amem e aceitem.

Em termos comportamentais, os pacientes também aprendem a não ter reações exageradas à crítica. Para isso, quando alguém faz uma crítica válida a eles, a resposta adequada é aceitá-la e tentar mudar; quando alguém lhes faz uma crítica inválida, a resposta é simplesmente afirmar seu ponto de vista ao outro e afirmar internamente a falsidade da crítica. Não é adequado atacar o outro, nem responder na mesma moeda ou brigar para provar que o outro está errado. Os pacientes aprendem a estabelecer limites com pessoas hipercríticas e param de tolerar maus tratos, bem como trabalham para se abrir mais para relações em quem confiam. Quanto mais conseguirem compartilhar suas vidas e ainda assim ser aceitos, mais terão condições de superar o esquema. Por fim, os pacientes trabalham para reduzir os comportamentos compensatórios. Param de tentar hipercompensar seu sentimento interno de defectividade parecendo perfeitos, fazendo demais, diminuindo outras pessoas ou competindo por *status*.

É de especial importância que o terapeuta possua uma postura de aceitar e de não julgar os pacientes com este esquema. Ele não deve parecer perfeito. Como qualquer ser humano, o terapeuta comete erros e reconhece suas falhas.

Problemas específicos deste esquema

Muitos pacientes que têm este esquema não estão cientes disso. Vários evitam ou hipercompensam o sofrimento do esquema, em vez de senti-lo. Pacientes com transtorno da personalidade narcisista constituem um exemplo do grupo com uma alta probabilidade de apresentar esquema de defectividade e baixa probabilidade de ter ciência disso. Pacientes narcisistas inúmeras vezes acabam presos na competição ou denegrindo o terapeuta em lugar de trabalhar para mudar.

Pacientes com esquema de defectividade podem reter informações sobre si por vergonha. Leva tempo até que estejam completamente dispostos a contar suas memórias, seus desejos, pensamentos e sentimentos.

Este esquema é difícil de mudar. Quanto mais precoce for a crítica e a rejeição por parte dos pais, mais difícil a cura.

Isolamento social

Apresentação típica do esquema

Os pacientes com este esquema acreditam que são diferentes de outras pessoas, não se sentem parte da maioria dos grupos e sentem-se isolados, excluídos ou como se alguém olhasse de fora. Qualquer pessoa que cresce se sentindo diferente pode desenvolver esse esquema. Entre os exemplos estão superdotados, membros de famílias famosas, indivíduos muito bonitos ou muito feios, homossexuais, pessoas que pertencem a minorias étnicas, filhos de alcoolistas, sobreviventes de traumas, portadores de deficiências físicas, órfãos ou adotados e membros de uma classe social muito superior ou muito inferior a daqueles no entorno.

Os comportamentos típicos incluem permanecer na periferia ou evitar totalmente os grupos. Tais pacientes tendem a realizar atividades solitárias, e a maioria dos indivíduos que se isola dos demais tem este esquema. Conforme a gravidade do esquema, o paciente pode fazer parte de uma subcultura, mas ainda assim se sentir alienado do mundo social mais amplo, ou sentir-se alienado de todos os grupos, mas ter alguns relacionamentos íntimos, ou estar desconectado de praticamente todo mundo.

Objetivos do tratamento

O objetivo básico do tratamento é ajudar os pacientes a se sentir menos diferentes de outras pessoas. Mesmo que não pertençam a grupos predominantes, há outras pessoas semelhantes a eles. Além disso, no interior, todos somos seres humanos, com as mesmas necessidades e desejos básicos. Ainda que tenhamos várias diferenças, somos mais semelhantes do que diferentes. ("Nada que seja humano me é estranho", [Terrence, 1965, I, i].) Pode haver um segmento da sociedade no qual o paciente provavelmente nunca se enquadre, por exemplo, um paciente homossexual em um grupo religioso fundamentalista, mas há outros lugares em que ele pode se encaixar. O paciente deve se afastar de grupos que o rejeitam e encontrar indivíduos com os quais tenha mais afinidade e que sejam mais receptivos. Inúmeras vezes, o paciente deve fazer grandes mudanças em sua vida e superar uma intensa evitação para conseguir isso.

Principais estratégias do tratamento

Diferentemente dos outros esquemas do domínio de desconexão e rejeição, o foco está menos no trabalho vivencial com as origens na infância e mais na melhora dos relacionamentos atuais do paciente com colegas e grupos. Dessa forma, as estratégias cognitivas e comportamentais assumem precedência. A terapia de grupo pode ser útil para pacientes com esse esquema, sobretudo para os que evitam até mesmo amizades. Quanto mais isolado o paciente, mais importante é a relação terapêutica para o tratamento, porque consistirá em um dos únicos relacionamentos do paciente.

Com as estratégias cognitivas, pretende-se convencer os pacientes de que eles não são tão diferentes dos outros como pensam que são. Eles têm muitas qualidades em comum com outras pessoas, e algumas das que eles acham que os distinguem são, na verdade, universais (por exemplo, fantasias sexuais ou agressivas). Mesmo que não estejam integrados às tendências predominantes, há outros indivíduos como eles. Os pacientes aprendem a focar em suas semelhanças com outras pessoas, assim como em suas diferenças. Aprendem a identificar subgrupos semelhantes a eles e que compartilham as diferenças; descobrem que muitas pessoas podem aceitá-los, mesmo que sejam diferentes. Aprendem a desafiar os pensamentos negativos automáticos que os impedem de participar de grupos e se conectar com pessoas nesses grupos.

As estratégias vivenciais auxiliam os pacientes excluídos quando crianças e adolescentes a se lembrar de como se deu essa exclusão. (Alguns pacientes com esse esquema não foram excluídos quando crianças, e sim escolheram a solidão em função de alguma preferência ou de algum interesse.) Em imagens mentais, os pacientes revivem essas experiências de infância. Liberam a raiva em relação aos que os excluíram e expressam sua solidão. Os pacientes combatem o preconceito social contra os que são diferentes. (Essa é uma vantagem dos grupos conscientes: eles ensinam seus membros a lutar contra o ódio de outros.) Os pacientes também utilizam as imagens mentais para visualizar grupos de pessoas nos quais poderiam se encaixar.

As estratégias comportamentais tratam de ajudar os pacientes a superar a evitação nas situações sociais. O objetivo é começar gradualmente a fazê-los participar de grupos, conectar-se com as pessoas e cultivar amizades. Para trabalhar nesse objetivo, os pacientes passam por exposição gradual por meio de várias tarefas de casa. O controle de ansiedade auxilia-os a enfrentar a ansiedade social, via de regra considerável. O treinamento em habilidades sociais pode ajudá-los a corrigir quaisquer déficits em habilidades interpessoais. Caso necessário, acrescenta-se medicação para reduzir a ansiedade do paciente.

É positivo que os pacientes com este esquema tenham um relacionamento próximo com o terapeuta, mas, a menos que também usem estratégias cognitivas ou comportamentais para superar a evitação de situações sociais, a relação terapêutica provavelmente não irá ajudá-los o suficiente. Alguns pacientes com este esquema conseguem se conectar ao terapeuta, mas ainda assim continuam a se sentir diferentes de todos os outros. Depende da gravidade do esquema: para pacientes com níveis extremos, a relação terapêutica pode se contrapor ao sentimento de total solidão e ser importante, mas, quando os pacientes ainda conseguem se conectar com indivíduos, mas não com grupos, a relação terapêutica em si provavelmente não será de grande utilidade como experiência emocional corretiva. A terapia de grupo talvez seja extremamente útil se o grupo aceitar o paciente. Por isso, grupos de "interesses especiais", com membros semelhantes ao pacientes em algum aspecto importante (isto é, filhos de alcoolistas, sobreviventes de incesto, grupos de apoio para pacientes com excesso de peso), podem auxiliar muito.

Problemas específicos deste esquema

O problema mais comum é que os pacientes tenham dificuldades de superar a evitação de situações sociais em grupos. Para confrontar as situações que temem, devem se dispor a tolerar um alto nível de desconforto emocional. Por isso, seu padrão de evitação é resistente à mudança. Quando a evitação bloqueia o avanço do tratamento, o trabalho com modos, muitas vezes, auxilia os pacientes a fortalecer a parte de si mesmos que deseja que o esquema mude e a responder a ele. Por exemplo, os pacientes imaginam uma situação de grupo na qual tenham se sentido isolados recentemente. O terapeuta entra na imagem como seu adulto saudável, que orienta a criança isolada (ou adolescente) sobre como se integrar ao grupo. Mais tarde, os pacientes entram em suas imagens no papel de adulto saudável para ajudar a criança isolada a desfrutar de situações sociais.

DOMÍNIO DA AUTONOMIA E DESEMPENHO PREJUDICADOS

Dependência/Incompetência

Apresentação típica do esquema

Esses pacientes são infantis e desamparados. Sentem-se incapazes de cuidar de si mesmos, como se a vida os sufocasse, e se consideram inadequados para enfrentar os problemas. O esquema possui dois elementos. O primeiro deles é a incompetência: os pacientes não confiam em sua capacidade de decisão e discernimento sobre o cotidiano. Detestam e temem enfrentar a vida sozinhos, sentem-se incapazes de realizar novas tarefas por conta própria e crêem que necessitam de alguém que lhes mostre o que fazer. Esses pacientes se sentem como crianças pequenas demais para sobreviver sozinhas no mundo: sem pais, podem morrer. Na forma extrema do esquema, os pacientes acreditam que não serão capazes de se alimentar, vestir-se e proteger-se, mover-se de um lugar para outro ou realizar tarefas simples e cotidianas.

O segundo elemento, a dependência, resulta do primeiro. Como os pacientes se sentem incapazes de funcionar por conta própria, sua única opção é encontrar outras pessoas que cuidem deles ou simplesmente não funcionar. As pessoas encontradas para cuidarem delas geralmente são pais ou mães substitutos, como parceiros amorosos, irmãos, chefes – ou terapeutas. A figura de pai faz tudo por eles ou lhes mostra o que fazer a cada novo passo ao longo do caminho. A idéia central é: "Sou incompetente, portanto, devo depender de outros".

Os comportamentos típicos incluem pedir ajuda a terceiros, fazer perguntas constantes ao realizar novas tarefas, buscar orientação repetidamente sobre decisões, ter dificuldades de viajar sozinho ou de administrar finanças por conta própria, desistir fácil, recusar responsabilidades extras (por exemplo, uma promoção no trabalho) e evitar novas tarefas. A dificuldade de dirigir, muitas vezes, é uma metáfora para o esquema. As pessoas com o esquema de dependência/incompetência costumam ter medo e evitam dirigir sozinhas. Podem se perder, ou o carro pode estragar, e elas não saberiam o que fazer. Algo imprevisto pode acontecer, e elas não seriam capazes de dar conta disso. Não saberiam produzir uma solução por conta própria. Dessa forma, precisam de alguém, que lhes dê a solução ou trate do problema.

Esses pacientes geralmente não procuram tratamento com o objetivo de se tornar mais independentes ou mais competentes. Em vez disso, buscam uma pílula mágica ou um especialista que lhes diga o que fazer. Os problemas com que se apresentam são muitas vezes sintomas de Eixo I, como ansiedade, evitação pública e problemas físicos induzidos pelo estresse. Talvez estejam deprimidos devido ao medo de deixar um parceiro amoroso ou uma figura paterna ou materna que abusa, priva e controla, muitas vezes uma pessoa que lembra o pai ou mãe que induziu o esquema, porque não acreditam que conseguirão sobreviver sozinhos. Via de regra, pretendem se livrar desses sintomas em vez de mudar seu senso forte de dependência e incompetência.

Uma pequena porcentagem de pacientes com esquema de dependência/incompetência hipercompensa tornando-se contradependente. Mesmo que, na verdade, se sintam incompetentes, insistem em fazer tudo sozinhos e se recusam a contar com a ajuda de qualquer pessoa para o que quer que seja. Não dependerão de ninguém, mesmo em situações em que isso é normal. Assim como crianças pseudomaduras, que tiveram de crescer rápido demais, eles se viram sozinhos, mas o fazem com uma imensa quantidade de ansiedade. Assumem novas tarefas e tomam suas próprias decisões e podem ter bom desempenho e tomar boas decisões, mas, no íntimo, sempre sentem que, em algum momento, falharão.

Objetivos do tratamento

Os objetivos do tratamento são aumentar o senso de competência do paciente e reduzir sua dependência quanto a outras pessoas. Aumentar esse senso de competência implica fortalecer a autoconfiança e as habilidades pessoais, reduzir a dependência e superar a evitação de tentar realizar tarefas por conta própria. Em termos ideais, tais pacientes se tornam capazes de deixar de depender, em um nível não-saudável, de outras pessoas.

Abrir mão da dependência é a chave do tratamento. O terapeuta conduz o paciente por uma espécie de prevenção de respostas: o paciente impede a si mesmo de buscar o auxílio de outros, realizam tarefas eles mesmos, aceitam que aprendem ao cometerem erros, perseveram até obter sucesso e provam a si mesmos que conseguem produzir suas próprias soluções para os problemas. Por meio de tentativa e erro, conseguem aprender a confiar em sua própria intuição e em seus julgamentos, em vez de descartá-los.

Principais estratégias do tratamento

Geralmente, o elemento cognitivo-comportamental do tratamento é o mais importante nesse esquema. O foco é ajudar o paciente a mudar suas cognições, fortalecer habilidades e submeter-se à exposição gradual de tomada de decisões e ao funcionamento independentes.

As estratégias cognitivas ajudam os pacientes a alterar a visão de que necessitam de assistência constante para funcionar. As técnicas são as de sempre: cartões-lembrete, diálogos entre o pólo do esquema e o pólo saudável, solução de problemas para a tomada de decisões e questionamento de pensamentos negativos. O terapeuta questiona a visão do paciente de que depender dos outros consiste em uma forma saudável de viver. A dependência excessiva de outras pessoas tem custos, como necessidades emocionais de autonomia e auto-expressão não-satisfeitas, as quais o terapeuta e o paciente esclarecem juntos. O uso de estratégias cognitivas para construir motivação é essencial porque, para superar o esquema, os pacientes terão de se dispor a tolerar a ansiedade. O terapeuta gradua as tarefas, de baixa a alta ansiedade, a fim de reduzir o desconforto do paciente e de lhe ensinar relaxamento, meditação ou outras técnicas para diminuir a ansiedade.

Como observamos, as técnicas vivenciais, via de regra, são de menor importância quanto a este esquema. Às vezes, é útil que os pacientes confrontem, por meio de imagens mentais, o pai ou a mãe que os superprotegeu e os prejudicou na infância, por exemplo, se os pais ainda os tratam dessa maneira e se eles têm raiva disso. Se o paciente está com raiva dos pais, o terapeuta auxilia-o a expressar isso. Contudo, os pacientes com o esquema de dependência/incompetência com freqüência não têm raiva dos pais. Como o pai ou a mãe costuma tentar ajudar, torna-se difícil mobilizar a raiva. Não obstante, mesmo que as intenções do pai ou da mãe sejam boas, o que fez prejudicou a independência e o sentido de competência do filho. Como esse pai ou essa mãe tomou tantas decisões por ele, o paciente agora não consegue desenvolver confiança em seu próprio discernimento; como os pais cumpriram muitas tarefas por ele, o filho já não consegue desenvolver habilidades básicas para a vida.

O terapeuta conduz sessões de imagens mentais nas quais o paciente se lembra de situações de infância que criaram o esquema. O paciente entra na imagem como o adulto saudável, que ajuda a criança incompetente a enfrentar e resolver problemas. Quando o paciente não consegue produzir uma resposta saudável, o terapeuta age como instrutor. O terapeuta também conduz sessões de imagens mentais nas quais o paciente imagina situações atuais que demandam a prática de habilidades básicas de vida. Mais uma vez, o paciente entra na imagem como adulto saudável para ajudar a criança incompetente. (Muitos pacientes com esse esquema se vêem como crianças pequenas quando se visualizam – criancinhas em um mundo de gente grande.) O adulto saudável diz à criança: "Sei que você é pequeno e está muito assustado para tomar decisões, mas você não tem que tomá-las. Eu as tomarei por você. Sou adulto, ainda que você seja criança. Posso tomar decisões e sei fazer as coisas eu mesmo".

A parte comportamental do tratamento ajuda os pacientes a superar sua evitação em relação ao funcionamento independente. Isso é crucial ao sucesso do tratamento. Se não modificarem seu comportamento, os pacientes não acumularão evidências suficientes para combater o esquema. Como a evitação mantém, indefinidamente, um medo condicionado, os pacientes não conseguirão curar o esquema até que se disponham a confrontar situações que elevam a ansiedade. Os terapeutas ajudam os pacientes a estabelecer tarefas graduais nas quais realizam atividades cotidianas por conta própria. Começando pela mais fácil, eles praticam essas atividades como tarefas de casa.

Os terapeutas podem realizar ensaios comportamentais com pacientes durante as sessões, a fim de ajudá-los a se preparar para tarefas de casa. Os pacientes imaginam ou dramatizam a si mesmos realizando com sucesso as atividades, resolvendo problemas que surjam. É importante que se recompensem sempre que realizem tarefas de casa. Técnicas de controle de ansiedade, como cartões-lembrete, exercícios de respiração, técnicas de relaxamento e respostas racionais, auxiliam os pacientes a tolerar a ansiedade de funcionamento independente.

Às vezes, o terapeuta envolve membros da família no tratamento, se eles ainda estimularem a dependência do paciente, sobretudo quando este mora com eles. Os parentes consistem em uma parte importante do problema e da solução para o esquema. Se o paciente é capaz de lidar adequadamente com os membros da família por conta própria, o terapeuta não se reúne com eles. Entretanto, como acontece com mais freqüência, se o paciente não faz com que os parentes parem de reforçar o esquema, o terapeuta cogita a intervenção.

Na relação terapêutica, é importante resistir a tentativas dos pacientes a assumir um papel dependente em relação ao terapeuta. O terapeuta deve estimulá-los a tomar suas próprias decisões, apenas ajudando-os quando necessário. O terapeuta também deve se lembrar de elogiar os pacientes quando eles fazem progressos por conta própria.

Problemas específicos deste esquema

Um dos maiores riscos é que o paciente se torne dependente do terapeuta depois de superar o esquema. O terapeuta assume equivocadamente o papel da figura de pai ou mãe e dirige a vida do paciente. A extensão de dependência que o terapeuta permite é um ato de equilíbrio delicado. Se o terapeuta não permite nenhuma dependência, o paciente provavelmente não permanecerá no tratamento. Sob uma perspectiva realista, o terapeuta tem de começar permitindo alguma dependência e depois, gradualmente, retirá-la. Ele deve se esforçar para permitir a menor quantidade possível de dependência que venha a manter o paciente em tratamento.

Um dos grandes desafios no tratamento de pacientes com este esquema é superar a evitação do funcionamento independente. Os pacientes têm de se dispor a trocar o sofrimento de curto prazo por ganhos de longo prazo e tolerar a ansiedade de funcionar como adultos no mundo. Como observamos, a construção da motivação constitui um aspecto importante do tratamento. O trabalho com modos auxilia os pacientes a fortalecer a sua parte saudável, que deseja independência e competência. Esse paciente em busca da independência realiza diálogos com o pai ou com a mãe disfuncional e com os modos de enfrentamento no paciente que bloqueiam a motivação.

Vulnerabilidade ao dano ou à doença

Apresentação típica do esquema

Os pacientes com este esquema acreditam que uma catástrofe está por acontecer a qualquer momento: crêem que vai lhes acontecer algo terrível, que está além do seu controle, que serão atingidos repentinamente por um problema de saúde, que haverá um desastre natural, que serão vítimas de um crime, sofrerão um acidente terrível, perderão todo o seu dinheiro ou terão um esgotamento nervoso e enlouquecerão. Algo de ruim vai lhes acontecer, e eles não conseguirão impedir. A emoção predominante é a ansiedade, desde o leve receio até ataques de pânico total. Tais pacientes não estão com medo de lidar com situações cotidianas, como os que têm esquemas de dependência; o que eles temem são eventos catastróficos.

A maioria desses pacientes usa a evitação ou a hipercompensação para enfrentar o esquema. Tornam-se fóbicos, restringem suas vidas, tomam tranqüilizantes, envolvem-se em pensamento mágico, realizam rituais compulsivos ou usam "sinais de segurança", como uma pessoa em quem confiam, uma garrafa de água ou tranqüilizantes. Todos esses comportamentos têm a função de impedir que algo ruim aconteça.

Objetivos do tratamento

Objetiva-se fazer com que os pacientes reduzam suas estimativas da probabilidade de eventos catastróficos e elevem suas avaliações acerca da própria capacidade de enfrentá-los. O ideal é que reconheçam que seus medos são altamente exagerados e que, caso uma catástrofe realmente aconteça, eles lidariam com ela de forma adequada. O objetivo último do tratamento é convencê-los a parar de evitar ou hipercompensar o esquema e enfrentar a maioria das situações que temem. (É claro que não estimulamos os pacientes a confrontar situações verdadeiramente perigosas, como dirigir em tempestades ou nadar no mar, muito longe da praia.)

Principais estratégias do tratamento

Os pacientes exploram as origens do esquema e identificam seu padrão em suas vidas. Contabilizam os custos do esquema e exploram as mudanças que farão em seu modo de viver atual se não estiverem com muito medo. É importante passar um tempo construindo a motivação do paciente para a mudança. O terapeuta o ajuda a se manter concentrado nas conseqüências negativas de longo prazo de viver um estilo de vida fóbico, como a perda de oportunidade de se divertir e de se conhecer, e os benefícios de se movimentar com mais liberdade no mundo, a exemplo de ter uma vida mais rica e integral. O trabalho com modos é de especial utilidade no combate à resistência do paciente a mudar, ajudando-o a construir um adulto saudável que deseja avançar e que pode conduzir a criança assustada em situações desafiadoras. Sem motivação suficiente, os pacientes não se dispõem a suportar a ansiedade de abrir mão de seus mecanismos de enfrentamento desadaptativos. As estratégias cognitivas e comportamentais para superar a ansiedade e a evitação consistem no foco do tratamento.

As estratégias cognitivas ajudam os pacientes a reduzir suas estimativas da probabilidade de ocorrer eventos catastróficos e a elevar as de sua capacidade de enfrentá-los. O paciente contrapõe-se às percepções exageradas do perigo. Desafiar pensamentos catastróficos, ou "descatastrofizar", auxilia-o a controlar ataques de pânico e outros sintomas de ansiedade. Estratégias cognitivas também ajudam o paciente a construir motivação ao destacar as vantagens de mudar.

Da mesma forma, as estratégias comportamentais auxiliam os pacientes a abrir mão dos rituais mágicos e sinais de segurança, e a enfrentar as situações temidas. Os pacientes passam por exposição gradual a situações fóbicas, realizando tarefas de casa entre sessões. A fim de se preparar para essas exposições, ensaiam com imagens mentais nas sessões, visualizando a si mesmos nas situações fóbicas e, com a ajuda do "adulto saudável", enfrentando-as de maneira adequada. Técnicas de controle de ansiedade, como exercícios de respiração, meditação e cartões-lembrete, ajudam os pacientes a enfrentar as exposições que ele fará.

As estratégias vivenciais são importantes, especialmente as imagens mentais para ensaio e trabalho com modos. Se o esquema é a internalização do pai ou da mãe (ter alguém que oferece um modelo do esquema constitui-se em uma de suas origens mais comuns), o paciente realiza diálogos com essa pessoa em imagens mentais. O paciente pode entrar nas imagens de infância ou em situações atuais como o adulto saudável para reassegurar a criança assustada, e confrontar o pai ou a mãe com relação às consequências negativas de catastrofizar. Além disso, os pacientes visualizam o adulto saudável guiando a criança assustada de forma segura em situações fóbicas.

A relação terapêutica não configura um aspecto crucial do tratamento com esses pacientes. O mais importante é que o terapeuta adote uma postura constante de confrontação empática em relação à dependência do paciente quanto à evitação ou hipercompensação, e proporcione um reasseguramento sereno de que este será capaz de enfrentar as situações de maneira saudável. O terapeuta também modela maneiras não-fóbicas de ver e lidar com situações que contenham níveis aceitáveis de risco.

Problemas específicos deste esquema

O maior problema é que os pacientes estão demasiadamente temerosos para parar a evitação e hipercompensação, e resistem a abdicar dessas proteções contra a ansiedade do esquema. Como mencionamos antes, o trabalho com modos pode auxiliar os pacientes a fortalecer sua parte saudável que deseja uma vida mais plena.

Emaranhamento/ *Self* subdesenvolvido

Apresentação típica do problema

Quando entram em tratamento, os pacientes com esquema de emaranhamento costumam estar tão fundidos com pessoas próximas que nem eles nem o terapeuta conseguem dizer com exatidão onde começa a identidade do paciente e termina a do "outro emaranhado". Essa pessoa geralmente é um pai ou uma mãe, ou uma figura parental, como um parceiro amoroso, um irmão, um chefe ou o melhor amigo. Os pacientes com este esquema sentem um envolvimento e uma proximidade extremos com a figura parental, à custa de individuação plena e de desenvolvimento social normal. (Um desses pacientes, emaranhado com a mãe, contou ao terapeuta como ela, tentando dissuadi-lo de se casar, disse: "Eu sei o que é melhor para você, filho. Afinal de contas, já participei com você das muitas histórias com mulheres com quem você esteve".)

Vários pacientes acreditam que nem eles nem a figura parental poderiam sobreviver emocionalmente sem o apoio constante do outro, que necessitam um do outro de modo desesperado. Sentem uma ligação intensa com essa figura parental, quase como se, juntos, fossem uma só pessoa. (Os pacientes podem sentir que conseguem ler a mente da outra pessoa, ou que percebem o que ela quer sem que tenha de pedir.) Eles acreditam ser errado estabelecer quaisquer limites com a figura parental e se sentem culpados sempre que o fazem. Contam tudo à outra pessoa e esperam que ela faça o mesmo. Sentem-se fundidos com essa figura parental e podem se sentir sufocados e asfixiados.

As características discutidas até aqui representam a parte do esquema referente a "emaranhamento". Há também o "*self* subdesenvolvido", uma falta de identidade individual que os pacientes experimentam como um sentimento de vazio. Esses pacientes transmitem uma sensação de *self* ausente, porque renunciaram à sua identidade para manter a conexão com a figura parental. Os pacientes com *self* subdesenvolvido sentem-se como se estivessem à deriva no mundo. Não sabem quem são, não formaram suas próprias preferências nem desenvolveram seus dons e talentos singulares, não seguiram suas próprias inclinações naturais, aquilo em que são naturalmente bons e adoram fazer. Em casos extremos, podem questionar se realmente existem.

As facetas referentes ao "emaranhamento" e ao "*self* subdesenvolvido" do esquema muitas vezes, mas não sempre, andam juntas. Os pacientes podem apresentar um *self* subdesenvolvido sem emaranhamento. O *self* subdesenvolvido pode surgir por razões outras que não o emaranhamento, tais como a subjugação. Por exemplo, os pacientes dominados quando crianças talvez nunca tenham desenvolvido um senso de *self* separado, porque foram forçados a fazer tudo o que seus pais exigiam. Entretanto, os pacientes emaranhados com o pai ou a mãe, ou com outra figura parental, quase sempre têm um *self* subdesenvolvido como conseqüência. Suas opiniões, interesses, escolhas e objetivos são simplesmente reflexos das pessoas com quem se fundiram. É como se a vida da figura parental fosse mais real do que a sua própria. Essa figura é o astro, e eles, um satélite. Da mesma forma, os pacientes com *self* subdesenvolvido podem buscar líderes de grupo carismáticos com quem possam se tornar emaranhados.

Entre as condutas típicas estão copiar os comportamentos da figura parental, pensar e falar sobre ela, manter contato constante com ela e suprimir todos os pensamentos, sentimentos e comportamentos discrepantes dela. Quando os pacientes tentam, de alguma forma, se separar dessa pessoa emaranhada, sentem-se tomados pela culpa.

Objetivo do tratamento

O objetivo central é ajudar os pacientes a expressar seu *self* espontâneo e natural, isto é, suas preferências, opiniões, decisões, talentos e inclinações naturais legítimas, em vez de suprimir seu verdadeiro *self* e adotar a identidade de figuras parentais com as quais se encontram emaranhados. Os pacientes tratados com êxito quanto a questões de emaranhamento não ficam mais focados numa figura parental em grau não-saudável e são o centro de suas próprias vidas. Não mais estão fundidos com uma figura parental e possuem consciência do quanto se parecem com essa pessoa e do quanto são diferentes. Estabelecem fronteiras e têm um sentido pleno de sua própria identidade.

Para pacientes que evitaram proximidade como adultos para fugir do emaranhamento, pretende-se que estabeleçam conexões com outros que não sejam tão distantes nem tão emaranhados.

Principais estratégias do tratamento

O tratamento volta-se à vida atual do paciente. As técnicas cognitivas e comportamentais para auxiliar o paciente a identificar suas preferências e inclinações naturais, bem como as técnicas comportamentais para ajudá-lo a viver seu verdadeiro *self*, são da maior importância.

As estratégias cognitivas questionam a visão do paciente de que é preferível estar emaranhado a uma figura parental do que ter uma identidade própria. Terapeuta e paciente exploram as vantagens e desvantagens de desenvolver um *self* separado. O paciente identifica em que aspectos se parece e difere da figura parental. É importante identificar as semelhanças: não se pretende que os pacientes passem ao extremo oposto e neguem todas as semelhanças com a figura parental. Às vezes, pacientes emaranhados dizem que não querem ser nem um pouco parecidos com a figura parental e não conseguem reconhecer nem mesmo as semelhanças existentes. Nessa forma de hipercompensação para o emaranhamento, o paciente faz o oposto da figura parental. Os pacientes também conduzem diálogos entre o lado emaranhado, que deseja se fundir com a figura parental, e o pólo saudável, que deseja desenvolver uma identidade individual.

Em termos vivenciais, os pacientes visualizam sua separação da figura parental em imagens mentais. Por exemplo, revivem momentos na infância em que tinham opiniões ou sentimentos diferentes do pai ou da mãe. Imaginam-se dizendo o que realmente pensavam e fazendo o que realmente queriam fazer. Imaginam-se estabelecendo limites com figuras parentais do passado e do presente, por exemplo, recusando-se a contar coisas ou a passar mais tempo juntos. O adulto saudável, representado inicialmente pelo terapeuta e depois pelo paciente, ajuda a criança emaranhada a realizar a separação.

As estratégias comportamentais auxiliam os pacientes a identificar suas preferências e inclinações naturais. Começam listando experiências que consideram inerentemente agradáveis como vivência comportamental. Tomam como referência sua sensação corporal básica enquanto forma de identificar o que gostam. Como tarefa de casa, pode-se pedir que listem suas músicas, filmes, livros, restaurantes ou atividades favoritas. Os pacientes apontam o que gostam e o que não gostam naqueles que lhes são caros. As estratégias comportamentais também os auxiliam a agir a partir de suas próprias preferências, mesmo quando estas diferem das de uma figura parental. Além disso, essas estratégias ajudam na escolha de parceiros e amigos que não estimulem o emaranhamento. Em geral, pacientes com esse esquema escolhem parceiros fortes e depois submergem em suas vidas; o parceiro torna-se a figura parental, e o paciente, um satélite na órbita desse parceiro, como mais uma estrela.

O terapeuta estabelece fronteiras adequadas, regulando a relação terapêutica de forma que não seja fundido demais nem muito distante. Se terapeuta e paciente se tornam demasiado fundidos, isso irá recriar o emaranhamento da infância do paciente; se for muito distante, o paciente irá se sentir desconectado e sem motivação para mudar.

Problemas específicos deste esquema

O problema potencial mais óbvio é que o paciente se emaranhe com o terapeuta, de forma que este se torne uma nova figura parental em sua vida. O paciente consegue abdicar da antiga figura, mas apenas para substituí-la pela do terapeuta. Assim como ocorre com o esquema de dependência/incompetência, o terapeuta pode ter de permitir algum emaranhamento no início do tratamento, mas deve começar rapidamente a estimular o paciente a se individuar.

Fracasso

Apresentação típica do esquema

Os pacientes com esquema de fracasso acreditam que fracassaram em relação a outras pessoas em diversas áreas, como profissão, dinheiro, *status*, escola ou esportes. Sentem-se basicamente inadequados em comparação com outros do mesmo nível, considerando-se burros, ineptos, sem talento, ignorantes ou malsucedidos, inerentemente carecedores do que se necessita para obter êxito.

Os comportamentos típicos desses pacientes incluem a resignação ao esquema, por meio de sabotagem a si mesmo ou de desempenho reduzido; comportamentos de evitação, como postergação ou simples não-realização da tarefa, e comportamentos de hipercompensação, como trabalho excessivo ou atribuição a si mesmo de muitos compromissos. Os hipercompensadores com esquema de fracasso acreditam que não são tão inteligentes ou talentosos quanto outras pessoas, mas que podem compensar isso com esforço. Com freqüência, são bem-sucedidos, mas, ainda assim, sentem-se fraudulentos. Esses pacientes parecem ter sucesso para o mundo exterior, mas no íntimo sentem-se à beira do fracasso.

É importante distinguir entre os esquemas de fracasso e de padrões inflexíveis. Os pacientes com o segundo acreditam que não conseguiram atingir suas próprias expectativas elevadas (e as de seus pais), mas reconhecem que se saíram igualmente ou melhor do que a média em sua ocupação. Os que têm esquema de fracasso acreditam que se saíram pior do que a maioria das pessoas na mesma ocupação e, muitas vezes, têm razão. A maioria dos pacientes com esquema de fracasso não atingiu o mesmo patamar que a pessoa média em seu grupo. A previsão de fracasso acabou por ser, ela própria, um fator para engendrar o fracasso em sua vida. Também é importante diferenciar o esquema de fracasso do de dependência/incompetência, que está mais relacionado ao funcionamento cotidiano do que às realizações. O esquema de fracasso envolve dinheiro, *status*, carreira, esportes e estudos; o de dependência/incompetência, a tomada de decisões cotidianas e o cuidado próprio no dia-a-dia. O esquema de fracasso inúmeras vezes gera o esquema de defectividade. Sentindo-se um fracasso em áreas de realização, o indivíduo sente-se defeituoso.

Objetivos do tratamento

O objetivo central do tratamento é ajudar os pacientes a se sentirem e se tornarem tão bem-sucedidos quanto seus pares (dentro dos limites de suas capacidades e talentos). Isso geralmente envolve um entre três cenários. O primeiro é aumentar o nível de sucesso ao fortalecer as habilidades e a autoconfiança. O segundo, caso o paciente seja bem-sucedido em relação ao próprio potencial, envolve a elevação de suas avaliações quanto ao nível do próprio sucesso ou a mudança das percepções acerca do grupo. O terceiro cenário relaciona-se com a aceitação por parte dos pacientes das limitações imutáveis de suas capacidades e ao mesmo tempo dar-se valor pelo que são.

Principais estratégias do tratamento

É importante avaliar com cuidado a origem do esquema de fracasso em cada paciente, porque as estratégias que o terapeuta privilegia dependerão dessa avaliação. Alguns pacientes fracassaram devido a uma falta inata de talento ou inteligência. Nesses casos, o terapeuta ajuda o paciente a construir habilidades ou a estabelecer objetivos realistas. Outros têm talento e inteligência para obter sucesso, mas nunca se dedicaram totalmente. Talvez lhes tenha faltado orientação ou tenham se concentrado nas áreas erradas. Nesse caso, o objetivo do terapeuta é dar orientação ou redirecionar o foco do paciente a áreas em que possua mais talentos naturais. Talvez o paciente apresente outro transtorno que interfira em seu desenvolvimento (como transtorno de déficit de atenção), e o terapeuta precisa tratar esse outro transtorno. Talvez careça de disciplina, pois muitos pacientes com esquema de fracasso também têm o esquema de autocontrole/autodisciplina insuficientes.

Nesses casos, o terapeuta se alia ao paciente para lutar contra esse segundo esquema. Talvez o paciente esteja cheio de sentimentos negativos oriundos de outro esquema, como defectividade ou privação emocional e gaste muito tempo e esforço tentando evitá-los (usando drogas, consumindo bebidas alcoólicas, apostando no mercado de ações, navegando na internet, jogando, vendo pornografia ou tendo casos sexuais), e a evitação interfere em sua dedicação à vida profissional. Nesses casos, o tratamento envolve o trabalho com esquemas subjacentes. É importante avaliar por que o paciente fracassou, para formular o tratamento adequado ao problema. Na maioria dos casos, os aspectos cognitivo e comportamental do tratamento têm precedência.

Se os pacientes realmente fracassaram em relação aos seus pares, a estratégia cognitiva mais importante é questionar a visão de inépcia inerente e reatribuir o fracasso à perpetuação do esquema. Esses pacientes não fracassaram por inaptidão inata, e sim por que agiram inadvertidamente para derrotar suas tentativas de êxito. O próprio esquema fez com que fracassassem. Seus estilos de enfrentamento, isto é, as formas de resignação e evitação do esquema, são o problema, e não sua capacidade básica. Os pacientes conduzem diálogos entre o esquema de fracasso e o pólo saudável que deseja combater o esquema.

Outra estratégia cognitiva é destacar os sucessos e as habilidades do paciente. Geralmente, os pacientes com esse esquema ignoraram suas conquistas e acentuam os fracassos. O terapeuta auxilia-os a corrigir esse viés, ensinando-os a observar cada vez que são bem-sucedidos. O terapeuta também ajuda o paciente a identificar as próprias habilidades, usando técnicas cognitivas, como exame de evidências. Por fim, o terapeuta ajuda o paciente a estabelecer objetivos realistas de longo prazo. Os pacientes cujos objetivos de longo prazo são exagerados quanto à realidade têm de reduzir suas expectativas, encontrar um grupo de comparação diferente ou mudar de área.

As técnicas vivenciais podem ser úteis para preparar os pacientes para fazer a mudança comportamental. Nas imagens mentais, revivem antigas experiências de fracasso e expressam raiva em relação a pessoas que os desestimularam, ou zombaram e os desvalorizaram. Muitas vezes, quem os desestimula é um dos pais, um irmão mais velho ou um professor. Fazer isso ajuda os pacientes a reatribuir o fracasso à postura crítica da outra pessoa em vez de sua própria falta de capacidade. Os pacientes com transtorno de déficit de atenção/hiperatividade são exemplo de pessoas repreendidas na infância por comportamentos que geralmente não conseguiam controlar. Os pais acreditavam que elas não queriam aprender de propósito, quando, na verdade, elas não conseguiam aprender normalmente. Pacientes que naturalmente não são atléticos costumavam escutar que não se esforçavam nem treinavam o suficiente, quando, na verdade, não tinham a capacidade de desempenho no nível esperado. Sentir raiva de pais e de outros por não reconhecer e aceitar seus pontos fortes e suas limitações é uma parte importante do processo de abdicar do esquema emocionalmente.

Outra possibilidade é que os pais do paciente não desejassem que ele obtivesse sucesso. Embora talvez não tivessem consciência disso, os pais não queriam que o filho alcançasse êxito, pois receavam que ele os superasse e abandonasse. Os pais transmitiram ao filho mensagens sutis de que o rejeitariam ou de que se afastariam emocionalmente se ele obtivesse muito sucesso, e o filho desenvolveu "medo de sucesso". As técnicas vivenciais auxiliam os pacientes a identificar esse tema e a se relacionar com ele emocionalmente. Ficar com raiva do pai sabotador ajuda o paciente a entender que essa mensagem não era saudável e que ele não precisa mais acreditar nela. Pais saudáveis não punem seus filhos por terem sucesso. Ficar com raiva ajuda os pacientes a combater a visão de que serão rejeitados caso obtenham muito êxito. O trabalho com modos auxilia os pacientes a desenvolver um modo adulto saudável capaz de estimular e orientar a criança fracassada. Inicialmente, o terapeuta, depois o paciente, interpreta o adulto saudável em imagens do passado e em situações atuais de desempenho.

A parte comportamental do tratamento costuma ser a mais importante. Não importa quanto progresso o paciente faça em outras áreas, se não interromper seus comportamentos de enfrentamento desadaptativo, reforçará o esquema. O terapeuta ajuda o paciente a substituir comportamentos de resignação, evitação ou hipercompensação em relação ao esquema por outros mais adaptativos. O terapeuta estabelece objetivos, atividades graduais para atingi-los e depois as prescreve como tarefas de casa. Ele auxilia o paciente a superar bloqueios que o impedem de realizar as tarefas de casa. Se for um problema de habilidades, ajuda-o a desenvolvê-las. Se for um problema de aptidão, ajuda o paciente a realizar uma tarefa mais adequada. Se for um problema de ansiedade, ensina-o a controlá-la. Se for um problema de autodisciplina, terapeuta e paciente criam uma estrutura para superar a procrastinação e construir disciplina. O terapeuta auxilia o paciente a superar bloqueios com ensaio comportamental. Por meio de técnicas de imagens mentais ou dramatização, o paciente consegue resolver naturalmente qualquer bloqueio que surja.

Em termos de relação terapêutica, o terapeuta modela comportamentos contrários ao esquema. Se o terapeuta estabelece objetivos realistas, trabalha com firmeza para atingi-los, reflete sobre os problemas com antecedência, persiste apesar do fracasso e reconhece o sucesso, a própria vida profissional do terapeuta pode servir como antídoto ao esquema. (O sucesso profissional do terapeuta também pode ter o efeito oposto, fazendo com que o paciente se sinta inadequado em relação a ele. O terapeuta deve estar alerta para essa possibilidade. É fundamental que ele mostre uma postura saudável em relação ao trabalho, e não que o nível real de sucesso do terapeuta importe.) O terapeuta também faz a reparação parental dos pacientes ao proporcionar estrutura, apoiar seus sucessos, reconhecer quando se saem bem, definir expectativas realistas e estabelecer limites.

Problemas específicos deste esquema

O problema mais comum é a persistência de comportamentos de enfrentamento desadaptativos. Os pacientes continuam se resignando, evitando ou hipercompensando o esquema em vez de mudarem. Estão tão convencidos do fracasso que relutam em se comprometer e em se dispor a conseguir o sucesso. O trabalho com modos auxilia os pacientes a fortalecer o modo adulto saudável, que tem condições e disposição de combater o esquema. Em imagens mentais, os pacientes revivem momentos de fracasso do passado e do presente. O adulto saudável ajuda a criança fracassada a enfrentá-los de maneira adaptativa.

DOMÍNIO DOS LIMITES PREJUDICADOS

Arrogo/Grandiosidade

Apresentação típica do esquema

Os pacientes com esquema de arrogo/grandiosidade sentem-se especiais e acreditam que são melhores do que outras pessoas. Como se consideram parte de algum tipo de "elite", sentem-se merecedores de direitos e privilégios especiais, e não se acham sujeitos aos princípios de reciprocidade que orientam as interações humanas saudáveis. Tentam controlar o comportamento de outros a fim de satisfazer suas próprias necessidades, sem empatia ou preocupações pelas outras pessoas. Têm atos de egoísmo e grandiosidade. Insistem que devem dizer, fazer ou ter o que desejam, independente do custo a terceiros. Entre os comportamentos típicos estão a competitividade em excesso, o esnobismo, a dominação de outras pessoas, as afirmações de poder de maneira danosa e a imposição de seu ponto de vista sobre o de outras pessoas.

Diferenciamos dois tipos de pacientes com esquemas de arrogo: os que têm "arrogo puro" e os que são geralmente descritos como "narcisistas" na ampla literatura sobre transtorno de personalidade. Os paciente narcisistas comportam-se como merecedores para hipercompensar sentimentos subjacentes de defectividade e privação emocional. Chamamos o narcisismo de "arrogo frágil". O foco do tratamento está nos esquemas subjacentes de privação emocional e defectividade. Estabelecer limites é importante, mas não central. (Discutiremos como tratar o arrogo frágil no Capítulo 10.)

Por outro lado, os pacientes com "arrogo puro" foram, simplesmente, mimados e tratados com indulgência quando crianças e agem em conseqüência disso quando adultos. Seu arrogo não é uma hipercompensação por esquemas subjacentes; portanto, não se trata de uma maneira de enfrentar uma ameaça percebida. Para pacientes com arrogo puro, via de regra não há esquemas subjacentes a tratar. A parte central do tratamento é o estabelecimento de limites. Nesta seção, tratamos do arrogo puro, embora muitas das estratégias também sejam úteis, como auxiliares, no trabalho com o transtorno da personalidade narcisista.

Outro grupo de pacientes tem o que chamamos de "arrogo dependente", ou seja, um misto de esquema de dependência e arrogo. Esses pacientes sentem-se no direito de depender de outros que cuidem deles. Acreditam que outras pessoas deveriam atender às suas necessidades de alimentação, vestimenta, moradia e transporte, e ficam irritados quando isso não acontece. Em seu tratamento, o terapeuta trabalha simultaneamente nos esquema de arrogo e dependência.

Objetivos do tratamento

Basicamente, pretende-se ajudar os pacientes a aceitar o princípio de reciprocidade nas interações humanas. Tenta-se ensinar a esses pacientes a fundamental filosofia de que, quando se trata de valor, todas as pessoas são iguais e merecem direitos singulares (diferentemente dos animais que se sentiam com direitos em *A revolução dos bichos*, de George Orwell [1946], os quais mudaram um de seus mandamentos para: "Todos os animais são iguais, mas alguns são mais iguais do que os outros"). Todas as pessoas têm o mesmo valor: ninguém tem inerentemente mais valor do que o outro e não tem direito a tratamento especial. Indivíduos saudáveis não dominam nem provocam os demais, e sim respeitam os direitos e as necessidades alheios. Eles também fazem o melhor que podem para controlar seus impulsos de forma a não machucar os outros e seguem regras sociais adequadamente na maior parte do tempo.

Principais estratégias do tratamento

Para ajudar os pacientes a manter a motivação para a mudança, o terapeuta destaca, permanentemente, todas as desvantagens do esquema de arrogo. Inúmeras vezes, esses pacientes não procuram terapia voluntariamente, e sim porque alguém os força ou porque enfrentam alguma consequência negativa de seu arrogo, como perda de emprego, rompimento de um casamento, filhos que pararam de falar com eles ou sentimentos de solidão e vazio. Podem vivenciar sofrimento verdadeiro em função de uma perda iminente. O terapeuta descobre o que lhes causa dor e por que procuraram tratamento, e usa isso como motivação para mantê-los na terapia. Em essência, o terapeuta repete: "Se você não abrir mão de seu arrogo, se não estiver disposto a mudar, as pessoas continuarão a retaliá-lo ou a ir embora, e você seguirá sentindo-se infeliz". O terapeuta lembra aos pacientes quais serão as conseqüências se eles não se disputerem a mudar.

Trabalhar com as relações interpessoais e com a relação terapêutica configuram as estratégias de tratamento mais importantes. O terapeuta estimula os pacientes a sentir empatia e preocupação por outras pessoas, isto é, a reconhecer o dano que causam quando fazem mau uso do poder sobre outros indivíduos. As estratégias cognitivo-comportamentais, como controle de raiva e treinamento da assertividade, também são importantes para que o paciente aprenda a substituir posturas muito agressivas em relação a outras pessoas por posturas mais assertivas. Se o paciente tiver um relacionamento amoroso, às vezes é interessante fazê-lo participar das sessões de terapia. O terapeuta pode trabalhar com os dois para interromper o comportamento baseado em arrogo do paciente e ajudar o parceiro a definir limites, de forma que cada um equilibre suas necessidades com as do outro.

Os pacientes com este esquema passaram a vida concentrando-se seletivamente em seus pontos fortes e minimizando os fracos, e não possuem uma visão realista de suas próprias qualidades e defeitos. Não entendem ou não aceitam que tenham fraquezas e limitações humanas normais, como todos nós. O terapeuta usa estratégias cognitivas para ajudar os pacientes a desenvolver uma visão mais realista de si mesmos, observando pontos fortes e fracos. Além disso, usa estratégias cognitivas para questionar suas visões de si como especiais, como merecedores de direitos especiais. Pacientes que sentem arrogo devem aprender a seguir as regras gerais. Devem tratar outras pessoas com respeito, como iguais. Terapeuta e paciente observam situações passadas nas quais o paciente se comportou com base em arrogo e sofreu as conseqüências negativas.

O terapeuta usa estratégias vivenciais para auxiliar o paciente a reconhecer o comportamento expressivamente indulgente de seus pais durante a infância. O terapeuta entra na imagem como o adulto saudável que confronta, empaticamente, a criança com arrogo, ensinando-lhe o princípio da reciprocidade. Mais tarde, os pacientes entram nas imagens mentais nos próprios modos adulto saudável.

O terapeuta fica alerta para comportamentos baseados em arrogo na relação terapêutica e confronta cada exemplo de forma empática. O terapeuta faz a reparação parental definindo limites sempre que o paciente se comporte de maneira que intimide ou humilhe, ou expresse raiva indevidamente. Ele usa a relação terapêutica para apoiar o paciente sempre que este admita uma fraqueza, veja outras pessoas como iguais ou tenha sentimentos de inferioridade. Ele elogia o paciente quando este expressa sentimentos de empatia em relação aos outros e pontua que toma conhecimento quando o paciente contém seus próprios impulsos destrutivos e controla a raiva que não seja razoável. Por fim, o terapeuta desestimula a ênfase exagerada dos pacientes em *status* e em outras qualidades superficiais ao julgar a si e aos outros.

Problemas específicos deste esquema

Uma dificuldade provável está em ajudar os pacientes a manter a motivação para mudar. Uma parcela importante dos pacientes com arrogo interrompe a terapia antes de melhorar, porque boa parte do ganho secundário se perde junto com o esquema. É bom conseguir o que se quer, então por que o paciente deveria mudar? O terapeuta precisa encontrar o ponto nevrálgico, isto é, aquilo em que o paciente se prejudica pelo seu arrogo ou grandiosidade, e deve relembrá-lo, permanentemente, acerca das conseqüências negativas do esquema.

Autocontrole/ Autodisciplina insuficientes

Apresentação típica do esquema

Os pacientes que têm este esquema geralmente carecem das qualidades de (1) autocontrole – a capacidade de dar os devidos limites às próprias emoções e impulsos – e (2) autodisciplina – a capacidade de tolerar tédio e frustração por tempo suficiente para realizar tarefas. Esses pacientes não conseguem restringir adequadamente suas emoções e impulsos. Em suas vidas pessoais e profissionais, apresentam uma dificuldade generalizada de adiar a gratificação de curto prazo para atingir objetivos de longo prazo. Parecem não aprender o suficiente a partir da experiência, ou seja, das conseqüências negativas de seu comportamento. Não conseguem ou não querem exercer autocontrole e autodisciplina. (Em *Postcards from the Edge* [no Brasil, *Lembranças de Holywood*], Carrie Fisher [1989, p. 91] captou essas sensibilidade ao escrever: "O problema da gratificação imediata é que ela não é rápida o suficiente").

No extremo do espectro deste esquema, encontram-se os pacientes que parecem crianças sem uma educação adequada. Em formas mais leves, os pacientes apresentam uma ênfase exagerada na evitação do desconforto; preferem evitar a maior parte do sofrimento, conflito, confronto, responsabilidade e esforços, mesmo às custas de sua realização ou integridade pessoal.

Entre os comportamentos típicos estão a impulsividade, a falta de concentração, a desorganização, a falta de disposição de persistir em tarefas tediosas ou rotineiras, as expressões intensas de emoção, como explosões de raiva e histeria, e os atrasos ou irresponsabilidades habituais. Todos esses comportamentos têm em comum a busca de gratificações de curto prazo às custas de objetivos de longo prazo.

O esquema não se aplica fundamentalmente a usuários de drogas ou álcool. Esse problema não está nem um pouco no centro desse esquema, embora às vezes o acompanhem. Os próprios comportamentos de adicção, como abuso de drogas ou álcool, comer em excesso, jogar, fazer sexo compulsivamente, não são o que esse esquema se destina a medir. Os vícios podem constituir formas de enfrentar muitos outros esquemas, e não apenas este, configurando uma maneira de evitar a dor oriunda de quase qualquer esquema. O esquema de autocontrole/autodisciplina insuficientes, por sua vez, aplica-se a pacientes com dificuldades de se controlar ou de se disciplinar em uma ampla gama de situações, que não conseguem limitar seus impulsos e suas emoções em muitas áreas de suas vidas e que apresentam vários problemas de autocontrole em diversas áreas, e não apenas em comportamentos de adicção.

Cremos que todas as crianças nascem com um modo impulsivo. Como parte natural de todos os seres humanos, trata-se da incapacidade de controlar suficientemente a impulsividade e de aprender autodisciplina que resulta desadaptativa. As crianças são, por natureza, descontroladas e indisciplinadas. Por meio de vivências em nossas famílias e na sociedade como um todo, aprendemos a ser mais controlados e disciplinados. Internalizamos um modo adulto saudável capaz de restringir a criança impulsiva para atingir objetivos de longo prazo. Às vezes, outro problema, como transtorno de déficit de atenção/hiperatividade, torna difícil para a criança conseguir isso.

Muitas vezes, não há crenças ou sentimentos específicos que acompanhem esse esquema. É raro que os pacientes com o esquema digam: "Está correto expressar todos os meus sentimentos" ou "Eu devo agir impulsivamente". Em vez disso, os pacientes vivenciam esse esquema como algo fora de seu controle. O esquema não parece egossintônico como outros, e a maioria dos pacientes que vemos quer ser mais autocontrolada e autodisciplinada. Continuam tentando, mas parecem não conseguir manter seus esforços por muito tempo.

O modo impulsivo também é o modo com o qual alguém consegue ser espontâneo e desinibido. Uma pessoa nesse modo consegue ter lazer, ser leve e divertida. Há um aspecto positivo, mas, quando excessivo, quando não está em equilíbrio com outros aspectos do *self*, o custo excede o benefício, e o modo torna-se destrutivo para o indivíduo.

Objetivos do tratamento

O objetivo básico é ajudar os pacientes a reconhecer o valor de abdicar da gratificação de curto prazo em nome de objetivos de longo prazo. Os benefícios de liberar as emoções ou de fazer aquilo que dá prazer imediato não valem os custos em termos de progresso profissional, realizações, boas relações com outras pessoas e baixa auto-estima.

Principais estratégias do tratamento

As técnicas de tratamento cognitivo-comportamentais são quase sempre as estratégias mais úteis para lidar com esse esquema. O terapeuta ajuda os pacientes a exercitar autocontrole e autodisciplina. A idéia básica é que, *entre o impulso e a ação, os pacientes devem aprender a inserir o pensamento*. Eles precisam aprender a refletir sobre as conseqüências de ceder ao impulso *antes* de agir a partir dele.

Em tarefas de casa, os pacientes passam por uma série de atividades graduais, como se organizar, realizar atividades chatas ou rotineiras, ser pontual, impor-se estrutura, tolerar frustração e limitar emoções e impulsos excessivos. Começam por tarefas simples, com reduzido grau de dificuldade, forçando-se a cumpri-las em um tempo limitado, e depois aumentam gradualmente o tempo. Aprendem técnicas que ajudam a controlar suas emoções, como técnicas de "dar um tempo" ou técnicas de autocontrole (meditação, relaxamento, distração), e cartões-lembrete que listam razões pelas quais deveriam se controlar e métodos que podem usar para isso. Em sessões de terapia, os pacientes usam ensaio comportamental em imagens mentais e dramatizações para praticar autocontrole e autodisciplina. Podem se gratificar quando exercem autocontrole e autodisciplina no ambiente externo à terapia. As gratificações incluem auto-elogio, presentear-se com uma atividade ou presente, ou tempo livre.

Ocasionalmente, o esquema de autocontrole/autodisciplina insuficientes relaciona-se com outro, que pode ser mais básico. Nesse caso, o terapeuta também deve tratar o esquema mais nuclear. Por exemplo, às vezes, o esquema vem à tona porque os pacientes suprimiram muita emoção por muito tempo. Isso costuma acontecer com o esquema de subjugação. Durante longos períodos, pacientes com este esquema não expressam raiva quando a sentem. Aos poucos, essa raiva se acumula e explode subitamente, saindo de controle. Quando apresentam um padrão de oscilação entre passividade prolongada e acessos de agressividade, talvez os pacientes tenham esquemas de subjugação (ver seção posterior, sobre subjugação). Se conseguem aprender a expressar adequadamente o que precisam e o que sentem no momento, a raiva não crescerá internamente. Quanto menos suprimirem suas necessidades e seus sentimentos, menos probabilidades terão de se comportar de forma impulsiva.

Algumas técnicas vivenciais são úteis. Os pacientes podem imaginar cenas passadas e atuais nas quais demonstraram autocontrole/autodisciplina insuficientes. Inicialmente, o terapeuta, depois o paciente, entra na cena como adulto saudável que ajuda a criança indisciplinada a exercer autocontrole. Quando o esquema de autocontrole/autodisciplina insuficientes está ligado a outro esquema, o terapeuta pode usar técnicas vivenciais para ajudar os pacientes a combater o esquema subjacente. Isso é de especial importância nos casos de pacientes com transtorno da personalidade *borderline*. Devido aos esquemas de subjugação, esses pacientes sentem que não lhes é permitido expressar suas necessidades e seus sentimentos. Sempre que o fazem, sentem que merecem ser punidos pelo pai/mãe punitivo que têm internalizado. Suprimem repetidamente suas necessidades e seus sentimentos. À medida que o tempo passa, essas necessidades e esses sentimentos crescem para além de sua capacidade de controle, e esses pacientes passam ao modo criança com raiva para expressá-los. De repente, tornam-se enraivecidos e impulsivos, e, quando isso acontece, a abordagem geral do terapeuta é permitir que liberem, empatizar e depois realizar uma testagem de realidade.

Na relação terapêutica, é importante que o terapeuta seja firme e estabeleça limites com os pacientes, principalmente quando a origem do esquema está no fato de não haverem recebido limites suficientes quando crianças. Alguns pacientes com esse esquema foram crianças deixadas a sós em casa porque os pais trabalhavam fora, sem haver quem as disciplinasse. Quando a falta de envolvimento parental na infância é a origem do esquema, o terapeuta fornece um antídoto parcial, por meio da reparação parental do paciente de forma ativa, e estabelece conseqüências por comportamentos inadequados, como atraso para as sessões e descumprimento das tarefas da casa.

Problemas específicos deste esquema

Às vezes, o esquema parece de base biológica, o que torna bastante difícil de mudar somente com a terapia. É o caso, por exemplo, de quando o paciente tem um problema de aprendizagem, como o transtorno de déficit de atenção/hiperatividade. Se o esquema tem base biológica, mesmo quando estão muito motivados e fazem grandes esforços, os pacientes talvez não consigam desenvolver autocontrole/autodisciplina suficientes. Na prática, muitas vezes não fica claro quanto do esquema advém do temperamento e quanto de limites insuficientes na infância. No caso de pacientes com dificuldades persistentes de combater o esquema apesar de um aparente compromisso com a terapia, deve-se considerar a opção de medicação.

DOMÍNIO DO DIRECIONAMENTO PARA O OUTRO

Subjugação

Apresentação típica do esquema

Os pacientes com esquema de subjugação permitem que outras pessoas os dominem. Rendem-se ao controle de outros por se sentirem coagidos pela ameaça de punição ou abandono. Há duas formas: a primeira é a subjugação de *necessidades*, na qual os pacientes subjugam seus desejos e, em vez deles, focam as demandas de outras pessoas; a segunda é a subjugação de *emoções*, em que suprimem seus sentimentos (principalmente a raiva) porque temem a retaliação por parte de outras pessoas. O esquema envolve a percepção de que suas próprias necessidades e seus sentimentos não são válidos nem importantes para outros indivíduos. O esquema quase sempre leva a um acúmulo de raiva, que se manifesta por meio de sintomas desadaptativos, como comportamento passivo-agressivo, explosões descontroladas de raiva, sintomas psicossomáticos, isolamento afetivo, atuação e abuso de álcool ou drogas.

Os pacientes com esse esquema costumam apresentar um estilo de enfrentamento de resignação ao esquema: são excessivamente obedientes e supersensíveis ao sentimento de prisão. Sentem-se intimidados, assediados e impotentes. Sentem-se à mercê de figuras de autoridade: como estas são mais fortes e mais poderosas, os pacientes devem se submeter a elas. O esquema envolve um nível importante de medo. No íntimo, os pacientes receiam que, caso expressem suas necessidades e seus sentimentos, algo de mal vai lhes acontecer. Alguém importante ficará com raiva deles e vai abandoná-los, rejeitá-los ou criticá-los. Esses pacientes suprimem suas necessidades e seus sentimentos não porque acham que *deveriam*, mas por que acham que *precisam* fazê-lo. Sua subjugação, nesses casos, não se baseia em um valor internalizado ou em um desejo de ajudar aos outros, e sim no medo de retaliação. Por outro lado, os esquemas de autosacrifício, inibição emocional e padrões inflexíveis são todos semelhantes no sentido de que os pacientes têm internalizado o valor de que não é correto expressar necessidades ou sentimentos, e acreditam que isso seria, de alguma forma, ruim, de modo que sentem vergonha ou culpa quando o fazem. Os pacientes portadores desses três outros esquemas não se sentem controlados por outras pessoas, pois têm um lócus interno de controle, mas os que apresentam esquema de subjugação, por sua vez, possuem um lócus externo de controle. Acreditam que devem se submeter a figuras de autoridade, quer pensem que é certo, quer não, ou serão punidos de alguma forma.

Esse esquema costuma levar a comportamento evitativo. Os pacientes evitam situações em que outras pessoas podem controlá-los, ou nas quais podem se sentir presos. Alguns evitam relacionamentos amorosos que demandem compromisso porque os consideram claustrofóbicos ou enganosos. O esquema também pode levar a hipercompensação, como desobediência e oposição. A postura revoltada configura a forma mais comum de hipercompensar a subjugação.

Objetivos do tratamento

O objetivo básico do tratamento é fazer com que os pacientes entendam que têm direito de expressar suas necessidades e seus sentimentos, e que os expressem. Geralmente, a melhor forma de viver é expressar necessidades e sentimentos de maneira adequada no momento em que ocorrem, em vez de esperar até mais tarde ou simplesmente não os expressar. Desde que de forma adequada, é saudável expressar necessidades e sentimentos, e pessoas saudáveis não costumam retaliar isso. Os que costumam retaliar tais pacientes quando expressam suas necessidades e seus sentimentos não são pessoas benéficas para o paciente ter envolvimento íntimo. Estimulamos os pacientes a buscarem relacionamentos com indivíduos que lhes permitam expressar necessidades e sentimentos normais e evitem relações com os que não permitam.

Principais estratégias do tratamento

Todos os quatro tipos de estratégias de tratamento – cognitiva, vivencial, comportamental e a relação terapêutica – são importantes para tratar este esquema.

Em termos de estratégia cognitiva, os pacientes subjugados possuem expectativas demasiado negativas em relação às conseqüências de expressar suas necessidades e seus sentimentos a pessoas adequadas. Através do exame de evidências e da prescrição de experimentos comportamentais, os pacientes aprendem que suas expectativas são exageradas. Ademais, é importante aprenderem que estão agindo de maneira saudável quando expressam suas necessidades e seus sentimentos com adequadação, ainda que seus pais lhes tenham comunicado que se "comportaram mal" quando agiram assim na infância.

As estratégias vivenciais são extremamente importantes. Em imagens mentais, os pacientes expressam raiva e afirmam seus direitos diante do pai/mãe controlador e outras figuras de autoridade. Muitas vezes, os pacientes com esse esquema possuem problemas para expressar raiva, sobretudo em relação ao pai ou à mãe a quem eram submissos. O terapeuta deveria insistir no trabalho vivencial até que os pacientes sejam capazes de expressar raiva livremente em exercícios de imagens mentais ou dramatização. Expressar raiva é fundamental para superar o esquema. Quanto mais os pacientes entrarem em contato com sua raiva e a liberarem em exercícios de imagens mentais e dramatizações (em especial quanto ao pai/mãe controlador), mais terão condições de combater o esquema em suas vidas cotidianas. O propósito de expressar essa raiva não se trata de apenas liberá-la, mas também de fazer com que os pacientes se sintam fortalecidos para se defender. A raiva dá a motivação e a força motriz para lutar contra a passividade que quase sempre acompanha a subjugação.

Uma estratégia comportamental fundamental é ajudar os pacientes a escolher parceiros amorosos relativamente não-controladores. Em geral, as pessoas subjugadas são atraídas por parceiros controladores. Se conseguirem sentir atração por um parceiro que almeje um relacionamento igualitário, seria ideal, mas o mais comum é que venham a escolher alguém controlador, de forma que sintam a "química do esquema". Esperamos que o parceiro não seja tão controlador a ponto de o paciente não conseguir expressar suas necessidades e seus sentimentos em nenhum grau. Se o parceiro é dominador o suficiente para criar um pouco de química, mas se dispõe a levar em conta as necessidades e os sentimentos do paciente, isso pode proporcionar uma solução para o esquema. Há química suficiente que sustente o relacionamento, mas também há cura de esquema suficiente para que o paciente tenha uma vida saudável. Os pacientes também trabalham a escolha de amigos que não sejam controladores. As técnicas de assertividade podem ajudá-los a aprender a verbalizar assertivamente suas necessidades e seus sentimentos diante de parceiros e amigos.

Quando há um *self* subdesenvolvido como conseqüência de um esquema, isto é, quando os pacientes atenderam as necessidades e preferências de outras pessoas de forma tão freqüente que não conhecem as suas próprias, eles podem trabalhar para se individuar. As técnicas vivenciais e cognitivo-comportamentais ajudam-nos a identificar suas inclinações naturais e praticar a ação a partir delas. Por exemplo, podem fazer exercícios com imagens mentais para recriar situações em que suprimiram suas necessidades e suas preferências. Nas imagens, dizem em voz alta o que necessitavam e queriam fazer, imaginam as conseqüências, fazem dramatizações que expressam suas necessidades e preferências com outros em sessões de terapia e depois *in vivo*, fora das sessões.

A maioria dos pacientes subjugados inicialmente percebe o terapeuta como uma figura de autoridade que deseja controlá-los e dominá-los, ou seja, como um controlador, mesmo que não o seja. Do ponto de vista da reparação parental, o terapeuta deve ser pouco diretivo. Ele tenta ser o menos diretivo possível, permitindo que os pacientes escolham, durante o processo de tratamento, quais problemas querem tratar, quais técnicas querem aprender e quais tarefas de casa querem realizar. O terapeuta indica cuidadosamente qualquer comportamento submisso por parte dos pacientes com confrontação empática. Por fim, auxilia os pacientes a reconhecer e expressar raiva em relação ao terapeuta, à medida que ela se acumula, antes que ela atinja seu ponto de ruptura.

Problemas específicos deste esquema

Ao fazerem experiências com a expressão de seus sentimentos e necessidades, os pacientes muitas vezes o fazem de forma imperfeita. No início, talvez não consigam ser assertivos o suficiente para ser ouvidos ou passem ao outro extremo e tornem-se agressivos demais. O terapeuta auxilia-os a saber de antemão que levará algum tempo para encontrar o equilíbrio necessário entre suprimir e expressar seus sentimentos e necessidades, e que não deveriam julgar a si mesmos por isso de maneira muito rígida.

Quando pacientes subjugados tentam, pela primeira vez, expressar suas necessidades e seus sentimentos, muitas vezes dizem alguma coisa como: "Mas eu não sei o que quero, não sei o que sinto". Em casos como esse, em que a subjugação está ligada a um esquema de *self* subdesenvolvido, o terapeuta ajuda os pacientes a desenvolver um sentido de *self*, mostrando-lhes como monitorar seus desejos e suas emoções. Os exercícios com imagens mentais podem auxiliar os pacientes a explorar seus sentimentos. Com o tempo, se eles resistem à subjugação e continuam focados para seu interior, a maioria dos pacientes acaba reconhecendo o que quer e sente.

Pelo fato de que alguns terapeutas gostam da deferência dos pacientes subjugados, eles podem involuntariamente reforçar a característica. É fácil confundir um paciente subjugado com um bom paciente. Ambos seguem as prescrições, mas não é saudável que pacientes subjugados sejam demasiado obedientes, pois isso perpetua seu esquema de subjugação em vez de curá-lo.

Nossa conclusão é de que, na maioria dos casos, o esquema é relativamente fácil de tratar. Clinicamente, temos uma alta taxa de sucesso com problemas de subjugação.

Auto-sacrifício

Apresentação típica do esquema

Os pacientes com esquema de auto-sacrifício, assim como os que têm esquema de subjugação, apresentam um foco excessivo no atendimento das necessidades de outras pessoas em detrimento das próprias necessidades. Contudo, diferentemente daqueles, experimentam o auto-sacrifício como algo voluntário. Fazem-no porque querem impedir que outras pessoas sofram, para fazer o que acreditam que é certo, para não se sentirem culpados ou egoístas ou para manter uma relação com pessoas próximas que consideram carentes. O esquema do auto-sacrifício costuma resultar daquilo que acreditamos ser um temperamento altamente empático: uma sensibilidade aguda ao sofrimento alheio. Algumas pessoas sentem a dor psíquica de outras tão intensamente que têm alta motivação para aliviá-la ou impedi-la. Não querem fazer ou deixar que aconteça algo que cause sofrimento a outras pessoas. O auto-sacrifício muitas vezes envolve um sentido de responsabilidade exagerada com relação a terceiros e, portanto, coincide com o conceito de co-dependência.

É comum que os pacientes com este esquema apresentem sintomas psicossomáticos como dores de cabeça, problemas gastrintestinais, dor crônica ou fadiga. Os sintomas físicos proporcionam a esses pacientes uma forma de chamar a atenção a si próprios sem que tenham de pedi-la diretamente e sem que estejam conscientes disso. Sentem-se com permissão de receber cuidados de outros ou de reduzir seu cuidado a outros se estiverem "doentes de verdade". Esses sintomas também resultam diretamente do estresse criado por doar-se tanto e receber tão pouco em troca.

Os pacientes com este esquema quase sempre têm um esquema de privação emocional que o acompanha. Atendem às necessidades alheias, mas suas próprias necessidades não são satisfeitas. Na superfície, parecem contentes de se sacrificar, mas, por trás disso, têm um sentido profundo de privação emocional. Às vezes, sentem raiva dos objetos de seu sacrifício. Via de regra, os pacientes com esse esquema doam-se tanto que acabam por prejudicar-se.

Por vezes, os pacientes com esquema de auto-sacrifício acreditam que não esperam coisa alguma dos outros em troca, mas, quando algo lhes acontece e a outra pessoa não lhes dá o suficiente, ressentem-se. A raiva não é inevitável nesse esquema, mas os pacientes que se sacrificam muito e têm ao seu redor pessoas que não correspondem costumam ter algum ressentimento.

Como observamos na sessão anterior, sobre o esquema de subjugação, é importante distingui-lo do esquema de auto-sacrifício. Quando os pacientes têm o esquema de subjugação, renunciam às suas próprias necessidades por medo das conseqüências externas. Receiam que outras pessoas venham a retaliá-las ou rejeitá-las. Com o auto-sacrifício, os pacientes renunciam às suas necessidades em função de um padrão moral interior. (Segundo as etapas de desenvolvimento moral de Kohlberg [1963], o auto-sacrifício representa um nível mais elevado de desenvolvimento moral do que a subjugação.) Os pacientes com subjugação sentem-se sob controle de outras pessoas; os pacientes com auto-sacrifício sentem-se fazendo escolhas voluntárias.

As origens desses dois esquemas também são diferentes, quase opostas, ainda que ambos tenham áreas de coincidência. A origem do esquema de subjugação costuma ser um pai ou uma mãe dominador e controlador; com o de auto-sacrifício, o pai ou a mãe geralmente é fraco, infantil, desamparado, doente ou deprimido. Dessa forma, o primeiro se desenvolve a partir da interação com alguém que é forte demais, e o segundo, com alguém fraco demais. Também é comum que uma criança que, como adulto, desenvolve um esquema de auto-sacrifício assuma o papel de "criança parentalizada" (Earley e Cushway, 2002) desde pequena.

Os pacientes com esquema de auto-sacrifício tendem a apresentar comportamentos como escutar os outros em vez de falar de si, cuidar de outras pessoas ao mesmo tempo em que têm dificuldades de realizar tarefas por eles mesmos, dar atenção a outras pessoas enquanto se sentem desconfortáveis quando se dá atenção a eles e ser indiretos quando querem algo, em vez de pedir diretamente. (Um de nossos pacientes contou a seguinte história sobre sua mãe que tinha esse esquema: "Eu estava fazendo café, de manhã. Minha mãe chegou na cozinha, e eu perguntei se ela queria uma xícara. "Não, não quero incomodar", ela disse. "Não incomoda", disse o paciente, "Deixe que eu lhe faça um café." "Não", disse a mãe, de forma que o paciente fez somente uma xícara de café. Quando ele havia terminado, a mãe disse: "Quer dizer que você não podia me fazer um café?").

Também podem existir ganhos secundários com o esquema. Ele possui aspectos positivos e só é patológico quando levado a um extremo que não seja saudável. Os pacientes podem sentir orgulho de ver a si próprios como cuidadores, podem se sentir bons por se comportar com altruísmo, de maneira virtuosa. (Em contraste, às vezes esse esquema tem uma qualidade segundo a qual "nunca basta", de forma que não importa quanto os auto-sacrificadores façam, eles irão se sentir culpados, achando que não fizeram o suficiente.) Outra fonte potencial de ganho secundário é a atração que o esquema pode provocar de outras pessoas sobre eles. Várias pessoas gostam da empatia e da ajuda do auto-sacrificador. Os pacientes com este esquema geralmente têm muitos amigos, embora suas necessidades não costumem ser satisfeitas nesses relacionamentos.

Em termos de comportamentos hipercompensatórios, depois de realizar auto-sacrifício por muito tempo, alguns pacientes subitamente desenvolvem uma raiva exagerada. Tornam-se irritados e deixam, por completo, de doar-se a outra pessoa. Quando se sentem não-apreciados, às vezes retaliam, transmitindo ao outro a mensagem "Nunca mais lhe darei nada". Uma paciente com esquema de auto-sacrifício relatou o seguinte incidente à terapeuta ao descobrir o que aconteceu após a morte da mãe: ela estava no início da adolescência e começou a cozinhar, limpar e lavar roupa para o pai. Um dia, estava passando roupa, o pai entrou e disse: "De agora em diante, abotoe minhas camisas quando as colocar no cabide". A paciente parou de passar roupa, saiu do quarto e nunca mais limpou, cozinhou ou lavou roupa para o pai de novo. "Eu lavava minhas roupas e deixava as dele ali, numa pilha, no chão", concluiu ela.

Objetivos do tratamento

Um objetivo importante é ensinar aos pacientes com esquemas de auto-sacrifício que todos possuem direitos iguais a ter suas necessidades satisfeitas. Ainda que tais pacientes considerem a si mesmos mais fortes do que outras pessoas, na realidade, a maioria deles foi emocionalmente privada de emoção. Eles se sacrificaram, e suas necessidades não foram atendidas em troca, por isso são carentes, tanto quanto a maioria das pessoas "mais frágeis" que elas se dedicaram a ajudar. A diferença principal é que os pacientes com esquema de autossacrifício não vivenciam suas próprias necessidades, pelo menos de maneira consciente. Em geral, bloquearam a frustração de suas próprias necessidades para continuar a se sacrificar.

Outro importante objetivo do tratamento é ajudar os pacientes com esquema de auto-sacrifício a reconhecer que têm necessidades que não serão atendidas, mesmo que não estejam conscientes delas, e que possuem tanto direito a tê-las atendidas quanto qualquer outra pessoa. Apesar de qualquer ganho secundário que o esquema possa trazer, esses pacientes pagam um preço alto por seu sacrifício, deixando de receber algo de que necessitam profundamente, assumido por outros seres humanos.

Também se pretende reduzir a sensação de super-responsabilidade dos pacientes. O terapeuta mostra-lhes que eles, com freqüência, exageraram a fragilidade e o desamparo de outras pessoas. A maioria dos indivíduos não é tão frágil e desamparada quanto o paciente pensa. Se ele lhes oferecer menos, geralmente ainda estariam bem. Na maioria dos casos, a outra pessoa não vai desabar nem sofrer de forma insuportável se o paciente doar-se menos.

Outro objetivo do tratamento é resolver a privação emocional associada. O terapeuta estimula o paciente a prestar atenção a suas próprias necessidades, a deixar que outras pessoas o atendam, a pedir o que quer mais diretamente e a ser mais vulnerável em vez de parecer forte todo o tempo.

Principais estratégias do tratamento

Todos os quatro componentes são importantes neste esquema. Em termos de estratégias cognitivas, o terapeuta ajuda o paciente a testar suas percepções exageradas de fragilidade e necessidades alheias e a aumentar a consciência de suas próprias necessidades. O ideal é que os pacientes se dêem conta de que suas necessidades – de carinho, compreensão, proteção e orientação – há muito não são satisfeitas. Eles cuidam de outros, mas não permitem que os outros cuidem deles.

Além disso, o terapeuta ajuda os pacientes a se conscientizarem de outros esquemas subjacentes ao auto-sacrifício. Como observamos, os pacientes com este esquema quase sempre têm algum grau de privação emocional subjacente. A defectividade também é um esquema comumente relacionado, isto é, esses pacientes "doam-se mais" porque se sentem "sem valor". O abandono pode ser um esquema ligado a esse: os pacientes se sacrificam para impedir que outras pessoas os abandonem. O mesmo acontece em relação à dependência: os pacientes se sacrificam para que a figura paterna/materna se mantenha ligada a eles e continue cuidando deles. A busca de aprovação também pode estar presente: cuidam de outros para obter aprovação ou reconhecimento.

O terapeuta destaca o desequilíbrio da "relação dar/receber", isto é, entre o quanto os pacientes oferecem e o que recebem de pessoas importantes em suas vidas. Em um relacionamento saudável entre iguais, o montante do que cada uma das pessoas dá e recebe deveria ser aproximadamente igual no decorrer do tempo. Esse equilíbrio não deve ocorrer em cada aspecto separado do relacionamento, e sim no relacionamento como um todo. Cada indivíduo recebe e dá segundo suas habilidades, mas o balanço geral é mais ou menos igual. Um desequilíbrio significativo na relação entre dar e receber não é saudável para o paciente. (As exceções são as relações entre não-iguais, como pais e filhos. Os pacientes que se sacrificam por seus filhos, por exemplo, não têm exatamente um esquema de auto-sacrifício. Para isso, haveriam de se sacrificar em muitos relacionamentos como parte de um padrão-geral.)

Em termos vivenciais, o terapeuta ajuda o paciente a se tornar consciente de sua privação emocional, tanto na infância quanto na atualidade. Os pacientes expressam tristeza e raiva em relação a suas necessidades emocionais não-satisfeitas. Em imagens mentais, confrontam o pai ou a mãe que os privou, a pessoa autocentrada, carente ou deprimida que não lhes deu carinho, escutou, protegeu nem orientou. Expressam raiva em relação a se tornar uma criança parentalizada: mesmo que involuntário de parte do pai ou da mãe, não foi justo que os filhos tenham sido colocados nesse papel. Os pacientes reconhecem sua infância perdida. Em imagens mentais, expressam raiva das pessoas próximas que os privaram recentemente e pedem o que precisam.

Em termos comportamentais, os pacientes aprendem a solicitar diretamente o atendimento de suas necessidades e a parecer vulneráveis em vez de fortes. Aprendem a escolher parceiros fortes e que se doem, em vez de frágeis e carentes. (Os pacientes com esse esquema costumam ser atraídos por parceiros deste último tipo, como pessoas que abusam de drogas, que são deprimidas ou dependentes, e não por aquelas que lhes podem dar como iguais.) Além disso, aprendem a estabelecer limites para o quanto oferecerão a outros.

Uma estratégia de tratamento que não seria saudável para outros pacientes pode auxiliar muito os que possuem esquema de auto-sacrifício: os pacientes mantém registros de quanto oferecem e recebem de pessoas que lhe são caras. Quanto fazem por cada pessoa, quanto ouvem e cuidam dela, e quanto recebem em troca? Quando há desequilíbrio, como costuma ser o caso de pacientes com esquema de auto-sacrifício, eles tentam tornar a relação mais igual, dar menos e pedir mais.

Em um certo sentido, o esquema de auto-sacrifício é o oposto do de arrogo, que envolve uma postura autocentrada, já que o auto-sacrifício implica uma postura centrada nos outros. Esses dois esquemas "se encaixam" bem em relacionamentos: pacientes com um desses esquemas costumam acabar se juntando a parceiros com o outro. Outra combinação comum é um parceiro com esquema de auto-sacrifício e o outro com arrogo dependente. O primeiro faz tudo para o segundo. A terapia pode ajudar esses casais a colocar-se – um ao outro – na relação de um modo mais saudável.

Quando consideramos os esquemas dos psicoterapeutas, o de auto-sacrifício é um dos mais comuns (o outro é privação emocional). O esquema de auto-sacrifício é um fator que motivou muitos profissionais no campo da saúde mental a escolher esse trabalho. Se o terapeuta e o paciente têm o esquema, um problema potencial é que o primeiro possa, involuntariamente, oferecer modelos de comportamento muito auto-sacrificadores. Na relação terapêutica, e quando se discutem outras áreas de suas vidas, os terapeutas devem mostrar que, embora dão atenção, não negam a si próprios. O terapeuta tem necessidades e direitos nos relacionamentos e os reafirma devidamente.

É importante que os terapeutas demonstrem uma postura de muita doação com pacientes com este esquema, por estes haverem recebido tão pouco dos pais e de terceiros. O terapeuta cuida do paciente e não permite que este cuide dele. Sempre que um paciente auto-sacrificador tenta cuidar do terapeuta, este aponta o padrão por meio de confrontação empática. O terapeuta estimula o paciente a depender dele o máximo possível. Alguns desses pacientes nunca dependeram de outro ser humano. O terapeuta valida as necessidades de dependência do paciente e o estimula a parar de agir de forma tão adulta e forte, e a ser vulnerável, às vezes, até mesmo infantil, com o terapeuta.

Problemas específicos deste esquema

Costuma-se atribuir um elevado valor cultural e religioso ao auto-sacrifício. Além disso, não se trata de um esquema disfuncional dentro de limites normais, pois é saudável sacrificar-se em um certo grau. Ele torna-se disfuncional quando excessivo. Para que configure um esquema desadaptativo, o auto-sacrifício de um paciente deve causar problemas à pessoa, gerar sintomas e produzir infelicidades nos relacionamentos interpessoais. Precisa haver alguma forma de manifestação como dificuldade: a raiva está se acumulando, o paciente apresenta queixas psicossomáticas, sente-se privado de emoção ou tem algum outro tipo de sofrimento emocional.

Busca de aprovação/ Busca de reconhecimento

Apresentação típica do esquema

Esses pacientes dão importância excessiva a obter a aprovação e o reconhecimento de outras pessoas, às custas de satisfazer suas necessidades emocionais centrais e de expressar suas inclinações naturais. Como geralmente se concentram nas reações de outros em vez de nas suas próprias, não conseguem desenvolver um senso de *self* estável e orientado ao interior de si mesmos.

Há dois subtipos: o primeiro busca aprovação, querendo que todos gostem dele, e deseja se encaixar e ser aceito; o segundo busca reconhecimento, querendo ser aplaudido e admirado. Estes últimos tendem ao narcisismo, conferindo ênfase exagerada ao *status*, à aparência, ao dinheiro ou às conquistas como forma de ganhar a admiração de outras pessoas. Os dois subtipos voltam-se em demasia para o externo, visando obter a aprovação ou o reconhecimento a fim de se sentir bem em relação a si próprios. Seu senso de auto-estima depende das reações de outras pessoas, em vez de seus próprios valores e inclinações. Uma jovem paciente com este esquema disse: "Sabe como é quando você vê mulheres na rua que parecem ter uma vida maravilhosa? A vida delas pode ser realmente horrível, mas, quando elas passam caminhando, você pensa que tudo está ótimo. Eu sempre pensei que, se tivesse que escolher, preferiria parecer que tenho uma vida maravilhosa do que ter de verdade".

Alice Miller (1975) escreve sobre a questão da busca de reconhecimento em *Prisoners of childhood*. Muitos dos casos que ela apresenta são de indivíduos no extremo narcisista do esquema. Quando crianças, aprenderam a lutar por reconhecimento porque seus pais os estimulavam ou pressionavam a isso. Os pais obtinham gratificação indireta, mas as crianças cresceram cada vez mais distanciadas de seu *self* verdadeiro – de suas necessidades emocionais e de suas inclinações naturais fundamentais.

Os sujeitos presentes no livro de Miller têm esquemas de privação emocional e de busca de reconhecimento. Este último costuma associar-se ao primeiro, embora nem sempre. Entretanto, alguns pais são carinhosos e buscam reconhecimento. Em muitas famílias, os pais são muito voltados aos filhos e amorosos, mas também demasiado preocupados com as aparências externas. As crianças dessas famílias sentem-se amadas, mas não desenvolvem um sentido de *self* voltado ao próprio interior, e sim dependente das respostas alheias. Elas têm um *self* não-desenvolvido, ou falso, mas não um *self* verdadeiro. Os pacientes narcisistas estão no extremo deste esquema, mas há inúmeras formas mais leves, nas quais os pacientes são psicologicamente mais saudáveis, porém, ainda assim, dedicados a buscar a aprovação ou o reconhecimento em detrimento da autoexpressão.

Um dos comportamentos típicos é ser obediente e agradar os outros a fim de obter aprovação. Alguns dos pacientes que sofrem de busca de aprovação se colocam em um papel subserviente. Outros indivíduos podem se sentir desconfortáveis perto deles por parecerem ávidos por agradar. O comportamento típico é a ênfase à aparência, ao dinheiro, ao *status*, às realizações e ao sucesso, com vistas à obtenção de reconhecimento alheio. Os pacientes que sofrem de busca de reconhecimento talvez tentem obter elogios ou parecer presunçosos e se gabar das próprias realizações. Outra possibilidade é a sutileza, manipulando a conversa de forma sub-reptícia para que possam citar suas próprias fontes de orgulho.

A busca de aprovação/busca de reconhecimento difere de outros esquemas que podem resultar em comportamentos de busca de aprovação. Quando os pacientes apresentam esse tipo de comportamento, é sua motivação que determina se o comportamento pertence a outro esquema. A busca de aprovação/busca de reconhecimento difere do esquema de padrões inflexíveis (ainda que as origens na infância possam parecer semelhantes) no sentido de que os pacientes com este segundo esquema se esforçam para cumprir um conjunto de valores internalizados, ao passo que os que têm o primeiro buscam a validação externa. A busca de aprovação/busca de reconhecimento difere do esquema de subjugação porque este se baseia em medo, enquanto o primeiro não. No caso do esquema de subjugação, os pacientes agem de maneira a buscar aprovação porque temem a punição ou o abandono, e não por necessidade de aprovação. O esquema de busca de aprovação/busca de reconhecimento é diferente do de auto-sacrifício porque não se fundamenta em um desejo de ajudar indivíduos percebidos como frágeis ou carentes. Se os pacientes agem de forma a buscar aprovação porque não querem machucar outras pessoas, então eles têm o esquema de auto-sacrifício. O esquema de busca de aprovação/busca de reconhecimento difere do de arrogo/grandiosidade por não configurar uma tentativa de se engrandecer para se sentir superior a terceiros. Se os pacientes agem de forma a obter aprovação como forma de conquistar poder, tratamento especial ou controle, eles têm o esquema de arrogo.

A maioria dos que sofrem de busca de aprovação provavelmente endossaria crenças condicionais como "As pessoas me aceitarão se me aprovarem ou me admirarem", "Tenho valor se as outras pessoas me derem sua aprovação" ou "Se eu puder fazer com que as pessoas me admirem, elas prestarão atenção em mim". Vivem sob essa contingência: para se sentir bem consigo mesmas, têm de conquistar a aprovação ou o reconhecimento de outros indivíduos. Por isso, a auto-estima desses pacientes costuma depender da aprovação alheia.

O esquema de busca de aprovação/busca de reconhecimento muitas vezes, mas não sempre, é uma forma de hipercompensação de outro esquema, como defectividade, privação emocional ou isolamento social. Embora vários pacientes usem esse esquema para hipercompensar outras questões, inúmeros outros com o esquema buscam aprovação ou reconhecimento simplesmente porque foram criados assim, ou seja, seus pais davam demasiada ênfase a esses aspectos. Os pais estabeleceram objetivos e expectativas que não se baseavam nas necessidades inerentes da criança e em suas inclinações naturais, e sim nos valores da cultura ao redor.

Há formas saudáveis e desadaptativas de busca de aprovação. Este esquema é comum em pessoas bem-sucedidas em vários campos, como na política e no entretenimento. Vários desses pacientes são hábeis para intuir o que lhes vai render aprovação ou reconhecimento e capazes de adaptar seu comportamento como camaleões, a fim de conquistar a admiração ou impressionar as pessoas.

Objetivos do tratamento

Pretende-se que os pacientes reconheçam que têm um *self* autêntico diferente do falso *self* que busca aprovação. Eles passaram a vida suprimindo as próprias emoções e inclinações naturais em nome da conquista de aprovação ou de reconhecimento. Como seu verdadeiro *self* foi suprimido e a busca de aprovação tem dirigido sua vida, as necessidades emocionais fundamentais do paciente não foram satisfeitas. Em comparação com a auto-expressão verdadeira e com a sinceridade consigo mesmo, a aprovação de outras pessoas dá apenas uma forma superficial e passageira de gratificação. Enunciamos aqui um pressuposto filosófico de nossa teoria: os seres humanos são mais felizes e mais realizados quando expressam emoções autênticas e agem a partir de suas inclinações naturais. A maioria dos pacientes com este esquema não sabe o que significa ser autêntico. Eles não sabem quais são suas inclinações naturais, muito menos como agir a partir delas. O objetivo do tratamento é auxiliar os pacientes a se concentrar menos na obtenção de aprovação ou de reconhecimento de outras pessoas e mais em quem são e qual é seu valor intrínseco.

Principais estratégias do tratamento

Todos os quatro componentes cumprem papéis importantes no tratamento: cognitivo, vivencial, comportamental e a relação terapêutica.

Uma das estratégias cognitivas é demonstrar aos pacientes a importância de expressar o verdadeiro *self* em vez de buscar a aprovação alheia. É natural desejar aprovação e reconhecimento, mas, quando extremo, esse desejo se torna disfuncional. Os pacientes podem examinar os prós e contras do esquema, pesando vantagens e desvantagens da descoberta de quem realmente são, e agir a partir disso em relação à busca concentrada na obtenção de aprovação de outras pessoas. Dessa forma, os pacientes conseguem tomar a decisão de lutar contra o esquema. Se continuarem a colocar toda a sua ênfase no dinheiro, no *status* ou na admiração por terceiros, não irão desfrutar a vida integralmente e continuarão a se sentir vazios e insatisfeitos. Não vale a pena "vender a alma" por aprovação e reconhecimento. ("Pensei que estava subindo, mas, na verdade, caía", reflete o moribundo alpinista social Ivan Ilyitch na história de Tolstói [1986, p. 495].) A aprovação e o reconhecimento são importantes apenas temporariamente. São adictivos e não oferecem uma satisfação pessoal profunda e duradoura.

As estratégias vivenciais podem ser úteis, especialmente o trabalho com modos. A busca de aprovação constitui um modo aprendido na infância pelo paciente. O terapeuta auxilia-o a identificar este modo, bem como o da criança vulnerável (usando qualquer nome que se enquadre ao paciente). O paciente revive incidentes de busca de aprovação de um pai ou mãe durante a infância, e alterna entre os modos busca de aprovação e criança vulnerável, expressando cada um deles em voz alta. Do que o paciente realmente necessitava em momentos importantes de sua infância? O que a criança realmente pensava? O que queria fazer? O que queria que os pais fizessem? O que lhe era exigido pelos pais e por outras figuras de autoridade? A criança expressa raiva pelo pai exigente e vive seu pesar por uma infância perdida na busca de aprovação. O adulto saudável, representado inicialmente pelo terapeuta e depois pelo paciente, ajuda a criança a lutar contra aquele que busca aprovação e a se comportar segundo a criança vulnerável.

Os pacientes podem realizar experimentos comportamentais para explorar as próprias inclinações naturais. Podem monitorar os próprios pensamentos e sentimentos e usar técnicas comportamentais para exercitar a ação a partir delas com mais freqüência. Aprender a tolerar a desaprovação alheia é um objetivo comportamental importante. Os pacientes exercitam a aceitação de situações nas quais outras pessoas não lhes dão aprovação ou reconhecimento. Como a busca de aprovação se tornou um vício, os pacientes aprendem a abandoná-lo, a tolerar a abstinência de aprovação ou de reconhecimento e a substituí-la por outras formas mais saudáveis de gratificação. Tal processo talvez seja sofrido para os pacientes, sobretudo no início, e o terapeuta o auxilia por meio da adoção de uma postura de confrontação empática. O componente comportamental é fundamental para o sucesso do tratamento. Se os pacientes não afastam, de verdade, seu foco de atenção daquilo que outras pessoas pensam nem o direcionam a si mesmos em situações cotidianas, especialmente em suas relações pessoais, as outras estratégias não funcionarão de maneira permanente.

Na relação terapêutica, é importante que o terapeuta observe, para identificar casos em que o paciente tente obter aprovação ou reconhecimento. Esse padrão quase sempre surge e estimula o paciente a ser aberto e direto, em vez de esconder reações negativas.

Problemas específicos deste esquema

Um problema é que o esquema de busca de aprovação/busca de reconhecimento em geral proporciona ao paciente uma grande quantidade de ganhos secundários. A aprovação e o reconhecimento podem trazer recompensas interpessoais intensas, e este esquema possui alto grau de ratificação social. Ser aplaudido, tornar-se famoso, adquirir reconhecimento, ter sucesso, ser amado, fazer parte de um grupo são todos elementos que contribuem para muito reforço positivo na sociedade. O terapeuta, assim, pede ao paciente que combata ou modere algo que a sociedade valoriza bastante. Ambos trabalham juntos para determinar que o custo da busca *excessiva* de aprovação ou de reconhecimento não vale a pena. Além disso, o objetivo é moderar a tendência, e não erradicá-la de todo, porque o esquema tem muitos aspectos valiosos quando equilibrado com a auto-realização.

Os pacientes com esse esquema são com facilidade considerados equivocadamente indivíduos saudáveis, e os terapeutas às vezes reforçam isso sem conhecer comportamentos provocados pelo esquema. Esses pacientes se esforçam para fazer com que os terapeutas os aprovem ou admirem, mas, se o que fazem se baseia em um *self* falso, e não no verdadeiro, trata-se de um impedimento à evolução.

DOMÍNIO DA SUPERVIGILÂNCIA E INIBIÇÃO

Negatividade/Pessimismo

Apresentação típica do esquema

Esses pacientes são negativos e pessimistas, apresentando um foco, generalizado e permanente, nos aspectos negativos da vida, como sofrimento, morte, perda, decepção, traição, fracasso e conflito, enquanto minimizam os aspectos positivos. Em uma ampla gama de situações profissionais, financeiras e interpessoais, eles possuem uma expectativa exagerada de que algo muito mal ocorrerá. Os pacientes sentem-se vulneráveis a erros desastrosos que ocasionarão a desagregação de toda sua vida de alguma forma, erros que podem levar a colapso financeiro, perdas graves, humilhação social, flagrante em uma situação ruim ou perda de controle. Os pacientes dedicam muito tempo certificando-se de não cometer esse tipo de erro e são dados à reflexão excessiva. A situação-padrão é a ansiedade. Entre os sentimentos típicos estão a tensão e a preocupação crônicas, e as queixas e a indecisão são comportamentos normais. Talvez seja difícil estar perto dos pacientes com esse esquema porque, não importa o que se diga, eles tendem a ver o lado negativo dos eventos. O copo está sempre meio vazio.

As estratégias de tratamento dependem de como o terapeuta conceitua as origens do esquema, que é aprendido basicamente pela modelagem. Neste caso, o esquema reflete uma tendência depressiva à negatividade e ao pessimismo, que o paciente aprendeu com um dos pais, cujas atitudes internalizou como um modo. O trabalho vivencial é de especial utilidade nos casos de pacientes que adquiriram o esquema dessa maneira. Em exercícios de imagens mentais e dramatizações, inicialmente o terapeuta, no papel de adulto saudável, depois o paciente, lutam contra esse pai/mãe pessimista. O adulto saudável confronta o pai/mãe negativo e reassegura e conforta a criança.

Uma segunda origem do esquema está no histórico de dificuldades e perdas na infância. Neste caso, os pacientes tornaram-se negativos e pessimistas porque passaram por muitas adversidades desde cedo, origem mais difícil de superar. Esses pacientes perderam o otimismo natural da juventude, com freqüência quando ainda eram muito pequenos. Um de nossos pacientes, uma criança de 9 anos cujo pai havia morrido anos antes, disse: "Não tente me dizer que não podem acontecer coisas ruins, porque eu sei que podem". Muitos desses pacientes necessitam sentir o luto por suas perdas. Quando o infortúnio pessoal é a origem do esquema, todas as estratégias de tratamento são importantes. As técnicas cognitivas auxiliam os pacientes a ver que os eventos negativos do passado não indicam necessariamente a ocorrência de eventos negativos no futuro. As técnicas vivenciais podem ajudá-los a expressar raiva e pesar em relação a perdas traumáticas vividas na infância. As técnicas comportamentais os auxiliam a passar menos tempo se preocupando com possíveis problemas e mais tempo buscando prazer. Na relação terapêutica, o terapeuta expressa empatia pelas perdas do paciente, mas também modela e recompensa atitudes e comportamentos otimistas.

O esquema também pode configurar uma hipercompensação pelo esquema de privação emocional. O paciente reclama para obter atenção e simpatia. Neste caso, o terapeuta trata a privação subjacente, realizando a reparação parental do paciente, proporcionando carinho, ao mesmo tempo em que é cuidadoso para não reforçar as queixas provocadas pelo esquema. Por exemplo, o terapeuta ignora o conteúdo dos comentários pessimistas do paciente, concentrando-se em acalmar seus sentimentos subjacentes de privação emocional. Gradualmente, o paciente aprende formas mais saudáveis de satisfazer necessidades emocionais, no início com o terapeuta, depois com outras pessoas importantes fora da terapia.

Para alguns pacientes, o esquema possui um componente e uma origem biológicos, talvez relacionados com o transtorno obsessivo-compulsivo ou com o transtorno distímico. Esses pacientes podem tentar tratamento com medicação.

Objetivos do tratamento

O objetivo básico é ajudar os pacientes a predizer o futuro objetivamente, de forma mais positiva. Algumas pesquisas sugerem que a forma mais saudável de ver a vida é com um "brilho ilusório" (Alloy e Abramson, 1979; Taylor e Brown, 1994): de forma um pouco mais positiva do que seria realista. Uma visão negativa não parece tão saudável e adaptativa. Talvez isso se dê porque, falando amplamente, se esperamos que algo aconteça errado, e se isso se confirma, não nos sentimos muito bem; assim, não ajudou esperar pelo pior. É provavelmente mais saudável viver esperando que as coisas dêem certo, desde que as expectativas não se encontrem tão fora de sintonia com a realidade que provoquem constantes decepções.

Não se espera, de forma realista, que a maioria dos pacientes com este esquema se torne relaxada e otimista, mas, ao menos, que se afastem do extremo negativo e se aproximem de uma posição mais moderada. Eis alguns sinais de que os pacientes com esquema de negatividade/pessimismo melhoraram: preocupações menos freqüentes, perspectiva mais positiva, supressão das constantes previsões do pior resultado e da obsessão pelo futuro. Eles deixam de ser tão obcecados em evitar erros, mas fazem um esforço razoável e saudável para evitá-los, e se concentram mais na satisfação de suas necessidades emocionais e em suas inclinações naturais.

Principais estratégias do tratamento

As estratégias cognitivas e comportamentais costumam ser de maior importância no tratamento, embora as estratégias vivenciais e a relação terapêutica também sejam úteis.

Muitas técnicas cognitivas podem ser úteis para tratar este esquema: identificar distorções cognitivas, examinar as evidências, gerar alternativas, usar cartões-lembrete, realizar diálogos entre o pólo provocado pelo esquema e o pólo saudável. O terapeuta ajuda os pacientes a fazer previsões sobre o futuro e a observar a baixa freqüência com que suas expectativas negativas se confirmam. Os pacientes monitoram seu pensamento negativo e pessimista, e exercitam a observação mais objetiva da vida, com base nas evidências lógicas e empíricas. Aprendem a não exagerar os pontos negativos e tratam mais dos aspectos positivos. Os pacientes observam mudanças correspondentes em seu humor.

Quando os pacientes apresentam um histórico de eventos negativos no passado, as técnicas cognitivas os ajudam a analisá-los e a distinguir tanto o presente quanto o futuro do passado. Se um evento negativo passado poderia ter sido controlado, terapeuta e paciente trabalham juntos para corrigir o problema de forma que não volte a acontecer. Se não poderia, ele não tem influência no futuro. Logicamente, não há base para pessimismo em relação a um evento futuro, mesmo que o paciente tenha experimentado eventos negativos incontroláveis no passado.

Quando o esquema cumpre uma função de proteção, as técnicas cognitivas auxiliam o paciente a questionar a idéia de que é melhor assumir uma perspectiva negativa e pessimista para que não haja decepções. Essa idéia geralmente está equivocada: se os pacientes esperam que algo saia errado, e se isso se confirma, não se sentem muito melhor por ter se preocupado com isso; se esperam que algo dê certo e dá errado, não se sentem muito pior. O que quer que ganhem ao antecipar conseqüências negativas não compensa o custo de viver com preocupações e tensões crônicas no cotidiano. Os pacientes listam as vantagens e desvantagens de pressupor o pior. Experimentam ambas as posições, observando seus efeitos sobre o próprio estado de espírito.

Alguns pacientes apresentam o que Borkovec chama de "a mágica da preocupação" (Borkovec, Robinson, Pruzinsky e DePree, 1983). Acreditam que a preocupação é um ritual mágico capaz de impedir que algo ruim aconteça, ou seja, desde que se preocupem, a "coisa ruim" não vai acontecer. (Como disse um paciente com este esquema, "pelo menos quando me preocupo, faço *alguma coisa*".) Esta postura é uma forma de tentar assumir o *controle* de conseqüências negativas. Entretanto, na realidade, muitos objetos de sua preocupação estão fora de controle ou não são controláveis por meio da preocupação. Os pacientes também podem realizar diálogos com o pólo negativo e pessimista e com o pólo positivo e otimista, que a terapia tenta desenvolver. Dessa forma, passam a perceber os benefícios de assumir uma postura mais positiva em relação à vida.

As técnicas vivenciais auxiliam o paciente a se conectar com seu modo criança feliz. Se a origem do esquema foi um pai ou uma mãe negativo e pessimista, os pacientes podem realizar diálogos com essas pessoas em imagens mentais. Como adulto saudável, inicialmente o terapeuta, e depois o paciente, entram nas imagens de infância nas quais o pai/mãe negativo tolheu o entusiasmo infantil. O adulto saudável questiona o pai/mãe negativo e reassegura a criança preocupada. A criança expressa raiva em relação ao pai/mãe negativo por ser uma presença tão negativa e estressante.

Os terapeutas usam técnicas vivenciais para ajudar os pacientes a resolver sentimentos subjacentes de privação emocional em relação a eventos dolorosos passados. Se os pacientes expressam raiva e pesar em relação a esses eventos em imagens mentais, por intermédio da empatia do terapeuta, com freqüência são capazes de deixar para trás esses eventos. Em vez de paralisados em um pesar não-resolvido, conseguem avançar de novo em suas vidas. O adulto saudável guia o paciente através desse processo.

Os pacientes podem realizar vivências comportamentais para testar suas crenças negativas e distorcidas. Por exemplo, prevêem o pior resultado e avaliam o quanto estão certos; testam a hipótese de que se preocupar leva a um resultado melhor, ou se prever resultados negativos ou positivos os faz se sentir melhor.

Os terapeutas podem ensinar aos pacientes com esquema de negatividade/pessimismo técnicas de "prevenção de resposta", reduzir a supervigilância em relação a cometer erros. Os pacientes aprendem, gradualmente, a se tornar menos obsessivos em relação à evitação de erros e a realizar menos comportamentos desnecessários voltados a isso; e depois, observam o aumento de satisfação e prazer que têm ao implementar essas mudanças.

Educar os pacientes a não se queixar pode ser uma tarefa de casa comportamental útil. Quando se trata de uma hipercompensação para o esquema de privação emocional, o terapeuta ensina o paciente a pedir mais diretamente que outros satisfaçam suas necessidades emocionais nos relacionamentos interpessoais. Muitos desses pacientes negativistas e pessimistas, principalmente os que os terapeutas chamam de "os que reclamam, mas rejeitam ajuda" (Frank et al., 1952), são demasiado difíceis de tratar e costumam ter esquema de privação emocional subjacente. Sem consciência disso, queixam-se para fazer com que as pessoas lhes dêem carinho. O hábito de se queixar observado nesses pacientes responde muito pouco à persuasão lógica e às evidências em contrário, porque a questão fundamental é a privação emocional, os pacientes se queixam para receber carinho e empatia, e não porque desejam soluções práticas ou orientação. As queixas freqüentes possuem um aspecto autoderrotista: após algum tempo, outras pessoas se fartam delas e se tornam impacientes, passando a evitar os queixosos. Mesmo assim, a curto prazo, a reclamação costuma render ao paciente simpatia e atenção. Se aprendem a pedir cuidados mais diretamente em vez de buscá-los por meio de queixas, podem começar a atender suas necessidades emocionais de maneira mais saudável.

A limitação do tempo que se passa ocupado com preocupações, estabelecendo-se um "tempo para se preocupar", é uma estratégia comportamental que ajuda bastante esses pacientes. Eles aprendem a observar quando estão se preocupando e adiam essa preocupação até o momento estabelecido. Vários deles também se beneficiam por agendar mais atividades de lazer. É comum que pessoas com esse esquema tenham vidas voltadas à sobrevivência, e não ao prazer. Não se trata de "obter coisas boas", e sim de "impedir as coisas ruins". Fazer com que os pacientes agendem atividades prazerosas talvez seja um antídoto à tendência a passar muito tempo envolvido com preocupações. Assim como no tratamento para depressão, o aumento das atividades prazerosas consiste em um componente importante do tratamento do esquema de negatividade/pessimismo.

Como observamos, muitos pacientes com este esquema sofreram privação emocional quando crianças, e, assim, necessitam de uma grande dose de acolhimento e cuidados do terapeuta. Este reconhece a validade dos eventos negativos do passado, tomando cuidado para não dar apoio a queixas ou previsões negativas sobre o futuro. Se o terapeuta consegue dar carinho ao paciente com relação a perdas passadas, ao mesmo tempo em que não responde a queixas excessivas sobre eventos atuais, o paciente pode começar a se curar. Essa "reparação parental limitada" promove o luto sem reforçar o pessimismo ou as queixas.

Problemas específicos deste esquema

Esse esquema costuma ser difícil de mudar. Não raro, os pacientes não se lembram de uma época em que fossem menos pessimistas e não se imaginam de outra maneira. O trabalho com modos pode auxiliá-los a liberar o modo criança feliz, há muito sepultado debaixo de montanhas de preocupação. O adulto saudável, representado inicialmente pelo terapeuta e depois pelo paciente, ingressa nas imagens de situações desagradáveis passadas e futuras, e ajuda a criança preocupada a assumir uma visão mais positiva delas.

Os terapeutas devem tomar cuidado para não cair no papel de discutir com os pacientes com relação ao pensamento negativo. Em vez de o terapeuta representar repetidamente o pólo positivo, e o paciente, o negativo, é importante que o paciente represente ambos. Quando terapeuta e paciente assumem lados opostos, as sessões tendem a se tornar muito semelhantes a debates, e a relação costuma se antagonizar. Se o paciente interpreta ambos os lados, o terapeuta instrui o pólo saudável quando necessário e depois ajuda o paciente a identificar dois modos, o pessimista e o otimista, e a desenvolver diálogos entre os mesmos.

Pode haver muitos ganhos secundários pelo esquema se o paciente recebe atenção por se queixar. O terapeuta deve tentar alterar essas contingências o máximo possível. Pode se reunir com membros da família que reforçam as queixas do paciente e lhes ensinar uma resposta mais saudável. O terapeuta os ajuda a aprender a ignorar o paciente quando este se queixa e a recompensar, em vez disso, manifestações de confiança e esperança.

Quando difícil de mudar o esquema, em virtude de um histórico de eventos extremamente negativos na vida, é útil que os pacientes sintam o luto por perdas passadas. O luto verdadeiro pode aliviar a pressão pelas queixas, ajudar os pacientes a separar o presente, no qual (supostamente) estão seguros, do passado, em que passaram por perdas ou danos traumáticos.

Como já se disse, para alguns pacientes, pode haver um componente biológico no hábito de se preocupar, e talvez se acrescente medicação ao tratamento. Algumas vezes, concluímos que os medicamentos antidepressivos são muito úteis, especialmente os inibidores seletivos de recaptação de serotonina.

Inibição emocional

Apresentação típica do esquema

Os pacientes com inibição emocional são contidos e excessivamente inibidos em relação à expressão de suas emoções. São emocionalmente pouco intensos, em vez de emotivos e expressivos, bem como controlados, em vez de espontâneos. Geralmente, retêm emoções de carinho e cuidado, e costumam conter suas necessidades. Muitos pacientes com este esquema valorizam o autocontrole mais do que a intimidade nas interações humanas e temem que, se liberarem por completo as próprias emoções, podem perder totalmente o controle. Em última análise, receiam ser tomados pela vergonha ou causar alguma conseqüência grave, como punição ou abandono. Por vezes, estendem o controle exagerado a outras pessoas próximas no ambiente imediato (o paciente tenta impedir que elas expressem emoções negativas e positivas), especialmente quando as emoções são intensas.

Os pacientes inibem emoções quando seria mais saudável expressá-las, naturais no modo criança espontânea. Todas as crianças devem aprender a dominar suas emoções e impulsos para respeitar os direitos de outras pessoas, mas os pacientes com este esquema exageraram, inibindo e supercontrolando a criança espontânea a ponto de esquecerem de ser naturais e lúdicos. As áreas mais comuns de supercontrole são a inibição de raiva, de sentimentos positivos (como alegria, amor, afeto e excitação sexual), cumprimento excessivo de rituais e rotinas, dificuldade de expressar vulnerabilidade ou de comunicar integralmente os próprios sentimentos e ênfase demasiada na racionalidade, ao mesmo tempo em que se desconsideram as próprias necessidades emocionais.

Os pacientes com o esquema de inibição emocional com freqüência preenchem os critérios diagnósticos para o transtorno da personalidade obsessivo-compulsiva. Além de emocionalmente contidos, tendem a ser preocupados demais ao decoro, às custas da intimidade e da diversão, bem como rígidos e inflexíveis, em vez de espontâneos. Os pacientes com os esquemas de inibição emocional e padrões inflexíveis têm maior probabilidade de preencher os critérios diagnósticos do transtorno da personalidade obsessivo-compulsiva, dado que os dois esquemas juntos incluem a maioria dos critérios.

A origem mais comum do esquema de inibição emocional é a humilhação por pais e outras figuras de autoridade quando, em criança, demonstravam suas emoções espontaneamente. Trata-se, às vezes, de um esquema de viés cultural, no sentido de que algumas culturas valorizam bastante o autocontrole. (Um paciente contou a seguinte piada para ilustrar a contenção emocional de sua herança escandinava: "Já ouviu falar do escandinavo que amava tanto a sua mulher que quase disse isso para ela?".) O esquema com freqüência é familiar. A crença subjacente está na "feiura" de demonstrar sentimentos, falar sobre eles ou agir impulsivamente a partir deles, ao passo que é "bonito" manter esses sentimentos guardados. Os pacientes com esse esquema, via de regra, parecem controlados, tristes e reservados. Além disso, como resultado de um estoque de raiva não-expressada, costumam ser hostis e ressentidos.

Os pacientes com o esquema de inibição emocional, muitas vezes, se envolvem com parceiros emocionais e impulsivos. Acreditamos que isso ocorra porque há uma faceta saudável que, de alguma forma, quer deixar emergir a criança espontânea dentro de si. (Uma paciente, aprendeu que era errado "se exibir", casou-se com um homem que adorava usar roupas sofisticadas e freqüentar lugares caros: "Quando estou com ele, é como se eu tivesse permissão para me arrumar", explicou ela.) Quando pessoas inibidas se casam com pessoas emotivas, o casal, às vezes, torna-se cada vez mais polarizado com o passar do tempo. Infelizmente, às vezes, os parceiros deixam de gostar um do outro pelas mesmas qualidades que os atraíram: o parceiro emotivo despreza a reserva do inibido, e este desdenha a intensidade do primeiro.

Objetivos do tratamento

O objetivo básico é ajudar os pacientes a se tornarem mais expressivos e espontâneos emocionalmente. O tratamento auxilia os pacientes a discutir adequadamente e a expressar muitas das emoções que suprimem. Os pacientes aprendem a demonstrar raiva de formas apropriadas, realizar mais atividades por prazer, expressar afeto e falar de seus sentimentos. Aprendem a valorizar as emoções tanto quanto a racionalidade e a parar de controlar as pessoas ao seu redor, humilhando os outros por manifestar emoções normais e sentindo vergonha das suas próprias emoções. Em vez disso, permitem a si e a outros ser emocionalmente mais expressivos.

Principais estratégias do tratamento

As estratégias comportamentais e vivenciais são, provavelmente, as mais importantes. Objetivam ajudar o paciente a discutir e expressar emoções positivas e negativas em relação a pessoas importantes e a realizar mais atividades por prazer. Um pouco de educação é útil, caso contrário, as estratégias cognitivas geralmente não ajudam tanto, pois reforçam a ênfase já demasiada do paciente na racionalidade.

O trabalho vivencial possibilita que os pacientes acessem suas emoções. Em imagens da infância, o adulto saudável ajuda a criança inibida a expressar emoções que os pacientes suprimiram quando crianças. Inicialmente, o terapeuta, depois o paciente, representa o adulto saudável, que confronta o pai/mãe inibidor e estimula a criança a expressar sentimentos como raiva e amor. Em imagens de situações atuais e futuras, o adulto saudável auxilia o paciente a enunciar emoções e a estimular outros indivíduos a que também o façam.

A relação terapêutica também pode ajudar bastante na cura do esquema de inibição emocional. Um terapeuta mais expressivo e emotivo em termos gerais faz a "reparação parental" e proporciona um modelo. (Entretanto, um terapeuta com alta racionalidade e inibição pode reforçar o esquema de forma inadvertida.) Ocasionalmente, a reparação parental envolve a realização de algo espontâneo na sessão (por exemplo, contar uma piada, discutir um assunto frívolo, usar o humor), a fim de romper o tom sério. Mais importante, o terapeuta reforça o paciente por expressar suas emoções em vez de contê-las. Se o paciente tem sentimentos intensos em relação ao terapeuta, este o estimula a expressá-los em voz alta.

As estratégias cognitivas auxiliam o paciente a aceitar as vantagens de ser mais emotivo e, assim, a tomar a decisão de combater o esquema. O terapeuta apresenta o processo de luta contra o esquema como uma busca do equilíbrio em um espectro de emotividade, e não de "tudo ou nada". O objetivo não é os pacientes passarem ao outro extremo e se tornarem impulsivamente emotivos, e sim atingirem uma posição intermediária.

Por fim, as estratégias cognitivas ajudam os pacientes a avaliar as conseqüências de expressar suas emoções. Os pacientes com este esquema têm medo de que, se as expressarem, algo ruim acontecerá. Inúmeras vezes, temem a humilhação ou o constrangimento. Auxiliar os pacientes a perceber que podem usar sua capacidade de discernimento para expressar suas emoções, a fim de que haja poucas chances de algo ruim acontecer, possibilita que se sintam mais confortáveis e dispostos a experimentar.

As estratégias vivenciais ajudam os pacientes a acessar e expressar emoções não-reconhecidas na infância, como saudades, raiva, amor e felicidade. Em imagens mentais, os pacientes revivem situações importantes da infância, desta vez expressando suas emoções. Dizem em voz alta os sentimentos que inibiram na época. O terapeuta, no início, o paciente, depois, entram na imagem como adulto saudável para ajudar a criança inibida. O adulto saudável recompensa a criança por expressar sentimentos em vez de a humilhar ou constranger, como fizeram as figuras parentais. Ele confronta o paciente e consola e aceita a criança. O paciente expressa raiva e tristeza em relação à criança espontânea perdida.

Existem inúmeras possibilidades para realizar dramatizações comportamentais e tarefas de casa. Os pacientes praticam a discussão de seus sentimentos com outras pessoas, expressando adequadamente sentimentos negativos e positivos, divertindo-se e sendo espontâneos, fazendo atividades voltadas ao lazer. Podem fazer aula de dança ou ter experiências sexuais, ou fazer algo no impulso do momento. Podem expressar agressividade com seus corpos, por exemplo, praticando esportes competitivos e batendo em um saco de pancada. Se necessário, o terapeuta classifica tarefas comportamentais em termos de dificuldade, de modo que os pacientes abdiquem de seu controle exagerado aos poucos. Trabalhar com o parceiro amoroso do paciente talvez seja útil. O terapeuta estimula o parceiro e o paciente a expressar sentimentos de maneira construtiva. Por fim, o paciente formula testes em relação a suas próprias previsões negativas, escrevendo o que prevêem que irá acontecer se expressarem suas emoções, e o que realmente acontece. Os pacientes dramatizam interações com pessoas que lhes são caras, por meio de imagens mentais e com o terapeuta, e depois as realizam como tarefa de casa, comparando os resultados reais com os previstos.

O terapeuta modela e estimula a expressão emocional adequada. A terapia de grupo auxilia muitos pacientes com este esquema a sentirem-se mais confortáveis ao expressar suas próprias emoções frente a outras pessoas.

Problemas específicos deste esquema

Para pessoas emocionalmente inibidas durante quase toda a vida, é difícil agir de outra forma. A expressão das emoções parece algo tão estranho aos pacientes com esse esquema, tão contrário ao que parece sua verdadeira natureza, que eles têm grandes dificuldades para fazê-lo. O trabalho com modos pode auxiliar os pacientes a acessar seu pólo saudável que quer combater o esquema e expressar emoções mais abertamente.

Padrões inflexíveis/ Postura crítica exagerada

Apresentação típica do esquema

Os pacientes com este esquema se mostram perfeccionistas e voltados para o desempenho. Acreditam que devem se esforçar continuamente para atingir padrões demasiado altos, os quais são internalizados. Assim, ao contrário do esquema de busca de aprovação/busca de reconhecimento, os pacientes com esquema de padrões inflexíveis não modificam tão prontamente suas expectativas ou comportamentos com base nas reações de outras pessoas. Eles se esforçam para atingir altos padrões principalmente porque "devem", e não porque querem a aprovação de outros. Mesmo se ninguém jamais soubesse, a maioria desses pacientes ainda se esforçaria para atingir os padrões que se impuseram. Os pacientes, muitas vezes, têm os esquemas de padrões inflexíveis e de busca de aprovação/busca de reconhecimento, quando buscam atingir padrões muito altos e conquistar aprovação externa. Os padrões inflexíveis, a busca de aprovação/busca de reconhecimento e o arrogo são os esquemas mais observáveis na personalidade narcisista (embora, em alguns casos, esquemas de privação emocional e defectividade estejam por trás desses esquemas compensatórios). Discutiremos isso com mais profundidade no Capítulo 10, sobre o tratamento de pacientes narcisistas.

A emoção típica experimentada por pacientes com o esquema de padrões inflexíveis é a *pressão permanente*, pois, face à impossibilidade de perfeição, o indivíduo deve, sempre, esforçar-se mais. Debaixo de tanto esforço, os pacientes sentem ansiedade em relação à possibilidade de fracasso – receber 9,5, em vez de 10. Outro sentimento comum é a postura hipercrítica, tanto com relação a si quanto aos outros. Muitos desses pacientes também sentem demasiada pressão temporal, ou seja, há muito para fazer em tão pouco tempo, resultando disso a exaustão.

Não é fácil ter padrões inflexíveis, nem estar com alguém que os tenha. (Como disse um de nossos pacientes com relação à esposa, que tem padrões inflexíveis, "Isso não está bom, aquilo não está bom, nada jamais está nem um pouco bom".)

Outro sentimento comum em pacientes com esse esquema é a irritabilidade, geralmente porque não se faz as coisas suficientemente rápido ou bem. Outro sentimento comum é a competitividade. A maioria dos pacientes classificada como de tipo A, isto é, que apresenta sentido crônico de pressão do tempo, hostilidade e competitividade (Suinn, 1977), tem esse esquema.

Muitas vezes, os pacientes com padrões inflexíveis são viciados em trabalho e o fazem, incessantemente, dentro da esfera específica a que aplicam seus padrões, que são várias: estudos, trabalho, aparência, desempenho atlético, saúde, ética ou cumprimento de regras, o desempenho artístico, entre outras possibilidades. Em seu perfeccionismo, tais pacientes demonstram atenção desproporcional ao detalhe e costumam subestimar o quanto seu desempenho é melhor do que a norma. Têm regras rígidas em inúmeras áreas da vida, como padrões éticos, culturais ou religiosos demasiado elevados. Seu pensamento possui uma característica quase de "tudo ou nada": os pacientes acreditam que atingiram os padrões com exatidão ou fracassaram. Raramente têm prazer com o sucesso, porque já se concentram na próxima tarefa a ser realizada com perfeição.

Os pacientes com esse esquema, via de regra, não se consideram perfeccionistas, e sim normais. Só fazem o que se espera deles. Para se considerar que o paciente apresenta um esquema desadaptativo, ele deve sofrer algum prejuízo importante relacionado ao esquema. Pode ser falta de prazer na vida, problemas de saúde, baixa auto-estima, relacionamentos íntimos e profissionais não-satisfatórios, ou alguma outra forma de disfunção.

Objetivos do tratamento

Pretende-se ajudar os pacientes a reduzir seus padrões inflexíveis e sua postura hipercrítica. O objetivo é duplo: fazer com que tentem fazer menos e com menos perfeição. Os pacientes tratados com sucesso têm um equilíbrio maior entre realização e prazer. Divertem-se, assim como trabalham, e não se preocupam tanto com a perda de tempo nem se sentem culpados a respeito. Usam o tempo necessário para se relacionar emocionalmente com pessoas que lhes são caras, conseguem permitir que algo seja imperfeito e, ainda, considerar que vale a pena. Menos críticos de si e de outros, são menos exigentes, aceitam mais a imperfeição humana e são menos rígidos em relação às regras. Passam a entender que seus padrões inflexíveis custam mais do que se ganha, ou seja, ao tentar melhorar uma situação, tornam outras muito piores.

Principais estratégias do tratamento

As estratégias cognitivas e comportamentais de tratamento são geralmente as mais importantes. Embora as estratégias vivenciais e a relação terapêutica tenham utilidade, não costumam ser centrais ao tratamento deste esquema.

O terapeuta usa estratégias cognitivas para ajudar o paciente a questionar seu perfeccionismo. O paciente aprende a ver o desempenho como um espectro entre imperfeito e perfeito, com vários níveis intermediários, e não como uma oposição simples entre tudo ou nada. Realizam análises de custo/benefício sobre perpetuar seus padrões inflexíveis, perguntando a si mesmos: "Se eu fizesse as coisas um pouco menos bem-feitas ou se fizesse menos coisas, quais seriam os custos e quais seriam os benefícios?". O terapeuta destaca as vantagens de reduzir os padrões, ou seja, todos os benefícios resultantes para sua saúde e felicidade, todas as formas de sofrimento decorrentes dos padrões inflexíveis e todos os impedimentos de desfrutar a vida e os relacionamentos com pessoas importantes ocasionados pelo esquema. O custo do esquema é maior do que seus benefícios: isso pode motivar os pacientes a mudar. O terapeuta também os auxilia a reduzir o risco percebido da imperfeição. A imperfeição não é crime. Cometer erros não tem as consequências negativas extremas vislumbradas pelo paciente.

O esquema de padrões inflexíveis parece ter duas origens diferentes, com distintas implicações para o tratamento. A primeira, mais comum, é a internalização de um pai/mãe com padrões elevados (o modo do pai/mãe exigente). Quando a origem é esta, os exercícios vivenciais ajudam os pacientes a fortalecer uma parte do *self* que pode combater pai/mãe exigente internalizado. É o adulto saudável, representado inicialmente pelo terapeuta e depois pelo paciente. Os pacientes expressam raiva em relação à pressão e ao alto custo dos padrões, já que pagaram um elevado preço por internalizá-los.

A segunda origem do esquema de padrões inflexíveis é uma compensação pelo esquema de defectividade: os pacientes se sentem defectivos e hipercompensam tentando ser perfeitos. Quando a origem é esta, ajudar os pacientes a se conscientizar do esquema de defectividade subjacente constitui uma parte importante do tratamento. As estratégias vivenciais auxiliam o paciente a acessar a vergonha subjacente. Todos os exercícios aplicados ao esquema de defectividade se tornam importantes. Os pacientes também podem visualizar seu pólo perfeccionista (um paciente a chama de "senhorita Perfeita": "Ela tem as mãos na cintura e um olhar severo e decepcionado"). Em imagens mentais, o modo perfeccionista sai de cena e deixa que a criança vulnerável fale.

As estratégias comportamentais auxiliam os pacientes a reduzir gradualmente seus padrões inflexíveis. Terapeuta e paciente elaboram experimentos comportamentais para ajudar a controlar o perfeccionismo, isto é, fazer menos e fazê-lo menos bem-feito. Alguns exemplos de experimentos comportamentais são: agendar quanto tempo gastam com outras coisas, como diversão e envolvimento com pessoas queridas, estabelecer padrões mais reduzidos e exercitar seu cumprimento; realizar tarefas de forma imperfeita, intencionalmente; elogiar o comportamento de pessoas próximas, imperfeito, mas, ainda assim, valoroso, ou "perder tempo" interagindo com amigos e parentes apenas para se divertir ou melhorar a qualidade dos relacionamentos. Os pacientes monitoram o próprio humor conseqüente da realização das tarefas e observam os efeitos sobre os humores de pessoas próximas. Aprendem a lutar contra a culpa que sentem quando não se esforçam o suficiente. O adulto saudável garante à criança imperfeita que é aceitável permitir alguma imperfeição.

Em termos ideais, os terapeutas modelam padrões equilibrados em sua abordagem terapêutica e em sua descrição das próprias vidas. Terapeutas demasiado perfeccionistas podem prejudicar o avanço do paciente no tratamento. O terapeuta usa a confrontação empática quando os padrões inflexíveis do paciente se manifestam na terapia, por exemplo, quando o paciente preenche bem demais os formulários ou realiza com muita perfeição as tarefas. Embora o terapeuta entenda por que os pacientes acreditam que devem ter um desempenho perfeito, já que isso é o que lhes foi transmitido pelos pais durante a infância, na realidade, eles não precisam fazê-lo para o terapeuta, que não os criticará devido a um desempenho imperfeito, e está mais interessado em estabelecer um relacionamento e em ajudá-los a se curar do que em avaliar o desempenho do paciente na terapia. O terapeuta quer que o paciente sinta o mesmo.

Problemas específicos deste esquema

O maior obstáculo, de longe, é o ganho secundário oriundo do esquema: existem muitos benefícios em fazer tudo tão bem-feito. Muitos pacientes com este esquema relutam em abdicar dos padrões inflexíveis porque, para eles, parece que os benefícios superam, em muito, os custos. Além disso, vários pacientes receiam o constrangimento, a vergonha, a culpa e a sua própria postura crítica, se não preencherem os padrões. O potencial para emoções negativas parece tão alto que eles se sentem relutantes em diminuir os padrões, mesmo que um pouco. Avançar lentamente auxilia esses pacientes a fortalecer o pólo saudável que deseja trocar o perfeccionismo por maior satisfação na vida.

Postura punitiva

Apresentação típica do esquema

Os pacientes com postura punitiva acreditam que as pessoas, incluindo eles próprios, devem ser severamente punidos por seus erros. Apresentam-se moralistas e intolerantes e consideram extremamente difícil perdoar erros em outros ou em si. Creem que, em lugar de perdão, quem erra merece punição, sem desculpas. Os pacientes com este esquema não se dispõem a considerar circunstâncias atenuantes. Não permitem a imperfeição humana e têm dificuldades de sentir qualquer empatia por uma pessoa que faz algo por eles considerado ruim ou errado. Carecem da qualidade da compaixão.

A melhor forma de detectar esse esquema é através do *tom de voz* punitivo e acusador usado pelos pacientes quando alguém comete um erro, estejam eles falando de outras pessoas ou de si próprios. Esse tom de voz punitivo quase sempre se origina em um pai ou em uma mãe que culpava e falava nesse mesmo tom de voz, que transmite a necessidade implacável de aplicar punição. É a voz do "fogo e enxofre": sem coração, frio e desdenhoso. Carece de suavidade e de compaixão e não estará satisfeita até a punição de quem errou. Também há a sensação de que a punição que a pessoa quer aplicar é severa demais, maior do que o crime. Assim como a rainha vermelha em *Alice no país das maravilhas*, de Lewis Carroll (1923), gritando "Cortem-lhe a cabeça!", até mesmo para uma infração sem importância, o esquema não distingue e é extremo.

A postura punitiva costuma associar-se a outros esquemas, principalmente o de padrões inflexíveis e o de defectividade. Quando os pacientes têm padrões inflexíveis e se punem por não os cumprir, em vez de simplesmente se sentir imperfeitos, apresentam os esquemas de padrões inflexíveis e de postura punitiva. Quando se sentem defectivos e se punem por isso, em lugar de simplesmente se sentir deprimidos e inadequados, têm os esquemas de defectividade e postura punitiva. A maioria dos pacientes com personalidade *borderline* possui os esquemas de defectividade e postura punitiva: ficam incomodados toda a vez que se sentem defectivos e querem se punir por isso. O pai punitivo internalizado os pune por causa da defectividade, assim como o pai ou a mãe costumava puni-los: gritam consigo mesmos, cortam-se, passam fome ou aplicam punição de alguma outra maneira. (Discutiremos o "pai punitivo" com mais detalhe no Capítulo 9, sobre o tratamento de pacientes com transtorno da personalidade *borderline*.)

Objetivos do tratamento

O objetivo fundamental é ajudar os pacientes a se tornarem menos punitivos, a perdoarem mais, a si e aos outros. O terapeuta começa ensinando-lhes que, na maioria das situações, há pouco valor em punir as pessoas. A punição não é uma forma eficaz de modificar comportamento, especialmente quando comparada com outros métodos, como recompensar o bom comportamento ou modelagem. Há muitas pesquisas sobre a ineficácia da punição como meio de mudar comportamentos (Baron, 1988; Beyer e Thrice, 1984; Coleman, Abraham e Jussin, 1987; Rachlin, 1976). Outras pesquisas mostram que um estilo parental autoritário é menos eficaz do que um estilo democrático. No primeiro estilo, o pai ou a mãe pune o "mau" comportamento; no segundo, explica por que o comportamento da criança está errado. Os pais autoritários tendem a produzir filhos desobedientes sempre que distantes dos pais, ao passo que os democráticos tendem a criar filhos que tentam fazer o que é certo, quer o pai ou a mãe estejam ou não por perto. Os filhos de pais democráticos também têm auto-estima mais elevada (Aunola, Stattin e Nurmi, 2000; Patock-Peckham, Cheong, Balhorn e Nogoshi, 2001).

Cada vez que o paciente expressa o desejo de punir alguém, o terapeuta realiza uma série de perguntas: "As intenções dessa pessoa eram boas ou más? Se as intenções eram boas, isso não deve ser levado em conta? A pessoa não merece perdão? Se as intenções eram boas, em que a punição vai ajudar? É provável que ela repita o comportamento quando você não estiver lá para ver? Mesmo que ela se comporte melhor da próxima vez, o custo da punição não é alto demais? A punição poderá minar a auto-estima da pessoa: é isso que você quer?". Essas perguntas orientam o paciente a descobrir que a punição não é a postura benéfica.

Os pacientes trabalham para construir empatia e perdão em relação aos seres humanos em toda a sua imperfeição. Aprendem a considerar circunstâncias atenuantes e ter uma resposta equilibrada quando alguém comete um erro ou deixa de cumprir suas expectativas. Se estão em posição de autoridade (por exemplo, quando se trata de um filho ou empregado), eles não punem a pessoa. Em vez disso, ajudam-na a entender como se comportar melhor da próxima vez. A punição deve ser reservada para os que são muito negligentes ou têm intenções imorais. Como diz o ditado, "As balanças da justiça sempre devem ser calibradas com a misericórdia".

Principais estratégias do tratamento

As estratégias cognitivas são importantes para construir a motivação dos pacientes para a mudança. A principal estratégia é educacional: os pacientes exploram as vantagens e desvantagens da punição em relação ao perdão. Listam as conseqüências de punir uma pessoa e de a perdoar e estimular que reflita sobre o próprio comportamento. Explorar as vantagens e desvantagens ajuda o paciente a aceitar intelectualmente que a punição não é uma forma eficaz de lidar com os equívocos. Os pacientes realizam diálogos entre o pólo que pune e o pólo que perdoa, nos quais ambos debatem. Inicialmente, o terapeuta representa o pólo saudável, e o paciente, o que não é saudável; com o tempo, o paciente representa ambos os pólos no diálogo. Convencer-se, em nível cognitivo, de que o custo de um esquema é mais alto do que o benefício auxilia a fortalecer a decisão do paciente de combater o esquema.

Como o esquema, via de regra, é a internalização da postura punitiva de um dos pais, muito do trabalho vivencial trata de externalizar e lutar com o modo pai/mãe punitivo. Em imagens mentais, os pacientes visualizam o pai ou a mãe falando com eles em tom de voz punitivo. Respondem, dizendo: "Não vou mais lhe escutar. Não vou mais acreditar em você. Você está errado e não me faz bem". Fazer o trabalho de imagens mentais com o pai/mãe punitivo fornece ao paciente uma forma de se distanciar do esquema e fazer com que ele pareça menos egossintônico. Em lugar de escutar a voz punitiva do esquema como se fosse sua própria voz, ele a ouve como a voz do pai ou da mãe. O paciente pode dizer a si mesmo: "Essa não é minha voz que me pune, e sim a voz de meu pai/minha mãe. A punição não foi saudável de verdade para mim na infância e não é saudável agora. Não vou me torturar por isso e não vou mais punir outras pessoas, especialmente as que amo".

A meta das estratégias comportamentais é praticar mais respostas de perdão em situações nas quais os pacientes possuem necessidade de culpar a si ou a outros. Eles ensaiam os comportamentos em exercícios de imagens mentais ou em dramatizações com o terapeuta e depois realizam os comportamentos como tarefa de casa. O terapeuta pode proporcionar modelagem de outras respostas de perdão quando necessário. Os pacientes observam se as conseqüências correspondem às previsões lúgubres. Por exemplo, como experimento comportamental, uma mãe mudou a resposta aos maus comportamentos da filha pequena durante uma semana. Em lugar de gritar com a filha, a paciente explicava calmamente por que o comportamento estava errado. A paciente havia previsto que a filha iria se comportar ainda pior e descobriu que aconteceu o contrário.

O terapeuta pode usar a relação terapêutica para modelar o perdão. A "reparação parental limitada" oferecido por ele enfatiza a compaixão em relação à punição. Por exemplo, se o paciente comete um erro, como confundir o horário de uma sessão ou esquecer de uma tarefa de casa, o terapeuta não o repreende, e sim o ajuda a entender como evitar o erro no futuro.

Problemas específicos deste esquema

Este esquema pode ser difícil de mudar, especialmente quando se combina com o esquema de defectividade. O sentido de indignação moral e injustiça do paciente pode ser muito inflexível. Manter a sua motivação para a mudança é a chave para o tratamento. O terapeuta ajuda o paciente a se manter concentrado nos benefícios do esquema em termos de melhora da auto-estima e de relacionamentos interpessoais mais harmoniosos.

8
O TRABALHO COM MODOS DE ESQUEMAS

Como expomos no Capítulo 1, um modo é o conjunto de esquemas ou operações de esquemas – adaptativos ou desadaptativos – que estão ativados no indivíduo em um dado momento. Nosso desenvolvimento do conceito de modo é um avanço natural no qual concentramos o modelo em pacientes com transtornos cada vez mais graves. Começamos com a terapia cognitivo-comportamental tradicional, que ajudou muitos pacientes com transtornos de Eixo I. Contudo, vários outros pacientes, sobretudo os que têm sintomas crônicos e transtornos de Eixo II, ficavam, em grande parte, sem melhora ou melhoravam em relação aos sintomas de Eixo I, mas continuavam a ter desconforto emocional e prejuízos importantes no funcionamento, com uma psicopatologia caracterológica significativa. Da mesma forma, a terapia do esquema ajudou a maioria desses pacientes, mas um grupo portador de transtornos graves ainda necessitava de tratamento, especialmente os que tinham transtornos da personalidade *borderline* ou narcisista.

Embora tenhamos desenvolvido, originalmente, o trabalho com modos para tratar esse último grupo de pacientes, atualmente o usamos também em muitos dos pacientes com melhor funcionamento. Nesse momento, o trabalho com modos se tornou parte integrante da terapia do esquema, e o mesclamos de forma fluida ao nosso trabalho com esquemas, em vez de pensar em duas abordagens separadas. A diferença está no foco do uso do trabalho com modos enquanto abordagem básica, como acontece nos casos de pacientes com transtornos da personalidade *borderline* e narcisista, ou enquanto método secundário, com pacientes mais saudáveis. Assim, o trabalho com modos configura um componente avançado do trabalho com esquemas, usado sempre que o terapeuta está bloqueado ou que lhe pareça útil. Todos os diálogos com dois diferentes modos, incluindo o pólo do esquema e o pólo saudável, constituem formas de trabalho com modos.

QUANDO PODEMOS USAR UMA ABORDAGEM BASEADA EM MODOS?

Quando um terapeuta pode optar pelo uso de uma abordagem de modos em lugar da abordagem de esquema mais simples descrita até agora? Em nossa prática, quanto melhor o funcionamento do paciente, mais temos probabilidades de enfatizar a terminologia "padrão" dos esquemas (da forma descrita nos capítulos anteriores deste livro); quanto mais grave for o transtorno do paciente, mais é provável que enfatizemos a terminologia de modos e suas estratégias. Para pacientes na faixa intermediária de funcionamento, tendemos a mesclar as duas abordagens, fazendo referência a esquemas, estilos de enfrentamento e modos.

Podemos mudar da abordagem de esquema simples à de modos quando a terapia parece trancada e não conseguimos romper a evitação ou a hipercompensação em relação aos esquemas subjacentes. Isso pode acontecer com um paciente muito rígido e evitativo ou que esteja quase continuamente em um modo de hipercompensação, como é provável que ocorra nos casos de transtornos obsessivo-compulsivo ou narcisista.

Também podemos mudar para uma abordagem baseada em modos quando o paciente é demasiado autopunitivo e autocrítico, o que geralmente indica um pai ou uma mãe disfuncional internalizado que pune e critica o paciente. Nesse caso, terapeuta e paciente juntam forças contra esse modo de pai/mãe punitivo. Dar nome ao modo, dessa forma, ajuda o paciente a manifestar o modo e torná-lo mais egodistônico.

Podemos mudar para modos no caso de um paciente que tenha um conflito aparentemente insolúvel, por exemplo, no qual duas partes do *self* estejam trancadas em oposição quanto a uma importante decisão. Os dois modos dialogam e negociam um com o outro. Por fim, geralmente enfatizamos os modos com pacientes que apresentam freqüentes flutuações de afetos, como acontece bastante com pacientes portadores de transtorno da personalidade *borderline* que repetidamente passam da raiva à tristeza e, depois, à autopunição e à indiferença.

Nos pacientes com transtornos da personalidade *borderline* ou narcisista, os modos são relativamente desconectados, e o indivíduo é capaz de experimentar apenas um modo de cada vez. Pacientes com transtorno da personalidade *borderline* cambiam rapidamente de modo. Outros, como os que têm transtorno da personalidade narcisista, cambiam de modo com menos freqüência e podem permanecer no mesmo modo por muito tempo. Por exemplo, um paciente com transtorno da personalidade narcisista que está de férias por um mês passa todo o tempo no modo autoconfortante desligado, buscando novidade e excitação; por sua vez, um paciente com transtorno da personalidade narcisista que esteja no trabalho ou em uma festa passa todo o tempo no modo auto-engrandecedor.

Outros pacientes, por sua vez, como os que têm transtorno da personalidade obsessivo-compulsiva, estão rigidamente trancados em um modo único e quase nunca flutuam entre modos. Independentemente de onde estejam, com quem estejam ou o que aconteça com eles, são, em essência os mesmos: controlados, rígidos e perfeccionistas. A freqüência de cambios é importante quando observamos um paciente específico, mas não é isso que define um modo. Os modos podem cambiar com freqüência em um determinado paciente ou permanecer relativamente constantes. Cada extremo pode trazer problemas relevantes para o paciente.

MODOS DE ESQUEMA COMUNS

Como observado no Capítulo 1, identificamos quatro tipos principais de modos: modos criança, modos enfrentamento desadaptativo, modos pais disfuncionais e modos adulto saudável. Cada tipo se associa a certos esquemas (exceto o adulto saudável e a criança feliz) ou corporifica determinados estilos de enfrentamento.

Modos criança

Os modos criança são mais claros em pacientes com transtorno da personalidade *borderline*, pois eles próprios se assemelham muito a crianças. Identificamos quatro diferentes modos criança: modo criança vulnerável, modo criança zangada, modo criança impulsiva/indisciplinada e modo criança feliz (*ver* Tabela 8.1). Acreditamos que esses modos criança são inatos e representam o espectro emocional dos seres humanos. O que acontece no ambiente do início da infância pode suprimir ou fortalecer um modo criança, mas os seres humanos nascem com a capacidade de expressar todos os quatro.

Um paciente no modo *criança vulnerável* pode parecer assustado, triste, sufocado ou desamparado. Alguém nesse modo é como uma criança pequena no mundo, que necessita do cuidado de adultos para sobreviver, mas não o recebe. A criança necessita desesperadamente de um pai ou uma mãe e tolerará qualquer coisa para tê-lo. (Marilyn Monroe captou a condição indefesa da criança vulnerável.) A natureza específica da ferida da criança vulnerável depende do esquema: o pai ou a mãe deixa a criança sozinha por longos períodos (a criança abandonada), bate na criança em excesso (a criança que sofre abuso), não dá amor (a criança privada) ou a critica com dureza (a criança defectiva). Outros esquemas possivelmente associados a este modo incluem isolamento social, dependência/incompetência, vulnerabilidade a dano ou doença, emaranhamento/*self* subdesenvolvido e fracasso. A maioria dos esquemas pertence ao modo criança vulnerável. Por isso, consideramos tal modo o principal foco para propósitos de trabalho com esquemas. Em última análise, é o modo que mais nos preocupamos em tratar.

A *criança zangada* fica furiosa. Praticamente todas as crianças ficam com raiva em algum momento, se suas necessidades fundamentais não são satisfeitas. Embora

Tabela 8.1 Modos Criança

Modo criança	Descrição	Esquemas comumente associados
Criança vulnerável	Vivencia sentimentos disfóricos ou ansiosos, especialmente medo, tristeza e desamparo quando está "em contato" com esquemas associados.	Abandono, desconfiança/abuso, privação emocional, defectividade, isolamento social, dependência/incompetência, vulnerabilidade ao dano ou à doença, emaranhamento/*self* subdesenvolvido, negatividade/pessimismo.
Criança zangada	Libera raiva diretamente em resposta a necessidades fundamentais não-satisfeitas ou a tratamento injusto relacionado a esquemas nucleares.	Abandono, desconfiança/abuso, privação emocional, subjugação (ou, às vezes, qualquer desses esquemas associado à criança vulnerável).
Criança impulsiva/indisciplinada	Age impulsivamente, segundo desejos imediatos de prazer, sem considerar limites nem as necessidades ou sentimentos de outras pessoas (não está ligado a necessidades fundamentais).	Arrogo, autocontrole/autodisciplina insuficientes.
Criança feliz	Sente-se amada, conectada, contente, satisfeita.	Nenhum. Ausência de esquemas ativados.

os pais possam punir a criança ou acabar com a resposta comportamental de outra maneira, a raiva é uma reação normal em uma criança pequena que se vê nessa situação desagradável. Os pacientes com o modo criança zangada liberam essa raiva diretamente em resposta a necessidades percebidas como não-satisfeitas ou tratamento injusto, relacionados a esquemas associados, incluindo abandono, desconfiança/abuso, privação emocional e subjugação, entre outros. Quando se ativa um esquema e o paciente se sente abandonado, vítima de abuso, privado ou subjugado, ele se enfurece e pode gritar, agredir verbalmente ou ter fantasias e impulsos violentos.

A *criança impulsiva/indisciplinada* age por impulso para satisfazer necessidades e buscar prazer sem considerar limites nem se preocupar com outras pessoas. Esse modo é a criança em seu estado natural, desinibida e "incivilizada", irresponsável e livre. (Peter Pan, a eterna criança, encarna esse modo.) A criança impulsiva/indisciplinada tem baixa tolerância à frustração e não consegue adiar a gratificação de curto prazo em função de objetivos de longo prazo. Uma pessoa nesse modo parece mimada, braba, descuidada, preguiçosa, impaciente, sem foco ou descontrolada. Esquemas associados podem ser arrogo e autocontrole/autodisciplina insuficientes.

A *criança feliz* sente-se amada e satisfeita. Este modo não se associa a quaisquer esquemas desadaptativos remotos porque as necessidades fundamentais da criança foram satisfeitas adequadamente, representando a ausência saudável de ativação de esquemas.

Modos enfrentamento desadaptativo

Os modos enfrentamento desadaptativos são as tentativas da criança de se adaptar à vida com necessidades emocionais não-satisfeitas em um ambiente prejudicial. Esses modos de enfrentamento eram adaptativos na infância do paciente, mas costumam ser desadaptativos no mundo mais amplo dos adultos. Identificamos três tipos amplos: o capitulador complacente, o protetor desligado e o hipercompensador (*ver* Tabela 8.2). Eles correspondem, respectivamente, aos processos de enfrentamento de resignação, evitação e hipercompensação.

A função do capitulador complacente é evitar maus-tratos. A função dos outros dois modos, o protetor desligado e o hipercompensador, é escapar de emoções desagradáveis ocasionadas pela erupção do esquema.

O *capitulador complacente* submete-se ao esquema como estilo de enfrentamento. Os pacientes neste modo parecem passivos e dependentes. Fazem qualquer coisa que o terapeuta (e outras pessoas) queiram que façam. Indivíduos no modo capitulador complacente se consideram desamparados em face de uma figura mais poderosa. Acham que não têm escolha a não ser agradar essa pessoa para evitar conflito. São obedientes, talvez permitindo que outros abusem deles e os negligenciem, controlem ou desvalorizem para preservar a conexão e evitar retaliação.

O *protetor desligado* usa a evitação de esquema como estilo de enfrentamento. O estilo de enfrentamento é o distanciamento psicológico. Indivíduos nesse modo se desligam de outras pessoas e fecham suas emoções para se proteger do sofrimento de estar vulnerável. O modo é como uma armadura ou muro protetor, com os modos mais vulneráveis escondidos no interior. No modo protetor desligado, os pacientes sentem-se indiferentes ou vazios, adotam uma postura cínica ou distante para evitar o investimento emocional em pessoas ou atividades. Os exemplos comportamentais incluem o isolamento social, excesso de autoconfiança, e busca adictiva de autocon-

Tabela 8.2 Estilos de enfrentamento desadaptativos

Estilos de enfrentamento desadaptativos	Descrição
Capitulador complacente	Adota um estilo de enfrentamento baseado em obediência e dependência.
Protetor desligado	Adota um estilo de enfrentamento de retraimento emocional, desconexão, isolamento e evitação comportamental.
Hipercompensador	Adota um estilo de enfrentamento caracterizado por contra-ataque e controle. Pode hipercompensar por meios semi-adaptativos, como trabalho em excesso.

forto, fantasia, distração compulsiva e estimulação.

O modo protetor desligado é problemático para muitos de nosso pacientes caracterológicos, especialmente os que têm transtorno da personalidade *borderline*, e costuma ser o mais difícil de mudar. Durante a infância dos pacientes, o desenvolvimento desse modo foi uma estratégia adaptativa. Estavam presos em um ambiente traumático que gerava muito sofrimento, e faziam sentido o distanciamento, o desligamento e a insensibilidade. À medida que essas crianças amadureciam e entravam em um mundo menos hostil e privador, teria sido adaptativo abandonar o protetor desligado e se abrir ao mundo e a suas emoções novamente, mas eles se acostumaram tanto a estar nesse modo que a permanência é automática, e eles não sabem mais como sair dele. Seu refúgio se transformou em uma prisão.

Os *hipercompensadores* usam a hipercompensação de esquemas como estilo de enfrentamento. Agem como se o oposto do esquema fosse verdade.[1] Por exemplo, ao se sentir defectivos, tentam parecer perfeitos e superar os outros; ao se sentir culpados, acusam a outros; sentindo-se dominados, intimidam outras pessoas; usados, passam a explorar outros; com sentimento de inferioridade, buscam impressionar com *status* ou realizações. Alguns hipercompensadores são passivo-agressivos, parecendo exageradamente obedientes enquanto, em segredo, se vingam, ou se rebelam de forma oculta por meio de procrastinação, traição, queixas ou não-cumprimento do que deveriam. Outros hipercompensadores são obsessivos, mantendo ordem rígida, autocontrole rígido ou níveis altos de previsibilidade por meio de planejamento, cumprimento excessivo de rotinas ou cautela desnecessária.

Modos pais disfuncionais

Os modos pais disfuncionais são internalizações de figuras de pai ou mãe no início da vida do paciente. Quando os pacientes estão em um modo pai/mãe disfuncional, tornam-se seus próprios pais e tratam a si mesmos como os pais os trataram na infância. Muitas vezes, assumem a voz do pai ou da mãe ao "falar sozinhos". Em modos pai/mãe disfuncionais, os pacientes pensam, sentem e agem como os pais faziam com eles quando crianças.

---

[1] Os esquemas de arrogo e padrões inflexíveis costumam funcionar como formas de hipercompensação, mas também podem ser esquemas "puros".

Identificamos dois tipos comuns de modos pai/mãe disfuncional (embora alguns pacientes também apresentem outros modos de pais): o pai/mãe punitivo (ou crítico) e o pai/mãe exigente (*ver* Tabela 8.3). O *pai/mãe punitivo* pune com raiva, critica ou restringe a criança por expressar suas necessidades ou por cometer erros. Os esquemas mais comumente associados são a postura punitiva e a defectividade. Este modo aparece sobretudo em pacientes com transtorno da personalidade *borderline* ou depressão grave. Os primeiros possuem um modo pai/mãe punitivo no qual eles próprios se tornam seu pai ou sua mãe abusivos e se punem, por exemplo, dizendo que são maus, sujos ou se comportam mal, e costumam se punir cortando-se. Neste modo, eles não são crianças vulneráveis, e sim o pai/mãe punitivo aplicando punição à criança vulnerável. Na verdade, alternam-se entre um e outro, de forma que, em alguns momentos, são a criança que sofre o abuso e, em outros, o pai ou a mãe que comete o abuso.

O *pai/mãe exigente* pressiona a criança para que atinja as expectativas exageradamente altas estabelecidas. A pessoa acha que a forma "certa" de ser é a perfeição e que a forma "errada" é a falibilidade ou espontaneidade. Com freqüência, os esquemas associados são padrões inflexíveis e auto-sacrifício. Este modo é muito comum em pacientes com transtornos narcisista ou obsessivo-compulsivo. Os pacientes mudam para um modo pai exigente, no qual definem padrões elevados para si mesmos e se pressionam para cumpri-los. Entretanto, o pai exigente não é necessariamente punitivo; espera muito, mas pode não culpar nem punir. É mais comum que a criança reconheça a decepção do pai ou da mãe e sinta vergonha. Muitos pacientes têm um modo combinado de pai/mãe punitivo e exigente, no qual estabelecem padrões elevados para si e se punem quando não conseguem cumpri-los.

Modo adulto saudável

Este modo é a parte saudável e adulta do *self* que cumpre uma função "executiva" com relação a outros modos. O adulto saudável ajuda a satisfazer as necessidades emocionais básicas da criança. Construir e fortalecer o adulto saudável do paciente para trabalhar de forma mais eficaz com os outros modos é o objetivo global do trabalho com modos.

A maioria dos pacientes adultos dispõe de alguma versão desse modo, mas elas variam em termos de eficácia. Pacientes mais saudáveis, com funcionamento melhor, têm um modo adulto saudável mais forte; já os pacientes com transtornos graves geralmente têm um modo adulto saudável mais fraco. Pacientes com transtor-

Tabela 8.3 Modos pai/mãe disfuncional

Modo pai/mãe disfuncional	Descrição	Esquemas comumente associados
Pai/mãe punitivo/crítico	Restringe, critica ou pune a si ou a outros.	Subjugação, postura punitiva, defectividade, desconfiança/abuso (como abusador).
Pai/mãe exigente	Estabelece expectativas e níveis de responsabilidade altos em relação aos outros; pressiona a si ou a outros para cumpri-los.	Padrões inflexíveis, auto-sacrifício.

no da personalidade *borderline*, muitas vezes, não apresentam o modo adulto saudável, de forma que o terapeuta deve aumentar ou ajudar a criar um modo tão pouco desenvolvido.

Como um bom pai, o modo adulto saudável cumpre as três funções básicas a seguir:

1. Dá carinho, reassegura e protege a criança vulnerável.
2. Estabelece limites para a criança zangada e para a criança impulsiva/indisciplinada, segundo os princípios da reciprocidade e da autodisciplina.
3. Combate ou modera os modos pai/mãe disfuncionais e de enfrentamento desadaptativo.

No decorrer do tratamento, os pacientes internalizam o comportamento do terapeuta como parte de seu próprio modo adulto saudável. Inicialmente, o terapeuta serve de adulto saudável sempre que o paciente for incapaz de fazê-lo. Por exemplo, se um paciente é capaz de combater o pai/mãe punitivo por conta própria, o terapeuta não intervém, mas, se o paciente não tiver essa capacidade e, em lugar disso, atacar a si mesmo sem parar, sem conseguir se defender, o terapeuta intervirá e combaterá o pai/mãe punitivo pelo paciente. Aos poucos, o paciente assume o papel de adulto saudável. (É isso que queremos dizer com "reparação parental limitada".)

SETE PASSOS GERAIS NO TRABALHO COM MODOS

Desenvolvemos sete passos *gerais* no trabalho com os modos de esquema. (Nos dois capítulos a seguir, discutiremos a forma como adaptamos essas estratégias amplas ao trabalho com os modos individuais que identificamos para pacientes com transtornos da personalidade narcisista e *borderline*.)

1. Identificar e dar nome aos modos do paciente.
2. Explorar a origem e (quando for o caso) o valor adaptativo dos modos na infância ou na adolescência.
3. Relacionar os modos desadaptativos a problemas e sintomas atuais.
4. Demonstrar as vantagens de modificar ou abrir mão de um modo se estiver interferindo no acesso a outro.
5. Acessar a criança vulnerável por meio de imagens mentais.
6. Realizar diálogos entre os modos. Inicialmente, o terapeuta proporciona modelos do modo adulto saudável; posteriormente, o paciente representa esse modo.
7. Ajudar o paciente a generalizar o trabalho com modos em situações da vida fora das sessões de terapia.

EXEMPLO CLÍNICO: ANNETTE

Ilustramos os sete passos do trabalho com modos de esquemas com o caso de Annette. Os trechos a seguir são de uma consulta da paciente com o Dr. Young, quando ela já vinha sendo tratada por outra terapeuta do esquema chamada Rachel. Na época da entrevista, Annette estivera em terapia com Rachel por cerca de seis meses.

Annette é uma mulher de 26 anos. É solteira e mora sozinha em um apartamento em Manhattan, onde trabalha como recepcionista. No início da terapia, seus problemas eram depressão e abuso de álcool. Ela também relatou um histórico de problemas nos relacionamentos pessoais e no trabalho: havia passado de uma relação a outra e de um emprego a outro, e apresentava dificuldades para se disciplinar com vistas ao cumprimento de tarefas no trabalho.

Até este ponto da terapia, Rachel havia abordado o tratamento de Annette com uma combinação de estratégias cognitivo-comportamentais para depressão e abuso de álcool (combinado com Alcoólicos Anônimos) e terapia do esquema. Rachel obteve sucesso apenas limitado. Annette entendeu que é emocionalmente desconectada de outras pessoas e que usa a bebida ou as festas para apagar seus sentimentos e preencher o vazio. Embora houvesse avançado em termos de autoconsciência, ainda estava deprimida e continuava a ter episódios de abuso de álcool.

Consideramos Annette uma boa candidata ao trabalho com modos, principalmente porque a terapia parecia não avançar. Seu modo protetor desligado era tão forte que ela não conseguia reconhecer qualquer sentimento vulnerável. Sua incapacidade de acessar os sentimentos vulneráveis (seus esquemas) bloqueava a terapia. Trata-se de um exemplo de tipo comum de caso no qual o terapeuta alcança progressos por meio de trabalho com modos: o paciente é bastante evitativo ou hipercompensado e não consegue acessar os esquemas emocionalmente. Na entrevista a seguir, o Dr. Young usa o trabalho com modos para romper o protetor desligado e chegar aos esquemas subjacentes da criança vulnerável.

Neste primeiro trecho, Annette descreve seus atuais objetivos na terapia.

Terapeuta: Você pode me falar um pouco de seus objetivos na terapia?
Annette: Bom, eu queria ser feliz. Estou deprimida.
Terapeuta: Entendo. Então, o que mais está lhe incomodando é o sentimento de depressão.
Annette: É. Estou tentando mudar meu estilo de vida.
Terapeuta: Você sabe o que, em sua vida, a deprime?
Annette: Agora sei.
Terapeuta: O que você aprendeu que é?
Annette: Eu não sei como demonstrar meus sentimentos ou falar sobre eles. Na minha família não se discutem sentimentos.
Terapeuta: Então ninguém consegue discutir de verdade os sentimentos?
Annette: Isso. Sou próxima da minha mãe, mas somos mais como amigas.
Terapeuta: Mas como amigas que não dividem os sentimentos?
Annette: É.
Terapeuta: Entendo. Você tem uma amiga com quem dividiria seus sentimentos?
Annette: Não.
Terapeuta: Não. Então você sempre foi uma pessoa privada?
Annette: É.

Sem usar a linguagem técnica dos modos, Annette conecta sua depressão a seu modo de protetor desligado. Por causa da desconexão emocional quanto a outras pessoas ela sente-se deprimida.

Terapeuta: Certo. Outra coisa que você mencionou foi não estar se sentindo bem consigo mesma.
Annette: Sim.
Terapeuta: Quais são alguns aspectos com os quais você não se sente bem consigo?
Annette: Bom, quando fico deprimida, eu bebo.
Terapeuta: Entendo.
Annette: Simplesmente não me sinto bem comigo mesma.
Terapeuta: Se você parar de beber, você acha que vai se sentir bem consigo?
Annette: Bom, agora, por exemplo, não estou bebendo e não me sinto bem.
Terapeuta: Então qual é o problema? O que você acha que há por baixo, que você não está feliz com você mesma?

Annette: É que, sabe como é, minha família e meus amigos, e... meu jeito de viver. É simplesmente ruim.
Terapeuta: Entendo...
Annette: Preciso mudar isso.

Annette passa a descrever sua vida amorosa. Ela havia tido um caso com um homem casado, mas rompeu a relação, e agora namora um homem estável e amoroso, mas que a entedia: "É, ele é estável e normal, e eu perco o interesse".

O terapeuta avança para o primeiro passo do trabalho com modos, identificando ou dando nomes aos modos da paciente.

Passo 1: Identificar e dar nome aos modos do paciente

Este costuma ser um processo que surge naturalmente à medida que o terapeuta observa os pensamentos, sentimentos e comportamentos do paciente de um momento a outro. O terapeuta observa mudanças no paciente e começa a identificar modos associados a cada estado. À medida que os modos aparecem nas sessões ou no material que o paciente apresenta, o terapeuta começa a lhes atribuir nomes.

Os terapeutas devem tomar cuidado para garantir que um modo tenha sido identificado precisamente antes de nomeá-lo; deve, portanto, coletar uma quantidade substancial de evidências e exemplos para ilustrar o modo, observando-o repetidamente nas sessões ou escutando com atenção as descrições do paciente de incidentes ocorridos fora das sessões. Uma vez identificado um modo pelo terapeuta, ele pergunta ao paciente se acha que está correto. É raro que os pacientes neguem a existência de um modo identificado corretamente pelo terapeuta. Com raras exceções, o terapeuta não tenta persuadir os pacientes a aceitar modos que eles não sejam capazes de reconhecer intuitivamente. Da mesma forma, o paciente cumpre papel importante na atribuição de um nome ao modo. A incorporação de um modo como um "personagem" na terapia é sempre um processo colaborativo.

Terapeuta e paciente trabalham juntos para individualizar o nome de cada modo, com vistas a captar as estratégias específicas que aquele paciente utiliza. Geralmente, não usamos nomes exatos para os modos listados. Em vez disso, trabalhamos com os pacientes para encontrar nomes para modos que se encaixem com mais precisão aos seus pensamentos, emoções ou comportamentos individuais. Por exemplo, o modo capituladora complacente pode ser renomeado como "a boa menina". Em lugar de se referir ao modo "criança vulnerável" com um determinado paciente, podemos chamar o modo de "criança abandonada" ou "criança solitária". Em lugar de "protetora desligada", podemos chamar o modo de "viciada em trabalho", "muro" ou de "a que busca emoções". Em vez de "hipercompensadora", pode-se chamar de "ditadora" ou "intimidadora" ou "caçadora de *status*". Tenta-se trabalhar com a paciente para encontrar um nome que capte a essência daquilo que ela está fazendo ou sentindo no modo.

A maioria dos pacientes se relaciona bem com o conceito de modo. Quando o terapeuta pergunta "Em que modo você está agora?", o paciente pode dizer "Agora estou em meu modo compulsivo" ou "Agora sou a criança com raiva". O modo capta a vivência interna do paciente, de câmbio de estados afetivos.

No trecho a seguir, o terapeuta ajuda Annette a identificar e nomear seus principais modos. No início do trecho, ela descreve seus sentimentos de tédio. O terapeuta explora o que está por baixo desse tédio.

Terapeuta: Então quer dizer que você tem sede de algum tipo de estimulação o tempo todo?

Annette: É.
Terapeuta: Você sempre quer que as coisas sejam novas e diferentes. Quando começa a se sentir realmente entediada, como é? Você alguma vez já esperou tempo suficiente para sentir essa emoção?
Annette: Fico, tipo, superexcitada. Quer dizer, fico elétrica. Como quando eu fico em casa, digamos, todo o fim-de-semana.
Terapeuta: Sim, digamos que você ficasse em casa todo o fim de semana.
Annette: Eu fiz isso no fim de semana passado.
Terapeuta: E como foi?
Annette: Eu fiquei, tipo, meio deprimida. Já estava enlouquecendo.
Terapeuta: Sei. Então, o interessante é que você me contava que estava entediada, mas agora diz que estava muito deprimida.
Annette: Bom, as duas coisas.
Terapeuta: Pois eu me pergunto se "entediada" é o termo que você usa consigo mesma para não ter que admitir para si própria que realmente está deprimida, no fundo?
Annette: É provável.

Por debaixo da depressão de Annette está a depressão do modo criança vulnerável. O terapeuta irá explicar isso a ela depois.

"Annette Mimada"

O terapeuta ajuda Annette a identificar o que os dois chamam de "Annette Mimada". (Geralmente não usamos nomes pejorativos, mas a própria paciente fez alusão a essa idéia.) Este modo é uma variação da criança impulsiva/indisciplinada. Embora Annette tenha sido mais ou menos bem-sucedida no combate a este modo recentemente, ele ainda lhe cria problemas, fazendo com que ela escolha o que quer que pareça bom no momento, como beber e ir a festas, em vez de fazer o que é benéfico a longo prazo, como desenvolver relacionamentos íntimos mais duradouros ou uma carreira.

O terapeuta continua a explorar a depressão por debaixo do tédio de Annette. O intercâmbio leva à identificação de Annette Mimada.

Terapeuta: Então o que acontece é que, quando as coisas estão calmas demais, há tempo para pensar nos sentimentos de depressão que há no fundo. Quando as coisas estão ativas e estimulantes, meio que puxam você para longe de ter que pensar nessas coisas dolorosas.
Annette: (em tom incomodado) Bom, eu nem sempre penso nelas, dá muito trabalho.
Terapeuta: Claro. (pausa) Quando você diz que dá muito trabalho, o que quer dizer? É muito aborrecimento?
Annette: (ainda incomodada) Bom, é que eu costumava, quando estava com tédio, sair com meus amigos e me embebedar, e não tinha que pensar em nada. Agora, tenho que ter todos esses sentimentos e essas coisas, e não estou acostumada.
Terapeuta: Então, parece que você não gosta do fato de ter que fazer isso.
Annette: (ri)
Terapeuta: Você sabe o que eu quero dizer, como se você não devesse ter que fazer isso. Você pode me contar mais sobre esse lado que não deveria ter que fazer isso?
Annette: (mais ou menos brincando) Eu não deveria ter que fazer nada que eu não quisesse, não é?
Terapeuta: Sei. Você disse "não é", como se esperasse que eu concordasse.
Annette: Você não vai concordar?

O terapeuta explora os pensamentos e sentimentos dessa parte de Annette que se sente com direitos.

Terapeuta: Você mencionou como seus pais lhe deixavam fazer qualquer coisa que quisesse, mas disse que se dava conta de que não era certo.
Annette: Eu não faria isso se tivesse um filho, não faria porque consigo ver o dano que causa.
Terapeuta: Mas, mesmo que intelectualmente você veja o dano, emocionalmente ainda tem o sentimento de que não deveria fazer nada que não quisesse.
Annette: Sim, porque eu tenho um temperamento instável. É como se... se eu não consigo o que quero, simplesmente tenho um chilique.
Terapeuta: Entendo, como uma criança que tem um chilique.
Annette: Eu não saio atirando coisas.
Terapeuta: E como é?
Annette: Se não consigo o que eu quero, por exemplo, com meus pais, simplesmente não saio com eles, saio sozinha.
Terapeuta: Como se os punisse?
Annette: *(animada)* Isso, é isso aí. Eu puno maus pais, é exatamente isso.
Terapeuta: Entendo. Você os pune porque eles não lhe dão o que você quer?
Annette: É, exatamente, quer dizer, só me magôo. Eu sofro por isso, ninguém mais, mas eu faço de qualquer maneira.

No próximo trecho, o terapeuta chama "Annette Mimada" de modo.

Terapeuta: Então há uma parte de você, não quero que escute isso como uma crítica, mas parece que tem uma parte de você que é mimada.
Annette: *(ri)*
Terapeuta: Isso parece correto? Tem uma parte de você que acha que deveria poder fazer o que quiser?
Annette: *(ri)* Você está dizendo que sou uma criança mal-educada?

Terapeuta: Não, não estava dizendo uma criança mal-educada. Digo que há uma *parte* de você que foi mimada por seus...
Annette: *(interrompe)* Claro, fui meio mimada, acho eu.
Terapeuta: Eu não estava dizendo que é a única faceta que você tem, porque vamos falar de suas outras facetas, mas é uma parte de você.
Annette: Sim, certamente.

Ao transformar a parte "mimada" de Annette em um modo, o terapeuta consegue reconhecer essa parte dela, ao mesmo tempo em que permanece aliado a ela. Essa capacidade de confrontar os pacientes ao mesmo tempo em que se preserva a aliança terapêutica é uma vantagem da abordagem de modo: o terapeuta pode confrontar os aspectos disfuncionais do modo sem condenar o paciente como pessoa.

"Annette Durona"

À medida que a entrevista continua, surge um segundo modo que se mostra difícil e mais importante do que a Annette Mimada. O terapeuta chama esse modo de "Annette Durona", uma variante do protetor desligado.

No primeiro dos trechos a seguir, o terapeuta continua falando com Annette Mimada. No seguinte, o terapeuta tenta acessar a criança vulnerável, mas o caminho é bloqueado por Annette Durona.

Terapeuta: Como você se sentiu por ter que preencher esse formulário? Isso também pareceu perda de tempo? Chato?
Annette: Foi tipo "por que eu tenho que preencher outro formulário?" Eu preenchi outros que você ainda tem que olhar.
Terapeuta: Então você está ressentida?
Annette: Eu fiz, mas sabe como é, foi difícil começar.

Terapeuta: Então você se pressionou para fazer porque sabia que deveria?
Annette: Bom, porque, sabe como é, eu estava sendo simpática. Eu estava sendo simpática por que Rachel [sua terapeuta] quer que eu seja simpática.

No trecho a seguir, o terapeuta tenta discutir o vínculo de Annette com sua terapeuta, Rachel, como um caminho para chegar à criança vulnerável.

Terapeuta: Bom, isso leva de volta à minha pergunta, se parte da razão pela qual você estava sendo simpática era por causa de Rachel?
Annette: Bom...
Terapeuta: Não tem nada de errado nisso, se for parte da razão.
Annette: Não sei, gosto da Rachel, ela me ajuda, então eu quero mudar e ficar melhor.
Terapeuta: Você quer que ela sinta orgulho de você?
Annette: Não sei.
Terapeuta: Parece que você tem medo de admitir que criou um vínculo com Rachel nesse tempo. É difícil para você admitir esse tipo de sentimento?
Annette: Não sei, é só diferente.

O terapeuta identifica a "Annette Durona" para a paciente, ou seja, a porção dela que reluta em reconhecer que depende de outras pessoas para que a ajudem.

Terapeuta: Sabe, você aparenta ser durona. Não sei como você quer chamar isso, mas você parece um pouco durona.
Annette: Eu sou durona, não estou só representando.
Terapeuta: Sei, mas, por outro lado, você também parece um pouco nervosa.
Annette: *(mais vulnerável)* Eu sou nervosa.

Terapeuta: Então deve haver outra parte de você, no fundo, que não se sente tão durona quanto parece. Então parece que sua dureza é parcialmente uma representação ou um mecanismo para parecer forte para outras pessoas.
Annette: É com o que eu estou acostumada. Sempre fiz isso.

O terapeuta dá o nome de "Annette Durona" a um modo e a distingue da pessoa principal. É a criança vulnerável – a que é "nervosa" – a principal.[2] A Annette Durona é uma "representação" ou um "mecanismo para parecer forte frente a outras pessoas."

Passo 2: Explorar a origem e o valor adaptativo dos modos

Como parte do segundo passo no trabalho com modos, o terapeuta ajuda os pacientes a entender seus modos e a empatizar com eles. Juntos, terapeuta e paciente exploram a origem de cada um deles e a função que cumpriram. Muitos modos tiveram um valor adaptativo para o paciente. O terapeuta faz perguntas para orientá-lo: "Quando foi a primeira vez que você se lembra de ter se sentido assim?", "Por que você acha que desenvolveu esse modo quando era criança?", "De que forma o modo afeta sua vida agora?".

Voltamos a Annette para ilustrar este segundo passo. Tendo identificado a Annette Durona, o terapeuta ajuda Annette a investigar as origens infantis desse modo.

Terapeuta: Sua mãe e seu pai também são durões?

---

[2] Essa crença de que a "criança vulnerável" é o modo nuclear da pessoa é um pressuposto filosófico de nosso modelo. Reconhecemos que não se trata de uma verdade universal.

Annette: Não, meu pai é... nem sei o que ele é, não é muito próximo. Mas minha mãe é legal, ela não tem uma atitude durona, nem um pouco.

Terapeuta: Quando você acha que desenvolveu esse tipo de máscara durona? Você se lembra da idade?

Annette: Não sei, me lembro de sempre ter sido durona.

Terapeuta: Já no berço? *(ri)* Um bebê durão?

Annette: Sim, eu era durona *(sorri)*. Não sei, quer dizer, não tenho certeza, mas provavelmente porque eu sempre quero proteger minha mãe, então tenho que parecer assim. Não quero que ninguém se meta com ela. Então provavelmente é por isso que eu sou assim.

Terapeuta: Sei. Seu pai se metia com ela. Ele a maltratava?

Annette: Não, quer dizer, eles se casaram muito jovens, então não sei, é que eles são diferentes.

Terapeuta: De que você a está protegendo?

Annette: Não sei, de todos, acho eu. Ela é simplesmente tão legal! Não quero que ninguém... ela é meio ingênua, tipo, vai fazer qualquer coisa só para ser gentil, e as pessoas se aproveitam disso, e eu não gosto, então...

Terapeuta: Entendo, então você a está protegendo de outras pessoas que se aproveitam dela?

Annette: Isso.

Terapeuta: Como você acha que assumiu esse papel de protetora?

Annette: Não sei.

Terapeuta: Talvez isso tem a ver com o fato de você e sua mãe serem tão próximas. Você se aproximou e talvez não tenha sido bem como amiga, talvez ela tenha se voltado a você como se você fosse mãe. É possível?

Annette: É, sabe como é, Rachel e eu, nós falamos disso, de que, tipo, eu sou a mãe *dela*.

Annette Durona teve origem na infância com a mãe, que era fraca e frágil, e com o pai, que era brabo e parecia perigoso. Annette tornou-se a protetora de sua mãe. O modo começou como uma maneira de fechar suas emoções vulneráveis, de forma que ela pudesse ser forte para proteger a mãe. Annette não compartilha suas emoções vulneráveis com quem quer que seja, mantendo as outras pessoas à distância.

Passo 3: Relacionar os modos desadaptativos aos problemas e sintomas atuais

É importante mostrar aos pacientes que seus modos geram problemas em suas vidas atuais e como se relacionam com seus problemas. Isso lhes dá uma fundamentação para o tratamento e ajuda a construir motivação para mudar.

Por exemplo, se um paciente afirma que procura tratamento porque bebe demais, o terapeuta associa o problema ao modo protetor desligado. O terapeuta diz que beber é uma das maneiras pelas quais o paciente evita vivenciar sua raiva com relação ao abandono, ao abuso ou à privação que sentiu quando criança. O paciente bebe para evitar esses sentimentos negativos e para passar ao modo protetor desligado. Se o terapeuta e o paciente puderem trabalhar os modos criança vulnerável ou criança zangada, então o paciente pode aprender a enfrentar suas emoções e a fazer com que suas necessidades sejam satisfeitas. Assim, ele terá muito menos necessidade de beber para evitar as próprias emoções, e o ato de beber provocado pelo esquema será reduzido. (O terapeuta defende os Alcoólicos Anônimos como acréscimo, pois muitos componentes do alcoolismo não são provocados pelo esquema e devem ser tratados de forma independente.)

Annette relaciona Annette Mimada a suas dificuldades de manter um emprego, e o terapeuta usa isso como oportunidade de relacionar o modo aos atuais problemas no trabalho.

Annette: Bom, eu não tenho paciência, você sabe. Não gosto de ter que fazer coisas de que não gosto.
Terapeuta: Claro.
Annette: Sabe como é, no trabalho e coisas do tipo. Sei lá, simplesmente fico irritada.
Terapeuta: Então, se lhe dão alguma coisa chata para fazer, por exemplo, e você não está interessada nela, você fica ressentida de ter que fazer?
Annette: É.
Terapeuta: Entendo. E o que você diria a si mesma para potencializar sua raiva?
Annette: Eu provavelmente diria apenas: "Quero sair daqui, quero ir embora".

O terapeuta ajuda a paciente a explorar o modo em conexão com seus problemas no trabalho, estabelecendo um diálogo no qual Annette representa a Annette Mimada, e ele, o Adulto Saudável.

Terapeuta: Certo, vou tentar representar esse tipo de pólo "saudável". Quero que você faça a melhor defesa que conseguir desse pólo que se sente com mais direitos, para que eu consiga ouvir o que ele realmente diria. Primeiro, vou ser como o seu chefe dizendo o que você tem que fazer. Quero que você me diga o que está pensando de verdade, à medida que eu digo essas coisas, certo?
Annette: Certo.
Terapeuta: *(no papel de chefe)* "Bom, Annette, você sabe que tem que fazer isso, é parte de seu trabalho. Estamos lhe pagando e você simplesmente não está se esforçando o bastante." *(no papel de terapeuta)* Então, o que está lhe passando pela cabeça? Quero que diga em voz alta o que está pensando. Diga o que está pensando consigo mesma.
Annette: Eu pensaria simplesmente, sabe como é, "Por que eu tenho que trabalhar? Quer dizer, é tudo tão chato", entende?
Terapeuta: Certo, agora vou ser essa outra voz, digamos, "saudável" e direi: "Escute, é assim que é o mundo. O mundo é feito de uma maneira que, se você quiser receber alguma coisa, tem que dar alguma coisa. Chamamos isso de reciprocidade. Se você espera que as pessoas lhe dêem algo, tem que dar a elas algo em troca. Então, por que você deveria ter comida, roupa e um lugar bonito para morar se não dá nada em troca ao mundo? É justo que você trabalhe para dar sua parcela de contribuição". Explique por que isso não é verdade.
Annette: Eu não entenderia, simplesmente diria "Por quê? Por que tem que ser assim? Por que tenho que fazer coisas? Posso receber as coisas de meus pais".
Terapeuta: Sim, bom, talvez porque seus pais não estejam vivos para sempre? Um de seus medos é que sua mãe morra, acho que você disse isso.
Annette: Provavelmente.

O diálogo anterior ajuda Annette a vivenciar o modo Annette Mimada. O terapeuta resume o que acredita ser o conflito básico dela que se relaciona ao modo Annette Mimada e ao modo adulto saudável.

Terapeuta: Então há uma luta de verdade. Como há uma parte muito forte de você que acredita realmente que você deveria poder simplesmente se divertir e fazer o que quer.
Annette: É por isso que estou tão entediada ultimamente.
Terapeuta: Por quê?

Annette: *(mal humorada)* Não consigo fazer nada daquilo que tenho que fazer. Tenho que ir trabalhar, e eu costumava faltar muito ao trabalho, *muito*. Agora estou lá detestando estar lá.

Terapeuta: É, soa como se tivesse sido imposto a você, da forma como acaba de dizer, "tenho que ir".

Annette: *(ri)*

Terapeuta: Soa como se alguém tivesse pressionado, forçado você.

Annette: *Quem* poderia ser? *(ri e olha para Rachel)*

Terapeuta: Foi a Rachel?

Annette: Ela me pressionou.

Terapeuta: Entendo. Parece que você vai agradá-la, ou que é a coisa certa a fazer, e é por isso que você está fazendo?

Annette: Não, quer dizer, não sei exatamente o que é certo, mas estou deprimida, então tenho que mudar, sabe como é. Quero ser diferente, porque, se continuo sendo a mesma coisa, vou seguir me sentindo horrível.

Terapeuta: Então a parte saudável de você sabe que, se você fosse na direção em que estava indo, vai ficar cada vez pior e se sentir mais horrível, mas essa parte mais mimada, que se acha merecedora, sente que não deveria estar fazendo isso. É uma perda de tempo, e você deveria poder se divertir e ir a festas.

Annette: Isso.

Terapeuta: E esses pólos estão em conflito. Os dois lados de você estão lutando um com o outro.

Annette: O tempo todo.

Terapeuta: O tempo todo. E qual pólo vence na maior parte do tempo, ultimamente?

Annette: Ultimamente tenho me comportado. Vou trabalhar e não saio nem me divirto. Não é que eu não me divirta, mas não saio com meus amigos. Sabe, esse pólo está, tipo, vencendo ultimamente, mas não me sinto entusiasmada com isso. Não é muito divertido.

O diálogo possibilita que a paciente acesse seus pensamentos e sentimentos quando está no modo Annette Mimada e quanto está no modo adulto saudável, desafiando a Annette Mimada.

Passo 4: Demonstrar as vantagens de modificar ou abrir mão de um modo

No próximo trecho, o terapeuta vai da Annette Durona à Annettezinha, que é criança vulnerável, a figura central no trabalho com modos. O terapeuta deve ultrapassar a Annette Durona e chegar à Annettezinha. Quando começa o trecho, o terapeuta está discutindo como Annette defendeu a mãe contra o pai quando tinha sete anos.

Terapeuta: Você dava à sua mãe a força que ela não tinha para enfrentar seu pai e o mundo. Então esse é o seu papel. Mas a questão é: o que aconteceu com a Annettezinha? Por que você é essa menina durona aos 7 anos, que está protegendo a mãe? E também tem a parte mimada de você, que pode fazer o que bem entender. E o que foi feito da menininha que quer que alguém a abrace?

Annette: Se perdeu.

Terapeuta: Sim.

Annette: Não está em nenhum lugar.

Terapeuta: Você consegue ao menos senti-la?

Annette: Às vezes.

Terapeuta: Quando consegue senti-la? Agora?

Annette: Um pouco. Estou um pouco vulnerável agora porque aceitei vir aqui.

O terapeuta acompanha seus sentimentos de vulnerabilidade.

Terapeuta: Na verdade, é difícil fazer isso na frente das pessoas. O que sente o pólo vulnerável em relação a estar aqui?
Annette: Eu simplesmente acho que minha família está bem. Eles são visivelmente atrapalhados, mas acho que eles não são tão ruins, sabe como é. Então eu simplesmente me sinto um fracasso, em relação à minha família, pois eles nunca viriam e fariam isso. Eles não fazem terapia, então me sinto como, como se fosse um fracasso. Sou tão atrapalhada, e eles parecem que simplesmente vão adiante, como se tudo estivesse sempre normal, não parece que incomoda a eles, mas incomoda a mim.

A paciente expressa sentimentos de defectividade ativados pela situação terapêutica. Na família, ela é a "paciente". Ninguém mais procura tratamento. O terapeuta se alia à criança vulnerável contra a família, para dar apoio a ela.

Terapeuta: Então, vejamos a idéia de que está tudo bem com eles. Você diz que as pessoas estão todo o tempo tirando vantagem de sua mãe. Seu pai é fechado, inibido e crítico com outras pessoas. Eles brigam todo o tempo. Não parece muito bom.
Annette: Certo, mas parece que eles não ficam deprimidos com isso como eu.
Terapeuta: Sim, porque eles liberam os sentimentos o tempo todo através da raiva, quer dizer, trocaram um conjunto de sintomas por outro.
Annette: *(com raiva de si mesma)* Eles simplesmente aceitam as coisas como são, eu não. Essa é a diferença.
Terapeuta: *(pausa)* Sabe o que eu acho que provavelmente está errado na forma como você cresceu?
Annette: O quê?

Terapeuta: Sim. O que eu acho que está errado?
Annette: Bom, os meus pais, eles nunca conversaram sobre como se sentiam ou... Eu contei à Rachel que não consigo me lembrar de uma vez sequer em que minha mãe tenha me abraçado. Eu nem chego perto deles. Eu nem chego perto deles porque me sinto estranha. Mas a forma como vejo isso agora... Minha mãe era só uma menina quando se casou e teve filhos. Como é que uma criança vai cuidar de outra criança?

Annette alterna entre reconhecer a desolação emocional de sua infância e proteger a mãe: ela alterna entre a criança vulnerável, em contato com as próprias necessidades, e a protetora desligada, que nega a validade de suas necessidades.

Terapeuta: Certo. Então é esse o problema. Ninguém estava lá para cuidar de você, mas é sua culpa que não havia ninguém para cuidar de você, ou é... ?
Annette: *(interrompe)* Não é minha culpa.
Terapeuta: Então você é vítima de pais que não conseguiam cuidar adequadamente das necessidades emocionais da filha. Você cresceu sem afeto, sem empatia, sem alguém para lhe escutar e entender. Você cresceu só, isolada em um quarto. Isso é muito difícil, porque as necessidades mais básicas de uma criança, além de roupa e comida, são ser abraçada e cuidada. Suas necessidades emocionais mais básicas nunca foram satisfeitas quando você era criança. Não é de se estranhar que esteja infeliz no íntimo. E que seja difícil para você se comunicar com outras pessoas. Isso faz sentido para você?
Annette: Faz.

Grande parte do progresso no trabalho com modos deriva de ultrapassar os modos de enfrentamento desadaptativo, acessar a criança vulnerável e fazer a reparação parental da criança, porque o modo criança vulnerável contém a maioria dos esquemas nucleares, e grande parte da cura de esquemas acontece durante o trabalho com esse modo. O terapeuta tenta demonstrar as vantagens de o paciente modificar ou abdicar de modos que interfiram no acesso à criança vulnerável.

As imagens mentais muitas vezes acabam consistindo na maneira mais eficaz de o terapeuta estabelecer uma linha de comunicação com a criança vulnerável. Ele pede que o paciente acesse a imagem da criança vulnerável, depois entra nessa imagem como o adulto saudável e fala com a criança. O terapeuta ajuda os pacientes no modo criança vulnerável a expressar suas necessidades não-satisfeitas enquanto tenta satisfazer essas necessidades (segurança, carinho, autonomia, auto-expressão, limites) por meio da "reparação parental limitada". (Usamos este mesmo exercício rotineiramente, mesmo quando não fazemos formalmente trabalho com modos.)

O terapeuta pede que Annette forme uma imagem de Annettezinha, a criança vulnerável, mas ela se nega. Ele a auxilia a identificar as fontes de sua resistência: a Annette Mimada e a Annette Durona estão se recusando. A primeira não quer fazer algo que não lhe pareça agradável. A segunda acredita que estar vulnerável é uma fraqueza e bloqueia emoções dolorosas para proteger a Annettezinha. O terapeuta usa o trabalho com modos para romper esses dois modos desadaptativos e acessar o modo criança vulnerável.

Terapeuta: O que você acha de fazer um exercício de imagens mentais para chegar a esse seu lado criança:

Annette: Não consigo.
Terapeuta: Estaria disposta a tentar?
Annette: Não sei. Rachel e eu tentamos fazer isso o tempo todo, e não funciona.
Terapeuta: Às vezes, mesmo que não funcione, pode me ajudar a entender por que, de forma que eu consiga dar algumas sugestões depois, sobre como fazer com que funcione da próxima vez. Então, mesmo que não funcione, não tem problema. O que precisamos fazer agora é entender por que você resiste. Não temos que superar isso hoje. Mesmo que eu só consiga entender por que é difícil para você fazer o trabalho com imagens mentais, já ajuda. Gostaria de me ajudar a investigar por que você tem dificuldades de fazer o trabalho com imagens mentais?
Annette: Acho que sim.
Terapeuta: Certo, então, o que você está sentindo agora?
Annette: Simplesmente não gosto de fazer isso.
Terapeuta: Seja o seu lado que não quer trabalhar nisso para que eu possa escutá-lo.
Annette: Sei lá, eu simplesmente não quero fazer isso. Não gosto de fazer coisas que eu não quero fazer.

Aqui, a Annette Mimada está resistindo ao trabalho com imagens mentais, porque não quer fazer nada que não tenha vontade. O terapeuta começa um diálogo, confrontando-a empaticamente.

Terapeuta: Certo, vou representar o pólo saudável e dizer: "Sabe que eu sei que não é fácil para você, mas às vezes é só tentando coisas difíceis que se pode alcançar algo realmente importante, que não se pode ter de outra forma". Represente o outro lado para que eu possa escutar o que ele responde.

Annette: Não gosto de fazer coisas difíceis, dá muito trabalho.

Terapeuta: Mas você gostaria de tentar assim mesmo?

Annette: Acho que sim.

Terapeuta: Ótimo, faremos por cinco minutos, e se você realmente detestar...

Annette: *(interrompe com voz bruta, desafiadora)* Se eu detestar, eu lhe digo, não se preocupe, o que lhe parece?

Terapeuta: Apenas fique de olhos fechados por cinco minutos e, então, *se* detestar, pode abrir os olhos e parar.

Annette: *(ri, sem graça)* Eu não consigo nem me sentar quieta por cinco minutos, muito menos ficar de olhos fechados.

Terapeuta: Acho que você só está dizendo isso para resistir, porque já está sentada muito quieta há 35 minutos, então provavelmente conseguiria sentar quieta se quisesse.

Annette: Eu simplesmente não quero fazer isso.

Terapeuta: Sim, é isso que eu acho. Mas acho que a razão pela qual você não quer fazer é não querer chegar ao outro pólo de você mesma, o pólo que sofre, que está deprimido e solitário. Você não quer conhecer esse pólo.

Annette: Sim, porque ele é ruim.

Ao se recusar a realizar o trabalho com imagens mentais, Annette alterna entre se considerar com direitos e ser forte, não reconhecendo sua criança vulnerável, que ela acredita ser uma parte ruim de si. O sentimento de que o pólo vulnerável é ruim origina-se do esquema de defectividade. O terapeuta persiste assim mesmo. Na seção seguinte, o protetor desligado revela-se uma fonte importante de obstáculos, dificultando a conexão com a criança vulnerável. O protetor desligado não quer que ela pareça frágil aos outros, porque eles podem machucá-la.

Terapeuta: Ruim, como... ?

Annette: Não sei, coisas ruins. Me sinto mal, por que iria querer me lembrar disso?

Terapeuta: Porque a única maneira de você melhorar é conhecer esse sentimento e tentar curá-lo. Minha sensação é de que a Annette Durona não deixa a Annettezinha permitir que ninguém chegue perto dela. Esse é o seu papel.

Annette: *(suspira profundamente)*

Terapeuta: Ela mantém todo mundo afastado. Então a Annettezinha fica se sentindo sozinha, perdida e sem cuidados. A menos que eu consiga ajudar a Annette Durona a relaxar um pouco, não tem jeito de a Annettezinha receber o amor de que precisa de outras pessoas. Ela vai continuar se sentindo só. Então, a única maneira de ajudar é convencendo a Annette Durona a se afastar um pouco para que possamos encontrar a Annettezinha e lhe dar o que precisa. Mas a Annette Durona não quer olhar para a Annettezinha, por isso eu quero afastar a Annette Durona o suficiente para realizar o exercício. E o que eu acho é que a Annette Durona não quer fazer o exercício porque não quer que eu veja a Annettezinha.

Annette: E se não existir uma Annettezinha?

Terapeuta: Então você não estaria deprimida e seria como o resto da sua família. Tudo estaria bem. Sabemos que tem que haver uma Annettezinha, caso contrário você não estaria se sentindo sozinha e deprimida. Não estaria em terapia. Então a Annettezinha é a parte de você que está triste. A Annette Durona não está triste. A única que sobra para sentir tristeza é a Annettezinha.

Annette: *(suspira profundamente)*

Terapeuta: Mas você não quer olhar para ela, mesmo que ela tenha toda a dor. Ela carrega toda a dor que você está sentindo.

Annette: Não é que eu não queira olhar para ela, eu nem a conheço. Não sei onde ela está.

Terapeuta: Ao resistir ao trabalho com imagens mentais, você resiste a olhar para ela. E eu estou lhe dizendo, deixe que ela relaxe um pouco. Vamos ver como ela é. Não lute tanto contra ela. Nada de tão horrível vai acontecer só por olhar para ela e ver como ela é. Acho que olhar para ela e tentar saber o que está sentindo não será tão ruim como você pensa. Você poderia tentar.

Annette: Acho que sim.

Passo 5: Acessar a criança vulnerável por meio de imagens mentais

A paciente finalmente concorda em tentar visualizar uma imagem de Annettezinha. Observe que o terapeuta continua a pressionar Annette para que ela chegue a este ponto, sem a criticar, continuando a convencê-la, por meio de confronto empático. O terapeuta continua empatizando com o sofrimento causado à Annette pelo acesso à própria vulnerabilidade, mas ainda assim continua a pressioná-la para que o faça.

Em aulas e conferências, os terapeutas costumam se surpreender com o quanto pressionamos os pacientes para que realizem o trabalho vivencial. Eles acreditam que os pacientes estão frágeis demais para lidar com essa pressão e que irão descompensar ou abandonar o tratamento. Entretanto, acreditamos que muitos terapeutas exageram com relação à fragilidade dos pacientes ou à probabilidade de que eles parem o tratamento se pressionados.

Com certeza não os pressionaríamos assim no início da terapia, nem nos casos de pacientes mais frágeis, como os que têm transtorno da personalidade *borderline* ou sofreram trauma ou abuso, mas faríamos isso com pacientes que apresentam funcionamento superior, como Annette, que não têm histórico ou indicação de estar em risco relevante de descompensação. Consideramos extremamente raro que pacientes descompensem ou abandonem o tratamento porque os pressionamos a realizarem o trabalho vivencial caso indicado de forma adequada. Pelo contrário, via de regra, quando os pacientes emocionalmente evitativos vivenciam as partes mais emotivas de si mesmos, experimentam uma sensação de alívio profundo. Sentem-se menos vazios, mais vivos, menos deprimidos. Finalmente sabem por que são tão indiferentes. Na maior parte do tempo, observamos que, se os pacientes de fato não querem trabalhar com imagens mentais ou acham que se encontram em risco, não o farão, mesmo que pressionados de forma suave, mas persistente.

No próximo trecho, o terapeuta acessa a Annettezinha.

Terapeuta: Tudo bem. Vou lhe pedir que feche os olhos e que fique de olhos fechados por cinco minutos.

Annette: *(fecha os olhos)*

Terapeuta: Certo. Após cinco minutos, se você quiser abrir, não tem problema, mas pelo menos por cinco minutos, tente se forçar a entrar em contato com ela. Feche os olhos e visualize uma imagem da Annettezinha, com a menor idade que você conseguir. Essa é você quando criança. Conte o que vê, certo?

Annette: O que eu vejo, como o quê?

Terapeuta: Apenas tente visualizar uma imagem, como se estivesse olhando para ela como criança pequena. Ela não precisa estar fazendo nada, é só uma imagem do seu corpo pequenininho. Só visualize de alguma forma, imagine uma foto se não conseguir vê-la como pessoa.

Annette: Está bem.
Terapeuta: O que você vê?
Annette: Vejo alguém de uns cinco anos.
Terapeuta: Onde ela está? Você consegue ver onde ela está?
Annette: Está em casa.
Terapeuta: Entendo. Você pode me dizer em que peça da casa ela está?
Annette: No quarto dela.
Terapeuta: E está sozinha?
Annette: Sim.
Terapeuta: Você consegue ver a expressão no rosto dela e me dizer como ela está se sentindo?
Annette: Não sei, ela só está quieta.
Terapeuta: Você pode perguntar a ela como ela está se sentindo e me dizer o que ela responde? Quero que você, como a Annette Adulta, fale com a Annettezinha e lhe pergunte como ela está se sentindo e me diga o que ela responde.
Annette: Ah, não sei, ela está nervosa.
Terapeuta: Está assustada com alguma coisa?
Annette: Sim.
Terapeuta: Sei. Você pode lhe perguntar de que ela tem medo? Ela sabe?
Annette: Sabe.
Terapeuta: Você pode me dizer?
Annette: Um, ela está assustada porque... seus pais, eles brigam muito.
Terapeuta: Ela está preocupada com sua mãe? O que ela tem medo que aconteça?
Annette: Não sei. Seu pai tem, tipo, um temperamento difícil.
Terapeuta: E a que pode chegar?
Annette: Ele não bate nela nem na mãe dela, nada dessas coisas, mas grita muito.
Terapeuta: E o que ela teme que aconteça se o seu pai sair de controle? O que ela tem medo que aconteça?
Annette: Ela tem medo de, sei lá, que ele bata em alguém ou mate alguém.
Terapeuta: Ela tem medo de ser machucada?
Annette: Pode ser.

Terapeuta: Então ela está escondida no quarto para se sentir mais segura?
Annette: É.

O terapeuta conseguiu falar indiretamente com a criança vulnerável (por meio da Annette Adulta) e descobrir o que ela sentia. Ele soube que a Annettezinha tem medo do pai. A seguir, o terapeuta pede que Annette visualize a mãe na imagem.

Terapeuta: Você consegue deixar que a mãe entre agora no quarto e me dizer o que acontece?
Annette: A mãe está chateada, ela está sempre chateada.
Terapeuta: Chateada triste ou chateada irritada?
Annette: Ela parece assustada.
Terapeuta: E como a Annettezinha se sente vendo sua mãe assustada e chateada?
Annette: Assustada, também.
Terapeuta: Então elas estão, tipo, assustadas juntas.
Annette: Isso.
Terapeuta: Ambas gostariam que alguém as protegesse?
Annette: É.
Terapeuta: Mas não tem ninguém forte o suficiente, e agora a Annettezinha vai ter que se envolver?
Annette: Acho que vai. Não sei se ela sabe como, ela é pequena.
Terapeuta: Entendo. O que passa pela cabeça dela? Me conte em voz alta o que lhe passa pela cabeça quando ela vê o quanto sua mãe está assustada.
Annette: Ela só pensa que sua mãe está triste e deprimida.
Terapeuta: Ela está preocupada com a mãe?
Annette: Está.
Terapeuta: Ela quer fazer alguma coisa para ajudá-la, ou parece que ela própria quer ser ajudada?
Annette: Não, ela acha que quer ajudar sua mãe.

Terapeuta: Então, para fazer isso ela tem que ser forte, não pode demonstrar que está assustada. É isso?
Annette: É.
Terapeuta: Então ela vai ter que agir duro com sua mãe, para que a mãe não veja que ela está assustada.
Annette: É, ela não quer que a mãe fique, sabe como é, chateada. Não quer chatear mais a mãe.

Quando o terapeuta consegue ultrapassar a Annette Durona na imagem, o modo que vem à superfície, como acontece com freqüência, é a criança vulnerável. Agora, o terapeuta pode trabalhar nos esquemas nucleares que constituem a Annettezinha: seus sentimentos, memórias e crenças subjacentes. O que descobrimos por baixo de tudo é o medo da raiva paterna e o desejo de proteger a mãe. Não há ninguém forte que proteja Annette: seu pai é perigoso, e a mãe, fraca. Os esquemas nucleares são desconfiança/abuso, auto-sacrifício e privação emocional.

Passo 6: Realizar diálogos entre os modos

Uma vez que a criança vulnerável e o adulto saudável sejam estabelecidos como personagens nas imagens mentais do paciente, o terapeuta provoca outros modos nessas imagens mentais e estabelece diálogos. O terapeuta ajuda os modos a se comunicar e negociar entre si. Por exemplo, o adulto saudável pode falar com o pai/mãe punitivo, ou a criança vulnerável, com o protetor desligado. O terapeuta cumpre a função de adulto saudável (ou pai/mãe saudável) sempre que os pacientes não forem capazes de fazê-lo por conta própria.

Em síntese, o adulto saudável cumpre várias funções nesses diálogos de modos: (1) dar carinho, reassegurar e proteger a criança vulnerável; (2) estabelecer limites para a criança zangada e para a criança impulsiva/indisciplinada; (3) combater, desviar ou modular os modos de enfrentamento desadaptativo e pai/mãe disfuncional. Tudo isso pode ser feito por meio de imagens mentais, e o terapeuta usa a técnica de troca de cadeiras da Gestalt. O terapeuta atribui cada modo a uma cadeira e faz com que o paciente troque de cadeiras enquanto dramatiza os modos. Mais uma vez, o terapeuta representa o adulto saudável sempre que o paciente não consegue fazê-lo. (O terapeuta geralmente representa o adulto saudável por vários meses antes que o paciente assuma esse papel.)

No trecho a seguir, continuação do anterior, o terapeuta ajuda a paciente a conduzir um diálogo entre o adulto saudável e a criança vulnerável. No início, a paciente ainda está em seu quarto com a mãe, no papel de criança. O terapeuta pede que Annette visualize Rachel, falar com a criança vulnerável em lugar dele, porque Rachel tem uma conexão muito mais forte com Annette após muitos meses de trabalho juntas. O terapeuta faz o papel de Rachel, mesmo que Annette esteja desconfortável ao demonstrar a própria vulnerabilidade.

Terapeuta: Você pode trazer Rachel para a imagem agora?
Annette: Como?
Terapeuta: Simplesmente a coloque no meio da imagem junto com você.
Annette: Quando eu era pequena?
Terapeuta: Sim, e retire todas as outras pessoas. Retire a Annette Durona e sua mãe para que fiquem só a Annettezinha e Rachel. Você consegue ver isso?
Annette: Consigo.
Terapeuta: Você pode dizer a Rachel o que acaba de dizer à sua mãe?
Annette: (*com firmeza*) Não!
Terapeuta: Por quê?

Annette: Não sei, só não consigo.
Terapeuta: Como é? Parece que ela vai criticar? Ou vai pensar mal de você por dizer isso?
Annette: Não sei. Vai pensar que eu sou esquisita. Não sei, não sei o que ela vai pensar.

Annette não consegue se imaginar tão vulnerável perto de Rachel. Como a paciente está bloqueada, o terapeuta entra na imagem para ajudar. O terapeuta demonstra empatia pela criança vulnerável, dizendo as palavras para Rachel.

Terapeuta: Deixe que eu coloque Rachel ali e diga as palavras para ela. Pode ser?
Annette: Pode.
Terapeuta: *(no papel de Rachel)* "Annette, você sabe que é compreensível que se sinta assustada neste momento, com as brigas de sua família e com o temperamento de seu pai, e você tem direito de ter alguém que seja forte com você e que cuide de você, que se importe, que a escute, a abrace e lhe cuide. Você tem direito a isso agora, e eu quero fazer o máximo que puder, como sua terapeuta, porque acho que você nunca teve ninguém que fizesse isso antes. E se conseguisse fazer isso, você não teria que ser tão durona todo o tempo, porque poderia deixar que outra pessoa cuidasse de você de vez em quando." O que a Annettezinha sente quando eu digo isso?
Annette: Não sei, ela não se sente confortável.
Terapeuta: Qual é o sentimento? Você consegue verbalizar o que ela está sentindo?
Annette: Ela simplesmente sente algo como: "Por que ela merece tudo isso?".

O terapeuta afirma os direitos da criança vulnerável, mas a paciente discorda. O trecho recomeça.

Terapeuta: Está bem, agora eu vou ser a Rachel. "Porque você é uma menina boazinha. Você se esforça tanto para ajudar todo mundo. Você é uma menina tão querida. Você é boa e tenta tanto ajudar o resto da família e proteger sua mãe. Você merece ser cuidada e bem-tratada, e merece afeto. Todas as crianças merecem isso, e você é uma criança especialmente boa."
Annette: Talvez eu não seja tão boa. Talvez eu seja má.
Terapeuta: *(no papel de Rachel)* "Se fosse assim, você não estaria se esforçando tanto para proteger sua mãe. Se fosse egoísta, estaria pensando em si mesma. Você estaria recebendo o que precisa, mas não é isso o que está acontecendo. Você está se sacrificando por ela, para que ela esteja segura. É isso que uma criança muito sensível e carinhosa faz. Então eu não acho que você seja uma criança má, de forma alguma. Você pode ter um pólo mimado quando recebe coisas, coisas que pode comprar, mas, em relação a sentimentos, você não é nem um pouco egoísta. Na verdade, você se sacrifica muito, você é que foi enganada emocionalmente. Você não recebeu o que merece. Não recebeu muito emocionalmente." O que está sentindo agora?
Annette: Me sinto confusa, não entendo.
Terapeuta: Minha explicação parece correta para você?
Annette: Não.

O terapeuta envolve a parte de Annette que rejeita sua explicação.

Terapeuta: Seja a parte de você que não acredita nela. É sua mãe que não acredita? Ou é a Annette Durona?
Annette: É a Annette, a Annette Durona.

Terapeuta: Está bem. Então seja a Annette Durona, que não acredita.
Annette: *(no papel de Annette Durona)* "Não vejo qual é o sentido, sabe como é, afeto, falar de sentimento. Por que isso é necessário?"

O terapeuta faz os papéis que Annette tem mais dificuldade de fazer: o da criança vulnerável e o do adulto saudável.

Terapeuta: Eu vou ser a Annettezinha e o adulto saudável.
(no papel de Annettezinha) "Mas, olhe só, eu sou uma criancinha e também estou assustada. Você é adulta, e todas as crianças precisam ser abraçadas, beijadas, escutadas e respeitadas. Essas são necessidades básicas de qualquer criança."
(no papel de adulto saudável) "Nascemos assim, e a única razão pela qual você não acha que merece é porque nunca recebeu, mas todos precisamos disso, e você se tornou durona porque não conseguia ver maneira alguma de receber carinho. Então, você disse: 'Posso ser durona e fingir que não preciso disso'. Mas, na realidade, sabe que precisa disso tanto quanto eu. Só tem medo de admitir, porque acha que não há maneira de vir a receber."
Annette: *(no papel de Annette Durona)* "É um defeito."
Terapeuta: O que é defeito?
Annette: *(no papel de Annette Durona)* "Você sabe, ser tão carente."
Terapeuta: Não, é parte da natureza humana. Todo mundo é assim. Você já viu alguma criancinha que não queira ser ajudada ou que não precise ser abraçada? Você diria que toda a criança que precisa ser abraçada é porque tem um defeito? Todos os bebês têm defeito porque querem ser abraçados?
Annette: Acho que não.

No próximo trecho, o terapeuta pede que Annette sinta raiva da mãe na imagem. Isso visa ajudar Annette a combater seu esquema de privação emocional, afirmando seus direitos diante da mãe. A mãe se comporta de maneira que a priva emocionalmente, não protege Annette e não lhe dá o cuidado emocional de que ela precisa.

Terapeuta: Você pode ser a Annettezinha agora e dizer à sua mãe do que necessita para si? Só dizer em voz alta?
Annette: De que a Annette precisa?
Terapeuta: Sim. "Eu preciso de..."
Annette: Não sei, acho que preciso de um abraço. Estou tão assustada.
Terapeuta: Como é, dizer isso?
Annette: Não sei, não é bom.
Terapeuta: Como é?
Annette: É que me deixa ansiosa.
Terapeuta: Como sua mãe reage quando você diz que precisa de um abraço?
Annette: Se eu fosse dizer isso?
Terapeuta: É, seja ela agora.
Annette: *(fala com desdém)* Ela não diria nada, provavelmente só me olharia.
Terapeuta: Me diga o que passa pela cabeça dela enquanto ela olha para você assim.
Annette: Ela pensaria: "Por que ela precisa de um abraço? Sou eu que sofro todo o problema. Para que ela precisa de um abraço?".

Na imagem, a mãe nega as necessidades de Annette, concentrando-se, em vez disso, no que ela considera suas necessidades, muito maiores. O terapeuta chama atenção para o fato de que a resposta da mãe é egoísta.

Terapeuta: Você tem raiva de sua mãe por ela dizer isso?
Annette: *(concordando enfaticamente)* Sim.
Terapeuta: Deixe que a Annettezinha fique com raiva da mãe por dizer isso. *(longa*

pausa) Você poderia começar dizendo: "Eu só tenho cinco anos".

Annette: *(ri)* Ah, não sei. Sabe como é, "só tenho cinco anos, preciso que alguém cuide de mim". *(longa pausa)*

Terapeuta: Diga a ela de que tipo de cuidado você precisa. Você precisa de abraços?

Annette: Sim, preciso de abraços. Preciso que alguém me diga como se sente em relação a mim.

Terapeuta: Você precisa de elogios?

Annette: Não, eu acho.

Terapeuta: Alguém que possa ser forte por você, para que você não tenha que se preocupar tanto?

Annette: Ela só quer que alguém lhe diga que ela é importante.

O terapeuta ajuda Annette a verbalizar para a mãe aquilo de que precisava quando criança. Annette aprendeu que não deveria precisar de nada, nem pedir o que quer que fosse. Deveria ser forte, deveria proteger outras pessoas, não deveria pedir amor ou ajuda a ninguém, então não é de se estranhar que, como adulta, ela não recorra às pessoas próximas com expectativa de que estarão dispostas a confortá-la ou a ajudá-la.

Passo 7: Ajudar o paciente a generalizar o trabalho com modos para situações da vida fora das sessões de terapia

O último passo é ajudar os pacientes a generalizar, estendendo o trabalho com modos nas sessões de terapia às situações reais do cotidiano, fora das sessões. O que acontece quando o paciente cambia para o protetor desligado, para o pai/mãe punitivo ou para a criança zangada? Como o paciente consegue permanecer centrado enquanto adulto saudável?

O terapeuta se abre em relação a sua própria infância como forma de ajudar Annette a aceitar seu pólo vulnerável e se dispor a expressá-lo. Annette comenta que sua criança vulnerável é muito carente.

Terapeuta: Você acha que essa parte criancinha de você é tão diferente da minha parte criancinha, ou da de Rachel?

Annette: Talvez. Talvez vocês tenham tido afeto, isso é diferente.

Terapeuta: Eu também não tive muito afeto quando criança. Por isso eu sei como é importante receber afeto. Sei o que significa não receber afeto.

Annette: *(fala em tom acusatório)* Você está dizendo isso só para me fazer participar.

Terapeuta: Você não acredita em mim. Eu não digo as coisas simplesmente para manipular você, acredite. Estou lhe dizendo uma coisa que é verdade. Eu também não tive isso e sei como é. Estou lhe dizendo que todo mundo precisa disso. Eu cresci acreditando que não precisava, que tudo o que eu tinha que fazer era ser bom na escola, ser bom com outras pessoas, ser socialmente adequado e fazer as coisas certas, e que isso era tudo o que eu precisava para ser feliz.

Mais tarde, Annette disse à terapeuta, Rachel, que essa foi a parte mais importante da sessão para ela. A abertura do terapeuta serviu como reparação parental poderosa.

O terapeuta ajuda Annette a estender o trabalho com modos à vida fora das sessões. Quais são as implicações do que ela aprendeu? Eles discutem seus relacionamentos amorosos e por que tem sido difícil para ela se relacionar com homens. Annette tem sido incapaz de aceitar amor. Como a maioria das pessoas com um pólo distanciado forte, tem sido atraída por homens que a privam emocionalmente. Mesmo que seja desconfortável para ela, um dos objetivos da terapia é fazê-la procurar homens que se doem emocionalmente e permanecer com eles.

Terapeuta: Então, quando alguém lhe abraça, é estranho. Parece que não está certo. Você tem que superar esse sentimento completamente.
Annette: Como? Como eu faço para superar isso?
Terapeuta: Deixando que alguém o faça e tentando ficar ali e dizer a si mesma: "Isso não é confortável, mas é do que eu preciso. É o que está certo".
Annette: Mesmo que me deixe louca?
Terapeuta: Vai te deixar louca inicialmente, porque você nunca teve isso. Pelo menos não teve até onde consegue se lembrar.
Annette: Tenho pesadelos de pessoas me abraçando.
Terapeuta: Não duvido. E estou lhe dizendo, se você superar isso, se deixar que alguém a abrace, e ficar ali e disser a si mesma: "Isso me parece pouco familiar, mas preciso disso, de qualquer forma. Se simplesmente conseguir permanecer assim o bastante, vou superar. Se deixar o afeto entrar, vou ficar melhor". E você simplesmente contra seu pólo que se sente desconfortável com isso.

Em última análise, o objetivo é que Annette reconheça suas necessidades não-satisfeitas e peça aos que lhe são caros que as satisfaçam. Dessa forma, ela pode se relacionar emocionalmente com outras pessoas em um nível mais profundo e mais satisfatório.

O terapeuta termina a entrevista, resumindo as implicações do trabalho com modos para os objetivos na terapia.

Terapeuta: Você precisa reconhecer a Annettezinha e acreditar que suas necessidades são boas, e não más, que são normais. Tem de ajudá-la a satisfazê-las, e não a fingir que não precisa de nada, porque, se continuar fingindo que ela não tem necessidades, você vai continuar deprimida, solitária e isolada. Isso quer dizer que você vai ter que tolerar sentimentos desagradáveis, assim como trabalhar com as imagens mentais foi desconfortável. Mas, se você não tolerar o desconforto de estar perto das pessoas, não vai superar isso, e estou dizendo que é uma fase. A sensação de desconforto é uma fase. É uma fase que você vai superar. Então, com o tempo, vai ser bom que alguém a abrace, toque e escute.

O objetivo de Annette é formar relacionamentos íntimos com pessoas importantes capazes de atender suas necessidades emocionais e, então, permitir que elas o façam. Em termos de modos, seus objetivos são construir um modo adulto saudável que possa dar carinho, reassegurar e proteger a Annettezinha; estabelecer limites para a Annette Mimada, e aprender a desviar-se da Annette Durona na maior parte do tempo.

RESUMO

Um modo é em um conjunto de esquemas ou operações de esquema, adaptativos ou desadaptativos, que estão em funcionamento em um indivíduo em dado momento. Desenvolvemos o conceito de modo ao focarmos o modelo em pacientes com transtornos cada vez mais graves, especialmente os que têm transtorno da personalidade *borderline* e transtorno da personalidade narcisista. Embora tenhamos desenvolvido o trabalho com modos, originalmente, para tratar esse tipo de paciente, agora o utilizamos também com vários pacientes de funcionamento superior. O trabalho com modos tornou-se parte integrante da terapia do esquema.

Em nossa prática, quanto melhor o funcionamento do paciente, mais probabilidades temos de enfatizar esquemas, e quanto mais grave o transtorno do paciente, mais provável é que enfatizemos modos. Tendemos a mesclar as duas abordagens nos casos de pacientes que estejam na faixa intermediária de funcionamento.

O terapeuta pode passar de uma abordagem baseada em esquemas para uma baseada em modos quando a terapia parece não ter progresso e não se consegue romper a evitação ou a hipercompensação do paciente. A abordagem de modos também funciona quando o paciente é rigidamente autopunitivo e autocrítico, ou possui um conflito interno aparentemente impossível de resolver. Por exemplo, quando duas partes do *self* se opõem de forma rígida em relação a uma importante decisão na vida. Por fim, via de regra, enfatizamos modos com pacientes que apresentam freqüentes flutuações de afetos, como costuma acontecer nos casos de pacientes com transtorno da personalidade *borderline*.

Identificamos quatro tipos principais de modos: criança, enfrentamento desadaptativo, pai/mãe disfuncional e adulto saudável. Cada tipo se associa a determinados esquemas (com exceção do adulto saudável e da criança feliz) e corporifica certos estilos de enfrentamento.

Os modos criança são a criança vulnerável, a criança zangada, a criança impulsiva/indisciplinada e a criança feliz. Acreditamos que esses modos criança são inatos. Identificamos três tipos amplos de modos de enfrentamento desadaptativo: o capitulador complacente, o protetor desligado e o hipercompensador. Tais modos correspondem, respectivamente, aos processos de enfrentamento de resignação, evitação e hipercompensação. Identificamos dois modos de pai/mãe disfuncional: o pai/mãe punitivo e o pai/mãe exigente. O modo adulto saudável é a parte do *self* que cumpre um papel "executivo" em relação aos outros modos. Fortalecer o adulto saudável do paciente para trabalhar com os outros modos de forma eficaz constitui o objetivo geral do trabalho com modos. Como um bom pai ou mãe, o adulto saudável cumpre as três funções básicas a seguir: (1) dar carinho, reassegurar e proteger a criança vulnerável; (2) estabelecer limites para a criança zangada e para a criança impulsiva/indisciplinada, segundo os princípios de reciprocidade e autodisciplina; (3) combater ou moderar os modos enfrentamento desadaptativo ou pai/mãe disfuncional. No decorrer do tratamento, os pacientes internalizam o comportamento do terapeuta como parte de seu próprio modo adulto saudável. Inicialmente, o terapeuta atua nesse papel sempre que o paciente não consegue fazê-lo. Aos poucos, o paciente assume o papel de adulto saudável.

Desenvolvemos sete passos gerais no trabalho com modos: (1) identificar os modos do paciente, (2) investigar a origem e (quando for o caso) o valor adaptativo dos modos na infância ou na adolescência, (3) relacionar os modos desadaptativos a problemas e sintomas atuais, (4) demonstrar as vantagens de modificar ou abdicar de um modo se estiver interferindo no acesso a outro, (5) acessar a criança vulnerável por meio de imagens mentais, (6) realizar diálogos entre os modos e (7) ajudar o paciente a generalizar o trabalho com modos a situações de vida externas à terapia.

No próximo capítulo, aplicamos os modos à avaliação e ao tratamento de transtorno da personalidade *borderline*.

9
TERAPIA DO ESQUEMA NO TRANSTORNO DA PERSONALIDADE *BORDERLINE*

CONCEITUAÇÃO DO ESQUEMA NO TRANSTORNO DA PERSONALIDADE *BORDERLINE*

Os esquemas desadaptativos remotos são as memórias, emoções, sensações corporais e cognições associadas aos aspectos destrutivos da experiência de infância do indivíduo, organizadas em padrões que se repetem ao longo da vida. Para pacientes caracterológicos e saudáveis, os temas nucleares são os mesmos: abandono, abuso, privação emocional, defectividade, subjugação, etc. Os pacientes caracterológicos podem ter *mais* esquemas e mais *graves*, mas, em geral, não possuem esquemas *diferentes*. Não é a presença de esquemas que diferencia os pacientes caracterológicos dos saudáveis, e sim os estilos de enfrentamento extremos empregados para lidar com esses esquemas e os modos cristalizados a partir desses estilos de enfrentamento.

Como explicamos, nosso conceito de modo se desenvolveu, em muito, a partir de nossa experiência clínica com pacientes com transtorno da personalidade *borderline* (TPB). Ao tentar aplicar o modelo de esquemas a esses pacientes, encontramos dois problemas que se repetiam. Em primeiro lugar, esses pacientes costumam ter quase todos os 18 esquemas (especialmente abandono, desconfiança/abuso, privação emocional, defectividade, autocontrole/autodisciplina insuficientes, subjugação e postura punitiva). Trabalhar com tantos esquemas ao mesmo tempo, utilizando nossa abordagem original de esquemas, se mostrou complicado, e necessitávamos de uma unidade de análise de mais fácil manejo. Em segundo lugar, em nosso trabalho com pacientes com TPB, nós (assim como muitos outros terapeutas) nos deparamos com a tendência desses pacientes de cambiar rapidamente de um estado para outro em termos de afetos. Em um momento, estes pacientes estão com raiva e, no momento seguinte, estão apavorados, depois frágeis, depois impulsivos, a ponto de parecerem quase pessoas diferentes. Os esquemas, que são essencialmente traços, não explicavam esse câmbio rápido de um estado para outro. Desenvolvemos o conceito de modo a fim de captar os estados afetivos variáveis de pacientes com TPB.

Os pacientes com TPB passam, continuamente, de um modo a outro em resposta a eventos em sua vida. Enquanto pacientes mais saudáveis costumam ter menor número de modos e menos extremos, e passar períodos mais longos em cada um deles, os pacientes com TPB apresentam um número maior de modos extremos e cambiam de um para outro a todo instante. Ademais, quando os pacientes com TPB mudam de modo, os outros modos parecem desaparecer. Diferentemente de pacientes mais saudáveis, que experimentam dois ou mais modos ao mesmo tempo, de forma que um modera a intensidade do outro, os pacientes com TPB, quando em um modo, parecem praticamente não acessar os demais. Os modos estão dissociados quase por completo.

Modos de esquemas em pacientes com TPB

Identificamos cinco principais modos que caracterizam a paciente com TPB:

1. Criança abandonada
2. Criança zangada e impulsiva
3. Pai/mãe punitivo
4. Protetor desligado
5. Adulto saudável

Resumimos brevemente os modos para fornecer uma visão geral do tema; depois, descreveremos cada um deles em detalhes.

O modo *criança abandonada* é a criança interior em sofrimento. Trata-se da porção do paciente[1] que sente a dor e o pavor associados à maioria dos esquemas, como abandono, abuso, privação, defectividade e subjugação. O modo *criança zangada e impulsiva* predominan quando o paciente está com raiva e se comporta impulsivamente, porque suas necessidades emocionais básicas não são atendidas. Os mesmos esquemas podem ser ativados como modo criança abandonada, mas a emoção vivenciada geralmente é a raiva. O modo *pai/mãe punitivo* é a voz internalizada dos pais que critica e pune o paciente. Quando ativado esse modo, o paciente torna-se um perseguidor cruel, geralmente de si mesmo. No modo *protetor desligado*, ele repele todas as emoções, desconecta de outras pessoas e funciona de maneira quase robótica. O modo *adulto saudável* é extremamente frágil e pouco desenvolvido na maioria dos pacientes com TPB, especialmente no início do tratamento. De certa forma, esse é o problema básico: os pacientes com TPB não dispõem de modo parental tranqüilizador para acalmá-los e cuidar deles, o que contribui em muito para a incapacidade de tolerar a separação.

O terapeuta modela o adulto saudável ao paciente, até que ele internalize suas atitudes, emoções, reações e comportamentos como seu próprio modo adulto saudável. O principal objetivo do tratamento é fortalecer o modo adulto saudável do paciente para oferecer carinho e proteger a criança abandonada, a fim de ensinar à criança zangada e impulsiva formas mais adequadas de expressar raiva e fazer com que suas necessidades sejam satisfeitas, bem como para derrotar e expulsar o pai/mãe punitivo e substituir gradualmente o protetor desligado.

A forma mais fácil de reconhecer um modo é pelo tom de suas expressões. Cada modo possui uma emoção própria característica. O modo criança abandonada tem a emoção de uma criança perdida: triste, assustada, vulnerável e indefesa. O modo criança zangada e impulsiva apresenta a emoção de uma criança furiosa e impossível de controlar, gritando e atacando o cuidador que frustra suas necessidades fundamentais, agindo impulsivamente para que suas necessidades sejam atendidas. O tom do pai/mãe punitivo é duro, crítico e implacável. O protetor desligado tem afetos pouco intensos, pouco emotivos e mecânicos. Por fim, o modo adulto saudável apresenta a emoção de pais fortes e amorosos. O terapeuta geralmente consegue diferenciar os modos, escutando o tom de voz do paciente e observando a maneira

---

[1] No decorrer do capítulo, generalizamos a referência aos pacientes, mas a maioria deles é composta por mulheres.

como fala. O terapeuta do esquema torna-se especialista na identificação do modo do paciente e desenvolve estratégias voltadas especificamente ao trabalho com o modo em questão.

Descreveremos agora cada um dos modos em maior detalhe: a função do modo, os sinais e sintomas e a estratégia ampla do terapeuta para ajudar pacientes com TPB conforme o modo em que se encontram.

Modo criança abandonada

No Capítulo 8, introduzimos o modo criança vulnerável. Como mencionado, acreditamos que esse modo é inato e universal. A criança abandonada é a versão da criança vulnerável comum a pacientes com TPB, neste caso caracterizado especificamente pelo foco do paciente no abandono. No modo criança abandonada, os pacientes se mostram frágeis e infantis, parecem tristes, descontrolados, assustados, não-amados, perdidos. Sentem-se desamparados e totalmente solitários, são obcecados por encontrar uma figura parental que cuide deles. Nesse modo, os pacientes se parecem com crianças pequenas, inocentes e dependentes. Idealizam cuidadores carinhosos e fantasiam serem resgatados por eles. Realizam esforços desesperados para impedir que os cuidadores os abandonem, e, às vezes, suas percepções de abandono assumem proporções delirantes.

A idade muito precoce a partir da qual a criança vulnerável tende a funcionar nessas pacientes explica grande parte de seus estilos cognitivos. As pacientes mais saudáveis têm modos criança vulnerável mais velhos (em geral com 4 anos ou mais), ao passo que pacientes com TPB têm modos criança vulnerável mais jovens (via de regra, com menos de 3 anos). No modo criança abandonada, os pacientes com TPB geralmente carecem de manutenção. Eles não conseguem evocar uma imagem mental tranqüilizadora do cuidador a menos que este esteja presente. A criança abandonada vive em um eterno presente, sem conceitos claros de passado e futuro, aumentando a sensação de urgência e impulsividade. O que está acontecendo agora é o que sempre houve, há e haverá. Consiste em um modo predominantemente pré-verbal, que expressa emoções por meio de ações em vez de palavras. As emoções são puras e sem modulação.

Os quatro modos individuais podem funcionar em idades distintas em pacientes com TPB. Por exemplo, o protetor desligado costuma ser um adulto, ao passo que os modos criança vulnerável e criança zangada são como crianças. O paciente, muitas vezes, atribui ao pai/mãe punitivo o poder e o conhecimento que as crianças pequenas atribuem aos pais.

Este modo "carrega" os esquemas nucleares da paciente. O terapeuta conforta a criança vítima desses esquemas e fornece um antídoto parcial através da reparação parental limitada proporcionada pela relação terapêutica. Quando pacientes com TPB estão no modo criança abandonada, a estratégia geral do terapeuta é ajudá-las a identificar, aceitar e satisfazer suas necessidades emocionais básicas de vínculo seguro, amor, empatia, auto-expressão verdadeira e espontaneidade.

Modo criança zangada e impulsiva

Os profissionais de saúde mental parecem associar o modo criança zangada e impulsiva mais aos pacientes com TPB, mesmo sendo o menos freqüente, segundo nossa experiência, em pacientes típicos. A maioria dos pacientes com TPB atendidos em serviços de emergência passa a maior parte do tempo no modo protetor desligado, que é o seu "modo-padrão". Com freqüência, passam ao modo pai/mãe punitivo ou criança abandonada. Com bem menos freqüência, quando não conseguem mais se controlar, passam ao modo criança zangada, liberando a fúria até então contida e agindo impulsivamente para fazer com que suas necessidades sejam atendidas.

Os modos protetor desligado e pai/mãe punitivo operam para manter suprimida a maior parte das necessidades da paciente, bloqueando com eficácia as necessidades e os sentimentos do modo criança abandonada. Depois de um tempo, essas necessidades e sentimentos se acumulam, e o paciente tem uma sensação crescente de pressão interna. O paciente poderá dizer algo como "Sinto alguma coisa crescendo dentro de mim". (Pode sonhar com desastres iminentes, como tsunamis ou tempestades.) A pressão aumenta, algum evento "gota d'água" acontece (talvez uma interação problemática com o terapeuta ou o parceiro amoroso), e o paciente muda para o modo criança zangada, sentindo-se furioso.

Quando estão nesse modo, os pacientes liberam sua raiva de maneira inadequada. Parecem furiosos, exigentes, desvalorizadores, controladores ou abusivos. Agem de forma impulsiva para atender às próprias necessidades e parecem manipuladores e inescrupulosas. Podem fazer ameaças suicidas e ter comportamento parassuicida. Por exemplo, o paciente pode afirmar que vai se matar, a menos que se faça o que ele quer. (Um paciente, reagindo ao sentimento de abandono desencadeado pelo final de uma sessão, passou ao modo criança zangada e disse: "Vou ao banheiro cortar meus tornozelos".) No modo criança zangada, os pacientes fazem exigências baseadas em arrogo ou em mimos, e que afastam outras pessoas. Entretanto, suas demandas não refletem realmente uma sensação de arrogo, e sim tentativas desesperadas de atender suas necessidades emocionais básicas.

Quando os pacientes se encontram nesse modo, a estratégia geral do terapeuta é definir limites para lhes ensinar formas mais adequadas de lidar com a raiva e de atender às próprias necessidades.

Modo pai/mãe punitivo

A função desse modo é punir o paciente por fazer alguma coisa "errada", como expressar necessidades ou sentimentos. Trata-se de uma internalização de raiva, ódio, repugnância, abuso ou subjugação quanto a um dos pais, ou a ambos, sofridos pelo paciente quando criança. Os sinais e sintomas incluem auto-repugnância, autocrítica, autonegação, automutilação, fantasias suicidas e comportamento autodestrutivo. Pacientes neste modo se tornam o próprio pai/mãe punitivo e rejeitador, desenvolvem raiva de si mesmos por ter ou demonstrar necessidades normais que os pais não lhes permitiram expressar. Punem-se, por exemplo, cortando-se ou passando fome, e falam de si mesmos em tom maldoso e severo, declarando que são "maus", "imprestáveis" ou "sujos".

Quando os pacientes estão no modo pai/mãe punitivo, a estratégia geral do terapeuta é ajudar-lhes a rejeitar mensagens parentais punitivas e a fortalecer sua auto-estima. O terapeuta dá apoio às necessidades e aos direitos da criança abandonada e tenta derrubar e suplantar o pai/mãe punitivo.

Modo protetor desligado

Exceto em casos graves, pacientes com TPB geralmente passam a maior parte do tempo no modo protetor desligado. A função desse modo é desligar-se das necessidades emocionais, desconectar-se de outros e se comportar de forma submissa para evitar punição.

Quando no modo protetor desligado, costumam parecer normais. São "bons pacientes", fazem tudo o que deveriam fazer e agem de maneira adequada. Chegam às sessões na hora, cumprem as tarefas de casa e pagam prontamente. Não atuam nem perdem o controle de suas emoções. Na verdade, muitos terapeutas reforçam, por equívoco, esse modo. O problema é que, quando se encontram nesse modo, os pacientes se desligam de suas próprias necessidades e sentimentos. Em vez de serem verdadeiros consigo mesmos, fundamentam sua identidade na obtenção da aprovação do terapeuta. Fazem o que o terapeuta quer que façam, mas não se envolvem de fato com ele. Às vezes, os terapeutas passam todo o tratamento sem se dar conta de que o paciente esteve quase todo o tempo no modo protetor desligado. O paciente não avança muito, simplesmente flutua de sessão em sessão.

Entre os sinais e sintomas do protetor desligado estão a despersonalização, o vazio, o tédio, o uso de drogas e álcool, excessos, automutilação, queixas psicológicas, "indiferença" e obediência robotizada. Os pacientes costumam passar a esse modo quando seus sentimentos são provocados nas sessões, para que possam se desligar deles. A estratégia geral do terapeuta é ajudá-los a vivenciar emoções quando estas surgem, sem as bloquear, conectando-se a outras pessoas e expressando suas necessidades.

É importante considerar que um modo pode ativar outro. Por exemplo, o paciente pode expressar uma necessidade no modo criança abandonada, cambiar para o pai/mãe punitivo a fim de se punir por expressar essa necessidade e, depois, para o protetor desligado a fim de escapar da dor da punição. Os pacientes com TPB geralmente se prendem a esses ciclos viciosos, nos quais um modo ativa o outro em um circuito que se perpetua.

Se classificássemos os modos em termos de saúde psicológica de uma ampla gama de pacientes com TPB, o adulto saudável e a criança vulnerável configurariam os mais saudáveis, seguidos da criança zangada, que vivencia emoções e desejos genuínos, e do protetor desligado, que mantém controle sobre o comportamento do paciente. Por fim, o pai/mãe punitivo não tem quaisquer características que o redimam e é o mais destrutivo, a longo prazo, para o paciente.

Hipóteses sobre a origem do TPB

Fatores biológicos

Em nossa observação, a maioria dos pacientes com TPB tem um temperamento emocionalmente intenso e lábil. Essa hipótese de temperamento pode servir como predisposição biológica ao desenvolvimento do transtorno.

Três quartos dos pacientes com diagnóstico de TPB são mulheres (Gunderson, Zanarini e Kisiel, 1991). Isso pode ser, em parte, uma conseqüência de diferenças de temperamento, ou seja, talvez as mulheres tenham maior probabilidade do que os homens a ter temperamentos tensos e lábeis. Entretanto, a diferença de gênero talvez também advenha de fatores ambientais. As meninas são vítimas de abuso sexual com mais freqüência, e isso constitui um traço comum nos históricos infantis de pacientes com TPB (Herman, Perry e van de Kolk, 1989). Elas também costumam ser mais subjugadas e desestimuladas a expressar a raiva. Também é possível que homens com TPB formem um grupo subdiagnosticado. Os homens manifestam o transtorno de forma diferente das mulheres, tendendo a temperamentos mais agressivos, com mais chances de serem dominadores, em vez de obedientes, e de atuarem contra outras pessoas, em vez de contra eles próprios. Assim, eles provavelmente tenham mais chances de receber diagnóstico de transtornos da personalidade narcisista e anti-social (Gabbard, 1994), mesmo quando os modos e os esquemas subjacentes se assemelham.

Fatores ambientais

Identificamos quatro fatores no ambiente familiar que acreditamos interagirem com essa hipótese de predisposição biológica ao desenvolvimento de TPB.

1. *O ambiente familiar é inseguro e instável.* A falta de segurança quase sempre surge a partir do abuso ou do abandono. A maioria dos pacientes com TPB passou por abusos físicos, sexuais ou verbais quando criança. Se não houve abuso real em relação ao paciente, geralmente houve ameaça de explosão de raiva ou violência, ou o paciente pode ter observado algum outro membro da família sofrer abusos. Além disso, há casos de abandono da criança. Esta pode ter sido deixada sozinha por longos períodos sem alguém que cuidasse dela ou com alguém abusivo (por exemplo, sofrer abusos por parte de um dos pais enquanto o outro negava ou permitia). Outra possibilidade é que o principal cuidador da criança não fosse confiável ou constante, como acontece com pais que têm oscilações de humor extremas ou que usam drogas ou álcool. Nesses casos, o vínculo com o pai ou com a mãe costuma parecer instável e apavorante, e não seguro.
2. *O ambiente familiar é privador.* As primeiras relações objetais costumam ser empobrecidas. O carinho e o cuidado paternos – carinho físico, empatia, proximidade e apoio emocional, orientação, proteção – costumam não existir ou ser deficiente. Um dos pais, ou ambos (mas especialmente o cuidador principal), talvez não se disponha emocionalmente a proporcionar empatia mínima. O paciente se sente só.
3. *O ambiente familiar é demasiado punitivo e rejeitador.* Pacientes com TPB não advêm de famílias que aceitam, perdoam e amam. Em vez disso, são oriundos de famílias que criticam e rejeitam, demasiado punitivas quando os pacientes cometem erros, e que não perdoam. A postura punitiva é extrema: quando crianças, esses pacientes foram levadas a se sentir sem valor, maus, inúteis ou sujos, e não como crianças normais ao se comportarem mal.
4. *O ambiente familiar impõe subjugação.* O ambiente familiar suprime as necessidades e os sentimentos da criança. Geralmente, há regras implícitas sobre o que ela pode ou não pode dizer ou sentir. A criança entende a mensagem: "Não demonstre o que sente, não chore quando for machucada, não se irrite quando alguém a maltratar, não peça o que quer, não seja vulnerável ou real. Seja apenas o que nós queremos que você seja".

Expressões de sofrimento emocional por parte da criança – sobretudo tristeza e raiva – geralmente deixam os pais irritados e causam punição ou retraimento.

Critérios diagnósticos e modos no TPB no DSM-IV

A Tabela 9.1 lista os critérios diagnósticos do Manual Diagnóstico e Estatístico de Transtornos Mentais (DSM-IV) para TPB que correspondem ao(s) modo(s) relacio-

Tabela 9.1 Critérios diagnósticos do DSM-IV para TPB e modos

Critérios diagnósticos do DSM-IV	Modos
1. Esforços frenéticos para evitar abandono real ou imaginado.	Modo criança abandonada.
2. Um padrão de relacionamentos pessoais instáveis e intensos, caracterizados pela alternância entre extremos de idealização e desvalorização.	Todos os modos. (É o câmbio rápido de um modo a outro que cria a instabilidade e a intensidade. Por exemplo, a criança abandonada idealiza cuidadores carinhosos, e a criança zangada os desvaloriza e repreende.)
3. Distúrbio de identidade: auto-imagem ou sentido de *self* marcada e persistentemente instáveis.	a. Modo protetor desligado. (Como esses pacientes devem agradar aos outros, e não se lhes permite que sejam eles mesmos, não conseguem desenvolver uma identidade segura.) b. Mudança constante de um modo não-integrado a outro, cada um com sua própria visão do *self*, também leva a uma auto-imagem instável.
4. Impulsividade (por exemplo, gastar dinheiro, ter relações sexuais promíscuas, usar drogas e álcool, dirigir de forma irresponsável, comer em excesso).	a. Modo criança zangada e impulsiva (para expressar raiva e fazer com que suas necessidades sejam atendidas). b. Modo protetor desligado (para se tranqüilizar ou romper a indiferença).
5. Comportamento, gestos, ameaças de suicídio ou comportamento automutilador recorrentes.	Todos os quatro modos.
6. Instabilidade emocional devido a uma reatividade acentuada no humor (por exemplo, disforia episódica, irritabilidade ou ansiedade intensas).	a. Hipótese de temperamento biológico intenso e instável. b. Mudança rápida de modos, cada um com suas emoções específicas.
7. Sentimentos crônicos de vazio.	Modo protetor desligado. (O desligamento das emoções e a desconexão de outras pessoas levam a sentimentos de vazio.)
8. Raiva intensa e inadequada ou dificuldade de controlá-la.	Modo criança zangada.
9. Ideação paranóide relacionada ao estresse e temporária, ou sintomas dissociativos graves.	Qualquer dos quatro modos (quando as emoções se tornam insuportáveis ou sufocantes).

nado(s). Incluímos quatro modos: criança abandonada, criança zangada, pai/mãe punitivo e protetor desligado.

Quando um paciente com TPB é suicida ou parassuicida, o terapeuta deve reconhecer qual modo experimenta essa necessidade. Advém do pai/mãe punitivo e pretende punir a paciente? Ou vem da criança abandonada, como desejo de dar fim à solidão insuportável? Origina-se do modo protetor desligado, em um esforço de desviar-se da dor emocional por meio da dor física ou sacudir a indiferença para sentir algo? Ou vem do modo criança zangada, em um desejo de se vingar ou de machucar outra pessoa? O paciente possui uma razão diferente para querer tentar o suicídio em cada um dos modos, e o terapeuta aborda a necessidade suicida segundo o modo específico que a gera.

Exemplo clínico

Problema apresentado

Kate é uma paciente de 27 anos com TPB. Os trechos a seguir são de uma entrevista realizada com ela pelo Dr. Young, como parte de uma consulta. (A paciente havia começado o tratamento recentemente com outra terapeuta do esquema.)

Kate procurou o primeiro terapeuta com 17 anos. Este trecho ilustra o caráter vago característico de seu problema na época.

Terapeuta: O que a levou pela primeira vez à terapia?
Kate: Foi há cerca de 10 anos. Eu simplesmente estava muito infeliz. Me sentia muito deprimida, confusa e com raiva, e tinha muita dificuldade para funcionar, para levantar de manhã e falar com as pessoas, de simplesmente caminhar pela rua. Eu estava muito chateada e triste.
Terapeuta: Havia acontecido alguma coisa na época para ativar essa reação?
Kate: Não, era só um monte de coisas que iam meio que se acumulando.
Terapeuta: Você se lembra quais coisas estavam se acumulando?
Kate: Problemas em casa, problemas comigo e com a minha identidade. Não me encaixava em nenhum lugar. Só tinha sentimentos negativos em geral.
Terapeuta: Mas não havia acontecido alguma coisa, como morrer alguém ou alguém lhe deixar?
Kate: Não.

A sensação de difusão da identidade relatada por Kate relaciona-se com seu modo protetor desligado: as pacientes com TPB se sentem confusas em relação a quem são enquanto estão no modo protetor desligado. Nesses momentos, não sabem o que sentem e seu foco volta-se quase completamente à obediência a outras pessoas para evitar punição ou abandono e ao bloqueio de seus próprios desejos e emoções. Como não seguem suas inclinações naturais, não conseguem desenvolver uma identidade própria e sentem-se vazias, entediadas, inquietas, atrapalhadas e confusas.

Kate, por sua vez, tem um conjunto de transtornos de Eixo I, incluindo depressão, bulimia e abuso de drogas.

Terapeuta: Você teve outros sintomas?
Kate: Sim, me sinto inútil, não me sinto uma pessoa inteira, o que quer que isso signifique. Eu nem sei. Só sei que olho para as outras pessoas e não me vejo igual a ninguém.
Terapeuta: E você faz coisas para se punir, punir esse tipo de coisa?
Kate: Sim, eu fazia.
Terapeuta: E que tipo de coisas você fazia?
Kate: Bom, eu me cortava muito. Fui bulímica por nove anos. Coisas autodestrutivas.
Terapeuta: Você tem algum impulso de fazer essas coisas agora?
Kate: Tenho.
Terapeuta: Você faz alguma coisa impulsiva atualmente?
Kate: Faz algum tempo que não faço. Às vezes bebo um pouco demais, mas não tenho usado drogas faz uns meses.

Histórico da enfermidade atual

O atual tratamento de Kate começou há dois anos, quando hospitalizada depois de uma tentativa de suicídio. No trecho a seguir, o terapeuta pede a ela que descreva a série de eventos que levou a essa hospitalização:

Terapeuta: O que estava acontecendo na época?
Kate: Tomei uma overdose de drogas.
Terapeuta: Que droga era?
Kate: Klonopin.
Terapeuta: Foi intencional, então?
Kate: Foi.
Terapeuta: Você se lembra por que tomou Klonopin na época? Aconteceu alguma coisa?
Kate: Sim... bom, eu era casada, estava indo bem, estava feliz, mas ele conheceu outra pessoa e simplesmente me queria fora da sua vida. Ele disse que havia conhecido outra pessoa e queria que eu saísse de casa, simplesmente me queria longe dele. Inicialmente, quando aconteceu, acho que eu estava em estado de choque, e depois fiquei tão deprimida que não queria mais viver.
Terapeuta: Você se lembra de qual sentimento a fazia se sentir tão deprimida?
Kate: *(falando com intensidade)* Eu simplesmente achava que não valia nada, que ele finalmente tinha se dado conta disso e estava fazendo o que era melhor para ele, e eu era só uma *ninguém*.

Kate expressa que sua tentativa de suicídio surgiu do modo criança abandonada, no qual ela foi tomada pela dor de seus esquemas de abandono e defectividade. O abandono por parte de uma pessoa cara à paciente é um fator ativador comum deste modo.

Histórico infantil

Quando olhamos o histórico de Kate, vemos que sua infância foi marcada por todos os quatro fatores de predisposição apontados anteriormente: seu ambiente familiar era inseguro e a privava emocionalmente, era severamente punitivo e subjugava seus sentimentos.

O trecho a seguir (uma continuação do anterior) ilustra a privação na infância de Kate. Ela não tinha quem a cuidasse, oferecesse carinho, fosse solidário com ela ou a protegesse e orientasse.

Terapeuta: Você sabe de onde vieram ou onde começaram os sentimentos de não ser boa ou de não valer nada?
Kate: Eu sempre os tive, da minha vida familiar, simplesmente não sentia que eu era importante ou que fizesse alguma diferença, ou que fosse importante para minha família.
Terapeuta: De que forma eles lhe transmitiam a mensagem de que você não era importante, de que não fazia diferença?
Kate: Ah, eles nunca me escutavam, nunca davam bola. Eu podia fazer o que eu quisesse, sempre.
Terapeuta: Então você tinha liberdade completa.
Kate: Tinha.
Terapeuta: Mas ninguém prestava muita atenção.
Kate: É.
Terapeuta: Então você era ignorada.
Kate: Era.
Terapeuta: Como se ninguém se importasse o bastante...
Kate: *(completando a frase)* ...para dizer alguma coisa, estabelecer disciplina ou orientação, ou qualquer coisa do tipo, nunca.

O ambiente infantil de Kate também era inseguro. Seu irmão mais velho recebeu diagnóstico de transtorno de déficit de atenção e, com freqüência, abusava dela física e sexualmente. Nenhum dos pais a protegia, ambos eram emocionalmente distantes e a culpavam pelo mau comportamento do irmão.

Kate: O meu irmão era hiperativo. Acho que meus pais passavam tempo demais cuidando dele e com medo dele. Ele não tomava a medicação, então ficava fora de controle.
Terapeuta: Ele recebia toda a atenção porque era doente?
Kate: É.
Terapeuta: E não sobrava nada para você?
Kate: Isso, na maior parte do tempo. Acho que meu pai estava fora, em seu próprio mundo. Ele não ficava muito em casa, era muito deprimido. Ele sempre foi, e acho que era um pouco demais para ele.
Terapeuta: Então era assim que seu pai ficava, quase sempre? Fora, em seu próprio mundo?
Kate: Sim, todo o tempo.
Terapeuta: Então você se sentia como se estivesse sozinha?
Kate: Me sentia.

O ambiente infantil de Kate também era punitivo e rejeitador. Sua mãe era demasiado crítica em relação a ela e intolerante com suas emoções.

Terapeuta: E quanto à sua mãe?
Kate: Não nos dávamos bem. Eu era muito infeliz, e isso a incomodava. Então tinha muita tensão. Ela não apreciava o fato de que eu não fosse só uma pessoa expansiva, não conseguia entender porquê. Ela achava que eu tinha algum problema e não sabia o que fazer comigo, não gostava muito de mim.

Terapeuta: Ela rejeitava ou criticava você?
Kate: Era, ela era muito crítica, especialmente quando eu fiquei mais velha. Estávamos sempre brigando. Ela me disse que não gostava de mim, que eu não tinha jeito, que eu era tão desgraçada que ela não agüentava (*chora*).
Terapeuta: Como você se sentia quando ela falava assim com você?
Kate: Ah, eu simplesmente acreditava, porque era verdade.
Terapeuta: Qual era a essência do que ela dizia? Qual você acha que era a principal crítica dela com relação a você?
Kate: Só que eu era muito infeliz, que eu era ruim com ela, que eu era ruim.
Terapeuta: E você achava que ela tinha razão?
Kate: Achava.

O ambiente infantil de Kate era subjugador. Embora vivenciasse negligência e abusos graves, ela não dispunha de permissão para sentir raiva ou tristeza em relação ao que lhe acontecia. Essas manifestações de emoção deixavam seus pais furiosos e desencadeavam o abuso do irmão em relação a ela.

Uma das formas de tentar suprimir seus sentimentos consistia em passar ao modo pai/mãe punitivo, sempre que se irrita com outras pessoas.

Terapeuta: O pólo irritado, a parte que se sentia maltratada, que sentia que as pessoas não cuidavam dela, você alguma vez sente esse pólo?
Kate: Sim. Sinto, mas aí eu sinto que mereci isso, que as pessoas tinham direito de me tratar assim. E então me irrito por pensar isso, mas... (*pausa*)
Terapeuta: Poderia ser o caso de você se tornar o pai/mãe punitivo e pune a criancinha por estar irritada? Parece ser isso que você faz? Tipo, dizendo: "Você é ruim; quem você é para pensar que tem algum direito?"

Kate: Sim. É isso que me impede de cuidar de mim e de me defender, porque eu não acho que tenha direito. E não acho que ninguém tem direito de querer cuidar de mim, porque eu não mereço.

Os quatro modos em pacientes com TPB

No transcorrer da entrevista, Kate experimenta todos os quatro modos. Apresentamos exemplos de cada um deles.

Modo protetor desligado

Kate começa a entrevista no modo protetor desligado. Neste trecho, que acontece próximo ao final da entrevista, ela impede a si mesma de chorar. Quando o terapeuta comenta, ela responde no modo protetor desligado.

Terapeuta: Você tem vontade de chorar?
Kate: Tenho, mas não vou.
Terapeuta: Por que você tem medo de chorar aqui? Tem vergonha?
Kate: Tenho. Sei que é para eu ser eu mesma, mas isso é muito difícil para mim.
Terapeuta: Você mencionou que sua mãe a criticava por ser infeliz. Há algum sentimento de que mostrar esse lado é ruim? Isso faz parte?
Kate: Sim, é meio que ser o que você quer que eu seja. Não quero estar aqui chorando na sua frente.
Terapeuta: O que você acha que eu quero que você seja?
Kate: Não sei, só muito inteligente e eloqüente.
Terapeuta: Sem muitas emoções?
Kate: É. Tipo, ajudando você a atingir seus objetivos (ri), mesmo que eu não lhe conheça muito bem. Simplesmente ajudando, facilitando as coisas para você. Fazendo com que você se sinta confortável. Sei lá, como, acho que é a sua bebida ali, eu ia oferecer a você.
Terapeuta: Assim, todo o seu foco está realmente em fazer o que eu quero que você faça e em ser o que eu quero que você seja.
Kate: É. Porque eu não sei o que eu sou. Acho que sou uma pessoa desgraçada, no fundo. É o que eu acho.
Terapeuta: Então, como acha que no fundo é desgraçada, a melhor maneira de superar isso é sendo o que os outros querem que você seja. De que isso lhe serve? Por que você queria fazer isso?
Kate: Meio que me tira de mim mesma, começo a imitar as pessoas, e meio que me muda, e posso ser o que quiser e quem quiser. Mas o que descobri é que só me fez sentir pior, mais vazia.
Terapeuta: Você quer dizer ser o que outras pessoas querem que você seja?
Kate: Sim, porque eu não sei o que esperar. Não sei o que quero. Não sei o que é importante para *mim*. Não sei. Tenho 27 anos e não faço a menor idéia.

Kate expressa a sensação de identidade difusa, característica do modo protetor desligado. Desligada de suas necessidades e emoções, ela não sabe quem é: ela é quem as outras pessoas querem que ela seja.

Kate discute o tratamento anterior, no qual ela estivera no modo protetor desligado quase todo o tempo.

Kate: Me lembro do primeiro terapeuta a que fui. Fiz terapia com ele por cerca de cinco anos, e ele me ajudou com algumas coisas. Mas, sei lá, eu estava ocupada demais tentando agradá-lo. O que eu queria era que ele simplesmente gostasse de mim, e tinha muito medo de ele me julgar. Ele dizia que não me jul-

gava, mas eu achava que sim. Só queria que ele me aceitasse.
Terapeuta: Então, de certa forma, você estava fazendo com ele o que vem fazendo com outras pessoas em sua vida, que é não mostrar o que realmente sente e quem você é de verdade.
Kate: Sim.

Esse trecho ilustra o quanto é importante que o terapeuta diferencie o modo protetor desligado do modo adulto saudável. Muitos terapeutas, como o que Kate descreveu, acreditam equivocadamente que a paciente está melhor ou saudável quando, na verdade, ela passou para o modo protetor desligado.

Quando estão no modo adulto saudável, as pacientes podem experimentar e expressar suas necessidades e sentimentos; quando estão no modo protetor desligado, estão desconectadas dessas necessidades e sentimentos. Podem se comportar de forma adequada, mas sem emoção e sem consideração por suas próprias necessidades. Pacientes com TPB não são capazes de desenvolver relacionamentos íntimos autênticos quando estão no modo protetor desligado. Mantêm um relacionamento, como o de Kate com o terapeuta anterior, mas não agem de maneira íntima e vulnerável. O corpo está presente, mas a alma, distante.

Modo criança abandonada

Kate descreve como, no mês anterior à sua tentativa de suicídio, havia alternado entre os modos protetor desligado e criança abandonada: "Eu ficava me desligando e me envolvia em outras coisas, mas depois simplesmente não consegui mais. Consumi todos os meus recursos". Ela não conseguiu escapar de seus sentimentos de desolação e inutilidade.

Kate: Um pouco antes de tomar os comprimidos, fui ver meu marido no trabalho. Eu costumava ir lá e, tipo, incomodá-lo. Ele só disse: "Chega, acabou". Então eu me senti tão sozinha, mais do que nunca na vida. E simplesmente disse que preferia estar morta que me sentir assim. E prefiro me sentir morta que sentir a dor, e não agüento mais a dor. Eu sabia que não sabia o que ia acontecer, tomei um monte de comprimidos, e me dei conta de que provavelmente doeria, o jeito que eu ia morrer. Mas achei que estaria *acabado*, em vez de viver com dor todos os dias. *Todos os dias*. Eu não agüentava mais.

Pacientes com TPB, às vezes, querem o conforto de saber que podem cometer suicídio se a dor se tornar grande demais, que assim se libertariam um pouco do sofrimento. O terapeuta não deve tirar esse conforto da paciente. A paciente pode pensar em cometer suicídio e falar em cometer suicídio quanto precisar, mas concordar em falar com o terapeuta e discutir seus sentimentos detalhadamente antes de fazer uma tentativa.

Modo criança zangada

A maioria das pacientes com TPB não consegue discutir com facilidade ou se lembrar de seu modo criança zangada, por isso costumamos usar técnicas de imagens mentais para acessá-lo. O terapeuta pede a Kate que gere uma imagem de si no modo criança zangada.

Terapeuta: Seria assustador demais visualizar uma imagem da Kate com raiva quando criança e ver como ela é?
Kate: Não, eu tenho uma imagem.
Terapeuta: E como ela é?

Kate: Só está destruindo meu quarto.
Terapeuta: E por que está destruindo?
Kate: Porque está furiosa, está furiosa com todo mundo.
Terapeuta: Você consegue ver uma imagem das pessoas com quem ela está furiosa?
Kate: Seu pai e sua mãe.
Terapeuta: Você poderia ser ela agora e expressar sua raiva em voz alta com eles, na frente deles? Fazer com que ela diga por que está tão furiosa com eles?
Kate: Não.

É o modo pai/mãe punitivo que impede Kate de expressar sua raiva. Ela passa a esse modo para punir ou proibir a criança com raiva de se expressar.

Modo pai/mãe punitivo

Este modo contém a "identificação" da paciente com os aspectos punitivos de seus pais, agora internalizados e, geralmente, autodirecionados. No trecho a seguir, o Dr. Young ajuda Kate a ligar a voz de seu modo pai/mãe punitivo à voz do pai. Este trecho é continuação do anterior.

Terapeuta: Por que é difícil expressar sua raiva, na sua opinião?
Kate: Porque eu simplesmente não tenho direito.
Terapeuta: Você consegue fazer com que eles lhe digam isso agora? Qual deles lhe diria isso? Seu pai ou seu irmão?
Kate: Meu pai. (*chora*)
Terapeuta: Então seja seu pai agora e faça com que ele lhe diga isso, que você não tem direito de estar com raiva. Diga para que eu possa ouvir o que ele diz.
Kate: Ele só diz, "Você sempre provoca seu irmão e irrita ele. Você sabe que ele é doente, mas deixa ele furioso. Só quero que você se sente no seu quarto e fique *quieta*".

Kate não tem direito de expressar sua raiva. Em um trecho posterior, quando está no modo pai/mãe punitivo, ela diz, "Eu sou simplesmente má, ruim, suja". Essa é a mensagem essencial desse modo.

TRATAMENTO DE PACIENTES COM TPB

Filosofia do tratamento

Os profissionais de saúde mental tendem a ter uma visão negativa dos pacientes com TPB e falar deles em termos pejorativos. Muitas vezes, consideram-nos pessoas manipuladoras e egoístas. Essa visão negativa dos pacientes com TPB não contribui para seu tratamento. Ao adotar essa postura, o terapeuta alimenta um dos seus modos de esquema disfuncionais. Muitas vezes, o terapeuta se torna o pai/mãe punitivo, sente raiva do paciente, é crítico e rejeitador. Não há necessidade de mencionar que isso possui um efeito danoso. Em vez de fortalecer o adulto saudável e curar sua criança abandonada, o terapeuta reforça ainda mais o modo pai/mãe punitivo.

O trabalho com pacientes que sofrem de TPB é tumultuado e intenso. Muitas vezes, desencadeiam-se os esquemas dos próprios terapeutas. Posteriormente, neste capítulo, discutiremos como os terapeutas podem trabalhar melhor com seus esquemas quando estiverem tratando pacientes com TPB.

A paciente com TPB como uma criança vulnerável

Em nossa visão, a maneira mais construtiva de ver os pacientes com TPB é como crianças vulneráveis. Embora pareçam adultos, psicologicamente são crianças abandonadas em busca dos pais. Comportam-se inadequadamente porque estão desesperados, e não porque são egoístas. São carentes, e não invejosos. Fazem o que todas as crianças pequenas fazem quando não têm quem cuide delas e garanta sua segurança. A maioria dos pacientes com TPB foi solitário e maltratado quando criança. Não havia quem os confortasse ou protegesse. Muitas vezes, não tiveram a quem recorrer, com exceção daqueles que os maltratavam. Sem um adulto saudável a quem pudessem internalizar, como adultos, carecem dos recursos internos para sustentar a si mesmos; quando estão sozinhos, entram em pânico.

Quando os terapeutas ficam confusos no tratamento de pacientes com TPB, por vezes nos parece que associar uma imagem de criança pequena ao paciente auxilia o terapeuta a entender melhor o paciente e a descobrir o que fazer. Esta estratégia se contrapõe a reações negativas ao comportamento do paciente, lembrando ao terapeuta que, no fundo, se trata de uma criança abandonada, quer esteja com raiva, desligada ou com postura punitiva.

Equilibrando os direitos do terapeuta e os direitos do paciente com TPB

As pacientes com TPB quase sempre precisam de mais do que o terapeuta pode oferecer. Isso não significa que este deva tentar oferecer aos pacientes tudo do que precisam. Pelo contrário, os terapeutas também dispõem de direitos. Têm direito de manter uma vida privada, de ser tratados com respeito e de estabelecer limites quando os pacientes infringem esses direitos, o que não significa que tenham direito de se irritar quando isso acontecer. Os pacientes com TPB não desrespeitam os direitos dos terapeutas com o intuito de atormentá-los, e sim por desespero.

A relação terapêutica existe entre duas pessoas, ambas com necessidades e direitos legítimos. O paciente com TPB possui os direitos e as necessidades de uma criança muito pequena. Precisa de um pai ou de uma mãe. Como o terapeuta só pode lhe proporcionar uma "reparação parental limitada", é inevitável que haja um abismo entre o que o paciente deseja e o que o terapeuta pode dar. Ninguém deve ser responsabilizado por isso. Não é que o paciente *borderline* queira muito, e o terapeuta do esquema dê muito pouco, e sim que a terapia não constitui uma forma ideal de realizar a reparação parental. Assim, certamente haverá conflito na relação terapeuta-paciente. O conflito é inerente ao fato de pacientes com TPB necessitam de mais do que o terapeuta pode atender, e é previsível a frustração quanto a este. Os pacientes com TPB estão, assim, predispostas a ver os limites profissionais como frios, descuidados, injustos, egoístas e até cruéis.

Em algum momento da terapia, muitas pacientes com TPB possuem a fantasia de que conviverão com o terapeuta sempre e de que talvez ele os adote, case-se ou more com eles. Em geral, isso não consiste, basicamente, uma fantasia sexual; o que o paciente quer é um pai ou uma mãe sempre à disposição. Os pacientes com TPB buscam um pai ou uma mãe em quase todas as pessoas que conhecem, e em todos os terapeutas. Querem que o terapeuta seja o pai ou a mãe substituto. Assim que o terapeuta tenta ser algo que não isso, costumam mudar de modo e ficar irritadas, retrair-se ou ir embora. Acreditamos que o terapeuta deve aceitar esse papel parental em algum grau. Trata-se do nosso desafio como terapeutas: equilibrar os direitos e as necessidades do paciente com os nossos, encontrando uma maneira de nos tornarmos pai ou mãe substituto do paciente por algum tempo, ao mesmo tempo em que mantemos a inviolabilidade de nossas vidas privadas e não nos tornamos vítimas de esgotamento.

Reparação parental limitada do paciente com TPB

O progresso da paciente no tratamento, em alguns aspectos, é paralelo ao desenvolvimento infantil. Psicologicamente, o paciente cresce na terapia. Começa como um bebê ou como uma criança muito pequena e, sob a influência da reparação parental levada a cabo pelo terapeuta, amadurece aos poucos em direção a um adulto saudável. Essa é a razão pela qual o tratamento eficaz para o paciente com TPB profundo não pode ser breve. Tratar esse transtorno por completo requer tratamentos relativamente longos (pelos menos dois anos e, com freqüência, mais). Muitos pacientes com TPB permanecem por tempo indeterminado em tratamento. Mesmo que melhorem muito, até onde as circunstâncias permitem, continuam a fazer terapia. A maioria dos pacientes só consegue finalizar o tratamento quando estabelece um relacionamento estável e saudável com um parceiro. Mesmo quando o paciente pára com a terapia, é provável que o terapeuta mantenha o papel de figura parental, e há uma boa chance de que algum dia o paciente o procure de novo.

Os terapeutas costumam se frustrar quando tratam pacientes com TPB. Como já dissemos, não importa quanto o terapeuta se doe, ainda fica aquém do que o paciente requer. Se o paciente se torna exigente ou hostil, há um risco de que o terapeuta o retalie ou se retraia e, assim contribua para um ciclo vicioso, com potencial para minar o tratamento. Como dito, quando os terapeutas se frustram dessa forma, sugerimos que tentem obter novamente a empatia do paciente, olhando através do seu exterior adulto e vendo a criança abandonada que há no centro.

Para ser eficaz, a relação terapeuta-paciente deve se caracterizar por respeito e sinceridade mútuos. O terapeuta deve se preocupar verdadeiramente com a paciente para que o tratamento funcione. Se não for assim, o paciente perceberá isso e fingirá ou abandonará a terapia. O terapeuta deve ser real, e não um ator desempenhando o papel de um terapeuta. Os pacientes com TPB costumam ser muito intuitivos e detectar imediatamente qualquer falsidade por parte do terapeuta.

Objetivos gerais do tratamento

Modos

Enunciado em termos de modos, o objetivo geral do tratamento é ajudar o paciente a *incorporar o modo adulto saudável, tendo como referência o terapeuta*, para:

1. Criar empatia com a criança abandonada e protegê-la.
2. Ajudar a criança abandonada a dar e receber amor.
3. Combater e eliminar o pai/mãe punitivo.
4. Estabelecer limites ao comportamento da criança zangada e impulsiva e ajudar os pacientes nesse modo a expressar emoções e necessidades adequadamente.
5. Dar segurança e substituir, gradualmente, o protetor desligado pelo adulto saudável.

Identificar os modos. Este é o centro do tratamento: o terapeuta identifica os modos do paciente em cada momento da sessão, escolhendo estratégias adequadas a cada um deles. Por exemplo, se o paciente está no modo pai/mãe punitivo, o terapeuta usa estratégias voltadas especificamente para lidar com esse modo; se está no modo protetor desligado, o terapeuta usa estratégias para este. (Discutiremos as estratégias para cada modo a seguir.) O terapeuta aprende a reconhecer os modos e a responder adequadamente a cada um deles. Ao identificar e modular os modos do paciente, o terapeuta cumpre o papel do "bom pai/mãe". O paciente, aos poucos, identifica-se com a reparação parental realizada pelo terapeuta e o internaliza como seu próprio modo adulto saudável.

Panorama geral do tratamento

Para oferecer aos leitores um panorama geral da terapia do esquema nos casos de pacientes com TPB, descreveremos brevemente todo o decorrer do tratamento. Nesta seção, descrevemos os elementos do tratamento em linhas gerais, na ordem em que os apresentamos aos pacientes. Na seção seguinte, fazemos uma descrição mais detalhada dos passos envolvidos.

Refletindo o início do desenvolvimento infantil, o tratamento contém três etapas principais: (1) a etapa de vínculo e regulação emocional, (2) a etapa de mudança dos modos de esquema e (3) a etapa da autonomia.

Etapa 1: vínculo e regulação emocional

O terapeuta estabelece vínculos com o paciente, desvia do protetor desligado e se torna uma base estável e carinhosa. O primeiro passo é terapeuta e paciente formarem um vínculo emocional seguro. O terapeuta começa a realizar a reparação parental com a criança abandonada do paciente, proporcionando segurança e sustentação emocional (Winnicott, 1965). O terapeuta pergunta ao paciente sobre sentimentos e problemas atuais. Ao máximo possível, estimula o paciente a permanecer no modo criança abandonada. Mantê-lo nesse modo auxilia o terapeuta a desenvolver sentimentos de empatia e carinho e a estabelecer vínculos com ele. Mais tarde, quando os outros modos começam a vir à tona, e o paciente fica com raiva ou punitivo, o terapeuta tem capacidade de cuidar e paciência para suportar. Também ajuda o paciente a estabelecer vínculos com o terapeuta. Esse vínculo impede que o paciente deixe a terapia antes do tempo e dá ao terapeuta uma base de apoio para confrontar seus outros modos, mais problemáticos.

Para estabelecer vínculos com a criança abandonada, o terapeuta deve antes ultrapassar o protetor desligado, o que pode ser um processo difícil, pois ele geralmente não confia em ninguém. Em um estudo-piloto sobre resultados de tratamento na Holanda, que comparou a terapia do esquema com a terapia psicanalítica nos casos de pacientes com TPB, observamos que a maioria dos terapeutas do esquema dedicava o primeiro ano a superar o modo protetor desligado, a fim de realizar a reparação parental da criança abandonada.

O terapeuta estimula a expressão de necessidades e emoções na sessão. Uma postura terapêutica silenciosa e reflexiva geralmente não é adequada a pacientes com TPB, pois elas costumam interpretar o silêncio como uma falta de cuidado e apoio. É melhor para a aliança terapêutica uma participação mais ativa por parte do terapeuta. Ele faz perguntas abertas, que estimulam os pacientes a expressar suas necessidades e emoções. Por exemplo: "Você pensa alguma outra coisa a esse respeito?", "O que você sente enquanto fala disso?", "O que você queria fazer quando isso aconteceu?", "O que você queria dizer?". O terapeuta proporciona compreensão e validação permanentes aos sentimentos do paciente. À medida que ele começa a estabelecer vínculos com o terapeuta, este toma iniciativas específicas para estimulá-lo a expressar sua raiva. O terapeuta toma cuidado para não criticar o paciente por expressar raiva (dentro de limites razoáveis). O objetivo é que o terapeuta crie um ambiente que constituirá um antídoto parcial ao que o paciente viveu quando criança – que seja seguro, carinhoso, protetor; que perdoe e estimule a auto-expressão.

Como faz Kate na entrevista anterior, o paciente conterá espontaneamente necessidades e sentimentos, pensando que o terapeuta só quer que seja "simpático" e bem-educado. Contudo, não é isso que ele quer, e sim que o paciente seja ele mesmo, diga o que sente e peça o que quer, e tenta convencê-lo disso. Essa é uma mensagem que o paciente provavelmente nunca tenha recebido dos pais. Assim, o terapeuta tenta romper o ciclo de subjugação e distanciamento ao qual Kate está presa.

Quando o terapeuta estimula o paciente a expressar emoções e necessidades, estas geralmente surgem a partir do modo criança abandonada. Manter o paciente nesse modo e lhe dar carinho e cuidado tem um papel estabilizador na vida dele. Ele muda menos de um modo para outro e se torna menos extremo. Se o paciente é capaz de expressar suas emoções e necessidades no modo criança abandonada, não precisará passar ao modo criança zangada e impulsiva para expressá-las, não terá de passar ao modo protetor desligado para isolar seus sentimentos, e não será necessário ingressar no modo pai/mãe punitivo, pois, ao aceitá-lo, o terapeuta os substitui por uma figura parental que aceita a auto-expressão. Assim, à medida que o terapeuta estimula o paciente a expressar necessidades e sentimentos e, portanto, realiza a reparação parental com ele, os modos disfuncionais deste se afastam.

O terapeuta ensina à paciente técnicas de enfrentamento para controlar humores e suavizar o desconforto causado pelo abandono. O terapeuta ensina à paciente técnicas de enfrentamento para conter e regular as emoções o mais cedo possível na terapia. Quanto mais graves os sintomas da paciente (principalmente comportamentos suicidas e parassuicidas), mais cedo o terapeuta introduz essas técnicas. Muitas das habilidades explicadas por Linehan (1993) como parte da terapia comportamental dialética (DBT) – como a meditação e a tolerância ao desconforto – podem ajudar a reduzir esses comportamentos destrutivos.

Entretanto, concluímos que a maioria dos pacientes com TPB não consegue aceitar e se beneficiar de técnicas cognitivo-comportamentais até que confie no terapeuta e na estabilidade do vínculo reparental. Se forem introduzidas cedo demais pelo terapeuta, essas técnicas tendem à ineficácia. No início do tratamento, o foco principal do paciente está no vínculo com o terapeuta – na certificação de que continua ali – e não dispõe de atenção livre para prestar à maioria das técnicas cognitivo-comportamentais. Embora alguns pacientes com TPB consigam usar as técnicas no início do tratamento, várias as rejeitam; considerando-as frias e mecânicas. Sempre que o terapeuta as menciona, essas pacientes se sentem emocionalmente abandonadas e dizem algo como "Você não se importa mesmo comigo, eu não sou uma pessoa de verdade para você". À medida que começam a confiar mais e mais na segurança e na estabilidade da relação terapêutica, as pacientes têm mais condições de se aliar ao terapeuta na busca dos objetivos terapêuticos.

Há outro risco na introdução muito precoce de técnicas cognitivas: o paciente pode usá-las equivocadamente, com vistas a fortalecer o modo protetor desligado. Inúmeras técnicas cognitivas podem se tornar boas estratégias para se desligar da emoção. Ao ensiná-las ao paciente, o terapeuta arrisca fortalecer o modo protetor desligado. Como o objetivo maior da terapia é evocar e tratar todos os modos nas sessões, ao ensinar técnicas que suprimam os outros modos – a criança abandonada, a criança zangada e impulsiva e pai/mãe punitivo –, o terapeuta acaba por minar esse objetivo.

Quando decidimos que o paciente parece sensível a técnicas cognitivas, geralmente começamos com aquelas voltadas a melhorar o autocontrole de humores e a capacidade de confortar a si próprio. Pode-se incluir imagens mentais de lugares seguros, auto-hipnose, relaxamento, automonitoramento de pensamentos automáticos, cartões-lembrete e objetos transicionais, ou seja, o que tiver mais apelo ao paciente. O terapeuta também educa o paciente com relação aos esquemas e começa a questioná-los com as técnicas cognitivas descritas no Capítulo 3. O paciente lê *Reinventing your life* (Young e Klosko, 1993) como parte desse processo educativo. Por meio dessas técnicas de enfrentamento, o terapeuta procura reduzir as reações exageradas provocadas pelo esquema e a fortalecer a auto-estima do paciente.

Terapeuta e paciente negociam limites em relação à disponibilidade do primeiro, com base na gravidade da sintomatologia e nos direitos pessoais do terapeuta. Estabelecer limites é uma parte importante da etapa inicial do tratamento e se baseia, principalmente, em segurança. O terapeuta deve fazer o necessário para garantir a segurança do paciente e dos que estão à sua volta. Quando houver estabelecido essa segurança, os limites se baseiam em um equilíbrio entre as necessidades do paciente e os direitos pessoais do terapeuta. Como princípio básico, os terapeutas não devem concordar com algo de que provavelmente se arrependerão depois e que, portanto, provocará ressentimentos.

Por exemplo, se a paciente quer deixar ao terapeuta um recado curto em sua secretária eletrônica todas as noites, e se o terapeuta acha que isso não o incomodará com o passar do tempo, ele pode concordar. No entanto, se o terapeuta acredita que esses recados diários acabarão por causar desconforto em relação ao paciente, não deveria concordar. Como as fontes de desconforto são questões pessoais, os limites específicos variam conforme o terapeuta.

O terapeuta lida com crises e define limites com relação a comportamentos autodestrutivos. As crises geralmente se relacionam com comportamentos autodestrutivos, a exemplo de tendências suicidas, automutilação e uso de drogas e álcool. O terapeuta faz a reparação parental, educa, estabelece limites e se serve de recursos auxiliares. Também ajuda o paciente a colocar em prática as habilidades de regulação emocional discutidas anteriormente quando surgem as crises.

O terapeuta é o principal recurso da paciente *borderline* em crise. A maioria das crises acontece porque a paciente sente-se inútil, ruim, rejeitada, vítima de abuso ou abandonada. A capacidade do terapeuta de reconhecer esses sentimentos e responder a eles de forma solidária é o que permite que a paciente resolva a crise. Em última análise, se o paciente se convence de que o terapeuta realmente se importa com ele e o respeita, diferentemente do pai/mãe punitivo, isso interrompe o comportamento autodestrutivo. Se o paciente estiver confuso em relação a isso, continuará a atuar, tendo comportamentos autodestrutivos em resposta a eventos estressantes.

O terapeuta utiliza recursos auxiliares da comunidade para ajudar a controlar o paciente, como grupos de auto-ajuda de 12 passos, grupos para sobreviventes de incesto e telefones 0800 de ajuda a suicidas.

O terapeuta inicia o trabalho vivencial relacionado à infância do paciente. À medida que a terapia avança e o paciente se estabiliza, o terapeuta começa o trabalho com imagens mentais baseado nos aspectos não-traumáticos de suas primeiras experiências de infância. (Mais tarde, ele trará à tona quaisquer memórias traumáticas para tratá-las.) As principais técnicas vivenciais são as imagens mentais e os diálogos. O terapeuta instrui a paciente a gerar imagens de cada um dos modos, dar nome a eles e realizar os diálogos. Cada modo se torna um personagem nas imagens da paciente, e os personagens falam um com o outro em voz alta. O terapeuta, modelando adulto saudável, auxilia os outros modos a transmitir necessidades e sentimentos de forma eficaz e a negociar entre si.

Segunda etapa: mudança de modos de esquemas

O terapeuta apresenta um modelo de modo adulto saudável ao fazer a reparação parental do paciente. O adulto saudável age para confortar e proteger a criança abandonada, para estabelecer limites à criança zangada, para substituir o protetor desligado e para eliminar o pai/mãe punitivo. Aos poucos, o paciente internaliza o modo adulto saudável. Essa é a essência da terapia do esquema. No estudo-piloto mencionado antes, depois da etapa de estabelecimento de vínculos, os terapeutas do esquema dedicaram grande parte do segundo ano a combater o modo pai/mãe punitivo, resistente à mudança. Uma vez enfraquecido esse modo, a mudança costuma avançar com rapidez.

Terceira etapa: autonomia

O terapeuta orienta a paciente com relação a escolhas adequadas de parceiros e ajuda a generalizar as mudanças obtidas na sessão aos relacionamentos fora da terapia. Ao avançar para a terceira etapa, terapeuta e paciente se concentram com intensidade nos relacionamentos íntimos do paciente fora da terapia. Quando o paciente inicia o tratamento durante um relacionamento destrutivo, o terapeuta oferece orientação, já no início, sobre como mudar ou sair da relação. Todavia, observamos repetidamente que, até que o vínculo reparental esteja seguro, o paciente, via de regra, não consegue seguir essa orientação. Ele não é capaz de abdicar da relação destrutiva e de tolerar os sentimentos de abandono.

Quando o paciente se vincula ao terapeuta e este se torna uma base estável, e quando o trabalho com modos gera uma sensação maior de auto-estima e regulação de humor, o paciente tende a terminar o relacionamento destrutivo e a formar relacionamentos saudáveis. O terapeuta o ajuda a fazer melhores escolhas de parceiros e a se comportar de forma mais construtiva nas relações. O paciente aprende a expressar sentimentos de maneira adequada e regulada, e a pedir apropriadamente aquilo de que necessita.

O terapeuta auxilia o paciente a descobrir suas inclinações naturais e a segui-las em situações cotidianas e em decisões importantes. À medida que se estabiliza e passa menos tempo nos modos protetor desligado, criança zangada e impulsiva e pai/mãe punitivo, o paciente se torna cada vez mais capaz de se concentrar em sua auto-realização. O terapeuta o ajuda a identificar objetivos e fontes de realização. O paciente aprende a descobrir e a seguir suas inclinações naturais em áreas como escolha profissional, aparência, subcultura e atividades de lazer.

O terapeuta vai desacostumando o paciente à terapia ao reduzir a freqüência das sessões. Conforme o caso, terapeuta e paciente tratam de questões relacionadas ao final da terapia. O terapeuta permite que a paciente inicie e determine o ritmo da finalização. Ele oferece a maior independência de que a paciente consegue dar conta, mas se mantém como base segura quando ela necessita.

Descrição detalhada do tratamento

Apresentamos agora uma descrição mais detalhada de nosso tratamento de pacientes com TPB, enfatizando as estratégias de trabalho em cada um dos modos.

Início: facilitando o vínculo reparental

Como observamos, o objetivo principal e primeiro do terapeuta é facilitar o vínculo reparental. Terapeuta e paciente discutem as atuais preocupações e os problemas que este apresenta, e o terapeuta busca oferecer segurança, estabilidade, empatia e aceitação. O terapeuta pede que o paciente descreva suas experiências anteriores com terapia e quais atributos gostaria de encontrar no terapeuta. Escuta o paciente com atenção e tenta criar uma atmosfera aberta e receptiva.

Os terapeutas fortalecem o vínculo reparental de várias formas. Uma delas é por meio do tom de voz. Em lugar de falar de forma fria e clínica, o terapeuta fala de maneira calorosa e simpática. Os terapeutas fortalecem o vínculo reparental doando-se emocionalmente, com sinceridade. Em vez de cumprir o papel de um profissional desligado, o terapeuta é uma pessoa real que responde espontaneamente, compartilha respostas emocionais e se abre (quando útil ao paciente). Os terapeutas podem fortalecer o vínculo reparental por meio de falas diretas que transmitam a mensagem de que deseja ouvir tudo o que o paciente tem a dizer, entende o que ele sente e o apóia. Em essência, é cuidando do paciente que o terapeuta fortalece o vínculo reparental.

No decorrer desse processo, o terapeuta estimula o paciente a falar livremente sobre suas necessidades e sentimentos com relação a ele. É direto, honesto e verdadeiro, e o estimula a fazer o mesmo.

O terapeuta descreve os objetivos da terapia

O terapeuta descreve os objetivos da terapia de forma pessoal, dizendo coisas como: "Quero lhe oferecer um lugar seguro na terapia", "Quero que você conte comigo para não ficar tão só", "Quero lhe ajudar a se tornar mais consciente de suas próprias necessidades e sentimentos", "Quero ajudá-lo a estabelecer um sentido de identidade mais forte", "Quero ajudá-lo a se tornar menos autopunitivo", "Quero ajudá-lo a lidar com suas emoções de forma mais construtiva" e "Quero ajudá-lo a melhorar suas relações fora da terapia".

O terapeuta adapta a apresentação de objetivos a cada paciente específico, mesclando o que ele disse até aquele momento na terapia. Ele explica de que forma a terapia tratará dos problemas do paciente e traz à tona os objetivos da terapia. Se o paciente propõe um objetivo contraterapêutico (como permanecer em um relacionamento destrutivo), o terapeuta não concorda, mas adia tratar da discrepância até que o vínculo reparental esteja mais fortalecido. Com o tempo, o terapeuta discute o objetivo com o paciente e, por meio de descoberta guiada, o auxilia a reconhecer por que o objetivo é autodestrutivo.

Terapeuta e paciente exploram o histórico de vida deste

O terapeuta pergunta sobre a vida da paciente, empatiza suas primeiras experiências de infância na família e junto a seus pares. Procedendo informalmente, o terapeuta elabora um histórico. Avalia se os quatro fatores de predisposição identificados anteriormente neste capítulo estavam presentes no ambiente do início da infância da paciente, especialmente na família: (1) abuso e falta de segurança, (2) abandono e privação emocional, (3) subjugação de necessidades e sentimentos, e (4) punição e rejeição. Terapeuta e paciente começam a identificar temas de fatores desencadeantes.

Terapeuta e paciente examinam instrumentos de avaliação

As pacientes dispostos a isso completam, gradualmente, os seguintes instrumentos de avaliação como tarefa de casa:

1. Inventário Multimodal de Histórico de Vida;
2. Inventário Parental de Young;
3. Questionário de Esquemas de Young (se o diagnóstico de TPB não estiver claro).

Esses instrumentos de avaliação foram discutidos em mais detalhe no Capítulo 2.

Embora os questionários preenchidos sejam extremamente úteis, a primeira prioridade do terapeuta é estabelecer o relacionamento reparental. Se o paciente com TPB resiste ao preenchimento dos formulários, o terapeuta não o pressiona, e, se estiver muito frágil, sugerimos que o terapeuta deixe totalmente de lado os formulários. Completar os formulários pode ser desconfortável para várias pacientes, já que talvez ative memórias e emoções dolorosas. Outros pacientes com TPB consideram o preenchimento dos questionários mecânico demais. Muitas irão fazê-lo mais tarde, sem que se precise pressionar, ao se tornarem capazes de lidar com suas emoções e seus modos.

Concluímos que, de todos os formulários, o que costuma ser mais útil para pacientes com TPB é o Inventário Parental de Young. Nesse questionário, o paciente classifica o pai e a mãe em uma série de dimensões, preenche o inventário como tarefa de casa e o leva à sessão seguinte. O terapeuta o usa como ponto de partida para uma discussão sobre as origens dos esquemas e modos na infância. O terapeuta não calcula um "escore" para o inventário, mas aponta itens com escores elevados e pede que o paciente fale mais sobre eles. Discutir os itens ajuda o paciente a perceber os pais de forma mais objetiva e realista.

O Questionário de Esquemas de Young é útil principalmente para propósitos de diagnóstico. Como os pacientes com TPB têm quase todos os esquemas, e o preenchimento do questionário pode incomodá-los, só o administramos quando o diagnóstico de TPB não está evidente. Se o diagnóstico é preciso, o questionário não oferece muitas outras informações.

O terapeuta discute os formulários com o paciente de maneira pessoal. A forma como ele apresenta os formulários determina, em grande medida, como o paciente responderá a eles. Se os apresenta de forma mecânica, é mais provável que o paciente não os aceite. Se usa os formulários para se conectar emocionalmente com o paciente, é mais provável que este responda de maneira positiva a eles.

O terapeuta educa o paciente em relação aos modos

O terapeuta explica os modos de esquema ao paciente. Se os apresenta de maneira pessoal, a maioria dos pacientes com TPB estabelece relações com eles de forma rápida e boa. Aqui, o Dr. Young explica a Kate (de forma abreviada, em função de limites de tempo impostos pela natureza da consulta):

Terapeuta: Deixe-me explicar um pouco como vemos o tipo de problema que você tem e me diga se está correto. Deixe-me anotar para você e você tenta me acompanhar. A idéia é que as pessoas com esse tipo de problema possuem pólos diferentes em si, e esses pólos diferentes são ativados em momentos diferentes.

Um dos pólos eu chamo de a criança abandonada. A criança abandonada é a parte que se sente perdida, solitária, com a qual ninguém se importa, que é sozinha. Você consegue se identificar com esse pólo?

Kate: Sim. *(chora)* Todo o tempo.

Terapeuta: É isso que você sente na maior parte do tempo?

Kate: É.

Terapeuta: O pólo seguinte se chama pai/mãe punitivo. E esse é o pólo que está sobre você, atacando, querendo puni-la, tipo, "Sou ruim, não presto para nada". Você se identifica em algum nível com esse pólo?

Kate: *(diz que sim com a cabeça e chora)*

Terapeuta: Quando é que esse pólo aparece? Você consegue pensar sobre o que acontece quando sente esse pólo? Como você se sente?

Kate: Simplesmente que eu sou ruim, que sou má, que sou suja. É isso que eu sinto.

Terapeuta: O que você costuma fazer quando sente esse pólo, o pólo pai/mãe punitivo? Você faz alguma coisa para escapar disso?

Kate: Sim. É isso que geralmente eu faço. Tento preencher muito a minha vida.

Terapeuta: A terceira parte chamamos de protetor desligado. O protetor desligado é o pólo que tenta impedir que você sinta essas coisas. Então o que ele faz, é... ele tenta bloquear os sentimentos, escapar, beber, pensar em outras coisas...

KATE: *(interrompe)* Ou se tornar outra pessoa?

Terapeuta: É, ou se tornar outra pessoa.

Terapeuta: E tem o último pólo, que chamamos de criança zangada, que é a parte que se sente maltratada, que as pessoas não foram legais com ela....

É importante observar que, na prática, falamos sobre um modo como se fosse uma pessoa. Isso tem sido eficaz do ponto de vista terapêutico, porque ajuda os pacientes a se distanciarem de cada modo e a observá-lo. Entretanto, não vemos um modo, conceitualmente, como uma personalidade distinta.

Observe a facilidade com que Kate se identifica com os quatro modos, mas algumas pacientes com TPB rejeitam a idéia. Quando isso acontece, o terapeuta não insiste, e sim abandona esse nome e usa outras expressões, como "o seu pólo triste", "o seu pólo que sente raiva", "seu pólo autocrítico", "seu pólo indiferente". É importante que o terapeuta dê nome a essas partes diferentes do *self* de alguma forma, mas não necessariamente os nomes que usamos.

O terapeuta pede que a paciente leia os capítulos de *Reinventing your life* relacionados aos modos (e àquele em particular). Embora não mencione diretamente os modos, o livro descreve as experiências dos esquemas – como é sofrer abuso, abandono, privação, subjugação – e os três estilos de enfrentamento – resignação, fuga e contra-ataque. O terapeuta pede que as pacientes leiam os capítulos relacionados. É importante que o terapeuta solicite a leitura de um capítulo por vez e a distribua no tempo, porque, quando lêem *Reinventing your life*, pacientes com TPB tendem a se identificar com todos os modos e a se sentir sobrecarregados.

Reiterando, a abordagem geral do tratamento é acompanhar os modos do paciente a cada momento e utilizar estratégias adequadas a cada modo. O terapeuta age como o pai/mãe bom. O objetivo é fortalecer o modo adulto saudável do paciente, segundo o modelo apresentado pelo terapeuta, para cuidar da criança abandonada, dar-lhe garantias e substituir o protetor desligado, derrubando o pai/mãe punitivo e ensinando a criança zangada formas adequadas de expressar emoções e necessidades.

Modo criança abandonada: tratamento

A criança abandonada é a criança interior machucada do paciente, é sua parte que sofreu abuso, abandono, privação emocional, subjugação e punições severas, segundo nossa hipótese de família prototípica de origem. Dentro dos limites da relação terapêutica, o terapeuta tenta proporcionar o contrário: um relacionamento seguro, confiante, carinhoso, que estimule a verdadeira auto-expressão e que tenha uma postura de perdão.

A relação terapeuta-paciente. A relação terapêutica é central no tratamento do modo criança abandonada. Por meio da reparação parental limitada, o terapeuta busca proporcionar um antídoto parcial à infância nociva do paciente; ele trabalha para criar um "ambiente de sustentação" (Winnicott, 1965), no qual o paciente possa se desenvolver, passando de uma criança pequena a um adulto saudável. O terapeuta se torna uma base estável sobre a qual o paciente constrói gradualmente uma sensação de identidade e auto-aceitação. Ao enfatizar a parte do paciente relacionada à criança abandonada, o terapeuta tenta orientá-lo para que entre nesse modo criança abandonada e permaneça ali, depois lhe dá carinho como os pais dão a um filho.

O terapeuta realiza a reparação parental da paciente dentro dos limites adequados da relação terapêutica. É isso que queremos dizer com "reparação parental limitada". Há o risco de que o terapeuta vá longe demais e se torne emaranhado com a paciente ou tente se transformar em pai ou mãe de verdade. O terapeuta se mantém dentro dos limites adequados da relação terapêutica, por exemplo, não se encontrando com o paciente fora do consultório, não o considerando confidente ou cuidador, não o tocando, não desenvolvendo relacionamentos duplos com o paciente e não estimulando dependência excessiva. Contudo, vamos além, na reparação parental, do que terapeutas de outras modalidades.

Dentro dessa fronteiras, o terapeuta tenta satisfazer muitas das necessidades da paciente em termos de segurança, cuidado, autonomia, auto-expressão e limites adequados. No modo criança abandonada, a paciente está muito vulnerável. O terapeuta lhe diz: "Pode contar comigo", "Me preocupo com você", "Não vou abandoná-la", "Não vou abusar de você nem explorá-la", "Não vou rejeitá-la". Essas mensagens afirmam o papel do terapeuta como base estável e carinhosa.

O terapeuta usa o elogio diretamente para ajudar a fortalecer a autoconfiança do paciente. Quando os pacientes estão no modo criança abandonada, o terapeuta tenta oferecer a eles o máximo possível de elogio direto e sincero. Pacientes com TPB geralmente não reconhecem suas próprias qualidades e precisam que o terapeuta lhes afirme quais são essas qualidades, por exemplo, que são generosas, amorosas, inteligentes, sensíveis, criativas, empáticas, emotivas ou leais. Se o terapeuta espera que o paciente identifique suas qualidades por conta própria, provavelmente isso nunca acontecerá. Quando o terapeuta diz ao paciente o que admira nele, este quase sempre nega que seja digno de admiração. O paciente muda do modo criança abandonada para o pai/mãe punitivo, e este nega o elogio, mas, ainda que o pai/mãe punitivo negue o elogio, a criança abandonada o escuta. Meses mais tarde, o paciente pode mencionar o que o terapeuta havia dito, mesmo que tenha desconsiderado isso na época.

Usando reciprocidade e receptividade, o terapeuta vale-se da relação terapêutica para oferecer ao paciente um modelo de como respeitar os direitos alheios, expressar suas emoções de forma adequada, dar e receber afeto, afirmar suas necessidades e ser autêntico. É importante que os terapeutas estejam dispostos a compartilhar suas reações pessoais com os pacientes. Não queremos dizer que eles devem contar detalhes íntimos de suas vidas pessoais. Qualquer tipo de abertura ajuda, não sendo necessário nenhum excesso. Pode relacionar-se com uma questão trivial, por exemplo, a interação com um estranho na rua ou uma experiência com um vendedor em uma loja. Os terapeutas reconhecem seu pólo vulnerável aos pacientes. Ao fazê-lo, fazem a modelagem de como ser vulnerável, aceitar seus sentimentos e compartilhá-los com outro ser humano.

Trabalho vivencial. Nas imagens mentais, o terapeuta dá carinho, empatiza e protege a criança abandonada. Aos poucos, os pacientes internalizam esses comportamentos do terapeuta como seu próprio modo adulto saudável, que substitui o terapeuta nas imagens mentais.

No trabalho com imagens, o terapeuta ajuda o paciente a trabalhar eventos desagradáveis da infância. O terapeuta entra na imagem e faz a reparação parental da criança. Mais tarde, na terapia, quando o vínculo terapêutico estiver seguro, e o paciente, forte o suficiente para não descompensar, o terapeuta o guia através de imagens traumáticas de abuso ou negligência. Mais uma vez, o terapeuta entra nas imagens para cuidar da criança. Ele faz o que um bom pai ou uma boa mãe teria feito: retirar a criança da cena, confrontar o autor do abuso, colocar-se entre os dois e fortalecer a criança para lidar com a situação. Aos poucos, o paciente assume o papel de adulto saudável, entra na imagem como adulto e faz a reparação parental da criança.

O trabalho vivencial também auxilia o paciente a administrar situações desagradáveis na vida atual, trabalhando receios em relação a uma dada situação: pode fechar os olhos e gerar uma imagem da situação ou dramatizá-la com o terapeuta. Às vezes, o paciente representa qualquer modo que esteja ativo, enquanto o terapeuta representa o adulto saudável. Em outras situações, o paciente expressa, por sua vez, os sentimentos e desejos conflitantes que tem em cada modo. Após, por meio de diálogos de modos, negocia uma resposta saudável à situação.

Trabalho cognitivo. O terapeuta educa o paciente em relação a necessidades humanas normais. Começa pelo ensino das necessidades de desenvolvimento das crianças. Muitos pacientes com TPB nunca aprenderam o que são as necessidades normais, pois seus pais lhes ensinaram que até mesmo tais necessidades eram "erradas". Esses pacientes não sabem que é normal as crianças necessitarem de segurança, amor, autonomia, elogio e aceitação. Os primeiros capítulos de *Reinventing your life* são úteis nesta etapa do tratamento, porque validam as necessidades de desenvolvimento normais das crianças.

As técnicas cognitivas auxiliam essas pacientes a se conectar com o terapeuta em situações desagradáveis. Por exemplo, uma paciente com TPB, que sofria ataques de pânico, disse à terapeuta que ler cartões-lembrete em situações fóbicas era útil porque a faziam sentir-se conectada ao terapeuta. Para tornar ainda mais pessoal a técnica dos cartões, a paciente pode falar *com* o terapeuta na situação desagradável, seja em sua mente, seja com a caneta e com o papel.

Trabalho comportamental. O terapeuta ajuda o paciente a aprender técnicas de assertividade. O paciente pratica essas técnicas durante as sessões, em exercícios com imagens mentais e dramatização, e entre sessões, como tarefa de casa. O objetivo é que o paciente aprenda a controlar os sentimentos de forma produtiva e a desenvolver relacionamentos íntimos com pessoas adequadas, nos quais possa ser vulnerável sem sufocar o outro.

Discutimos com mais profundidade as habilidades de enfrentamento cognitivo-comportamentais desses pacientes na seção sobre ajudar a criança zangada e a criança abandonada a lidar com seus modos.

Riscos do trabalho com o modo criança abandonada. O primeiro risco é o paciente sobrecarregar-se. Ele pode sair da sessão no modo criança abandonada e ficar deprimida ou chateada. Pacientes com TPB cobrem um amplo espectro de funcionalidades, e o que uma delas consegue suportar, outra não consegue. É melhor que o terapeuta observe a paciente de perto e descubra do que ela dá conta. O terapeuta deve ter cuidado para não sobrecarregar pacientes quando estes se abrem, já que se abrir pode ser muito difícil para eles. O terapeuta começa com estratégias simples e avança àquelas de maior carga emocional.

Um segundo risco é que o terapeuta involuntariamente haja de maneira a fazer com que o paciente isole seu modo criança abandonada. Por exemplo, se o terapeuta responde ao paciente quando ele se encontra nesse modo, tentando resolver um problema, o paciente pode cambiar para o modo-protetor desligado. O paciente interpreta que o comportamento do terapeuta indica objetividade e racionalidade, em vez de subjetividade e emoção. Da mesma forma, se o terapeuta trata o paciente muito como adulto e ignora seu lado criança, ele pode passar ao modo protetor desligado, pois a criança se sente indesejada. Durante toda a vida, a maioria das pacientes com TPB recebeu a mensagem de que seu modo criança vulnerável não é bem-vindo em interações interpessoais.

Um terceiro risco é o de que o terapeuta se irrite com o comportamento "infantil" do paciente e com sua dificuldade de resolver problemas quando está no modo criança abandonada. Qualquer demonstração de raiva ou irritação por parte do terapeuta fará com que a criança abandonada se feche de imediato. O paciente passa ao modo pai/mãe punitivo para se punir por ter irritado o terapeuta. O terapeuta usa a técnica de associação da imagem de uma criança pequena à do paciente para manter a empatia. Isso ajudará o terapeuta a considerá-lo mais adequado em uma etapa evolutiva e, assim, ter explicações mais razoáveis.

Modo protetor desligado: tratamento

O modo protetor desligado serve para desconectar as emoções e necessidades do paciente com vistas a protegê-lo da dor e impedir que se magoe ao atender e satisfazer outros. Este modo é um escudo do paciente, que age para agradar de forma automática e mecânica. O protetor desligado faz isso porque, neste modo, a paciente sente que não é seguro estar verdadeiramente vulnerável diante do terapeuta (ou de outras pessoas). O protetor desligado existe para proteger a criança abandonada.

A relação terapeuta-paciente. O terapeuta reafirma ao protetor desligado que é seguro deixar que o paciente esteja vulnerável com o terapeuta. Este protege o paciente constantemente para que o protetor desligado não tenha de fazê-lo. Pode-se fazer isto de várias formas. O terapeuta auxilia o paciente a conter emoções carregadas, acalmando-o para que o protetor desligado se sinta seguro ao lhe permitir que experimente seus sentimentos. O terapeuta permite que o paciente expresse todos os seus sentimentos (dentro de limites adequados), incluindo raiva com relação ao terapeuta, sem puni-lo. Quando necessário, aumenta a freqüência de contato com ele de forma que se sinta cuidado com carinho. Ao realizar a reparação parental, o terapeuta garante que o paciente se sinta seguro.

Desviando-se do protetor desligado. Há vários passos para se desviar do protetor desligado. O terapeuta começa atribuindo nome ao modo, ajudando o paciente a reconhecê-lo e a identificar os sinais que o ativam. A seguir, o terapeuta analisa o desenvolvimento do modo na infância do paciente e destaca seu valor adaptativo. Ele o ajuda a observar eventos que antecedem a ativação do modo fora da terapia e as conseqüências do desligamento. Juntos, repassam as vantagens e desvantagens de se distanciar na presença de um adulto. É importante que o terapeuta insista para o paciente concordar em combater o protetor desligado e vivenciar outros modos na terapia, pois não há progresso real se ela permanecer no modo protetor desligado. Como adulto saudável, o terapeuta desafia e negocia com o modo. Quando todos esses passos houverem sido dados com sucesso e o terapeuta tiver conseguido se desviar do protetor desligado, o paciente estará pronto para realizar o trabalho com imagens mentais.

Apresentamos aqui um exemplo com Kate. O Dr. Young começa indicando à paciente que ela está no modo protetor desligado e, relembrando-lhe de por que o modo está ali, solicita que ela gere uma imagem de seu modo criança abandonada.

Terapeuta: Feche os olhos. *(pausa)* Você se lembra que falei da criança abandonada? Sabe, a pequena Kate, a menininha que quer ser amada? Visualize a si mesma como uma menininha. *(pausa)* Você consegue? Consegue ver uma imagem da pequena Kate?
Kate: Sim, tenho uma foto de mim, e é isso que estou olhando.
Terapeuta: E como você está na foto? Você consegue ver como a pequena Kate se sente?
Kate: Naquela foto eu estava feliz, eu tinha 4 anos.

Terapeuta: Então essa é uma imagem feliz da pequena Kate. Você consegue ver uma imagem dela quando não está tão feliz? Imagine-a quando estiver triste ou sozinha. Talvez ela esteja em casa, e ninguém esteja prestando atenção a ela, talvez seu pai esteja longe, no mundo dele. Você consegue ver uma imagem disso?
Kate: Sim, um pouco. Acho. Não sei.
Terapeuta: Você sabe, mas está com medo de dizer, ou não quer olhar?
Kate: Acho que não quero olhar. Mas eu também esqueço as coisas. É difícil para mim.
Terapeuta: É isso que eu chamo de modo protetor desligado. Esse é o seu pólo que tenta lhe proteger desses sentimentos e entra em cena agora, dizendo: "Kate, não olhe para essas coisas, nem pense nelas, porque vai machucar você demais". É possível que seja isso o que está acontecendo?
Kate: *(chora e diz que sim com a cabeça)*

O terapeuta pede que a paciente visualize uma imagem do protetor desligado e comece o diálogo com o modo. O protetor desligado se torna um personagem na imagem. Ao realizar o diálogo, o objetivo do terapeuta é convencer o protetor desligado a sair de cena para permitir que ele interaja como a criança vulnerável e com os outros modos criança. O terapeuta aproxima-se do protetor desligado com uma atitude de confronto empático.

Terapeuta: Você poderia dizer alguma coisa para esse seu pólo distanciado, que você precisa se permitir olhar para algumas dessas coisas?
Kate: É difícil. É muito difícil. Dói muito. E quanto mais eu tento pensar, mais me esqueço. Quanto mais tento me concentrar, menos consigo.

Terapeuta: Mais uma vez, é uma luta entre essa parte alienada e a parte criança. Você consegue ver uma imagem da porção que teme deixar que você faça isso? Você consegue ver um pólo de você que está meio dizendo "Kate, não sinta essas coisas"?

Kate: Sim.

Terapeuta: Você pode falar com ela e dizer: "Por que você não quer que eu olhe para essas coisas? Por que você me confunde assim?". O que ela diz?

Kate: Acho que ela só está tentando se cuidar.

Terapeuta: Deixe que eu falo com ela. "Kate, o que você tem medo que aconteça se liberar esses sentimentos e lembrar dessas coisas?"

Kate: Eu vou ficar tão irritada e furiosa, tão irritada que não vou saber o que fazer.

Terapeuta: Você tem medo de que esses sentimentos saiam de controle ou que a raiva machuque alguém?

Kate: Tenho.

Terapeuta: Seria assustador visualizar uma imagem da Kate com raiva e ver como ela é?

Nesse momento, o terapeuta e Kate conseguem finalmente romper o protetor desligado e chegar à criança zangada que já está ativada, mas subjacente.

Trabalho vivencial. Uma vez que o terapeuta tenha desviado do protetor desligado, o exercício com imagens pode começar. A partir desse momento do tratamento, o terapeuta geralmente utiliza esse trabalho com imagens para desviar do protetor desligado. Cremos que esse trabalho, em especial o que usa modos, é a melhor estratégia individual para mover um paciente com TPB do modo protetor desligado. Quando pedimos a pacientes com TPB para que fechem os olhos e imaginem a criança vulnerável, muitas vezes eles conseguem acessar imediatamente os sentimentos por trás de seu personagem sem sentimentos.

Descrevemos o trabalho com imagens em mais detalhe na discussão do tratamento de outros modos.

Trabalho cognitivo. A educação sobre o modo protetor desligado é útil. O terapeuta destaca as vantagens de vivenciar emoções e de se conectar com outras pessoas. Viver no modo protetor desligado é viver como alguém emocionalmente morto. A satisfação emocional verdadeira só está disponível aos que se dispõem a sentir e a querer.

Para além de educar o paciente dessa maneira, há algo inerentemente paradoxal com relação ao trabalho cognitivo com o protetor desligado. Ao enfatizar a racionalidade e a objetividade, o próprio processo do trabalho cognitivo reforça o modo. Por esta razão, não recomendamos o foco no trabalho cognitivo com o protetor desligado (além do trabalho educacional). Uma vez que o paciente reconheça, intelectualmente, que há vantagens importantes em suplantar o protetor desligado com formas melhores de enfrentamento, o terapeuta avança para o trabalho vivencial.

Trabalho biológico. Se o paciente se sente sobrecarregado por emoções intensas sempre que sai do modo protetor desligado, o terapeuta cogita enviá-lo a um psiquiatra para uma avaliação com vistas à medicação. A medicação às vezes auxilia o paciente a tolerar melhor a passagem do modo protetor desligado aos outros. Medicamentos como estabilizadores de humor podem cumprir o papel de conter as emoções do paciente para que não se sobrecarregue. Como já observamos, é só nos outros modos que se progride de fato no tratamento. Se o paciente não consegue permanecer nos outros modos na terapia e permanece estática no modo protetor desligado, pouco progresso é possível.

Trabalho comportamental. Distanciar-se das pessoas trata-se de um aspecto importante desse modo. O protetor desligado é de extrema relutância em se abrir às pessoas emocionalmente. No trabalho comportamental, o paciente tenta se abrir de forma gradual e em etapas, apesar da relutância. Pratica sair do modo protetor desligado e entrar no da criança abandonada e do adulto saudável, com os indivíduos adequados.

O paciente pratica as imagens mentais ou dramatizações nas sessões com o terapeuta e, depois, realiza tarefas de casa. Por exemplo, um paciente pode ter o objetivo de compartilhar mais seus sentimentos sobre um assunto com um de seus amigos íntimos. Ele pratica a expressão de seus sentimentos com esse amigo em dramatizações com o terapeuta e depois o faz de verdade com o amigo na semana seguinte, como tarefa de casa. Além disso, o paciente pode entrar para um grupo de auto-ajuda (Alcoólicos Anônimos, Al-Anon, etc.). A seguir, o paciente sai do modo protetor desligado e passa ao criança abandonada e adulto saudável, no contexto de um grupo de apoio.

É importante que o terapeuta mantenha o confronto contra o protetor desligado. No Capítulo 8, apresentamos a transcrição de uma sessão realizada pelo Dr. Young, que demonstra esse processo com mais detalhes.

Riscos do tratamento do modo protetor desligado. O primeiro risco é que o terapeuta confunda o protetor desligado com o adulto saudável. O terapeuta acredita que o paciente está indo bem, mas o que ele faz é se fechar e comportar-se de maneira complacente, como uma "criança bem-comportada" que tem paciência e obedece. O principal fator de distinção é se o paciente vivencia alguma emoção. O terapeuta pode dizer: "O que você está sentindo neste momento?". O paciente no modo protetor desligado responderá: "Não estou sentindo nada, me sinto indiferente". O terapeuta pode dizer: "O que você gostaria de fazer agora?". O paciente responderá: "Não sei", porque quando se encontra no modo protetor desligado, não tem noção de seus próprios de desejos. O terapeuta pode dizer: "O que você está sentindo em relação a mim?". O paciente no modo protetor desligado responderá: "Nada". Ela pode experimentar emoção em outros modos, mas não no protetor desligado.

O segundo risco é o terapeuta atrair-se pelo protetor desligado para a solução de problemas sem tratar do modo subjacente. Muitos terapeutas caem nessa armadilha de tentar resolver os problemas de seus pacientes com TPB, especialmente nas primeiras etapas do tratamento. Inúmeras vezes, o paciente não quer soluções, e sim cuidado e proteção. Ele quer que o terapeuta empatize com o modo subjacente ao protetor desligado, com os modos escondidos da criança abandonada e da criança zangada.

O terceiro risco é que o paciente se irrite com o terapeuta e este não o reconheça. O protetor desligado desconecta a raiva do paciente em relação ao terapeuta. Se o terapeuta não consegue penetrar o protetor desligado e ajudar o paciente a expressar sua raiva, essa raiva aumenta, e o paciente acaba fingindo ou abandonando o tratamento. Por exemplo, ele pode ir para casa e se ferir, dirigir de forma imprudente, usar drogas ou álcool em excesso, ter uma relação sexual impulsiva e sem proteção ou interromper a terapia de forma abrupta.

Modo pai/mãe punitivo: tratamento

O pai/mãe punitivo é a identificação e a internalização por parte do paciente do pai ou da mãe (ou de outros) que o desvalorizaram ou rejeitaram na infância. Esse modo pune o paciente por se "comportar mal", o que pode significar quase qualquer coisa, mas principalmente a expressão de sentimentos genuínos ou de necessidades emocionais. O objetivo do tratamento é derrotar e isolar o pai/mãe punitivo. Diferentemente de outros modos, o pai/mãe punitivo não cumpre papel útil. O terapeuta o combate, e o paciente gradualmente se identifica com o terapeuta e o internaliza como seu próprio modo adulto saudável, depois combate, ela própria, o pai/mãe punitivo.

A relação terapeuta-paciente. Oferecendo um modelo oposto à palavra punitiva – uma atitude de aceitação e perdão em relação ao paciente –, o terapeuta mostra que o pai/mãe punitivo é falso. Em lugar de criticar e culpar o paciente, o terapeuta a reconhece quando expressa seus sentimentos e necessidades e o perdoa quando faz algo "errado". A paciente é uma pessoa boa que pode cometer erros.

Ao transformar a parte autopunitiva da paciente em um modo, o terapeuta o ajuda a desfazer o processo de identificação e internalização que criou o modo no início da infância. A parte autopunitiva torna-se egodistônica e externa. O terapeuta se alia ao paciente contra o pai/mãe punitivo.

Ao se aliar ao paciente para lutar contra o pai/mãe punitivo, o terapeuta assume uma postura de confronto empático, empatizando as dificuldades do paciente, mesmo enquanto o pressiona a lutar contra a voz punitiva. Concentrar-se no oferecimento de empatia ajuda a impedir que o terapeuta seja identificado como o pai/mãe punitivo e pareça crítico ou severo.

Trabalho vivencial. O terapeuta ajuda o paciente a lutar contra o modo do pai/mãe punitivo por meio de exercícios com imagens mentais. O terapeuta começa o auxiliando a identificar qual dos pais (ou outras pessoas) o modo realmente representa. A partir daí, passa a chamar o modo pelo nome (por exemplo, "Seu Pai Punitivo"). Às vezes, o modo representa ambos os pais, mas é mais comum que seja a voz internalizada de um deles. Atribuir nome ao pai dessa maneira ajuda o paciente a expressar a voz do pai/mãe punitivo: é a voz do pai ou da mãe, e não a voz da própria paciente. O paciente se torna capaz de se distanciar da voz punitiva do modo e de combatê-lo.

Aqui, um exemplo da entrevista do Dr. Young com Kate. Neste trecho, ela passa do modo criança zangada para o pai/mãe punitivo: o pai/mãe punitivo tenta punir a criança zangada por sentir essa raiva. Kate identifica o pai/mãe punitivo como sendo seu pai.

Terapeuta: Agora quero que você tente ser a Kate zangada. Responda ao seu pai e lhe diga: "Já estou cheia de o meu irmão receber toda a atenção. Eu também mereço um pouco".

Kate: *(a seu pai na imagem)* Estou cansada de ele me tirar tudo e me bater e fazer com que você grite comigo.

Terapeuta: *(instruindo Kate)* "Não é justo."

Kate: *(repete)* Não é justo.

Terapeuta: *(ainda instruindo)* "E é por isso que quero destruir meu quarto. Porque tenho muita raiva de você por fazer isso."

Kate: Só quero que todos vocês morram.

Terapeuta: Certo, é bom que você tenha dito isso, Kate. Agora me diga, você se sente mal por ter dito isso ou é um alívio?

Kate: Não. *(chora)* É errado.

Terapeuta: Você consegue ser a parte de você que acha que isso está errado? É o seu pai que está lhe dizendo isso?

Kate: *(responde que sim com a cabeça)*

Terapeuta: Você pode ser seu pai, agora, dizendo que está errada?

Kate: *(no papel do pai)* "É errado que você sinta essas coisas e pense isso, tenha raiva e queira que eu morra, que nós morramos. Nós cuidamos de você."

O terapeuta entra na imagem para lutar contra o pai punitivo.

Terapeuta: Você pode me colocar na imagem e me deixar falar com seu pai por um momento, para lhe proteger dele um pouco? Podemos fazer isso? Você consegue me visualizar na imagem com seu pai e com você?
Kate: *(responde que sim com a cabeça)*
Terapeuta: Agora, vou falar por você com o pai punitivo. "Escute, não é errado que a Kate esteja com raiva de você. Você não lhe dá a quantidade normal de atenção e cuidado que um pai deve dar, e sua mulher não faz melhor. Ela também não lhe dá atenção. Não é de estranhar que ela esteja com raiva. Não surpreende que ela odeie vocês todos. O que você faz para que ela goste de você? O que faz para que sua filha o ame e se sinta próxima de você? Tudo o que você faz é ficar irritado com ela e culpá-la pelas coisas. Mesmo quando seu irmão bate nela você a culpa. Você espera que ela o ame por isso e fique feliz? Isso é justo?". O que você sente quando eu digo essas coisas a ele?
Kate: Me sinto culpada.
Terapeuta: Você quer se machucar, como se merecesse ser punida?
Kate: Como se, depois que você for embora, eu fosse apanhar.
Terapeuta: De quem você vai apanhar?
Kate: Do meu irmão. *(chora)*

Kate perdeu momentaneamente a noção da linha divisória entre realidade e imagem mental, e esta adquiriu a qualidade de uma memória para ela. Sua declaração de que, depois de o terapeuta ir embora, vai apanhar do irmão mescla presente e passado. Ela passou para o modo criança abandonada. O terapeuta age para protegê-la e lembrá-la de que isso é só uma imagem.

Terapeuta: Mas ele não está em sua vida neste momento, certo?
Kate: *(responde que sim com a cabeça)*
Terapeuta: Então essa é a única imagem que você está vendo agora? É isso que acontece na imagem? Parece que ele vai bater em você por dizer isso?
Kate: *(responde que sim com a cabeça)* Por me defender.
Terapeuta: Você consegue, na imagem, imaginar protegendo a si mesma com algum tipo de muro ou algo para se proteger dele na imagem? Como você consegue se proteger?

Esse trecho demonstra a rapidez com que os pacientes com TPB mudam de modo. Kate passa do modo criança zangada para o pai/mãe punitivo (a fim de punir a criança zangada) à criança abandonada (que tem medo da retaliação do irmão por ela estar zangada). Para pacientes com TPB, esse tipo de câmbio rápido de modo não acontece somente em imagens mentais. É assim que a maioria dos pacientes vive suas vidas, com o mesmo câmbio rápido de modos.

O trecho anterior ilustra a estratégia de situar a voz punitiva no personagem do pai na imagem. Sempre que o paciente passar ao modo pai/mãe punitivo, o terapeuta identifica o modo com o pai ou com a mãe que o apresentou. O terapeuta diz: "Seja seu pai lhe dizendo isso". Não é mais a voz do paciente, é a voz do pai ou da mãe. Agora o terapeuta pode se unir ao paciente para lutar contra o pai ou contra a mãe.

Assim como ocorre no trecho anterior, a maioria das pacientes com TPB necessita que o terapeuta ingresse na imagem e lute contra o pai/mãe punitivo. No início do tratamento, a maior parte dos pacientes está intimidada demais e com muito medo do pai/mãe punitivo para se defender nas imagens mentais. Mais tarde, à medida que internalizam a voz do terapeuta e desenvolvem um modo adulto saudável mais forte, os pacientes se tornam capazes de combater o pai/mãe punitivo por conta própria. No início do tratamento, o paciente é, em essência, um observador da batalha entre o pai/mãe punitivo e o terapeuta. Este usa os meios necessários para vencer essa batalha sem sobrecarregar o paciente. Mais uma vez, o objetivo é eliminar o pai/mãe punitivo o mais completamente possível, e não integrá-lo aos outros modos.

Os terapeutas não realizam diálogos com imagens nos quais os pacientes visualizem *a si mesmos* como punitivos; os pacientes sempre visualizam um de seus pais. Se imaginarem-se em lugar do pai ou da mãe, os ataques do terapeuta contra a voz punitiva pareceriam ataques contra eles, que não seriam capazes de distinguir as duas coisas. Identificar a voz punitiva com o pai ou com a mãe resolve o problema de como lutar contra o pai/mãe punitivo sem parecer que se combate o paciente. Uma vez atribuído nome à voz como a do pai ou da mãe, não se trata mais de um debate entre terapeuta e paciente, e sim entre o primeiro e o pai ou a mãe. Nesse debate, o terapeuta verbaliza o que a criança zangada vem sentindo todo o tempo. Ele, finalmente, diz o que o paciente sente no íntimo, mas não foi capaz de expressar porque o pai/mãe punitivo é muito tirânico.

O terapeuta dá exemplos da definição de limites com o pai/mãe punitivo, em lugar de debater o modo ou assumir uma postura defensiva. O paciente aprende a não se defender do pai/mãe punitivo, e sim a lutar contra ele, pois não tem de se defender para provar seus direitos e seu valor. Em lugar disso, o paciente diz ao pai/mãe punitivo: "Não vou deixar que você fale assim comigo". O paciente aprende a estabelecer conseqüências quando o pai/mãe punitivo viola seus limites.

O terapeuta pode usar outras técnicas vivenciais, por exemplo, o método da alternância de cadeiras da Gestalt. Ele pede que o paciente conduza diálogos entre os modos adulto saudável e pai/mãe punitivo, mudando de cadeira à medida que muda de modo. O ideal é que o terapeuta cumpra o papel de instrutor, mas não seja qualquer dos modos. Isso situa o conflito interno do paciente onde ele deve estar, e não entre ele e o terapeuta. Além disso, os pacientes podem escrever cartas aos que foram punitivos em relação a eles no passado, expressando seus sentimentos e afirmando suas necessidades. O paciente escreve essas cartas como tarefa de casa e, depois, as lê em voz alta ao terapeuta, em sessões posteriores.

Trabalho cognitivo. O terapeuta educa o paciente com relação a necessidades e sentimentos humanos normais. Ter esse sentimento não é "errado". Devido à privação emocional e subjugação, a maioria dos pacientes com TPB acredita-se errado ao expressar necessidades e sentimentos e merecedor de punição quando o faz. Além disso, o terapeuta ensina o paciente que a punição não é uma estratégia eficaz de aprimoramento. O terapeuta não apóia a idéia da punição como um valor. Quando o paciente comete erros, o terapeuta o ensina a substituir a autopunição por uma resposta mais construtiva, que envolva perdão, compreensão e crescimento. Pretende-se que os pacientes observem honestamente o que fizeram de errado, vivenciem o remorso adequado, reparem o dano causado a alguém afetado negativamente, explorem formas mais produtivas de comportamento futuro e, mais importante, perdoem-se. Assim, assumem responsabilidades sem se punir.

O terapeuta trabalha para reatribuir a condenação do paciente pelo pai ou pela mãe aos problemas deles. Apresentamos aqui um exemplo da entrevista do Dr. Young com Kate. Neste trecho, descrevendo o quanto sua mãe não gostava dela por ser "infeliz" e por reclamar muito.

Terapeuta: Você ainda acha que sua mãe tinha razão?
Kate: Acho, mas havia uma razão para eu agir daquela forma, talvez não fosse apenas algo que vinha de mim. Agora eu começo a entender, faz tempo que isso vem acontecendo, esses sentimentos. Em lugar de simplesmente internalizar, talvez não fosse somente eu.
Terapeuta: Mas você sempre sentiu, até recentemente, que a sua família a tratava dessa maneira porque havia algo de errado com você. Você acreditava no que eles diziam.
Kate: Eu ainda acredito.
Terapeuta: Mas está tentando não acreditar.
Kate: Estou.
Terapeuta: Mas é uma luta.
Kate: Sim.

Muitas vezes pode levar um ano ou mais até se dominar o pai/mãe punitivo, como Kate está tentando fazer. Trata-se de um passo fundamental no tratamento de pacientes com TPB. Com o passar do tempo, o terapeuta deve convencer de alguma forma o paciente de que os maus tratos que recebeu de seus pais não aconteciam porque eram maus filhos, e sim porque seus pais tinham seus próprios problemas ou porque o sistema familiar era disfuncional. Os pacientes com TPB não conseguem superar seus sentimentos de inutilidade até que façam essa reatribuição. Foram bons filhos e não mereciam ser maltratados; na verdade, nenhuma criança merece os maus tratos que recebe.

Juntos, terapeuta e paciente passam por um processo de entender as razões dos maus tratos. Talvez isso acontecesse com todos os filhos (nesse caso o pai ou a mãe tinha um problema psicológico), ou ciúme do paciente (nesse caso, o pai ou a mãe tinha auto-estima baixa e se sentia ameaçado pela paciente) ou não conseguia entendê-lo (nesse caso o paciente era diferente dele, mas não "ruim"). Uma vez que entendam as razões dos maltratos, os pacientes têm mais condições de romper o impasse emocional entre o tratamento que receberam dos pais e sua auto-estima. Aprendem que, ainda que os pais os maltratassem, eles mereciam amor e respeito.

O paciente que luta para realizar essa reatribuição enfrenta um dilema. Ao responsabilizar o pai ou a mãe e ficar com raiva, arrisca perdê-lo, psicologicamente ou na realidade. Esse dilema destaca, mais uma vez, a importância do relacionamento reparental. À medida que o terapeuta se torna o pai/mãe substituto (limitado), o paciente não depende mais do pai ou mãe real e está mais disposto a responsabilizá-lo e sentir raiva dele. Ao se tornar uma base estável e carinhosa, o terapeuta dá ao paciente a estabilidade para abrir mão ou enfrentar um pai ou mãe disfuncional.

Em geral, é muito melhor para pacientes com TPB não morar nem ter contato freqüente com suas famílias de origem, principalmente nas primeiras etapas do tratamento. É muito provável que a família continue a reforçar os esquemas e modos que o terapeuta luta para superar. Se o paciente mora com a família de origem, e se esta ainda o trata de maneira prejudicial, o terapeuta escolhe como prioridade ajudá-lo a se mudar.

Aprofundar o exame das qualidades positivas do paciente é outra forma pela qual os terapeutas podem lutar contra o pai/mãe punitivo. Terapeuta e paciente mantêm uma lista aberta, acrescentando itens ou revisando-a periodicamente. Os pacientes coletam dados sobre suas qualidades como tarefa de casa (por exemplo, perguntando a amigos íntimos) e estabelecem experimentos para se contrapor à negatividade (por exemplo, dizendo a pessoas próximas suas necessidades mais verdadeiras e observando o que acontece). Terapeuta e paciente resumem esse trabalho em cartões.

A repetição constitui um aspecto vital no trabalho cognitivo. Os pacientes precisam escutar os argumentos contrários ao pai/mãe punitivo muitas vezes. Este modo se desenvolveu ao longo de bastante tempo, por meio de incontáveis repetições. Cada vez que lutam contra o modo pai/mãe punitivo com amor próprio, os pacientes o enfraquecem um pouco mais. A repetição desgasta lentamente o pai/mãe punitivo.

Por fim, é importante que terapeuta e paciente reconheçam as boas qualidades deste. Muitas vezes, o pai ou a mãe ofereceu ao paciente um pouco de amor ou reconhecimento, que ele tratava como um bem precioso por ser tão raro. Contudo, o terapeuta insiste que os atributos positivos do pai ou da mãe não justificam nem desculpam seu comportamento prejudicial.

Trabalho comportamental. Os pacientes com TPB têm a expectativa de que outras pessoas os tratem da mesma forma que seus pais os trataram (isso é parte do esquema de postura punitiva). Pressupõem que quase todo mundo é, ou vai se tornar, o pai punitivo. O terapeuta estabelece experimentos para testar essa hipótese. O propósito é demonstrar ao paciente que expressar de forma adequada necessidades e emoções geralmente não levará à rejeição ou retaliação por parte de pessoas saudáveis. Por exemplo, um paciente pode ter a tarefa de pedir que seu parceiro amoroso ou amigo íntimo o escute quando está incomodado com o trabalho. O terapeuta e o paciente dramatizam a interação até que este se sinta confortável o suficiente para tentar, depois a realiza como tarefa de casa. Se o terapeuta e o paciente escolheram bem a pessoa, o paciente será recompensado por seus esforços com uma resposta positiva.

Riscos do tratamento do modo pai/mãe punitivo. Um dos riscos de ajudar pacientes a lutar contra o modo pai/mãe punitivo é que este reaja punindo-os. Após a sessão, o paciente entra nesse modo e se pune com comportamentos parassuicidas, como corta-se ou se submeter a fome. É importante que o terapeuta monitore o paciente em função dessa possibilidade e a oriente, para impedir que isso ocorra. O terapeuta o instrui a não se punir e oferece alternativas quando ele tem necessidade de fazê-lo, como ler cartões e tomar meditação concentrada.

Outro risco é o terapeuta subestimar o medo que o paciente tem do pai/mãe punitivo e não oferecer proteção suficiente durante os exercícios vivenciais. Muitas vezes, o pai/mãe punitivo também é abusivo, e o paciente geralmente precisa de muita proteção para se opor a ele. O terapeuta oferece essa proteção para confrontar o modo e estabelecer limites ao tratamento dado ao paciente nas imagens mentais.

Da mesma forma, o terapeuta pode não assumir um papel ativo na luta contra o pai/mãe punitivo. Talvez seja passivo demais ou de uma calma racional excessiva, e não agressivo o bastante. O terapeuta deve combater o pai/mãe punitivo de forma agressiva. Tem de dizer, "Você está errado", a esse pai/mãe punitivo. "Não quero mais que você o critique", "Não quero ouvir sua voz maldosa", "Não vou mais deixar que você o puna". Lidar com o pai/mãe punitivo é como lidar com uma pessoa que não tem boa vontade nem empatia. Não se argumenta com esse tipo de pessoa, nem se fazem apelos à empatia. Essas abordagens não funcionam com o modo do pai/mãe punitivo; o método que funciona com mais freqüência é enfrentá-lo e lutar.

Outro risco de realizar trabalho vivencial é o terapeuta nunca ensinar o paciente a enfrentar o pai/mãe punitivo por conta própria. O terapeuta entra na imagem e combate o pai/mãe punitivo apenas como medida temporária, retirando-se, gradualmente, do trabalho com imagens, possibilitando que o paciente assuma um nível crescente de responsabilidade por lutar contra o pai/mãe punitivo.

O último risco é o paciente sentir-se desleal por criticar o pai/mãe punitivo. O terapeuta garante a ele que, mais tarde, pode optar por perdoar o pai ou a mãe, mas agora é importante buscar a verdade.

Modo criança zangada: tratamento

O modo criança zangada expressa fúria em relação aos maus tratos e às necessidades emocionais não-satisfeitas que originaram os esquemas, ou seja, abuso, abandono, provação, subjugação, rejeição e punição. Embora a raiva se justifique com relação à infância, na vida adulta esse modo de expressão é autodestrutivo. A raiva da paciente sufoca e distancia outras pessoas e, assim, dificulta ainda mais a satisfação de suas necessidades emocionais. O terapeuta faz a reparação parental da criança estabelecendo limites para o comportamento baseado na raiva, ao mesmo tempo em que valida as necessidades subjacentes do paciente e lhe ensina formas mais eficazes de expressar raiva e de fazer com que suas necessidades sejam atendidas.

A relação terapeuta-paciente. Qual é a estratégia do terapeuta quando o paciente com TPB entra no modo criança zangada e se irrita? Ter raiva do terapeuta é comum nesses pacientes e, para muitos terapeutas, constitui o aspecto mais frustrante do tratamento. O terapeuta sente-se esgotado, tentando atender às necessidades do paciente. Dessa forma, quando o paciente se volta contra o terapeuta e diz "Você não se importa comigo, eu odeio você", é natural que o terapeuta sinta raiva e falta de apreciação. Os pacientes com TPB pode ser abusivas. Talvez manipulem e tentem coagir o terapeuta a lhes dar o que querem. Há muitos comportamentos que fazem o terapeuta se enraivecer e tentar retaliar. Os pacientes não desejam agredir o terapeuta, trata-se de desespero. Quando os terapeutas sentem raiva de pacientes com TPB, sua prioridade deve ser tratar os seus próprios esquemas. Quais esquemas, se for o caso, são ativados no terapeuta pelo comportamento do paciente? Como o terapeuta responde a esses esquemas de forma a manter uma postura terapêutica em relação ao paciente? Discutiremos a questão dos esquemas do próprio terapeuta posteriormente, neste capítulo.

O próximo passo é definir limites se a raiva do paciente for abusiva. Há uma linha que os pacientes cruzam, passando da simples liberação da raiva, o que é saudável, ao abuso com o terapeuta. Os pacientes cruzam essa linha quando ofendem o terapeuta, atacam-no pessoalmente, xingam, gritam o suficiente para incomodar outras pessoas, tentam dominá-lo fisicamente ou ameaçam a ele ou a seus pertences.

O terapeuta não tolera qualquer desses comportamentos e responde com uma afirmação como "Não posso deixar que você faça isso. Você tem que parar de gritar comigo. Não há problema em sentir raiva, mas não está bem que grite comigo". Se o paciente ainda assim não parar de se comportar de forma abusiva, o terapeuta impõe uma conseqüência: "Eu gostaria que você fosse para a sala de espera por alguns minutos até se acalmar. Quando estiver calma, pode voltar e continuar me contando de sua raiva, mas sem gritar comigo". O terapeuta transmite ao paciente duas mensagens: a primeira, ele quer escutar a raiva do paciente, e a segunda, este deve expressá-la dentro de limites apropriados. Aprofundaremos a discussão sobre estabelecer limites mais tarde, neste capítulo.

Na verdade, a maioria dos pacientes com TPB não se comporta de forma abusiva com o terapeuta, embora sua raiva seja muito intensa. Quando o paciente está no modo criança zangada e não se comporta de forma abusiva, o terapeuta segue esses quatro passos, em ordem: (1) liberar a raiva; (2) empatizar; (3) realizar testagem de realidade; (4) ensaiar. Descrevemos esses passos um a um.

1. *Liberar a raiva*. Em primeiro lugar, o terapeuta permite que o paciente expresse sua raiva de forma integral, ajudando-o a se sentir calmo o bastante para se equilibrar e ser receptivo ao segundo passo. O terapeuta diz: "Fale mais sobre isso. Explique por que você tem raiva de mim". O terapeuta oferece bastante espaço ao paciente para que libere sua raiva, mesmo que a intensidade pareça injustificada ou exagerada. Se o terapeuta demonstra empatia nessa etapa, geralmente a raiva é neutralizada. Como esse não constitui um objetivo inicial, é importante que o terapeuta use um tom pouco intenso ou neutro, e não carinhoso, simplesmente repetindo: "E por quais outras razões você está com raiva de mim?".

2. *Empatizar*. Em segundo lugar, o terapeuta empatiza com os esquemas subjacentes do paciente. Sob a raiva dele, geralmente há uma sensação de abandono, privação ou abuso. A criança zangada é uma resposta às necessidades não-atendidas da criança vulnerável.
O terapeuta diz algo como "Sei que você está com raiva de mim agora, mas acho que, por trás disso, o que está sentindo é mágoa. Você acha que eu não me importo com você. No fundo, sente-se abandonado por mim". O terapeuta tenta atribuir um nome para o que acontece em termos de esquema. Pretende-se fazer com que o paciente passe do modo criança zangada ao criança abandonada. Depois, ele pode realizar a reparação parental da criança abandonada e repara a fonte de raiva.

3. *Testagem de realidade*. Em terceiro lugar, o terapeuta ajuda o paciente a realizar a testagem da realidade com relação à fonte de raiva e à sua intensidade. A raiva era realmente justificada ou se baseava em uma interpretação equivocada? Há explicações alternativas? A raiva é proporcional à situação? Depois de haver liberado a raiva e percebido a compreensão do terapeuta, a maioria dos pacientes se dispõe a testar a realidade.
O terapeuta não tem postura defensiva nem punitiva e reconhece quaisquer componentes realistas da acusação do paciente. Há uma linha tênue entre testar a realidade e assumir uma postura defensiva. Se houver alguma verdade no que o paciente diz, o terapeuta admite e se desculpa. Ele diz: "Você tem razão", e "Me desculpe".
A seguir, o terapeuta confronta os aspectos distorcidos da raiva do paciente, falando de como ele mesmo se sente: "Por outro lado, quando diz que eu não me importo com você, é aí que eu acho que você está indo longe demais". O terapeuta conta como se sente ao ouvir o paciente dizer isso: "Quando você diz que eu não me importo nem um pouco, parece que todas as maneiras que usei para mostrar que me importo não significam nada para você". O terapeuta também descreve como é experi-

mentar a raiva que o paciente sente quando expressa de forma inadequada: "Quando você grita desse jeito, não consigo ouvir o que você está dizendo. Tudo o que eu escuto é que você está gritando comigo, e eu quero que você pare".

4. *Ensaio de assertividade adequada.* Se a raiva do paciente diminui consideravelmente depois desses três primeiros passos, ambos avançam ao passo final, que é praticar a assertividade adequada. O terapeuta pergunta ao paciente: "Se você pudesse repetir, como expressaria sua raiva para mim? Como poderia expressar o que necessita e se sentir de um modo que eu ou outras pessoas possam escutar sem ficarmos na defensiva?". Se necessário, o terapeuta modela um comportamento, e o paciente o pratica. O terapeuta o ajuda a expressar raiva de forma mais adequada e assertiva.

Trabalho vivencial. No trabalho vivencial, os pacientes liberam completamente a raiva em relação a indivíduos representativos em sua infância, adolescência ou vida adulta que os maltrataram. O terapeuta os estimula a liberar a raiva da forma que preferirem, mesmo imaginando atacar pessoas que os magoaram. (A exceção, é claro, é o paciente violenta: os terapeutas não devem estimular pacientes que tenham um histórico de comportamento violento a imaginar fantasias violentas.)

Entretanto, a maioria das pacientes com TPB não apresenta um histórico de comportamento violento, e sim de vitimização. Em lugar de machucar a outros, eles foram machucadas. Isso ajuda os pacientes a expressar sua raiva em imagens, a imaginar reagir contra pessoas que os vitimizaram logo cedo em suas vidas. Ao fazê-lo, sentem-se fortalecidos, e não desamparadas. Liberar a raiva os ajuda a manifestar sentimentos tolhidos e a colocar a situação atual em perspectiva. Os pacientes podem fazer dramatizações com o terapeuta, nas quais praticam a manifestação da raiva, e podem escrever cartas que explicitem essa raiva, endereçadas a pessoas que os feriram ou magoaram (embora, geralmente, não enviem as cartas). Os pacientes também podem usar objetos físicos para liberar a raiva enquanto fazem o trabalho vivencial, como bater em um travesseiro ou em um móvel macio.

Os pacientes praticam formas mais saudáveis de expressar a raiva no cotidiano. Usam imagens mentais ou dramatizações com o terapeuta para gerar formas construtivas de se comportar em situações problemáticas. Ao fazer trabalho com modos, conduzem negociações entre a criança zangada e o adulto saudável e os outros modos, para encontrar acordos. Via de regra, estabelece-se o acordo de que o paciente expresse sua raiva ou afirme suas necessidades, mas de maneira adequada. Por exemplo, não pode gritar com o namorado, mas dizer com calma por que está incomodado.

Trabalho cognitivo. Como já dissemos, a educação com relação a emoções humanas normais constitui uma importante parte do tratamento de pacientes com TPB. É de especial relevância ensinar-lhes o valor da raiva. Os pacientes com TPB tendem a pensar que toda a raiva é "ruim". O terapeuta reassegura que nem toda a raiva é ruim, e que sentir raiva e expressá-la adequadamente é normal e saudável. Sentir raiva não é ruim em si mesmo, a forma de expressar a raiva que é problemática. Precisam aprender a expressar sua raiva de maneira mais construtiva e eficaz. Em vez de passar da passividade à agressividade, devem encontrar um terreno intermediário, usando habilidades de assertividade.

O terapeuta ensina técnicas de testagem de realidade para que os pacientes formulem expectativas mais realistas em relação a outros indivíduos. Os pacientes reconhecem seu pensamento "dicotômico" e param de reagir com exagero a descasos emocionais. Podem usar cartões-lembrete a fim de ajudar a manterem o autocontrole. Quando sentem raiva, aguardam um tempo e lêem um cartão *antes* de reagirem em termos comportamentais. Em vez de agredir ou se retrair, refletem sobre como querem expressar sua raiva.

Por exemplo, uma paciente chamada Dominique, que chamava o namorado, Alan, no bipe com freqüência, ficava furiosa sempre que ele deixava de atendê-la imediatamente. Com o terapeuta, ela elaborou o seguinte cartão.

> Neste momento, estou com raiva porque acabo de chamar Alan e ele não me respondeu imediatamente. Estou incomodada porque preciso dele e não posso contar com ele. Se ele é capaz de fazer isso comigo, acredito que não goste mais de mim. Fico com medo de que ele termine comigo. Quero continuar ligando para o bipe até que ele me responda. Quero xingá-lo.
>
> Entretanto, sei que isso é o meu esquema de abandono ativado. É meu esquema de abandono que me faz pensar que Alan vai me deixar. A evidência de que o esquema está errado é que já achei que ele ia me deixar um milhão de vezes e sempre estava errada. Em vez de ligar repetidamente para o seu bipe ou xingá-lo, vou lhe dar o benefício da dúvida e acreditar que ele tenha uma boa razão para não me ligar de imediato, mas fará isso quando puder. Quando ele finalmente me encontrar, responderei de maneira calma e amorosa.

Pedir que o paciente gere explicações alternativas para o comportamento de outros também pode ser útil. Por exemplo, a paciente recém-descrita gera uma lista de explicações alternativas para o fato de o namorado não lhe telefonar de imediato, incluindo pontos como: "Ele está ocupado no trabalho", "Está em uma situação em que não há privacidade para me ligar", "Ele está esperando por uma boa hora para ligar".

Trabalho comportamental. O paciente pratica técnicas de controle da raiva e assertividade, tanto por meio de imagens quanto de dramatizações, durante as sessões e em tarefas de casa, entre sessões.

Discutimos essas e outras técnicas cognitivo-comportamentais mais profundamente na próxima parte, "Ajudando a criança abandonada e a criança zangada a reagir".

Riscos do tratamento da criança zangada. Quando os pacientes se encontram no modo criança zangada, há um risco particularmente alto de que o terapeuta se comporte de maneira contraterapêutica. Um risco, já mencionado, é que o terapeuta se torne muito defensivo e negue os componentes realistas das queixas do paciente. Os terapeutas precisam trabalhar em seus próprios esquemas a fim de estarem preparados a responder terapeuticamente quando ativados esses esquemas pela criança zangada.

Um dos riscos mais sérios é que o terapeuta possa contra-atacar. Se ele retalia, atacando o paciente, isso irá ativar seu modo pai/mãe punitivo, e o paciente irá se unir ao terapeuta no ataque.

Outro risco é que o terapeuta se retraia psicologicamente. Quando pacientes com TPB estão no modo criança zangada, os terapeutas muitas vezes se fecham emocionalmente, recolhendo-se em seus próprios modos "protetor desligado". A retração psicológica do terapeuta é problemática porque transmite ao paciente a mensagem de incapacidade para conter a raiva dela. Além disso, o retraimento, provavelmente, ativará o esquema de abandono do paciente, já que o terapeuta estará se desconectando emocionalmente dele.

No outro extremo, o terapeuta permite que o paciente exagere na expressão de sua raiva, até o ponto de se tornar realmente abusivo. Esse comportamento por parte do terapeuta reforça a criança com raiva do paciente de maneira não-saudável. O terapeuta permite que o paciente leve sua raiva a extremos abusivos e deixa de estabelecer limites adequados. Se ele sai da sessão sentindo que a raiva era totalmente justificada, o terapeuta provavelmente não fez o suficiente para testar a realidade ou estabelecer limites.

Outro risco é que o paciente passe ao modo do pai/mãe punitivo após a sessão a fim de se punir por ficar com raiva do terapeuta. O paciente precisa ouvir que não é "ruim" por ter se irritado e saber que o terapeuta não deseja que ele se puna, quer ajudá-lo. O terapeuta diz: "Você não é ruim por ficar com raiva de mim, então não quero que se puna após a sessão. Se seu pai/mãe punitivo começar a lhe punir, você deve fazê-lo parar; se não conseguir, deve me chamar para que eu o faça. Não quero que você se machuque de forma alguma em função do que aconteceu na sessão de hoje".

Por fim, o paciente pode interromper a terapia porque está com raiva do terapeuta. Contudo, descobrimos que, na maioria dos casos, se o terapeuta permite que o paciente libere integralmente sua raiva, dentro de limites adequados, e expressa empatia, ele não abandona a terapia, e sente-se validado e aceito, de forma que permanece em tratamento.

Ajudando a criança zangada e a criança abandonada

Descrevemos várias técnicas cognitivo-comportamentais para auxiliar os pacientes a lidar com os modos criança zangada e da criança abandonada ou sob ataque do pai/mãe punitivo. Embora essas técnicas possam ser introduzidas em qualquer momento em que o paciente estiver receptivo, geralmente tentamos ensiná-las logo na primeira etapa.

Meditação [mindfulness]

A meditação [mindfulness] constitui um tipo específico [mindfulness] que ajuda os pacientes a se acalmarem e regularem suas emoções (Linehan, 1993). Em lugar de se fecharem ou serem sobrecarregados pelas emoções, os pacientes as observam, mas não agem a partir delas. Concentram-se no momento presente, prestando atenção a aspectos sensoriais da experiência atual. Os pacientes são instruídos a manterem-se concentrados nesse tipo de meditação até que estejam calmos e consigam refletir sobre a situação racionalmente. Dessa forma, quando agirem, será de maneira refletida, e não impulsiva.

Por exemplo, o paciente pratica a meditação como técnica de enfrentamento para autoconforto. Quando enfrenta uma situação desagradável, usa a meditação como ferramenta para se acalmar o suficiente e refletir sobre a situação. Ele trata do momento presente, observa suas próprias emoções sem agir a partir delas e também observa seus pensamentos. Sentir-se incomodado é o sinal que alerta o paciente para fazer o exercício de meditação.

Atividades agradáveis para o cuidado carinhoso de si

O terapeuta estimula o paciente a dar carinho para sua criança abandonada, realizando atividades agradáveis, que variam segundo o que cada paciente considera agradável. Eis alguns exemplos: tomar banho de espuma, comprar um presentinho para si mesmo, receber uma massagem ou trocar carícias com um parceiro amoroso. Essas atividades se opõem aos sentimentos de privação e inutilidade do paciente. O terapeuta indica essas atividades como tarefa de casa.

Técnicas de enfrentamento cognitivo

Cartões-lembrete. Os cartões são a estratégia de enfrentamento individualmente mais útil para muitos pacientes com TPB. Eles levam os cartões consigo e os lêem sempre que se sentem incomodadas e um de seus modos houver sido ativado. Com a ajuda do paciente, o terapeuta elabora os cartões, que podem ter sido escritos pelo terapeuta ou pelo próprio paciente.

Os terapeutas, via de regra, elaboram diferentes cartões para situações ativantes distintas: quando o paciente se enraivece, quando um amigo o decepciona, quando o chefe se irrita com ele, ou quando o parceiro amoroso precisa de um pouco de espaço longe dele. Além disso, há um ou mais cartões para cada um dos quatro modos.

A fim de ajudar os terapeutas a elaborar cartões, fornecemos um modelo (*ver* Figura 3.1). O que segue é uma amostra de cartão, escrita com o uso do modelo-guia, para o paciente ler quando o terapeuta está de férias. O terapeuta personaliza o cartão conforme o paciente.

> Neste momento, sinto medo e raiva porque meu terapeuta está de férias. Tenho vontade de me cortar ou me queimar. Entretanto, sei que esses sentimentos são meu modo criança abandonada, que desenvolvi por ter pais alcoolistas, que me deixavam sozinha por longos períodos. Quando estou nesse modo, geralmente exagero a idéia de que as pessoas não vão voltar ou de que não se preocupam comigo. Mesmo que acredite que meu terapeuta não vai retornar, não vai mais querer me ver ou vai morrer, a realidade é que ele vai voltar, estará bem e vai querer me ver de novo. As evidências, em minha vida, que sustentam essa visão saudável incluem o fato de que, todas as vezes em que viajou, ele sempre voltou, sempre voltou bem e sempre se preocupou comigo.
>
> Portanto, ainda que eu tenha vontade de me machucar, farei algo bom por mim. Ligarei para o terapeuta substituto, passarei mais tempo com gente que gosta de mim ou farei algo agradável (caminhar, ligar para um amigo, ouvir música, jogar). Além disso, ouvirei minha fita de relaxamento com a voz do meu terapeuta (ou outro objeto transicional), que auxilia a me tranquilizar.

Além de escrever o cartão, o terapeuta pode gravá-lo para que o paciente ouça em casa. Talvez seja interessante o paciente escutar a voz do terapeuta, mas também é relevante escrever o cartão para que os pacientes possam carregá-lo consigo e lê-lo sempre que precisarem. Muitos pacientes nos informam que, quando dispõem de cartões consigo, sentem como se tivessem uma parte do terapeuta junto a eles.

O diário do esquema. O diário do esquema (*ver* amostra na Figura 3.2) é uma técnica mais avançada porque, diferentemente do cartão, requer que o paciente gere sua própria resposta de enfrentamento quando estiver incomodado. Os sinais para se preencher o diário do esquema são o incômodo e as dúvidas do paciente sobre como lidar com alguma situação. Sob certos aspectos, assemelha-se ao registro diário de pensamentos disfuncionais da terapia cognitiva (Young et al., 2001, p. 279). Preencher os formulários auxilia o paciente a refletir sobre um problema e a gerar uma resposta saudável. O formulário proporciona um meio de favorecer o modo adulto saudável. O paciente geralmente se orienta pelo diário do esquema em uma etapa posterior da terapia.

Treinamento da assertividade

É importante oferecer aos pacientes com TPB treinamento da da assertividade por meio da terapia, a fim de que aprendam formas mais aceitáveis de expressar suas emoções e satisfazer suas necessidades. Como observamos, eles necessitam, especialmente, de melhora nas habilidades de expressar raiva, porque a maioria tende a passar da passividade extrema à agressividade extrema. Os pacientes aprendem o controle da raiva em conjunto com o treinamento da assertividade: o controle da raiva os ensina a controlar seus surtos de raiva, ao passo que o treinamento da assertividade ensina formas adequadas de expressar raiva. Terapeuta e paciente dramatizam várias situações na vida desta que demandam habilidades da assertividade. Via de regra, o paciente interpreta a si mesmo e o terapeuta, os outros personagens da situação, embora qualquer configuração possa ser útil. Uma vez que o paciente desenvolva uma resposta saudável, ele e o terapeuta a ensaiam até que ele se sinta seguro o suficiente para levá-la a cabo na vida real.

Antes de voltar a atenção do paciente a técnicas comportamentais na sessão, o terapeuta lhe dá oportunidade de liberar todas as emoções em relação à situação desagradável e a outras situações relacionadas à infância. Os pacientes com TPB precisam manifestar a raiva contida antes de aplicarem estratégias comportamentais, ou não terão a capacidade de se concentrar na afirmação adequada.

Estabelecendo limites

Diretrizes básicas

Os terapeutas usam as seguintes diretrizes básicas ao estabelecer limites.

1. *Os limites se baseiam na segurança do paciente e nos direitos pessoais do terapeuta.* Ao tomar decisões sobre limites, as duas perguntas que os terapeutas do esquema se fazem são: "O paciente estará seguro?" e "Vou me sentir desconfortável quanto àquilo com o que concordo?". (O terapeuta também questiona o paciente acerca da segurança de outros, embora isso não seja primordial no caso de pacientes com TPB.)
A segurança do paciente encontra-se em primeiro lugar. O terapeuta faz o necessário para se certificar de que o paciente está seguro, independentemente de vir a sentir-se desconfortável ou não. Se ele estiver realmente em risco (e se o terapeuta já experimentou outras estratégias), ele deve estabelecer algum limite que ofereça segurança. Mesmo que o paciente telefone no meio da noite ou durante as férias do terapeuta, este deve tomar atitudes para salvá-lo (por exemplo, comunicar a polícia e permanecer ao telefone com o paciente até que chegue socorro). Contudo, se o paciente estiver seguro, mas pede ao terapeuta que faça algo de que este virá a se arrepender, o terapeuta não deve atendê-lo, e sim expressar a recusa de forma pessoal, como explicaremos adiante.
2. *Os terapeutas não devem começar a fazer algo que não possam continuar a fazer pelo paciente, a menos que declarem expressamente que só o farão por um determinado período.* Por exemplo, o terapeuta não deve, obviamente, ler *e-mails* longos do paciente todos os dias, nas três primeiras semanas de tra-

tamento e, subitamente, anunciar que ler *e-mails* é contra sua política de tratamento e que terá de parar. Entretanto, se o paciente estiver em crise, o terapeuta pode concordar em verificar como ele está todos os dias, até que a crise passe, explicando-lhe que isso continuará por um período limitado. Por exemplo, o terapeuta a informa: "Durante a próxima semana, quero ver como você está todas as noites por alguns minutos, enquanto você estiver em crise".

É importante que o terapeuta determine seus limites de antemão e depois os cumpra. No calor do momento, é melhor que ele já disponha de limites em mente do que tentar defini-los ali.

3. *O terapeuta estabelece limites de maneira pessoal.* Em lugar de usar explicações impessoais sobre limites (por exemplo, "A política de nosso centro proíbe comportamentos suicidas"), o terapeuta se comunica de forma pessoal (por exemplo, "Para que eu esteja em paz, tenho que saber se você está em segurança"). O terapeuta abre suas intenções e seus sentimentos sempre que possível e evita parecer punitivo ou rígido. Quanto mais ele apresentar razões pessoais para os limites, mais os pacientes irão aceitá-las e respeitá-las. Essa política está de acordo com nossa postura geral de reparação parental limitada.

4. *O terapeuta introduz uma regra na primeira vez que o paciente a viola.* A menos que os pacientes estejam com funcionamento muito diminuído ou hospitalizados, os terapeutas não expõem seus limites antecipadamente a eles, nem estabelecem um contrato explícito (exceto em casos incomuns). Esse tipo de lista ou contrato soa demasiado rígido no contexto da reparação parental limitada. Em lugar disso, o terapeuta verbaliza e explica um limite na primeira vez em que o paciente o ultrapassa e não impõe conseqüências até a próxima vez em que o paciente atravessar essa fronteira. Explicaremos esse processo mais detalhadamente em um momento posterior.

O terapeuta explica a justificativa para impor esse limite e empatiza com as dificuldades do paciente para cumpri-lo. Expõe suas razões pessoais e enfatiza a importância do limite, compartilhando sentimentos de preocupação ou frustração. O terapeuta tenta entender a causa da violação de limites e os modos relacionados.

5. *O terapeuta estabelece conseqüências naturais para a violação de limites.* Sempre que possível, os terapeutas definem conseqüências para violações naturais de limites em relação ao que o paciente fez. Por exemplo, se ele telefonou para o terapeuta com mais freqüência do que o combinado, ele define um período de tempo em que ele não pode telefonar. Se o paciente expressa raiva de maneira inadequada (por exemplo, gritando com o terapeuta) e não desiste, ele sai do consultório por algum tempo ou desconta esse tempo de uma futura sessão. Se o paciente for persistentemente autodestrutivo (por exemplo, usando drogas ou álcool), o terapeuta insiste para que ele tome iniciativas quanto a garantir sua segurança, aumentando o nível de cuidados com a saúde.

Apenas por saber que o terapeuta está incomodado o paciente pode colaborar. A menção por parte do terapeuta de que se incomoda ou se irrita com o que o paciente faz de inadequado por vezes já basta. Quando não basta, o terapeuta impõe outras repercussões. Por exemplo, se o paciente fica ligando para o celular do terapeuta, dizendo que está com tendências suicidas, o terapeuta diz: "Se ficar me ligando tanto, teremos que estabelecer outro procedimento para você seguir quando estiver com esses sentimentos, como ir a um pronto-socorro".

Ao tratar pacientes com TPB, tendemos a aplicar limites mais rígidos à medida que a terapia avança. Somos menos rígidos no início, antes que o paciente tenha formado um vínculo forte com o terapeuta. Em geral, quanto mais forte o vínculo com o terapeuta, maior é a motivação do paciente para cumprir os limites estabelecidos por ele.

Na segunda vez que o limite for desrespeitado, o terapeuta expressa sua firme desaprovação, segue a conseqüência prometida e explica o resultado da próxima violação. Esta última conseqüência deve ser mais grave do que a que seguiu a primeira violação do paciente. Se o limite violado é grave, pode haver necessidade de elevar rapidamente as conseqüências. O terapeuta faz o necessário para manter o paciente seguro, incluindo, hospitalização. Uma vez garantida a segurança do paciente, o terapeuta volta a explorar as causas das violações de limites em termos de esquemas e modos.

Na terceira vez que o limite for desrespeitado, o terapeuta impõe conseqüências ainda mais sérias para a violação seguinte, como uma suspensão temporária da terapia por período definido, ou transferência temporária do paciente a outro terapeuta. Ele pode alertar para a interrupção permanente se o limite for rompido uma quarta vez, com o conseqüente encaminhamento definitivo do paciente a outro terapeuta.

Áreas nas quais os terapeutas estabelecem limites

Há quatro áreas nas quais os terapeutas precisam estabelecer limites para pacientes com TPB com freqüência. Nesta seção, explicamos como as diretrizes gerais listadas aqui podem se aplicar a cada área.

Limitar contato externo. A primeira área é limitar o contato entre terapeuta e paciente fora da sessão. Acreditamos que os terapeutas que trabalham com pacientes com TPB devem, às vezes, estar preparados para lhes dar tempo extra fora das sessões, mas quanto? E como nossas diretrizes esclarecem essa questão?

Nossa primeira diretriz indica que, uma vez garantida a segurança do paciente pelo terapeuta, ele não deve fazer nada por ele de que venha a se arrepender depois. Em outras palavras, o terapeuta deve fazer aquilo que se sente bem para fazer: dar ao paciente o máximo de contato externo que consiga sem sentir raiva. Em geral, é bom para o paciente ter o máximo de contato que o terapeuta possa oferecer, devido à verdadeira carência de uma elevada reparação parental. A pergunta que os terapeutas devem se fazer é: "Quanto estou disposto a oferecer a este paciente sem ficar ressentido?". Para responder a esta pergunta, os terapeutas devem se conhecer bem. Os limites com relação ao contato externo constituem uma questão pessoal e variam de terapeuta a terapeuta. Por exemplo, alguns permitem que os pacientes deixem recados em suas secretárias eletrônicas sempre que incomodados. Desde que elas não abusem do privilégio, deixando mensagens extremamente longas com freqüência, esses terapeutas se sentem bem. Outros não gostariam de tal sistema, de forma que não devem concordar com ele.

Os terapeutas não devem iniciar ou permitir qualquer forma de contato externo que não tenham condições de continuar a oferecer indefinidamente, mais do que por um período limitado e explícito. Por exemplo, o terapeuta não deve falar com o paciente todas as noites e de repente lhe dizer que isso é demais e parar. Se o terapeuta sente necessidade de verificar com freqüência como está o paciente, deve definir esse procedimento por um período preestabelecido de tempo, como um dia ou uma semana.

Os terapeutas devem dizer aos pacientes seus limites quando eles os ultrapassam pela primeira vez e fazê-lo de forma pessoal. Por exemplo, um paciente pode manter mais contato telefônico do que o terapeuta se sente bem em oferecer. Ele fala em termos de sentimentos pessoais, em vez de regras profissionais, dizendo algo como:

> "Se você quiser 10 minutos extra de contato telefônico por semana, além de nossas sessões, me sinto confortável com isso, não há problema e terei prazer em falar com você. Mas você tem me telefonado duas ou três vezes por semana, e isso não me faz sentir bem. É demais para mim, em função de meus outros compromissos, e não quero começar a me sentir desconfortável com você."

Se possível, o terapeuta deve definir o limite pessoalmente, na sessão seguinte, em vez de ao telefone.

Ele impõe conseqüências naturais quando o paciente rompe limites. O terapeuta o faz com confronto empático. Como exemplo, considere o seguinte cenário: uma paciente com TPB liga para o terapeuta três vezes em uma única semana em situações não-emergenciais (por exemplo, seu namorado está atrasado para um encontro). O terapeuta lhe havia pedido que só ligasse para o celular em caso de emergência. Antes de estabelecer a conseqüência, ele enfatiza os sentimentos que a paciente teve durante a semana para telefonar com tanta freqüência. O terapeuta diz: "Você me telefonou muito na semana passada, e sei que é porque se sente em crise e tem muita coisa desagradável acontecendo com você".

A seguir, o terapeuta explica de maneira pessoal o que está errado com o comportamento da paciente.

> "Ainda que eu me preocupe com você, foi muito estressante para mim, nesta última semana, ser chamado tantas vezes. Isso estava me deixando incomodado com você, e não quero me sentir assim. Se você continuar me telefonando com essa freqüência [neste momento, o terapeuta diz a freqüência aceitável], vou parar de responder, e teremos que estabelecer outra forma de lidar com emergências, como ir ao pronto-socorro. Eu não quero que isso aconteça. Quero ser a pessoa com quem você conta em uma emergência. Você entende o que eu estou sentindo?"

Pacientes com TPB costumam ser empáticos e entender o ponto de vista do terapeuta é apresentado de maneira pessoal. O terapeuta ajuda o paciente a encontrar um substituto para o comportamento problemático: "Existem outros sistemas que poderíamos estabelecer para lhe auxiliar quando você estiver em crise, como deixar um recado na minha secretária eletrônica ou ligar para um telefone de ajuda?"

Além de estabelecer um limite e modelar a assertividade adequada, o terapeuta transmite ao paciente uma lição sobre a natureza da raiva. Isso o ajuda a entender seu padrão – a própria raiva não-expressada cresce até que passa ao modo criança zangada – e a superá-lo, tratando as fontes de incômodo de forma assertiva, antes que elas tenham chance de crescer e de se tornar raiva.

Contatar o terapeuta quando estiver com sentimentos suicidas ou parassuicidas. O terapeuta pede que o paciente concorde em não tentar se suicidar sem contatá-lo antes. Esse contrato é uma condição para a terapia. O terapeuta levanta a condição na primeira vez em que os pacientes manifestam que têm ou tiveram tendências suicidas. Elas devem concordar com a regra se quiserem continuar com o tratamento. Pacientes com TPB podem expressar o desejo de cometer suicídio quando precisarem, nas sessões de terapia, mas não agir a partir desse desejo: eles devem falar com o terapeuta diretamente antes de agir, de forma que ele tenha oportunidade de impedi-los.

Concluímos que exigir que os pacientes com TPB concordem que não cometerão suicídio não funciona, porque eles vivenciam as tentativas de suicídio como algo além de seu controle e, muitas vezes, não agüentam abrir mão do mecanismo de enfrentamento que é preservar o suicídio como uma reserva. Então, muitos deles se recusam a prometer que não cometerão suicídio. Em vez de excluí-los do tratamento, alteramos a demanda, pedindo que esses pacientes concordem em ligar e buscar o terapeuta antes de fazer uma tentativa. Pacientes com TPB tendem a tomar essa exigência como um cuidado e concordar com ela de pronto.

O terapeuta dá ao paciente um telefone de casa ou um número de celular para acesso de emergência. Acreditamos que os terapeutas que tratam esses pacientes devem se dispor a oferecer esse tipo de acesso como um componente vital da reparação parental limitada. Um "suplente", como um colega ou médico de plantão, não é um substituto adequado, a menos que o terapeuta esteja inacessível; neste caso, o terapeuta indica alguém para que o paciente procure em seu lugar. O terapeuta explica que se usa o telefone de casa ou o celular apenas para emergências de vida ou morte e estabelece limites se violadas as regras.

Cumprindo regras específicas quando se está com tendências suicidas ou parassuicidas. Para continuar em terapia, os pacientes devem concordar não apenas contatar o terapeuta antes de tentar o suicídio, mas também em seguir a hierarquia de regras que o terapeuta define para lidar com crises suicidas. Discutimos quais são essas regras na parte chamada de "Lidando com crises suicidas". Queremos dizer aqui que o terapeuta estabelece o seguinte limite: sempre que o paciente apresentar tendências suicidas, ele deve concordar em seguir uma determinada seqüência de passos. Cabe ao terapeuta, e não ao paciente, determinar quais são esses passos. O terapeuta é a maior autoridade em relação a que passos o paciente deve dar para estar segura.

O terapeuta menciona o limite na primeira vez em que o paciente expressa ideação suicida. Caso ele se recuse a aderir ao limite, mesmo depois de ser alertado, o terapeuta a atende na atual crise suicida e depois encerra a terapia. Ele o alerta com antecedência, de que isso é o que acontecerá se ele se recusar a aderir ao limite e lhe oferece uma chance de reconsiderar e ateder ao limite. O terapeuta declara: "Eu respeito os seus direitos, e você tem que respeitar os meus. Não posso viver minha vida tendo você como meu paciente e sabendo que, quando sentir tendências suicidas, não seguirá as regras. Acho que você deve seguir para se sentir seguro. Simplesmente me provoca muita ansiedade e não consigo trabalhar assim".

Limitando comportamentos autodestrutivos e impulsivos. Pacientes com TPB podem se tornar tão inundados por sentimentos insuportáveis que comportamentos impulsivos e autodestrutivos, como se cortar ou usar drogas, pareçam as únicas formas viáveis de alívio. Ensinar-lhes habilidades de enfrentamento, como as descritas anteriormente, pode auxiliar esses pacientes a tolerar o estresse, mas, às vezes, eles se tornam sobrecarregados demais para que suas habilidades de enfrentamento ajudem. Até que o vínculo reparental se estabeleça firme, o terapeuta provavelmente não terá condições de fazer com que o paciente interrompa por completo todos os comportamentos autodestrutivos. O terapeuta tenta estabelecer limites firmes mas entende que, no início da terapia, será necessário tolerar alguns desses comportamentos porque o paciente não é estável o suficiente para parar com eles totalmente. No entanto, o terapeuta trabalha com a expectativa de que, dentro de aproximadamente seis meses de terapia, o paciente não mais apresente esses comportamentos com significativa freqüência.

Quando os pacientes com TPB se conectam ao terapeuta como uma base estável e carinhosa e conseguem expressar raiva quanto a ele e a outros de maneira direta durante as sessões, os comportamentos impulsivos e autodestrutivos tendem a reduzir significativamente em todas as circunstâncias, menos nos ambientes mais extremos, a exemplo da perda de um antigo relacionamento.

Esse comportamento resulta de qualquer dos quatro modos de esquemas, embora talvez o criança zangada e impulsiva seja o mais comum. Muitos desses comportamentos ocorrem porque o paciente está com raiva de alguém e não consegue expressá-la diretamente. A raiva do paciente cresce, acabando por ser liberada na forma de comportamentos impulsivos autodestrutivos. Outros comportamentos impulsivos advêm dos modos criança abandonada, pai/mãe punitivo e protetor desligado. Como observamos, quando os pacientes com TPB se cortam, podem estar no modo criança abandonada, tentando usar a dor física para desviar a atenção da dor emocional, ou no modo pai/mãe punitivo, punindo-se, ou ainda, no protetor desligado, tentando romper com a indiferença a fim de sentir que existem. O terapeuta estabelece limites segundo o modo que gera o comportamento autodestrutivo.

O terapeuta não tolera qualquer comportamento destrutivo em relação a terceiros. Se o paciente é uma ameaça a outras pessoas, o terapeuta define o limite se ele tiver qualquer atitude, de qualquer maneira, agressiva ou destrutiva quanto a outras pessoas, como bater, seguir ou abusar sexualmente, o terapeuta avisará a quem está em risco e/ou chamará a polícia, dependendo da gravidade do comportamento. O terapeuta diz algo como, "Se eu souber que você está à beira de causar dano a alguém, terei que intervir para pará-lo. Não deixarei que abuse ou machuque outras pessoas".

Limitando ausências e intervalos. O terapeuta não permite que pacientes com TPB faltem a sessões habitualmente. Faltar a sessões é, sobretudo, uma expressão do modo protetor desligado. Por exemplo, se um paciente passa ao modo que a incomoda durante uma sessão – como a criança abandonada e a criança zangada –, ele pode faltar à próxima sessão para evitar que ocorra de novo. O paciente pode estar com raiva do terapeuta e com medo de entrar no modo criança zangada e, assim faltar à sessão. A terapia não tem como avançar desta forma, porque o terapeuta precisa trabalhar com os pacientes quando eles estiverem ativamente nesses modos, para fazer progressos. Os pacientes devem concordar em comparecer regularmente às sessões de terapia e faltar apenas em situações extremas (por exemplo, doenças, o falecimento de alguém próximo, intempérie que impossibilite o trânsito na cidade).

Se os pacientes persistirem em faltar a sessões, o terapeuta impõe uma conseqüência. Pode verbalizar, por exemplo, que, "Se você faltar a outra sessão, vou parar de ter contato com você fora da sessão por uma semana", "Se você faltar de novo, teremos que parar com a terapia por uma semana", ou "Se você faltar uma sessão, toda a sessão seguinte tratará da razão pela qual você faltou".

O terapeuta impõe o limite de forma que soe como um cuidado, e não como uma punição. Ele diz: "Não estou fazendo isso para puni-lo ou por achar que você é 'ruim', e sim porque só tenho como a ajudar se você vier às sessões, mesmo que esteja incomodado. Se você não comparece às sessões, não tenho como o ajudar. Então, preciso lhe impor um limite para fazer com que você venha, mesmo quando não queira realmente estar aqui".

A desobediência dos pacientes com TPB geralmente não constitui parte do modo criança abandonada. A exceção é contatar o terapeuta com muita freqüência por sentir ansiedade de separação. A criança abandonada depende do terapeuta e conta com ele para a orientar; assim, provavelmente será obediente. A desobediência costuma advir de um dos outros modos – o protetor desligado, o pai/mãe punitivo ou a criança zangada e impulsiva. Para superar a desobediência do paciente, o terapeuta trabalha como esses modos até que ele respeite os limites.

O terapeuta solicita ao paciente, por exemplo, que realize um diálogo entre o modo desobediente (como o protetor desligado) e o adulto saudável, pedir que a criança zangada libere essa raiva em direção a ele em relação ao limite e, depois, empatizar e realizar testagem de realidade. O terapeuta solicita que o paciente represente um modo por vez, expressando sentimentos em relação ao limite.

Em última análise, a capacidade do terapeuta de estabelecer limites depende da força do vínculo reparental. Esse vínculo é a base de apoio do terapeuta para persuadir os pacientes a seguirem as regras. O paciente tende a concordar por respeito aos sentimentos do terapeuta, mesmo que nem sempre consiga compreender as razões para tais normas.

Lidando com crises suicidas

Os terapeutas seguem uma seqüência de passos sempre que um paciente *borderline* se encontra em situação suicida ou parassuicida.

Aumentar a freqüência de contato com o paciente

Trata-se do primeiro passo e muito importante. Geralmente, o contato com o terapeuta é o antídoto mais eficaz contra a tendência suicida do paciente. Se ele verifica como está o paciente alguns minutos por dia até que a crise passe, via de regra é suficiente. A crise suicida passa, e o terapeuta não precisa avançar mais na seqüência.

O terapeuta avalia qual modo gera a tendência suicida do paciente e usa as estratégias apropriadas a esse modo. Se for o modo criança abandonada, o terapeuta oferece cuidados e proteção ao paciente. Se for a criança zangada, o terapeuta permite que o paciente manifeste a raiva, empatiza e testa a realidade. Se for o pai/mãe punitivo, defende o paciente e combate a voz punitiva. Quando o pai/mãe punitivo gera a necessidade, o terapeuta estabelece limites também ao comportamento parassuicida, já que o paciente recorre a esse tipo de comportamento para se sentir indiferente.

Avaliar a tendência suicida em cada contato

Quando um paciente está em uma crise suicida, o terapeuta avalia a tendência suicida cada vez que fala com ele. O terapeuta diz: "Qual é o risco real de que você venha a se machucar entre hoje e a próxima vez em que nos falarmos?". O terapeuta pode pedir que o paciente classifique o risco em uma escala, entre "alto", "médio" e "baixo". Se o nível de sentimento suicida for alto, o terapeuta passa ao próximo passo da hierarquia: obter permissão para entrar em contato com pessoas próximas ao paciente.

Obter permissão para entrar em contato com pessoas próximas ao paciente

O terapeuta fala:
"Só temos algumas opções agora, porque você está com tendências suicidas muito agudas. Você vai procurar um hospital, ou teremos que encontrar alguém que fique com você, um amigo ou parente que o vigie e o acompanhe até a crise passar? Há alguém com quem você possa ficar temporariamente ou que possa ficar com você? Se não quiser ir para o hospital, então terá que deixar que eu fale com alguém próximo a você, porque não me parece que você consiga ficar até o nosso próximo contato sem se machucar".

(*Observação:* A família de origem só deve ser considerada o último recurso nos casos em que o ambiente familiar configura o grande responsável pelos esquemas do paciente.)

Marcar consulta com um co-terapeuta

Ao mesmo tempo, o terapeuta marca uma consulta com um co-terapeuta. Este compartilha a carga da tendência suicida do paciente, de forma que o terapeuta não a suporte sozinho, e ajuda a garantir que aquele lide de forma ideal com o problema. O terapeuta compartilha o caso do paciente com o co-terapeuta, que serve como suplente ao terapeuta principal. Se o paciente não puder encontrar o terapeuta principal, ou se ele e o terapeuta enfrentam um conflito que não conseguem resolver por conta própria, o co-terapeuta intervém.

Os terapeutas que tratam pacientes com TPB trabalham juntos e se apoiam mutuamente, cumprindo a função de co-terapeutas um para o outro.

Iniciar medicação psicotrópica

Se não for psiquiatra, o terapeuta marca consulta com um profissional da área, que pode tratar de questões de medicação e hospitalização. Muitos pacientes com TPB respondem bem a medicamentos psicotrópicos, o que reduz em muito seu pavor e seu sofrimento e lhes permite funcionar melhor.

Considerar a possibilidade de tratamentos auxiliares

O terapeuta cogita a possibilidade de usar tratamentos auxiliares que dêem mais apoio ao paciente. Eis alguns exemplos: hospitais-dia, terapia de grupo, telefones de auxílio a pessoas em crise, grupos de apoio a sobreviventes de incesto e grupos de 12 passos.

Providenciar hospitalização voluntária, se necessário

A intensidade das crises suicidas determina se os pacientes necessitam de hospitalização, o que acontece em caso de terem tendências suicidas extremas ou na maior parte do tempo. Diz o terapeuta: "Se você estiver, cronicamente, em uma situação de vida ou morte, deve ficar em um hospital, onde estará segura".

Se o paciente se recusa a ir voluntariamente para o hospital, e se o suicídio parece iminente, o terapeuta o hospitaliza contra a vontade. O terapeuta faz o necessário para manter o paciente vivo, inclusive chamar a polícia para levá-lo contra a própria vontade. "Se você se recusar a ir para o hospital voluntariamente, então eu não terei escolha a não ser hospitalizá-lo contra a sua vontade. Quero que saiba que, se eu tiver que fazer isso, não serei mais seu terapeuta quando você sair." O terapeuta impõe uma conseqüência para a recusa do paciente em cooperar e lhe dá uma chance de ceder: "Se você for para o hospital voluntariamente, continuo sendo seu terapeuta e retomarei seu tratamento quando você sair de lá. Se não, terei que providenciar internação involuntária. Não posso ser seu terapeuta se você não aceitar os limites que estabeleço."

Trabalhando com memórias traumáticas de abuso ou de abandono na infância

Trabalhar com memórias traumáticas da infância é a última e mais difícil etapa do trabalho vivencial. Tendo o terapeuta como guia, a paciente relembra e revive memórias traumáticas de abuso ou de abandono em imagens mentais (e outras memórias traumáticas).

O terapeuta não inicia o trabalho com imagens traumáticas até que certas condições sejam cumpridas. Em primeiro lugar, a paciente deve se encontrar estável, funcionando em um alto nível, para suportar o processo sem ser sobrecarregada nem se tornar suicida. Terapeuta e paciente podem decidir juntos se esta já está pronta. Em segundo lugar, o terapeuta não começa o trabalho com imagens até que ele e a paciente tenham discutido o trauma desta longamente em sessões anteriores. Em outras palavras, trabalham o trauma em nível cognitivo antes de tentar o trabalho vivencial. Em terceiro, acreditamos que os terapeutas deveriam receber formação avançada no trabalho com trauma antes de aplicar técnicas de imagens mentais ao material traumático.

As características definidoras do trauma são medo, desamparo e pavor (DSM-IV; American Psychiatric Association, 1994). As emoções conectadas a memórias traumáticas não são emoções comuns, e sim extremas, que sobrecarregam a capacidade humana normal de suportar emoções. O trauma causado por pessoas desde cedo e repetido por um período longo é bastante devastador, característica que, infelizmente, costuma ser verdadeira em relação a abuso e negligência infantis.

O terapeuta ajuda o paciente a conter as emoções associadas ao trauma dentro do contexto da relação terapêutica, de forma que ele não as vivencie sozinho. Em última análise, é a segurança do vínculo terapeuta-paciente que possibilita que o paciente suporte emoções e vivencie novamente o trauma. Esse vínculo se contrapõe ao sentido que o paciente geralmente atribui ao trauma original: ele não vale nada, não tem solução e está só. Em contraste, o vínculo da terapia permite que o paciente se sinta valorizado, acolhido e conectado a outros seres humanos, apesar da experiência traumática.

Apresentando a fundamentação

Como as memórias de abuso evocam emoções dolorosas, é importante oferecer ao paciente uma fundamentação convincente para vivenciá-las novamente. Sem uma boa fundamentação, reviver o abuso em imagens mentais pode ser retraumatizante, e não curar. Pode machucar, em vez de auxiliar o paciente.

O terapeuta apresenta a fundamentação sob a forma de "testagem empática da realidade". O terapeuta empatiza com o sofrimento do paciente ao relembrar do abuso, expressa compreensão quanto ao seu desejo de evitá-lo, mas confronta a realidade da situação. Quanto mais o paciente evita relembrar o abuso, mais esse abuso domina sua vida, ao passo que, quanto mais ele o processar, menos poder o abuso terá sobre sua vida. Enquanto o paciente permanecer dissociando suas memórias, estas continuarão a sobrecarregar sua vida sob a forma de sintomas e comportamentos autodestrutivos, ao passo que, se puder relembrá-las e integralizá-las, acabará por se livrar dos sintomas.

O terapeuta explica os propósitos de reviver o abuso. O paciente vivenciará, inicialmente, as emoções e memórias do trauma sem bloqueá-las; depois, com a ajuda do terapeuta, reagirá ao abusador. Isso o ajudará a se sentir fortalecido no futuro, contra o abusador e contra qualquer outro indivíduo que tente abusar dele. Também enfraquecerá a influência do trauma à medida que ele explora o que aconteceu e dá a isso um novo sentido em sua vida. Se o paciente consegue criar algo "bom" a partir do abuso, poderá se sentir vitorioso em relação a ele.

O terapeuta reafirma ao paciente uma presença firme durante o trabalho com imagens, dizendo: "Estarei aqui com você. Vou ajudá-lo a suportar os sentimentos dolorosos". Pretende-se chegar ao ponto em que memórias de abuso não sejam mais devastadoras ao paciente.

Realizando trabalho com imagens de eventos traumáticos

Quando o paciente entende e aceita a fundamentação, o terapeuta está pronto para começar o exercício com imagens. A fim de aumentar a sensação do controle do paciente, o terapeuta começa explicando o que vai acontecer:

"Vou pedir que você feche seus olhos e visualize uma imagem do abuso (ou abandono) de que me falou antes. Quando a imagem surgir, quero que me conte o que está acontecendo, com o maior detalhe possível. Fale no tempo presente, como se a imagem estivesse acontecendo agora. Se você se assustar e quiser fugir da imagem, eu vou lhe ajudar a permanecer nela, mas, se quiser parar a qualquer momento, levante a mão, e pararemos. Depois, vou lhe ajudar a fazer a transição de volta da imagem ao momento presente, para que possamos falar sobre o que aconteceu lá. Falamos disso pelo tempo que você quiser."

O terapeuta pergunta se a paciente tem alguma dúvida.

Ao trabalhar com memórias traumáticas, o terapeuta realiza exercícios muito curtos com imagens mentais e costuma deixar que passem algumas semanas antes de retomar o procedimento. Durante esse tempo, terapeuta e paciente discutem minuciosamente as imagens. O processo é de exposição gradual, e não de inundação. Muitas vezes, os pacientes relutam em se envolver por completo com as imagens, especialmente nos fragmentos mais angustiantes. O terapeuta auxilia o paciente, abordando de maneira gradual as imagens temidas.

Na primeira vez em que o paciente descreve a imagem, o terapeuta diz muito pouco, falando somente quando ele deixa de avançar, para estimulá-lo a prosseguir. Caso contrário, o terapeuta permanece calado e escuta. Em sucessivas sessões de imagens mentais, o terapeuta torna-se mais ativo. Quando os pacientes começam a bloquear imagens, ele os ajuda a persistir. Quando revivem memórias, o terapeuta os auxilia a passar por isso de forma vívida. O objetivo é aumentar o envolvimento emocional do paciente com as imagens. O terapeuta diminui a velocidade da ação, fazendo perguntas e estimulando o paciente a detalhar a história em palavras. O que o paciente está vendo, ouvindo, tocando, saboreando, cheirando? Quais são as suas sensações corporais? O que está pensando? Quais são todos os seus sentimentos? Ele consegue expressar todos os seus sentimentos em voz alta?

Ao lidar com memórias traumáticas, muitas vezes o paciente consegue gerar apenas imagens desconectas do que aconteceu. Ele só consegue obter *flashes* das imagens, não é capaz de vê-las inteiras. A maioria dos sobreviventes de abuso infantil tem certas memórias que não consegue suportar. Ao abordar esses momentos com imagens mentais, a narrativa se desfaz. A paciente pode ver apenas uma série de imagens congeladas. Com freqüência, quando relembra esses momentos, é invadida por emoções. Pode tremer de medo, sentir náusea, levantar a mão para afastar as imagens ou virar a cabeça para o lado. O terapeuta ajuda o paciente a juntar esses fragmentos em narrativas coerentes que integrem a maioria das imagens traumáticas. Pretende-se que, ao final, o mínimo possível de memória permaneça dissociado. O terapeuta deve ter cuidado especial para não "sugerir" elementos nem criar uma "falsa memória" (essa questão foi discutida com mais detalhes no Capítulo 4, sobre estratégias vivenciais).

O terapeuta estimula o paciente a dizer ou fazer coisas, na imagem, que não puderam fazer na infância, como reagir ao abusador. Ele entra na imagem para ajudar o paciente. Em nossa opinião, reagir ao abusador nas imagens mentais é essencial ao tratamento do abuso infantil. Até que consiga reagir ao abusador – e, assim, contra seu próprio modo pai/mãe punitivo –, o paciente não obterá a cura do abuso. Permitimos que os pacientes reajam de qualquer maneira escolhida, incluindo comportamentos agressivos, com uma exceção importante. Não ajudamos os pacientes a elaborar imagens de fantasias em que cometem violência se têm um histórico de comportamento violento.

Depois de terminar um exercício com imagens mentais, o terapeuta guia o paciente através de algum tipo de procedimento de relaxamento, qualquer das habilidades autotranqüilizantes que o paciente aprendeu até aqui no tratamento, como meditação [*mindfulness*], relaxamento muscular progressivo, imagens de lugares seguros ou sugestões positivas. O terapeuta continua com o procedimento de relaxamento até que o paciente se acalme. Uma vez que isso tenha ocorrido, o terapeuta reserva alguns momentos para remetê-lo de volta ao momento presente. Ele chama sua atenção para o entorno imediato, por exemplo, pedindo-lhe que observe algo no consultório, dá a ele um pouco d'água ou fala tranqüilamente sobre temas comuns.

Quando o paciente estiver calmo, o terapeuta discute minuciosamente a sessão de imagens com ele. Ele o estimula a expressar integralmente todas as suas reações ao reviver o abuso, e o elogia por haver tido força para suportar. O terapeuta toma cuidado para dar tempo suficiente à recuperação do paciente (pelo menos 20 minutos), não deixando que saia da sessão demasiado incomodado com o trabalho feito com imagens mentais. Se necessário, permite que ele permaneça na sala de espera após a sessão ou pede que ele telefone mais tarde, a fim de verificar como ele está.

Promovendo intimidade e individuação

À medida que o tratamento avança, o terapeuta estimula a generalização da relação terapêutica a pessoas próximas ao paciente, fora da terapia. Ele o auxilia a escolher parceiros amorosos e amigos estáveis e, depois, a desenvolver intimidade verdadeira com eles.

Quando o paciente resiste a se envolver no processo, o terapeuta responde com confronto empático, expressando compreensão de suas dificuldades para se arriscar à intimidade, mas reconhece que somente por meio desses riscos calculados ele irá vivenciar relacionamentos íntimos significativos com outros. Quando o paciente evita a intimidade, o terapeuta realiza trabalho com modos com sua parte evitativa; o terapeuta transforma a parte "resistente" em um personagem nas imagens mentais do paciente e desenvolve diálogos com esse modo. O terapeuta também confronta empaticamente comportamentos sociais autodepreciativa, como atitude "pegajosa", isolamento e raiva excessiva.

Além disso, uma vez estabilizado o paciente, o terapeuta o ajuda a individuar, descobrindo suas "inclinações naturais". Ele aprende a agir a partir de suas verdadeiras necessidades e emoções, em vez de agradar a outros. Na entrevista do Dr. Young com Kate, ela expressou, de forma pungente, a importância dessa parte do tratamento:

Kate: Posso dizer que tenho fortes convicções ou sentimentos intensos sobre alguma coisa, mas, no minuto seguinte, tudo se foi. É estranho, mas alguns meses atrás eu descobri qual era minha cor preferida, e fiquei tão entusiasmada (*ri*), porque tinha uma cor preferida e era algo que eu realmente vi por minha conta.
Terapeuta: E você sabia que era você.
Kate: É. (*chora*) Eu tinha 27 anos e era isso. Esta é a cor que eu gosto de verdade, não porque alguém diz que é a cor que devo gostar, ou alguém que eu quero ser gosta dela, é simplesmente, para mim, é muito bom. Então eu fiquei orgulhosa de mim, de verdade (*ri*).

Terapeuta: Isso é ótimo. Então você conseguiu encontrar a parte de você que é verdadeira, ao contrário da parte que tenta ser o que outra pessoa quer que você veja.
Kate: Sim.
Terapeuta: E isso é uma coisa que você não tem conseguido fazer por muito tempo.
Kate: É engraçado, mas sempre que vejo essa cor, quero mantê-la, porque é uma coisa de que eu sei que gosto e é importante para mim, porque há tão poucas coisas das quais eu sei que gosto e quero.

O passo final é o terapeuta estimular a independência gradual da terapia, reduzindo lentamente a freqüência das sessões. Como observamos, descobrimos que na maioria dos casos, pacientes com TPB tratados com êxito nunca encerram em definitivo o tratamento. Mesmo que passem períodos longos entre os contatos, a maioria desses pacientes acaba procurando o terapeuta de novo. Eles o consideram como um pai/mãe substituto e continuam a manter contato.

Ciladas para o terapeuta

Com seus modos em constante mudança, os pacientes com TPB não têm uma imagem interna estável do terapeuta. Em lugar disso, essa imagem muda segundo seus modos. No modo criança abandonada, o terapeuta é um cuidador carinhoso idealizado que pode desaparecer de repente ou dominar o paciente. No modo criança zangada, o terapeuta é um privador desvalorizado. No modo pai/mãe punitivo, o terapeuta é um crítico hostil. No modo protetor desligado, é uma figura distante e fria. As percepções da paciente sobre o terapeuta mudam a todo instante. Essas mudanças podem ser muito desconcertantes para o terapeuta. Os terapeutas que são objeto dessas avaliações variáveis se expõem a uma série de reações de contratransferência e sentimentos profundos de desamparo.

Listamos brevemente alguns dos riscos que os terapeutas enfrentam com mais freqüência quando tratam pacientes com TPB. Os riscos associam-se aos próprios esquemas do terapeuta e estilos de enfrentamento.

Esquema de subjugação do terapeuta

Os terapeutas que têm esquemas de subjugação e que usam esquemas de enfrentamento de resignação ou de evitação enfrentam o risco de se tornarem muito passivos com os pacientes. Talvez evitem o confronto e deixem de estabelecer limites adequados. As conseqüências podem ser negativas para terapeuta e paciente: ele se torna cada vez mais irritado com o passar do tempo, e o paciente se sente mais e mais ansioso em relação à falta de limites, com possibilidade de desenvolver comportamento impulsivo ou autodestrutivo.

Os terapeutas que têm esquemas de subjugação precisam realizar esforços conscientes e determinados para confrontar as pacientes sempre que indicado – por meio de confronto empático – e estabelecer e aplicar os limites adequados.

Esquema de auto-sacrifício do terapeuta

Um risco para os terapeutas com esquemas de auto-sacrifício (quase todos os terapeutas têm esse esquema, segundo nossa experiência) é permitir demasiado contato externo com as pacientes e depois se sentirem desconfortáveis com isso. Por trás do auto-sacrifício da maioria dos terapeutas, está uma sensação subjacente de privação emocional, ou seja, muitos terapeutas oferecem aos pacientes o que gostariam de ter recebido quando crianças. O terapeuta doa-se demais, cresce seu ressentimento, e ele acaba por se distanciar ou punir o paciente.

A melhor forma de os terapeutas com esse esquema administrarem a situação é conhecer de antemão seus próprios limites e manterem-se dentro deles.

Esquemas de defectividade, padrões inflexíveis ou fracasso do terapeuta

O terapeuta com qualquer desses esquemas arrisca-se ao sentimento de inadequação quando o paciente com TPB não faz progressos, reincide ou o critica. É importante para esse terapeuta lembrar que o tratamento comum de um paciente com TPB se caracteriza por períodos desestimulantes, recidivas e conflitos, mesmo na melhor das circunstâncias e com o melhor dos terapeutas. Ter um co-terapeuta e um bom supervisor auxilia a manter uma visão clara do que é realista esperar e em que tempo.

Hipercompensação de esquemas por parte dos terapeutas

Essa cilada é extremamente perigosa e pode destruir a relação terapêutica. Se o terapeuta tende à hipercompensação de esquemas – ou seja, tende a contra-atacar –, ele pode ficar irritado e acusar e punir o paciente. O terapeuta que tende a hipercompensar esquemas corre alto risco de prejudicar pacientes com TPB em lugar de ajudá-las. Deveria ser supervisionado de perto nesses casos.

Evitação de esquemas por parte dos terapeutas

O terapeuta evitador de esquemas pode, involuntariamente, desestimular o paciente a expressar necessidades e emoções intensas. Quando expressa sentimentos fortes, o terapeuta se sente desconfortável e se retrai ou expressa desânimo. Os pacientes com TPB, muitas vezes, detectam essas reações e as interpretam mal, como rejeições e críticas. Os terapeutas, às vezes, provocam a interrupção prematura da terapia para evitar os sentimentos intensos dessas pacientes.

Para serem terapeutas eficazes nos casos de pacientes com TPB, os evitadores de esquemas devem aprender a tolerar suas próprias emoções e as deles.

Esquema de inibição emocional do terapeuta

Os terapeutas que têm o esquema de inibição emocional costumam se encontrar com pacientes com TPB distantes, rígidas e impessoais. Trata-se de um risco grave. Os terapeutas inibidos emocionalmente podem causar danos a pacientes com TPB e, provavelmente, não deveriam trabalhar com eles. Esse tipo de paciente precisa de cuidado e carinho a fim de passar por uma reparação parental. O terapeuta de atitude fria não conseguirá dar ao paciente o cuidado de que ele necessita de maneira que possa reconhecer e aceitar.

Se o terapeuta escolher a cura do esquema, há uma possibilidade de superar a inibição emocional por meio de terapia.

CONCLUSÃO

O tratamento de um paciente com TPB é um processo de longo prazo. Para que ele atinja individuação e intimidade com outras pessoas, costumam ser necessários dois ou três anos de terapia, talvez mais, porém os pacientes costumam mostrar melhoras importantes ao longo desse período.

Temos uma sensação de otimismo e esperança com o uso da terapia do esquema nos casos de pacientes com TPB. Embora o tratamento costume ser lento e difícil para terapeuta e paciente, as recompensas são grandes. Observamos que a maioria dos pacientes com TPB faz progressos significativos. Em nossa opinião, os elementos curativos essenciais da terapia do esquema para esses pacientes são a "reparação parental limitada" proporcionado pelo terapeuta, o trabalho com modos e o avanço por meio das etapas descritas.

10
TERAPIA DO ESQUEMA NO TRANSTORNO DA PERSONALIDADE NARCISISTA

Segundo nossa experiência, são os pacientes com transtornos da personalidade *borderline* ou narcisista que representam as dificuldades mais freqüentes para os terapeutas. De certa forma, esses dois grupos de pacientes apontam para dilemas opostos: os pacientes com transtorno da personalidade *borderline* são carentes demais e demasiado sensíveis, ao passo que os portadores de transtorno da personalidade narcisista costumam não se mostrar suficientemente vulneráveis ou sensíveis. Ambos os grupos são ambivalentes com relação ao processo de terapia. Assim como acontece com o tratamento de pacientes com transtorno da personalidade *borderline*, nosso enfoque sobre os pacientes com transtorno da personalidade narcisista se baseia em modos. Foi, em grande parte, para tratar esses dois tipos de pacientes com mais êxito que desenvolvemos o conceito de modos. A abordagem fundamentada em modos nos permite construir uma aliança terapêutica com as partes do paciente que lutam por saúde, ao mesmo tempo em que lutamos contra as partes desadapatativas, isto é, as que avançam rumo ao isolamento, à autodestruição e ao prejuízo de outras pessoas.

MODOS DE ESQUEMA EM PACIENTES COM TRANSTORNO DA PERSONALIDADE NARCISISTA

Observamos três modos básicos que caracterizam a maioria dos pacientes com transtorno da personalidade narcisista (além do modo adulto saudável, que o terapeuta tenta potencializar):

1. Criança solitária
2. Auto-engrandecedor
3. Autoconfortador desligado

Nem todos os pacientes com transtorno da personalidade narcisista apresentam os três modos, e alguns deles possuem outros. Contudo, esses modos são, de longe, os mais comuns. Ao discutirmos os três modos, associamos os mesmos aos esquemas e estilos de enfrentamento que, segundo nossa visão teórica, constituem o narcisismo.

Segundo nossa experiência, esses pacientes geralmente são incapazes de dar e receber amor verdadeiro (com a exceção ocasional de seus próprios filhos). Os esquemas nicleares do narcisismo são privação emocional e defectividade, constituintes do modo criança solitária. O esquema de arrogo trata-se de uma hipercompensação para os dois outros esquemas e de parte do modo auto-engrandecedor. Como não consegue experimentar amor verdadeiro, a maioria dos pacientes com transtorno da personalidade narcisista provavelmente perpetuará seus esquemas de privação emocional e defectividade por toda a vida. Por meio do próprio comportamento, garantem a manutenção da incapacidade de amar ou receber amor, a menos que façam terapia ou entrem em algum outro tipo de relacionamento que viabilize a cura.

A criança solitária quase sempre tem esquema de privação emocional com estilo de enfrentamento de hipercompensação. Para compensar o esquema, os pacientes passam a se sentir merecedores, exigindo muito e dando pouco às pessoas próximas. Como têm a expectativa de privação, comportam-se de maneira exigente para garantir o atendimento de suas necessidades. É o esquema de privação emocional que predispõe esses pacientes a exagerarem o grau de negligência e incompreensão que sofrem.

O esquema de defectividade, via de regra, está presente no narcisismo. A maioria dos pacientes com transtorno da personalidade narcisista se sente defeituosa, e por isso esses pacientes não deixam que outros indivíduos se aproximem deles. São ambivalentes com relação à intimidade, desejando-a, mas sentindo-se desconfortáveis frente a ela, afastando-a quando começam a recebê-la. (Pode-se considerar isso a tensão entre os esquemas de privação emocional e defectividade. Sua sensação de privação os motiva a se aproximar de outros, mas a de defectividade os faz se afastar.) Crêem que a exposição de qualquer defeito é humilhante e provoca rejeição. Sempre que não conseguem atingir padrões elevados em público, desabam da grandiosidade à inferioridade e se envergonham. Esses fracassos geralmente produzem depressão ou sintomas de Eixo I, como ansiedade e transtornos psicossomáticos. Além disso, os fracassos costumam gerar esforços renovados de hipercompensação.

Na prática real, muitas vezes adaptamos ou alteramos os nomes dos modos para melhor adequá-los a cada paciente. Por exemplo, podemos chamar a criança abandonada de "criança rejeitada", "criança ignorada" ou "criança inadequada"; o auto-engrandecedor, de "competidor" ou "crítico"; o autoconfortador desligado, de "viciado em excitação" ou "especulador". Usamos qualquer nome que melhor capte o modo do paciente específico.

Outros esquemas

Privação emocional, defectividade e arrogo são os esquemas mais destacados em pacientes com transtorno da personalidade narcisista, mas inúmeras vezes há outros presentes. Com freqüência também observamos alguns dos seguintes esquemas:

- Desconfiança/Abuso
- Isolamento social/Alienação
- Fracasso
- Autocontrole/Autodisciplina insuficientes
- Subjugação
- Busca de aprovação/Busca de reconhecimento
- Padrões inflexíveis/Postura hipercrítica
- Postura punitiva

Por usarem hipercompensação e evitação como estilos de enfrentamento, a maior parte do tempo os pacientes com transtorno da personalidade narcisista têm pouca consciência de seus esquemas.

Modo criança solitária

Este modo encontrado em pacientes com transtorno da personalidade narcisista é uma versão do modo criança vulnerável. No íntimo, esses pacientes sentem-se como crianças solitárias somente valorizadas se engrandecem seus pais. O paciente, contudo, costuma ter pouca consciência desse sentimento fundamental. Como as necessidades emocionais da criança não foram atendidas, o paciente costuma se sentir vazio e só. O terapeuta estabelece o vínculo mais profundo com o modo criança solitária do paciente.

Neste modo, os pacientes com transtorno da personalidade narcisista costumam pensar que não merecem amor. A criança solitária sente-se não-amada e não-passível de receber amor. Muitos pacientes com transtorno da personalidade narcisista acreditam que, de alguma forma, obtiveram sucesso além de sua real capacidade. Crêem que, de alguma maneira, enganaram a todos ou tiveram uma sorte incrível. Assim, tendem a sentir, no íntimo, que não conseguem corresponder às expectativas alheias com relação a eles, embora pareçam cumpri-las. Acham que não conseguirão cumprir essas expectativas por muito mais tempo. Esses pacientes têm a sensação, prevalente, de que áreas da vida em que hipercompensam para ganhar reconhecimento e valor estão à beira do colapso.

Para esses pacientes, o oposto de se sentir "especial" é se sentir "na média". A média é um dos piores sentimentos para a maioria dos pacientes com transtorno da personalidade narcisista, porque sua auto-imagem está dividida: ou eles se tornam o centro das atenções, maravilhosos, ou são nada, e não há meio-termo. Isso resulta da aprovação condicional que esses pacientes receberam quando crianças. Estar na média equivale a ser ignorado e inaceitável. Se não se tornarem especiais, ninguém irá amá-los, ninguém passará tempo com eles, e estarão sós.

O modo criança solitária geralmente se desencadeia em pacientes com transtorno da personalidade narcisista provocado pela perda de alguma fonte de afirmação ou *status* especial: empresa faliu, foram demitidos do emprego, sofreram divórcio, perderam uma competição, alguém atingiu mais sucesso ou reconhecimento, alguém a quem respeitam os critica, ou ficam doentes e não conseguem trabalhar. No modo criança solitária, esses pacientes tentam voltar sempre que podem a um dos outros modos, seja o auto-engrandecedor ou autoconfortador desligado. A maioria dos pacientes permanece no modo criança solitária pelo menor tempo possível, porque vivenciá-lo é muito doloroso, já que a criança solitária se sente triste, não-amada, humilhada e (geralmente) tem aversão a si mesma. Em algum momento, como resultado de derrota, fracasso ou rejeição, a maioria dos pacientes com transtorno da personalidade narcisista passou algum tempo no modo criança solitária, mas não costuma se lembrar disso com clareza, resiste a pensar nisso e faz quase qualquer coisa para evitar o sentimento de vulnerabilidade de novo.

Modo auto-engrandecedor

O modo auto-engrandecedor é uma hipercompensação para os sentimentos de privação e defectividade do paciente. Quando nesse modo, os pacientes se comportam com arrogo, de forma competitiva, grandiosa, abusiva e em busca de *status*. Geralmente, constitui-se no modo automático "padrão", sobretudo quando próximos a outras pessoas. Trata-se do modo que os pacientes com transtorno da personalidade narcisista vivenciam durante a maior parte do tempo. Via de regra, passam ao autoconfortador desligado quando estão sós por longos períodos e raramente mudam para o modo criança solitária.

Como a criança solitária (em geral) se sente defectiva, o auto-engrandecedor tenta demonstrar superioridade. Nesse modo, os pacientes portam-se de maneira ávida por admiração e apreciam criticar a outros. Têm tendência a comportamentos competitivos, como falar em tom condescendente, retaliar com raiva descasos percebidos, desejar parecer melhores do que os outros e diminuí-los, sempre ter a razão. Esses comportamentos são compensatórios, pois, no íntimo, esses pacientes estão se sentindo inferiores e insultados. O esquema também se manifesta por meio de comportamentos que evitam intimidade, como expressar raiva sempre que se sente vulnerável e controlar o fluxo de conversa, afastando-o de material emocionalmente revelador (como tenta fazer Carl, o exemplo clínico que apresentaremos posteriormente, neste capítulo).

É o esquema de arrogo que leva à postura de autocentrismo do paciente, sua falta de preocupação com as necessidades e direitos alheios e sua sensação de "ser especial". No modo auto-engrandecedor, os pacientes com transtorno da personalidade narcisista tendem a se comportar de forma insensível. Insistem em fazer e ter tudo o que quiserem, independentemente do custo a outras pessoas. São quase que completamente auto-absortos e demonstram pouca empatia pelas necessidades e pelos sentimentos de outras pessoas. Tentam direcionar o comportamento alheio de acordo com seus próprios desejos. Esperam ser tratados de forma especial e não crêem que deveriam seguir as regras aplicadas aos demais.

Como observamos, o terapeuta muda com freqüência o nome do modo auto-engrandecedor para adequá-lo com mais precisão ao paciente específico. Podemos chamar esses modo de "pólo arrogante" ou de "caçador de *status*." O terapeuta pode usar a característica mais destacada do estilo de enfrentamento do paciente a fim de atribuir nome ao modo.

Em nossa experiência, os estilos de enfrentamento mais comuns em pacientes com transtorno da personalidade narcisista quando no modo auto-engrandecedor são:

- Agressividade e hostilidade;
- Dominação e assertividade excessivas;
- Busca de reconhecimento e *status;*
- Manipulação e exploração.

Esses estilos de enfrentamento representam extremos. É importante relembrar que o narcisismo se apresenta de várias formas. Nem todos os pacientes demonstram estilos de enfrentamento tão extremos. Existe um "espectro do narcisismo", que vai do relativamente benigno até o maligno. Em um extremo, os pacientes são sociopatas; no outro, são auto-absortos, mas capazes de sentir empatia e carinho por algumas pessoas (*ver* discussão de Kernberg [1984] sobre narcisismo "maligno"). Os pacientes da terapia do esquema cobrem todo o espectro. Todos eles, em nossa opinião, têm uma criança vulnerável por baixo.

Quando os pacientes com transtorno da personalidade narcisista usam o estilo de enfrentamento de agressividade e hostilidade, agridem com raiva outras pessoas que não atendem às suas necessidades ou questionam alguma de suas compensações. Esses pacientes acreditam no ditado segundo o qual "a melhor defesa é o ataque". Sentindo-se ameaçados, atacam. No extremo, esse estilo de enfrentamento se manifesta sob a forma de violência para com outros. A função do estilo de enfrentamento é forçar outras pessoas a atenderem suas necessidades emocionais (contrapondo-se a sentimentos subjacentes de privação emocional) ou preservar uma máscara de superioridade (contrapondo-se a sentimentos de defectividade).

Outro estilo de enfrentamento, o de dominação e assertividade excessivas, é a tendência a intimidar outros com vistas a manter controle de situações. Pacientes que usam essas estratégias de enfrentamento se comportam como tiranos, várias vezes tentando se impor física ou psicologicamente aos outros para intimidá-los. Tentam ser o "alfa" e, assim, fazer com que suas necessidades emocionais sejam atendidas ou estabelecer a própria superioridade. Fazem isso sempre que é ativado um de seus esquemas subjacentes (geralmente privação emocional ou defectividade).

A busca de *status* e a busca de reconhecimento representam um forte desejo de obter a admiração alheia e são um componente dominante de quase todos os pacientes com transtorno da personalidade narcisista. Dão importância exagerada a sinais exteriores de sucesso, como *status* social, realizações importantes, aparência física e riqueza. Quase sempre o fazem para enfrentar sentimentos subjacentes de defectividade. Como se sentem inferiores, atestam que são "melhores". No modo auto-engrandecedor, a maioria dos pacientes com transtorno da personalidade narcisista tem inveja do sucesso de outras pessoas, incluindo as que são mais próximas deles, e por vezes tentam destruir ou diminuir as conquistas alheias.

O estilo de enfrentamento de manipulação ou exploração é a tendência a usar os outros indivíduos para gratificação própria. No extremo, os pacientes que adotam esse estilo de enfrentamento não têm escrúpulos e fazem qualquer coisa para obter o que desejam, não importa o custo para outras pessoas. Eles têm pouca empatia e vêem os demais como objetos a se usar para sua própria satisfação, em vez de indivíduos propriamente ditos. Sentem-se merecedores para hipercompensar seus sentimentos de privação emocional. (Na verdade, vários esquemas são hipercompensações narcísicas: arrogo, padrões inflexíveis, busca de reconhecimento.)

Alguns pacientes são "narcisistas dentro do armário". Têm os mesmos três modos, mas o auto-engrandecedor existe na fantasia, em vez de na realidade. Como o submisso personagem-título de "A vida secreta de Walter Mitty", de James Thurber, não é óbvio para o mundo exterior que eles percebem-se como especiais ou fantasiam sobre outra vida. Para o mundo, "os narcisistas de armário" podem parecer despretensiosos, ou mesmo de atitude agradável às pessoas, mas, em suas vidas de fantasia, são superiores à maioria. Esses pacientes têm estruturas de personalidade semelhantes às de indivíduos mais explicitamente narcisistas, mas não demonstram abertamente o modo auto-engrandecedor perto de outras pessoas.

Modo autoconfortador desligado

Enquanto estão com outras pessoas, os pacientes com transtorno da personalidade narcisista geralmente estão no modo auto-engrandecedor. Quando estão sós, desconectam-se da admiração resultante da interação com outros, costumam passar ao modo autoconfortador desligado, no qual fecham suas emoções realizando atividades que, de alguma forma, os confortam ou desviam sua atenção daquilo que sentem. Os pacientes passam ao modo autoconfortador desligado quando estão sós porque, sem outros indivíduos para os enaltecer, o modo criança solitária os aflige. Começam a se sentir vazios, entediados e deprimidos. Na ausência de fontes externas de afirmação, a criança abandonada começa a emergir. O modo autoconfortador desligado consiste em uma forma de evitar o sofrimento da criança solitária.

O autoconfortador desligado pode assumir muitas formas, todas elas representativas de mecanismos de evitação de esquemas. Os pacientes costumam se envolver em uma série de atividades para se estimular. Esses comportamentos geralmente são realizados de forma aditiva e compulsiva. Com alguns pacientes, o modo assume a forma de vício pelo trabalho; com outros, de comportamentos como jogar, investir especulativamente em ações, praticar esportes perigosos (como corridas de carros ou alpinismo), fazer sexo promíscuo, pornografia ou sexo pela internet, ou usar drogas (como cocaína), ou seja, atividades que proporcionem estimulação e excitação.

Outro grupo de pacientes se envolve compulsivamente com interesses solitários mais autoconfortadores do que auto-estimulantes, como jogar computador, comer em excesso, assistir à televisão ou fantasiar. Esses interesses compulsivos afastam sua atenção do sofrimento dos esquemas de privação emocional e defectividade, ou seja, afastam da criança solitária. As atividades são basicamente formas de evitar sentimentos de vazio e inutilidade.

CRITÉRIOS DO DSM-IV PARA TRANSTORNO DA PERSONALIDADE NARCISISTA

Os critérios diagnósticos do *Manual Diagnóstico e Estatístico de Transtornos Mentais* (DSM-IV) para o transtorno da personalidade narcisista são listados aqui. Observemos que todos eles tratam apenas de um dos três modos, o auto-engrandecedor.

- Tem uma sensação grandiosa de importância (por exemplo, exagera conquistas e talentos, espera ser reconhecido como superior sem realizações à altura).
- Preocupa-se com fantasias de sucesso ilimitado, brilhantismo, beleza ou amor ideal.
- Acredita ser "especial" e único, e só pode ser entendido por pessoas (ou instituições) especiais ou de *status* elevado a elas associado.
- Demanda admiração excessiva.
- Tem uma sensação de arrogo, isto é, expectativas não-razoáveis de receber tratamento privilegiado ou obediência automática a suas necessidades.
- Tem atitude de exploração interpessoal, ou seja, obtém vantagens de outros para atender suas próprias necessidades.
- Carece de empatia: não se dispõe a reconhecer ou identificar os sentimentos e necessidades alheios.
- Muitas vezes, tem inveja de outras pessoas ou acredita que os outros têm inveja dele.
- Apresenta comportamentos e atitudes arrogantes e orgulhosas.

Somos críticos em relação a esses critérios do DSM-IV porque eles tratam quase que exclusivamente dos comportamentos externos e compensatórios e não se concentram nos outros modos que acreditamos centrais aos problemas desses pacientes. Ademais, ao tratar somente o modo auto-engrandecedor, o DSM-IV leva vários profissionais a ter uma visão antipática dos pacientes com transtorno da personalidade narcisista, em vez de empatia e preocupação pelo nível mais profundo de sofrimento que a maioria dessas pessoas apresenta. Por fim, cremos que os critérios diagnósticos do transtorno da personalidade narcisista, assim como muitos transtornos de Eixo I, não levam a tratamentos eficazes, pois descrevem apenas os estilos de enfrentamento dos pacientes e não orientam os profissionais a entender os temas ou esquemas importantes subjacentes, os quais, estamos convencidos, devem mudar a fim de que pacientes de Eixo II atinjam melhoras duradouras.

TRANSTORNO DA PERSONALIDADE NARCISISTA *VERSUS* ARROGO PURO

É importante distinguir a personalidade narcisista descrita do arrogo puro, isto é, de casos em que as pessoas têm o esquema de arrogo em sua forma pura, sem os esquemas subjacentes de privação emocional e defectividade.

O esquema de arrogo pode se desenvolver de duas maneiras. Na forma pura, a criança simplesmente é mimada. Os pais estabelecem poucos limites e não exigem que ela respeite os sentimentos e direitos alheios. Ela deixa de aprender o princípio da reciprocidade nos relacionamentos. Entretanto, não é emocionalmente privada nem rejeitada, de forma que o esquema de arrogo não possui caráter compensatório.

Outra possibilidade é que o esquema de arrogo se desenvolva como hipercompensação de sentimentos de privação emocional e defectividade. Ao contrário dos pacientes "mimados", que apresentam esquema de arrogo puro, esses são os pacientes "frágeis". Sua sensação de arrogo é frágil porque eles, no íntimo, sabem o que significa ser ignorado e desvalorizado. Sempre há o risco de que suas compensações desabem à sua volta, deixando-os vulneráveis e expostos.

Assim como os pacientes "mimados", os pacientes "frágeis", com transtorno da personalidade narcisista, também se comportam de maneira superior e exigente, mas os pacientes com esquemas de arrogo puro não têm um modo criança solitária no centro. No fundo, não há uma criança triste, perdida, vulnerável e defectiva. No centro do paciente "mimado" puro, há uma criança impulsiva e indisciplinada. Embora os pacientes mimados e frágeis, com transtorno da personalidade narcisista, possam parecer semelhantes olhando de fora, seus mundos internos são muito diferentes.

Na verdade, a maioria dos pacientes com transtorno da personalidade narcisista que tratamos apresenta uma combinação de arrogo e fragilidade. Sua sensação de arrogo é em parte aprendida e em parte compensatória: em parte, foram mimados e tolerados quando crianças; em parte, trata-se de uma forma de compensar sentimentos subjacentes de privação emocional e defectividade. Assim, a maioria dos pacientes necessita de uma combinação de definição de limites e trabalho com modos. Contudo, a maioria dos pacientes com transtorno da personalidade narcisista que busca tratamento possui um componente frágil importante. Procuram a terapia porque uma de suas hipercompensações desabou, e eles estão deprimidos. A maior parte desses pacientes requer que o principal foco do tratamento seja no trabalho com modos. Estabelecer limites constitui parte do tratamento, mas não uma parte fundamental.

Quando escrevem sobre pacientes com transtorno da personalidade narcisista, os especialistas em narcisismo, em geral, referem-se a pacientes mais frágeis e compensados, mais do que àqueles que têm esquemas de arrogo puro. Este capítulo aborda o tratamento de pacientes frágeis. Não há por que fazer o trabalho com modos descrito aqui com pacientes que têm esquemas de arrogo puro, porque não há modos desadaptativos para atingir. Há somente o esquema de arrogo, e o papel do terapeuta é ensinar ao paciente limites adequados e reciprocidade. (Isso pode ser feito com uma forma mais simples de trabalho com modos: condução de diálogos entre a "criança mimada" e o "adulto saudável.")

ORIGENS DO NARCISISMO NA INFÂNCIA

Encontramos quatro fatores que, via de regra, caracterizam os ambientes infantis de pacientes com transtorno da personalidade narcisista:

1. Solidão e isolamento
2. Limites insuficientes
3. Histórico caracterizado por uso e manipulação
4. Aprovação condicional

Solidão e isolamento

A maioria dos pacientes com transtorno da personalidade narcisista foi solitária quando criança. Não eram amados de maneira significativa, e a maioria suportou relevante privação emocional. A mãe (ou outra figura de cuidador principal) talvez tenha prestado bastante atenção neles, mas não demonstrava muito afeto fisicamente. Havia uma falta de empatia e sintonia por parte da mãe, bem como uma ausência de amor e vínculo emocional legítimos. Além disso, vários pacientes se sentiam rejeitados por seus pares ou diferentes deles. Os pacientes com transtorno da personalidade narcisista apresentam históricos de infância que incluem esquemas como privação emocional, defectividade e isolamento social. Em geral, não estão cientes (ou o estão vagamente) desses esquemas.

Limites insuficientes

A maioria dos pacientes com transtorno da personalidade narcisista não recebeu limites suficientes quando criança e foi tratada com indulgência. No entanto, não foram tratados assim emocionalmente, e sim em termos materiais, ou se lhes permitiu que se comportassem como queriam, sem consideração pelos sentimentos alheios. Talvez se tenha permitido que maltratassem outras pessoas ou que obtivessem o que queriam através de "acessos de raiva". Podem não ter tido quase supervisão – com exceção das fontes de gratificação narcísica para os pais – em atividades como tarefas domésticas e horários para chegar em casa. Um sentimento de "ser especial" serviu como substituto ao amor: foi o melhor que a criança recebeu. Esses pacientes apresentam históricos de infância que incluem esquemas como arrogo e autocontrole/autodisciplina insuficientes.

Histórico de uso e manipulação

A maioria dos pacientes foi usada ou manipulada de alguma maneira quando criança, geralmente pelos pais. Por exemplo, o pai ou a mãe pode tê-los usado sexualmente, manipulado para que cumprissem o papel de um cônjuge substituto ou pressionado para que preenchessem como substitutos suas necessidades de realização, sucesso, *status* ou reconhecimento. Quando crianças, vários desses pacientes estavam acostumados a hipercompensar os esquemas dos pais, isto é, a preencher as necessidades não-cumpridas destes de gratificação sexual, apoio emocional (o esquema de privação emocional) ou sentimentos de inadequação (o esquema de defectividade).

Em muitos casos, isso aconteceu em grande parte fora da consciência da criança. Os pacientes muitas vezes iniciam o tratamento dizendo: "Tive uma ótima infância, meus pais eram maravilhosos, os dois". Eles não percebem, conscientemente, que algo estava errado, mas, quando o terapeuta observa sua infância mais de perto, encontra pais que não atendiam as necessidades de seus filhos, mas gratificavam suas próprias necessidades por meio deles. É comum encontrar pais com transtorno da personalidade narcisista.

Quando crianças, a maioria desses pacientes passou por uma situação confusa. Recebiam atenção, elogios e admiração, e isso tudo era bom, de forma que acreditavam ser amados, mas costumavam carecer de cuidado e carinho, ou seja, não eram tocados, não eram beijados, não eram abraçados. Não eram levados em conta nem entendidos, não eram "vistos" nem "ouvidos", de forma que recebiam aprovação, mas não vivenciavam amor verdadeiro. Eram usados, no sentido de que recebiam atenção apenas quando atingiam determinados padrões. Seus históricos de infância incluem esquemas como desconfiança/abuso e subjugação. Nesses casos, alguém, geralmente um dos pais, costumava dominá-los, como se fossem objetos destinados apenas à sua satisfação.

Aprovação condicional

A maioria dos pacientes recebeu aprovação condicional quando criança, em vez de amor verdadeiro e altruísta. (É difícil dizer se o pai ou a mãe "amava" o filho, isto é, se os sentimentos realmente constituíam amor. Como disse um paciente: "Sim, meu pai me amava, como um lobo ama uma ovelha.") Na infância, os pacientes se sentiam especiais quando atingiam algum padrão elevado imposto pelo pai ou pela mãe; caso contrário, eram ignorados ou desvalorizados por essa pessoa. O pai ou a mãe enfatizava as "aparências" à custa da verdadeira felicidade e intimidade. A criança tentava ser perfeita para merecer sua aprovação e afastar suas críticas e demandas. A criança não era capaz de desenvolver uma auto-estima estável e se tornou dependente da aprovação alheia. Quando estes outros as aprovavam, as crianças se sentiam momentaneamente valorizadas; quando os outros as desaprovavam, sentiam-se inúteis. Os pacientes com transtorno da personalidade narcisista têm históricos de infância que incluem esquemas como defectividade, padrões inflexíveis e busca de aprovação.

Históricos de infância típicos

Descrevemos alguns históricos de infância típicos de pacientes com transtorno da personalidade narcisista. Há padrões comuns, mas não universais, no narcisismo. Uma grande quantidade de pacientes teve um dos pais fascinado por eles na infância, que o tratava com muita preferência, como se fossem "especiais", e estabelecia poucos limites. Geralmente era a mãe, mas, às vezes, o pai. A mãe (ou o pai) os mimava e tratava com indulgência, mas seu comportamento se baseava em suas próprias necessidades, e não nas dos filhos, através dos quais ela (ou ele) buscava atender suas próprias necessidades de *status* e reconhecimento. A mãe ou o pai os idealizava e estabelecia expectativas muito altas para que cumprissem. A fim de mantê-los alinhados com seus desejos, poderia manipulá-los e controlá-los. A mãe ou o pai carecia de empatia pelas necessidades e sentimentos dos filhos e não lhes dava afeto físico (com exceção, talvez, na frente de outras pessoas, para demonstrar, ou quando *ela* queria). O outro – pai ou mãe – cumpria um papel importante. Para a maioria desses pacientes, ele representava o extremo oposto. Tiveram pais ausentes, passivos, distantes, que rejeitavam ou abusivos. Dessa forma, quando crianças, esses pacientes geralmente recebiam duas mensagens opostas dos pais: um inflava seu valor, enquanto o outro os ignorava e desvalorizava. Muitos pacientes com transtorno da personalidade narcisista eram talentosos de alguma maneira quando crianças, brilhantes, bonitos, atléticos ou artísticos.

O comum é que um ou ambos os pais os pressionassem muito para receber louvores através do talento do filho. Quando este tinha um desempenho superior em suas realizações ou aparência, de modo que refletisse positivamente sobre os pais, recebia muita admiração e atenção; caso contrário, recebia pouco ou nada, sendo ignorado ou desvalorizado. Eles se esforçavam para continuar apresentando seu talento em nome da aprovação do pai ou da mãe, porque tinham medo de que, se parassem, a atenção seria subitamente suspensa, e o pai ou a mãe o criticariam. Havia discrepância entre sua condição de especiais em uma situação (quando mostravam seu talento) e sua inutilidade em outra (quando eram crianças comuns).

Da mesma forma, alguns pacientes com transtorno da personalidade narcisista cresceram em famílias que outros consideravam especiais. Talvez sua família fosse mais rica do que as outras, um dos pais fosse famoso ou muito bem-sucedido, ou a família, de alguma outra forma, tinha *status* superior. Quando crianças, esses pacientes aprenderam: "Sou especial porque minha família é especial". No entanto, dentro da família era diferente, ignorados ou rejeitados, aprenderam que as crianças que recebiam elogios e atenção eram as que tinham desempenho superior, ao passo que as que estavam na média eram invisíveis. Mais uma vez, havia uma tensão entre ter um valor alto em uma situação (fora da família) e seu baixo valor em outra (dentro dela).

Outra origem comum do narcisismo na infância é a rejeição social ou a alienação. Alguns pacientes eram amados e respeitados dentro de casa, mas fora da família eram rejeitados por seus pares ou se sentiam diferentes em algum aspecto importante. Talvez não fossem atraentes para o sexo oposto, não fossem do tipo atlético ou não fossem tão ricos quanto as crianças ao seu redor. Como adolescentes, não eram tão admirados ou não faziam parte da "turma".

O PACIENTE COM TRANSTORNO DA PERSONALIDADE NARCISISTA EM RELACIONAMENTOS ÍNTIMOS

Ao tratar pacientes com transtorno da personalidade narcisista, o objetivo geral do terapeuta é ajudá-los a atender suas necessidades emocionais fundamentais, na terapia e no mundo exterior. O objetivo é auxiliar a criança solitária. Em termos de modos, o objetivo do tratamento é ajudar o paciente a incorporar o modo adulto saudável, modelado no terapeuta, para que consiga reconhecer e dar carinho à criança solitária, auxiliá-la a dar e receber amor, ao mesmo tempo em que reafirma e substitui gradualmente os modos autoconfortador desligado e auto-engrandecedor. Para isso, o terapeuta deve explorar o que os pacientes fazem em seus relacionamentos íntimos que acabam não gratificando as próprias necessidades e as dos seus parceiros. Os relacionamentos íntimos dos pacientes constituem um foco central do tratamento.

Descrevemos algumas características com freqüência apresentadas por pacientes com transtorno da personalidade narcisista em relacionamentos íntimos. Os pacientes apresentam algumas ou todas essas características

Incapacidade de assimilar o amor

O amor verdadeiro é tão estranho aos pacientes com transtorno da personalidade narcisista que eles são incapazes de assimilá-lo. Quando alguém tenta expressar empatia ou carinho por eles, eles simplesmente não conseguem aceitar. Sabem aceitar aprovação, admiração, atenção, mas não amor. Essa incapacidade perpetua seus esquemas de privação emocional e defectividade.

Relacionamentos como fonte de aprovação e validação

Até mesmo nos relacionamentos mais íntimos do paciente, com parceiros amorosos e cônjuges, a admiração se torna o substituto para o amor verdadeiro. Essa é uma das razões principais pelas quais os pacientes com transtorno da personalidade narcisista costumam ser tão infelizes: suas necessidades fundamentais de amor não são atendidas, nem mesmo nos relacionamentos mais íntimos.

Muitos desses pacientes escolhem parceiros que também são emocionalmente distantes e têm dificuldade de dar amor. Perpetuam-se esquemas: os pacientes são atraídos por parceiros semelhantes ao pai ou à mãe que os submeteu à privação emocional, sentem-se confortáveis sem amor e se dispõem a tolerar isso (geralmente porque não estão cientes do que perdem). Outros pacientes escolhem parceiros carinhosos e generosos e passam a receber tudo e nada dar em troca. Esses pacientes não têm limites do quanto sugam; se o parceiro não coloca os limites, eles só querem receber indefinidamente, sem reciprocidade.

Empatia limitada

Em grande parte em função da privação de empatia a que foram submetidos na infância, muitos pacientes carecem de empatia, especialmente em relação a pessoas que lhes são caras. Como eles próprios receberam pouca empatia, não sabem como sentir ou expressar empatia por outras pessoas importantes.

Curiosamente, quando no modo criança solitária, esses pacientes conseguem ser bastante empáticos. É quando se encontram nos dois outros modos – o auto-engrandecedor e o autoconfortador desligado – que carecem de mais empatia. Parece que a maioria dos pacientes é capaz de sentir empatia, mas, quando hipercompensa ou evita os esquemas, perde essa capacidade. Assim, os pacientes com transtorno da personalidade narcisista por vezes apresentam um quadro misto com relação à empatia. Por exemplo, um pai com transtorno da personalidade narcisista pode assistir a um filme sobre uma criança que não é amada e ficar muito emocionado. O pai pode até chorar. Ainda assim, ele mesmo trata o filho da forma que a criança do filme é tratada e sente pouca ou nenhuma empatia. Quando vê a criança no filme, ele passa ao modo criança solitária e consegue empatizar; mas, quando está com o próprio filho, passa ao modo auto-engrandecedor e não é capaz. O que ele consegue fazer em um modo, não faz em outro.

Inveja

Os pacientes com transtorno da personalidade narcisista invejam outros indivíduos percebidos como superiores em algum aspecto. Isso ocorre por que, quando outras pessoas recebem aprovação, esses pacientes sentem como se algo lhes houvesse sido tomado. Sentem que não há carinho, atenção ou admiração suficiente para todos. Se alguém recebe um pouco, sentem como se houvesse menos para eles. Passam ao modo criança solitária e se crêem enganados, não-amados, privados e invejosos. Ficam deprimidos ou, mais provavelmente, mobilizam-se e fazem algo para restaurar sua posição como centro das atenções. Passam ao modo auto-engrandecedor.

Idealização e desvalorização de objetos de amor

Os pacientes com transtorno da personalidade narcisista costumam idealizar os objetos de seu amor nas etapas iniciais do relacionamento como compensação para os esquemas de defectividade. Consideram-nos perfeitos porque, ao obter a aprovação de um parceiro perfeito, sentem que seu próprio valor foi aumentado. Nesta etapa, são hipersensíveis a sinais de crítica ou rejeição por parte do parceiro com freqüência extrapolam e fazem quase qualquer coisa para conquistar o objeto de seu afeto.

Esses pacientes muitas vezes escolhem parceiros que os façam parecer bem, ou seja, atraentes e admirados por outras pessoas. Inicialmente, idealizam e adoram esse parceiro, mas, com o tempo, começam a desvalorizá-lo, identificando cada pequeno defeito e imperfeição. Quase sempre os pacientes demonstram esse padrão de desvalorização dos parceiros com o passar do tempo. Há uma série de razões para isso. Uma delas é a perpetuação dos esquemas, ou seja, cada falha no parceiro ativa sua própria sensação de defectividade. Para evitar senti-lo, compensam sentindo-se superiores aos parceiros, ou seja, desvalorizam-nos para aumentar sua própria auto-estima. Sentem-se melhor colocando o parceiro em um nível inferior a si e também o desvalorizam porque, assim, conseguem manter o controle sobre ele. Desvalorizar o parceiro torna menos provável que este se sinta com valor bastante para procurar alguém melhor e deixar o paciente. Cada vez que uma das imperfeições do parceiro é exposta, o paciente assume uma postura crítica e desdenhosa. Alguns se tornam sádicos e humilham os parceiros; com o tempo, reduzem-nos até que estes valham pouco ou nada para eles. A estas alturas, os parceiros não têm mais valor como fonte de aprovação.

Se o parceiro responde a esse tratamento esforçando-se ainda mais para agradar ao paciente – como acontece com freqüência –, a estratégia geralmente sai pela culatra. Quanto mais o parceiro tenta agradar ao paciente, mais este o desvaloriza. Quanto mais ele tenta satisfazer, empatizar ou dar desculpas ao paciente, mais desvalorizado se torna. Em geral, os pacientes com transtorno da personalidade narcisista só respeitam pessoas que os enfrentam e reagem a eles. Quanto mais o parceiro reagir, mais o paciente vai respeitá-lo e mais vai valorizar sua aprovação.

Arrogo em relacionamentos

O esquema de arrogo desses pacientes geralmente é resultado direto de um tratamento indulgente quando criança por um dos pais. Também serve como fonte adicional de afirmação. O paciente raciocina: "Se sou tratado como especial por meu parceiro, então tenho valor. Quanto mais especial for a forma como sou tratado, mais valor eu tenho". Os pacientes demandam que quase todos os aspectos do relacionamento sirvam para satisfazê-los. Tentam exercer controle sobre o ambiente e sobre o comportamento do parceiro a fim de gratificar suas próprias necessidades e desejos (como o pai ou a mãe costumava fazer).

O autoconfortador desligado na ausência de afirmação externa

À medida que desvalorizam seus parceiros no decorrer do tempo, esses pacientes começam a se distanciar deles e a se envolver mais em comportamentos autoconfortadores solitários. Quando os parceiros perdem a capacidade de cumprir a função de engrandecê-los, esses pacientes se isolam cada vez mais, passando ao modo autoconfortador desligado. Para evitar o sofrimento do modo criança solitária, voltam-se a vícios solitários, comportamentos compulsivos ou busca de estimulação em vez de buscarem seus parceiros.

AVALIAÇÃO DO NARCISISMO

Há vários métodos para avaliar o narcisismo. O terapeuta pode observar o seguinte: (1) o comportamento do paciente nas sessões de terapia, (2) a natureza do problema e do histórico do paciente, (3) a resposta a exercícios com imagens mentais e perguntas sobre a infância (incluindo o Inventário Parental de Young) e (4) o Questionário de Esquemas de Young preenchido pelo paciente.

O comportamento do paciente nas sessões de terapia

Quais os primeiros sinais que surgem na terapia indicativos de que o paciente é narcisista? No início do tratamento, os sinais mais prováveis são comportamentos que demonstrem arrogo. O paciente cancela sessões na última hora ou chega atrasado (mas ainda espera ter uma sessão inteira), faz perguntas detalhadas sobre as credenciais do terapeuta a fim de determinar se ele é "bom o suficiente", tenta impressioná-lo mencionando realizações ou talentos, espera que ele retorne ligações imediatamente, faz pedidos de horários não-razoáveis com freqüência, reclama das condições do consultório, pede tratamento especial, vê o terapeuta como alguém perfeito (apenas para desvalorizá-lo depois), interrompe-o quando fala ou deixa de escutá-lo de outra maneira, corrige-o constantemente sobre questões menores ou se recusa a respeitar os limites estabelecidos pelo terapeuta.

Outro sinal de que se trata de um paciente narcisista é a propensão a culpar os outros. Em vez de assumir responsabilidades, esses pacientes tendem a culpar outras pessoas quando discutem seus próprios problemas. À medida que o tratamento avança, o terapeuta às vezes se torna um dos alvos das acusações do paciente.

O último sinal é que o paciente pareça carecer de empatia, especialmente por pessoas importantes para si, incluindo o terapeuta.

A natureza do problema e o histórico do paciente

Muitas vezes, o problema com que o paciente se apresenta oferece pistas de que ele é narcisista. Razão comum para a busca de tratamento são crises em suas vidas pessoais ou profissionais porque alguém caro a eles – um parceiro amoroso, um cônjuge, um grande amigo, um filho, um irmão, um parceiro de negócios – os rejeita ou retalia enquanto resultado de seu próprio comportamento autocentrado. (Há um risco significativo de que, uma vez resolvida a crise, o paciente abandone prematuramente o tratamento.)

Às vezes, esses pacientes procuram tratamento porque alguém os força a isso. Parceiros ou outros membros da família ameaçam terminar o relacionamento a menos que eles busquem tratamento. Chefes demandam que busquem tratamento ou saiam do emprego. Talvez o sistema judicial penal tenha ordenado que façam tratamento devido à alguma atitude ilegal, como dirigir bêbados. Procuram tratamento contra sua vontade e não acreditam que seus problemas sejam culpa deles próprios. Com freqüência acreditam que as outras pessoas é que deveriam mudar.

Outra razão pela qual os pacientes podem buscar tratamento é uma sensação de vazio. Mesmo que tenham a aparência externa do sucesso, suas vidas carecem de sentido interior. No centro delas, há um vácuo: as necessidades emocionais não-satisfeitas da criança solitária. Embora pareçam ter tudo, suas vidas carecem de conexões íntimas com outras pessoas e de auto-expressão verdadeira.

> Nós somos os homens ocos
> Nós somos os homens empalhados
> Uns aos outros apoiados
> Cabeça construída com palha. Ai de nós!
> Nossas vozes secas, quando
> Juntos balbuciamos
> São calmas, carentes de sentido
> Qual o vento sobre o capim seco
> Ou como pés de ratos sobre vidro quebrado
> Em nossa adega seca.
>
> (Fragmento de "Os homens ocos", de T. S. Eliot, em tradução de Antônio Lázaro de Almeida Prado)

Alguns pacientes com transtorno da personalidade narcisista buscam tratamento em momentos de fracasso em suas vidas pessoais e profissionais. Falharam em alguma área que serviu como hipercompensação e agora experimentam os sentimentos subjacentes de humilhação e desânimo. Procuram ajuda para reconstruir suas hipercompensações e se irritam sempre que o terapeuta se desvia dessa função. (Esta é uma questão importante: não achamos que os terapeutas devam apoiar as compensações narcísicas dos pacientes, pois isso significa aliar-se a seu modo autoengrandecedor, e não aos da criança solitária e do adulto saudável).

Alguns pacientes buscam tratamento porque surgiram problemas com o modo autoconfortador desligado. Estão jogando, usando drogas, atuando sexualmente de maneira de que se arrependem depois, ou tendo comportamentos impulsivos ou compulsivos, que são autodestrutivos.

Por fim, a insatisfação com o casamento é outra razão pela qual esses pacientes procuram terapia. Por exemplo, podem querer decidir se deixam um cônjuge por outra pessoa com quem mantêm um caso.

Descrição da infância e resposta a exercícios com imagens mentais

A menos que apresentem memórias de infância "perfeitas", os pacientes com transtorno da personalidade narcisista geralmente não conseguem responder com precisão a perguntas que explorem temas mais profundos de sua infância. Discutem sem problemas as memórias prazerosas, mas não têm consciência das sofridas. Esses pacientes se opõem à realização de exercícios com imagens sobre a infância que envolvam qualquer sentimento doloroso (que não seja a raiva), pois resistem a se tornar vulneráveis e mudar para o modo criança solitária.

Alguns pacientes – provavelmente os que têm um prognóstico melhor – estão mais dispostos a reconhecer a existência da criança solitária na terapia. Eles estão mais abertos a discutir memórias de infância dolorosas e a fazer exercícios com imagens mentais, e, quando geram imagens de infância, os pacientes mais saudáveis conseguem expressar seus sentimentos de solidão ou vergonha.

O Questionário de Esquemas de Young e outras medidas de avaliação

Encontramos um perfil constante em pacientes com transtorno da personalidade narcisista no Questionário de Esquemas de Young. Geralmente, eles apresentam altos escores em arrogo, padrões inflexíveis e autocontrole/autodisciplina insuficientes, e baixos escores em quase todo o resto. Esse perfil atesta o poder desses pacientes para a hipercompensação e evitação. Em grande parte, não estão conscientes de seus esquemas de privação emocional e defectividade, assim como outros esquemas.

Curiosamente, costumam ser capazes de identificar muitos aspectos negativos do tratamento que receberam de seus pais quando crianças no Inventário Parental de Young. Ainda que não estejam cientes de seus esquemas, costumam ser capazes de relatar no inventário o que seus pais fizeram que os prejudicou. Os pacientes com esse transtorno geralmente têm escores altos no Inventário de Compensação de Young, já que apresentam muitos comportamentos compensatórios.

EXEMPLO CLÍNICO

O problema com que o paciente se apresenta e o quadro clínico atual

Carl tem 37 anos e um diagnóstico de transtorno da personalidade narcisista. Começou o tratamento com uma terapeuta do esquema chamada Leah, aos 36 anos. Apresentamos trechos de uma consulta do Dr. Young com Carl, ocorrida cerca de um ano após o início da terapia com Leah. Ela havia solicitado essa consulta com o Dr. Young porque se sentia paralisada na terapia com Carl.

No primeiro trecho, o Dr. Young e Leah discutem o paciente. (Todos os outros trechos são da sessão do Dr. Young com o paciente.) Quando o trecho inicia, Leah está descrevendo como Carl se apresentou quando procurou tratamento e como era trabalhar com ele.

Leah: Carl era muito desafiador. Eu não achava que ele seguiria com a terapia mais do que algumas sessões. Achei que ele iria "me testar". Ele conseguia me provocar desde o início. Nunca dizia meu nome e não era do tipo que responderia ou iniciaria um cumprimento de qualquer espécie. Jogava a jaqueta no chão e meio que se atirava na cadeira, dizendo coisas do tipo: "Você treinou essas palavras para me impressionar nesta sessão? Você quer que eu ache que você é inteligente, não é?". Então usava linguagem muito condescendente, e sua natureza muito esotérica se mostrou em seguida, quase que deliberadamente, para tentar me desafiar. Parecia um jogo, desde o início parecia um jogo.

Dr. Young: E como você se sentia ao ver que ele transformava a coisa em um jogo, desafiando você, tentando vencê-la?

Leah: Com raiva. Eu ficava com raiva dele, do fato de que ele queria me pegar. Meus próprios esquemas vieram à tona, junto com uma tentação de jogar o jogo dele e de ganhar.

Esses são alguns dos sentimentos típicos que os terapeutas têm quando trabalham com transtorno da personalidade narcisista, mas eles não devem cometer o erro de tentar competir ou impressionar o paciente. Esse comportamento só reforça o narcisismo e faz com que o paciente passe a desvalorizar o terapeuta.

Depois de se encontrar com Leah, o Dr. Young começou sua consulta com Carl. No trecho a seguir, Carl diz ao Dr. Young suas razões para ingressar no tratamento. Ele está passando por problemas sérios no casamento e no trabalho.

Carl: Tenho 37 anos, sou casado e tenho dois filhos. Cresci em Los Angeles e atualmente estou mudando de profissão.

Dr. Young: E está planejando iniciar uma segunda profissão ou está simplesmente gostando do fato de não ter trabalho?

Carl: Certamente estou gostando de não ter um trabalho e talvez comece outra profissão. Isso é parte do que estou fazendo agora, tentando descobrir o que fazer.

Dr. Young: Entendo, e como se chama sua mulher?

Carl: Danielle. Somos casados há uns nove anos.

Dr. Young: Você pode me dizer quais são seus objetivos atuais na terapia? Neste momento, por que você acha que está em tratamento?

Carl: Bom, agora, eu diria que ainda não fui capaz de demonstrar qualquer domínio do que eu chamaria, em termos amplos, controle de impulsos. Em termos práticos, gosto de ficar acordado toda a noite e dormir de dia, apesar de saber que isso pode não ser o melhor, porque interfere de várias formas na minha vida. E até agora tenho sido totalmente incapaz de fazer qualquer progresso significativo para mudar isso.

Dr. Young: E há algum outro objetivo que você gostaria de atingir na terapia, além de dominar essa questão do controle de impulsos?

Carl: Bom, esse é o objetivo tangível. Acho que ainda reconheço a necessidade de continuar trabalhando para descobrir como ser uma pessoa e como me relacionar com as pessoas.

Dr. Young: E você acha que isso é difícil para você? Em que aspecto é difícil se relacionar com as pessoas?

Carl: Eu me considero um pouco diferente, incomum, ou... houve uma pessoa que se referiu a mim como um dissidente; não sei se é bem assim. Você pode me chamar de dissidente, *nerd* ou o típico intelectual desajustado e autocentrado. *(ri)*

Dr. Young: Quando você pensa em ser diferente, parece diferente e melhor ou diferente e pior, ou diferente e comparável a outras pessoas?

Carl: Diferente e diferente, mas também diferente e melhor, mas, em alguns contextos, diferente e pior.

Dr. Young: Você também mencionou em um dos seus formulários uma "paralisia da vontade". Isso ainda é um problema? E o que significa para você?

Carl: Na época, significava que eu era incapaz de realizar a mais simples ação que fosse diferente da minha rotina, como dar um telefonema, marcar uma consulta com um psicoterapeuta. Há uns dois anos, estabeleci que precisava de ajuda e levei cerca de seis meses para dar um telefonema para cuidar disso.

Dr. Young: Em função da mesma paralisia.

Carl: É.

Dr. Young: Você tem alguma idéia, agora, sobre o que causou a paralisia, do que se tratava?

Carl: Bom, não tenho certeza. Parece ser um tipo de pânico, de estado de depressão.

Deve-se observar que o tom de voz de Carl e sua maneira de se relacionar com o terapeuta são um pouco arrogantes. Ele falava como se ele e o Dr. Young estivessem em posições iguais, e não como um paciente em busca de ajuda. Ele era desligado à sua maneira, e sua descrição dos problemas soava um pouco auto-engrandecedora. Tom e modos arrogantes são muitas vezes um sinal de que se trata de um paciente narcisista.

Carl descreve várias razões para buscar tratamento. A primeira é sua falta de controle de impulsos. Trata-se do esquema de autocontrole/autodisciplina insuficientes e faz parte do modo auto-engrandecedor. Ele não consegue dar limites a seu próprio comportamento. A segunda razão é sua dificuldade de se relacionar com as pessoas, um problema comum em pacientes com transtorno da personalidade narcisista. Carl, pelo menos, está ciente dessa dificuldade, ao contrário de vários outros pacientes. A terceira razão é sua "paralisia da vontade", a depressão que sente quando não recebe estimulação ou aprovação suficientes. Observe que Carl não entende esse sintoma, embora saiba que está deprimido. Mais tarde, o entrevistador tentará conectar essa depressão a seu modo criança solitária.

No próximo trecho, Carl discute as razões pelas quais tem dificuldades de se relacionar com as pessoas. Ele começa explicando por que acha que as pessoas podem considerá-lo chato. O trecho mostra que ele tem algum entendimento de seu comportamento.

Dr. Young: Por que você acha que as pessoas lhe considerariam chato?
Carl: Se eu tivesse que dar um palpite, eu diria que sou o tipo de pessoa que começa todas as frases com a palavra "eu". *(ri)*
Dr. Young: Então você é chato porque é centrado em si mesmo? É isso que você está dizendo?
Carl: É, acho que sim.
Dr. Young: E você tem alguma idéia de por que é centrado em si? Por que você acha que fica tão focado em si mesmo nas conversas?
Carl: Ah, bom, você quer que eu lhe fale da minha mãe? *(ri sarcasticamente)*
Dr. Young: *(também ri)* Não, eu não estava pensando muito em termos históricos, mas em termos de sensação. O que você acha que há dentro de você que mantém o foco em você mesmo, particularmente agora que tem consciência de que isso pode afastar algumas pessoas?
Carl: Essa é a questão. Eu não tenho essa consciência de verdade. Eu não entro na interação social com o tipo de intenção que, teoricamente, se acharia que a pessoa é capaz. Isso é muito difícil para mim. E não é só autocentrismo, acho que tem um tipo de timidez ou medo.

Carl tem a capacidade de reconhecer que é muito autocentrado nas situações sociais, mas somente quando se encontra no mesmo modo em que está neste momento da entrevista, um modo desligado. Fazer com que saia do modo desligado é o foco da entrevista. Quando Carl está realmente em situações sociais, seu modo auto-engrandecedor é dominante, e ele perde a consciência de que é autocentrado demais.

Carl demonstra alguma consciência da timidez subjacente ao modo auto-engrandecedor, que consiste em um bom sinal prognóstico. Contudo, ele parece entediado em relação ao fato de que é autocentrado, e não demonstra incomodação com isso, o que é típico de pacientes com transtorno da personalidade narcisista, pois, mesmo quando mostram entender um pouco seu comportamento autocentrado, não parecem particularmente perturbados por isso. Em sua *belle indifference*, não se incomodam de descobrir que afastaram outras pessoas ou foram injustos.

Neste trecho, Carl descreve seus sentimentos em relação à esposa. Ele apresenta a desvalorização do parceiro que apontamos anteriormente como característica dos pacientes com transtorno da personalidade narcisista em etapas tardias dos relacionamentos.

Dr. Young: E sua mulher? Como você se sente com ela? Uma das coisas que você disse aqui *(aponta para os questionários)* foi que um de seus desejos era "trocar de esposa".
Carl: Sim.
Dr. Young: Então deve haver sentimentos negativos sobre o relacionamento, alguma decepção....
Carl: Ela está se saindo um pouco melhor agora. Estamos nos saindo um pouco melhor. Já superei isso um pouco.
Dr. Young: Qual foi a decepção com relação a ela? Em que aspectos ela o decepcionou?

Carl: Bom, ela foi decepcionante em seu nível de integridade, seu nível de compromisso com a verdade, seu nível de compromisso com a autoconsciência e de sua capacidade intelectual.

Como se pode deduzir da forma antipática com que as críticas à esposa saem de sua boca aqui, o narcisismo de Carl ainda não está totalmente curado.

No próximo trecho, Carl descreve a auto-absorção da mulher. O trecho mostra que, ainda que a denigra, ele entende um pouco suas limitações reais.

Dr. Young: Como você trata Danielle?
Carl: Eu já fui muito frio, muito distante, às vezes ela nem nota. À sua maneira, ela é mais centrada nela mesma do que eu. Ela é obcecada por seus problemas a ponto de realmente bloquear o mundo e, se eu tenho dificuldades para lidar com as minhas emoções, eu diria que ela tem mais problemas em lidar com as *dela*.
Dr. Young: E isso foi o que lhe atraiu nela?
Carl: Inicialmente eu vi esse espírito meio afim, porque eu acho que temos muito em comum em termos de disfuncionalidade.

Como acontece com freqüência com pacientes portadores de transtorno da personalidade narcisista, Carl escolheu casar-se com uma mulher que reforçasse sua sensação de infância de privação emocional.

TRATAMENTO DO NARCISISMO

Objetivo principal do tratamento

O objetivo principal do tratamento é fortalecer o modo adulto saudável do paciente, a partir do modelo oferecido pelo terapeuta, capaz de fazer reparação parental da criança solitária e de lutar com os modos auto-engrandecedor e autoconfortador desligado. Almeja-se maior vulnerabilidade com menos hipercompensação e menos evitação.

Mais especificamente, o objetivo do tratamento é auxiliar o paciente a construir um modo adulto saudável para:

1. Ajudar a criança solitária a se sentir cuidada e compreendida, e a cuidar e empatizar com outras pessoas.
2. Confrontar o auto-engrandecedor de forma que o paciente abdique da necessidade excessiva de aprovação e trate os outros com base na reciprocidade, à medida que a criança solitária receber mais amor verdadeiro.
3. Ajudar o autoconfortador desligado a abrir mão dos comportamentos aditivos e evitativos e substituí-los por amor verdadeiro, auto-expressão e vivência de sentimentos.

O terapeuta ajuda o paciente a estabelecer relacionamentos íntimos autênticos, inicialmente com o próprio terapeuta e depois com pessoas próximas. À medida que a criança solitária recebe amor e empatia, o paciente já não precisa substituir o amor por aplauso ou indiferença nem agir com outros de maneira depreciativa ou autocentrada. Os modos auto-engrandecedor e autoconfortador desligado se enfraquecem e desaparecem aos poucos.

O foco principal do tratamento, portanto, está nos relacionamentos íntimos, tanto a relação terapêutica quanto os outros relacionamentos importantes do paciente. Assim como com o tratamento de nosso pacientes com transtorno da personalidade *borderline*, a estratégia principal é o trabalho com modos.

Apresentamos os elementos da estratégia mais ou menos na ordem em que os introduzimos ao paciente.

O terapeuta estabelece as atuais queixas como base de apoio para a ação

O terapeuta se esforça para manter os pacientes em contato com seu sofrimento emocional porque, assim que o sofrimento desaparece, eles provavelmente abandonarão o tratamento. Quanto mais o terapeuta mantém os pacientes conscientes de seu vazio interior, de seus sentimentos de defectividade e de sua solidão, mais o terapeuta tem base de apoio para mantê-los em tratamento. Se o paciente procura tratamento em estado de desconforto emocional, este estado pode servir de base para mantê-lo motivado a permanecer na terapia e a tentar mudar. O terapeuta também trabalha com as conseqüências negativas do narcisismo do paciente, como rejeição por parte de pessoas amadas ou reveses profissionais.

A maioria dos pacientes com transtorno da personalidade narcisista não busca tratamento com o objetivo de trabalhar os sentimentos subjacentes de privação emocional e defectividade. Em lugar disso, sua meta é recuperar alguma fonte de aprovação perdida ou se livrar de alguma conseqüência negativa de seus modos auto-engrandecedor e autoconfortador desligado. Quando fica evidente que o terapeuta não vai servir aos interesses desses dois modos, alguns pacientes se irritam e decidem abandonar o tratamento. Contudo, se o terapeuta consegue mantê-los conscientes de seu sofrimento emocional e das perdas ou conseqüências negativas inevitáveis se não mudarem, talvez obtenha razões para que permaneçam em tratamento. A conexão emocional com o terapeuta e o medo de represálias de outros são as principais motivações para continuar a terapia. Se o terapeuta consegue manter o paciente no modo criança solitária e lhe dar carinho e cuidados, ele provavelmente continuará o tratamento, mesmo que, nos outros modos, não queira ficar.

O terapeuta estabelece vínculo com a criança solitária

Dentro da relação terapêutica, o terapeuta tenta criar um espaço em que o paciente se sinta cuidado e valorizado, sem ter de ser perfeito ou especial, e no qual ele cuide e valorize o terapeuta, sem que este tenha de ser perfeito ou especial. O terapeuta estabelece um vínculo com a criança solitária, valoriza o paciente por expressar sua vulnerabilidade e lhe dá "consideração positiva incondicional" (Rogers, 1951).

Os pacientes com transtorno da personalidade narcisista muitas vezes não sabem que têm problemas para vivenciar intimidade e podem nunca ter experimentado intimidade verdadeira. Através da relação terapêutica, começam a perceber quão difícil lhes é aproximar-se de outros seres humanos. O terapeuta ressitua o objetivo da terapia: ajudar os pacientes a ficar no modo criança solitária e tentar fazer com que suas necessidades básicas sejam satisfeitas. Em contraste com o pai ou com a mãe, que apoiava o auto-engrandecedor, o terapeuta sustenta a criança solitária. Ele ajuda o paciente a tolerar a dor de estar no modo criança solitária sem mudar para um dos outros modos. O terapeuta dá cuidados ao paciente no modo criança solitária, promovendo a cura de esquemas. Por meio do "reparação parental limitada", o terapeuta proporciona um antídoto parcial aos esquemas de privação emocional e defectividade do paciente, bem como a seus outros esquemas.

Ele confronta o comportamento de busca de aprovação do paciente sem desvalorizá-lo. O terapeuta transmite sempre a mesma mensagem: "É com você que eu me preocupo, e não com seu desempenho ou sua aparência". Da mesma forma, o terapeuta confronta o comportamento baseado em arrogo do paciente sem desvalorizá-lo. Enfatizando o princípio da reciprocidade, o terapeuta estabelece limites. Ele transmite a seguinte mensagem: "Eu me preocupo com você, mas também comigo mesmo e com outras pessoas. Todos merecemos igual dedicação".

Quando o paciente sente raiva injustificada do terapeuta, este o confronta empaticamente, expressando simpatia e compreensão em relação ao ponto de vista do paciente, mas corrigindo suas idéias distorcidas de que o terapeuta é egoísta, privador, desvalorizador ou controlador. Se o paciente faz uma crítica válida, mas de maneira degradante, o terapeuta afirma o direito de ser respeitado apesar da crítica. Ele transmite a mensagem: "Todos merecemos respeito, mesmo quando somos imperfeitos". O terapeuta indica como esse comportamento de desvalorização faz com que se sinta e qual seria seu impacto em outras pessoas, fora da terapia. Ele também ajuda o paciente a se colocar acima do incidente para entendê-lo em termos de modos, isto é, o porquê de o paciente desenvolver o comportamento.

Com tato, o terapeuta confronta o estilo de superioridade ou desafiador do paciente

Mais cedo ou mais tarde, a maioria dos pacientes com transtorno da personalidade narcisista começa a tratar seus terapeutas da mesma forma como trata a todas as pessoas – com ar de superioridade ou desafiadoramente. O paciente começa a desvalorizar o terapeuta. É importante que ele o enfrente quando isso acontece, ou perderá o respeito do paciente.

Confrontar esses pacientes costuma ser difícil para os terapeutas, em especial porque, em nossa experiência, muitos terapeutas têm esquemas de auto-sacrifício ou subjugação, que tendem a transformar a assertividade diante do narcisismo em uma tarefa de grande porte. Se esses pacientes lembrarem um dos pais do terapeuta de alguma maneira importante – por exemplo, se forem exigentes, críticos ou controladores –, o terapeuta corre o risco de retomar comportamentos desadaptativos de sua infância, em vez de fazer o que é melhor para o paciente. Por exemplo, pode ceder a solicitações não-razoáveis ou tolerar comportamento baseado no arrogo.

Os terapeutas devem estar alertas para a ativação de seus próprios esquemas quando tratam pacientes com transtorno da personalidade narcisista. A ativação dos esquemas do terapeuta pode gerar reações contraproducentes, como retaliação ou competição, que prejudicam, em vez de ajudar, os pacientes. Terapeutas com esquemas de auto-sacrifício ou subjugação geralmente tiveram um pai ou uma mãe frio, carente ou controlador, de forma que os comportamentos de pacientes com transtorno da personalidade narcisista muitas vezes reproduzem o que esse pai ou mãe fazia de prejudicial quando os pacientes eram crianças.

Assim, esses terapeutas correm o risco de reverter às próprias estratégias de enfrentamento de sua infância com tais pacientes, em lugar de fazer a reparação parental.

É importante que o terapeuta enfrente o paciente, mas por meio de confronto empático. Ele pode dizer coisas como:

> "Sei que você não tem intenção de me machucar, mas quando fala comigo assim, *parece* que está tentando fazer isso."
>
> "Quando você fala comigo nesse tom de voz, me sinto distante de você, mesmo que saiba que você está chateado e precisa contar comigo."
>
> "Quando fala comigo de forma tão degradante, você faz com que eu me afaste, e dificulta que eu dê o que você precisa."
>
> "Mesmo que, no íntimo, você precise estar perto das pessoas e falar assim

com elas, elas não vão ficar perto de você."

O terapeuta indica o comportamento desvalorizador do paciente, demonstrando compreender por que ele se comporta dessa forma, mas ainda assim lhe diz as conseqüências negativas de seu comportamento nos relacionamentos, seja com o próprio terapeuta, seja com outras pessoas em sua vida.

No trecho a seguir, o Dr. Young começa a confrontar os modos auto-engrandecedor e autoconfortador desligado de Carl. No contexto de uma discussão sobre o início de seu relacionamento com sua mulher Danielle, o Dr. Young aponta que Carl se comporta de forma desvalorizadora em relação a ele.

Dr. Young: Como Danielle era na época? Era bonita? Era seu ideal?
Carl: Ela era bonita, mas não se esqueça, eu estava bêbado, estava sentado, ela estava sentada *(ri)*. Sempre brinco que nunca me apaixonaria por alguém tão baixinha se não estivesse bêbado e se não estivéssemos sentados. Ela tinha o tipo de corpo certo, a cor de cabelo certa.
Dr. Young: Então ela cumpria todos esses critérios objetivos.
Carl: *(incomodado)* Não são critérios objetivos, são os critérios sentidos, um pouco inefáveis, que temos, que não sabemos de onde vêm.
Dr. Young: Mas ela parecia cumprir todas essas coisas que intuitivamente conectam vocês...
Carl: *(interrompe)* Bom, cumpria o *suficiente*, estava interessada em mim, e eu estava pronto. Quer dizer, havia uma confluência de fatores.
Dr. Young: *(pausa)* Uma coisa que eu sinto quando conversamos, Carl, é que, quando digo alguma coisa que está um pouco fora, talvez um milímetro fora do que você pensa, você pega isso e reage como se estivéssemos em uma discussão. Entende o que eu digo? Em vez de dizer "É, você tem razão, é isso, mas não exatamente", você diz "Isso não tem nenhum sentido".
Carl: *(incomodado)* Não considero um milímetro fora, eu diria um metro fora, eu considero muito diferente. Sou chato com essas coisas, não é?

O terapeuta confronta Carl suavemente, e ele responde de maneira desafiadora. O terapeuta continua a falar de forma empática, enquanto ele continua a desvalorizar suas observações. Entretanto, isso não detém o terapeuta, que continua a confrontar Carl sem ficar com raiva e sem ser punitivo com ele. O terapeuta aponta repetidas vezes as conseqüências do comportamento de Carl em relacionamentos com ele e com outras pessoas. O terapeuta tenta superar o incidente imediato, observa calmamente o paciente, expressa simpatia e depois devolve sua opinião objetiva e educa.

Dr. Young: Qual é o efeito de sua atitude, de fazer correções, sobre as outras pessoas com quem você está falando?
Carl: Não sei. *(ri suavemente)*
Dr. Young: O que você diria que é? Você disse que é uma pessoa sensível...
Carl: *(interrompe)* Sou geralmente sensível à forma como as pessoas estão reagindo. Neste momento, isso parece incomodá-lo, parece deixá-lo chateado, esse tipo de correção.
Dr. Young: Eu acho que incomodaria a outras pessoas ser corrigidas cada vez que dizem algo. Eu sou psicólogo e entendo que, com o tipo de problema que você tem, ser perfeccionista e fazer tudo certo é muito importante, então posso

dizer: "Bom, dessa perspectiva, a tarefa de fazer tudo certo é crucial e importante".
Carl: *(interrompe)* Só parece ser crucial ou importante para mim em uma conversa.
Dr. Young: Sim, mas o que eu estou dizendo é que, com alguém que não seja um psicólogo tentando entender sua formação, se você faz a mesma coisa, a pessoa vai sentir isso, suponho, como uma forma de crítica, que o que ela disse não foi inteligente o suficiente, que não estava à altura de suas expectativas para uma conversa.
Carl: Ou como um adendo desnecessário a um assunto que não requer mais continuação.
Dr. Young: Sim, mas não estou tão preocupado com isso, mas com a parte em que se magoam os sentimentos.

Carl tenta desviar o foco da idéia de machucar outras pessoas. Ele tenta manter a discussão em nível intelectual e justificar que o que faz não é muito grave. No entanto, o terapeuta não deixa que ele faça isso e continua reafirmando, de forma suave, mas firme, que o comportamento de Carl machuca os outros. No próximo trecho, Carl começa a demonstrar um pouco de entendimento de seu comportamento na sessão.

Carl: Então o que você está me dizendo, que eu acho uma observação interessante, é que eu tenho uma tendência a situar todas as interações nesse tipo de jogo – você pode chamar de jugo –, em que o objeto é um tipo de intelectualização. Então é um contexto muito estreito para qualquer interação que esteja acontecendo.
Dr. Young: Isso tem o efeito de cortar os sentimentos. Sejam quais forem os sentimentos que eu esteja tendo em relação a você, ou que você possa estar tendo em relação a mim, eles se perdem no palavreado. É como ler um livro que está tão baseado nas palavras que não tem emoção suficiente.
Carl: Talvez seja o meu padrão, talvez seja o meu padrão para cortar a emoção.

Carl reconhece a verdade do que o terapeuta está dizendo – que ele intelectualiza e critica para evitar seus sentimentos –, o que é um sinal de progresso de sua parte. Todavia, ele volta em seguida a debochar do terapeuta. O Dr. Young menciona a atual terapeuta de Carl, Leah.

Dr. Young: Uma das coisas que Leah mencionou foi essa "dança da dominação" – isso é um de seus temas.
Carl: *(ri debochadamente)* Achei que era só uma coisa que você pegou. Não sei se é um dos meus temas. É uma frase feita.
Dr. Young: É, ela falou disso, mas parece que pode ser relevante neste contexto. Pode ser que, em conversas intelectuais, haja um subtexto de duas pessoas competindo em nível intelectual para ver quem é mais inteligente ou quem sabe mais.
Carl: *(desafiador)* Claro, claro, e se você observar bem, *quando um não quer, dois não brigam*.
Dr. Young: *(com descrença)* E o que você quer dizer é que eu também gosto disso?

Esse tipo de duelo é intrínseco ao tratamento de pacientes com transtorno da personalidade narcisista. O paciente fica debatendo ou desvalorizando o terapeuta, e este fica respondendo, apontando os efeitos que esse comportamento tem sobre o terapeuta e sobre outras pessoas importantes na vida do paciente.

À medida que a entrevista entre o terapeuta e Carl avança, este começa gradualmente a reconhecer a verdade no que o terapeuta diz. Ainda que haja uma parte de Carl que continua combatendo o terapeuta – o modo auto-engrandecedor, que não quer se sentir diminuído e se recusa a desaparecer – também há uma parte saudável dele que se torna mais receptiva ao terapeuta e mais ciente do que faz. Pretende-se ajudar Carl a trabalhar mais esse modo adulto saudável.

Com tato, o terapeuta expressa seus direitos sempre que o paciente os violar

Na medida certa, o terapeuta é assertivo com o paciente cada vez que este se comporta de maneira desvalorizadora. Estabelece limites para o paciente da mesma forma que um pai faz com um filho. Assim como um bom pai ou como uma boa mãe não permite comportamentos dentro de casa que seriam inaceitáveis fora de casa – como provocar ou falar de maneira degradante com os outros –, o terapeuta não permite que o paciente aja em relação a ele de forma inaceitável a pessoas fora da terapia. O terapeuta define limites quando o paciente se comporta mal.

Apresentamos algumas diretrizes que os terapeutas podem seguir quando estabelecem limites a pacientes com transtorno da personalidade narcisista.

1. *Os terapeutas empatizam com o ponto de vista narcisista e com discernimento confrontam o arrogo.* O terapeuta empatiza com as razões para que pareça certo ao paciente com transtorno da personalidade narcisista agir de maneira egoísta, ao mesmo tempo em que transmite a ele que esse comportamento afeta a outras pessoas. O terapeuta deve atingir o balanço ideal entre empatia e confronto. Se o terapeuta não expressar simpatia suficiente, o paciente sente-se incompreendido e diminuído, e não ouve o que o terapeuta diz. Se não confrontar o paciente o suficiente, este sentirá como se o terapeuta permitisse implicitamente o comportamento baseado em arrogo.
2. *Os terapeutas não se defendem nem reagem aos ataques quando os pacientes os desvalorizam.* O terapeuta não se perde no conteúdo dos ataques do paciente. Ele se coloca acima do conteúdo específico e não o recebe pessoalmente, não fica focado nele, e sim nos aspectos interpessoais da discussão. O terapeuta que discute o conteúdo do que o paciente diz geralmente comete um erro. Ao responder ao ataque com outro ataque, o terapeuta está jogando o "jogo" do paciente, e este, controlando a sessão. Em lugar disso, o terapeuta se concentra no *processo* daquilo que está acontecendo, no fato de que o paciente o desvaloriza para evitar suas próprias emoções, e continua confrontando com empatia o paciente com relação às conseqüências de seu comportamento.
3. *Os terapeutas afirmam seus direitos de maneira não-punitiva.* Quando os pacientes violam os direitos do terapeuta, este, mais uma vez se valendo de empatia, aponta o fato. O terapeuta diz algo como: "Sei que você provavelmente não tem intenção de me machucar e que no fundo você se sente incompreendido, mas não gosto disso que você está me dizendo".
4. *Os terapeutas não permitem que os pacientes os intimidem para que*

façam algo que não querem fazer. Em lugar disso, os terapeutas estabelecem limites claros com base naquilo que lhes parece confortável e justo, independentemente das pressões do paciente. Por exemplo, não permitem que os pacientes os convençam a mudar constantemente o horário de sessões, a passar da hora, a analisar parceiros amorosos ou rivais potenciais a fim de auxiliar os pacientes a manipulá-los ou a vencer disputas de poder, ou a passar de alguma outra maneira das fronteiras da relação terapêutica. Além disso, os terapeutas não tentam devolver a intimidação aos pacientes.

5. *Os terapeutas estabelecem que a relação terapêutica é mútua e baseada em reciprocidade, e não em um princípio do tipo senhor e escravo.* Quando o paciente trata o terapeuta com uma postura de arrogo, este a aponta. Ele diz algo como: "Sei que você tem medo e necessita que eu lhe ajude neste momento, mas me parece que você me trata como um empregado, e isso está me afastando", ou "Você está me tratando de maneira desrespeitosa, e isso dificulta que eu lhe ajude da maneira que quero, pois sei que, no fundo, você está sofrendo".

Muitas vezes, o paciente responderá: "Eu estou lhe pagando". O terapeuta pode responder: "Você está pagando pelo meu tempo, não pelo direito de me tratar com desrespeito". O terapeuta comunica que os únicos termos aceitáveis para o relacionamento são os de iguais. O fato de o paciente pagar o terapeuta não lhe dá direito de tratá-lo mal para que cumpra todas as demandas desejadas pelo paciente.

6. *Os terapeutas procuram evidências de vulnerabilidade e as apontam cada vez que ocorrem.* O terapeuta procura a criança solitária no paciente e chama a atenção deste para o modo, sempre que aparece. Esses sinais incluem expressões de ansiedade, tristeza ou vergonha, e reconhecimento de necessidades não-satisfeitas. O terapeuta estimula o paciente a permanecer no modo criança solitária o máximo possível e realiza a reparação parental do paciente.

7. *Os terapeutas se colocam acima dos incidentes e pedem que o paciente explore a motivação subjacente às afirmações baseadas em arrogo, auto-engrandecedoras, desvalorizadoras ou evitativas.*

Os terapeutas não se deixam envolver com o conteúdo das discussões. Abordam a *forma* como o paciente se comporta e o efeito desse comportamento sobre outras pessoas. O terapeuta se dá conta de que o paciente, no fundo, sente-se vulnerável. Quando o paciente se comporta de maneira desvalorizadora, muitas vezes está tentando fazer com que o terapeuta se sinta como fez com que ele próprio se sentisse, e o conteúdo da discussão revela mais sobre como o paciente se sentiu diminuído do que de suas percepções dos defeitos do terapeuta.

Para evitar soar acusador, o terapeuta pergunta: "Por que você faz isso agora? Por que essa superioridade? Por que me afasta? Por que não quer falar disso? Por que está com raiva de mim?".

Muitas vezes, os pacientes com transtorno da personalidade narcisista são muito inteligentes e conseguem superar o terapeuta e vencer discussões, mas, mesmo que vençam, ainda estarão errados se tratarem o terapeuta de forma a desvalorizar ou agredir. Eles podem não estar errados no conteúdo do argumento, mas certamente o estão em processo e estilo. Ao se colocar acima dos incidentes, o terapeuta consegue evitar a maioria das discussões.

8. *Os terapeutas buscam temas narcisistas comuns e os apontam ao paciente.* Entre os exemplos estão: (a) comportamento competitivo, arrogante, superior; (b) comentários condenatórios, críticos e avaliativos, positivos ou negativos; (c) afirmações que busquem *status* ou que reflitam ênfase nas aparências externas ou no desempenho, e não nas qualidades internas como amor e realização.

Mais uma vez, para apoiar em vez de criticar, o terapeuta pode apontar esses temas na forma de perguntas, como, por exemplo, "Por que você acha que pode agir de forma superior neste momento?", ou "Por que você me afasta?" ou "Por que você acha que é tão importante você me contar suas realizações?".

9. *Os terapeutas atribuem nome às afirmações que parecem representar os modos auto-engrandecedor ou autoconfortador desligado.* Isso ajuda os pacientes a reconhecer seus modos quando estão neles. Quando os pacientes se encontram no modo *auto-engrandecedor ou autoconfortador desligado*, o terapeuta chama sua atenção para isso e os ajuda a reconhecer emocionalmente essa experiência.

O terapeuta demonstra vulnerabilidade

Uma das melhores maneiras de os terapeutas provarem aos pacientes com transtorno da personalidade narcisista que é aceitável ser vulnerável, é mostrar a vulnerabilidade deles próprios. Em vez de parecer perfeitos, os terapeutas reconhecem sua vulnerabilidade. Os terapeutas *modelam* vulnerabilidade, reconhecendo quando seus sentimentos foram feridos, e admitem erros prontamente no nível que seria adequado em um relacionamento próximo. Dispõem-se a ser imperfeitos. Mesmo que muitos desses pacientes considerem a vulnerabilidade um sinal de fraqueza, é importante que o terapeuta a expresse de forma adequada. Não sugerimos que os terapeutas discutam detalhes íntimos de sua vida pessoal, e sim que compartilhem com os pacientes os sentimentos de vulnerabilidade que surgem naturalmente no decorrer da sessão de terapia. Em geral, é melhor que os terapeutas mostrem mais vulnerabilidade à medida que as sessões avançam do que no início do tratamento. Se demonstrarem muita vulnerabilidade já no início, o paciente pode interpretar isso equivocadamente, como se significasse que o terapeuta é fraco demais para lidar com seu comportamento difícil. O terapeuta mostra vigor demonstrando a habilidade de estabelecer limites. Dessa forma, o que ele tenta transmitir é uma mescla sutil de segurança, força e vulnerabilidade.

No trecho a seguir, o terapeuta expressa vulnerabilidade para estimular Carl a fazer o mesmo. No início, o terapeuta sugere a Carl que sua competitividade (o "jogo") é provocada por sentimentos subjacentes de inadequação, dos quais ele tem pouca consciência. Carl compensa o sentimento da criança solitária mudando para o modo auto-engrandecedor.

Dr. Young: Que função esse jogo cumpre para você? Qual a função por trás de jogar um jogo como esse com alguém?
Carl: *(incomodado)* Não sei. É só um jeito de ser naturalmente estimulante.
Dr. Young: Parece que há uma resposta mais profunda para essa pergunta.
Carl: Certo, qual seria o propósito de jogar esse jogo, em geral? Se consigo pensar sobre um momento em que esse é o tipo de jogo que eu jogaria, esse seria o propósito. Mas se eu observo por que eu jogaria especificamente com você... *(pausa)*. Se, na verdade, isso me desliga do conteúdo da interação, então é uma forma de eu controlar e me afastar da conversa, talvez, de conteúdo emocional, que pode ser um pouco desconfortável, para uma esfera mais confortável.
Dr. Young: Sim, isso me parece correto. Me parece ser o que está acontecendo. Você acha que pode estar tentando se afastar do que é desconfortável? Como seria não jogar esse jogo, e só sermos completamente emotivos um com o outro? Você poderia me contar suas reações emocionais, e eu poderia lhe contar as minhas. Eu poderia lhe fazer perguntas sobre o que você está sentindo em nível emocional, e você simplesmente discutiria isso abertamente.
Carl: Acho que seria difícil.

Neste momento, Carl percebe com precisão sua motivação, que é afastar a conversa de tópicos emocionais com potencial para incomodá-lo. Ele opta pelo desligamento e pelo auto-engrandecimento para evitar a intimidade e a criança solitária. Esses modos compensatórios e evitativos mantêm a criança solitária sob controle.

Carl parou de desvalorizar o terapeuta e passou ao modo criança solitária por alguns momentos, embora depois tenha retornado ao modo anterior.

O terapeuta introduz o conceito de modo criança solitária

O terapeuta começa a abordar diretamente o modo criança solitária de Carl, referindo-se ao fato de que a entrevista é gravada em videoteipe, e pergunta a Carl sobre seus sentimentos. Carl responde negando qualquer sentimento de vulnerabilidade de sua parte. O terapeuta responde expressando sua própria vulnerabilidade.

Dr. Young: Como você se sente estando aqui comigo nesta situação, de estar sendo filmado? Fora a análise intelectual disso, qual é seu sentimento sobre estar nesta situação?
Carl: Acho que consigo ignorar.
Dr. Young: Não há reação ou conteúdo emocional?
Carl: *(pausa)* Da minha parte ou da sua?
Dr. Young: De ambas. Eu certamente tenho uma reação emocional. Estou aqui, fazendo um vídeo que as pessoas vão assistir...
Carl: *(interrompe)* Você está em muito mais destaque do que eu, porque eu sou um paciente anônimo, mais ou menos, e você é a pessoa que está conduzindo isto. *(dá uma risada)* Eu não vou ser julgado pelo que está acontecendo aqui; você, sim. Isso é algo que está na *sua* consciência. Não precisa estar na minha.
Dr. Young: Intelectualmente, faz sentido, mas, de alguma forma, intuitivamente, eu não creio nisso. Acredito que qualquer pessoa nesta situação teria uma reação.
Carl: *(incomodado)* Por que você não fala sobre como se sente?!

Dr. Young: Bom, acho que eu falei: para mim, eu me sinto um pouco nervoso porque estou aqui em uma situação em que tenho altas expectativas a meu respeito, as pessoas que assistirem terão altas expectativas, e há uma chance real de que eu possa cometer um erro, de as coisas saírem mal, o que seria constrangedor.

Carl: *(interrompe)* Mas, então, você não vê? Não há chance de que eu cometa um erro. Eu sou o paciente. Eu posso dizer e fazer o que bem entender. *(ri triunfantemente)*

Dr. Young: Não estou dizendo que você está errado, mas tem certeza de que é isso que está sentindo? No fundo, não há outro nível de ansiedade ou preocupação com a forma como outras pessoas estão lhe vendo?

Carl: Talvez isso seja difícil de entender, porque você espera que as pessoas estejam preocupadas com a maneira como as outras as vêem.

Dr. Young: Sim, especialmente você. Você mencionou sua timidez.

Carl: Sim, mas acontece que eu não estou preocupado.

Carl está no modo auto-engrandecedor, desvalorizando sutilmente o terapeuta e, ao mesmo tempo, não-ciente de seu próprio modo criança solitária. O terapeuta persiste, mas ainda é cedo demais para que o paciente reconheça o que sente no íntimo.

O terapeuta sugere ao paciente que, em seu íntimo, há uma criança solitária – uma parte nuclear do paciente que se sente vulnerável, assustada, inadequada e perdida. O terapeuta reforça a vulnerabilidade do paciente, ao mesmo tempo em que continua a apontar os modos auto-engrandecedor e autoconfortador desligado.

No trecho a seguir, o Dr. Young explora a relação de Carl com sua terapeuta, Leah, para verificar se ele consegue reconhecer qualquer sentimento de vulnerabilidade ou conexão emocional com ela. Mais uma vez, Carl demonstra alguma dificuldade de reconhecer vulnerabilidade.

Dr. Young: Como você se sente quando está em sessão com Leah, em comparação com este tipo de situação? Qual é o seu sentimento emocional quando está na sessão com ela? É diferente ou é igual aqui?

Carl: Acho que tento trazer qualquer capacidade que tenha aprendido em minhas sessões com Leah, para tentar e conseguir aplicá-las aqui.

Dr. Young: Não, eu quis dizer quando você está na sessão com Leah, que emoções você tem? Quais emoções surgem quando você está em uma sessão com ela?

Carl: Eu tento manter uma conduta de distanciamento e estar consciente das emoções à medida que elas surgem.

Dr. Young: Mas há alguma sensação de não querer se perder nas emoções, de não querer ser pego nelas?

Carl: Não necessariamente. Às vezes eu acho que gosto de ser pego em minhas emoções e as descobrir e as sentir.

Dr. Young: Mas por que você tentaria manter uma postura de distanciamento?

Carl: Não, acho que a postura de distanciamento simplesmente é meu estado natural. Esse é o estado natural do Carl.

Dr. Young: De distanciamento...?

Carl: É.

Dr. Young: Então você volta àquela outra explicação, de que você fica distanciado para evitar certas emoções que não quer sentir.

Carl: Agora você está me perguntando por que eu aprendi a ficar distanciado. Eu não comecei a ser assim aos trinta e sete anos.

Dr. Young: Quando você acha que começou a desenvolver isso?

Carl: Talvez aos quatro anos, ou antes, certamente quando era menino em crescimento, sem dúvida.

Carl reconhece que é distanciado, que se trata do seu estado normal de ser, desde muito cedo em sua vida. Agora o terapeuta tem um caminho para chegar à criança solitária e pode explorar o que subjaz o distanciamento – por qual razão, aos 4 anos, ele começou a se desligar emocionalmente e o que sentiu antes disso que provocou o desenvolvimento desse modo.

O Dr. Young e Carl chamam essa parte desligada de "Carl Desligado". Na verdade, esse modo constitui uma mescla dos modos auto-engrandecedor e autoconfortador desligado.

O terapeuta explora as origens de infância dos modos por meio de imagens

Quando o paciente estiver ciente dos modos, o terapeuta passa a explorar as origens deles na infância, especialmente o modo criança solitária. Observamos que a melhor forma de se obter isso é com o uso de imagens mentais. Entretanto, antes o terapeuta deve, quase sempre, superar a oposição do paciente com relação ao exercício.

No próximo trecho, o terapeuta explora as origens do modo desligado de Carl. O terapeuta solicita a ele que faça um exercício de imagens, mas Carl manifesta uma série de reservas e resiste ao processo de imagens.

Dr. Young: Você estaria disposto a fazer um exercício com imagens mentais para chegar ao que era antes disso? Posso lhe pedir que feche os olhos e visualize como era aos três anos, antes de se desligar, para que eu possa sentir um pouco como era essa sua parte emocional naquele momento, antes de você se fechar? Você estaria disposto a experimentar isso e a me dizer o que sente?

Carl: Você pode tentar, mas eu não vou ajudar muito, com crianças de três anos. *(ri)*

Dr. Young: Bom, tente visualizar o mais jovem que puder.

Carl: Sabe como é, acho que voltar é como... era uma vez um poço que, com o passar dos anos, se encheu de sujeira, e, se você quiser chegar no fundo, não adianta só olhar, tem que cavar toda a sujeira antes. É assim que eu sinto isso.

Dr. Young: Entendo, parece difícil de obter a imagem. Mas tentemos. *(pausa)* Agora feche os olhos e visualize uma imagem do pequeno Carl, quando criança, e me diga o que vê. Tente ficar de olhos fechados até terminarmos o exercício. Outra coisa: tente fazer isso em imagens mentais. Não analise, não comente, só tente me dizer o que vê, como se fosse um filme passando na sua cabeça.

Carl: Bom, em termos gerais, eu não vejo imagens.

Dr. Young: Então, ficando com os olhos fechados, ao tentar ver Carl quando criança, você não vê nada?

Carl: É. Não vejo uma imagem reconhecível.

Dr. Young: O que você realmente vê quando olha para trás?

Carl: Bom, tento ter algum tipo de impressão.

Dr. Young: Isso seria bom.

Carl: Vou tentar captar o que vier, mas não vai ser na forma de uma imagem que eu possa realmente *ver*.

Dr. Young: O mais perto que você chegar disso está bom.

Carl ainda resiste, mas pelo menos se dispõe a tentar. Como ele mencionou que tinha dificuldades de gerar uma imagem de si mesmo quando criança, o Dr. Young sugeriu que, em vez disso, ele visualizasse uma imagem da mãe no passado, quando ele era criança. (Oferecer ao paciente tarefas cada vez mais fáceis é uma estratégia para se contrapor à sua resistência ao trabalho com imagens.)

Dr. Young: E que tal visualizar uma imagem de sua mãe quando você era pequeno, e começar daí? Seria mais fácil?
Carl: Seria.
Dr. Young: O que você sente quando olha a expressão no rosto dela na imagem? Você tem alguma reação a ela? O que sente?
Carl: Ah, me sinto muito triste, porque eu acho que amo a minha mãe profundamente e intensamente, e só quero estar com ela e amá-la.
Dr. Young: E ela facilita isso?
Carl: *(longa pausa)* Não.
Dr. Young: Você pode me dizer como ela é com você e como o trata?
Carl: Não consigo ver uma imagem autêntica, mas é como se ela fosse simplesmente feita de pedra. Ela não se mexe.
Dr. Young: Você consegue dizer a ela agora mesmo, na imagem, como se fosse essa criança, mesmo que não pudesse ter dito naquela época, o que necessitava dela? Simplesmente lhe diga em voz alta para que eu possa ouvir.
Carl: *(no papel de criança)* "Mãe, eu só quero que você me abrace, me ame e preste atenção em mim, esteja sempre comigo e nunca me abandone."
Dr. Young: É fácil para ela tocar em você, ou ela tem dificuldade de mostrar afeto?
Carl: Ela é pedra, ela é feita de pedra nesta imagem.
Dr. Young: Sim, portanto, quando olha para ela, você consegue imaginar que ela esteja pensando em alguma coisa? Você consegue entrar na mente dela?
Carl: *(longa pausa)* Acho que ela tem muita tristeza.
Dr. Young: E o que ela está pensando consigo mesma a seu respeito, quando você lhe diz "Quero estar com você, quero lhe abraçar, quero que você me ame?".
Carl: Acho que ela só consegue escutar isso com uma parte dela. Ela está muito preocupada com sua tristeza.
Dr. Young: Sei. Então ela está absorvida em seu próprio estado de humor.
Carl: É.
Dr. Young: Então faça com que ela responda quando você diz isso a ela.
Carl: Ela não quer falar comigo realmente. Na verdade, acho que ela está irritada por que eu estou me intrometendo com ela.
Dr. Young: E como isso o faz sentir, o fato de que ela esteja irritada com você?
Carl: Me faz sentir horrível.

Aqui acessamos a criança solitária pela primeira vez nas imagens. O paciente descreve uma mãe feita de pedra que não consegue se doar emocionalmente, e ele é uma criança, querendo o seu amor e sem ter como o receber.

O terapeuta avança em direção a este momento todo o tempo, tentando fazer com que Carl reconheça e vivencie seu modo criança solitária. Por fim, ele desvia do modo desligado, auto-engrandecedor de Carl, com quem só é possível um vínculo raso. Agora o terapeuta pode estabelecer um vínculo com a criança solitária. O terapeuta realiza a reparação parental da criança solitária e inicia o processo de cura dos esquemas.

O terapeuta faz trabalho com modos com o paciente

O terapeuta ajuda os pacientes a identificar e nomear seus modos e, depois, a criar diálogos entre eles. No trecho a seguir, o terapeuta identifica dois modos –

"Carlzinho" e "Carl Desligado". O primeiro é a criança solitária, e o segundo, uma combinação dos modos autoconfortador desligado e auto-engrandecedor. Começando com Carlzinho, o Dr. Young ajuda o paciente a se conectar emocionalmente com seus modos.

Dr. Young: Quero dividir você em dois Carls: o pequeno Carl que deseja sua mãe, e este outro Carl, que tem jeito desligado.
Carl: Certo.
Dr. Young: Você consegue ver os dois?
Carl: *(concorda com a cabeça)* Sim.
Dr. Young: Descreva ambos para mim, para que eu possa ver como eles são diferentes, como eles se sentem diferentes.
Carl: O Carl que quer o amor de sua mãe é muito triste. *(pausa)* Ele é tão triste que está tornando a parte desligada triste. *(ri)*
Dr. Young: Entendo, ele é, tipo, triste *paralisado*, como se só quisesse ficar na cama o tempo todo, esse tipo de triste, como se mal conseguisse se mexer?
Carl: *(pausa)* Não. Quase.
Dr. Young: Quase.
Carl: Mas não exatamente.

Aqui, o terapeuta liga a depressão de Carl à tristeza da criança solitária. Quando o terapeuta houver ajudado Carl a reconhecer seus modos criança vulnerável e desligado-engrandecedor, ele avança para explorar os esquemas por trás dos modos. O terapeuta começa com perguntas para determinar quais esquemas caracterizam o modo criança solitária de Carl. Especificamente, ele investiga se Carl tem um esquema subjacente de defectividade, além do esquema de privação emocional já demonstrado na imagem de uma mãe feita de pedra.

Dr. Young: E ele se sente inseguro, não-amado, rejeitado ou apenas solitário? O que o torna triste?
Carl: Acho que ele se sente inseguro com relação a... *(pausa).* Principalmente rejeitado, acho.
Dr. Young: Ele tem alguma idéia de por que sua mãe não quer amá-lo como ele é?
Carl: Não, ele só está confuso.
Dr. Young: Ele acha que há alguma coisa errada com ele?
Carl: Não.
Dr. Young: O que ele acha que é?
Carl: Ele não entende.
Dr. Young: Ele não sabe.
Carl: Não, simplesmente não entende.
Dr. Young: Ele simplesmente sente muita falta?
Carl: É, e não consegue entender por quê.
Dr. Young: Ele é solitário? Ele se sente isolado ou solitário?
Carl: Ele está solitário por causa de sua mãe.

Carl indica que tem um esquema de privação emocional, mas não de defectividade. Sente-se solitário, mas não pessoalmente falho.

O terapeuta instrui os pacientes sobre os modos de esquemas. O Dr. Young apresenta os modos a Carl, usando os próprios modos do paciente como ilustrativos.

Dr. Young: Observando seus problemas, você parece ter dois modos de esquemas. Um deles é a criança solitária e vulnerável, e esse é o Carl com quem você se conectou aos três anos, com sua mãe, que se sente triste e só, porque ninguém realmente lhe dá o amor de que ele precisa. Depois tem o segundo modo, que, no seu caso, é um modo que sente arrogo combinado com um modo autoconfortador. E este outro modo é voltado a esconder e com-

pensar, e a evitar essa criancinha mais vulnerável que você não quer vivenciar.
Carl: *(fala concordando)* O Carl Desligado realmente não está interessado em se aproximar, nem um pouco.

O Dr. Young continua explorando os esquemas de Carl. Citando os questionários do paciente, ele tenta determinar se Carl tem um esquema subjacente de desconfiança/abuso. Pergunta a Carl se ele vê as outras pessoas como se elas tentassem maltratá-lo.

Dr. Young: Me parece que, com o Carl Desligado, a partir das coisas que você disse nos inventários, há uma visão de outras pessoas como mais malévolas, também. Não é só a idéia de que as pessoas não lhe darão amor, parece que há visões de outras pessoas que são ainda mais negativas: a idéia de que eles tentam diminuir ou expor você, ou ganhar de você.
Carl: Acho que o Carl Desligado desenvolve uma compensação para ser alguma coisa na vida, e isso envolve competição.
Dr. Young: E isso lhe dá uma sensação de valor e propósito.
Carl: Dá.
Dr. Young: A competição é o valor.
Carl: É. E assim, essa competição, eu acho, existe em muitos planos, não só na arena dos jogos, onde ela é óbvia, mas também na simples interação, como você pode ver que o Carl Desligado também está competindo lá. E isso pode ser até com um estranho, potencialmente.
Dr. Young: E isso é só porque o jogo é distante ou porque ele realmente vê as pessoas, no íntimo, tentando pegá-lo antes que ele as pegue?
Carl: *(fala em tom definitivo)* Não. Ele não vê as pessoas tentarem pegá-lo antes que ele as pegue.
Dr. Young: Não é uma visão de desconfiança em relação a outras pessoas?
Carl: Nem um pouco.

Carl responde que não percebe os outros como abusivos, e o que o motiva a jogar é a satisfação de ganhar. O principal esquema de Carl parece ser a privação emocional, e não desconfiança/abuso. Ele joga para preencher o vazio de sua privação emocional, mais do que para se proteger de crueldade ou humilhação.

Dr. Young: O jogo é que dá uma razão de ser às coisas.
Carl: Dá sentido à vida.
Dr. Young: Desde que não aconteça a devida conexão.

O terapeuta ajuda Carl a adquirir uma compreensão intelectual minuciosa de seus modos, incluindo os esquemas subjacentes a eles.

O terapeuta explora as funções adaptativas dos modos de enfrentamento

O terapeuta ajuda Carl a acessar o "Carl Desligado" e a explorar a função cumprida por ele. O Carl Desligado existe para distrair sua atenção da tristeza.

Carl: Acho que consigo contar com o Carl Desligado a partir dos nove anos.
Dr. Young: Certo, e como ele é?
Carl: Ah, ele é meio impenetrável. Acho que ele vê esse menininho muito triste e reconhece que costumava ser triste. Se pensar bem, ele também poderia ficar triste, mas não quer.
Dr. Young: Não quer pensar sobre isso?
Carl: Ele não costuma pensar nisso. Ele costuma *não* pensar nisso.
Dr. Young: O que ele faz para distrair sua atenção?

Carl: Ele gosta de ler gibis, jogar xadrez e assistir TV. *(pausa)* Não acho que ele precise de alguma coisa especial para ser desligado.
Dr. Young: Ele está mais com as pessoas ou mais isolado, ou poderia estar das duas maneiras?
Carl: Das duas maneiras.
Dr. Young: Ele não se sente nem um pouco seguro, ou menos confortável, de uma maneira ou da outra?
Carl: Não, ele é impenetrável.

Para se proteger da tristeza em relação à mãe, Carl também se transformou em pedra.

O terapeuta o ajuda a se conectar emocionalmente ainda mais com o Carl Desligado. Observemos que o Carl Desligado inicialmente tenta se distanciar, criticando a pergunta do terapeuta. Ele desenvolve evitação de esquema, fiel à sua função central. Quando o Dr. Young pergunta sobre seus sentimentos, Carl Desligado se irrita.

Dr. Young: Posso falar com Carl Desligado por um momento?
Carl: Sim.
Dr. Young: Bom, aí está você, lendo gibis, jogando xadrez, vendo televisão. Como isso faz com que se sinta?
Carl: *(pausa)*
Dr. Young: Você gosta de fazer essas coisas?
Carl: *(fala em tom incomodado)* Acho que sua pergunta é boba.
Dr. Young: Certo. Por que você não propõe uma pergunta melhor? Refaça a minha pergunta, para que fique mais razoável, mas adequada à situação.
Carl: São só coisas que eu faço. Por que não gostaria delas?
Dr. Young: Então parece que o Carl Desligado tem um tom um pouquinho argumentativo?

Carl: *(soa incomodado)* É que ele simplesmente não entende. Ele não entende o que você quer dizer.
Dr. Young: Mas parece haver um pouco de raiva no tom de voz, parece que ele *também está sentindo* alguma coisa...
Carl: *(interrompe)* Você está pedindo que o Carl Desligado tenha sentimentos?
Dr. Young: Estou perguntando se, talvez, ele teria alguns sentimentos de raiva, mas não os sentimentos tristes.
Carl: *(interrompe)* Acho que ele se irrita se você pede que ele se concentre em si mesmo.
Dr. Young: Sim, é isso que eu quero dizer, então ele está irritado.
Carl: É, fica irritado se você quiser que ele olhe para o que faz e pense no que faz.
Dr. Young: Sim, exatamente. E você, no papel de Carl Desligado irritado, como se sente em relação às outras pessoas em geral? Qual é sua conexão com elas, suas crenças em relação a elas?
Carl: Hummm... *(pausa)* Não gosto, não gosto muito delas.
Dr. Young: Por quê?
Carl: *(longa pausa)* Não sei o porquê.
Dr. Young: Elas são burras, são egoístas?
Carl: Algumas são burras, mas outras não. Elas não são tão inteligentes como eu, claro.
Dr. Young: Você se sente bem por ser mais inteligente do que a maioria das pessoas?
Carl: *(com voz empática)* Claro.
Dr. Young: Por que isso faz você se sentir bem neste momento?
Carl: Eu tenho que ser o melhor, tenho que ser o vencedor.
Dr. Young: E por que é importante para você ser o melhor?
Carl: *(com voz irritada)* Você está me irritando.
Dr. Young: Você pode tentar explicar por que está irritado comigo.
Carl: Porque você está me fazendo essas perguntas.

Dr. Young: E você não quer pensar sobre essas coisas.
Carl: Não.

O terapeuta ajuda Carl a chegar a uma compreensão mais profunda do Carl Desligado. Este Carl Desligado não gosta muito de outras pessoas, não gosta de pensar em seus problemas, não gosta de pensar em por que faz o que faz e por que tem de ser o número um. O terapeuta ajuda o paciente a entender como o Carl Desligado se sente e funciona, o que representa um passo importante para entender como o Carl Desligado afeta negativamente sua vida à longo prazo.

Deve-se observar que Carl descreve a função de enfrentamento evitativo do Carl Desligado e a função de hipercompensação. Como dissemos, este Carl Desligado é um autoconfortador desligado e um autoengrandecedor. O modo cumpre essas duas funções distintas: Carl Desligado evita as próprias emoções negativas e se percebe superior às demais pessoas.

Curiosamente, quando o terapeuta identifica o Carl Desligado e o transforma em uma personagem das imagens mentais, a atitude dele em relação ao terapeuta muda. Ele sai dos modos auto-engradecedor e autoconfortador. Carl apenas desenvolve uma "dança da dominação", superficialmente, com o terapeuta. Compete e afasta o terapeuta sem muita dedicação a isso. Como o modo recebeu uma "voz", o Carl Desligado não precisa mais demonstrar sua superioridade ao terapeuta e não precisa mais se distanciar dele da mesma forma.

O terapeuta ensina os modos a negociar durante diálogos de esquema

Quando o paciente identificar, dar nome e se conectar emocionalmente aos modos, o terapeuta o auxilia a realizar diálogos entre eles. O terapeuta ensina os modos a negociar por meio de diálogos de esquemas. Essa é uma função do adulto saudável: conduzir negociações entre modos. O objetivo do adulto saudável é suplantar o auto-engrandecedor e o autoconfortador desligado como protetores da criança solitária e a ajudar a satisfazer suas necessidades emocionais.

No trecho a seguir, o terapeuta ajuda Carl a conduzir um diálogo em imagens entre o Carl Desligado e o Carlzinho, a criança solitária. O terapeuta inclui Danielle, a mulher de Carl, nas imagens. O autocentrismo dela faz eco à mãe do paciente, perpetuando a privação emocional de sua infância na vida adulta. O terapeuta quer fortalecer a conexão entre a criança solitária de Carl e Danielle. O objetivo final é fazer com que Carl Desligado vá embora e permita que o Carlzinho sinta e expresse suas emoções para Danielle.

Carl: Acho que o Carlzinho quer sua mãe, e sua mãe tem uma característica, talvez uma característica triste, talvez negativa, mas ele quer essa característica.
Dr. Young: Então pode ser ela ou alguém como ela.
Carl: Acho que sim, o Carlzinho se lembra de que sua mãe era triste.
Dr. Young: Então ele quer alguém triste e vulnerável como sua mãe.
Carl: Sim.
Dr. Young: E Danielle? Como o Carlzinho...
Carl: *(interrompe)* Ela é triste e vulnerável.
Dr. Young: É isso que o Carlzinho quer?
Carl: *(fala com tristeza)* Sim.

O terapeuta ajuda o Carlzinho a negociar com o Carl Desligado.

Dr. Young: Então faça com que o Carlzinho diga: "Eu gostaria se ser mais próximo de Danielle". O que o Carl Desligado responde?

Carl: *(longa pausa)* Acho que ele não se importa, acho mesmo.

Dr. Young: Mas alguns problemas vão surgir, não é? Não é totalmente tranqüilo. Então você precisa falar sobre o que está interferindo nisso, de que forma o Carl Desligado está interferindo.

Carl: É, você tem razão, há problemas. A vida do Carl Desligado está sendo ameaçada.

Dr. Young: Sim, então diga isso ao Carlzinho, porque você assumiu uma personagem separada agora e que você também quer sobreviver. Você não é mais seu servo.

Carl: *(no papel de Carl Desligado, falando a Carlzinho)* "Sim, Danielle é a pessoa certa, mas eu não quero abrir mão da minha vida. Eu também tenho uma vida."

Dr. Young: Conte a ele sobre essa vida, e as partes boas dela.

Carl: "Sabe como é, eu tenho que jogar xadrez. Tenho que manter o cérebro amigo estimulado. Você não ia querer ficar entediado, não é? Ia, Carlzinho?"

Dr. Young: E o que ele diz?

Carl: *(no papel de Carlzinho, experimentando uma voz)* "Ah, não, não."

Dr. Young: Parece que o Carl Desligado o intimida um pouco.

Carl: *(ri)*

Dr. Young: Faça com que o Carlzinho seja um pouco mais forte. Deixe que ele cresça um pouco, talvez, para que ainda tenha esses sentimentos, mas seja mais esperto.

Carl: Certo. *(no papel de Carlzinho, mais decidido)* "Certo, seu grandão provocador, escuta aqui..."

Carl Desligado é muito mais forte do que Carlzinho. O terapeuta se alia a Carlzinho para equilibrar as coisas. Ele dá à criança solitária mais munição contra o Carl Desligado. Vai ser uma luta justa, e não uma surra.

Com o Carlzinho fortalecido, ele e o Carl Desligado continuam a negociar. Carl interpreta ambos os lados, tendo o Dr. Young como instrutor.

Carl: *(no papel de Carl Desligado, falando a Carlzinho)* "Sim, sim, claro, você tem razão. A família é importante, Danielle é importante, mas isso quer dizer que eu tenho que abrir mão de tudo? Tenho que abrir mão de tudo? Não posso ficar com nada?"

Dr. Young: Ótimo. Dê a Carlzinho um exemplo, algo com que você gostaria de ficar, sem querer ficar com tudo. Negocie.

Carl: *(no papel de Carl Desligado)* "Posso ficar com meus biscoitos, meu chocolate e a pizza? Posso continuar jogando xadrez no computador, à noite?"

Dr. Young: E que tal jogar duas horas por noite?

Carl: Isso não é suficiente!

Dr. Young: Experimente, negocie um pouco aqui. Não seja tão duro com ele.

Carl: Estou negociando com o Carlzinho?

Dr. Young: Sim.

Carl: *(no papel de Carl Desligado)* "Escuta, mantemos a família, mas é disso que eu preciso." *(fala irritado)* "Preciso que você me deixe em paz, e eu vou cuidar da família."

Dr. Young: E o que o Carlzinho responde?

Carl: *(no papel de Carlzinho, falando com tristeza)* "Você está fazendo isso? Você está cuidando da família? Deixo você em paz se você cuidar da família, se você se cuidar. Você está fazendo isso?"

Observe que, neste momento, o Carlzinho é, na verdade, uma combinação dos modos criança solitária e adulto saudável. Ele assumiu a função do terapeuta no confronto empático. Confronta o Carl Desligado com o atual estado de coisas: o pequeno Carl e Danielle se sentem sós e negligenciados.

O terapeuta conecta a criança solitária com os atuais relacionamentos íntimos

O terapeuta ajuda a criança solitária a se conectar com pessoas importantes por meio de imagens. O Dr. Young trabalha para convencer o Carl Desligado a deixar o Carlzinho emergir frente à Danielle, para dar e receber amor. Isso também é benéfico para o Carl Desligado, porque amor constitui algo que ele deseja ainda mais do que jogar e vencer. Em nosso modelo, os modos de enfrentamento desadaptativo – neste caso, o autoconfortador desligado e o auto-engrandecedor – também querem amor. Esses modos não estão presentes para ferir o paciente, e sim para protegê-lo. Quando convencidos de que a criança solitária está a salvo, permitem que ela se mostre.

Dr. Young: E se o Carl Desligado se retirasse por um momento e deixasse que Carlzinho e Danielle se conectassem? Feche os olhos e deixe que eles se conectem um pouco, para que eu possa ver o que acontece quando os dois estão sem o Carl Desligado na imagem. O que você vê acontecer agora?
Carl: *(pausa)* Fisicamente, o que acontece?
Dr. Young: Sim. O que você vê? Como eles se relacionam um com o outro? Observe o Carlzinho, mas o torne um pouco mais velho, para que não tenha três anos.
Carl: Certo, está bem.
Dr. Young: O que você vê acontecendo com Carlzinho e Danielle? Como eles estão interagindo?
Carl: Ah, ele simplesmente sobe no colo dela.
Dr. Young: E ele a toca? Ele a abraça?
Carl: Sim, e ela o abraça.
Dr. Young: É como é?
Carl: É gostoso, é bom. Ele olha nos olhos dela, olha o rosto dela...
Dr. Young: Ele quer isso?
Carl: Sim.

Carl entende que, na verdade, quer se aproximar de Danielle, algo que não havia reconhecido antes. É aproximando-se de Danielle que a criança solitária conseguirá satisfazer suas necessidades emocionais fundamentais. O terapeuta traz Carl Desligado para a imagem.

Dr. Young: Coloque Carl Desligado na imagem e faça com que ele comente o que está vendo, a partir de seu ponto de vista. O que ele sente quando vê isso?
Carl: Bom, Carl Desligado, afinal de contas, é muito esclarecido. *(ri)*
Dr. Young: *(ri)* Então, o que ele está dizendo ao olhar para ele?
Carl: *(no papel de Carl Desligado)* "Bom, muito bom. Bom trabalho."
Dr. Young: *(no papel de Carl Desligado)* "Agora vou voltar para meu jogo de xadrez, ou me sentar e ver televisão um pouco?"
Carl: Não. Que bom se pudéssemos fazer um pouco mais disso!

O terapeuta ajuda o paciente a generalizar as mudanças da terapia para a vida fora dela

A parte final do tratamento consiste em auxiliar os pacientes a generalizar os avanços, a partir da relação terapêutica e dos exercícios de imagens nas sessões, para relacionamentos externos com pessoas que lhe são caras. O terapeuta ajuda o paciente a escolher indivíduos dispostos ao cuidado mútuo e vínculo afetivo. O terapeuta estimula o paciente a deixar que a criança solitária surja nesses relacionamentos, para dar e receber amor verdadeiro.

No trecho a seguir, o Dr. Young ajuda Carl a esclarecer como estender seus avanços a partir do trabalho com modos para a vida fora da terapia.

Dr. Young: Qual você acha que é o próximo passo para os "Carls" neste momento, em termos de avanço na terapia?

Carl: Acho que temos que fazer com que o Carlzinho possa vir à superfície e permanecer. Temos que prestar atenção e estar mais atentos ao Carl Desligado. Acho que a dicotomia entre o Carlzinho e o Carl Desligado é muito poderosa com relação a minha própria autoconsciência. Enquanto tivermos Carlzinho, o Carl Desligado não precisa estar lá.

Dr. Young: Entendo, você acha que Carl Desligado vai ceder automaticamente, apenas por que o Carlzinho está lá.

Carl: É.

Dr. Young: E, coerente com isso, você parece diferente agora, falando comigo, do que parecia no início. Neste momento você parece mais vulnerável, mais emoções estão vindo à tona do que eu senti antes, e você não discute mais os detalhezinhos das palavras.

Carl: É isso que o Carl Desligado tem que fazer.

Dr. Young: É, exatamente, então o que você descreveu acaba de acontecer aqui. Agora você é menos aquele Carl Desligado do que antes. Então se conectar com Carlzinho não muda o Carl Desligado.

Carl: Certo. Conectar-se com o Carlzinho e se conectar com minhas emoções em geral é algo que não tenho o *hábito* de fazer e a que não estou acostumado, mas é importante para mim. E, no que diz respeito ao Carlzinho, acho que ele tem que vir à tona e ficar aqui.

Quando o paciente permitir que a criança solitária transpareça e se relacione com outros indivíduos, os demais modos podem se recolher. Suas funções como protetores da criança solitária se tornam cada vez mais obsoletas. É claro que esses modos aparecerão com o tempo, mas, quanto mais a criança solitária emergir e se conectar com outros, menos eles vão exercer pressão para se fazerem presentes.

A fim de ajudar os pacientes a estender as mudanças obtidas na terapia a seus relacionamentos externos, a terapia de casal costuma ser um recurso útil, sobretudo nesta etapa do tratamento. Além disso, usamos tarefas de casa cognitivo-comportamentais que auxiliam os pacientes a trabalhar com seus relacionamentos com parentes, parceiros amorosos e amigos.

O terapeuta introduz estratégias cognitivo-comportamentais

Embora o exemplo clínico não ilustre essa parte do tratamento, o terapeuta introduz no início as estratégias cognitivo-comportamentais. Essas estratégias podem ajudar os pacientes com transtorno da personalidade narcisista nas fases de avaliação e de mudança. As tarefas de casa cognitivo-comportamentais são essenciais para ajudar os pacientes a superar os estilos de evitação que perpetuam seus esquemas. Se os pacientes mantêm os comportamentos auto-engrandecedores e de arrogo nos atuais relacionamentos interpessoais, seus esquemas subjacentes de privação emocional e defectividade não são totalmente curados.

Ao anotar seus pensamentos automáticos quando incomodados, os pacientes podem aprender a identificar e a corrigir distorções cognitivas. A seguir, detalhamos algumas distorções cognitivas comuns a pacientes com transtorno da personalidade narcisista.

1. *Pensamento "tudo-ou-nada"*. Usando as ferramentas da terapia cognitiva, os terapeutas ajudam os pacientes a corrigir o pensamento "tudo-ou-nada" do modo auto-engrandecedor: "Sou especial e o centro das atenções ou não valho nada e sou ignorado". O terapeuta ensina os pacientes a ver o *continuum* entre o tudo e o nada e a responder de maneira mais modulada à percepção de descaso. Os pacientes conduzem debates entre seus modos auto-engrandecedor e adulto saudável ou criança solitária.
2. *Distorções sobre ser desvalorizado e privado por outros*. O terapeuta ensina os pacientes a corrigir as próprias distorções em relação ao grau de desvalorização e privação que outras pessoas, sobretudo as que lhes são relevantes, impõem a eles. O terapeuta proporciona um "teste de realidade" aos pacientes quando eles se sentem afrontados e afirma o princípio da reciprocidade: os pacientes não devem esperar dos outros aquilo que eles próprios não se dispõem a dar. O terapeuta orienta-os a buscar igualdade nos relacionamentos, e não sensações de superioridade ou de tratamento especial.
3. *Perfeccionismo*. O terapeuta ensina os pacientes a questionar seu perfeccionismo, estabelecendo expectativas mais realistas para o desempenho, tanto para si quanto para terceiros. Tomando a relação terapêutica como modelo, os pacientes aprendem a perdoar falhas humanas. O terapeuta ajuda os pacientes a identificar a voz perfeccionista interna do pai/mãe punitivo, nunca satisfeita.
4. *Supervalorizar a gratificação narcísica em detrimento da satisfação interior*. O terapeuta ajuda os pacientes a examinar as vantagens e desvantagens de enfatizar sucesso, *status* e reconhecimento em detrimento do amor verdadeiro e da auto-expressão. Da mesma forma, orienta os pacientes a examinar as vantagens e desvantagens de manter seu pensamento e comportamento baseados em arrogo, e não em uma postura de empatia e reciprocidade. O terapeuta conduz debates entre os esquemas e o adulto saudável.

Trabalhando com os pacientes, o terapeuta elabora cartões usados como lembretes das conseqüências negativas do narcisismo e das conseqüências positivas da prática da "bondade amorosa". O terapeuta auxilia os pacientes a elaborar e realizar experimentos comportamentais, investigando as conseqüências de comportamentos fundamentados em arrogo, em lugar de amor, nos relacionamentos íntimos. O terapeuta elogia o paciente por este se comportar de maneira amorosa, por escolher o "amor verdadeiro" em detrimento das satisfações narcísicas temporárias.

A técnica da "seta descendente" (Burns, 1980) é útil para ajudar os pacientes a identificar as crenças subjacentes que provocam sua busca interminável de gratificação narcísica. O terapeuta ajuda os pacientes a trabalhar os "e se": por exemplo, "E se você não fosse perfeitamente bonito, inteligente, rico, bem-sucedido, famoso ou tivesse *status*? O que isso significaria para você? O que aconteceria? Como você imagina que sua vida seria?". Trabalhar esses "e se" com os pacientes é mais um caminho para chegar à criança solitária. Quando refletem sobre como seria sua vida sem os dons narcísicos, os pacientes muitas vezes chegam ao lugar sem amor dos esquemas de privação emocional e defectividade.

Entre sessões, os pacientes lêem cartões para lembrar o que aprenderam no trabalho cognitivo. Os cartões apontam comportamentos saudáveis que curam, em vez de perpetuarem, os esquemas de privação emocional e defectividade.

O terapeuta combina o trabalho cognitivo com experimentos comportamentais. Pede aos pacientes, por exemplo, que passem certo tempo sozinhos, como tarefa de casa, sem nada para tranqüilizá-los e sem estimulação, a fim de conhecer e entender a criança solitária. Os pacientes anotam ou gravam seus pensamentos e sentimentos e depois os levam à próxima sessão. O terapeuta e o paciente falam sobre o que aconteceu, e aquele aproveita a oportunidade para realizar a reparação parental do paciente.

Os pacientes substituem comportamentos impulsivos e compulsivos, autodestrutivos, por proximidade emocional e autenticidade. Em situações sociais, os pacientes realizam experimentos nos quais resistem a passar ao modo auto-engrandecedor. Adotam um papel de observadores por uma noite, ou se concentram em escutar outras pessoas ou em deixar de fazer observações voltadas a provocar admiração.

Por fim, e talvez mais importante, os pacientes com transtorno da personalidade narcisista trabalham para desenvolver seus relacionamentos íntimos. Realizam exercícios de dar carinho a outras pessoas e praticar empatia. Reduzem o tempo que dedicam a impressionar os outros e aumentam o tempo voltado a melhorar a qualidade emocional de seus relacionamentos íntimos. Deixam que a criança solitária transpareça nas relações íntimas adequadas para que suas necessidades emocionais básicas sejam atendidas. Observam o que acontece quando substituem comportamentos adictivos autoconfortadores por amor e intimidade.

OBSTÁCULOS COMUNS AO TRATAMENTO DO NARCISISMO

Há vários obstáculos ao tratamento bem-sucedido de pacientes com transtorno da personalidade narcisista, que, via de regra, superados com investimento na base de apoio. Ocasionalmente, a base de que dispomos não é suficiente. Esses pacientes têm mais probabilidades do que a maioria dos outros de desistir do tratamento, sobretudo nas primeiras sessões. Isso pode acontecer por diversas razões. No modo auto-engrandecedor, o paciente talvez seja incapaz de entender o objetivo da terapia – estabelecer um relacionamento baseado em cuidado, e não em privilégio –, especialmente se o paciente nunca experimentou cuidado de verdade. O modo auto-engrandecedor pode não se dispor a tolerar a frustração do terapeuta pelas necessidades narcísicas do paciente quanto a arrogos ou privilégios, e o terapeuta nada pode fazer para mantê-lo em tratamento a não ser gratificar suas necessidades narcísicas, o que seria destrutivo para ambos.

Os pacientes podem abandonar o tratamento para evitar a dor da criança solitária. Não se dispõem à vulnerabilidade o suficiente para acreditar no terapeuta e se vincular a ele. Se entrarem em tratamento durante uma crise, há o risco de que parem assim que a crise esteja resolvida.

O modo auto-engrandecedor pode rejeitar o terapeuta por não o considerar "bom o suficiente" em algum aspecto – não é rico, inteligente, instruído, bem-sucedido o suficiente, e assim por diante. Isso também pode acontecer mais tarde no tratamento. Tendo inicialmente idealizado o terapeuta, o paciente o desvaloriza depois.

De qual base de apoio o terapeuta dispõe para manter o paciente em tratamento? O que o terapeuta tem que o paciente quer? Como observamos, uma fonte de apoio são as conseqüências negativas do narcisismo. O terapeuta lembra os pacientes, permanentemente, de que, a menos que mudem, continuarão a pagar o preço por seu narcisismo em suas vidas amorosas e profissionais. Uma segunda fonte de apoio é a relação terapeuta-paciente. Se o terapeuta mantém o paciente no modo criança solitária e realiza a reparação parental, o vínculo do paciente com ele se torna uma razão para permanecer em tratamento.

RESUMO

Utilizamos uma abordagem baseada em modos para tratar o transtorno da personalidade narcisista. Observamos três modos básicos que caracterizam a maioria desses pacientes (além do modo adulto saudável): a criança solitária, o auto-engrandecedor e o autoconfortador desligado. Os esquemas nucleares do narcisismo são a privação emocional e a defectividade, parte do modo criança solitária. O esquema de arrogo é uma hipercompensação para os outros dois esquemas e parte do modo auto-engrandecedor.

Os pacientes com transtorno da personalidade narcisista, geralmente, estão no modo auto-engrandecedor enquanto diante de outras pessoas, e o autoconfortador desligado é o modo em que se encontram quando sozinhos. Esses modos podem assumir muitas formas, todas elas representando mecanismos de evitação de esquemas. Os pacientes costumam desenvolver uma série de atividades para auto-estimulação, que proporcionam emoção e excitação. Outro grupo de pacientes realiza, compulsivamente, atividades solitárias mais autoconfortadoras do que auto-estimuladoras. Esses interesses compulsivos afastam sua atenção do sofrimento causado pelos esquemas de privação emocional e defectividade.

Encontramos quatro fatores que costumam caracterizar os ambientes de infância de pacientes com transtorno da personalidade narcisista: (1) solidão e isolamento, (2) limites insuficientes, (3) histórico de vitimização por uso ou manipulação e (4) aprovação condicional.

Nos relacionamentos íntimos, os pacientes com transtorno da personalidade narcisista tendem a apresentar comportamentos característicos. Via de regra, são incapazes de absorver amor e de ver os relacionamentos como fontes de aprovação e validação. Carecem de empatia, especialmente com pessoas que lhes são próximas. Com freqüência, sentem inveja de terceiros percebidos de alguma forma como superiores. Os pacientes costumam idealizar seus objetos de amor, inicialmente; depois, com o tempo, desvalorizam cada vez mais os parceiros. Por fim, apresentam um padrão de arrogo nos relacionamentos íntimos.

Para avaliar o narcisismo, o terapeuta pode observar os seguinte: (1) o comportamento do paciente nas sessões de terapia, (2) a natureza do problema com que o paciente se apresenta e seu histórico, (3) a resposta do paciente aos exercícios de imagens e questões sobre a infância (incluindo Inventário Parental de Young) e (4) o Questionário de Esquemas de Young preenchido pelo paciente.

Nosso tratamento de pacientes com transtorno da personalidade narcisista é centrado na reparação parental da criança solitária e no trabalho com modos. O terapeuta ajuda o paciente a fortalecer um modo adulto saudável, tendo como modelo o terapeuta, que seja capaz de fazer a reparação parental da criança solitária e de regular os modos auto-engrandecedor e autoconfortador desligado. O terapeuta estabelece as atuais queixas como base de apoio e começa a "reparação parental limitada" da criança solitária. Ao tratar pacientes com transtorno da personalidade narcisista, é relevante que os terapeutas confrontem, com tato, o estilo do paciente de desvalorizar e desafiar, e sejam assertivos quanto aos seus direitos sempre que o paciente os violar. Em vez de parecerem perfeitos, os terapeutas reconhecem sua vulnerabilidade.

O terapeuta introduz o conceito de modo criança solitária e ajuda o paciente a reconhecer os modos auto-engrandecedor e autoconfortador desligado. Explora as origens na infância dos modos por meio de imagens. (Geralmente, o terapeuta deve, em primeira mão, superar resistências consideráveis por parte do paciente.) Ele orienta o paciente pelo trabalho com modos. O modo adulto saudável conduz negociações entre os modos, com vistas a: (1) ajudar a criança solitária a se sentir cuidada, com carinho, e compreendida e a cuidar e empatizar com outras pessoas; (2) confrontar o auto-engrandecedor de forma que o paciente abdique da necessidade excessiva de aprovação alheia com base em princípios de respeito e reciprocidade, já que a criança solitária recebe amor mais verdadeiro, e (3) ajudar o autoconfortador desligado a abrir mão de comportamentos desadaptativos e adictivos, e a substituí-los por amor verdadeiro, auto-expressão e vivência de sentimentos.

A parte final do tratamento consiste em ajudar o paciente a estender as mudanças alcançadas a partir da relação terapêutica e dos exercícios com imagens mentais realizados nas sessões aos relacionamentos externos com pessoas significativas para ele. O terapeuta auxilia os pacientes a escolher indivíduos que se dispõem ao cuidado mútuo e ao vínculo afetivo. O terapeuta estimula o paciente a deixar que a criança solitária transpareça nos relacionamentos, e a dar e receber amor.

REFERÊNCIAS

Ainsworth, M. D. S. (1968). Object relations, dependency, and attachment: A theoretical review of the infant-mother relationship. *Child Development*, 40, 969-1025.

Ainsworth, M. D. S., & Bowlby J. (1991). An ethological approach to personality development. *American Psychologist*, 46, 331-341.

Alexander, E. (1956). *Psychoanalysis and psychotherapy: Developments in theory, techniques, and training*. New York: Norton.

Alexander, E., & French, T. M. (1946). *Psychoanalytic therapy: Principles and applications*. New York: Ronald Press.

Alford, B. A., & Beck, A. T. (1997). *The integrative power of cognitive therapy*. New York: Guilford Press.

Alloy, L. B., & Abramson, L. Y. (1979). Judgment of contingency in depressed and nondepressed students. Sadder but wiser? *Journal of Experimental Psychology*: General, 108, 449-485.

American Psychiatric Association. (1994). *Diagnostic and statistical manual of mental disorders* (4th ed.). Washington, DC: Author. Publicado pela Artmed Editora sob o título: DSM-IV-TR: Manual Diagnóstico e Estatístico de Transtornos Mentais.

Aunola, K., Stattin, H., & Nurmi, J. E. (2000). *Journal of Adolescence*, 23(2), 205-222.

Barlow, D. H. (1993). *Clinical handbook of psychological disorders*. New York: Guilford Press. Publicado pela Artmed Editora sob o título: Manual clínico dos transtornos psicológicos.

Barlow, D. H. (Ed.). (2001). *Clinical handbook of psychological disorders* (3rd ed.). New York: Guilford Press.

Baron, R. (1988). Negative effects of destructive criticism. Impact on conflict, self-efficacy, and task performance. *Journal of Applied Psychology*, 73, 199-207.

Beck, A. T. (1967). *Depression: Causes and treatment*. Philadelphia: University of Pennsylvania Press.

Beck, A. T. (1976). *Cognitive therapy and the emotional disorders*. New York: International Universities Press.

Beck, A. T. (1996). Beyond belief: A theory of modes, personality, and psychopathology. In P. Salkovskis (Ed.), *Frontiers of cognitive therapy* (pp. 1-25). New York: Guilford Press.

Beck, A. T., Freeman, A., & Associates. (1990). *Cognitive therapy of personality disorders*. New York: Guilford Press. Publicado pela Artmed Editora sob o título: Terapia cognitiva do transtornos da personalidade.

Beck, A. T., Rush, A. J., Shaw, B. F. & Emery, G. (1979). *Cognitive therapy of depression*. New York: Guilford Press. Publicado pela Artmed Editora sob o título: Terapia cognitiva do depressão.

Beck, A. T., Steer, R. A., & Brown, G. K. (1996). *Beck Depression Inventory-II*. San Antonio, Texas: The Psychological Corporation.

Beck, A. T., Ward, C. H., Mendelson, M., Mock, J., & Erbaugh, J. (1961). An inventory for measuring depression. *Archives of General Psychiatry*, 4, 561-571.

Beyer, J., & Trice, H. (1984). A field study of the use and perceived use of discipline in controlling worker performance. *Academy of Management Journal*, 27, 743-764.

Borkovec, T. D., Robinson, E., Pruzinsky, T., & DePree, J. A. (1983). Preliminary exploration of worry: Some characteristics and processes. *Behaviour Research and Therapy*, 21, 9-16.

Bowlby, J. (1969). *Attachment and loss: Vol. I. Attachment*. New York: Basic Books.

Bowlby, J. (1973). *Attachment and loss: Vol. II. Separation*. New York: Basic Books.

Bowlby, J. (1980). *Attachment and loss: Vol. III. Loss, sadness, and depression*. New York: Basic Books.

Bowlby, J. (1988). *A secure base: Parent-child attachment and healthy human development*. New York: Basic Books.

Burns, D. D. (1980). *Feeling good*. New York: Morrow.

Carine, B. E. (1997). Assessing personal and interpersonal schemata associated with Axis II Cluster B personality disorders: An integrated perspective. *Dissertations Abstracts International*, 58, 113.

Carroll, L. (1923). *Alice in wonderland*. New York: J. H. Sears.

Coe, C. L., Glass, J. C., Wiener, S. G., & Levine, S. (1983). Behavioral, but not physiological adaptation to repeated separation in mother and infant primates. *Psychoneuroendocrinology*, 8, 401-409.

Coe, C. L., Mendoza, S. P., Smotherman, W. P., & Levine, S. (1978). Mother-infant attachment in the squirrel monkey: Adrenal responses to separation. *Behavioral Biology*, 22, 256-263.

Coe, C. L., Wiener, S. G., Rosenberg, L. T., & Levine, S. (1985). Endocrine and immune responses to separation and maternal loss in nonhuman primates. In M. Reite & T. Field (Eds.), *The psychobiology of attachment* (pp. 163-199). Orlando, FL: Academic Press.

Coleman, L., Abraham, J., & Jussin, L. (1987). Students' reactions to teachers' evaluations. The unique impact of negative feedback. *Journal of Applied Psychology*, 64, 391-400.

Craske, M. G., Barlow, D. H., & Meadows, E. A. (2000). *Mastery of your anxiety and panic: Therapist guide for anxiety, panic, and agoraphobia (MAP-3)*. San Antonio, TX: Graywind/Psychological Corp.

Earley L., & Cushway, D. (2002). The parentified child. *Clinical Child Psychology and Psychiatry*, 7(2), 163-188.

Eliot, T. S. (1971). *The complete poems and plays: 1909-1950*. New York: Harcourt, Brace, & World.

Elliott, C. H., & Lassen, M. K. (1997). A schema polarity model for conceituação de caso, intervention, and research. *Clinical Psychology: Science and Practice*, 4,12-28.

Erikson, E. H. (1950). *Childhood and society*. New York: Norton.

Erikson, E. H. (1963). *Childhood and society* (2nd ed.). New York: Norton.

Fisher, C. (1989). *Postcards from the edge*. New York: Simon & Schuster.

Frank, J. D., Margolin, J., Nash, H. T., Stone, A. R., Varon, E., & Ascher, E. (1952). Two behavior patterns in therapeutic groups and their apparent motivation. *Human Relations*, 5, 289-317.

Freeman, N. (1999). Constructive thinking and early maladaptive schemas as predictors of interpersonal adjustment and marital satisfaction. *Dissertations Abstracts International*, 59, 9B.

Freud, S. (1963). Introductory lectures on psychoanalysis: Part III. General theory of the neuroses. In J. Strachey (Ed. and Trans.), *The standard edition of the complete psychological works of Sigmund Freud* (Vol. 16, pp. 241-263). London: Hogarth Press. (Original work published 1917)

Gabbard, G. O. (1994). *Psychodynamic psychiatry in clinical practice: The DSM-IV edition*. Washington, DC: American Psychiatric Press. Publicado pela Artmed Editora sob o título: Psiquiatria psicodinâmica na prática.

Greenberg, L., & Paivio, S. (1997). *Working with emotions in psychotherapy*. New York, Guilford Press.

Greenberg, L. S., Rice, L. N., & Elliott, R. (1983). *Facilitating emotional change: The moment-by-moment process*. New York: Guilford Press.

Gunderson, J. G., Zanarini, M. C., & Kisiel, C. L. (1991). Borderline personality disorder: A review of data on DSM-III-R descriptions. *Journal of Personality Disorders*, 5, 340-352.

Herman, J. L., Perry, J. C., & van de Kolk, B. A. (1989). Childhood trauma in borderline personality disorder. *American Journal of Psychiatry*, 146, 490-495.

Horowitz, M. J. (Ed.). (1991). *Person schemas and maladaptive interpersonal patterns*. Chicago: University of Chicago Press.

Horowitz, M. J. (1997). *Formulation as a basis for planning psychotherapy treatment.* Washington, DC: American Psychiatric Press.

Horowitz, M. J., Stinson, C. H., & Milbrath, C. (1996). Role relationship models: A person schematic method for inferring beliefs about identity and social action. In A. Colby, R. Jessor, & R. Schweder (Eds.), *Essays on ethnography and human development* (pp. 253-274). Chicago: University of Chicago Press.

Hyler, S., Rieder, R. O., Spitzer, R. L., & Williams, J. (1987). *Personality Diagnostic Questionnaire-Revised.* New York: New York State Psychiatric Institute.

Kagan, J., Reznick, J. S., & Snidman, N. (1988). Biological bases of childhood shyness. *Science,* 240, 167-171.

Kernberg, O. F. (1984). *Severe personality disorders: Psychotherapeutic strategies.* New Haven: Yale University Press.

Kohlberg, I. (1963). Moral development and identification. In H. Stevenson (Ed.), *Child psychology* (62nd yearbook of the National Society for the Study of Education.) Chicago: University of Chicago Press.

Kohut, H. (1984). *How does analysis cure?* Chicago: University of Chicago Press.

LeDoux, J. (1996). *The emotional brain.* New York: Simon & Schuster.

Lee, C. W, Taylor, G., & Dunn, J. (1999). Factor structures of the Schema Questionnaire in a large clinical sample. *Cognitive Therapy and Research,* 23(4), 421-451.

Linehan, M. M. (1993). *Cognitive-behavioral treatment of borderline personality disorder.* New York: Guilford Press.

Maslach, G., & Jackson, S. E. (1986). *Maslach Burnout Inventory Manual.* Palo Alto, CA: Consulting Psychologists Press.

McGinn, L. K., Young, J. E., & Sanderson, W. C. (1995). When and how to do longer term therapy without feeling guilty. *Cognitive and Behavioral Practice,* 2, 187-212.

Miller, A. (1975). *Prisoners of childhood: The drama of the gifted child and the search for the true self.* New York: Basic Books.

Miller, A. (1990). *Thou shalt not be aware: Society's betrayal of the child.* New York: Penguin.

Millon, T. (1981). *Disorders of personality.* New York: Wiley

Noyes, R. J., Reich, J., Christiansen, J., Suelzer, M., Pfohl, B., & Coryell, W. A. (1990). Outcome of panic disorder. *Archives of General Psychiatry,* 47, 809-818.

Nussbaum, M. C. (1994). *The therapy of desire: Theory and practice in hellenistic ethics.* Princeton, NJ: Princeton University Press.

Orwell, G. (1946). *Animal farm.* New York: Harcourt, Brace.

Patock-Peckham, J. A., Cheong, J., Balhorn, M. E., & Nogoshi, C. T. (2001). A social learning perspective: A model of parenting styles, self-regulation, perceived drinking control, and alcohol use and problems. *Alcoholism: Clinical and Experimental Research,* 25(9), 1284-1292.

Pearlman, L. A., & MacIan, P S. (1995). Vicarious traumatization: An empirical study of the effects of trauma work on trauma therapists. *Professional Psychology: Research and Practice,* 26(6), 558-565.

Persons, J. B. (1989). *Cognitive therapy in practice: A case formulation approach.* New York: Norton.

Piaget, J. (1962). *Play, dreams, and imitation in childhood.* New York: Norton.

Plath, S.(1966). *The bell jar.* London: Faber and Faber.

Rachlin, H. (1976). *Behavior and learning.* San Francisco: Freeman.

Reich, J. H., & Greene, A. L. (1991). Effect of personality disorders on outcome of treatment. *Journal of Nervous and Mental Disease,* 179, 74-83.

Rittenmeyer, G. J. (1997). The relationship between early maladaptive schemas and job burnout among public school teachers. *Dissertations Abstracts International,* 58, 5A.

Rogers, C. R. (1951). *Client-centered therapy.* Boston: Houghton Mifflin.

Rosenberg, M. (1965). *Society and the adolescent self-image.* Princeton, NJ: Princeton University Press.

Ryle, A. (1991). *Cognitive-analytic therapy: Active participation in change.* New York: Wiley.

Sanderson, W. C., Beck, A. T., & McGinn, L. K. (1994). Cognitive therapy for generalized anxiety disorder: Significance of comorbid personality disorders. *Journal of Cognitive Psychotherapy: An International Quarterly*, 8(1), 13-18.

Schmidt, N. B., Joiner, T. E., Young, J. E., & Telch, M. J. (1995). The Schema Questionnaire: Investigation of psychometric properties and the hierarchical structure of a measure of maladaptive schemata. *Cognitive Therapy and Research*, 19(3), 295-321.

Shane, M., Shane, E., & Gales, M. (1997). *Intimate attachments: Toward a new self psychology*. New York: Guilford Press.

Singer, I. B. (1978). *Shosha*. New York: Farrar, Straus, & Giroux.

Smucker, M. R., & Dancu, C. V. (1999). *Cognitive behavioral treatment for adult survivors of childhood trauma: Imagery rescripting and reprocessing*. Northvale, NJ: Aronson.

Suinn, R. M. (1977). Type A behavior pattern. In R. B. Williams & W. D. Gentry (Eds.), *Behavioral approaches to medical treatment*. Cambridge, MA: Ballinger.

Taylor, S. E., & Brown, J. D. (1994). Positive illusions and well-being revisited: Separating fact from fiction. *Psychological Bulletin*, 116, 1-27.

Terence (1965). *Heauton timoroumenos* [The self-tormentor] (Betty Radice, Trans.). New York: Penguin.

Thompson, L. W., Gallagher, D., & Czirr, R. (1988). Personality disorder and outcome in the treatment of later life depression. *Journal of Geriatric Psychiatry and Neurology*, 121, 133-146.

Tolstoy, L. (1986). The death of Ivan Ilyitch. In C. Neider (Ed.), *Tolstoy: Tales of courage and conflict*. New York: Cooper Square Press.

Turner, S. M. (1987). The effects of personality disorders on the outcome of social anxiety symptom reduction. *Journal of Personality Disorders*, 1, 136-143.

van der Kolk, B. A. (1987). *Psychological trauma*. Washington, DC: American Psychiatric Press.

Wills, R., & Sanders, D. (1997). *Cognitive therapy: Transforming the image*. London: Sage.

Winnicott, D. W. (1965). *The maturational processes and the facilitating environment: Studies in the theory of emotional development*. London: Hogarth Press.

Young, J. E. (1990). *Cognitive therapy for personality disorders*. Sarasota, FL: Professional Resources Press.

Young, J. E. (1993). *The schema diary*. New York: Cognitive Therapy Center of New York.

Young, J. E. (1994). *Young Parenting Inventory*. New York: Cognitive Therapy Center of New York.

Young, J. E. (1995). *Young Compensation Inventory*. New York: Cognitive Therapy Center of New York.

Young, J. E. (1999). *Cognitive therapy for personality disorders: A schema-focused approach* (rev. ed.). Sarasota, FL: Professional Resources Press. Publicado pela Artmed Editora sob o título: Terapia cognitiva para transtornos da personalidade.

Young, J. E., & Brown, G. (1990). *Young Schema Questionnaire*. New York: Cognitive Therapy Center of New York.

Young, J. E., & Brown, G. (2001). *Young Schema Questionnaire: Special Edition*. New York: Schema Therapy Institute.

Young, J. E., & Gluhoski, V. L. (1996). Schema-focused diagnosis for personality disorders. In F. W. Kaslow (Ed.), *Handbook of relational diagnosis and dysfunctional family patterns* (pp. 300-321). New York: Wiley.

Young, J. E., & Klosko, J. S. (1993). *Reinventing your life: How to break free from negative life patterns*. New York: Dutton.

Young, J. E., & Klosko, J. (1994). Reinventing your life. New York: Plume.

Young, J. E., & Rygh, J. (1994). *Young-Rygh Avoidance Inventory*. New York: Cognitive Therapy Center of New York.

Young, J. E., Wattenmaker, D., & Wattenmaker, R. (1996). *Schema therapy flashcard*. New York: Cognitive Therapy Center of New York.

Young, J. E., Weinberger, A. D., & Beck, A. T. (2001). Cognitive therapy for depression. In D. Barlow (Ed.), *Clinical handbook of psychological disorders* (3rd ed., pp. 264-308). New York: Guilford Press.

Zajonc, R. B. (1984). On the primacy of affect. *American Psychologist*, 39, 117-123.

ÍNDICE

A

Abordagem psicodinâmica, 62
Adequação do paciente, 76-77
Ambiente, 269-272; *ver também,*
    Experiências de infância
Arrogo frágil, 210; *ver também,*
    Transtorno da personalidade narcisista
Auto-abertura, 178, 180
Auto-observação, 90-91
Avaliação com imagens, *ver também,* Avaliação
   descrição, 83-85, 108
   evitação, 87-89
   exemplo clínico, 85-86
   relação terapêutica, 88-89
Avaliação de transtorno da personalidade
    narcisista, 329-332
   diagnóstico. 322-324
   esquema de arrogo/grandiosidade, 210
   exemplo clínico, 166, 176, 331-339,
      342-343, 353
   modos e, 239-240, 318, 322-323
   obstáculos ao tratamento, 354-356
   origens de, 324-327
   relacionamentos e, 327-330
   terapeutas, 174-175
   tratamento, 335-343, 349-351, 353-357
   versus arrogo, 323-325
Avaliação; *ver também,* Fase de avaliação e
    educação
   estratégias vivenciais, 134
   imagens, 108-117
   transtorno da personalidade *borderline,*
      284-286
   transtorno da personalidade narcisista,
      329-330, 356-357

C

Capitulador, *ver também,* Estilos de enfrentamento
   descrição, 45
   dos terapeutas, 174
   exemplo clínico, 168
   exemplos de, 49t-50t
   rompimento de padrões comportamentais,
      56, 135-289,138t-140t
Cartas aos pais, 127-128
Cartões-lembrete
   construção de, 103-105, 104f
   rompimento de padrões comportamentais,
      148, 155
   transtorno da personalidade narcisista, 302-303
Conceituação de caso, 71, 72f-73f, 74-75, 141,
    160-163
Confronto empático, *ver também,* Relação
    terapêutica
   descrição, 56, 93-95, 160, 183
   exemplo clínico, 177-178
   fase de mudança, 176-179
   técnica da cadeira vazia 100-103,
      ver também, Diálogos
   transtorno da personalidade narcisista, 337-338

D

Definição de esquema, 21-22, 40-41, 68
Desenvolvimento da terapia do esquema, 20-21
Diálogos
   descrição, 100-103
   exemplo clínico, 136-137
   imagens mentais, 117-122
   modo protetor desligado, 133-134
   rompimento de padrões de comportamento,
      154-155
   trabalho com modos, 259-262
   transtorno da personalidade *borderline,* 282-290
   transtorno da personalidade narcisista, 346-351
Distorções cognitivas, 353-354
Domínio da autonomia e desempenho prejudi-
    cados; *ver também,* Domínios, Esquemas
   descrição, 28f, 31

esquema de emaranhamento/*self* subdesenvolvido, 204-206
esquema de fracasso, 206-210
esquema de independência/incompetência, 200-202
esquema de vulnerabilidade ao dano, 202-204
Domínio da desconexão e rejeição, 122-125, *ver também,* Domínios, esquemas
 descrição, 27, 28*f*
 esquema de abandono/instabilidade, 185-187
 esquema de defectividade/vergonha, 195-198
 esquema de desconfiança/abuso, 188-191
 esquema de isolamento social, 198-199
 esquema de privação emocional, 191-195
 reparação parental limitada, 179
 terapia cognitivo-comportamental, 35
Domínio da supervigilância e inibição, *ver também,* Domínios; Esquemas
 descrição, 29*f*-30*f*, 33-34
 esquemas no, 225-229, 230-232, 235-237
Domínio do direcionamentos para o outro; *ver também,* Domínios, Esquemas
 descrição, 29*f*, 32-33
 esquema de auto-sacrifício, 217-221
 esquema de busca de aprovação/busca de reconhecimento, 221-225
 esquema de subjugação, 215-217
 terapia cognitivo-comportamental, 35-36
Domínio dos limites prejudicados; *ver também,* Domínios; Esquemas
 autocontrole/autodisciplina insuficientes, 212-215
 descrição, 28*f*-29*f*, 31-32
 esquema de arrogo/grandiosidade, 210, 240
 terapia cognitivo-comportamental, 36

E

Esquema da postura punitiva, *ver também,* Domínio de supervigilância e inibição; Esquemas incondicionais
 descrição, 30*f*, 34, 235-237
 exemplo clínico, 144-145, 178-179
 padrões de comportamento, 140*t*
 reparação parental limitada, 181
 respostas de enfrentamento, 50*t*
Esquema de abandono/instabilidade; *ver também* Domínio da desconexão e rejeição; Esquemas incondicionais
 com outros esquemas, 220
 descrição, 23, 27, 28f, 138*t*, 185-187
 exemplo clínico, 141-142, 149, 153, 170
 reparação parental limitada, 181, 182
 respostas de enfrentamento, 49*t*, 99-100
Esquema de arrogo/grandiosidade; *ver também,* Domínio de limites prejudicados; Esquemas incondicionais
 comparada com esquemas de busca de aprovação/reconhecimento, 223
 comparado com esquemas de auto-sacrifício, 220
 comportamento nas sessões, 163
 descrição, 28*f*, 32, 210-212, 320, 321-331
 esquemas dos terapeutas e, 171-172
 exemplo clínico, 156-157, 167
 padrões de comportamento, 139*t*
 reparação parental limitada, 181
 respostas de enfrentamento, 50*t*
 transtorno da personalidade narcisista, 318-319, 323-325
Esquema de autocontrole/autodisciplina insuficientes; *ver também,* Domínio dos limites prejudicados; Esquemas incondicionais
 com outros esquemas, 208
 descrição, 28*f*, 29*f*, 32, 212-215
 exemplo clínico, 142-143, 169-170, 172
 padrões de comportamento, 281*t*
 reparação parental limitada, 181
 respostas de enfrentamento, 50*t*
Esquema de auto-sacrifício; *ver também,* Esquemas condicionais; Domínio do direcionamento para o outro
 comparado com esquema de busca de aprovação/busca de reconhecimento, 223
 comportamento nas sessões, 163
 descrição, 29*f*, 33, 217-221
 dos terapeutas, 170-172, 316-317
 exemplo clínico, 135-137, 144-145, 149-153, 170, 172-173
 padrões de comportamento, 139*t*
 reparação parental limitada, 181, 183
 respostas de enfrentamento, 50*t*
Esquema de busca de aprovação/reconhecimento; *ver também,* Esquemas condicionais; Domínio do direcionamento para o outro
 com outros esquemas, 220
 descrição, 29*f*, 33, 221-225
 padrões de comportamento, 280*t*
 reparação parental limitada, 181
 respostas de enfrentamento, 50*t*
Esquema de defectividade/vergonha; *ver também,* Domínio da desconexão e rejeição; Esquemas incondicionais
 com outros esquemas, 185, 207-208, 220, 234-235, 237
 descrição, 23, 27, 28*f*, 195-198
 dos terapeutas, 173-174, 316-317
 exemplo clínico, 42, 112-117, 144-145, 155-156, 161-163, 166-168, 170-94
 exemplo de cartas aos pais, 128
 exemplo de diálogo, 100-103

exemplo de testagem de validade, 96-97
imagens mentais, 118, 128-131
padrões de comportamento, 138t
reparação parental limitada, 180-182
respostas de enfrentamento, 49t
transtorno da personalidade narcisista,
  318-319
Esquema de dependência/incompetência;
  ver também Autonomia e desempenho
  prejudicados; Esquemas incondicionais
com outros esquemas, 185, 210, 220
descrição, 28f, 31, 200-202
dos terapeutas, 173-174
exemplo clínico, 169, 173-174
padrões de comportamento, 138t
reparação parental limitada, 180-181, 183
respostas de enfrentamento, 49t
Esquema de desconfiança/abuso; ver também,
  Domínio da desconexão e rejeição;
  Esquemas incondicionais
característica, 23
descrição, 27, 28f, 188-191
exemplo clínico, 112-114, 161-163, 168, 175
exemplo de diálogo, 100-103, 119-122
exemplo de imagens mentais, 128-131
padrões de comportamento, 138t
reparação parental limitada, 180-182
respostas de enfrentamento, 49t
Esquema de emaranhamento/self
  subdesenvolvido; ver também,
  Domínio da autonomia e desempenho
  prejudicados; Esquemas incondicionais
descrição, 28f, 31, 204-206
exemplo clínico, 169
padrões de comportamento, 138t
reparação parental limitada, 181
respostas de enfrentamento, 49t
Esquema de fracasso: ver também, Domínio da
  autonomia e desempenho prejudicados;
  Esquemas incondicionais
descrição, 28f, 31, 206-210
dos terapeutas, 174, 316-317
exemplo clínico, 155-156, 178-179
padrões de comportamento, 281t
reparação parental limitada, 181-182
respostas de enfrentamento, 49t
Esquema de inibição emocional: ver também,
  Esquemas condicionais; Domínio da
  supervigilância e inibição
descrição, 30f, 33-34, 230-232
dos terapeutas, 317
exemplo clínico, 147-148, 169
padrões de comportamento, 140t
reparação parental limitada, 181
respostas de enfrentamento, 50t

Esquema de isolamento social/alienação;
  ver Domínio da desconexão e rejeição e
  esquema da rejeição,
descrição, 27, 28f, 198-199
dos terapeutas, 173
exemplo clínico, 149-153
Padrões de comportamento, 138t
reparação parental limitada, 181
respostas de enfrentamento, 49t
Esquema de negatividade/pessimismo;
ver também, Domínio da supervigilância e
  inibição; Esquemas incondicionais
descrição, 30f, 33, 225-229
padrões de comportamento, 281t
reparação parental limitada, 181
respostas de enfrentamento, 50t
Esquema de padrões inflexíveis/postura crítica
  exagerada; ver também, Esquemas
  condicionais; Domínio da supervigilância
  e inibição
com outros esquemas, 230, 235
comparado com outros esquemas, 223
comportamento nas sessões, 163
descrição, 30f, 34, 232-235
dos terapeutas, 170, 316-317
exemplo clínico, 142-145, 167-168, 172
padrões de comportamento, 140t
reparação parental limitada, 181
respostas de enfrentamento, 50t
Esquema de privação emocional; ver também,
  Domínio da desconexão e rejeição;
  Temperamento; Esquemas incondicionais
avaliação cognitiva, 60
características, 23
com outros esquemas, 208, 218, 226, 228
descrição, 27-28f, 191-195
diálogos em imagens, 118
exemplo clínico, 34-35, 112-117, 144-145,
  149-153, 164-167, 169, 172-173, 177-178
padrões de comportamento, 138t
reparação parental limitada, 181, 182
respostas de enfrentamento, 49t
transtorno da personalidade narcisista, 318-319
Esquema de subjugação; ver também, Esquema
  condicional; Domínio do direcionamentos
  para o outro
com outros esquemas, 185, 214
comparado com outros esquemas, 218, 223
descrição, 29f, 32-33, 215
diálogos em imagens, 118
dos terapeutas, 315-317
exemplo clínico, 112-117, 148, 161-163,
  167-171, 174
exemplo de diário de esquema, 105, 106f
padrões de comportamento, 139t

reparação parental limitada, 181
respostas de enfrentamento, 50t
Esquema de vulnerabilidade ao dano ou à doença; *ver também,* Domínio da autonomia e desempenho prejudicados; Esquemas incondicionais
  descrição, 28f, 31, 202-204
  padrões de comportamento, 138t
  reparação parental limitada, 181
  respostas de enfrentamento, 49t
Esquemas condicionais, 35
Esquemas de cura, 42-43, 68
Esquemas de domínios
  descrição, 26-27, 28f-30f
  domínio da autonomia e desempenho prejudicados, 31
  domínio da desconexão e rejeição, 27
  domínio da supervigilância e inibição, 33-34
  domínio do direcionamento para o outro, 32-33
  domínio dos limites prejudicados, 31-32
Esquemas incondicionais, 35
Esquemas pré-verbais, 41
Estabelecendo limites, 282, 298-299, 304, 309-310
Estabelecer limites, 179, 282, 298-299, 304, 309-310
Estados dissociados, 51-53
Estilo terapêutico, 93-95
Estilos de enfrentamento
  avaliando vantagens e desvantagens, 99-100
  comparados a resposta de enfrentamento, 47
  descrição, 43-47
  diagnóstico de Eixo II, 47-48
  dos terapeutas, 162-175
  educando os pacientes, 90-91
  identificação de, 71, 74-75
  imagens mentais, 128-131
  modelo cognitivo, 58
  rompimento de padrões comportamentais, 135-137, 138t-140t
  transtorno de personalidade *borderline*, 302-303, 309-310
  transtorno de personalidade narcisista, 321-322
Evitação; *ver também,* Estilos de enfrentamento
  descrição, 45
  estratégias vivenciais, 131-134
  exemplo clínico, 49t-50t, 142-143, 149, 175, 161-163, 167, 170
  imagens, 87-88, 128-131
  mudanças importantes na vida, 157-158
  pacientes caracterológicos, 18-19
  Rompimento de padrões de comportamento, 56, 137, 138t-140t
  superando, 87-88
  terapeutas, 170, 316-317
  trabalho com modos, 239
Experiências de infância, 24-25, 269-272, 324-327

F

Fase de avaliação e educação; *ver também,* Avaliação
  avaliação com imagens, 83-89
  avaliação inicial, 75-77
  conceituação de caso, 71, 72f-73f, 74-75, 160-163
  descrição, 54, 69, 91-92
  educando os pacientes, 90-91, 175-176
  esquemas e estilos de enfrentamento dos terapeutas, 166-175
  exemplo clínico, 78-79
  histórico de vida focado, 77-78
  inventários, 79-83
  objetivos da, 70
  passos, 70
  relação terapêutica, 183
  reparação parental, 163-166
  sintonia, 160
  temperamento emocional, 89-89
Fase de educação; *ver* Fase de avaliação e educação
Fase de mudança; *ver também,* Técnicas comportamentais; Técnicas cognitivas; Técnicas vivenciais
  descrição, 69
  estratégias vivenciais, 117-119, 122-125, 127-131, 134
  exemplo de estratégia vivencial, 119-122
  relação terapêutica, 176-183
  reparação parental limitada, 179-183
  tratamento, 55-56
Formas de diário, 105, 106f, 303-304
Formulários de avaliação de histórico de vida, 79; *ver também,* Inventários

G

Gravidade dos esquemas, 23

H

Hipercompensação, *ver também,* Estilos de enfrentamento
  descrição, 45-46
  dos terapeutas; 171, 316-317
  exemplo clínico, 166-168, 171, 179
  exemplos de, 49t-501t
  imagens mentais, 128-131
  importantes mudanças na vida, 157-158
  Inventário de Compensação de Young, 78-83

rompimento de padrões de comportamento, 56, 135-137, 138t-140t
trabalho com modos, 239
transtorno da personalidade narcisista, 318-319
História do construto de esquema, 21-22
Histórico de vida direcionado, 77-79

I

Identificação de esquema, 71, 74-75
Imagens mentais; *ver também,* Esquemas individuais
 avaliação, 108-108
 conceituação, 114-117
 da infância, 112-114, 117
 diálogos em, 117-122
 eventos ativadores, 142-143
 evitação, 87-88
 exemplo clínico, 136-137
 introdução, 108-112
 memórias traumáticas, 313-315
 reparação parental, 122-125
 rompimento de padrões comportamentais, 148-149, 154
 rompimento de padrões, 128-131
 trabalho com modos, 256-259
 transtorno da personalidade *borderline*, 282, 287-295
 transtorno da personalidade narcisista, 330-331, 344-346
 vinculando passado e presente, 114
Internalização, 25
Intimidade, 314-316, 336; *ver também,* Relacionamento
Inveja, 175, 328-329
Inventário de Compensação de Young, 82-83, 145, 331-332; *ver também,* Inventários
Inventário de Evitação de Young-Rygh, 82, 145; *ver também,* Inventários
Inventário Parental de Young, 80-82, 284-285, 331-332, *ver também,* Inventários
Inventários, 79-83; *ver também,* Avaliação

M

Mágoa, 118-119, 229
Medicação, 132, 229, 291-292, 311-312
Meditação [*mindfulness*], 302-303
Memórias, 40, 125-127
Modelos de funcionamento interno, 63-64
Modo adulto saudável; *ver também,* Modos
 descrição, 53-54, 244-245
 imagens mentais, 117-122, 125, 128-131, 134
 reparação parental limitada, 180-181
 trabalho com imagens mentais de memórias traumáticas, 125-135
 transtorno da personalidade *borderline*, 266-267

Modo autoconfortador desligado, 322-323
Modo auto-engrandecedor, 320, 322-331
Modo capitulador complacente, 53, 242t
 ver também, Modos de enfrentamento desadaptativos; Modos
Modo criança abandonada; *ver também* Modo criança vulnerável
 descrição, 241
 reparação parental limitada, 182
 transtorno da personalidade *borderline*, 265-268, 276-277, 286-290, 302-303, 309-310
Modo criança impulsiva/indisciplinada; *ver também,* Modos criança
 descrição, 53-54, 240t, 241
 transtorno da personalidade *borderline*, 265-269
Modo criança solitária, 318-320, 331; *ver também,* Modos
Modo criança vulnerável, *ver também,* Modos criança; Modos
 descrição, 51, 53-54, 240t, 241
 imagens mentais, 117-127, 134
 transtorno da personalidade *borderline*, 277-278
Modo criança zangada; *ver também,* Raiva; Modos criança; Modos
 descrição, 51, 53-54, 240t, 241
 transtorno da personalidade *borderline*, 265-269, 276-277, 297-303, 309-310
Modo hipercompensador, 53, 242t, 243; *ver também,* Modos de enfrentamento desadaptativos; Modos
Modo pai/mãe exigente, 54, 244t *ver também,* Modos
Modo pai/mãe punitivo; *ver também,* Modos
 descrição, 54, 243-244t
 exemplo clínico, 172
 transtorno da personalidade narcisista, 265-269, 276-278, 292, 297-298
Modo protetor desligado; *ver também,* Modos de enfrentamento desadaptativos; Modos
Modos criança feliz, 53-54, 240t, 241, *ver também,* Modos criança
Modos criança, 53-54, 240t-241t, 263-264; *ver também,* Modos
Modos de enfrentamento desadaptativos, 53-54, 242t, 263-264; *ver também,* Modos
Modos de pais disfuncionais, 53-54, 243-244t, 263-264, *ver também,* Modos
 diálogo em imagens mentais, 117-122, 134
 dos terapeutas, 172
 trabalho com imagens mentais para a reparação parental, 122-125
Modos; *ver também,* Modos individuais

crianças, 240*t*-241
de enfrentamento desadaptativo, 242*t*-243
de pais disfuncionais, 243-244*t*
descrição, 48, 51-54, 68-69, 239-240, 263-264
DSM-IV e, 328*t*
modelo cognitivo, 56-58
modo adulto saudável, 244-245
transtorno da personalidade *borderline*, 265-269, 274-278
transtorno da personalidade narcisista, 344-345, 351-352, 355-357

N

Necessidades emocionais, 23-24, 164

O

Origens dos esquemas, 23-26

P

Perpetuação de esquemas, 42, 68

Q

Questionário de Esquemas de Young, 79-80, 145, 285-286, 331-332, *ver também*, Inventários

R

Raiva, 117-119, 170-171; *ver também*, Modo criança zangada
Relação terapêutica; *ver também*, Esquemas individuais
  avaliação de imagens, 88-89
  avaliando, 88-89
  conceituações, 160-163
  confronto empático, 93-95
  descrição, 56, 183
  educando os pacientes, 175-176
  esquemas e estilos de enfrentamento dos terapeutas, 166-175
  fase de Mudança, 176-183
  memórias traumáticas, 312-313
  modelo cognitivo, 19-20, 57-58, 61, 64-65
  modelo psicodinâmico, 62
  reparação parental limitada, 163-166
  rompimento de padrões de comportamento, 143-145
  sintonia, 160
  teoria do apego, 62-63
  terapia focada na emoção, 67
  transtorno de personalidade *borderline*, 278, 283-284, 286-290, 293-294, 298-300
Relação; *ver também,* Relação terapêutica

domínio da desconexão e rejeição, 27
pais caracterológicos, 19-20
química do esquema, 35
terapêutico, 56-56
transtorno da personalidade narcisista, 329-330, 356-357
Reparação parental limitada; *ver também,* Esquemas individuais; Reparação parental; Relação terapêutica
  avaliando a necessidade de, 163-166
  descrição, 56, 61, 160, 183
  fase de mudança, 179-183
  imagens mentais, 122-125
  transtorno da personalidade *borderline*, 279-280, 283-284, 296-297
Reparação parental, *ver* Reparação parental limitada
Resposta de enfrentamento
  descrição, 47, 68-69
  exemplos de, 49*t*-50*t*
  modos e, 51
  rompimento de padrões comportamentais, 56
Rompimento de padrões de comportamento; *ver também*, Fase de mudança
  cartões, 148
  definir metas para, 140-145
  descrição, 56, 135,158-159
  ensaio, 148-149
  estilos de enfrentamento, 135-137, 138*t*-152*t*
  exemplo clínico 149-153
  motivação, 147-148
  mudanças importantes na vida, 157-158
  priorizar, 145-146
  prontidão para, 140
  superando bloqueios, 153-157
  trabalho de casa, 149
Rompimento de padrões, 128-131

S

Sintomas somáticos, 86
Sistema amigdaliano, 39-40

T

Técnicas cognitivas; *ver também,* Fase de mudança
  cartões-lembrete, 103-105, 104*f*
  descrição, 55, 93, 106-107
  diálogos entre esquemas, 100-103
  estilo terapêutico, 93-95
  estilos de enfrentamento, 99-100
  formas de diário, 105, 106*f*
  propósito de, 93
  sustentando um esquema, 97-99
  transtorno da personalidade *borderline*, 288-289, 291-292, 295-297, 300-301

transtorno da personalidade narcisista,
    353-355
validade do esquema, 95-97
Técnicas comportamentais
  transtorno da personalidade *borderline*,
    288-289, 291-292, 296-298, 300-302
  transtorno da personalidade narcisista,
    353-355
Técnicas vivenciais; *ver também,* Fase da
    mudança; Esquemas individuais
  cartas aos pais, 127-128
  descrição, 55-56, 117, 134
  evitação, 131-134
  imagens, 108-114, 117-122, 128-131
  memórias traumáticas, 125-127
  objetivos de, 108
  reparação parental limitada, 122-125, 180-181
  terapia cognitiva, 60-61
  transtorno da personalidade *borderline*,
    282-295
Temperamento
  avaliando, 89
  emocional, 25-26
  estilos de enfrentamento, 46-47
  papel do, 74
  primeiras experiências de infância, 24-25
Temperamento emocional, 25-26, 89; *ver*
    também, Temperamento
Tendência suicida, 270-272, 276-277, 307-310
Teoria do apego, 62-64
Terapia analítica cognitiva, 64-65
Terapia cognitiva, 17-18, 57-62
Terapia cognitivo-comportamental
  interferência de esquemas, 35-36
  pressupostos da, 18-20
  rompimento de padrões comportamentais,
    137, 146
  transtorno da personalidade *borderline*,
    302-304
Terapia de grupo, 89
Terapia dos esquemas da pessoa, 65-67
Terapia focada na emoção, 67
Trabalho com modos
  descrição, 239, 263-264
  diálogo, 259-262

exemplo clínico, 245-247
explorando as origens de, 250-252
generalizando para além da sessão, 262-264
identificação, 247-250
imagens mentais, 256-259
passos, 245
quando usar, 239
vantagens para modificar um modo, 252-253,
    256-257
vinculando passado e presente, 251-253
Transtorno da personalidade *borderline*,
    265-266, 268-269, 274-276, 289-292
  conceituação do esquema, 265-266
  descrição, 51,53, 242*t*-243
  diagnóstico, 270-272, 271*t*
  diálogo com, 133-134
  esquema da postura punitiva e, 235
  esquema de autocontrole/autodisciplina
      insuficientes, 214
  esquemas do terapeuta e, 315-317
  estabelecendo limites, 304, 309-310
  exemplo clínico, 173-174, 270-275
  intimidade, 314-316
  memórias, 312-315
  modo pai/mãe punitivo, 243-244
  modos, 51, 239-240, 265-269, 274-275,
    286-290, 289-292, 297-298, 301-302
  origens dos, 269-272
  reparação parental limitada, 179
  superando a evitação, 88
  tendência suicida, 309-312
  tratamento, 277-280, 283-284, 286-287,
    302-304
Transtorno da personalidade obsessivo-
    compulsiva, 230, 240
Tratamento, 42-43, 354-357; *ver também,*
    Transtorno da personalidade *borderline*;
    Esquemas individuais
Trauma, 38-42, 125-127, 312-315

V

Validade do esquema, 95-97
Visão biológica do esquema, 38-42, 269-270
Vulnerabilidade, modelada pelo terapeuta,
    341-342